Wilhelm Bleek

Geschichte der Politikwissenschaft in Deutschland

Wilhelm Bleek

Geschichte der Politikwissenschaft in Deutschland

Verlag C. H. Beck

Meinen akademischen Lehrern
Karl Dietrich Bracher, Ernst Fraenkel,
Gerhard A. Ritter und Kurt Sontheimer
in Dankbarkeit gewidmet

ISBN 3 406 47173 0

Satz: Fotosatz Otto Gutfreund GmbH, Darmstadt
Druck und Bindung: Ebner, Ulm
Gedruckt auf säurefreiem, alterungsbeständigem Papier
(hergestellt aus chlorfrei gebleichtem Zellstoff)
Printed in Germany

www.beck.de

Inhalt

Vorbemerkung

Die heute unangefochtene Etablierung der Politikwissenschaft an den bundesdeutschen Universitäten ist das Resultat einer mühevollen und kontroversen Entwicklung seit 1945. Daher wird zumeist, selbst von Fachvertretern, vermutet, daß in Deutschland die akademische Disziplin der Politikwissenschaft so alt beziehungsweise jung ist wie der Staat der Bundesrepublik, beide also ein Produkt der zweiten, erfolgreicheren Demokratiegründung nach der Befreiung von der nationalsozialistischen Diktatur seien. Diese Annahme unterstellt, daß die Politikwissenschaft in Deutschland kaum eine Geschichte und noch weniger eine Tradition habe. Doch wie bei den nach den Zerstörungen des Zweiten Weltkrieges wiederaufgebauten Städten sollten die politikwissenschaftlichen Fassaden einer modernen Sozialwissenschaft nicht darüber hinwegtäuschen, daß das Fach auf alten Fundamenten errichtet werden konnte, die in der Frühzeit der europäischen Universitäten im Mittelalter, wenn nicht sogar von den klassischen Philosophen der Antike, gelegt worden sind. Zudem ist die Politikwissenschaft kein freistehendes Gebäude, sondern auf vielfältige Weise mit anderen akademischen Fächern verschachtelt. Viele Um- und Anbauten hat dieses Haus erlebt, hat sich mit und durch die Nachbargebäude verändert. So gibt es hinter der gegenwärtigen Fassade viel Verborgenes zu entdecken, nicht nur ehrwürdige, aber letzten Endes überholte historische Antiquitäten, sondern ebenso geschichtlich bewährte Strukturen von fortdauernder Wirkungskraft.

In diesem Sinne will diese Darstellung einen Beitrag zur Selbstfindung des Faches leisten. Wissenschaften rechtfertigen sich, zumal im Wettbewerb untereinander, nicht nur durch ihre Funktionen für die Gegenwart und ihre Versprechungen für die Zukunft, sondern auch und vor allem durch ihre Leistungen in der Vergangenheit. Ein Motiv der Wissenschaftsgeschichte ist daher erstens eingestandenermaßen der Anspruch auf Reputation durch Tradition. Was fast alle anderen Universitätsdisziplinen in Anspruch nehmen, sollte der Politikwissenschaft nicht aufgrund von Irrtümern ihrer Konkurrenten und der Ignoranz ihrer eigenen Fachvertreter vorenthalten werden. So steht hinter dieser Darstellung der Geschichte der Lehre von der Politik an den deutschen Universitäten auch das Ziel, der Politikwissenschaft die ihr zustehende Legitimation zu vermitteln.

Zweitens enthält die Wissenschaftsgeschichte auch vielfältige Erkenntnisse aus der Vergangenheit, von denen die gegenwärtige Disziplin lernen kann. Zahlreiche Einsichten entstammen früheren Zeiten, auch wenn in der Politikwissenschaft jede Generation dazu neigt, das Rad noch einmal neu zu erfinden. Selbst wer mit Geschichte und Tradition wenig im Sinn hat, allein in der Gegenwart lebt und der Zukunft zugewandt ist, kann doch von diesem intellektuellen Erfahrungsschatz profitieren. So hat die Wissenschaftsgeschichte stets eine anregende und nützliche Aufklärungsfunktion.

Überdies ermöglicht die Wissenschaftsgeschichte die Einsicht in die inneren und äußeren Bedingungen akademischer Forschung und Lehre. Der Blick in die Vergangenheit erlaubt es, die Entwicklung der Fächer nicht ausschließlich auf die intellektuellen Leistungen ihrer Fachvertreter zurückzuführen, sondern in den gesellschaftlichen und politischen Gesamtzusammenhang einzuordnen. So dient die Wissenschaftsgeschichte der Standortbestimmung und der Formulierung von sinnvollen Zukunftsentwürfen, sie ist damit – drittens – elementare Voraussetzung für das Selbstverständnis jeder akademischen Disziplin.

Während diese Funktionen der Legitimität, der Aufklärung und des Selbstverständnisses auf die Wissenschaftsgeschichte aller akademischen Fächer zutreffen, kommt für die Politikwissenschaft in Deutschland noch ein spezielles Motiv einer Gesamtdarstellung ihrer Geschichte hinzu: Ihre Vergangenheit ist bisher niemals in ihrem gesamten Umfang wahrgenommen worden. Erste Forschungsbemühungen haben auf der einen Seite nur die jüngste Entwicklung des Faches im 20. Jahrhundert in den Blick gerückt. Auf der anderen Seite ist zwar die ältere Lehre von der Politik an den mittelalterlichen und frühneuzeitlichen Universitäten gewürdigt worden, doch überwiegt die Vorstellung, die ältere Lehre der Politik in Deutschland sei mit dem Wandel des Wissenschaftsideals zu Beginn des 19. Jahrhunderts untergegangen. Im Vormärz habe das Fach lediglich wie ein absterbender Baum nochmals eine Spätblüte erlebt.

Ich möchte mit diesem Buch nicht nur zeigen, daß zwischen 1849 und 1933 an deutschen Universitäten durchaus Politik gelehrt worden ist, sondern auch auf die deutschen Nachbardisziplinen und vor allem auf die von der deutschen Politiklehre inspirierten Politikwissenschaften im Ausland als Bindeglied zwischen der älteren und der neuen Politikwissenschaft in Deutschland hinweisen. Das zentrale Motiv meiner Geschichte der Politikwissenschaft in Deutschland ist somit die Behebung jenes Gedächtnisverlustes, der durch die Vernachlässigung des 19. Jahrhunderts entstanden ist.

In dem vorliegenden Versuch einer Gesamtdarstellung der Geschichte der Politikwissenschaft in Deutschland von deren Anfängen im Mittelalter bis in die Gegenwart nach der deutschen Vereinigung sollen, im Gegensatz zur bisherigen Konzentration auf Aspekte von wissenschaftlichen Inhalten und theoretisch-methodologischen Konzeptionen – durch die eher die Diskontinuitäten hervorgehoben werden –, die umfassenderen Fragen von gesellschaftlichen Funktionen und politischen Bedingtheiten der Politikwissenschaft und damit die Kontinuitäten des Faches deutlicher als bisher herausgearbeitet werden. So entsteht ein Überblick, der auf einer Synthese der verdienstvollen Vorarbeiten beruht. Allerdings bedürfen viele Zeitabschnitte wie die Spätblüte und der weitgehende Untergang der Lehre der Politik im 19. Jahrhundert noch der gründlicheren Erforschung. Diese Geschichte der Politikwissenschaft möchte nicht nur für Lehre und Studium des Faches von Nutzen sein, sondern auch zu einer vertieften Analyse einzelner Zeitabschnitten anregen.

Schließlich beruht dieses Buch auch auf einer sehr persönlichen Motivation. Mein Interesse an der Geschichte der Politikwissenschaft geht bereits auf den Anfang des eigenen Studiums im Sommersemester 1960 zurück. Ich begann das Studium in diesem Fach an der Universität Bonn in der jugendlichen Vorstellung, eine ziemlich junge Disziplin vor mir zu haben. Doch der junge Lehrstuhlinhaber Karl Dietrich Bracher belehrte uns in seiner Gedenkrede zum 100. Todestag von Friedrich Christoph Dahlmann, daß die Lehre von der Politik auch in Deutschland auf eine ziemlich alte Tradition zurückschauen konnte. Bald darauf wies mich an der Freien Universität Berlin Ernst Fraenkel auf die «american connection» des Faches in Gestalt von Francis alias Franz Lieber hin. Solchermaßen historisch aufgeklärt, war der Boden für ein Dissertationsprojekt bei Gerhard A. Ritter über die Lehre von der Politik im deutschen Vormärz bereitet, aus dem dann eine Arbeit über die Entstehung des Juristenprivilegs erwuchs. Seitdem warte ich auf die Gelegenheit, mich endlich wieder meiner Liebhaberei, der Geschichte der Politikwissenschaft, widmen zu können. Im Rahmen der Münchener Habilitation und während der Lehrtätigkeit in Bochum und Toronto haben Fragen der DDR- und vergleichenden Deutschlandforschung im Mittelpunkt meiner akademischen Aktivitäten gestanden. Zwar bin ich mit dem Ende der DDR nicht arbeitslos geworden, wie manche Kollegen vermuteten, besteht doch die Deutschlandforschung als Vereinigungsforschung weiter. Doch ist es mir durch diese Veränderungen möglich geworden, mein akademischeѕ Jugendinteresse an der Geschichte der Politikwissenschaft wieder aufzunehmen, bevor seine Verwirklichung vollends zum Alterswerk wird.

Für den Zeitraum der Bundesrepublik beruht diese Darstellung daher nicht nur auf der einschlägigen Fachliteratur, sondern auch auf den eigenen Studien- und Lehrerfahrungen seit Beginn der sechziger Jahre sowie auf Eindrücken und Einsichten, die mir als Angehörigem der dritten Generation von Repräsentanten der ersten und zweiten Generation bundesdeutscher Politikwissenschaft vermittelt worden sind. Ich widme dieses Buch daher denjenigen meiner akademischen Lehrer der Politik, die mir nicht nur die Geschichte dieses Faches nahegebracht haben, sondern inzwischen auch seine Tradition im Nachkriegsdeutschland mit verkörpern. Karl Dietrich Bracher (Universität Bonn) hat nicht nur vorbildhaft gelehrt, wie Zeitgeschichts- und Politikwissenschaft zu verknüpfen sind, sondern auch exemplarisch auf Friedrich Christoph Dahlmann als Prototyp des politischen Professors in der ersten Hälfte des 19. Jahrhunderts hingewiesen. Ernst Fraenkel (Deutsche Hochschule für Politik und Freie Universität Berlin) hat seine Studenten am abenteuerlichen Lebensweg vom sozialdemokratischen Juristen der Weimarer Republik über den amerikanischen Studenten der Political Science in den Jahren der Emigration bis hin zum Gründungsvater der Politologie in Westberlin und Westdeutschland teilnehmen lassen. Gerhard A. Ritter (früher Freie Universität Berlin, heute Universität München) hat mein Dissertationsprojekt zur Verwaltungs- und Wissenschaftsgeschichte unterstützt und bis heute mein einschlägiges Interesse ermuntert. Kurt Sontheimer (Universität München) hat mich nicht nur auf dem eigenen Weg zum Hochschullehrer der Politikwissenschaft betreut, sondern mir auch die Einsicht in die öffentliche Verantwortung unseres Berufes und Faches vermittelt.

Meine Frau Margaret, geborene Garner aus Philadelphia, hat nicht nur als amerikanische Austauschstudentin die deutsche Politikwissenschaft schätzengelernt, sondern mir auch die Begegnung mit der amerikanischen Political Science ermöglicht. Auf deren Fachgeschichte und insbesondere die «German connection» hat mich vor allem Walter Murphy (Princeton University) aufmerksam gemacht. Mein Dank geht auch an jene jüngeren Kollegen und Mitarbeiter, die mein Interesse an der wechselvollen Geschichte der Politikwissenschaft in Deutschland wachgehalten haben. Inzwischen hat das gemeinsame Forschungsthema befreundete Kollegen wie Alfons Söllner, Hans J. Lietzmann und mich in einem einschlägigen Arbeitskreis der Deutschen Vereinigung für Politische Wissenschaft zusammengeführt, dessen ersten Tagungen ich bereits zahlreiche Anregungen verdanke. An der Ruhr-Universität Bochum haben sich über die Jahre Mitarbeiter und Mitarbeiterinnen wie Rainer Bovermann, Andrea Gawrich, Stefan Goch, Claudia Killmann, Lothar Mertens, Gabriele Niemzig, Ralf Walkenhaus und vor allem Christian Bala und Katinka Netzer vom speziellen Interesse ihres Professors anregen lassen und umgekehrt diesen durch neugierige Fragen und vielfältige Zuarbeiten unterstützt. Tillmann Bendikowski hat mir bei der schwierigen Aufgabe geholfen, das Manuskript durch umfangreiche Kürzungen leserfreundlicher zu gestalten. Detlef Felken vom Verlag C. H. Beck hat durch sein jahrelanges Vertrauen wesentlich dazu beigetragen, daß meine Ideen und ihre Niederschrift am Ende doch noch das Licht der Öffentlichkeit erblicken.

Nicht zuletzt hat das Interesse meiner Bochumer Studierenden meine Arbeit motiviert. Vor allem mit Blick auf die kommenden Generationen wird diese Geschichte der Politikwissenschaft in Deutschland von der grundsätzlichen Auffassung getragen, daß nur derjenige die Gegenwart versteht und die Zukunft meistern kann, der um ihre Wurzeln in der Vergangenheit weiß. Die Beweggründe für diese Geschichte der Politikwissenschaft in Deutschland können mit einem Satz Goethes gefaßt werden, der sich in seiner Einleitung zu den «Materialien zur Geschichte der Farbenlehre» findet: «Wird einer strebenden Jugend die Geschichte eher lästig als erfreulich, weil sie gern von sich selbst eine neue, ja wohl gar eine Urwelt-Epoche beginnen möchte, so haben die in Bildung und Alter Fortschreitenden gar oft mit lebhaften Danke zu erkennen, wie mannigfaltiges Gute, Brauchbare und Hülfsreiche ihnen von den Vorfahren hinterlassen worden.»

Bochum/Toronto, im Januar 2001 Wilhelm Bleek

1. Einleitung: Aspekte der Geschichte der Politikwissenschaft

Auf den ersten Blick ist der Gegenstand der Wissenschaftsgeschichte ziemlich eindeutig: Sie behandelt aus historischer Perspektive die Entwicklung der Wissenschaften im allgemeinen und der einzelnen Disziplinen im besonderen. Doch wie in der allgemeinen Geschichtswissenschaft sind auch in der Wissenschaftsgeschichte Objekt, Untersuchungsansatz und Methode zumeist vielfältig und durchaus kontrovers.

Zwar neigt man in den meisten akademischen Fächern dazu, Wissenschaftsgeschichte als die historische Analyse des wissenschaftlichen Erkenntnisprozesses und damit als die Geschichte ihrer Literatur zu verstehen. Allenfalls werden dabei auch die lebensgeschichtlichen Bedingungen der einschlägigen Autoren berücksichtigt. Doch schon die institutionellen Rahmenbedingungen akademischer Wissensherstellung in Gestalt der inneren Verfaßtheit von Universitäten werden meist vernachlässigt. Dies trifft noch mehr auf die äußeren Rahmenbedingungen wissenschaftlicher Arbeit zu, insbesondere ihre Einbettung in die gesamtgesellschaftliche Entwicklung und, vor allem im Fall der Politikwissenschaft, ihre Abhängigkeit von den wechselhaften politischen Konstellationen. Die Geschichte eines akademischen Faches sollte nicht lediglich den vermuteten Fortschritt seines wissenschaftlichen Denkens referieren, sondern auch dessen endogene wie exogene Bedingungsfaktoren herausarbeiten.[1] Sie muß daher neben der Ideen- und Gelehrtengeschichte auch eine Vielzahl von Aspekten der Universitäts-, der Sozial- und der Politikgeschichte berücksichtigen.

[1] Vgl. die systemtheoretisch inspirierte Bielefelder Programmschrift zur Wissenschaftsgeschichte: Wolfgang Krohn/Günter Küppers: Wissenschaft als selbstorganisierendes System – Eine neue Sicht alter Probleme, in: Wolfgang Krohn/Günter Küppers (Hrsg.): Selbstorganisation. Aspekte einer wissenschaftlichen Revolution (= Wissenschaftstheorie, Wissenschaft und Philosophie, Bd. 29), Braunschweig, Wiesbaden 1990, S. 303–327.

a) Ideengeschichte

Auch in der Disziplin der Politikwissenschaft dominiert bisher der ideengeschichtliche Zugang. Dies ist wesentlich eine Folge der anerkannten Position politikwissenschaftlicher Bemühungen um die Geschichte der politischen Ideen und Theorien.[2] Die Bedeutung dieses politikwissenschaftlichen Teilgebietes läßt sich an seiner Berücksichtigung in Lehrplänen, Veröffentlichungen zur politischen Ideengeschichte und Sammlungen von Klassikertexten der politischen Theorie ablesen. Es lag daher für das Fach nahe, die Geschichte der Politikwissenschaft als Teil der Geschichte der politischen Ideen zu verstehen und die Methoden und Arbeitsweisen der politischen Ideengeschichte auch auf die gesamte Disziplingeschichte anzuwenden.[3]

Tatsächlich ist die Geschichte der politischen Ideen und Theorien in Deutschland aber nur zum geringsten Teil eine Geschichte der Ideen und Theorien der Politikwissenschaft.[4] Das liegt nicht nur, wie manche Kritiker des Faches vermuten mögen, an der Mittelmäßigkeit der Ideenproduktion von akademischen Lehrern der Politik, sondern resultiert aus den Diskontinuitäten der Politikwissenschaft in Deutschland: Weil diese durch längere Phasen der institutionellen Nichtexistenz gegangen ist, fiel ihr ideelles Erbe oft ihren Nachbar- und Nachfolgedisziplinen zu. So werden zum Beispiel oft Friedrich Christoph Dahlmann lediglich als Historiker, Karl von Rotteck als Staatsrechtler und Wilhelm Roscher als Nationalökonom klassifiziert und wird damit ihr Selbstverständnis als

[2] Vgl. Udo Bermbach (Hrsg.): Politische Theoriengeschichte. Probleme einer Teildisziplin der Politischen Wissenschaft (= Politische Vierteljahresschrift – Sonderheft, Bd. 15), Opladen 1984 und Udo Bermbach: Zur Entwicklung und zum Stand der politischen Theoriengeschichte, in: Klaus von Beyme (Hrsg.): Politikwissenschaft in der Bundesrepublik Deutschland, Opladen 1986, S. 142–167.

[3] Daher sind die Hinweise auf Funktionen und Methoden zur Analyse der politischen Ideengeschichte, die Klaus von Beyme in seiner Tübinger Antrittsvorlesung gegeben hat, auch für die ideengeschichtliche Entwicklung des Faches Politikwissenschaft von Nutzen: Klaus von Beyme: Politische Ideengeschichte. Probleme eines interdisziplinären Forschungsbereichs (= Recht und Staat, Bd. 376/377), Tübingen 1969.

[4] Vgl. die Überblicksdarstellungen zur politischen Ideengeschichte, z. B. Hans-Joachim Lieber (Hrsg.): Politische Theorien von der Antike bis zu Gegenwart, München, Bonn ²1993; Iring Fetscher/Herfried Münkler (Hrsg.): Pipers Handbuch der Politischen Ideen, 5 Bde., München 1985–1993 und Hans Fenske/Dieter Mertens/Wolfgang Reinhard et al.: Geschichte der politischen Ideen. Von der Antike bis zur Gegenwart, Frankfurt/Main 1996.

Lehrer der Politik verkürzt. Auch Hermann Heller, der als Staatsrechtslehrer begonnen hatte, ging es seit Anfang der dreißiger Jahre mehr um die wissenschaftliche Disziplin von der Politik, und vermutlich hätte er seinem 1934 posthum erschienenen Hauptwerk «Staatslehre» einen anderen Titel gegeben.

Die Unterbrechungen in der Geschichte der deutschen Politikwissenschaft haben auch dazu geführt, daß die letzten Überblicke zur Ideengeschichte des Faches aus der Mitte des 19. Jahrhunderts stammen, vor dem Winterschlaf der Lehre von der Politik nach der gescheiterten bürgerlichen Revolution von 1848/49 und der erfolgreichen autoritären Nationalstaatsgründung von 1871. Bis heute sind die «Geschichte und Literatur der Staatswissenschaften» von Robert von Mohl (1855–1858) und die «Geschichte des allgemeinen Staatsrechts und der Politik» von Johann Caspar Bluntschli (1864) unersetzliche Fundgruben zur älteren Ideengeschichte des Faches.[5]

Nach ihrem Wiederaufleben nach 1945 hat die westdeutsche Politikwissenschaft den Gesamtzusammenhang der Ideengeschichte des Faches nicht rekonstruiert. Dabei ist das Material zu einer solchen Ideengeschichte der Politikwissenschaft reichlich vorhanden, allerdings zeitraubend zu erheben und zu sichten. Viele Politikprofessoren auch früherer Jahrhunderte haben ihre Ideen nicht nur der akademischen Zuhörerschaft vorgetragen, sondern auch einem breiten Publikum zugänglich gemacht. Zu den Quellen der Ideengeschichte der Politikwissenschaft gehören nicht nur die Buchveröffentlichungen, sondern auch einschlägige Handbücher sowie Zeitschriften. Zahlreiche akademische Lehrer der Politik haben in ihren Nachlässen auch Vorlesungsmanuskripte hinterlassen.

Die inhaltliche Breite der Ideengeschichte der Politikwissenschaft in Deutschland aus sechs Jahrhunderten soll hier nicht im Detail untersucht werden. Diese Aufgabe muß angesichts des Forschungsstandes Einzeluntersuchungen vorbehalten bleiben, für die Hans Maiers Studie der «älteren deutschen Staats- und Verwaltungslehre»[6] ein Vorbild ist. Die

5 Robert [von] Mohl: Die Geschichte und Literatur der Staatswissenschaften. In Monographien dargestellt, Bd. 1–3, Erlangen 1855–58 und Johann Caspar Bluntschli: Geschichte der Neueren Staatswissenschaft, Allgemeines Statsrecht und Politik. Seit dem 16. Jahrhundert bis zur Gegenwart (= Geschichte der Wissenschaften in Deutschland. Neuere Zeit, Bd. 1), München, Leipzig [3]1881.

6 Hans Maier: Die ältere deutsche Staats- und Verwaltungslehre (Polizeiwissenschaft). Ein Beitrag zur Geschichte der politischen Wissenschaft in Deutschland (= Politica, Bd. 13), Neuwied, Berlin 1966 [2. Auflage: München 1980].

vorliegende Darstellung beschränkt sich darauf, für die jeweiligen Epochen der Forschung und Lehre über die Politik lediglich die charakteristischen Themengebiete, Grundaussagen und Theorieentwürfe zu benennen. Dabei wird insbesondere zu fragen sein, ob frühere Gegenstände und Befunde auch in späteren Zeiten fortgewirkt haben und damit klassisch für die Lehre von der Politik geworden sind oder ob sie so zeitbezogen waren, daß sie heute nur als interessante Antiquitäten zur Kenntnis zu nehmen sind.

So stellt sich auch in der Ideengeschichte der Politikwissenschaft die Grundsatzfrage nach der Diskontinuität oder Kontinuität, nach Zeitgebundenheit oder dauerhafter Nachwirkung. Wie bei allen anderen historischen Abläufen sind Zeiten des Umbruchs und der Innovation von Phasen der stärkeren Bewahrung und Tradition zu unterscheiden. Auch in der politikwissenschaftlichen Diskussion hat es sich in den vergangenen Jahrzehnten eingebürgert, im Anschluß an die Ausführungen von Thomas S. Kuhn über die Struktur wissenschaftlicher Revolutionen vom Paradigmenwandel zu sprechen.[7] Es wird allerdings sinnvoll sein, diesen Begriff weniger auf den schnellebigen Wechsel von Theorien und Methoden in der modernen Sozialwissenschaft anzuwenden, wie es häufig geschieht, sondern das methodische Instrumentarium der Paradigmenforschung der Untersuchung von Veränderungen der wissenschaftlichen Erklärungsmuster über größere Zeiträume zugrunde zu legen.

Mit dem ideengeschichtlichen Zugang soll hier insbesondere der Wandel ihrer zentralen Begriffe von «Politik» und «Wissenschaft» herausgearbeitet werden. Was früher einmal «Lehre» oder «Wissenschaft» von der «Politik» genannt worden ist, hat möglicherweise kaum etwas mit der heutigen Politikwissenschaft gemeinsam. So hat der Begriff von Wissenschaft im Mittelalter und in der Frühen Neuzeit kaum etwas mit dem modernen Szientismus zu tun, und doch kann uns das ältere Wissenschaftsverständnis zumal auf dem Gebiet der Politik hilfreich sein. Politik auf der anderen Seite beinhaltete vor der Neuzeit vor allem die gemeinschaftliche Ordnung, während sie in modernen Zeiten durch die Aspekte von Herrschaft und Macht charakterisiert wird.[8]

[7] Thomas S. Kuhn: Die Struktur wissenschaftlicher Revolutionen, Frankfurt/Main 1973 [1. amerikanische Auflage: Chicago 1962]. Vgl. Werner Diederich (Hrsg.): Theorien der Wissenschaftsgeschichte. Beiträge zu einer diachronen Wissenschaftstheorie, Frankfurt/Main 1974.

[8] Grundlegend für die geschichtliche Entwicklung auch von politischen Begriffen: Otto Brunner/Werner Conze/Reinhard Koselleck (Hrsg.): Geschichtliche Grundbegriffe. Historisches Lexikon zur politisch-sozialen Sprache in Deutschland, 7 Bde.,

Nicht nur die Grundbegriffe des Faches, auch seine eigenen Bezeichnungen haben im Laufe der Jahrhunderte einen charakteristischen Wandel durchgemacht. Aus der schlichten «Politik» wurde die «Lehre von der Politik», dann die «Staatslehre» und die «Staatswissenschaft», bevor es in der Bundesrepublik zur Vielfalt von «Wissenschaft von der Politik», «Wissenschaftlicher Politik», «Politischer Wissenschaft» und «Politologie» gekommen ist, die erst in den letzten Jahren weitgehend in der Fachbezeichnung «Politikwissenschaft» aufgegangen ist. Viele heute selbstverständliche Gegenstände des Faches Politikwissenschaft sind in älteren Zeiten von Fächern wie der praktischen Philosophie, der Policey- und Verwaltungswissenschaft, der Kameralwissenschaft und der allgemeinen Staatsrechtslehre behandelt worden.[9] Diese sollten daher als «politische Disziplinen» in der Mehrzahl neben der Lehre von der Politik in der Einzahl ebenfalls in der Geschichte der Politikwissenschaft berücksichtigt werden.

b) Gelehrtengeschichte

Ideen fallen nicht vom Himmel, jedenfalls nicht in Gestalt von wissenschaftlichen Erkenntnissen. Sie werden von Menschen gemacht, formuliert und vermittelt. Daher gilt heute die idealistische Sicht der Ideengeschichte als überholt, welche sich lediglich auf die historischen Einflüsse und Stammbäume von Ideen konzentriert und Mensch wie Gesellschaft als Erkenntnis- und Kommunikationseinheiten vernachlässigt. Somit ist die erste notwendige Ergänzung eines solchen Ansatzes die Gelehrtengeschichte als die Geschichte der Entdecker und Vermittler akademischer Einsichten. Diese geht davon aus, daß die persönliche, berufliche und gesellschaftliche Biographie von Wissenschaftlern sowohl die Wahl ihrer Arbeitsgebiete wie ihrer inhaltlichen Aussagen in Forschung und Lehre mitbestimmt. Die Geschichte der Politikwissenschaft ist daher wesentlich auch eine Lebensgeschichte ihrer Lehrer.

Stuttgart 1972–1992 und Joachim Ritter/Karlfried Gründer (Hrsg.): Historisches Wörterbuch der Philosophie, bisher 12 Bde., Basel 1971 ff. Vgl. Hans J. Lietzmann/Peter Nitschke (Hrsg.): Klassische Politik. Politikverständnisse von der Antike bis ins 19. Jahrhundert, Opladen 2000 und Hans J. Lietzmann (Hrsg.): Moderne Politik. Politikverständnisse im 20. Jahrhundert, Opladen 2001.

9 Das wird sehr deutlich in den wissenschaftsgeschichtlichen Arbeiten von Hans Maier: Die Lehre der Politik an den älteren deutschen Universitäten, in: Dieter Oberndörfer (Hrsg.): Wissenschaftliche Politik. Eine Einführung in die Grundfragen ihrer Tradition und Theorie, Freiburg/Breisgau 1962, S. 59–116.

Wissenschaftsgeschichte als Wissenschaftlergeschichte fragt nach der familiären und sozialen Herkunft von Hochschullehrern, nach deren Bildungsweg, Studienfächern, Universitäten und akademischen Lehrern. Wissenschaftliches Werk und akademische Biographie werden solchermaßen in einen engen Bezug gesetzt.

Treffen diese Aspekte der Gelehrtengeschichte für alle Universitätsfächer zu, so ist für die Politikwissenschaft das Verhältnis zwischen politikwissenschaftlicher Theorie und politischer Praxis von besonderem Interesse. Professoren der Politikwissenschaft sind zu allen Zeiten versucht gewesen, durch Übernahme politischer Funktionen die Praxisrelevanz ihrer intellektuellen Einsichten zu erfahren und zu überprüfen.[10] Auf der anderen Seite wirken praktische Erfahrungen der Politik auf politikwissenschaftliche Forschung und Lehre zurück. So ist das Verhältnis von Theorie und Praxis nicht nur ein spannendes Thema allgemeiner philosophischer und sozialwissenschaftlicher Überlegungen,[11] sondern impliziert mit Hilfe des biographischen Zugriffs der Wissenschaftsgeschichte auch konkrete Forschungsmöglichkeiten. Dabei ist die Berücksichtigung der allgemeinen Überlegungen zur historischen Biographieforschung von Nutzen. Diese hat heute die unkritischen, anekdotischen und psychologisierenden Tendenzen der älteren Lebensbeschreibungen überwunden und die Vernachlässigung des biographisch-individuellen Elements durch die an sozialstrukturellen Kollektiven orientierte Geschichtsschreibung der siebziger und frühen achtziger Jahre korrigiert.[12]

Bei der Verwirklichung des gelehrtengeschichtlichen Ansatzes in der Wissenschaftsgeschichte hat bisher allerdings die Glorifizierung von «Geistesgrößen» dominiert. Diese hagiographische Tendenz ist vor allem darauf zurückzuführen, daß die Personengeschichte der Wissenschaft ihren Publikationsort zumeist in Festschriften oder Nachrufen gefunden hat. Das bringt die Gefahr einer Überhöhung der individuellen Leistung des Geehrten mit sich; ihre gesellschaftlichen Voraussetzungen werden eher minimalisiert, wenn nicht gar ignoriert.

[10] Vgl. Wilhelm Bleek: Die Politik-Professoren in der Paulskirche, in: Jürgen Kocka/Hans-Jürgen Puhle/Klaus Tenfelde (Hrsg.): Von der Arbeiterbewegung zum modernen Sozialstaat. Festschrift für Gerhard A. Ritter, München, New Providence 1994, S. 276–299.

[11] Vgl. Jürgen Habermas: Theorie und Praxis. Sozialphilosophische Studien (= Politica, Bd. 11), Neuwied 1963.

[12] Vgl. die anregenden Hinweise von Jaques Le Goff: Wie schreibt man eine Biographie?, in: Fernand Braudel/Natalie Zemon Davis et al. (Hrsg.): Wie Geschichte geschrieben wird, Berlin 1998, S. 103–112.

Für die Geschichte der Politikwissenschaft gibt es bisher kaum Biographien und noch weniger gesellschafts- und wirkungsgeschichtliche Untersuchungen von Lebensläufen prominenter Professoren. Neben den Staatsdenkern des 17. und 18. Jahrhunderts, zu denen auch einige prominente Politiklehrer gezählt werden,[13] haben für das 20. Jahrhundert die zeitgeschichtlich besonders interessanten Emigrantenschicksale von Gründungsvätern der westdeutschen Politikwissenschaft wie Franz L. Neumann und Ernst Fraenkel Aufmerksamkeit gefunden.[14] Inzwischen zeichnet sich ein wachsendes Interesse für die Generationenabfolge von Professoren ab, welche die Entwicklung des Faches in den letzten Jahrzehnten geprägt haben.[15] Das immer noch gültige Vorbild einer Veröffentlichung, welche die Darstellung des akademischen und politischen Lebenslaufes auf überzeugende Weise mit der Analyse von Werk und Wirkung eines Politikprofessors verbindet, ist Erich Angermanns Biographie Robert von Mohls, eines geistigen Vaters der Konzeption des sozialen Rechtsstaates und eines scharfsinnigen Analytikers des parlamentarischen Regierungssystems in der Mitte des 19. Jahrhunderts.[16]

Selbstverständlich sollen hier nicht die Einzelbiographien der an die 2000 Hochschullehrer erfaßt werden, die im Verlauf der deutschen Universitätsgeschichte Politik gelehrt haben.[17] Vielmehr wird für die jeweilige Wissenschaftsperiode das kollektive Profil des Lebens- und Berufsweges sowie des praktischen Politikverständnisses der Politikprofessoren

[13] Vgl. Michael Stolleis (Hrsg.): Staatsdenker in der frühen Neuzeit, München [3]1995.

[14] Vgl. insbesondere die Arbeiten von Alfons Söllner, zusammengefaßt in: Alfons Söllner: Deutsche Politikwissenschaftler in der Emigration. Studien zu ihrer Akkulturation und Wirkungsgeschichte, mit einer Bibliographie, Opladen 1996.

[15] Vgl. die Biographien der ersten und zweiten Generation der westdeutschen Politikwissenschaftler in: Thomas Noetzel/Hans Karl Rupp: Macht, Freiheit, Demokratie. Bd. 1: Anfänge der westdeutschen Politikwissenschaft, Marburg 1991 und Thomas Noetzel/Hans Karl Rupp (Hrsg.): Macht, Freiheit, Demokratie. Bd. 2: Die zweite Generation der westdeutschen Politikwissenschaft. Biographische Annäherungen, Marburg 1994.

[16] Erich Angermann: Robert von Mohl 1799–1875. Leben und Werk eines altliberalen Staatsgelehrten (= Politica, Bd. 8), Neuwied, Berlin 1962.

[17] Der Lebensweg zahlreicher Politikprofessoren läßt sich den einschlägigen Nachschlagewerken entnehmen: Historische Kommission bei der Kgl. Akademie der Wissenschaften (Hrsg.): Allgemeine deutsche Biographie [ADB], Bd. 1–56, München, Leipzig 1875–1912 und Historische Kommission bei der bayerischen Akademie der Wissenschaften (Hrsg.): Neue deutsche Biographie [NDB], bisher 19 Bde., Berlin 1953 ff. sowie Walter Killy (Hrsg.): Deutsche biographische Enzyklopädie [DBE], 11 Bde., München 1995–2000.

herausgearbeitet und exemplarisch der Wandel des Professorentyps im Fach Politikwissenschaft veranschaulicht werden.

c) Universitätsgeschichte

Wissenschaft besteht nicht nur aus Ideen, die von Gelehrten verbreitet und diskutiert werden, sondern lebt auch von den bedeutsamen institutionellen Voraussetzungen in den Organisationen und Strukturen von Lehre und Forschung. Wissenschaftsgeschichte ist infolgedessen zugleich Institutions- und Organisationsgeschichte, und vorzugsweise Universitätsgeschichte.[18] Nur im Gesamtzusammenhang der Universitätsgeschichte wird die Geschichte der Politikwissenschaft mit ihren wechselhaften Konjunkturen erklärbar.[19]

Für die Verankerung des Faches Politikwissenschaft an den Universitäten haben sich historisch drei Alternativen ergeben: erstens die Zuordnung zur Philosophischen Fakultät beziehungsweise zur Artistenfakultät als deren mittelalterlichen Vorgängerin; zweitens die Gründung von eigenständigen Fakultäten, meist unter dem Etikett von Staatswirtschaftlichen Fakultäten, vergleichbar den heutigen Sozialwissenschaftlichen Fakultäten; und drittens die Eingliederung in Rechts- und Staatswirtschaftliche, in jüngster Zeit auch Rechts- und Sozialwissenschaftliche Fakultäten. Diese unterschiedliche Fakultätenzuordnung der Politikwis-

[18] Aus der Vielzahl der Gesamtdarstellungen zur allgemeinen Universitätsgeschichte seien eine illustrative Überblicksdarstellung, ein informatives Handlexikon und ein Großunternehmen zur europäischen Universitätsgeschichte genannt: Rainer A. Müller: Geschichte der Universität. Von der mittelalterlichen Universitas zur deutschen Hochschule, München 1990; Laetitia Boehm/Rainer A. Müller (Hrsg.): Universitäten und Hochschulen in Deutschland, Österreich und der Schweiz. Eine Universitätsgeschichte in Einzeldarstellungen, Düsseldorf 1983 und Walter Rüegg (Hrsg.): Geschichte der Universität in Europa. Bd. 1: Mittelalter, München 1993; Walter Rüegg (Hrsg.): Geschichte der Universität in Europa. Bd. 2: Von der Reformation bis zur Französischen Revolution (1500–1800), München 1996. Vgl. auch das seit kurzem erscheinende «Jahrbuch für Universitätsgeschichte» (Stuttgart, 1998 f.), das von Rüdiger vom Bruch herausgegeben wird.

[19] Vgl. neben den zahlreichen, meist aus Anlaß von Jubiläen verfaßten Geschichten einzelner Universitäten (z. B. Walter Jens: Eine deutsche Universität. 500 Jahre Tübinger Gelehrtenrepublik, München ^{4}1977) die umfassende, leider nicht fortgesetzte Bibliographie von Wilhelm Ermann/Ewald Horn: Bibliographie der deutschen Universitäten. Systematisch geordnetes Verzeichnis der bis Ende 1899 gedruckten Bücher und Aufsätze über das deutsche Universitätswesen, Leipzig, Berlin 1904–1905.

senschaft hatte entscheidende Konsequenzen nicht nur für den Studiengang, das Prüfungswesen und das Berufsprofil der Studenten, sondern auch für das inhaltliche Lehr- und Forschungsprofil der Hochschullehrer des Faches.[20] Ihre Erforschung kann auf die zahlreichen Fakultätsgeschichten zugreifen.[21]

Die unterschiedliche inhaltliche Ausrichtung der Politikprofessoren schlug sich vor allem in der verschiedenartigen Bezeichnung der Lehrstühle als der kleinsten organisatorischen Einheiten der Universitäten nieder. Diese Geschichte der Benennung und Besetzung der Lehrstühle beginnt schon mit den unterschiedlichen Bezeichnungen für das Fach, die von spätmittelalterlichen «professiones ethices vel politices» bis hin zu heutigen Professuren für Politologie oder Politikwissenschaft reichen. In der Vergangenheit ist «Politik» allerdings in der Regel nicht das einzige Lehrgebiet eines Lehrstuhls gewesen, sondern mit vielfältigen und wechselnden zweiten, oft sogar dritten Fächern wie Ökonomik, Policey (Verwaltungslehre), Geschichte und Staatsrecht verbunden gewesen. Auch bei der Wiedergründung des Faches nach 1945 sind Doppelfächerbezeichnungen häufig gewesen und erst in den sechziger Jahren in seiner Expansionsphase weitgehend weggefallen. Seit den siebziger Jahren haben sich im Zuge der Ausdifferenzierung des Faches für die politikwissenschaftlichen Lehrstühle Spezialbezeichnungen wie Politische Theorie, Politisches System der Bundesrepublik Deutschland, Vergleichende Politik, Internationale Politik und dergleichen durchgesetzt. So fragt die Geschichte der Politikwissenschaft auch nach den Stammbäumen ihrer Lehrstühle, wobei es um ihre Zahl, ihre Bezeichnungen und ihre personellen Besetzungen geht.

In der institutionellen Verankerung der Politikwissenschaft in Fakultäten, Lehrstühlen und Studiengängen spiegelt sich vor allem das Verhältnis des Faches zu seinen Nachbarfächern wider. Die Geschichte der Politikwissenschaft behandelt, wie die jedes anderen Faches, keine isolierte Entwicklung, sondern ist wesentlich eine Geschichte ihres Verhältnisses

[20] Diese Zusammenhänge habe ich exemplarisch in meiner Berliner Dissertation aufgezeigt: Wilhelm Bleek: Von der Kameralausbildung zum Juristenprivileg. Studium, Prüfung und Ausbildung der höheren Beamten des allgemeinen Verwaltungsdienstes in Deutschland im 18. und 19. Jahrhundert, Berlin 1972.

[21] Mustergültig als Monographie über die Geschichte einer Fakultät: Karl Erich Born: Geschichte der Wirtschaftswissenschaften an der Universität Tübingen 1817–1967. Staatswirtschaftliche Fakultät – Staatswissenschaftliche Fakultät – Wirtschaftswissenschaftliche Abteilung der Rechts- und Wirtschaftswissenschaftlichen Fakultät, Tübingen 1967.

zu den anderen Wissenschaftszweigen, eine Geschichte der Disziplinbeziehungen.[22] Diese sind von Kooperation und Konkurrenz, von Erben und Beerbtwerden gekennzeichnet.

Zu den Bereichen, in denen sich die Organisationsgeschichte mit der Ideengeschichte des Faches trifft, gehören auch die Studiengänge und Prüfungen.[23] In der Entwicklung der Studiengänge schlägt sich nicht nur das wandelnde inhaltliche Selbstverständnis von Politikwissenschaft nieder, sondern durch die Berücksichtigung des Stoffes von Nachbardisziplinen auch das Verhältnis zu diesen. Das Studium wird durch Prüfungen abgeschlossen, doch orientierten sich deren Inhalte und Strukturen immer stärker am künftigen Beruf als am vorangegangenen Studium des Prüflings. Die Prüfungen verweisen damit schon auf den nächsten, den sozialgeschichtlichen Aspekt der Wissenschaftsgeschichte des Faches.

d) Sozialgeschichte

Universitäten sind nicht nur wissenschaftliche Denkfabriken und institutionell-verwaltungsmäßige Organisationen, sondern auch komplexe gesellschaftliche Einheiten.[24] Wissenschaftsgeschichte ist daher notwendigerweise auch Sozialgeschichte, indem sie die historische Ausprägung und den geschichtlichen Wandel der sozialen Beziehungen zwischen den Mitgliedern der Hochschulen und Forschungsinstitutionen untersucht.[25]

Dieser sozialgeschichtliche Aspekt hat zunächst einmal ein soziologisches Profil der Studenten zum Inhalt. Ganz allgemein wird zu fragen sein, welchen zahlenmäßigen Zulauf das Fach im Verlauf der Geschichte gefunden hat, auch in Relation zur Entwicklung der allgemeinen Studentenfrequenzen.[26] Während die soziale Herkunft der Politikstudenten für alle Perioden der Disziplingeschichte von Interesse ist, wird ihre Rekrutierung nach Geschlechtern erst für die jüngsten Jahrzehnte relevant,

[22] Vgl. die Hinweise bei Wolf Lepenies: Wissenschaftsgeschichte und Disziplingeschichte, in: Geschichte und Gesellschaft 4 (1978), S. 437–451.

[23] Vgl. Hans-Werner Prahl: Hochschulprüfungen – Sinn oder Unsinn? Sozialgeschichte und Ideologiekritik der akademischen Initiationskultur, München 1976.

[24] Besonders deutlich wird das in den von der Systemtheorie Niklas Luhmanns beeinflußten Arbeiten von Rudolf Stichweh: Wissenschaft, Universität, Professionen, Frankfurt/Main 1994.

[25] Vgl. insbesondere Hans-Werner Prahl: Sozialgeschichte des Hochschulwesens, München 1978.

[26] Vgl. Franz Eulenburg: Die Frequenz der deutschen Universitäten von ihrer Gründung bis zur Gegenwart, Leipzig 1904.

weil sich das Studium von Frauen an deutschen Universitäten erst im 20. Jahrhundert durchgesetzt hat.[27]

Im Anschluß an die ideen- und organisationsgeschichtlichen Aspekte der Disziplinbeziehungen ist von Interesse, ob Studenten die Politik im Haupt- oder Nebenfach studierten und welche Prüfungsabschlüsse sowie zukünftigen Berufe sie mit ihrem Studium anstrebten. Dabei kommen zwei grundsätzliche historische Alternativen in Frage: Entweder war das Politikstudium Teil eines allgemeinbildenden Studiums, gehörte dem «studium generale» an, oder führte zu spezifischen Berufen, vor allem in der höheren Verwaltung, im Lehramt und in der Politikberatung sowie dem Journalismus. Damit stellt sich auch die Frage nach dem Berufserfolg oder noch allgemeiner nach dem gesellschaftlichen Prestige, welches Studenten nach dem Abschluß ihres Politikstudiums erringen konnten. Die Entwicklung der Politikwissenschaft ist daher auch wesentlich geprägt durch ihre Professionalisierungsgeschichte.[28]

Aus den Absolventen des politikwissenschaftlichen Studiums gehen in aller Regel auch seine künftigen Hochschullehrer hervor, von Ausnahmesituationen wie der Neu- oder Wiedergründung der Disziplin abgesehen. Der zweite sozialhistorische Aspekt der Geschichte der Politikwissenschaft betrifft daher die Soziologie seiner Hochschullehrer und berührt damit auch die schon erwähnte Gelehrtengeschichte.[29] Pointiert muß in der Sozialgeschichte der akademischen Lehre von der Politik gefragt werden: Warum und wie fanden Politikprofessoren zu ihrem Beruf?

Aus sozialgeschichtlicher Perspektive sind auch die informellen Kontakte und formalen Zusammenschlüsse von Hochschullehrern der Politik von Interesse. Fachverbände der Politikwissenschaft gibt es in Deutschland erst seit der Wiedergründung der Disziplin nach dem Zweiten Weltkrieg, während in den USA die American Political Science Asso-

27 Vgl. Lothar Mertens: Vernachlässigte Töchter der Alma Mater. Ein sozialhistorischer und bildungssoziologischer Beitrag zur strukturellen Entwicklung des Frauenstudiums in Deutschland seit der Jahrhundertwende (= Sozialwissenschaftliche Schriften, Bd. 20), Berlin 1991.

28 Vgl. vor allem Stichweh: Wissenschaft, bes.: S. 278 ff.

29 Grundlegend für die Soziologie und Sozialgeschichte der Hochschullehrer sind jene Studien zur Lage der Hochschullehrer, die in den fünfziger Jahren in Göttingen von Helmuth Plessner angeregt wurden: Vgl. Helmuth Plessner (Hrsg.): Untersuchungen zur Lage der deutschen Hochschullehrer, Göttingen 1956 und z. B. Alexander Busch: Die Geschichte des Privatdozenten. Eine soziologische Studie zur großbetrieblichen Entwicklung der deutschen Universitäten (= Göttinger Abhandlungen zur Soziologie unter Einschluß ihrer Grenzgebiete, Bd. 5), Stuttgart 1959.

ciation auf eine hundertjährige Existenz zurückblicken kann.[30] Aber auch für Deutschland kann ein informelles Netzwerk von nicht nur akademischen, sondern auch gesellschaftlichen Kontakten zwischen Hochschullehrern der Politik als Voraussetzung einer «academic community» schon für frühere Zeiten, beispielsweise für die Vormärzzeit des 19. Jahrhunderts, konstatiert werden.

So umfaßt der sozialgeschichtliche Zugang zur Geschichte der Politikwissenschaft zahlreiche Binnenbeziehungen des Faches, doch beinhaltet er auch das Außenverhältnis der Disziplin zu der jeweiligen Gesellschaft. Auch wenn Wissenschaften und insbesondere die Geschichtsschreibung von akademischen Disziplinen dazu neigen, sich auf die Elfenbeinturm-Perspektive des eigenen Faches zu beschränken, so stehen sie doch in einem osmotischen Austauschverhältnis mit der sie umgebenden Gesellschaft, deren sozialen Erwartungen, Funktionen und Strukturen. Wissenschafts-, Universitäts- und Fachgeschichte sind daher einzubetten in die allgemeine Gesellschaftsgeschichte.

e) Politikgeschichte

Zu den charakteristischen Außenbeziehungen der Politikwissenschaft gehört ihr besonders enges Verhältnis zur praktischen Politik. Diese wechselseitige Bedingtheit von Politikwissenschaft und Politikpraxis wirft zahlreiche Fragen auf, zum einen nach den Einwirkungen der realen Politik auf die Wissenschaft von der Politik: Lassen einzelne politische Systeme die Politikwissenschaft zu, und machen sie ihr inhaltliche sowie strukturelle Vorgaben? Welche Funktionen weisen Regierungen der Erforschung und Lehre der Politik zu? Wie fördern sie die Entwicklung dieser Disziplin oder suchen sie zu behindern? In diesem Zusammenhang sind nicht nur negative Sanktionen der Regierenden gegenüber der Politikwissenschaft in Gestalt von Lehrstuhlumwidmungen, politisch motivierten Berufungen und Berufsverboten zu erwähnen, sondern auch positive Sanktionen wie die unterschiedlichen Formen der Wissenschaftsförderung zu berücksichtigen. Zum anderen versuchen auch Politikwissenschaftler auf vielfältige Weise die politischen Entscheidungsinstanzen zu beeinflussen, sei es direkt durch Politikberatung oder Über-

[30] Vgl. die Hinweise in: Albert Somit/Joseph Tanenhaus: The Development of American Political Science. From Burgess to Behavioralism, New York 1967 [2. Auflage: 1982].

nahme politischer Ämter oder indirekt durch politische Bildung und politischen Journalismus.

Die zentrale Frage lautet aber, ob sich das Fach prinzipiell in jedem politischen System oder nur unter bestimmten politischen Bedingungen entfalten kann. Karl Mannheim hat sie 1929 in seinem Hauptwerk über «Ideologie und Utopie» in der Kapitelüberschrift «Ist Politik als Wissenschaft möglich?» gestellt und mit der von ihm konzipierten wissenssoziologischen Methode für das 19. und 20. Jahrhundert zu beantworten gesucht.[31] Die vorliegende Geschichte der Lehre von der Politik ermöglicht es gerade auf Grund der für Deutschland charakteristischen Systemwechsel, diesen Zusammenhang von Politikwissenschaft und politischen Systemen zu überprüfen.

Die Perioden, die hier gesetzt werden sollen, orientieren sich nicht zufällig an den bekannten Einteilungen der politischen Geschichte: Einheit von Herrschaft und Glauben im Mittelalter; Zeitalter der Territorialstaaten und des monarchisch-bürokratischen Absolutismus in der Frühen Neuzeit; bürgerliche Reform und Revolution in der ersten Hälfte des 19. Jahrhunderts; Restauration und wilhelminischer Obrigkeitsstaat in der zweiten Hälfte des 19. Jahrhunderts; liberaler Demokratieversuch in der Weimarer Republik; völkische Diktatur im nationalsozialistischen Dritten Reich; pluralistisch-repräsentative Demokratie in der Bundesrepublik Deutschland nach 1949.

Die Darstellung der Geschichte der Politikwissenschaft vor dem Hintergrund dieser wechselnden politischen Systeme hat die Funktion eines diachronen Vergleichs, durch welchen der Einfluß eines unabhängigen Faktors – in unserem Fall des politisch-gesellschaftlichen Systems – auf eine abhängige Variable – die Entwicklung der Politikwissenschaft – überprüft werden soll.[32] Durch Exkurse über die Entwicklung des Faches in der ehemaligen DDR und im Ausland, insbesondere in den USA, kommt ein synchroner Vergleich mit anderen Staaten und Nationen hinzu. Seit dem Beginn der älteren Lehre von der Politik an den Universitäten des Mittelalters, die mehr europäische als deutsche Institutionen waren, bis in die Gegenwart der weltweiten Vernetzung der Wissenschaften hat es nie eine abgeschottete nationale Tradition einer deutschen Politikwissenschaft gegeben. Vielmehr ist die Geschichte der Politikwissenschaft in Deutschland stets auch eine Geschichte ihrer viel-

[31] Karl Mannheim: Ideologie und Utopie, Frankfurt/Main 1952, S. 95.

[32] Vgl. den inzwischen klassischen Artikel von Arend Lijphart: Comparative Politics and Comparative Method, in: American Political Science Review 65 (1971), S. 682–693.

fältigen internationalen Kommunikations- und Rezeptionsprozesse gewesen.[33]

Die politikgeschichtliche Leitfrage der Geschichte der Politikwissenschaft in Deutschland stammt von Carl Joachim Friedrich. Dieser emigrierte schon vor dem Ende der Weimarer Republik in die USA, wurde dort zu einem prominenten Political Scientist und leistete nach 1949 bei der Wiedergründung der Disziplin in der Bundesrepublik wesentliche Hilfe. Auf der ersten wissenschaftlichen Tagung der Deutschen Vereinigung für die Wissenschaft von der Politik am 2. Mai 1952 in Berlin hielt er das Einleitungsreferat über «Grundsätzliches zur Geschichte der Wissenschaft von der Politik». Friedrich erinnerte seine Gründungskollegen daran, daß die Wissenschaft von der Politik durch ihre lange ideengeschichtliche Tradition «die älteste und zugleich die jüngste aller Wissenschaften von der Gesellschaft der Menschen» sei.[34] Doch der wichtigste Grundsatz war für Friedrich die Feststellung: «Die Wissenschaft von der Politik kann nur in einem freien Staatswesen gedeihen.»[35] Ein gutes Jahrzehnt nach Friedrich hat Karl Dietrich Bracher, später der Nestor der zeitgeschichtlich orientierten Politikwissenschaft in der Bundesrepublik, diesen Gedanken wieder aufgenommen. Bracher postulierte 1965: «Moderne Politische Wissenschaft aber kann heute, das zeigen die Erfahrungen der letzten 50 Jahre, überhaupt nur im Raum des freiheitlichen Rechtsstaates gedeihen, weil nur diese Staats- und Gesellschaftsform eine kritische Analyse ihrer eigenen Elemente zuläßt.»[36]

Für die Überprüfung dieser auch von anderen politikwissenschaftlichen Gründungsvätern wie Franz L. Neumann und Ernst Fraenkel vertretenen Hypothese von der Unabdingbarkeit eines freien demokratischen Staatswesens für eine akademische Lehre der Politik, welche den Namen einer Wissenschaft verdient, bietet die politische Geschichte Deutschlands reichhaltiges Material.

[33] Vgl. als Überblicke über die Politikwissenschaft in verschiedenen europäischen und außereuropäischen Staaten William G. Andrews (Hrsg.): International Handbook of Political Science, Westport/Conneticut, London 1982; Jürgen Bellers (Hrsg.): Politikwissenschaft in Europa (= Studien zur Politikwissenschaft, Bd. 30), Münster 1990 und Hans J. Lietzmann/Wilhelm Bleek (Hrsg.): Politikwissenschaft. Geschichte und Entwicklung in Deutschland und Europa, München, Wien 1996.

[34] Carl Joachim Friedrich: Grundsätzliches zur Geschichte der Wissenschaft von der Politik, in: Zeitschrift für Politik, N. F. 1 (1954), S. 325–336, hier: S. 325.

[35] Friedrich: Geschichte, S. 325.

[36] Karl Dietrich Bracher: Wissenschafts- und zeitgeschichtliche Probleme der Politischen Wissenschaft in Deutschland, in: Kölner Zeitschrift für Soziologie und Sozialpsychologie 17 (1965), H. 3 [= Festschrift für Otto Stammer], S. 447–464, hier: S. 450.

f) Synoptische Konzeption der Wissenschaftsgeschichte

Heute ist es eine akademische Binsenweisheit, daß Universitäten und Wissenschaften nicht im Elfenbeinturm leben. Sie sind keine autonomen und unpolitischen Institutionen, sondern auf vielfältige Weise in gesellschaftliche, politische und wirtschaftliche Rahmenbedingungen eingebunden. Doch die Wissenschaftsgeschichte neigt immer noch dazu, die Fächer als intellektuelle Selbstläufer zu verstehen. Eine umfassende Disziplingeschichte, welche die wechselhaften Konjunkturen des Faches erklären will, muß neben der Vielzahl von endogenen auch die komplexen exogenen Faktoren der Wissenschaftsgeschichte berücksichtigen. Zu den internen Aspekten der Geschichte der Politikwissenschaft gehören an erster Stelle die ihr eigenen Fragestellungen, Themengebiete und Paradigmenwechsel, aber auch ihr Verhältnis zu den übrigen Fächern, also insgesamt ihr inhaltlicher und institutioneller Standort im Fächerkanon der Universitäten. Gesellschaftliche Erwartungen, die in Gestalt von Prüfungsordnungen und Absolventenperspektiven, aber auch von Arbeitsthemen in Lehre und Forschung der Politikwissenschaft einfließen, bilden den Übergang von internen zu externen Faktoren der Disziplingeschichte.

Eine Wissenschaft, die Politik zum Gegenstand hat, steht immer im Lichte des öffentlichen Interesses. So gehört zu den wesentlichen exogenen Faktoren der Entwicklung der Politikwissenschaft die gesellschaftliche Rahmenverfassung mit ihren Grundstrukturen öffentlicher Interessenartikulation. Politikwissenschaft als eine Sozialwissenschaft setzt sich mit diesen gesellschaftlichen Bedingungen nicht nur auseinander, wie ihre kritischen Geister immer wieder betonen. Sie agiert gleichzeitig in den gesellschaftlichen Bezügen, wenn sie zum Beispiel über die sozial etablierten Medienkanäle auf die politische Meinungsbildung der Öffentlichkeit Einfluß nimmt oder die Erwartungen des Berufsmarktes an Absolventen in Lehrplänen und Studienprofilen berücksichtigt. Im letztgenannten Aspekt zeigt sich zugleich die enge Verknüpfung der gesellschaftlichen mit den wirtschaftlichen Rahmenbedingungen des Faches. Zwar steht die Ökonomie im Mittelpunkt von Nachbardisziplinen der Politikwissenschaft wie der Volkswirtschaftslehre, doch die Aufgaben des Staates bei der Gestaltung und Steuerung der Wirtschaftsordnung sind seit jeher ein zentraler und legitimer Gegenstand der Lehre und Forschung von der Politik. Die Staatsaufgaben bestimmen nicht nur die Inhalte der Bemühungen der Disziplin, sondern ihre Konstellation ist auch ein wesentlicher Faktor der Entwicklung des Faches. So wird die Politikwissenschaft in einer Ordnung, die auf der weitgehenden Autonomie von Gesellschaft und Wirtschaft beruht, notwendigerweise eine eingeschränktere Rolle spielen als in einer politischen Konstellation, in welcher der Staat stärker die Gesellschaft mitgestaltet und die Wirtschaft direkt oder indirekt lenkt.

Der wichtigste externe Faktor der Geschichte der Politikwissenschaft ist somit der Staat im historischen Wandel seiner Realverfassungen. Struktur und Prozesse der politischen Herrschaft stehen nicht nur im Mittelpunkt von Lehre und Forschung, sondern setzen auch den Rahmen für die Entfaltungs- und Wirkungsmöglichkeiten der Politikwissenschaft. Während in Diktaturen kein offizieller Raum für eine Wissenschaft von der Politik gewährt wird und ihr in autoritären Systemen höchstens eine beratende und propagandistische Funktion zugesprochen wird, kann die Politikwissenschaft in freiheitlichen Demokratien auf die Gestaltung der öffentlichen Meinung Einfluß nehmen und auch die Politik der Regierenden einer kritischen Analyse unterziehen. Sicherlich hat die Politikwissenschaft entgegen den überzogenen Ansprüchen mancher kritischer Politologen und den Unterstellungen einiger konservativer Kritiker in den sechziger und siebziger Jahren des 20. Jahrhunderts nie eine systemverändernde Funktion gehabt, doch freiheitlich-pluralistische Systeme gewähren ihr einen Spielraum, der über Detailkritik zur Systemreformierung führen kann. Diese Interaktion von politischem System und Politikwissenschaft gilt es in ihrem historischen Wandel anhand einzelner Epochen aufzuzeigen.

Die ganzheitliche und synoptische Sicht der Wissenschaftsgeschichte ist vor allem durch den Ansatz der Wissenssoziologie angeregt worden. Dabei geht es mit Karl Mannheim um die gesellschaftliche Bedingtheit des Denkens und die soziale Gebundenheit des Wissens. Geschichte der Wissenschaft wird diesem wissenssoziologischen Ansatz zufolge nur «verständlich vom totalen besonderen Lebenszusammenhang der dahinterstehenden Gesellschaft».[37] In der vorliegenden Geschichte der deutschen Politikwissenschaft sollen die Hinweise Karl Mannheims auf die «Seinsgebundenheit des Denkens» und die «soziale Genealogie der Denkstandorte» als anregender Leitfaden dienen, ohne daß die von ihm konzipierte wissenssoziologische Methode im einzelnen übernommen und angewandt werden kann.

Im Mittelpunkt einer wissenssoziologisch orientierten Wissenschafts-

37 Mannheim: Ideologie, S. 95.

geschichte steht nach Karl Mannheim die Frage nach dem «Entstehen und Absterben ganzer Wissenschaften». Sie kann nur beantwortet werden, wenn neben der intellektuellen und institutionellen Binnengeschichte des Faches seine universitären, gesellschaftlichen und vor allem politischen Rahmenbedingungen berücksichtigt werden. Hinter dem vorliegenden komplexen Ansatz steht somit die Absicht, für die Entwicklung der Politikwissenschaft eine Art Konjunkturtheorie aufzustellen.

Die Antworten auf diese Vielfalt von Fragen an die Geschichte der Politikwissenschaft dürfen sich nicht auf das Fach im engeren Sinne beschränken, sondern erhalten ihre Aussagekraft erst durch einen vergleichenden Blick auf die konkurrierenden Disziplinen. Nur so läßt sich das Fachspezifische vom Fachübergreifenden, das Besondere vom Allgemeinen unterscheiden. Hinzu kommt, daß die Geschichten der einzelnen akademischen Wissenschaften wie auch diese im allgemeinen nicht säuberlich voneinander zu trennen sind, sondern vielfältige gemeinsame Berührungspunkte und Überlappungen aufweisen. Nachdem in Deutschland das ältere Erbe der akademischen Lehre von der Politik lange Zeit von den Nachbar- und Nachfolgedisziplinen usurpiert worden ist, sollte man nicht den Spieß umdrehen und Karl von Rotteck, Friedrich Christoph Dahlmann, Wilhelm Roscher, Hermann Heller oder Franz L. Neumann zu reinen Politikwissenschaftlern machen. In der Forschung ist die rigide Fächertrennung des ausgehenden 19. Jahrhunderts längst überwunden worden, auch in der Wissenschaftsgeschichte sollte sie einer multi-, wenn nicht interdisziplinären Sichtweise Platz machen.

2. Die Anfänge der Politiklehre an den mittelalterlichen Universitäten (13.–15. Jahrhundert)

Am Anfang war Aristoteles. Dieser bedeutendste griechische Philosoph (384–322 v. Chr.) und Erzieher Alexander des Großen ist in vielfacher Hinsicht der Gründungsvater der Wissenschaft von der Politik. Das trifft nicht nur im Hinblick auf das Teilgebiet der Politischen Theorien zu, deren ideengeschichtliche Darstellungen bis heute in aller Regel von seinen Lehren ausgehen. Aristoteles hat auf klassische Weise viele Archetypen der politischen Erkenntnis und politikwissenschaftlichen Begriffe formuliert und definiert, die bis heute Gültigkeit haben.

Der Begriff des Politischen und der Politik selbst geht auf die griechische Polis zurück.[1] Damit war ursprünglich die Burg und die dazugehörende Siedlung gemeint, woran noch heute der deutsche Begriff des Bürgers erinnert, der sich etymologisch zunächst auf den Begriff des Burgverteidigers und schließlich auf den des Stadtbewohners zurückführen läßt. In der Moderne ist «Polis» mit «Staat» übersetzt worden, doch handelt es sich bei ihr um ein zwar räumlich begrenzteres, aber inhaltlich viel umfassenderes Gemeinwesen, in welchem genossenschaftliche, herrschaftliche und religiöse Elemente miteinander verbunden waren. Diese Stadtgemeinde als das bestimmende Lebenselement der griechischen Gesellschaft wurde seit der Mitte des 5. Jahrhunderts v. u. Z. zum Gegenstand systematischer Erörterungen, wobei die «Politea» als die Bürgerschaft und ihre Verfassung im Mittelpunkt stand. Das Substantiv «Politik» hat sich aus dem Adjektiv des «Politischen» entwickelt, das als «politikos» die bürgerlichen Angelegenheiten bezeichnete. Diese griechischen

[1] Christian Meier/Paul Ludwig Weinacht/Ernst Vollrath: Politik, in: Joachim Ritter/Karlfried Gründer (Hrsg.): Historisches Wörterbuch der Philosophie, Bd. 7, Basel 1989, Sp. 1038–1072 und W. Nippel: Polis, in: Ebd., Sp. 1032–1034 sowie Volker Sellin: Politik, in: Otto Brunner/Werner Conze/Reinhart Koselleck (Hrsg.): Geschichtliche Grundbegriffe. Historisches Lexikon zur politisch-sozialen Sprache in Deutschland, Bd. 4, Stuttgart 1978, S. 789–874. Vgl. auch Christian Meier: Die Entstehung des Politischen bei den Griechen, Frankfurt/Main 1980, Ernst Vollrath: Grundlegung einer philosophischen Theorie des Politischen, Würzburg 1987 und Jürgen Gebhardt: Zum Begriff des Politischen in der hellenischen Antike, in: Wolfgang Merkel/Andreas Busch (Hrsg.): Demokratie in Ost und West. Für Klaus von Beyme, Frankfurt/Main 1999, S. 36–54.

Wirklichkeiten und Denktraditionen hat Aristoteles aufgenommen und in seiner «Politik», aber auch in anderen Werken empirisch dargestellt und theoretisch begründet.[2]

Grundlegend für die aristotelische Politikkonzeption ist das Verständnis des Menschen als «zoon politikon», als eines von der Natur aus zum Leben in der bürgerlichen Gemeinschaft angelegten Wesens. Mit diesem Axiom hat Aristoteles Politik als sozialen Tatbestand verankert und die Wissenschaft von der Politik erst ermöglicht. Im Mittelpunkt seiner Lehren steht das Ziel (Telos) des «Guten für den Menschen», an dem sich die Polis und ihre Ordnung auszurichten haben. Daher kann es nicht verwundern, daß Aristoteles die Politik als «die wichtigste und grundlegendste Wissenschaft» angesehen hat.[3] Seit Aristoteles ist die Politikwissenschaft eine sowohl empirische als auch normative Wissenschaft von der Verfaßtheit der «guten Gesellschaft», auch wenn einzelne Politikwissenschaftler und ganze Generationen immer wieder dem Irrtum aufgesessen sind, ihre Erkenntnisse hätten keine normativen Implikationen.

Aristoteles ist aber nicht nur der Stammvater der politischen Theorie und der empirischen Politikwissenschaft, er hat auch an der ideellen und organisatorischen Ausprägung jener griechischen Philosophen-Akademien mitgewirkt, die Vorläufer der Universitäten sind. Sein universales wissenschaftliches Werk hat über Jahrhunderte in vielen Fächern nachgewirkt. So beginnt auch die Geschichte der Politikwissenschaft mit Aristoteles, selbst wenn die universitäre Lehre der Politik erst anderthalb Jahrtausende nach ihm das Licht der Welt erblickte.

a) Die Entstehung der Universitäten

Die Lehre von der Politik an den Universitäten ist so alt wie diese Institutionen selbst. Beide gehen auf das europäische Mittelalter zurück. Zwar gab es schon in früheren Hochkulturen Bildungsinstitutionen wie die babylonischen Bibliotheken, das Museum von Alexandria, die hellenischen Philosophen-Akademien, die römischen Rechtsschulen, die islamischen Gelehrtenschulen und die christlichen Klöster, in denen intellektu-

[2] Zu Entstehungsbedingungen und Inhalten der aristotelischen Politik vgl. Peter Steinmetz (Hrsg.): Schriften zu den Politika des Aristoteles, Hildesheim, New York 1973.

[3] Aristoteles: Die Nikomachische Ethik, neu übersetzt mit einer Einleitung und erklärenden Anmerkungen versehen von Olof Gigon (= Werke des Aristoteles, Bd. 3), Zürich, Stuttgart ^{2}1967, 1094a 28. Vgl. auch Aristoteles: Politik, übersetzt und erläutert von Eckart Schütrumpf, Darmstadt 1991, 1282b 15.

elle Arbeit geleistet wurde. Doch Universität als «universitas magistrorium et scholarium», als umfassende Gemeinschaft von Lehrenden und Forschenden, entstand erst ab dem Ende des 11. Jahrhunderts in Europa, als sich jene korporativen Schutzgemeinschaften von Dozenten und Studenten ausbildeten, deren institutionelle und ideelle Strukturen bis heute nachwirken.

Die Universität als Institution hat eine übergreifende universale europäische Tradition, die noch vor den partikularen Territorialherrschaften und späteren Nationalstaaten begründet wurde.[4] Der Geburtsort der Universitäten liegt in Italien und Frankreich. Als älteste Hochschulen gelten das oberitalienische Bologna, wo gegen Ende des 11. Jahrhunderts eine Universität entstand, und Paris, das in der Mitte des 12. Jahrhunderts zur Universitätsstadt wurde. Bologna ging aus Rechtsschulen hervor und wurde von der Stadt und ihrem Patriziertum getragen, während Paris aus Dom- und Klosterschulen entstand und seine Stiftung sowohl dem Papst als auch dem französischen König verdankte. Hier bildete sich die klassische Universitätsverfassung mit Fakultäten, Dekanen und dem Rektor heraus.[5]

Von Bologna und Paris ausgehend, wurden zunächst weitere Hochschulen in Frankreich und Italien gegründet, dann auch in England (Oxford 1167, Cambridge 1233) und Spanien (Salamanca 1230). Im deutschen Sprachraum hingegen verzögerte sich die Etablierung von Universitäten bis in die Mitte des 14. Jahrhunderts, vor allem wegen der territorialen Zersplitterung und damit einhergehend der fragilen Existenz der Zentralgewalt im Reich, aber auch aufgrund der wirtschaftlichen Rückständigkeit. Erst die Blüte der Dynastien der Luxemburger und der Habsburger schuf im Reich die Voraussetzung für Universitätsgründungen.

Die erste deutsche Universität wurde 1348 von Karl IV., Kaiser des Heiligen Römischen Reiches und König von Böhmen, in seiner Residenzstadt Prag gegründet.[6] Sie ging als deutsche Karls-Universität erst

[4] Vgl. Walter Rüegg (Hrsg.): Geschichte der Universität in Europa. Bd. 1: Mittelalter, München 1993.

[5] Vgl. neben der immer noch für die geschichtlichen Grundlagen der gegenwärtigen Universitätsverfassung aufschlußreichen Dissertation des späteren Autors und Filmemachers Alexander Kluge: Die Universitäts-Selbstverwaltung. Ihre Geschichte und gegenwärtige Rechtsform, Frankfurt/Main 1958 Jacques Le Goff: Die Intellektuellen im Mittelalter, Stuttgart [2]1987.

[6] Vgl. den instruktiven Überblick zur Gründungsgeschichte der deutschen Universitäten bei Ferdinand Seibt: Von Prag bis Rostock. Zur Gründung der Universitäten im Mittelalter, in: Helmut Beumann (Hrsg.): Festschrift für Walter Schlesinger, Bd. 1, Köln, Wien 1973, S. 406–426.

mit dem großdeutschen Alptraum des Nazireiches unter, doch die tschechische Karls-Universität bewahrt heute noch eine ursprünglich deutsche Tradition. In Konkurrenz zu dieser luxemburgischen Universitätsgründung in Prag etablierte Herzog Rudolf IV. von Österreich 17 Jahre später, im Jahr 1365, die Wiener Universität. 1379 wurde die erste deutsche Universität auf dem Gebiet des heutigen Deutschland durch päpstliches Privileg für Erfurt gestiftet. Doch da die Gründung – auch infolge des kirchlichen Schismas: der nicht siegreiche Papstkonkurrent hatte die Urkunde ausgestellt – erst 1392 vollzogen wurde sowie die Erfurter Universität gegen Ende des 18. Jahrhunderts untergegangen und erst 1991 wiedergegründet worden ist, wird dieser Ehrenrang meistens nicht anerkannt. So gilt vielen heute trotz Prag, Wien und Erfurt die 1385 gegründete Universität Heidelberg als die älteste deutsche Hochschule – ein Beispiel für die Schwierigkeiten mit dem Deutschlandbegriff in der deutschen Geschichte.

Die mittelalterlichen Universitäten waren nicht akademische Lehr- und Forschungsstätten im modernen Sinne. Vielmehr gingen ihre Gründungen aus der christlichen Kirche hervor und waren dieser sowohl in Doktrin und Personal als auch in Finanzierung und Profession verbunden.[7] Universitäre Lehre stand in enger Verknüpfung mit der Verkündigung des christlichen Glaubens. So heißt es in dem Stiftungsbrief des Papstes Clemens VI. für die Prager Universität von 1347: «Wir [...] geben [...] Gelegenheit zur Verfolgung wissenschaftlicher Studien, durch welche die Ehre der Gottheit und die Lehre ihres katholischen Glaubens verbreitet [...] wird.»[8] Die Lehrinhalte, die «ex cathedra» verkündet wurden, waren dem christlichen Dogma verpflichtet, und das ganze Mittelalter hindurch dominierte den Lehrplan ein Kanon an theologischen Schriften.

Die Vermittlung eines christlichen Weltbildes als Hauptaufgabe der mittelalterlichen Universitäten schlug sich auch in den Formen universitärer Lehre nieder. Zwei Grundzüge haben den universitären Kommunikationsalltag über Jahrhunderte, teilweise bis heute, geprägt: das Lateinische als die offizielle Sprache und die Vorlesung als zentraler Veranstaltungstypus. Daß an allen europäischen Universitäten bis weit in die

[7] Vgl. Jürgen Miethke: Die Kirche und die Universitäten im 13. Jahrhundert, in: Johannes Fried (Hrsg.): Schulen und Studium im sozialen Wandel des hohen und späten Mittelalters (= Vorträge und Forschungen, Bd. 30), Sigmaringen 1986, S. 285–320.

[8] Aus: «In civitate Pragensi erigitur studium generale», abgedruckt in: Ladislai Klicman (Hrsg.): Acta Clementis Sexti VI. pontificis Romani. 1342–1352 (= Monumenta Vaticana res gestas Bohemicas illustrantia, Bd. 1), Prag 1903, S. 495.

Neuzeit hinein in Latein gelehrt, geforscht und verwaltet wurde, war keineswegs Ausdruck der Rückständigkeit, sondern ermöglichte eine erstaunliche Mobilität von Gelehrten, Studenten und gelehrtem Wissen. Die Universitäten waren von ihrer Gründung her universale und nicht nationale Organisationen.

Diese Feststellung wird durch die Tatsache bestätigt, daß es an den mittelalterlichen Hochschulen wie bei den Konzilen der Kirche Nationen gab, die in der Geschichte des Begriffs «Nation» eine bedeutende Rolle spielten. Anknüpfend an das lateinische Verständnis von «natio» als Geburt und Abstammung organisierten sich an den meisten älteren Universitäten die Magister als die Lehrenden und die Scholaren als die Studenten zu landsmannschaftlichen Schutzverbänden, bei denen es um die Verteidigung gemeinsamer Rechte, aber auch die Sicherung der gemeinschaftlichen Unterbringung und Verpflegung ging. An den Universitäten, welche dem Gründungsmodell von Bologna folgten, waren die Nationen sogar die Grundeinheiten der Universitätsverfassung, während die Universität Paris sich vorzugsweise in Fakultäten einteilte. Die Zuordnung der Lehrenden und Lernenden zu diesen Nationen folgte keineswegs dem modernen nationalstaatlichen Raster, sondern fiel in Anzahl sowie räumlicher Größe höchst unterschiedlich aus. So gab es unter den 17 Nationen der Universität Bologna auch eine «natio germanica», während Prag als die älteste Universität im Heiligen Römischen Reich vier Nationen unterschied, neben der böhmischen die polnische, die bayerische und die sächsische. In einem modernen Sprachverständnis können die mittelalterlichen Universitätsnationen als Heimatverbände in einer internationalen Institution verstanden werden.

Infolge der Vielzahl der Universitätsgründungen und vor allem der Abschottungspolitik der jeweiligen Landesherren gegen Ende des Mittelalters und zu Beginn der Neuzeit wurde der Einzugsbereich der Hochschulen immer kleiner, und daher wurde an den territorialstaatlich organisierten Universitäten die landsmannschaftliche Institution der Nationen hinfällig. Doch knüpfte an dieses untergegangene universitätsgeschichtliche Phänomen des Mittelalters in der Moderne der publizistische und politische Siegeszug des umstrittenen Begriffs der Nation als der eines Staatsvolkes an. Die Universitäten in Europa und der ganzen Welt sind erst in der Gegenwart dabei, ihre in den letzten einhundert Jahren dominierenden nationalstaatlichen Abgrenzungen zu überwinden und wieder zu europäischen und internationalen Institutionen zu werden, wobei aber nicht mehr Latein, sondern Englisch als «lingua franca» fungiert.

Neben der gemeinsamen lateinischen Sprache waren die Vorlesungen die zweite Gemeinsamkeit des gesamteuropäischen Universitätstypus. Der akademische Lehrbetrieb folgte einem festen Ablauf, der aus Vorlesung oder gemeinsamer Lesung eines Textes (lectio), dem Diktat aus einem festgelegten Lehrbuch und der Kommentierung bestand. Danach wurde in Diskussionen (disputationes) der Lehrstoff durch Frage (questio) und Antwort (responsio) zu vertiefen gesucht, bevor man ihn in Gestalt der Auflösung (determinatio) dem ritualisierten Ende zuführte. Diese Lehrformeln waren sowohl im Ablauf als auch im Inhalt fest vorgeschrieben. Lernen war daher an mittelalterlichen Universitäten weniger intellektuelles Suchen als vielmehr Einüben vorgegebener Wahrheiten. Nicht ohne Grund hieß die Fakultät, in der alle Studenten zunächst studieren mußten, Artistenfakultät, wurden in ihr doch grundlegende Kunstfertigkeiten (artes) vermittelt.

Aus dem Universitätsstudium gingen im Mittelalter vor allem Geistliche hervor, die keineswegs nur das Priesteramt bekleideten. Vielmehr bildeten Geistliche und Mönche den des Lesens und Schreibens mächtigen Gelehrtenstand (clerici litterati), der auch die Lehrer an Schulen, die Verwaltungsbeamten und Juristen in Kirchenorganisationen und an den fürstlichen Höfen stellte. Im Englischen wird diese Herkunft der modernen Verwaltungsorganisation und ihres qualifizierten Personals von den mittelalterlichen Clerici noch heute im Begriff des «Clerk» deutlich, der viel mehr ist als ein einfacher deutscher Angestellter.

Obwohl also die Universitäten auf der dogmatischen Seite fest in die christliche Glaubenswelt des Mittelalters inkorporiert waren, so wirkten sie auf der sozialgeschichtlichen Seite, wie auch die Kirchen selbst, als Institutionen sozialer Mobilität und damit des gesellschaftlichen Wandels.[9] Lehrende und Lernende waren in den Rahmen der Kirche eingebunden, entwickelten sich jedoch immer mehr zu einem eigenständigen Stand mit Privilegien verschiedenster Art. Die auf Bildung beruhende Mitgliedschaft in dieser Zunft gewährte Freiheiten und Aufstiegsmöglichkeiten, auch und gerade für die Angehörigen der unteren Schichten.

Nicht nur in den Inhalten und Formen der Lehre, auch in vielen Äußerlichkeiten orientierten sich die entstehenden Universitäten an der christlichen Kirche. Die ersten Universitäten hatten zunächst keine eige-

[9] Vgl. Laetitia Boehm: Libertas Scholastica und Negotium Scholare. Entstehung und Sozialprestige des akademischen Standes im Mittelalter, in: Hellmuth Rössler/Günther Franz (Hrsg.): Universität und Gelehrtenstand 1400–1800, Limburg/Lahn 1970, S. 15–61.

nen Gebäude, sondern lehrten in Klöstern sowie Domschulen und führten ihre feierlichen Disputationen in Kirchen durch. Als dann eigene Gebäude für die Universitäten gestiftet wurden, lehnten sich diese an das Vorbild der klösterlichen viereckigen Bauweise mit Kreuzgang und Kirche an; in den Colleges der angelsächischen Länder ist diese Bauform, die Lehren, Lernen und Wohnen der Studierenden wie der Lehrenden vereint, bis heute zu beobachten. Die meisten Professoren jener Frühzeit der Universitäten – diese Amtsbezeichnung für die Universitätslehrer setzte sich erst im 15. und 16. Jahrhundert durch – waren unverheiratet, das galt auch für die Laien unter ihnen. Sie trugen die Amtskleidung des geistlichen Standes, und auch die Studenten, die zu ihren Füßen saßen, signalisierten durch ihre Talare, daß sie entweder Kleriker waren oder werden wollten. Diese auf das Mittelalter zurückgehende Tradition einer Amtstracht der Universitätslehrer hat sich bis in die jüngste Vergangenheit erhalten. Während der Studentenrevolte von 1968 ist in der Bundesrepublik die Abschaffung des professoralen Standeshabits mit dem Kampfruf durchgesetzt worden: «Unter den Talaren der Muff von tausend Jahren». Doch viele der fortschrittlich gesinnten Studierenden haben sich nach eigener Promotion Doktorhüte aufsetzen lassen, die doch aus derselben Traditionskammer wie die professoralen Talare stammten.

b) Artistenfakultät und -studium

Seit ihrer Gründung im Mittelalter sind Universitäten in Fakultäten unterteilt worden. Der Begriff kommt von dem lateinischen «facultas», der Fähigkeit, dem Vermögen. Daraus hat sich das heutige Begriffsverständnis der Bezeichnung einer Gruppe von zusammenhängenden Wissenschaften entwickelt. Die Einteilung der Universität in Fakultäten ist damit der Beginn eines Differenzierungsprozesses, der die Geschichte der Hochschulen und auch der Lehre der Politik bis heute dominiert.[10] Fakultäten sind vom mittelalterlichen Ursprung der Universitätsverfassung her die Gesamtheit der Lehrenden und Studierenden der großen Fächer. Erst in neueren Zeiten haben sich deren Befugnisse als Entscheidungsorgane auf Fakultäten im engeren Sinne als die Gesamtheit der Professoren unter Führung der Dekane verlagert, deren Zusammensetzung in

[10] Vgl. Rudolf Stichweh: Differenzierung der Wissenschaft, in: Rudolf Stichweh: Wissenschaft, Universität, Professionen, Frankfurt/Main 1994, S. 15–51.

der Bundesrepublik durch die Hochschulreformen der siebziger Jahre des 20. Jahrhunderts und die Einführung der Gruppenuniversität mit der Einbeziehung von Vertretern des akademischen Mittelbaus und der Studierenden zwar erweitert, aber nicht grundsätzlich in Frage gestellt wurde.

Als umfassende Fachbereiche kannten die europäischen Universitäten bis ins späte 19. Jahrhundert nur vier Fakultäten. Dabei standen sich die sogenannte Artistenfakultät als eine im Studium vorgeschaltete untere Fakultät und die drei oberen Fakultäten gegenüber. Diese waren die Theologische Fakultät als Ausbildungsstätte der Kleriker und Glaubensinstanz, welche den höchsten Rang innehatte, gefolgt von der Juristischen und der Medizinischen Fakultät.

Die Artistenfakultät, die Fakultät der «freien Künste», war die größte Fakultät an den mittelalterlichen Universitäten: Ihr gehörten über zwei Drittel aller Studenten an.[11] Da es keine feste Regelung der Zulassung zur Hochschule gab, bereitete man sich auf den Besuch der oberen Fakultäten in der Artistenfakultät vor, deren allgemeinbildendes Studium Voraussetzung für die folgende Berufsausbildung war. Die Lehrenden der Artistenfakultät waren gleichzeitig Lernende in den drei oberen Fakultäten. Dem Studium in den mittelalterlichen Artistenfakultäten entspricht noch heute in den angelsächsischen Ländern das College-Studium, das zwischen dem Besuch der Highschools und der Graduate Schools der Theologen, Mediziner, Juristen sowie der Geistes-, Gesellschafts- und Naturwissenschaftler angesiedelt ist. Nur in Deutschland ist die propädeutische Artistenfakultät zu Beginn des 19. Jahrhunderts zur gleichgeordneten Philosophischen Fakultät geworden. Dies ist eine Folge der von den preußischen Staatsmännern und Beamten initiierten Reformen des Bildungswesens und insbesondere der Etablierung des Gymnasiums sowie des Abiturs als Hochschulreifeprüfung. Die philosophischen Fakultäten übernahmen nun auch spezielle Berufsausbildungsfunktionen, insbesondere für das höhere Lehramt, und aus ihnen hat sich im 20. Jahrhundert die ganze heutige Breite der geistes- und naturwissenschaftlichen Fachbereiche ausdifferenziert.

[11] Vgl. neben Gordon Leff/John North: Die artes liberales, in: Walter Rüegg (Hrsg.): Geschichte der Universität in Europa. Bd. 1: Mittelalter, München 1993, S. 279–320 die Geschichten einzelner Artistenfakultäten, z. B. Gerhard Ritter: Die Universität Heidelberg. Ein Stück deutscher Geschichte. Bd. 1: Das Mittelalter (1386–1508), Heidelberg 1936, Kap. 8 und Jürgen Steiner: Die Artistenfakultät der Universität Mainz 1477–1552. Ein Beitrag zur vergleichenden Universitätsgeschichte (= Beiträge zur Geschichte der Universität Mainz, Bd. 14), Stuttgart 1989.

Die «freien Künste» (artes liberales), die man in der Artistenfakultät studierte, waren entgegen einem modernen Mißverständnis nicht beliebig, sondern hießen so, weil das Studium dieser Bildungsfächer den Absolventen «frei» von seinem vorherigen Stand machte. Das Studium befreite, aber sein Inhalt war durchaus nicht frei. Die «sieben freien Künste» (septem artes liberales) beruhten vielmehr auf antiken Vorgaben einer Hierarchie des Wissens, die vom römischen Bildungswesen aufgenommen und im Mittelalter der christlichen Lehre angepaßt wurden. Diese sieben Künste waren aufgeteilt in die drei sprachlichen Fächer der Grammatik, Rhetorik und Logik (trivium) sowie die vier mathematischen Fächer der Arithmetik, Geometrie, Astronomie und Musik (quadrivium). Diese Disziplinen sollten das gesamte Wissen der Zeit aufnehmen, mit Ausnahme der Theologie, der Rechtswissenschaft und der Medizin als den Gegenständen der oberen Fakultäten. Dieser auf Trivium und Quadrivium beruhende Studienplan der «freien Künste» wurde mit der Zeit von der Unterteilung in zwei Kurse, die jeweils zwei Jahre andauerten, überlagert und schließlich verdrängt. Der untere Kurs hatte Schriften zur Logik, Dialektik und Rhetorik zum Gegenstand, im oberen traten neben Mathematik, Physik und Astronomie auch die praktische Philosophie mit den Bereichen der Ethik, Ökonomik und Politik hinzu. Beiden Kursen wie insgesamt dem Artistenstudium lagen vor allem die Schriften von Aristoteles und deren zeitgenössische Kommentierungen zugrunde. Diese umfassende Rezeption des griechischen Klassikers dominierte auch die Lehre der Politik.

Die ältere Lehre von der Politik war vorzugsweise in der Artistenfakultät verankert. Allerdings war neben der in der Artistenfakulät vermittelten praktischen Philosophie die in den Juristischen Fakultäten gelehrte Kanonistik eine wesentliche weitere Quelle für die politische Theoriebildung.[12] Ihre Inhalte und Kontroversen strahlten infolge der großen Bedeutung der Amtskirche für die mittelalterliche Welt und deren Vorbildcharakter für die Verfassung der sich erst langsam emanzipierenden politischen Institutionen auf weite Bereiche der öffentlichen Diskussion aus.

Die Zulassung zum Studium an der Artistenfakultät setzte Grundkenntnisse in Latein und Rechnen voraus, alles weitere war Gegenstand des Artistenstudiums, das in der Regel vier Jahre umfaßte. Man wurde

[12] Vgl. Jürgen Miethke: Die Kanonistik als Leitwissenschaft für die politische Theorie der scholastischen Universität, in: Wilhelm Bleek/Hans J. Lietzmann (Hrsg.): Schulen der deutschen Politikwissenschaft, Opladen 1999, S. 33–59.

mit durchschnittlich 15 Jahren aufgenommen und schloß das Artistenstudium mit dem Grad des «baccalaurius» ab. Später konnte auch in der Artistenfakultät der Magistergrad eines «Magister artium», der Meister der Künste, erworben werden. Mit diesem Abschluß wurde man in das Magisterkollegium der Fakultät als deren akademischer Lehrkörper aufgenommen. Neben den Magisterkollegien gab es auch Doktorkollegien, in denen sich die Doctores, die «Gelehrten», versammelten. Bis ins 15. Jahrhundert waren die beiden Grade weitgehend synonym, dann setzte sich der Doktorgrad als Privileg der höheren Fakultäten von dem Magister-Abschluß der Artistenfakultäten ab. Der heute bekannte Typus der Dissertation setzte sich erst an der Schwelle zum 17. Jahrhundert durch. Sie wurde anfänglich oft von den Doktorvätern verfaßt, bei denen sich die Doktoranden durch Geschenke und Doktorschmaus erkenntlich zeigen mußten. Insgesamt hatten die akademischen Prüfungen also ihren Ursprung in der Selbstrekrutierung des Lehrkörpers, erst beim Übergang vom Mittelalter zur Neuzeit wurden sie zur Auszeichnung ihres Trägers durch eine Art «geistigen Adel», welcher ihrem Inhaber Berufs- und Sozialprestige vermittelte. Weil Magister- und Doktortitel in den späteren Jahrhunderten inflationär anwuchsen und damit ihre Funktion für die Auswahl des Lehrkörpers verloren ging, entstand Anfang des 19. Jahrhunderts in Deutschland die Habilitation als Voraussetzung für die akademische Lehrbefähigung, die heute noch von jedem Hochschullehrer erwartet wird.

c) Die aristotelische Tradition der älteren Lehre der Politik

Aristoteles war für das Studium und die Wissenschaft an den mittelalterlichen Universitäten eine solche Autorität, daß er oft nicht beim Namen genannt, sondern lediglich als «der Philosoph» (philosophicus) bezeichnet wurde. Dabei wurden die meisten seiner Schriften erst in der zweiten Hälfte des 12. Jahrhunderts und im 13. Jahrhundert wiederentdeckt, insbesondere durch die Vermittlung arabischer und jüdischer Gelehrter, wie den Philosophen und Arzt Moses Maimonides (1135–1204), der nicht nur den Sultan Saladin unterrichtete, sondern auch die christliche Scholastik beeinflußte.[13] Anfangs versuchte die christliche Kirche, den Siegeszug der Lehren des heidnischen Philosophen Aristoteles zu unter-

[13] Maurice-Ruben Hayoun: Maimonides. Arzt und Philosoph im Mittelalter. Eine Biographie, München 1999.

drücken, und erließ in der ersten Hälfte des 13. Jahrhunderts zahlreiche entsprechende Verbote, zum Beispiel für den Lehrplan der neugegründeten Pariser Universität.[14] Doch auf Dauer konnte die Rezeption der Lehren von Aristoteles nicht aufgehalten werden. Die Verschmelzung von griechischem Wissen und christlichem Glauben führte so weit, daß Mitte des 15. Jahrhunderts an der Universität zu Köln die Seligsprechung des Aristoteles Thema einer Magisterdisputation mit der Fragestellung wurde: «Ob Aristoteles und andere Heiden vor Verkündigung des Evangeliums unter der Zahl der Erlösten gewesen sind».[15]

Die mittelalterliche Rezeption der Schriften von Aristoteles und ihre Verankerung im gelehrten Unterricht waren vor allem das Werk der beiden großen Theologen Albertus Magnus (ca. 1200–1280) und Thomas von Aquin (1225–1274), die in Köln und später in Paris im Generalstudium des Dominikanerordens als dem Vorläufer der Universitäten lehrten. Diese geistigen und geistlichen Väter der Ideenschule der Scholastik verknüpften die aristotelischen Schriften mit der christlichen Glaubenslehre und machten sie so zu Stützpfeilern nicht nur der von Thomas von Aquin geprägten Philosophie, sondern der ganzen Universitätslehre. In ihrer Tradition wurde ein Jahrhundert später in Köln im Jahr 1388 die Universität gegründet, die bis in die Frühe Neuzeit eine Hochburg des Aristotelismus war.[16]

Aristoteles war die Autorität nicht nur für philosophische und naturwissenschaftliche, sondern auch für politische Wahrheiten. Seine politischen Bücher (libri politicarum) wurden die Grundlage der Lehre im politischen Unterricht an den spätmittelalterlichen Universitäten.[17] Allerdings war die «Politea», die «Politik» des Aristoteles, lange Zeit verschollen und nur dem Titel nach bekannt. Um 1260 wurde das Werk von dem Brabanter Dominikanermönch Wilhelm von Moerbeke aus dem Griechischen ins Lateinische übertragen, und zehn Jahre später folgte Thomas

[14] Literarisch verarbeitet hat die Angst der Kleriker bei der Rezeption von Aristoteles: Umberto Eco: Der Name der Rose. Roman, München et al. 1984.

[15] Robert Heiss: Der Aristotelismus in der Artistenfakultät der alten Universität Köln, in: Hubert Graven (Hrsg.): Festschrift zur Erinnerung an die Gründung der alten Universität Köln im Jahre 1388, Köln 1938, S. 288–315, S. 310.

[16] Vgl. Erich Meuthen: Die alte Universität (= Kölner Universitätsgeschichte, Bd. 1), Köln, Wien 1988.

[17] Die folgende Darstellung der frühen Universitätslehre der Politik ist vor allem durch die Arbeiten von Hans Maier angeregt worden, insbesondere: Hans Maier: Die Lehre der Politik an den älteren deutschen Universitäten, in: Dieter Oberndörfer (Hrsg.): Wissenschaftliche Politik. Eine Einführung in die Grundfragen ihrer Tradition und Theorie, Freiburg/Breisgau 1962, S. 59–116.

von Aquin mit der Übersetzung des gesamten überlieferten Werkes. Präziser waren später die Übertragungen italienischer Humanisten aufgrund der Kenntnis des griechischen Originals. Die Scholastiker versahen ihre aristotelischen Übersetzungen zugleich mit Kommentaren, die vor allem eine Paraphrase der Texte und deren Anpassung an die Fundamente der christlichen Glaubenslehre zum Inhalt hatten. Was auf diese Weise im Mittelalter mit den Ideen des antiken Philosophen Aristoteles geschah, war ein aufregendes Beispiel einer komplexen Übersetzungs- und Rezeptionsgeschichte.

Erst durch die Rezeption der aristotelischen «Politik» seit Mitte des 13. Jahrhunderts wurde das politische Gemeinwesen wieder zum Inhalt eines eigenständigen Begriffs.[18] Zuvor war das mittelalterlichen Denken von der auf die Zwei-Reiche-Lehre von Augustinus zurückgehenden christlichen Weltanschauung dominiert worden, wonach die irdische Herrschaft als Folge des Sündenfalls zu verstehen sei, der Verhinderung des dadurch von der Menschheit verursachten Chaos diene und lediglich in der Unterwerfung unter die Herrschaft Gottes zu akzeptieren sei. Jetzt gelangte man, durch die Aufnahme der aristotelischen Lehre von der politischen Natur des Menschen, zu einer eigenständigen, von der Kirche unabhängigen ethischen Begründung des Gemeinwesens. Dessen Notwendigkeit führte Thomas von Aquin mit Aristoteles auf die Natur der Menschen zurück. Doch damit meinte er nicht, wie der griechische Philosoph, das natürliche Streben nach Glückseligkeit, sondern den Umstand, daß die Menschen von Natur aus den Einflüssen der Umwelt preisgegeben seien und sich daher zu gemeinschaftlichen Schutzverbänden zusammentun müßten. Der Vater der scholastischen Schule als eines christlichen Aristotelismus stellte die so begründete politische Gemeinschaft noch unter die Herrschaft Gottes. Doch leitete seine politische Philosophie eine denkerische Entwicklung ein, die zur Verselbständigung von politischer Gemeinschaft und Herrschaft gegenüber der kirchlichen Autorität sowie zur Scheidung von theologischer Glaubensinterpretation und politischen Theoriebemühungen führte.

Einen weiteren Höhepunkt erreichte diese Verselbständigung der politischen Theorie und insbesondere die auf der aristotelischen «Politik» aufbauende natürliche Begründung der staatlichen Gemeinschaft in der Schrift des gelehrten Magister Artium, Theologiestudenten, praktizieren-

[18] Zum folgenden vor allem Tilman Struve: Die Bedeutung der aristotelischen «Politik» für die natürliche Begründung der staatlichen Gemeinschaft, in: Jürgen Miethke (Hrsg.): Das Publikum politischer Theorie im 14. Jahrhundert (= Schriften des Historischen Kollegs, Bd. 21), München 1992, S. 153–171.

den Arztes und Kaiserberaters Marsilius von Padua (ca. 1275/80–1342/43) über den «Defensor Pacis», den Verteidiger des Friedens.[19] In ihr wurde auf jede ethische oder gar religiöse Begründung des politischen Gemeinwesens verzichtet, vielmehr wurde dieses auf die biologischen Notwendigkeiten der Menschen zurückgeführt. Darauf gründend konzipierte Marsilius eine politische Theorie von den Herrschaftsformen und insbesondere den Gesetzen, die unter Verwendung aristotelischer Begriffe der politischen Wirklichkeit des beginnenden 14. Jahrhunderts gerecht wurde, aber auch in vielem die Vertragstheorien der Neuzeit vorwegnahm. So wurde im Spätmittelalter der irdisch-politischen Sphäre sukzessive ein von der Glaubenswelt unabhängiger Zweck zuerkannt, und damit begann sich auch der Gedanke eines autonomen Staates auszubreiten. Der aristotelischen «Politik» kam dabei eine «wichtige Geburtshelferfunktion»[20] nicht nur bei der Ausbildung einer säkularen Staatsvorstellung, sondern auch für die Entfaltung einer eigenständigen politischen Theorie und darüber hinaus der Etablierung eines selbständigen Universitätsfaches der Politik, oder wie der Dominikanergelehrte aus dem süditalienischen Aquino es genannt hatte, einer «scientia politica», einer politischen Wissenschaft, zu.

Seit dem Ende des 14. Jahrhunderts vermehrten sich dementsprechend die Anzeichen für einen eigenständigen politischen Unterricht an den Universitäten. So wurden Vorlesungen über «Politik» zum Beispiel seit 1390 für das Artistenstudium an der Universität Prag, im Jahr zuvor in Wien und etwa in der gleichen Zeit in Heidelberg, ferner 1410 in Leipzig und 1449 in Erfurt für die künftigen Magister statutenmäßig vorgeschrieben.[21]

Die inhaltliche Bedeutung der Lehre der Politik an den Universitäten ergab sich nicht nur aus den einzelnen Texten des Aristoteles und ihrer Interpretation durch die Scholastiker, sondern auch durch die systematische Plazierung dieser ältesten Politikwissenschaft im Kontext der Universitätsdisziplinen. Die Politik-Vorlesungen gehörten zum großen Bereich der Philosophie, der die sieben «freien Fächer» des Triviums und Quadriviums durchdrängt und ergänzt hatte. Die Philosophie ihrerseits wurde in eine theoretische und eine praktische Philosophie aufgeteilt. Die theoretische Philosophie umfaßte Studien der Physik und Mathema-

[19] Vgl. Miethke: Theorien, S. 111 ff.

[20] Struve: Bedeutung, S. 171.

[21] Hans Maier: Die Lehre der Politik an den älteren deutschen Universitäten, in: Hans Maier: Politische Wissenschaft in Deutschland. Lehre und Wirkung, München ^{2}1985, S. 31–67, S. 248, Anm. 4.

tik, dort wurde das «Organon» des Aristoteles, seine logischen Schriften, gelesen. Die praktische Philosophie, auch Moralphilosophie genannt, war wiederum aristotelisch dreigegliedert in Ethik, Ökonomik und Politik. Bei der Ethik ging es um die Grundlagen des sittlichen Handelns, bei der Ökonomik um die Lehre vom «ganzen Haus» und bei der Politik um die Polis, die gerechte Gestaltung des Gemeinwesens. Alle drei Fächer standen in einem engen Zusammenhang, da die neuzeitliche Scheidung von Individuum, Gesellschaft und Staat weder realiter noch idealiter im Mittelalter existierte. So war Ethik die Lehre vom sittlichen Handeln des Einzelnen, der sich nur in der Familien- und Hausgemeinschaft verwirklichen konnte. Der Staat seinerseits beruhte auf der Gemeinschaft der Familien und Häuser, und daher war die Lehre von der Politik der krönende Abschluß der moralphilosophischen Disziplinen, indem sie die Suche nach der guten Ordnung des Gemeinwesens zum Inhalt hatte.

Diese ältere Lehre der Politik war kein Berufsstudium. Adressaten des Politikstudiums in den Artistenfakultäten waren die Scholaren und zukünftigen Magister als die im Mittelalter universalen «Vermittler politischer Bildung», um einen modernen Ausdruck zu gebrauchen. Darüber hinaus richtete sich die aristotelische Politiklehre indirekt immer auch an die Obrigkeit in Gestalt des Adels und der Fürsten. Die Theorie der gerechten Herrschaft beinhaltete wesentlich eine Anweisung zur guten Amtsführung der Fürsten. Literarischen Ausdruck fand dies vor allem in den weit verbreiteten «Fürstenspiegeln». Diese Gattung der politischen Literatur beruhte auf einer alten Tradition, die Thomas von Aquin um 1265, parallel zur Übersetzung der aristotelischen «Politik», mit seiner Schrift «Über das Königreich, dem König von Zypern gewidmet» (De regno ad regem Cypri) etabliert hatte[22] und welche in der Wendezeit vom Mittelalter zur Neuzeit ihre Blütezeit erlebte.[23] In diesen Fürstenspiegeln wandten sich die gelehrten Autoren meistens direkt an Adel und Fürsten und entwarfen entweder in utopisch-didaktischer Form eine Theorie der gerechten Herrschaft oder stellten am Beispiel einer historischen Persönlichkeit das Idealbild eines gerechten Herrschers auf. Sie gaben dabei Ratschläge für die beste Regierungsweise und vermittelten

22 Vgl. Miethke: Theorien, S. 83 ff.

23 Vgl. Wilhelm Berges: Die Fürstenspiegel des hohen und späten Mittelalters (= Schriften des Reichsinstituts für ältere deutsche Geschichtsforschung, Bd. 2), Leipzig 1938 [Neudruck: Stuttgart 1952] und Hans-Otto Mühleisen/Theo Stammen (Hrsg.): Fürstenspiegel der Frühen Neuzeit (= Bibliothek des Deutschen Staatsdenkens, Bd. 6), Frankfurt/Main 1996.

sittliche Grundsätze sowie politische Verhaltensmaßregeln bis hin zu einer praktischen Erziehungslehre für den fürstlichen Nachwuchs. So kann man sagen, daß die älteste Funktion der universitären Lehre von der Politik neben der Allgemeinbildung geistiger Eliten die politische Bildung und Politikberatung der Obrigkeit war.

d) Ausblick

Zusammenfassend läßt sich feststellen, daß die akademische Lehre von der Politik in Ansätzen seit der Gründung von Universitäten existierte und damit auf eine ältere Tradition als viele andere Universitätsfächer zurückschauen kann.

Aus ideengeschichtlicher Perspektive war diese Lehre eine philosophische und stark normative Disziplin. Sie wurde vollständig von der Rezeption der politischen Schriften Aristoteles' dominiert und verstand Politik als Suche nach der gottgefälligen «guten Ordnung». Im Vordergrund dieser ersten Politikwissenschaft an den Universitäten stand mit ihrer teleologischen Orientierung das normative Ziel und weniger die empirische Realität. Einerseits erlaubte es die normative Anlage der aristotelischen Politiklehre, diese mit christlichen Grundaussagen zu füllen und an das Dogma der Kirche anzugleichen. Andererseits ermöglichte aber die Aufnahme antiker Denktraditionen in den mittelalterlichen Lehrkanon, schrittweise von der absoluten Dominanz des religiös bestimmten Jenseits und Gottesgnadentums abzurücken und dem Gedanken einer autonomen irdischen Herrschaft im Diesseits näherzutreten.

Organisationsgeschichtlich war die ältere Lehre der Politik in der Artistenfakultät als einer allgemeinbildenden Institution verankert. Sie spielte dort seit der Gründung der Universitäten in Europa im 12. und 13., in Deutschland im 14. Jahrhundert keine herausragende, aber doch kontinuierliche Rolle. Die Lehre von der Politik war Teil der philosophischen Fächer, und seit dem 16. Jahrhundert gab es an allen deutschen Universitäten eigenständige Professuren für praktische Philosophie und Politik (professiones ethices vel politices), aus denen schließlich im 18. und 19. Jahrhundert volkswirtschaftliche, statistische, historische und öffentlich-rechtliche Lehrstühle hervorgingen.

Gelehrtengeschichtlich dominierte in der ältesten Phase der Politikwissenschaft nicht das Forschen, sondern das Lehren. Die Lehrkanzel und nicht der Schreibtisch waren der Arbeitsplatz der damaligen Gelehrten. Zunächst gab es noch keine eigenständigen Dozenten der Politik, sondern die an den Artistenfakultäten lehrenden Magister unterrichteten die Gesamtheit der «freien Künste», einschließlich der Folgerungen aus der Moralphilosophie für die praktische Politik. Im Mittelalter waren die prominentesten Lehrer der Politik daher umfassend wirkende Scholastiker wie Albertus Magnus und Thomas von Aquin, die mit der Breite ihrer Lehr-, Kommentierungs- und Übersetzungstätigkeit den Grundstein für die Universitäten als Bildungsinstitutionen legten.

Aus sozialgeschichtlicher Perspektive waren die mittelalterlichen Universitätslehrer, die auch Politik lehrten, eingebunden in die christliche Ständegesellschaft ihrer Zeit. Die Magister und Doktoren bildeten eine Zunft, die sich genossenschaftlich organisierte und vor allem in den Promotionsritualen den eigenen Nachwuchs rekrutierte. Dieser Stand besaß zahlreiche Freiheiten und Privilegien sowie eine eigene Standesehre und -würde, die sich nicht zuletzt in standesgemäßer Kleidung und Einkommen aus Pfründen und später Gehältern niederschlug. Doch im Gegensatz zu den übrigen Ständen handelte es sich bei dem Lehrstand nicht um einen Geburts-, sondern einen Leistungsstand, in welchem die von den Standesgenossen anerkannte Fähigkeit zur Aufnahme (inauguratio) und Beförderung (promotio) im Lehramt führte. So war der Stand der gelehrten Kleriker ein Ort der sozialen Mobilität in der anderweitig eher statischen Gesellschaft des Mittelalters.

Politikgeschichtlich war die erste Periode der Politikwissenschaft zunächst von den großen europäischen Institutionen des Papsttums sowie des Kaisertums und deren Spannungen geprägt. Die Universitäten waren in der gegliederten und vielfältigen Herrschaftsordnung des Mittelalters weitgehend eigenständige Einheiten mit umfangreichen Rechten und Privilegien. Erst gegen Ende des Mittelalters gewannen die Territorialherrschaften an Einfluß und verwandelten nicht nur die Universitäten zu Ausbildungsstätten für Staats- und Kirchenbeamte, sondern gaben auch der Lehre von der Politik eine stärker praktische und utilitaristische Ausrichtung.

Die ältere Lehre der Politik ging aber keineswegs mit dem Ausgang des Mittelalters zu Ende. Sie war zumal in Deutschland über weitere Jahrhunderte existent, auch weil in der Mitte Europas die alte Ordnung von Gesellschaft und Politik noch bis an die Schwelle des 19. Jahrhunderts nachwirkte. Die Reformation beendete die aristotelische Politiklehre nicht, sondern verhalf ihr erst zu eigentlicher Breitenwirkung. Wie Martin Luther durch seine Übersetzung des Alten und Neuen Testaments ins Deutsche (1534) die Bibel für alle Gläubigen zugänglich machte, so hat sein Mitreformator Philipp Melanchthon ab 1527 die «Nikomachische Ethik» übersetzt sowie kommentiert und dabei allen Lesern Aristoteles als vorbildlichen Staatslehrer empfohlen. Auch an den zahlreichen in der Frühen Neuzeit gegründeten protestantischen Universitäten wurde die aristotelische Lehre der Politik gepflegt und erhielt entsprechende Lehrstühle. Der Säkularisierungsprozeß verschob zwar die mittelalterliche Balance zwischen christlichem Dogma und aristotelischem Denken zugunsten einer humanistischen Wissenschaftskonzeption, hob aber die ältere Lehre der Politik nicht auf.

Historikern wie Friedrich Paulsen, Martin Grabmann, Gerhard Ritter und Hermann Heimpel, die sich mit der Geschichte des Mittelalters und insbesondere der Entstehung der Universitäten befaßt haben, war stets bewußt, daß an diesen hohen Schulen auch Politik gelehrt wurde. Doch die meisten Vertreter der nach 1945 in der Bundesrepublik Deutschland neu etablierten, richtiger formuliert: wiedergegründeten Politikwissenschaft zählen die mittelalterliche Lehre der Politik nicht zur Wissenschaftsgeschichte ihres Faches. Dabei muß unterschieden werden zwischen einer ahistorischen sowie ignoranten und einer zwar informierten, aber methodologisch modernistischen Position. Für die Vertreter der erstgenannten Einstellung bedeutet die Vergangenheit im Gegensatz zur Gegenwart und Zukunft wenig, ist nur eine verstaubte Antiquitätensammlung. Die Repräsentanten der zweiten Auffassung gehen von einem modernen Wissenschaftsbegriff und vor allem vom Verständnis der Politikwissenschaft als einer empirisch-theoretischen Sozialwissenschaft aus und können daher in der vormodernen älteren Lehre der Politik keinen Bestandteil, sondern höchstens einen Vorläufer der Geschichte ihres Faches erkennen.

Mit diesem in der heutigen Politikwissenschaft vorherrschenden modernen Wissenschaftsverständnis hat sich Anfang der sechziger Jahre des 20. Jahrhunderts vehement der Politikwissenschaftler Wilhelm Hennis auseinandergesetzt und dabei auf die aristotelische Politik und ihre Lehre an den älteren Universitäten verwiesen.[24] Hennis gründete sein Plädoyer auf einer thetischen Gegenüberstellung vom Gegenstand der älteren und demjenigen der neueren Disziplin. Nicht mehr die aristotelische Frage nach der Gestaltung des «guten Lebens», sondern, im Anschluß an Max Weber, die Analyse von Machtverhältnissen stehe im Mittel-

[24] Als Skizze zunächst in Wilhelm Hennis: Bemerkungen zur wissenschaftsgeschichtlichen Situation der politischen Wissenschaft, in: Gesellschaft, Staat, Erziehung 5 (1960), S. 203–211, dann ausgeführt in Wilhelm Hennis: Politik und praktische Philosophie. Eine Studie zur Rekonstruktion der politischen Wissenschaft (= Politica, Bd. 14), Neuwied, Berlin 1963.

punkt der heutigen Politikwissenschaft. Während das ältere Fach praktisch orientiert war, gelte in der Moderne ein rein theoretischer Wissenschaftsbegriff. Aus einer normativen Disziplin sei eine am Postulat der Wertfreiheit orientierte Wissenschaft geworden. Mit diesem fundamentalen Wandel im Wissenschaftsverhältnis, den Hennis auf die Wende vom 18. zum 19. Jahrhundert datierte, sei die Lehre der Politik von einer leitenden Wissenschaft, wie es Aristoteles postuliert hatte, zu einer neben anderen sozialwissenschaftlichen Spezialdisziplinen geworden. Hennis war zwar nicht so vermessen, für die Disziplin die Wiedergewinnung des Rangs einer Führungswissenschaft zu fordern, doch erhob er für das in den Kreis der akademischen Disziplinen zurückgekehrte Fach den Anspruch einer «Grundlagenwissenschaft» des Politischen.

Auch Hans Maier hat seinen wissenschaftsgeschichtlichen Überblick über die ältere Lehre der Politik mit der von Aristoteles inspirierten und von Wilhelm Hennis übernommenen wissenschaftspolitischen Forderung abgeschlossen, nicht nur die ausgefächerten Staats- und Gesellschaftswissenschaften miteinander zu verknüpfen, sondern auch die Politikwissenschaft als «Grundlagenwissenschaft des Politischen» wiederherzustellen.[25] Doch hat er die ältere Politiklehre differenzierter und historisch angemessener beschrieben. Der Münchener Politikwissenschaftler, der später als Vorsitzender des Zentralkomitees der deutschen Katholiken und bayerischer Kultusminister auch zu politischer Prominenz gelangt ist, hat Anfang der sechziger Jahre des 20. Jahrhunderts seine akademische Karriere auf materialreichen Studien zur Geschichte der Politikwissenschaft im Mittelalter und in der Frühen Neuzeit gegründet.[26] Er hat die Stellung der aristotelischen Politik in Wissenschaftssystem sowie Universitätsstudium und insbesondere ihre Verankerung in den Fächern der praktischen Philosophie an den älteren Universitäten herausgearbeitet. Dabei ist Hans Maier zu der nüchternen Einschätzung gekommen, daß die ökonomisch-politischen Fächer im Lehrsystem der spätmittelalterlichen Universität eine verhältnismäßig geringe Bedeutung hatten, nicht zuletzt weil ihre Vorlesungen im Studienplan kurz vor der Magisterprüfung verankert waren und daher oft geschwänzt wurden.[27]

25 Maier: Lehre (1985), S. 67.

26 Vgl. Maiers erste Skizze der Wissenschafts- und Ideengeschichte des Faches: Hans Maier: Politikwissenschaft, in: Ernst Fraenkel/Karl-Dietrich Bracher (Hrsg.): Fischer-Lexikon Staat und Politik, Frankfurt/Main 1957, S. 260–270.

27 Maier: Lehre (1985), S. 32 f.

Hans Maiers Feststellung, daß die Politiklehre an den älteren europäischen Universitäten «nicht eigentlich ein selbständiges Fach»[28] war, ist von Fachhistorikern des Mittelalters bestätigt worden. Vor allem Jürgen Miethke hat in seinen zahlreichen Arbeiten zur Politischen Theorie im Mittelalter immer wieder darauf hingewiesen, daß es der aristotelischen «Politik» trotz des politiktheoretischen Aufschwungs im 13. und 14. Jahrhundert nicht mehr gelungen sei, sich einen festen Platz im Curriculum der propädeutischen Fächer in der Artistenfakultät zu sichern. Die Politiklehre blieb vielmehr ein Wahlfach, wurde nicht regelmäßig oder in den großen Pflichtvorlesungen gelesen und war auf die Neigung von Hörern und Dozenten angewiesen.[29] Sicherlich hat es im Mittelalter Theoriebemühungen gegeben, die der Reflexion politischer und gesellschaftlicher Probleme Fragestellungen und Antworten zur Verfügung stellten. Doch zu einer methodischen Eigenständigkeit, zu einer selbständigen Disziplin, die sich ihren Nachbarfächern gegenüber abgegrenzt hätte, konnte sich die Politiklehre bis zum Ende des Mittelalters nicht emanzipieren.[30] Obwohl sich Skepsis gegenüber Miethkes Befund einstellen könnte, wenn er eine moderne, auch heute nicht unumstrittene Meßlatte an die Definition der Eigenständigkeit von Fächern anlegt, so erscheint seine Grundaussage doch plausibel. Da es im Mittelalter noch keinen abgegrenzten Bereich der Politik, geschweige denn einen «Staat» gab, konnte auch noch keine eigenständige Wissenschaft von der Politik existieren.

In der Bundesrepublik Deutschland hat sich vor allem die «Freiburger Schule» der Politikwissenschaft unter Arnold Bergstraesser, der Hans Maier und indirekt auch Wilhelm Hennis zuzurechnen sind, vehement für die Wiederanknüpfung der modernen Disziplin an die aristotelische Lehre von der Politik eingesetzt. Dabei sind, auch in Zeiten der Lehrstuhlbesetzungen in der Expansionsphase des Faches, heftige Schlachten zwischen dieser normativ-ontologischen Schule und den Verfechtern einer szientistisch-empirischen Wissenschaftsauffassung sowie später auch den Anhängern der neomarxistischen Kritischen Theorie ausgetragen worden, die dem Interesse für die ältere Geschichte der Politiklehre an deutschen Universitäten nicht förderlich waren, da man diese mit einem der Kontrahenten identifizierte. Inzwischen hat sich diese harte Frontstellung zwischen normativer und empirischer Politikwissenschaft

28 Maier: Lehre (1985), S. 32.

29 Miethke: Theorien, S. 69 u. 82.

30 Jürgen Miethke (Hrsg.): Das Publikum politischer Theorie im 14. Jahrhundert (= Schriften des Historischen Kollegs, Bd. 21), München 1992, hier: S. 13.

weitgehend verflüchtigt, man arbeitet zusammen und regt sich gegenseitig an.

Bei diesen Gegenwartsbemühungen um die Integration des Faches kann man sich, wenn man will, durchaus auf Aristoteles und seine «Politik» beziehen, da dieser Gründungsvater der Disziplin doch theoretisch-normative mit empirisch-vergleichenden Arbeiten verbunden und zum Beispiel mit dem Hinweis auf die Voraussetzung entwicklungsfähiger stabiler politischer Systeme in der Mäßigung und Mischung ihrer Verfassungselemente Erkenntnisse formuliert hat, die auch gegenwärtig zum Grundbestand politikwissenschaftlicher Einsichten gehören. Aristoteles steht auch heute noch zu Recht in allen Klassikersammlungen des Politikstudiums an erster Stelle, und die ältere Lehre der Politik, wie sie ansatzweise an den europäischen Universitäten des Mittelalters vorgetragen wurde, wirkt vor allem in der politischen Ideengeschichte und Philosophie als einem Teilgebiet des Faches nach. Doch auch in der Gesamtdisziplin ist das Erbe der ersten Epoche universitärer Politiklehre noch immer in jener Funktion der modernen Politikwissenschaft zu erkennen, welche zum Ziel hat, die politische Bildung und Erziehung aller Staatsbürger auf wissenschaftlicher Grundlage zu fördern.

3. Frühneuzeitlicher Staat und Auffächerung der Staatswissenschaften (16.–18. Jahrhundert)

Auch für die Geschichte der Politikwissenschaft trifft die historische Einsicht zu, daß Geschichtsperioden selten durch eine tiefe Zäsur, ein prägnantes Ereignis oder ein bestimmtes Datum eindeutig voneinander getrennt sind. Vielmehr sind die neueren Erscheinungen und Kräfte zumeist schon in früheren Zeiten angelegt, und umgekehrt wirken die älteren Phänomene und Strukturen in den folgenden Perioden nach. Diese Feststellung gilt auch für den Übergang vom Mittelalter zur Neuzeit. Die Epochenwende vom 15. zum 16. Jahrhundert war keine eindeutige und abrupte Zäsur für die Universitäten im Allgemeinen und die gesellschaftlichen und politischen Verhältnisse, welche die Lehre der Politik beeinflußten. Die altständische Gesellschaft des Mittelalters wirkte zumal in Deutschland fort, in einzelnen deutschen Territorien sogar bis weit ins 19. Jahrhundert. Sie war gekennzeichnet durch die geschlossenen und hierarchisch gegliederten Gruppen des Adels, des Bürgertums und der Bauern, in denen Standeszugehörigkeit, Berufswahl, gesellschaftliche Privilegien sowie politische Herrschafts- und Abhängigkeitsverhältnisse weitgehend durch die Geburt vorherbestimmt waren. Doch was im Mittelalter zumeist selbstverständlich war und als solches hingenommen wurde, haben die Prozesse der Differenzierung von Glauben und Kirche, der Säkularisierung der Weltanschauung und des Erwachens von Humanismus und Individualismus seit dem Ende des 15. Jahrhunderts immer mehr in Frage gestellt. So ist auch die Geschichte der Politikwissenschaft und vor allem die Entwicklung der sie bestimmenden Konjunkturfaktoren durch langanhaltende und sich überlagernde Veränderungs-, Verdrängungs- und Innovationsphasen charakterisiert. Diese Erkenntnis gilt es im Blick zu behalten, auch wenn im folgenden idealtypisch für die einzelnen Epochen der Wissenschaftsgeschichte eindeutig unterschiedliche Inhalte und Profile skizziert werden.

a) Protestantische Politiklehre im Heiligen Römischen Reich Deutscher Nation

Zunächst allerdings schien die Glaubensspaltung gegen Ende des Mittelalters zumindest im protestantischen Deutschland nicht nur die Lehre der Politik, sondern insgesamt die Institution der Universitäten in Frage zu stellen.[1] Das lag vor allem an den anfangs entschiedenen Vorbehalten Martin Luthers gegen diese verkrusteten Schöpfungen des Papsttums, Kultstätten des Heiden Aristoteles und Hochburgen der thomistischen Scholastik. Der Reformator schrieb in der ihm eigenen drastischen Sprache über die universitären «Burgen des Teufels», sie bestünden nur aus «viel Doctores, Prädicatores, Magistros, Pfaffen und Mönche, das ist große, grobe faule Esel mit roten und braunen Baretten geschmückt [damit waren die Artisten und Theologen gemeint; W. B.], wie die Sau mit einer güldenen Kette und Perlen erhalten und auf uns selbst geladen, die uns nichts Gutes lehreten [...] und dafür all unser Gut fraßen».[2] Doch dann besann sich Luther eines Besseren und machte sich zum Fürsprecher nicht der Abschaffung, sondern der Reform der Universitäten. Ausschlaggebend für diesen Sinneswandel war der Einfluß seines Mitreformators Philipp Melanchthon (1497–1560). Dieser hatte als junger Student und Magister an der Universität Tübingen unter dem Einfluß des Humanisten Johannes Reuchlin nicht nur den Wert der alten Sprachen, insbesondere des Griechischen und Althebräischen, für das Verständnis des Alten und Neuen Testaments schätzengelernt, sondern auch seinen Familiennamen «Schwarzerde» ins Griechische übersetzt. In seiner Antrittsrede als Professor der griechischen Sprache an der 1502 gegründeten Universität zu Wittenberg plädierte Melanchthon 1518 für eine umfassende Erneuerung der Universitätsstudien im Geiste der Ideen des Humanismus und insbesondere für die Wiederentdeckung des Griechischen, um damit den direkten Zugang zu den Quellen nicht nur des christlichen Glaubens, sondern auch der antiken Philosophie zu ermöglichen.[3]

[1] Vgl. allgemein Walter Rüegg (Hrsg.): Geschichte der Universität in Europa. Bd. 2: Von der Reformation bis zur Französischen Revolution (1500–1800), München 1996 sowie besonders Notker Hammerstein: Universitäten und Reformation, in: Historische Zeitschrift 258 (1994), S. 341–357 und Notker Hammerstein: Zur Geschichte und Bedeutung der Universitäten im Heiligen Römischen Reich Deutscher Nation, in: Historische Zeitschrift 241 (1985), S. 287–328.

[2] Zit. in: Hammerstein: Geschichte, S. 293.

[3] Philipp Melanchthon: De corigendis adolescentiae studiis [1518], in: Robert Stup-

Dieses Programm einer Universitätsreform beeindruckte unter seinen Zuhörern auch Luther, der als Augustinermönch und Doktor der Theologie seit 1512 in Wittenberg lehrte. Beim Bruch mit der katholischen Kirche machte er Melanchthon nicht nur zu seinem Mitreformator von Glauben und Kirche, sondern vertraute ihm insbesondere die Reform des Schul- und Universitätswesens in den protestantischen Gebieten Deutschlands an. Der Nachfolger Luthers als Haupt des deutschen Protestantismus ist später zu Recht als «Lehrer Deutschlands» (praeceptor Germaniae) geehrt worden.[4]

Unter Leitung Melanchthons wurde zunächst die Universität Wittenberg zur protestantischen Musterinstitution reformiert. Ihr folgten zahlreiche evangelische Neugründungen von Universitäten, angefangen in Marburg (1527) über Königsberg (1544), Jena (1558), Helmstedt (1574), Straßburg (1567/1621), Gießen (1607) bis hin zu Duisburg (1655) und Kiel (1665).[5] Im Zuge der katholischen Gegenreformation kam es zu Universitätsgründungen in Dillingen (1549), Paderborn (1615), Osnabrück (1630), Bamberg (1648), Innsbruck (1675) und Breslau (1702).

Großen Einfluß als Reformuniversitäten gewannen zu Ende des 17. und Beginn des 18. Jahrhunderts zwei weitere Neugründungen.[6] Dabei handelte es sich zum einen um die 1694 unter wesentlicher Mitwirkung des berühmten Juristen Christian Thomasius und des Pietisten August Hermann Francke in Halle gegründete brandenburgisch-preußische Universität, durch welche nicht nur das moderne Naturrecht und, wie noch auszuführen sein wird, die kameralistischen Staatswissenschaften, sondern auch die deutsche Sprache Einzug in den Alltag der deutschen Uni-

perich (Hrsg.): Melanchthons Werke in Auswahl. Bd. 3: Humanistische Schriften, hrsg. von Richard Nürnberger, Gütersloh 1961, S. 29–37. Ausführlich zu Luthers und Melanchthons unterschiedlicher Einstellung zu Universitäten und deren Studieninhalten bereits Friedrich Paulsen: Geschichte des gelehrten Unterrichts auf den deutschen Schulen und Universitäten vom Ausgang des Mittelalters bis zur Gegenwart, 2 Bde., Leipzig ²1869, S. 71 ff. u. 145 ff.

4 Karl Hartfelder: Philipp Melanchthon als Praeceptor Germaniae (= Monumenta Germaniae paedagogica, Bd. 7), Berlin 1889.

5 Vgl. Peter Baumgart/Notker Hammerstein (Hrsg.): Beiträge zu Problemen deutscher Universitätsgründungen der frühen Neuzeit. Vorträge gehalten anläßlich des 3. Wolfenbütteler Symposions vom 12. bis 16. Oktober in der Herzog-August-Bibliothek (= Wolfenbütteler Forschungen, Bd. 4), Nendeln/Liechtenstein 1978.

6 Notker Hammerstein: Die deutschen Universitäten im Zeitalter der Aufklärung, in: Zeitschrift für Historische Forschung 10 (1983), S. 73–89 und Notker Hammerstein: Die Universitäten in der Aufklärung, in: Walter Rüegg (Hrsg.): Geschichte der Universität in Europa. Bd. 2: Von der Reformation bis zur Französischen Revolution (1500–1800), München 1996, S. 495–506.

versitäten hielten.[7] Die zweite Neugründung war die 1737 in Göttingen ins Leben gerufene Landesuniversität.[8] Deren Etablierung ging wesentlich auf den Geheimrat und ersten Universitätskurator Gerlach Adolf Freiherr von Münchhausen (1688–1770) zurück, ein Verwandter des berühmten «Lügen-Barons» Hieronimus Karl Friedrich Freiherr von Münchhausen (1720–1797). Die Universität Göttingen wurde aufgrund der damaligen Personalunion zwischen den Herrschern im deutschen Kurfürstentum Hannover und im Vereinigten Königreich von Großbritannien zu einem Brückenkopf für den Einfluß moderner englischer Ideen auf dem Gebiet nicht nur der Naturwissenschaften, sondern auch der philosophischen und insbesondere nationalökonomischen Lehren, es sei nur ihre Bedeutung für die deutsche Rezeption von Adam Smith («An Inquiry into the Nature and the Causes of the Wealth of Nations», 1776) erwähnt.[9]

Bei allen insgesamt fast fünfzig Universitätsgründungen des 16. bis 18. Jahrhunderts gingen ideologische, ökonomische und politische Motive Hand in Hand. Zunächst einmal wurden die protestantischen Landesuniversitäten zur Verkündung des reformatorischen Glaubens und zum theologischen Studium des Pfarrernachwuchses gebraucht. Darüber hinaus dienten sie der Bildung und Ausbildung des Verwaltungspersonals, welches die zahlreichen Territorialfürsten in der deutschen Mitte Europas zur Durchsetzung und Befestigung ihrer Herrschaft, aber auch zur Administration der wachsenden öffentlichen Aufgaben benötigte. Schließlich waren Universitäten und Hochschulen im Zeitalter des Merkantilismus nützliche akademische Betriebe, von welchen sich die sie beherbergenden Städte und Territorialstaaten wirtschaftlichen Profit versprachen. Insgesamt wollten die Landesherren ihre neu errungene politische Macht durch eigene Universitäten zementieren. So wurde es zur Regel, daß die

7 Hans Maier: Aufklärung, Pietismus, Staatswissenschaft. Die Universität Halle nach 300 Jahren, in: Historische Zeitschrift 261 (1995), S. 769–791, Leo Stern (Hrsg.): 450 Jahre Martin-Luther-Universität Halle-Wittenberg, 3 Bde., Halle/Saale 1952 und Albrecht Timm: Die Universität Halle-Wittenberg. Herrschaft und Wissenschaft im Spiegel ihrer Geschichte (= Mitteldeutsche Hochschulen, Bd. 5), Frankfurt/Main 1960.

8 Götz von Selle: Die Georg-August-Universität zu Göttingen. 1737–1937, Göttingen 1937.

9 Adam Smith: An Inquiry Into the Nature and Causes of the Wealth of Nations, Dublin 1776. Zur deutschen Rezeption dieses Klassikers vgl. Wilhelm Treue: Adam Smith in Deutschland. Zum Problem des «Politischen Professors» zwischen 1776 und 1810, in: Werner Conze (Hrsg.): Deutschland und Europa. Historische Studien zur Völker- und Staatenordnung des Abendlandes. Festschrift für Hans Rotfels zum 60. Geburtstag am 12. April 1951, Düsseldorf 1951, S. 101–133.

Landeskinder nur an der Landesuniversität studieren durften, und für den Justiz- und Verwaltungsnachwuchs galt diese Norm allemal.

Von der Reformation und Glaubenspaltung profitierte auf eigentümliche, dialektische Weise nicht nur die Institution der Universitäten, sondern auch die Lehre der Politik. War sie an den von der Einheit des Glaubens geprägten mittelalterlichen Universitäten als Bestandteil der praktischen Philosophie eher ein Anhängsel der allgemeinbildenden Studien gewesen, so verhalfen ihr die religiösen und damit verbundenen geistigen und politischen Veränderungen der Frühen Neuzeit zur Identität eines eigenständigen Faches mit erheblicher Breitenwirkung.[10]

Das entscheidende Stichwort zur Etablierung einer selbständigen Lehre der Politik hatte Melanchthon bereits in seiner Wittenberger Antrittsrede von 1518 gegeben, als er einen exzellenten Universitätslehrer an erster Stelle mit dem Satz charakterisierte: «Dieser trägt den echten und unverfälschten Aristoteles vor.»[11] In diesem Sinne übersetzte und kommentierte der gleichermaßen vom christlichen Glauben wie humanistischen Bildungsgut inspirierte Mitreformator nicht nur ab 1527 die «Nikomachische Ethik» und folgte damit einer Tradition der Aristoteles-Rezeption, welche schon Albertus Magnus und Thomas von Aquin gepflegt hatten. Auch empfahl er dabei allen Lesern Aristoteles als einen vorbildlichen Staatslehrer und machte sich 1530 an die Kommentierung der aristotelischen «Politik», die er allerdings nicht vollendete. In diesem Kommentar definierte er das spezifische Wesen der Politik als eine rechtmäßige Ordnung von Befehlenden und Gehorchenden, von Obrigkeit und Untertanen: «Politia est legitima ordinatio civitatis, secundum quam alii paesunt, alii parent.»[12] Wie Martin Luther durch seine Übersetzung des Alten und Neuen Testaments ins Deutsche (1522–1534) die Bibel für alle Gläubigen, so machte Philipp Melanchthon das Werk des griechischen «Philosophicus» für alle gebildeten Deutschen zugänglich.

[10] Dieser Abschnitt beruht vor allem auf den Arbeiten von Peter Petersen: Geschichte der aristotelischen Philosophie im protestantischen Deutschland, Leipzig 1921; Hans Maier: Die Lehre der Politik an den älteren deutschen Universitäten, in: Hans Maier: Politische Wissenschaft in Deutschland. Lehre und Wirkung, München ^{2}1985, S. 31–67, S. 44 ff. und Horst Dreitzel: Protestantischer Aristotelismus und absoluter Staat. Die «Politica» des Henning Arnisaeus (ca. 1575–1636) (= Veröffentlichungen des Instituts für Europäische Geschichte Mainz, Bd. 55), Wiesbaden 1970. Hilfreiche Hinweise verdankt der Verfasser zudem Michael Philipp (Augsburg).

[11] Übersetzt in: Laetitia Boehm/Rainer A. Müller (Hrsg.): Universitäten und Hochschulen in Deutschland, Österreich und der Schweiz. Eine Universitätsgeschichte in Einzeldarstellungen, Düsseldorf 1983, S. 366.

[12] Zit. in Dreitzel: Aristotelismus, S. 93.

Im Geiste dieses Neuaristotelismus wurde an den zahlreichen in der Frühen Neuzeit gegründeten protestantischen Universitäten die Lehre der Politik gepflegt. So entstanden im 16. und 17. Jahrhundert zahlreiche «christliche Politiken» und «christliche Policeyen», in denen die Lehren von der Wohlfahrt des Gemeinwesens und dem guten Regiment der Fürsten mit den religiösen Vorstellungen eines praktischen Christentums verbunden wurden. Als prototypischer Titel sei das Werk von Dietrich Reinkingk (1590–1664) aus dem Jahr 1653 genannt, einem Gießener Juraprofessor und nachmaligen hohen Beamten in hessen-darmstädtischen, mecklenburgischen, bremischen und später dänischen Diensten: «Biblische Policey, das ist: gewisse, auß Heiliger Göttlicher Schrifft zusammengebrachte, auff die drey Haupt-Stände: als den geistlichen, weltlichen und häußlichen gerichtete Axiomata oder Schluß-Reden … in allen Ständen nützlich, dienlich und anmuthig zu lesen.»[13]

Im Geiste dieses protestantischen Aristotelismus erschien nicht nur eine Flut von einschlägigen Büchern zur «prudentia politica», auch wurde ab 1600 die Lehre der Politik an den deutschen Universitäten in Lehrstühlen verankert. Dabei ist das Fach zumeist mit anderen Disziplinen kombiniert worden, eine Folge nicht nur der beschränkten finanziellen und personellen Ressourcen der frühneuzeitlichen Hochschulen, sondern auch Indiz für die Herkunft der Politiklehre im Kanon der Fächer. Zumeist wurde die Lehre der Politik von Professoren für Ethik und Politik (professiones ethicae vel politices) übernommen.

In der Disziplin der Politik wurden statutenmäßig nicht nur Vorlesungen gehalten, sondern auch von Studenten unter Anleitung ihrer Dozenten Disputationen veranstaltet und akademische Titel erworben, was zur Veröffentlichung von Tausenden von Dissertationen führte.[14] Gleichzeitig entstanden umfassende Lehrbücher, welche die inhaltliche Breite der

13 Dietrich Reinkingk: Biblische Policey, das ist: gewisse, auß Heiliger Göttlicher Schrifft zusammengebrachte, auff die drey Haupt-Stände: als den geistlichen, weltlichen und häußlichen gerichtete Axiomata oder Schluß-Reden … in allen Ständen nützlich, dienlich und anmuthig zu lesen, hrsg. von Theodor von Reinkingk, Franckfurth am Mäyn [6]1701 [Edition, welche von vielen, in den vorigen Editionen eingeschlichenen Druck-Fehlern verbessert, mit behörigen Marginalien und vollkommenem Register vermehret worden] [1. Auflage: Franckfurth am Mäyn 1653]. Vgl. Christoph Link: Dietrich Reinkingk, in: Michael Stolleis (Hrsg.): Staatsdenker in der frühen Neuzeit, München [3]1995, S. 78–99.

14 Die Konjunkturen der Politiklehre in der Frühen Neuzeit hat sehr anschaulich herausgearbeitet, auch statistisch und graphisch: Michael Philipp: Die frühneuzeitliche Politikwissenschaft, in: Wilhelm Bleek/Hans J. Lietzmann (Hrsg.): Schulen der deutschen Politikwissenschaft, Opladen 1999, S. 61–78.

Disziplin der Politik zusammenfaßten und systematisch darstellten, und ein umfangreiches propädeutisches, bibliographisches und besprechendes bzw. rezensierendes Begleitschrifttum. Auch über das, was die Wissenschaft von der Politik ausmacht, über ihre Theorien und Methoden wurde nun reflektiert. Der Helmstedter Polyhistor, also der in vielen Fächern bewanderte Gelehrte Hermann Conring hat 1662 ironisch bemerkt, daß die Deutschen ihre Verspätung in der Politischen Wissenschaft gegenüber den Franzosen und Italienern durch die Menge der Publikationen aufholen wollten.[15]

Nach 1640 kam es zu einer weiteren Vertiefung und Ausdifferenzierung des Faches. Die Themenvielfalt wuchs weiter, und die Politikwissenschaft erlebte an den deutschen, vor allem protestantischen Universitäten um 1670 eine zweite Hochkonjunktur, die sich in einer erneut sprunghaft ansteigenden Literaturproduktion niederschlug. Daß dabei die Zahl der umfangreichen systematischen Gesamtdarstellungen zur Politica nicht mehr so stark anstieg wie die Spezialuntersuchungen zu den unterschiedlichen Bereichen der politischen Praxis, deutete Entwicklungen an, die im folgenden Jahrhundert zur Ausdifferenzierung der Staatswissenschaften und zum Bedeutungsschwund der eigentlichen Politiklehre führten.[16]

Insgesamt ist diese politikwissenschaftliche Literaturfülle des 17. Jahrhunderts ein Zeichen nicht nur für die akademische Etablierung des Faches, sondern auch die politische und öffentliche Nachfrage nach den Einsichten und Ergebnissen der Disziplin. Die aus der Politiklehre entstandenen Schriften dieser Zeit lassen sich in zwei große Gruppen unterteilen.[17] Zum einen handelt es sich um normativ-abstrakte Werke zur politischen Theorie (Opera systematica bzw. compendiosa). In ihnen wurden grundsätzliche Fragen der Herrschaftsordnung wie die friedensstiftende Kraft staatlicher Macht, die Staatsräson, die Souveränität des Herrschers und auf der anderen Seite die aus dem Naturrecht abgeleiteten vorstaatlichen Rechte der Bürger, das Verhältnis von weltlicher und geistlicher Ordnung, aber auch die «Volkssouveränität» und das Widerstandsrecht abgehandelt. Zu den in diesen Grundsatzdiskursen wichtig-

[15] Zitiert in Dreitzel: Aristotelismus, S. 413. Dort auch in Anm. 26 eine beeindruckende Liste von systematischen Gesamtdarstellungen der «Politik» vom Anfang des 17. Jahrhunderts.

[16] Vgl. Philipp: Politikwissenschaft, S. 68.

[17] Zum folgenden Wolfgang Weber: Prudentia gubernatoria. Studien zur Herrschaftslehre in der deutschen politischen Wissenschaft des 17. Jahrhunderts (= Studia Augustana, Bd. 4), Tübingen 1992.

sten Autoren[18] gehörten nicht nur die Deutschen Johannes Althusius, Henning Arnisäus, Christoph Besold, Hermann Conring, Adam Contzen, Bartholomäus Keckermann, Christian Liebenthal, Johannes Limnäus, Samuel Pufendorf und Veit Ludwig von Seckendorff, sondern auch der Franzose Jean Bodin und die Niederländer Hugo Grotius und Justus Lipsius.

Der zweite Bereich der politikwissenschaftlichen Literatur des 17. Jahrhunderts umfaßte eine Vielfalt von stärker praxisbezogenen Problemfeldern und Tätigkeitsbereichen der fürstenstaatlichen Herrschaft (Opera politica particularia). Dazu zählten in Fortsetzung der Tradition der Fürstenspiegel Fragen der Qualifikation und Motivation der Fürsten zur Herrschaft, zum Beispiel der von Herrschern geforderten persönlichen Tugenden (patientia, iustitia, modestia, temperantia, mansuetudo, clementia, auctoritas, liberalitas), aber auch ihres äußeren Auftretens (Eloquenz, Gestik, Würde) und der Konsequenzen für die Erziehung von Prinzen. Thematisiert wurden überdies spezielle Ratschläge zum Alltagsverhalten der Herrscher, beispielsweise bei der Geheimhaltung von Herrschaftswissen (arcana imperii), aber auch dessen selektiver Weitergabe an bestimmte Amtsträger und Stützen der fürstlichen Herrschaft. Auch die Rezepte zur Vermeidung von Aufständen zum Beispiel des Adels und vor allem von Bürgerkriegen sind hier zu nennen, beispielsweise durch Wohlwollen und Freigiebigkeit gegenüber wichtigen Bevölkerungsgruppen und der allgemeinen Untertanenschaft.

Im Zusammenhang mit diesen herrschaftspraktischen Erwägungen der frühneuzeitlichen Politikwissenschaft wurde auch auf Niccolò Machiavelli zurückgegriffen. Es dauerte bezeichnenderweise mehr als ein Jahrhundert, bis auch in Deutschland dessen Lehren, vor allem der 1513 veröffentlichte «Il Principe» («Der Fürst»), rezipiert wurden. Und selbst als dann seit dem Ende des 16. Jahrhunderts die Ratschläge des Florentiner Staatsmannes zu den Techniken von Machterwerb und Herrschaftssicherung zur Kenntnis genommen wurden, fand seine Gesamtlehre kaum Zustimmung, auch nicht in verdeckter Form.

Vor allem behandelten diese politikpraktischen Schriften die sich in den frühneuzeitlichen Territorien ausdifferenzierenden staatlichen Tätigkeitsbereiche, oder wie man heute sagt: Politikfelder. Dazu gehörten neben der Außen- und Dynastiepolitik (Hausmachtpolitik) und der Aufstellung von stehenden Heeren insbesondere das Kriminal- und Straf-

[18] Vgl. die Werkskizzen von 15 Staatsdenkern des 17. und 18. Jahrhunderts in Michael Stolleis (Hrsg.): Staatsdenker in der frühen Neuzeit, München ³1995.

wesen, die Zensur, die Kirchen- und Religionspolitik, die Bemühungen um Erziehung und Bildung der Untertanen, die wirtschaftsfördernden und -regulierenden Maßnahmen, die Verwaltung und Sicherung der Staatsfinanzen und in diesem Zusammenhang nicht zuletzt der Aufbau des Steuerwesens und einer umfassenden Statistik zur Erfassung aller öffentlichen Ressourcen. Dabei waren der Phantasie der frühneuzeitlichen Politiklehrer, was ihnen zur Sicherung von «guter Herrschaft» relevant erschien, kaum Grenzen gesetzt, auf diese Weise machten sie sich nicht nur im universitären Ausbildungssystem, sondern insbesondere als Berater ihrer Fürsten unentbehrlich. Aus diesem herrschaftspraktischen Bereich der Politiklehre des 17. Jahrhunderts hat sich im folgenden Jahrhundert ein ganzes Spektrum von politischen Wissenschaften, meist als Staatswissenschaften etikettiert, ausdifferenziert.

Aus der Vielzahl frühneuzeitlicher Politiklehrer, die zumeist mit der Wende zum 19. Jahrhundert in Vergessenheit gerieten, sind zwei hervorzuheben, deren Werk im 20. Jahrhundert sowohl in der Staatsrechtslehre und Geschichtswissenschaft als auch der Politikwissenschaft intensiv rezipiert worden ist. Sie sind mit ihren höchst unterschiedlichen Lehren den zwei verschiedenen Richtungen des deutschen Protestantismus, dem Luthertum und dem Calvinismus, zuzuordnen. Bei dem ersten von ihnen handelt es sich um Hermann Conring (1606–1681), der an der Universität Helmstedt nicht nur 1632 eine Professur für Naturphilosophie und 1636 einen Lehrstuhl für Pathologie in der Medizinischen Fakultät übernahm, sondern außerdem ab 1650 eine Professur für Politik innehatte.[19] Diese 1574 gegründete Universität des Herzogtums Braunschweig-Wolfenbüttel wurde in der Frühen Neuzeit eine der führenden Hochschulen in der Tradition der Lehren des Späthumanismus und insbesondere Melanchthons und diente neben Wittenberg und Leipzig der Ausbildung des evangelischen Pfarrer- und Beamtennachwuches für ganz Norddeutschland.

Hermann Conring war der bedeutendste Helmstedter Universalgelehrte und Politiklehrer.[20] Die 1730 veröffentlichte Gesamtausgabe sei-

[19] Vgl. Michael Stolleis (Hrsg.): Hermann Conring (1606–1681). Beiträge zu Leben und Werk. Symposion der Herzog-August-Bibliothek (Wolfenbüttel) vom 9.–12. Dezember 1981 (= Historische Forschungen, Bd. 23), Berlin 1983 und Dietmar Willoweit: Hermann Conring, in: Michael Stolleis (Hrsg.): Staatsdenker in der frühen Neuzeit, München ^{3}1995, S. 129–147.

[20] Vgl. insbesondere Horst Dreitzel: Hermann Conring und die Politische Wissenschaft seiner Zeit, in: Michael Stolleis (Hrsg.): Hermann Conring (1606–1681). Beiträge zu Leben und Werk. Symposion der Herzog-August-Bibliothek (Wolfenbüttel)

ner Werke umfaßt sechs große Foliobände und dazu einen Registerband von jeweils mehr als tausend Seiten.[21] Conring wurde 1606 als neuntes von zehn Kindern eines lutherischen Pfarrers und der Tochter eines reformierten Pfarrers in Norden/Ostfriesland geboren, schrieb sich 1620 als Student in der Artistenfakultät in Helmstedt ein, ging 1625 wegen der Störungen des Lehrbetriebes durch den Dreißigjährigen Krieg ins niederländische Leiden und kehrte 1631 nach Helmstedt zurück, um dort im folgenden Jahr eine Professur für «Philosophia naturalis» zu übernehmen. Seine Helmstedter Antrittsvorlesung von 1632 hatte den bezeichnenden Titel «Aristotelis Laudatio» (Lobrede auf Aristoteles). Nach seiner Promotion zum Doktor der Philosophie als auch der Medizin wechselte Conring 1636 in die Medizinische Fakultät. Als Mediziner forschte dieser Universalgelehrte nicht nur über den 1640/41 von William Harvey entdeckten Blutkreislauf, die Phänomene der Atmung und des Schlafes und zahlreiche andere Fragen, sondern wirkte auch als praktischer Arzt, unter anderem als Leibarzt und Ratgeber der Königin Christine von Schweden. Als Rechtshistoriker setzte er sich mit der zentralen Frage des Verhältnisses von Römischem und Deutschem Recht auseinander[22] und wirkte wegweisend für die Analyse von historischen Urkunden. Als Rat des Herzogs August von Braunschweig-Wolfenbüttel wirkte Conring, selbst ein leidenschaftlicher Büchersammler, unter anderem am Ausbau der herzoglichen Bibliothek in Wolfenbüttel mit, heute als Herzog-August-Bibliothek eine unerschöpfliche Forschungsstätte für die Frühe Neuzeit, die Barock- und Aufklärungszeit.

Conrings Schaffenskraft galt nicht zuletzt der Lehre und Erforschung der Politik. Er edierte und kommentierte die «Politik» von Aristoteles (1656) sowie den «Fürsten» von Machiavelli (1660) und suchte die Lehren der beiden Klassiker miteinander zu versöhnen, indem er von dem letzteren zwar die Lehre von der Staatsräson aufnahm, deren Legitimität aber von der Beachtung des Gemeinwohls abhängig machte. 1662 veröffentlichte Conring in «De civili prudentia liber unus» seine Überlegungen

vom 9.–12. Dezember 1981 (= Historische Forschungen, Bd. 23), Berlin 1983, S. 135–172 und W. Kundert: Hermann Conring als Professor der Universität Helmstedt, in: Michael Stolleis (Hrsg.): Hermann Conring (1606–1681). Beiträge zu Leben und Werk. Symposion der Herzog-August-Bibliothek (Wolfenbüttel) vom 9.–12. Dezember 1981 (= Historische Forschungen, Bd. 23), Berlin 1983, S. 399–412.

[21] Hermann Conring: Opera, hrsg. und mit Anmerkungen von Johann Wilhelm Göbel, 7 Bde., Braunschweig 1730.

[22] Hermann Conring: Der Ursprung des deutschen Rechts, hrsg. von Michael Stolleis (= Bibliothek des deutschen Staatsdenkens, Bd. 3), Frankfurt/Main, Leipzig 1994.

zur Methodologie der Politikwissenschaft. Achtzig der 144 von ihm nach zeitgenössischem Brauch zur Beantwortung durch seine Doktoranden verfaßten Dissertationen lassen sich der «Politik» zuordnen, darunter Arbeiten über die Republik, die Oligarchie, die Demokratie, die Herrschaft und die staatsbürgerliche Erziehung.[23] Damit gilt dieser Polyhistor unter anderem als bedeutender Repräsentant einer gleichermaßen aristotelisch-normativen und historisch-empirisch begründeten Politiklehre, wie sie im 19. Jahrhundert nochmals Friedrich Christoph Dahlmann vertreten hat.

Eine noch größere Langzeitwirkung bis in die Gegenwart der modernen politischen Theorie war dem calvinistischen Professor und Politiker Johannes Althusius mit seiner bereits 1603 veröffentlichten «Politik» beschieden.[24] Althusius – zu Deutsch: Althaus – wurde 1557 in einem Dorf in der reformierten Grafschaft Wittgenstein-Berleburg im Rothaargebirge geboren. Auf der Kölner Artistenfakultät im aristotelischen Geiste vorbereitet, studierte er danach im calvinistischen Genf und in Basel die Rechte und promovierte 1586 in Basel mit einer Arbeit über das Römische Recht und seine Fortentwicklung durch die Methode des empirischen Realismus. Anschließend ging Althusius als Ordinarius für Römisches Recht an die kurz zuvor gegründete gräflich nassauische Hohe Schule zu Herborn, bekannt geworden vor allem als Studienort des Reformpädagogen Johann Amos Comenius (1592–1670). 1604 wurde Althusius Syndikus in Emden, später auch Mitglied des Rates und des geistlichen Konsistoriums. Damit hatte er in der reformierten Stadt Frieslands eine ähnlich religiös-weltliche Stellung inne wie zuvor der große Reformator Calvin in Genf. Er starb 1638 in Emden.

Althusius hatte sein Hauptwerk von 1603 noch in Herborn geschrieben, in dritter und bis heute maßgeblicher Ausgabe wurde es 1614 veröffentlicht. Es trägt den Titel: «Politica. Methodicè digesta atque exemplis sacris & profanis illustrata»,[25] zu deutsch: «Die Politik. Eine methodische Darstellung mit heiligen und weltlichen Beispielen illustriert». Im ersten Absatz seines Buches definiert Althusius, was Politik ist: «Politik ist die Kunst, die Menschen zu vergemeinschaften und sie damit zu befä-

[23] Die politikwissenschaftlichen Arbeiten finden sich vor allem in Conring: Opera, Vol. III.

[24] Peter Jochen Winters: Die «Politik» des Johannes Althusius und ihre zeitgenössischen Quellen, Freiburg/Breisgau 1963 und Peter Jochen Winters: Johannes Althusius, in: Michael Stolleis (Hrsg.): Staatsdenker in der frühen Neuzeit, München [3]1995, S. 29–51.

[25] Johannes Althusius: Politica. Methodicè digesta atque exemplis sacris & profanis illustrata, Herborn 1604.

higen, ein gesellschaftliches Leben miteinander einzurichten, zu pflegen und zu erhalten. Das soll ‹Symbiotik› genannt werden. Der Gegenstand der Politik ist daher die Gemeinschaft, in welcher die Zusammenlebenden sich gegenseitig verpflichten zu einer wechselseitigen Kommunikation über alles, was nützlich und notwendig ist für den harmonischen Verlauf des gesellschaftlichen Lebens, sei es durch eine ausdrückliche oder stillschweigende Übereinkunft.»

Die Anknüpfung von Althusius an Aristoteles ist offensichtlich. Beide gehen davon aus, daß der Mensch von Natur aus ein Gemeinschaftswesen ist. Der wichtigste Begriff ist für Althusius die «symbiotische Gemeinschaft» (consociatio symbiotica). Diese baut nach Althusius auf den Familien auf und führt über die Gruppen, Dörfer, Städte und Provinzen bis hin zum umfassenden politischen Gemeinwesen (consociatio publica universalis maior). Die Menschen in diesen Gemeinschaften orientieren sich an dem christlichen Dekalog (decalogus), der als zweiter Grundbegriff der politischen Theorie von Althusius die aus dem göttlichen Gesetz abgeleiteten Regeln menschlichen Zusammenseins umfaßt. Der dritte Grundbegriff ist die Obrigkeit (magistratus), die aber nicht willkürlich herrscht, sondern an die zwischen Herrscher und Volk vereinbarten Grundgesetze (leges fundamentalis) gebunden ist. Die höchste Gewalt liegt beim Volk als dem von Gott in der Tradition des Alten Testamentes auserwählten Bund, sie wird aber nach der Konzeption von Althusius durch sogenannte Ephoren (griechisch-lateinisch: Aufseher) als Repräsentanten des Volkes wahrgenommen. So beruht die «Politik» von Johannes Althusius auf theokratischen Vorstellungen einer theologisch-aristokratischen Ältestenherrschaft, wie sie in den calvinistischen Gemeindestaaten der frühen Neuzeit verwirklicht wurden.

Wenngleich die politische Theorie von Althusius mit der zugrundeliegenden Einheit von Glauben und Wissen sowie von Gesellschaft und Staat in vielem vormoderne Auffassungen und Zustände verkörpert, so sind doch seine Lehren durch die moderne Politik- und Staatslehre immer wieder rezipiert worden. Den Anfang machte 1880 Otto von Giercke, der Althusius für seine Genossenschaftstheorie vereinnahmte.[26] Zu Beginn des 20. Jahrhunderts wurde der reformierte Politiktheoretiker durch Kurt Wolzendorff[27] zum Klassiker des Widerstandsrechts stilisiert,

[26] Vgl. Otto von Gierke: Johannes Althusius und die Entwicklung der naturrechtlichen Staatstheorien. Zugleich ein Beitrag zur Geschichte der Rechtssystematik, Breslau 1880.

[27] Kurt Wolzendorff: Staatsrecht und Naturrecht in der Lehre vom Widerstandsrecht des Volkes gegen rechtswidrige Ausuebung der Staatsgewalt. Zugleich ein Beitrag

hatte Althusius doch gemäß dem biblischen Gesetz «Man muß Gott mehr als den Menschen gehorchen» ein Widerstandsrecht gegen Tyrannen bis hin zum Recht des Tyrannenmordes postuliert. In der Konzeption der Ephoren, welche vom Volk gewählt, aber wie dieses von Gott auserwählt werden, hat die politische Ideengeschichte eine Grundlage der modernen Repräsentationstheorie gesehen. Carl Joachim Friedrich hat nicht nur in den USA bereits 1932 die Herausgabe und 1964 die Übersetzung der «Politica» ins Englische veranlaßt, sondern auch 1975 in einem deutschsprachigen Buch Althusius als Vater des modernen Verfassungsstaates und der heutigen Politikwissenschaft gefeiert.[28] Schließlich ist Althusius in jüngster Zeit als einer der Väter der Theorie des Korporatismus und des sozietalen Föderalismus gewürdigt worden, die in der bündischen Maxime das grundlegende Organisations- und Strukturprinzip aller menschlichen, gesellschaftlichen und politischen Zusammenschlüsse sieht.[29] Sicherlich sind manche solcher Interpretationen problematische Aktualisierungen, doch zugleich ist seine moderne Rezeption ein überzeugendes Beispiel dafür, daß die Gedanken von Klassikern selbst dann fortleben können, wenn sie vermeintlich «altmodisch» auf Latein verfaßt worden sind.

Die Werke von Johannes Althusius und Hermann Conring belegen wie viele politischen Lehrbücher aus dem 17. Jahrhundert, daß im frühneuzeitlichen Deutschland Staat und Gesellschaft noch in der Einheit des politisch-sozialen Gemeinwesens verstanden wurden. Ziel der Disciplina Politica war es, die Ziele, Wege und Mittel zur Einrichtung, Erhaltung und Förderung des Gemeinwesens durch «gute Herrschaft» zu lehren und auf diese Weise ein sicheres, ehrenhaftes und glückseliges Leben der Menschen zu ermöglichen. Zu diesem Zweck beinhaltete die frühneuzeitliche Politiklehre nicht nur die Auswahl und Ausbildung der Herrschaftsträger als «politici», sondern auch die sich ausdifferenzierenden Gebiete der herrschaftlichen Regulierung und Vorsorge. Dabei ver-

zur Entwicklungsgeschichte des modernen Staatsgedankens (= Untersuchungen zur deutschen Staats- und Rechtsgeschichte, Bd. 126), Breslau 1916.

[28] Vgl. die Einleitung in Johannes Althusius: Politica Methodicè digesta of Johannes Althusius (Althaus). With an Introduction by Carl Joachim Friedrich (= Harvard political classics, Bd. 2), Cambridge/Massachusetts 1932; Johannes Althusius: The Politics of Johannes Althusius. Translated, with an Introduction by Frederic S. Carney. Preface by Carl J. Friedrich, London 1964; Carl Joachim Friedrich: Johannes Althusius und sein Werk im Rahmen der Entwicklung der Theorie von der Politik, Berlin 1975.

[29] Thomas O. Hüglin: Sozietaler Föderalismus. Die politische Theorie des Johannes Althusius, Berlin 1991.

band die «Politik» als akademisches Fach den Aspekt der Kunst (ars) in der antiken Tradition von Aristoteles mit der Lehre (doctrina) im mittelalterlichen Verständnis der Scholastik, aber auch der Klugheit (prudentia) im Sinne von Machiavelli und nicht zuletzt der Wissenschaft (scientia) entsprechend dem Anspruch der in der Frühen Neuzeit sich herausbildenden Naturwissenschaften.[30]

Welchen Stellenwert hatte diese frühneuzeitliche Politikwissenschaft für die Gesellschaft, Politik und Kultur ihrer Zeit?[31] Ihr ging es an erster Stelle um die politische Bildung für Fürsten, Adel und Bürgertum, denen Einsichten in die Funktionszusammenhänge der politischen Systeme, ein säkulares Ordnungswissen und das Bewußtsein seiner freien Gestaltbarkeit durch den Menschen vermittelt werden sollten. Nach der Erschütterung der religiösen Weltordnungsvorstellungen suchte die Politiklehre den Bedarf nach Ideen und Konzepten zur Stabilisierung und Neuordnung der politischen Gesellschaft zu befriedigen.

Es ist kennzeichnend für diese Prozesse der Verweltlichung und darin im Gefolge der Verstaatlichung im 17. und 18. Jahrhundert, daß sie in den evangelisch regierten Territorien früher und umfangreicher einsetzten als in den katholischen Gebieten Deutschlands. Dieses konfessionell bestimmte Gefälle läßt sich auch bei der akademischen Etablierung der Politikwissenschaft beobachten. Politiklehrstühle wurden überwiegend an protestantischen Hochschulen eingerichtet, an katholischen Universitäten blieben sie die Ausnahme. Auch die Träger und Adressaten der Politiklehre im frühneuzeitlichen Deutschland entstammten überwiegend dem spezifisch protestantisch geprägten Kulturbereich: Viele der Professoren des Faches kamen aus evangelischen Pfarrhäusern und wandten sich mit ihren Lehrveranstaltungen und Veröffentlichungen an die protestantischen Schichten des Adels, der Beamtenschaft und der Bürgerschaft mit ihren späthumanistischen und frühaufklärerischen Interessen. So handelte es sich bei der etablierten akademischen Disziplin der Politik um die gleichermaßen normative und praktisch-empirische Herrschaftswissenschaft von protestantischen Territorien auf dem Weg zur Staatsbildung.

30 Vgl. dazu Paolo Rossi: Die Geburt der modernen Wissenschaft in Europa, München 1997.

31 Zum folgenden Philipp: Politikwissenschaft, S. 73 ff. im Anschluß an Weber: Prudentia.

b) Die Entstehung des neuzeitlichen Verwaltungsstaates und die Ausbildung des Berufsbeamtentums

Der moderne Staat mit dem für ihn charakteristischen Monopol an physischer Gewaltsamkeit (Max Weber), der Konzentration der Macht bei der Obrigkeit und dem Aufbau eines zentralen Verwaltungsapparates gewann in der Frühen Neuzeit seine Potenz und schließlich Omnipotenz nicht zuletzt durch den widersprüchlichen Vorgang, daß er zugleich die in Erosion befindliche altständische Gesellschaft zu erhalten suchte. Durch zahlreiche Reglementierungen insbesondere in den Polizeiordnungen – ein Begriff, auf den noch einzugehen sein wird und der nicht mit der Sicherheits- und Ordnungsfunktion der modernen Polizei zu verwechseln ist –, aber zum Beispiel auch in den peniblen Kleiderordnungen wurde im 16. und 17. Jahrhundert staatlich zu bewahren gesucht, was zuvor gesellschaftliche Selbstverständlichkeit gewesen war.[32] Auch in der Friedens- und Rechtsfunktion knüpfte der neuzeitliche Staat an mittelalterliche Herrschaftsaufgaben an, doch infolge des Einfluß- und Machtschwundes der intermediären Gewalten und nach dem Schockerlebnis der auf religiösen Konfrontationen beruhenden Bürgerkriege nahmen diese staatlichen Aufgaben quantitativ immer größere, aber auch qualitativ neue Gestalt an. Konfessionelle Aufsplitterung und allgemeiner Machtverlust der Kirchen bewirkten zusätzlich den Aufbau eines weltlichen Bildungssystems durch die Territorialstaaten, das auch den Umbau der Universitäten von europäischen Bildungsinstitutionen zu territorialen Staatsanstalten verursachte. Für die Politiklehre bedeutete dies letztlich den Übergang von der normativ-teleologischen Orientierung des christlichen Mittelalters zu den utilitaristisch-instrumentalen Staatswissenschaften des neuzeitlichen Staates. Auch auf dem Gebiet der Politik vollzog sich damit ein Wandel von dogmatischen Glaubensgewißheiten zu pragmatischen Kunstfertigkeiten. Die Durchsetzung des Herrschaftsmonopols der fürstlichen Obrigkeit und die Innovationen der Kriegstechnik förderten schließlich den Übergang vom feudalen Lehnsheer über die Söldnerheere der Frühen Neuzeit zu den durch Konskription und schließlich allgemeine Wehrpflicht rekrutierten stehenden Heeren, deren Unterhalt ihrerseits eine dramatische Ausdehnung und

[32] Vgl. Karl Härter/Michael Stolleis (Hrsg.): Repertorium der Policeyordnungen der frühen Neuzeit. Bd. 2: Brandenburg/Preußen (= Ius commune, Sonderheft, Bd. 111), Frankfurt/Main 1998.

Straffung des öffentlichen Systems der Finanzierung durch allgemeine Abgaben und Steuern erforderte.

Diese teils expandierenden alten Aufgaben, teils neu entstehenden öffentlichen Tätigkeiten konnte der frühneuzeitliche Staat nur auf der Basis einer aktiven Wirtschafts- und Bevölkerungspolitik exekutieren. Unter der Herrschaft des wirtschaftspolitischen Systems des Merkantilismus suchten die einzelnen Staaten insbesondere im 17. Jahrhundert ihre Einnahmen durch Abschottung von ausländischer Konkurrenz auf der einen Seite und staatliche Unternehmenstätigkeit auf der anderen Seite zu maximieren. Nicht zuletzt sorgte die Obrigkeit durch eine paternalistische Wohlfahrtspolitik für Wohlbefinden und Vermehrung ihrer Untertanen, weniger aus humanitären Gründen, sondern um diesen wichtigsten Produktionsfaktor staatlicher Einkünfte zu erhalten und zu vergrößern. Staatliche Getreidekammern wurden angelegt, um den horrenden Hungerkrisen vorzubeugen, die im und nach dem Dreißigjährigen Krieg in Deutschland die Bevölkerung drastisch dezimierten. Alle diese expandierenden Staatsaufgaben standen in einem wechselseitigen Wirkungsverhältnis und verstärkten sich gegenseitig. So erforderte zum Beispiel das moderne Heer nicht nur ein effektives Finanzsystem, sondern umgekehrt konnten die rigiden Abgaben und Steuern nur mit dem innenpolitischen Instrument eines stehenden Heeres eingefordert werden.

Vor allem aber implizierte die Ausweitung der öffentlichen Aufgaben die Ausbildung einer einheitlichen und zentralen Verwaltungsorganisation mit entsprechend vorgebildetem Personal.[33] Die mittelalterlichen Kammern, Kanzleien und Hofräte entwickelten sich zu eigenständigen Verwaltungsbehörden. Deren Personal bestand zunehmend aus speziell ausgebildeten und dauerhaft angestellten Beamten. Sie hatten sich an jene Prinzipien der Aktenmäßigkeit, der Anonymität und der hierarchischen Organisation zu halten, die später von Max Weber als Grundprinzipien der neuzeitlichen Bürokratie definiert wurden.

Diese Entwicklung zum modernen Verwaltungsstaat verlief über lange Zeit in den einzelnen Territorien in einem höchst unterschiedlichen Tempo. In England und Frankreich setzten sich die Konzentration der Macht bei König und Hofe sowie die Zentralisierung der öffentlichen Aufgaben in einer gegliederten und professionellen Staatsverwaltung viel früher

[33] Vgl. Kurt G. A. Jeserich/Hans Pohl/Georg-Christoph Unruh (Hrsg.): Deutsche Verwaltungsgeschichte. Bd. 1: Vom Spätmittelalter bis zum Ende des Reiches, Stuttgart 1983.

durch als in Deutschland, wo die Reichsgewalt aufgrund der religiösen Konflikte und partikularen Ansprüche den umgekehrten Weg in die relative Bedeutungslosigkeit ging. Nicht das Reich, sondern die einzelnen Territorien wurden in Deutschland zu Trägern moderner Staatlichkeit. Österreich unter Kaiserin Maria Theresia und Kaiser Josef II. sowie Preußen unter seinen Königen Friedrich Wilhelm I. und Friedrich II. gelang erst im 18. Jahrhundert der Durchbruch zu moderner Verwaltungsstaatlichkeit. Insbesondere Brandenburg-Preußen kompensierte seine eher bescheidene Ausstattung mit natürlichen Reichtümern nicht nur durch eine nach außen gerichtete Eroberungspolitik, sondern mehr noch durch eine nach innen wirkende staatliche Entwicklungspolitik, welche die Grundlagen zu seinem späteren Aufstieg zur deutschen und mitteleuropäischen Hegemonialmacht auch auf dem Gebiet von Wissenschaft und Bildung legte. Doch in den übrigen deutschen Mittelstaaten wie Bayern, Baden, Württemberg, Hannover und Sachsen wurde dieser Wandel erst durch die napoleonischen und nachnapoleonischen Reformen des frühen 19. Jahrhunderts erzwungen, und viele deutsche Kleinstaaten blieben bis zur Gründung des zweiten Deutschen Reiches in den Jahren 1867 bis 1871, einige wie die beiden mecklenburgischen Großherzogtümer sogar bis zum Ende der Monarchie 1918, mehr altständische Herrschaftsverbände als neuzeitliche Verwaltungsstaaten.

Deutschland war nicht nur in der zweiten Hälfte des 19. Jahrhunderts eine «verspätete Nation» (Helmuth Plessner), es bestand auch zuvor aus «verspäteten Staaten», nimmt man die westeuropäische Vergleichsperspektive zum Maßstab. Diese unterschiedlichen Entwicklungen auf dem Gebiet der Staatsbildung führten zu Differenzierungen in den territorialstaatlich geprägten politischen Wissenschaften, die mit dem Übergang vom Mittelalter zur Neuzeit an die Stelle der zuvor relativ einheitlichen aristotelischen Lehre der Politik traten. Dabei kam der Stellung, Auswahl und Ausbildung von Beamten die eigentliche Brückenfunktion zwischen allgemeiner Staats- und Gesellschaftsverfassung und speziellen Formen und Inhalten der politischen Wissenschaft zu. Die Expansion des modernen Staates und seiner Aufgaben war nicht möglich ohne die Formierung des Berufsbeamtentums als des wesentlichen Trägers staatlichen Handelns.[34]

Vieles sprach dafür, daß man von den Beamten des entstehenden modernen Verwaltungsapparates insbesondere juristische Fähigkeiten und

[34] Vgl. Hans Hattenhauer: Geschichte des Beamtentums, Köln et al. 1980 und Bernd Wunder: Geschichte der Bürokratie in Deutschland, Frankfurt/Main 1986.

Kenntnisse erwartete sowie den Nachwuchs an Staatsdienern vor allem unter den akademisch gebildeten Juristen suchte.[35] Beruhte doch die Durchsetzung der modernen Staatlichkeit wesentlich auf der Verdrängung des herkömmlichen altdeutschen Gewohnheitsrechtes mit seinen partikularen Standesrechten und lokalen Weistümern durch ein allgemeines und kodifiziertes Gesetzesrecht, das auf der Rezeption des römischen Rechts aufbaute. Die Stände und insbesondere der Adel verstanden es jedoch in der Frühen Neuzeit, sich den neuen Gegebenheiten anzupassen, ihre Vorrechte und Reservate auch gegenüber dem Landesfürsten rechtlich abzusichern und gerichtlich zu verteidigen.

Besonders dramatisch war diese Konfrontation von monarchischem Suprematieanspruch sowie Veränderungswillen und juristisch verbrämten Beharrungstendenzen des Adels in Preußen unter Friedrich Wilhelm I. Dieser Monarch hat als Schöpfer des preußischen Staates und seiner Verwaltung in den Jahren 1713 bis 1740 innenpolitisch eine viel größere Rolle gespielt als sein Sohn und Nachfolger, der wegen seiner außenpolitischen und militärischen Expansionserfolge zum legendären «Friedrich dem Großen» stilisiert wurde. Um den Widerstand der adeligen Juristen gegen seine Maßnahmen zu brechen, zog Friedrich Wilhelm I. bei der Auswahl des Beamtennachwuchses bürgerliche den adeligen Bewerbern vor und bevorzugte Kaufleute und studierte Kameralisten gegenüber den Juristen. So setzte der König in der Instruktion für das General-Direktorium als der neu errichteten zentralen preußischen Verwaltungsbehörde Ende 1723 fest, daß zu Mitgliedern dieser Behörde nur Männer vorgeschlagen werden sollten, «die offene Köpfe haben, welche die Wirtschaft verstehen und selber betreiben, die von Commercien-, Manufactur- und anderen dahin gehörigen Sachen gute Information besitzen, dabei auch der Feder mächtig» sind, während die Räte in den Provinzialkammern «selbst Wirthe und Beamte [das heißt Domänenpächter; W. B.] gewesen und selbst in hoher Pacht gestanden» haben sollten.[36] Wirtschaftspraktiker und nicht gelehrte Juristen stellten also den idealen Beamtennachwuchs in den Augen des Königs dar.

Friedrich Wilhelm I. ging noch weiter und reglementierte auch das Ausbildungs- und Prüfungsverfahren, durch das der Beamtennachwuchs rekrutiert werden sollte. Da an den Universitäten der Frühen Neuzeit

35 Vgl. Roman Schnur (Hrsg.): Die Rolle der Juristen bei der Entstehung des modernen Staates, Berlin 1986.

36 Zit. in: Wilhelm Bleek: Von der Kameralausbildung zum Juristenprivileg. Studium, Prüfung und Ausbildung der höheren Beamten des allgemeinen Verwaltungsdienstes in Deutschland im 18. und 19. Jahrhundert, Berlin 1972, S. 63.

der Doktorgrad als Universitätsabschluß völlig kommerzialisiert und käuflich geworden war – nur so konnten die Professoren nach dem weitgehenden Wegfall der mittelalterlichen Pfründe überleben –, war auf akademische Titel bei der Sicherung eines qualifizierten Verwaltungsnachwuchses für den höheren Dienst kein Verlaß. So wurde im Verlauf des 18. Jahrhunderts in Preußen und dann auch in den übrigen deutschen Territorialstaaten ein System von mehrfach abgestuften Staatsprüfungen und praktischen Vorbereitungszeiten eingeführt, das bis heute weite Bereiche unserer akademischen Berufsausbildung und -zulassung bestimmt, wie die Staatsexamina für Ärzte, Juristen und Lehrer zeigen. Nach dem Vorbild der 1737 für alle Justizstellen erlassenen Prüfungsordnung und der 1755 errichteten zentralen Justizprüfungskommission wurde 1770 in Preußen die Oberexaminationskommission für den Verwaltungsnachwuchs etabliert. Von nun an war es für die Verwaltungsbeamten im höheren Dienst mehr oder weniger selbstverständlich, daß sie nach dem Studium und der ersten Prüfung für einige Jahre bei den Kammern als sogenannte Auskultatoren eingeführt und nach einer weiteren Prüfung als Referendare an den Kammerarbeiten beteiligt wurden. Schließlich erhielten sie durch die Prüfung vor der Oberexaminationskommission die Berechtigung, zunächst als Assessoren und dann auf Planstellen als besoldete Kriegs- und Domänenräte, Steuer- und Landräte sowie Baudirektoren tätig zu werden.

Durch diese Institutionalisierung des Prüfungswesens wurde die Rekrutierung des höheren Beamtennachwuchses aus der relativen Willkür des Monarchen in die reglementierte Selbstkooptation der Bürokratie verlagert und Bewerbung und Auswahl der höheren Beamten an ein kodifiziertes Leistungs- und Prüfungsprinzip gebunden. Es war ein Durchbruch zum modernen Beamtenstaat, als im Preußischen Allgemeinen Landrecht von 1794 die Bestimmung verankert wurde: «Es soll niemandem ein Amt aufgetragen werden, der sich nicht dazu hinlänglich qualifiziert und Proben seiner Geschicklichkeit abgelegt hat.»[37]

Ausbildung und Prüfung der höheren Beamten standen somit neben deren Versorgung im Mittelpunkt des gegen Ende des 18. Jahrhunderts entstehenden Beamtenrechts. Aus heutiger Sicht mögen das Berufsbeamtentum und seine hergebrachten Grundsätze angesichts der Privilegierung aller Beamten gegenüber den übrigen Arbeitnehmern im öffentlichen Dienst und vor allem in der Privatwirtschaft antiquiert erscheinen,

[37] Hans Hattenhauer/Günther Bernert (Hrsg.): Allgemeines Landrecht für die preußischen Staaten von 1794, Neuwied et al. [3]1996, Teil II, Titel 10, § 70.

doch um die Wende vom 18. zum 19. Jahrhundert führten die Spitzen der Beamtenschaft für ihren eigenen Stand ein verhältnismäßig fortschrittliches Recht ein.

Die Staatsmänner an der Spitze der Reformverwaltungen verankerten in den Staatsdienergesetzen das Leistungsprinzip, welches später in der modernen Industriegesellschaft das Geburts- und Herkunftsprinzip des Feudalismus auch auf gesamtgesellschaftlicher Ebene als Grundprinzip ablöste, wenn auch soziale Ungleichheiten vor allem über das Bildungssystem bis heute nachwirken. Durch die Reformen des Auswahl- und Prüfungswesens wurde der Staatsdienst nach Wilhelm von Humboldt zu einer Korporation, «zu der nur Geist und Bildung den Weg bahnen können».[38] Voraussetzung war somit die Auseinandersetzung mit den anerkannten Autoritäten der Staatstheorie und mit den umfassenden Staatswissenschaften. Auf diese Weise wirkte das Prüfungsprinzip elementar auf Inhalte und Funktionen der Universitätsstudien zurück. Generell waren und sind bis heute Lehre und Forschung an den Universitäten nur in sehr geringem Maße selbstbestimmt. Sie erhalten vielmehr ihre Rahmenbedingungen aus den finanziellen und regulativen Vorgaben des Staates und seiner Bürokratie.

c) Die Staatswissenschaften des älteren Wohlfahrtsstaates

In der normativen Fixierung des preußischen Prüfungswesens schlug sich im 18. Jahrhundert auch die gleichzeitige Entfaltung der Fächerkombination der Staatswissenschaften nieder.[39] So wurde 1770 anläßlich der Einrichtung der preußischen Oberexaminationskommission nochmals hervorgehoben, daß die Kandidaten für den höheren Verwaltungsdienst neben der Kenntnis des Rechts auch ein umfassendes Wissen in allen Zweigen der Kameralwissenschaften besitzen müßten. Für dieses Fächerkonglomerat wurde im 18. bis ins 19. Jahrhundert hinein häufig der Be-

[38] Zit. in: Bleek: Kameralausbildung, S. 39

[39] Vgl. den instruktiven, wenn auch die Ablösung vom Aristotelismus überbetonenden Überblick von Hans Erich Bödeker: Das staatswissenschaftliche Fächersystem im 18. Jahrhundert, in: Rudolf Vierhaus (Hrsg.): Wissenschaften im Zeitalter der Aufklärung. Aus Anlaß des 250jährigen Bestehens des Verlages Vandenhoeck & Ruprecht, Göttingen 1985, S. 143–162. Volker Hentschel: Die Staatswissenschaften an den Universitäten im 18. und frühen 19. Jahrhundert, in: Berichte zur Wissenschaftsgeschichte 1 (1978), S. 181–200 kommt hingegen zu dem verfehlten Schluß, die Entfaltung der Staatswissenschaften sei stets nur von wissenschaftlichen Motiven und nie von staatlichen Interessen bestimmt gewesen.

griff Staatswirtschaftslehre verwandt, so wie die Verwaltungsbeamten damals in aristotelischer Tradition auch «Staatswirte» genannt wurden. So ist die Entfaltung dieser politischen Disziplinen eng mit der Entstehung des modernen Verwaltungsbeamtentums verbunden und spiegelt die Vielzahl der administrativen Tätigkeiten wider, welche von den Staatsdienern im vielregierenden Verwaltungsstaat des 16. bis 18. Jahrhunderts übernommen wurden. Im Deutschland der Frühen Neuzeit bestimmten also nicht, wie man aus heutiger ideengeschichtlicher Perspektive vermuten könnte, die großen Staatstheorien und -techniken im Gefolge von Machiavellis «Principe» oder Thomas Hobbes «Leviathan», sondern die vielfältigen und oft kleinkarierten kameralistischen Wissenschaften als die «Gebrauchswissenschaften für den älteren deutschen Territorialstaat» (Hans Maier) die politische Diskussion und das politikwissenschaftliche Studium.

An erster Stelle des staatswissenschaftlichen Fächerkonglomerats stand die «Polizeiwissenschaft».[40] Aus heutiger Sicht könnte dieser Begriff als die Bezeichnung einer akademischen Disziplin des Sicherheits- und Ordnungsapparates oder gar des Unterdrückungsstaates mißverstanden werden. Doch der ältere Begriff der Policey (Polizei) meinte den Zustand guter Ordnung eines städtischen oder territorialen Gemeinwesens und gehörte damit zu den zahlreichen Mitgliedern der großen Wortfamilie, die in verschiedenen europäischen Sprachen von dem antiken Begriff der «polis» abstammten.

Diese antike Herkunft und aristotelisch-normative Prägung des älteren Policeybegriffs wird auch durch einen Vergleich der einschlägigen Begriffsentwicklungen im Deutschen und Englischen sehr deutlich, wie ihn kenntnisreich der amerikanische Politikwissenschaftler Arnold J. Heidenheimer unternommen hat.[41] In der Frühen Neuzeit unterschieden sich die deutsche «Policey» und das englische «policy» nur durch einen Vokal und meinten weitgehend das gleiche, nämlich die öffentliche

[40] Vgl. die grundlegende Habilitationsschrift von Hans Maier: Die ältere deutsche Staats- und Verwaltungslehre (Polizeiwissenschaft). Ein Beitrag zur Geschichte der politischen Wissenschaft in Deutschland (= Politica, Bd. 13), Neuwied, Berlin 1966; Georg Christoph von Unruh: Polizei, Polizeiwissenschaft und Kameralistik, in: Kurt G. A. Jeserich/Hans Pohl/Georg-Christoph von Unruh (Hrsg.): Deutsche Verwaltungsgeschichte. Bd. 1: Vom Spätmittelalter bis zum Ende des Reiches, Stuttgart 1983, S. 388–427 und Michael Stolleis: Geschichte des Öffentlichen Rechts in Deutschland. Bd. 1: Reichspublizistik und Policeywissenschaft 1600–1800, München 1988, Kap. 8 u. 9.

[41] Heidenheimer, Arnold J.: Politics, Policy and Policey as Concepts in English and Continental Languanges: An Attempt to Explain Divergences, in: The Review of Politics 48 (1986), H. 1, S. 3–33.

Tätigkeit. Doch dann erfuhr der deutsche Begriff der Policey im 19. Jahrhundert eine Eingrenzung und bezeichnete als Polizei nur noch die Gewährleistung der inneren Sicherheit. Weil im Deutschen für die materialen Aspekte öffentlicher Tätigkeit der Policeybegriff nicht mehr zur Verfügung steht, fällt alles unter den undifferenzierten Begriff der «Politik», der aber primär Institutionen und Prozesse der politischen Willensbildung meint. Im Englischen hingegen wird weiterhin zwischen «politics» als den prozessualen, «policy» als den materialen und «polity» als den institutionell-normativen Aspekten der öffentlichen Tätigkeit unterschieden. Diese Differenzierung zwischen den europäischen Nationalstaaten ist nicht nur von allgemeinem begriffsgeschichtlichem Interesse, sondern hat auch Auswirkungen auf die aktuelle Entwicklung des Faches Politikwissenschaft. Während im scheinbar antiquierten Sprachgebrauch des Englischen bei der Bezeichnung des politikwissenschaftlichen Gegenstandes der verschiedenen öffentlichen Tätigkeitsfelder in der Mitte der fünfziger Jahre des 20. Jahrhunderts auf den alten Begriff der «policy» zurückgegriffen werden konnte, wurde dieses in den vergangenen Jahrzehnten zunehmend auch von der deutschen Politikwissenschaft entdeckte Gebiet zunächst mit dem Fremdwort der «Policy-Forschung», dann sehr gekünstelt mit «Politiktätigkeitsfelder» und schließlich etwas eleganter mit «Politikfelder» bezeichnet.

Noch anschaulicher als alle Begriffserklärungen im historischen und internationalen Vergleich wird die frühere Bedeutung des Polizei-Begriffs in dem Pfingstchoral «Zeuch ein zu meinen Thoren...» von Paul Gerhardt aus dem Jahr 1653. Darin heißt es: «Beschirm die Policeyen, bau unsrer Fürsten-Thron, daß Sie und Wir gedeyhen».[42] Der evangelische Pfarrer und Liederdichter des 17. Jahrhunderts bat damit Gott um Schutz für die weltliche Ordnung, oder wie es in einer späteren Fassung seines Liedes hieß, die Obrigkeiten, damit es auch den Untertanen wohl ergehe.

Zu dem älteren Begriff der «Policey» entstand in der Folgezeit eine umfassende Literatur. Um die Mitte des 18. Jahrhunderts unternahmen staatswissenschaftliche Theoretiker und Praktiker wie Johann Heinrich Gottlob von Justi (1717–1771) den Versuch, die ausufernde Policeywissen-

[42] Ein Abdruck der Urfassung des Chorals von Paul Gerhardt mit der Fürbitte für die «Policeyen» findet sich in Johann Georg Ebeling (Hrsg.): Pauli Gerhardi. Geistliche Andachten (1667). Samt den übrigen Liedern und den lateinischen Gedichten, Bern 1975 [Nachdruck der Ausgabe Berlin 1667], S. 189. Die Übersetzung mit «Obrigkeiten» ist abgedruckt in: Paul Kaiser (Hrsg.): Paul Gerhardts sämtliche Lieder, Leipzig 1890, S. 208.

schaft auf einen systematischen Begriff zu bringen.[43] Justis Programmschrift über alle politischen Disziplinen von 1755 lag noch der ältere umfassende Begriff der Staatswirtschaft zugrunde: «Staatswirthschaft oder systematische Abhandlung aller Oeconomischen und Cameral-Wissenschaften, die zur Regierung eines Landes erforderlich werden».[44] Im Jahr darauf skizzierte Justi aus der Vielfalt von politischen Wissenschaften mit der Polizeiwissenschaft diejenige Disziplin, die ihm am meisten am Herzen lag. Seine Veröffentlichung stand unter dem programmatischen Titel: «Grundsätze der Policeywissenschaft in einem vernünftigen, auf den Endzweck der Policey gegründeten, Zusammenhange und zum Gebrauch Academischer Vorlesungen abgefasset».[45] Die einleitenden Kapitel zum Begriff der Policey und den Axiomen der Policeywissenschaft mündeten in dem allgemeinen Grundsatz dieser Wissenschaft: «Man muß die innerlichen Verfassungen des Gemeinwesens solchergestalt einrichten, daß dadurch das allgemeine Vermögen des Staats erhalten und vermehret und die gemeinschaftliche Glückseeligkeit immer mehr befördert wird.»[46] Nach diesem vierhundertseitigen Abriß der Policeywissenschaft unternahm es Justi nur vier Jahre später, in einem großen zweibändigen Werk alle ihre Aspekte auszuführen. Das über 1300 Seiten umfassende Werk hat den Titel: «Die Grundfeste zu der Macht und Glückseeligkeit der Staaten; oder ausführliche Vorstellung der gesamten Policey-Wissenschaft» (Königsberg und Leipzig 1760/61).[47] Der erste Band behandelte «Die vollkommene Kultur des Bodens, die Bevölkerung, den Anbau, Wachstum und Zierde der Städte; desgleichen die Manufacturen, Fabriken und Commercien, und den Zusammenhang des ganzen Nahrungsstandes», im zweiten Band ging es um «die häusliche Regierung, die bürgerlichen Tugenden, die innerliche Sicherheit, die An-

[43] Zu Justi: Maier: Staats- und Verwaltungslehre, S. 181ff.; Jutta Brückner: Staatswissenschaften, Kameralismus und Naturrecht. Ein Beitrag zur Geschichte der Politischen Wissenschaft im Deutschland des späten 17. und frühen 18. Jahrhunderts, München 1977, S. 244 ff. und Stolleis: Geschichte, Bd. 1, S. 379 ff.

[44] Johann Heinrich Gottlob von Justi: Staatswirtschaft oder systematische Abhandlung aller Oeconomischen und Cameralwissenschaften, die zur Regierung eines Landes erforderlich werden, Leipzig 1755.

[45] Johann Heinrich Gottlob von Justi: Grundsätze der Policeywissenschaft in einem vernünftigen, auf den Endzweck der Policey gegründeten, Zusammenhange und zum Gebrauch academischer Vorlesungen abgefasset, Göttingen 1756.

[46] Justi: Grundsätze, § 8, S. 9.

[47] Johann Heinrich Gottlob von Justi: Die Grundfeste zu der Macht und Glückseeligkeit der Staaten; oder ausführliche Vorstellung der gesamten Policey-Wissenschaft, 2 Bde., Königsberg, Leipzig 1760/61.

stalten wider Feuersgefahr, die Ueppigkeit, die Versorgung der Armen und mithin vornämlich die Stadt-Policey so wohl, als die practische Erkenntniß der Policey-Wissenschaft».

Johann Heinrich Gottlob von Justi als der «wichtigste Theoretiker des Faches»[48] vertrat ein umfassendes Verständnis von Policey und Policeywissenschaft, welches er mit vielen seiner Zeitgenossen wie Georg Heinrich Zincke (1692–1769) und Joseph von Sonnenfels (1733–1817), aber auch akademischen Vorgängern im 16. Jahrhundert wie Melchior von Osse (1506–1557) und im 17. Jahrhundert Hermann Conring (1606–1681) und Veit Ludwig von Seckendorff (1626–1692) sowie Nachfolgern im 19. Jahrhundert wie Robert von Mohl und Lorenz von Stein teilte.

Diese breite akademische Konzeption der Policey spiegelte die wechselhaften Erfahrungen wider, welche Justi als Praktiker in verschiedensten Verwaltungsämtern gewonnen hatte.[49] In Brücken im Kreis Sangerhausen – westlich von Halle geboren – trat Justi 1741 in den preußischen Kriegsdienst ein und studierte danach in den Jahren 1742 bis 1744 in Wittenberg, Jena und Leipzig. Nach Beendigung des Studiums übertrug ihm die Herzogin von Sachsen-Eisenach eine Ratsstelle, bevor er 1751 als Professor der Kameralwissenschaften und später auch der deutschen Beredsamkeit nach Wien an das Theresianum berufen wurde, eine von Kaiserin Maria Theresia gegründete Verwaltungshochschule. In Österreich setzte sich Justi auch für den Anbau der Maulbeeren als Voraussetzung der Seidenraupenzucht ein und beaufsichtigte als kaiserlicher Finanz- und Bergrat Kohle- und Eisenbergwerke. 1755 wurde er in Göttingen nicht nur Bergrat und Policeydirektor, sondern auch Lehrbeauftragter an der dortigen hannoverschen Landesuniversität. Doch schon nach zwei Jahren mußte Justi diese Stellung wegen finanzieller Schwierigkeiten wieder aufgeben, stand kurzzeitig in dänischen Diensten, bevor ihn 1766 Friedrich II. als königlich preußischer Berghauptmann und Oberaufseher der Glas- und Stahlfabriken nach Berlin berief. Obwohl Justi sein in diesem Jahr erschienenes «System der Finanzwissenschaft»[50] dem großen Monarchen widmete, fand diese Verwaltungstätigkeit in den Diensten seines Heimatlandes ein unglückliches Ende. Er erblindete nach einer mißglückten Staroperation und verlor nach dem

48 Stolleis: Geschichte, Bd. 1, S. 379.

49 Zur Biographie Justis: Franz Frensdorff: Über das Leben und die Schriften des Nationalökonomen J. H. G. von Justi, in: Nachrichten aus der Königlichen Gesellschaft der Wissenschaften zu Göttingen, Phil.-Hist. Klasse (1903), H. 4, S. 356–503.

50 Johann Heinrich Gottlob von Justi: System des Finanzwesens, Halle/Saale 1766.

wahrscheinlich unbegründeten Vorwurf eines bürokratischen Konkurrenten, staatliche Gelder unterschlagen zu haben, sein Amt. Sein Vermögen wurde konfisziert und er selbst gefangengesetzt. Trotz aller seiner Bemühungen, seine Unschuld zu beweisen und freizukommen, starb Justi drei Jahre später in der Festung Küstrin, ohne verurteilt worden zu sein. So dokumentiert das umfassende Werk und unstete Leben von Johann Heinrich Gottlob von Justi nicht nur die enge Verknüpfung von akademischen Staatswissenschaften und praktischer Verwaltungstätigkeit, sondern auch die wechselhaften Risiken einer Beamtenkarriere im Zeitalter des territorialstaatlichen Absolutismus als Kehrseite des von ihm hochgehaltenen Policeystaates.

Neben der älteren Policeywissenschaft, aber noch mit ihr verzahnt, stand das Fachgebiet der Ökonomik.[51] Es umfaßte dem griechischen Ursprung des Wortes «oikos» nach die Lehren vom Haus, vom Hauswirt und seiner guten Hauswirtschaft. In der Frühen Neuzeit bestand noch ein Kontinuum vom Haus der Fürsten über das Haus des Patrons bis hin zum Haus des einzelnen Familienvaters, doch langsam begannen sich die Sphären von Staat, Gesellschaft und Individuum gegeneinander auszudifferenzieren und voneinander abzusetzen. Aber erst gegen Ende des 19. Jahrhunderts läßt sich eine eindeutige Unterscheidung von öffentlicher Staatswirtschaftslehre, marktorientierter Volkswirtschaftslehre und privater Betriebswirtschaftslehre beobachten. Im 18. Jahrhundert hingegen ermöglichte das «ganze Haus» (Otto Brunner) der nachwirkenden altständischen Gesellschaft noch eine ziemlich einheitliche und geschlossene Ökonomik. Auch in den Theorien von der Politik dominierte bis ins 19. Jahrhundert die patriarchische und paternalistische Auffassung, die sowohl auf die fürstliche Obrigkeit als auch auf den einzelnen Staatsuntertanen angewandt wurde. Beide galten als Hausväter mit zwar unterschiedlich großer, aber ähnlich familialer Verantwortungsstruktur. Der Fürst wurde als der Hausvater des Staates und der Hausvater als der Fürst der Familie gesehen.

Die dritte Disziplin im Bunde der politischen Wissenschaften war die Kameralistik.[52] Die Herkunft des Wortes aus der mittelalterlichen

[51] Vgl. neben dem klassischen Werk von Wilhelm Roscher: Geschichte der National-Oekonomik in Deutschland (= Geschichte der Wissenschaften in Deutschland. Neuere Zeit, Bd. 14), München 1874 die zahlreichen Arbeiten von Johannes Burkhardt, vor allem Johannes Burkhardt: Wirtschaft, in: Otto Brunner/Werner Conze/Reinhart Koselleck (Hrsg.): Geschichtliche Grundbegriffe. Historisches Lexikon zur politisch-sozialen Sprache in Deutschland, Bd. 7, Stuttgart 1992, S. 511–594.

[52] Vgl. Kurt Zielenziger: Die älteren deutschen Kameralisten, Jena 1913 und Kurt

Kammer als Keimzelle fürstlich-obrigkeitlicher Verwaltung ist bereits erwähnt worden. Die Kameralistik hatte alle Tätigkeiten zum Gegenstand, durch welche das Vermögen der Obrigkeit und deren «gute Ordnung» gefördert würden. Im Mittelpunkt der Kameralistik stand zwar der öffentliche Haushalt, doch auch die verschiedensten Methoden zu seiner Vermehrung wurden dazu gezählt. Gegenstände dieser Disziplin waren nicht nur das Steuer- und Finanzsystem, sondern auch die Pflege der Landwirtschaft, des Bergbaus und der Forsten, der Bau von Straßen und Kanälen, selbst die Förderung der Honig- und Wachsproduktion durch die Bienenzucht sowie der Seidenproduktion durch die Maulbeerraupen. Dementsprechend umfangreich und weitschweifig waren die kameralistischen Lehrbücher angelegt. In diesem politischen Teilfach traten der merkantilistische Grundzug des absolutistischen Staates und sein Bedürfnis nach praxisorientierter Wissenschaft besonders deutlich hervor.

Zur Kameralistik gezählt wurden ferner das fürstliche und territorialstaatliche Finanzwesen. So ging es dem Straßburger Professor Georg Obrecht im 16. Jahrhundert bei «guter Policey» um «billicher, rechtmäßiger und nothwendiger Erhöhung eines jeden Regenten Jährlichen Gefällen und Einkommen».[53] Wie das heutige Rechnungswesen und seine Kontrolle ihre historische Herkunft in der frühen Funktion der Kammern haben, so ist aus diesem Zweig der Kameralistik die moderne Finanzwissenschaft hervorgegangen.

Auch das Fach der Statistik hat seinen Ursprung in einem Teilgebiet der älteren Kameralistik. Die Staatenkunde, wie dieses Fach anfangs hieß, war nicht allein die Lehre von den Staaten, sondern mehr noch von deren Lage und Zuständen (*status*).[54] Diese kameralistische Tradition der Statistik beinhaltete die Konstitution von politischen Territorien im Sinne eines breiten, materialen und nichtjuristischen Verfassungsbegriffs und somit vor allem eine historisch-empirische Staatenbeschreibung. Sie war in der zweiten Hälfte des 18. Jahrhunderts insbesondere an der Universität Göttingen (Gottfried Achenwall, August Ludwig Schlözer,

Zielenziger: Kameralismus, in: Ludwig Elster et al. (Hrsg.): Handbuch der Staatswissenschaften, Bd. 5: Haftpflicht – Kries, Jena [4]1923, S. 573–576.

53 Zit. nach Hans Maier: Die ältere deutsche Staats- und Verwaltungslehre (Polizeiwissenschaft). Ein Beitrag zur Geschichte der politischen Wissenschaft in Deutschland (= Politica, Bd. 13), Neuwied, Berlin 1966, S. 123.

54 Vgl. Mohammed Rassem/Justin Stagl (Hrsg.): Statistik und Staatenbeschreibung in der Neuzeit, Paderborn 1980; Mohammed Rassem/Justin Stagl (Hrsg.): Geschichte der Staatsbeschreibung. Ausgewählte Quellentexte 1456–1813, Berlin 1994. Vgl. Paul Gehring: Statistik, in: Joachim Ritter/Karlfried Gründer (Hrsg.): Historisches Wörterbuch der Philosophie, Bd. 10, Basel 1998, Sp. 104–110.

Georg Sartorius)[55] sehr ausgeprägt und hat später die Entwicklung der Geographie, aber auch der Geschichtswissenschaft beeinflußt. Zusammen mit der aus England kommenden «Politischen Arithmetik», die auf die zahlenmäßigen Daten abstellte, aber auch der Einrichtung von Statistischen Büros in den deutschen Staaten hat die ältere Staatenkunde im 19. Jahrhundert zur Etablierung der modernen Statistik als der Erfassung von empirischen Daten und deren quantitativ-mathematischer Analyse geführt.

Diese Vielzahl von politischen Wissenschaften der Frühen Neuzeit waren nicht eindeutig voneinander abgegrenzt. Als ihr Oberbegriff wurde im 17. Jahrhundert zumeist das Etikett der Kameralwissenschaften im Plural benutzt, und die Ausbildung in diesen Fächern firmierte daher als Kameralstudium. Doch ab der Mitte des 18. Jahrhunderts bürgerte sich der Begriff der Staatswissenschaften ein. Diese sich ausfächernden Staatswissenschaften des neuzeitlichen Territorialstaates wurden zunächst außerhalb der Universitäten an besonderen Akademien und Hochschulen, heute würde man sie als Fachhochschulen bezeichnen, gelehrt. Die Universitäten galten vielen Landesherren als zu unflexibel und gelehrt für eine solche Ausbildung, da dort der politische Unterricht noch von der scholastischen Tradition der älteren Politiklehre geprägt war. So ist vom preußischen König Friedrich Wilhelm I. überliefert, daß er einen von ihm befragten Beamten ermahnte: «Ich will nicht wissen, was Aristoteles gesagt hat, sondern was Ihr selber von der Sache, um die ich Euch frage, für eine Meinung habt.»[56]

Die Landesherren schufen daher auch für den allgemeinen Verwaltungsdienst gesonderte Ausbildungsstätten. Zu diesen gehörte in Tübingen seit 1559 das Collegium Illustre,[57] in Braunschweig das Collegium Carolinum,[58] aus dem später die Technische Hochschule Braunschweig hervorging, in Hanau die für kurze Zeit zwischen 1749 und 1751 von

55 Mohammed H. Rassem/Guido Wölky: Zur Göttinger Schule der Staatswissenschaften bis zu den Freiheitskriegen, in: Wilhelm Bleek/Hans J. Lietzmann (Hrsg.): Schulen der deutschen Politikwissenschaft, Opladen 1999, S. 79–104.

56 Zitiert in: Stolleis: Geschichte, Bd. 1, S. 21.

57 Vgl. Karl Schüz: Ueber das Collegium Illustre in Tübingen, oder den staatswissenschaftlichen Unterricht in Württemberg besonders im sechszehnten und siebzehnten Jahrhundert, in: Zeitschrift für die gesamte Staatswissenschaft 6 (1850), S. 243–257.

58 Isa Schikorsky: Das Collegium Carolinum als Reformanstalt. Der beschwerliche Weg zwischen Lateinschule und Universität, in: Walter Kertz (Hrsg.): Technische Universität Braunschweig. Vom Collegium Carolinum zur Technischen Universität 1745–1995, Hildesheim, Zürich, New York 1995, S. 3–51.

dem ungeheuer produktiven Reichspublizisten Johann Jakob Moser[59] geleitete Staats- und Kanzleiakademie und in Lautern (später: Kaiserslautern) seit 1774 die Kameral-Hohe-Schule, die 1784 in die Universität Heidelberg eingegliedert wurde.[60]

Gegen die beharrenden Tendenzen an den Universitäten setzten die Fürsten schließlich auch die Aufnahme der neuen Staatswissenschaften in den Kreis der akademischen Fächer durch. In Freiburg im Breisgau wurde in der zweiten Hälfte des 18. Jahrhunderts von der österreichischen Obrigkeit sogar der ganze akademische Senat abgesetzt, weil er sich gegen Reformen wie die Einführung des Kameralstudiums sperrte. Der große Durchbruch in der akademischen Anerkennung der Staatswissenschaften erfolgte in Preußen unter König Friedrich Wilhelm I.[61] Dieser ordnete durch Cabinetsordre vom 23. Juli 1727 die Errichtung eines Lehrstuhls der «Cameralia, Oeconomia und Policeysachen» an der jungen Universität Halle an und beauftragte den magdeburgischen Kriegs- und Domänenrat Gasser, einen Schüler von Christian Thomasius, als Ordinarius der juristischen Fakultät diese Professur zu übernehmen. Simon Peter Gasser war 1676 in Kolberg geboren und begann sein Jurastudium 1694 an der Universität Leipzig, wechselte allerdings 1696 an die neugegründete Universität Halle.[62] Dort war er von 1700 bis 1704 Hofmeister eines studierenden Edelmannes. 1705 erwarb er den akademischen Grad eines Licentiaten der Rechte sowie 1710 den Doktorgrad und wurde außerordentlicher Professor der Rechte, gleichzeitig auch Kammerkonsulent und Assessor des Schöppenstuhls, das heißt des städtischen Gerichts in Halle. 1721 erhielt Gasser dort eine ordentliche Rechtsprofessur und wurde zugleich zum Kriegs- und Domänenrat in der Salz- und Bergwerksdeputation in Magdeburg befördert. Er verband also wie Justi und viele andere Kameralprofessoren des 17. und 18. Jahrhunderts sowohl die akademische Lehre mit der Verwaltungspraxis, verknüpfte dabei aber auch rechtsprechende und administrativ-polizeiliche Funktionen. Die kameralistische Breite von Gassers

59 Vgl. Reinhard Rürup: Johann Jacob Moser. Pietismus und Reform (= Veröffentlichungen des Instituts für Europäische Geschichte Mainz, Bd. 35), Wiesbaden 1965.

60 Vgl. H. Webler: Die Kameral-Hohe-Schule zu Lautern 1774–1784, Speyer 1927 und Oskar Poller: Schicksal der ersten Kaiserslauterer Hochschule und ihrer Studierenden. Kameral-Hohe-Schule zu Lautern 1774–1784, Staatswirtschafts-Hohe-Schule zu Heidelberg 1784–1804. Lebensbeschreibung und Abstammung der Professoren und Studierenden, Ludwigshafen/Rhein 1979.

61 Bleek: Kameralausbildung, S. 65 ff.

62 Roscher: Geschichte der National-Oekonomik, S. 372 ff.

Vorlesungen wird schon aus dem ausladenden Titel seines Lehrbuches deutlich.[63]

Diesem ersten Lehrstuhl für Kameralwissenschaften an einer deutschen Universität folgte im selben Jahr die Einrichtung einer gleichnamigen Professur an der Universität Viadrina in Frankfurt an der Oder, die mit dem Historiker Justus Christoph Dithmar besetzt wurde.[64] Die Absicht des preußischen Monarchen, durch diese Lehrstühle seinen Verwaltungsbeamten eine nichtjuristische akademische Vorbildung zukommen zu lassen, war überdeutlich geworden in der einstündigen Vorlesung des Königs für den ersten halleschen Ordinarius der Kameralwissenschaften vor Aufnahme seiner Lehrverpflichtung.[65] In dieser Audienz eiferte der König gegen «Juristerey und Advokaten» und empfahl das Studium der ökonomischen, politischen und Kameralwissenschaften nachdrücklich als akademische Ausbildung der Staatsdiener.

Dem preußischen Vorbild folgend, wurden kameralistische Universitätsprofessuren 1752 in Wien, 1763 in Prag und Leipzig, 1764 in Würzburg, 1768 in Marburg, 1775 in Göttingen und 1780 in Ingolstadt eingerichtet. Einige von ihnen wurden den Juristischen Fakultäten, die meisten jedoch den Philosophischen Fakultäten zugeordnet. Diese machten im 18. Jahrhundert einen Wandel von den älteren Artistenfakultäten als Vorstudienanstalten zu den modernen Philosophischen Fakultäten als Sammelbecken von Berufsstudien durch. Dazu gehörte auch das Kameralstudium mit seinen Studienplänen, wie sie etwa in Preußen gegen Ende des 18. Jahrhunderts aufgestellt wurden.[66] In den einschlägigen kameralistischen Lehrstühlen verband sich auf vielfältige Weise die nachwirkende ältere Politiklehre mit den neueren staatswissenschaftlichen

[63] Simon Peter [Petrus] Gasser: Einleitung Zu den Oeconomischen Politischen und Cameral-Wissenschaften. Worinnen für dieses mal die Oeconomico-Cameralia von den Domainen- oder Cammer- auch andern Gütern, deren Administration und Anschlägen, so wol des Ackerbaues als anderer Pertinentien halber, samt den Regalien angezeiget und erläutert werden; nebst einem Vorbericht von der Fundation der neuen oeconomischen Profession, und des Allerdurchlauchtigsten Stifters eigentlichen allergnädigsten Absicht, Halle/Saale 1729.

[64] Justus Christoph Dithmar: Programm von der ihme gnädigst anvertrauten Profession der Cameralwissenschaften, Frankfurt/Oder 1727; Justus Christoph Dithmar: Einleitung in die oeconomische, Policey- und Cameral-Wissenschafften nebst Verzeichnis eines zu solchen Wissen dienlichen Bücher-Vorrahts, Frankfurt/Oder 1731.

[65] Gasser: Einleitung, S. 11 und öfter.

[66] Heinrich Muth: Preußische Kameralstudienpläne um 1800, in: Reich – Volksordnung – Lebensraum. Zeitschrift für völkische Verfassung und Verwaltung 4 (1943), S. 245–317.

Fächern der Policey, Ökonomie, Kameralistik, Finanzen und Statistik. An einzelnen Universitäten kam es sogar zur Gründung von eigenständigen Staatswirtschaftlichen Instituten wie in Marburg, wo ab 1787 Johann-Heinrich Jung-Stilling (1740–1817) als Professor für Ökonomie und Kameralwissenschaften lehrte, der aber als Augenarzt (Staroperationen) und pietistischer Schriftsteller bekannter wurde. Den Höhepunkt der Institutionalisierung der Staatswissenschaften stellte 1817 die Gründung der Staatswirtschaftlichen Fakultät in Tübingen dar.

d) Politik als Staatswissenschaft

Von der Mitte des 18. Jahrhundert an bürgerte sich für die Vielzahl der Kameral- oder Policeywissenschaften der Frühen Neuzeit die Bezeichnung als «Staatswissenschaften» und für die Einzahl der Lehre von der Politik im engeren Sinne das Etikett einer «Staatswissenschaft» ein.[67] Die Verwendung dieser Disziplinbegriffe war eine Folge der Einführung des modernen Staatsbegriffs. Diese Neuprägung war wiederum eng verbunden mit der politisch administrativen Realentwicklung zum «modernen Staat»: «Die neue Welt des Staates erforderte eine neue Wissenschaft.»[68] Der Begriff des Staates führt sich auf das lateinische «status» zurück, womit in antiker Zeit ein Zustand, im Mittelalter auch der Stand sowie Rang und in der Frühen Neuzeit das «Regiment», nicht aber ein politischer Körper gemeint war.[69] Im 16. Jahrhundert wuchs dem Begriff im italienischen «stato», im französischen «état» und im niederländischen «staat» eine politische Bedeutung als Bezeichnung der zentralen Herrschaftsorganisation zu. Doch in Deutschland hielt der Staatsbegriff

67 Auf das Verhältnis von Staatswissenschaft und Staatsrechtswissenschaft konzentriert sich Ernst Vollrath: Staatslehre (Staatswissenschaft[en], Staatsphilosophie, Staatstheorie), in: Joachim Ritter/Karlfried Gründer (Hrsg.): Historisches Wörterbuch der Philosophie, Bd. 10, Basel 1998, Sp. 53–63. Abgewogener und materialreicher: Hans L. Stoltenberg: Geschichte der deutschen Gruppwissenschaft: Soziologie, Leipzig 1937, S. 35 ff.

68 Vollrath: Staatslehre, Sp. 53. Vgl. Stephan Skalweit: Der «moderne Staat». Ein historischer Begriff und seine Problematik (= Vorträge – Rheinisch-Westfälische Akademie der Wissenschaften: G, Bd. 203), Opladen 1975.

69 Zum Folgenden: Werner Conze/Hans Boldt: Staat und Souveränität, in: Otto Brunner/Werner Conze/Reinhart Koselleck (Hrsg.): Geschichtliche Grundbegriffe. Historisches Lexikon zur politisch-sozialen Sprache in Deutschland, Bd. 6, Stuttgart 1990, S. 1–154 und Herfried Münkler: Staat, in: Joachim Ritter/Karlfried Gründer (Hrsg.): Historisches Wörterbuch der Philosophie, Bd. 10, Basel 1998, Sp. 1–30.

im Vergleich zu seinen west- und südeuropäischen Nachbarn wesentlich später Einzug. Erst im 18. Jahrhundert engte sich das vieldeutige Verständnis von «Staat» auf die Bedeutung einer durchorganisierten und festumrissenen Herrschaftsorganisation ein und trat damit in die begriffliche Traditionskette von der antiken «polis» über die römische und mittelalterliche «res publica» und die frühneuzeitliche «Herrschaft» als den zentralen Gegenständen politikwissenschaftlicher Lehre und Theorie.

Von «Staatswissenschaften» sprach erstmals 1745 der Leipziger Kameralist Georg Heinrich Zincke,[70] während Johann Heinrich Gottlieb von Justi 1776 als Oberbegriff für alle Ökonomischen und Kameralwissenschaften noch die «Staatswirtschaft» bevorzugte. Im Singular ist der Begriff der «Staatswissenschaft» erst seit Mitte des 18. Jahrhunderts verwandt worden. Es entsprach der realgeschichtlichen Tatsache, daß zuvor Staat und Gesellschaft in Deutschland noch nicht ausdifferenziert waren, es vielmehr in der altständischen politischen Ordnung wesentlich um Herrschaft («gubernatoria», «Regiment») ging.[71]

Mit der modernen Staatsorganisation wurde auch die umfassende Lehre von der Polis und deren Verfaßtheit zur Wissenschaft vom Staat als einem separaten System eingeschränkt. Im 18. Jahrhundert verengte sich die Politik auf die Lehre von der Staatsklugheit («prudentia publica») oder Staats-Regierungskunst, den Mitteln und Verhaltensweisen zur Erreichung der staatlichen Zwecke.[72] Diese Politiklehre des aufgeklärten Absolutismus wandte sich explizit an die fürstliche Obrigkeit und ihre Beamtendiener. Dabei wurden Herrschaftsregeln in der abgemilderten Tradition Machiavellis, technisches Wissen aus der Vielzahl staatlicher Tätigkeitsbereiche, der Rekurs auf die Geschichte als eine Sammlung von lehrreichen Fallbeispielen und die Grundlegung kluger Politik in der empirischen Erfassung der Istzustände durch die Staatenkunde verknüpft. Diese charakteristische Kombination läßt sich auf exemplarische Weise an den Regierungslehren zweier Gelehrter aufzeigen, die beide mit der Universität Göttingen verbunden waren.

Über das zentrale Thema von «Natur und Wesen der Staaten» veröffentlichte Johann Heinrich Gottlieb von Justi im Jahr 1759 ein theorieambitioniertes Buch.[73] Darin behandelte er ganz in der aristotelischen

[70] Georg Heinrich Zincke: Gedanken von denen Wissenschaften eines künftigen Politici und Staatsmannes, Leipzig 1745.

[71] Weber: Prudentia, S. 346 und öfter.

[72] Vgl. Brückner: Staatswissenschaften, S. 196 ff. und Dieter Johannsen: Politik als Staatsklugheit und Staatskunst, Diss. Freiburg/Breisgau 1972.

[73] Johann Heinrich Gottlob von Justi: Die Natur und das Wesen der Staaten, als

Tradition nicht nur den Ursprung der politischen Gemeinschaft, bei ihm mit dem älteren Begriff der «Republik» benannt, sondern auch die verschiedenen Regierungsformen und die Notwendigkeit der Mäßigung durch ihre Mischung. Hinzu kamen Ausführungen über das Wesen und den Inhalt der Gesetze, bei denen Justi die Naturrechtslehre von Christian Thomasius und Christian Wolff sowie in kritischer Systematisierung die Lehren von Montesquieu und insbesondere dessen 1749 erschienenen «Geist der Gesetze» rezipierte. Diese Regierungswissenschaft, wie Justi die Politikwissenschaft nannte, verstand er als «die Grundlagenwissenschaft aller ökonomischen und Cameral-Wissenschaften» und «eine Art von einer politischen Metaphysik».[74]

Zwei Jahre nach Justis Regierungslehre sah auch Gottfried Achenwall (1719–1772) in der Politiklehre als einer «Staatsklugheit» «die Hauptwissenschaft aller derjenigen, die mit der obersten Gewalt bekleidet sind oder Anteil daran haben, und denen die ganze Regierung oder einzelne Staats- und Regierungsgeschäfte anvertraut sind: Regenten, Landesstände, Magistratspersonen und alle öffentlichen Beamten oder Staatsbediensteten nach allen ihren verschiedenen Classen».[75] Achenwall war 1761 zum «ordentlichem Lehrer der Rechten und der Weltweisheit besonders des Natur- und Völker-Rechts wie auch der Politick auf der Universität zu Göttingen» berufen worden. In seinem Lehrbuch verknüpfte er ein aristotelisch geprägtes Verständnis von Politik als einer moralphilosophischen und am Ziel der Förderung des allgemeinen Wohls orientierten Disziplin mit der Konzeption eines historisch wie empirisch begründeten staatenkundlichen Fachs. In diesem Sinne rekurrierte Achenwall auf den älteren, sowohl normativen als auch empirischen Verfassungsbegriff, wenn er die «Staatsklugheit» als «Theorie der allgemeinen Politik, wie solche aus der Verfassung unserer heutigen Europäischen Staaten hergeleitet werden kann»[76] definierte. Dieses Programm einer gleichzeitig normativen und empirisch-historischen Politiklehre hat im 19. Jahrhundert nicht nur in Göttingen, insbesondere durch Friedrich Christoph Dahlmann, sondern von dort ausgehend an zahlreichen Universitäten des nord- und mitteldeutschen Raumes nachgewirkt.

die Grundwissenschaft der Staatskunst, der Policey, und aller Regierungswissenschaften, desgleichen als die Quelle aller Gesetze abgehandelt, Berlin, Stettin, Leipzig 1760.

[74] Justi: Natur, S. XXIV.

[75] Gottfried Achenwall: Die Staatsklugheit nach ihren ersten Grundsätzen entworfen, Göttingen 1761, Vorrede, § 12. Vgl. Brückner: Staatswissenschaften, S. 257 ff.

[76] Achenwall: Staatsklugheit, Vorrede.

Das akademische Fach der Politik setzte sich also im 18. Jahrhundert in zwei Traditionssträngen fort. Zum einen existierten an vielen Universitäten auch weiterhin Professuren der Ethik und Politik, an welchen die aristotelische Lehrtradition des älteren Faches aufrechterhalten wurde. Zum anderen verwiesen auch die neueren politischen Fächer der Policey, Ökonomik und Kameralistik immer wieder auf die Politik im engeren Sinne oder Staatswissenschaft in der Einzahl als die Grundlage ihrer Überlegungen. Doch in diesem sich ausdifferenzierenden Feld der Nachbarwissenschaften wurde der Raum für die ursprüngliche Lehre der Politik, von der alle Nachbardisziplinen auf die eine oder andere Weise angeregt oder beeinflußt worden waren, immer enger. Hinzu kam, daß diese Herrschaftswissenschaft des aufgeklärten Absolutismus mit ihren meist sehr allgemeinen und moralisierenden Ratschlägen nicht nur den Fürsten und ihrem Verwaltungspersonal oft wenig hilfreich, sondern auch dem nach gesellschaftlicher, wirtschaftlicher und politischer Emanzipation strebenden Bürgertum immer suspekter erschien. Diese Reformbedürftigkeit des älteren deutschen Verwaltungsstaates hatte zu Beginn des 19. Jahrhunderts auch die Krise der Lehre der Politik als seiner Regierungslehre und der Policeywissenschaft als seiner Verwaltungslehre zur Folge.

e) Ausblick

Zwischen dem Beginn des 16. und dem Ende des 18. Jahrhunderts ist die Lehre der Politik zu einer festen Größe an den deutschen Universitäten geworden. Zunächst gelang es dem Fach, das in der aristotelischen Tradition allerdings immer noch mit der Ethik verbunden waren, an den Universitäten fest verankert zu werden. Diese Tradition einer philosophischen, zunächst humanistisch und dann naturrechtlich orientierten Politiklehre im engeren Sinne hat unter wechselnden Namen und Inhalten, aber mit starker Rezeption des aristotelischen Gedankenguts bis in das 19. Jahrhundert nachgewirkt.

Im 17. und 18. Jahrhundert trat der Lehre der Politik im Singular in Gestalt der Policey, Ökonomik, Kameralistik, Finanzwissenschaft und Statistik eine Vielzahl von politischen Disziplinen zur Seite. Die Lehre der Politik im Singular wurde durch das Aufkommen der politischen Disziplinen gefördert und gleichzeitig eingeschränkt. Auf der einen Seite übernahmen die neuen Staatswissenschaften das Ideal der Glückseligkeit, wie es die Lehre des sogenannten Eudämonismus in der Aristotelesrezeption geprägt hatte. Auf der anderen Seite stellte die ältere Lehre der Politik die allgemeinen Fragen der guten Ordnung des Gemeinwesens in den Mittelpunkt, während die politischen Wissenschaften mehr dem Nützlichkeitsprinzip folgend administrativ-technisches Spezialwissen vermittelten. Die Disziplin der Politik hatte ihre Bastion an den hergebrachten Universitäten, die policeylichen und kameralistischen Gebrauchswissenschaften hingegen wurden an neuen außeruniversitären Ausbildungsinstitutionen gelehrt. Insgesamt ist auch das Verhältnis zwischen der Lehre der Politik und den Staatswissenschaften im 17. bis 19. Jahrhundert durch jenen eigentümlichen Prozeß der Ausdifferenzierung charakterisiert, in welchem ältere mit neueren Erscheinungen vermengt, aber auch durch sie bewahrt werden.[77]

Blickt man aus ideengeschichtlicher Perspektive zurück auf die umfangreiche literarische Produktion in der Politiklehre und den politischen und kameralistischen Staatswissenschaften der Frühen Neuzeit, so handelte es sich bei ihnen um die utilitaristischen Herrschafts- und Gebrauchswissenschaften des älteren deutschen Territorialstaates.[78] In Fortführung der Fürstenspiegeltradition und der Ratgeberliteratur entwickelten die sich ausfächernden politischen Wissenschaften eine umfassende Lehre des Verwaltungs- und Wohlfahrtsstaates. «Politik» beinhaltete daher wesentlich «Policey», das heißt Staatsverwaltung nicht nur im Hinblick auf deren Organisation, sondern noch mehr hinsichtlich ihrer vielfältigen Aufgaben. Die Politikwissenschaft der Frühen Neuzeit war also vorzugsweise Regierungs- und Verwaltungswissenschaft oder, mit der heutigen begrifflichen Einteilung des Faches, Lehre von der Innenpolitik. Außenpolitik, also die Lehre von den Beziehungen zwischen den Staaten, spielte in jener Zeit staatlicher Zersplitterung in Deutschland eine geringere Rolle.

Die akademischen Lehrer waren belesene Verwaltungspraktiker und zumeist politikberatend tätig. Sie sahen ihre Aufgabe immer weniger in

77 Vgl. die anregenden Studien von Rudolf Stichweh zum Differenzierungsprozeß von Wissenschaften und Professionen: Rudolf Stichweh: «Der frühmoderne Staat und die europäische Universität». Zur Interaktion von Politik und Erziehungssystem im Prozeß ihrer Ausdifferenzierung im 16.–18. Jahrhundert, Frankfurt/Main 1991 und Rudolf Stichweh: Wissenschaft, Universität, Professionen, Frankfurt/Main 1994 sowie Laetitia Boehm: Wissenschaft – Wissenschaften – Universitätsreform. Historische und theoretische Aspekte zur Verwissenschaftlichung von Wissen und zur Wissenschaftsorganisation in der frühen Neuzeit, in: Berichte zur Wissenschaftsgeschichte 1 (1978), S. 7–36 und weitere Beiträge in diesem Band.

78 Zur «Herrschaftswissenschaft» vgl. Weber: Prudentia, zu «Gebrauchswissenschaften» Maier: Staats- und Verwaltungslehre.

der Übersetzung und Kommentierung von Aristoteles, sondern in der Abfassung ausladender mehrbändiger Kompendien zur ganzen Breite der Policey- und Kameralwissenschaften als Nachschlagewerke für die Alltagsfragen der Verwaltungstätigkeit. Diese politischen Autoren waren oft gleichzeitig Professoren an den Spezialhochschulen oder Universitäten und höhere Beamte in den Kammern.

Der Typus des Hochschullehrers im allgemeinen und des Politiklehrers im besonderen nahm in der Frühen Neuzeit eine völlig neue Gestalt an. Vermittelten die Universitätslehrer im Mittelalter Allgemeinbildung und predigten Glaubenswahrheiten, so organisierten nun die Professoren der Staatswissenschaften die akademische Ausbildung des höheren Verwaltungsdienstes. Ihr sozialer Stand war zunächst der von Fürstendienern, so daß sie völlig von der monarchischen Willkür abhängig waren, und später hatten sie die Position von Staatsbeamten, die den Staat verkörperten und die Universität als Staatsanstalt administrierten. Diese Zeit war zunächst geprägt vom Utilitarismus: Ausbildung galt als Zentralfunktion der Universitäten und insbesondere der akademischen Staatswissenschaften. Die monarchische und später bürokratische Spitze des Staatsapparates bediente sich der Lehre von den Staatswissenschaften, um Personal für die höheren Positionen im Verwaltungsdienst auszubilden.

Die quantitative Expansion der politischen Wissenschaften war somit eine direkte Folge der einschneidenden Veränderungen in den Herrschafts- und Verwaltungsstrukturen der Frühen Neuzeit. Viele gesellschaftliche und wirtschaftliche Bereiche, die sich zuvor im Rahmen der Ständeordnung selbst regulierten, wurden nun verstaatlicht. Die Folge war eine im Vergleich zu vorhergehenden Zeiten vielregierende und -verwaltende Administration, die nicht nur einen entsprechenden Verwaltungsapparat mit kompetentem Personal, sondern auch Fachwissen zur Durchführung der sich ausdifferenzierenden Staatsaufgaben benötigte. Dieses Fachwissen boten die politischen (Policey-)Wissenschaften. Die frühneuzeitlichen Staaten, wie sie sich in Deutschland nur mit Verzögerung ausbildeten, waren Erziehungs- und Entwicklungsdiktaturen auf dem Weg in die Moderne. Die Kameral- und Policeywissenschaften als politische Wissenschaften im Plural und die Lehre von der Politik als Staatsklugheitslehre im Singular übernahmen daher in der Frühen Neuzeit die Funktion von einflußreichen Handlungswissenschaften der Landesherren und ihrer Beamtenschaft.

Doch spiegelbildlich für diese Gründe der Konjunktur der politischen Wissenschaften im 17. und 18. Jahrhundert sind die Ursachen für die

Krise und den Untergang der policeylichen und kameralistischen Staatswissenschaften im 19. Jahrhundert. Sie liegen vor allem in einer allgemeinpolitischen Tendenzwende der Staatsauffassungen begründet. Gegen Ende des 18. Jahrhunderts gerieten Absolutismus und Merkantilismus als politische Theorien und staatliche Praxis immer mehr in Mißkredit. Die von dem schottischen Moralphilosophen und Nationalökonomen Adam Smith im Wendejahr 1776 eingeleitete Revolution der politischen Theorie hin zum Interesse der Einzelnen als Voraussetzung zur Erreichung des allgemeinen Glücks stellte die Breite der kameralistischen Staatstätigkeit grundsätzlich in Frage. Die Aufklärung nahm insbesondere unter dem Einfluß der Lehren von Immanuel Kant Anstoß an der Vielregiererei und Bevormundung durch den Absolutismus. Es waren preußische Spitzenbeamte selbst, die diese neuen Ideen insbesondere an der Königsberger Universität studierten und sie dann in den Verwaltungs-, Wirtschafts-, Gesellschafts- und schließlich Verfassungsreformen zu Beginn des 19. Jahrhunderts umzusetzen trachteten.

Der Wandel in der Staatsauffassung, der Zielbestimmung der Verwaltung und der akademischen Politiklehre an der Wende vom 18. zum 19. Jahrhundert schlug sich auf exemplarische Weise im Polizeibegriff nieder.[79] Im frühneuzeitlichen deutschen Territorialstaat umfaßte die «Policey» noch die gesamte Verwaltung und kannte unter dem Telos der «guten Ordnung» noch keinen Gegensatz zwischen Wohlfahrtspflege und Gefahrenabwehr als den beiden großen öffentlichen Aufgabengebieten. Doch gegen Ende des 18. Jahrhundert verstärkte sich unter dem Einfluß der Ideen der Aufklärung und der ökonomischen Lehren des Liberalismus die Skepsis und Kritik gegenüber der staatlichen Wohlfahrtsfunktion als einem Einfallstor absolutistischer Willkür. Der Staat sollte sich von nun an, wie es Wilhelm von Humboldt in seinen 1792 geschriebenen, aber erst 1851 postum veröffentlichten «Ideen zu einem Versuch, die Gränzen der Wirksamkeit des Staates zu bestimmen»[80] forderte, auf die hoheitliche Sicherung der allgemeinen Ordnung beschränken und alles andere der freien Regelung durch die bürgerliche Gesellschaft überlassen. Diese neue Staatsauffassung bewirkte auch eine rechtliche und ge-

79 Vgl. Peter Preu: Polizeibegriff und Staatszwecklehre. Die Entwicklung des Polizeibegriffs durch die Rechts- und Staatswissenschaften des 18. Jahrhunderts, Göttingen 1983.

80 Wilhelm von Humboldt: Ideen zu einem Versuch, die Gränzen der Wirksamkeit des Staates zu bestimmen [1792], in: Wilhelm von Humboldt: Werke in fünf Bänden. Bd. 1: Schriften zur Anthropologie und Geschichte, hrsg. von Andreas Flitner und Klaus Giel, Stuttgart [4]1993, S. 56–233.

richtliche Einschränkung des Policeybegriffs. Schon das Preußische Allgemeine Landrecht von 1794 unterwarf in Paragraph 10, Titel 17, Theil II die hergebrachten öffentlichen Kompetenzen im Rahmen der umfassenden «Policey» engeren rechtsstaatlichen Grenzen, doch den eigentlichen Durchbruch zum modernen Polizeibegriff brachte erst das berühmte Kreuzbergurteil des preußischen Oberverwaltungsgerichts vom 14. Juni 1882.[81]

Während der Polizeibegriff in neuer engerer Form überlebte, fielen der «Policeystaat» und damit weitgehend die «Policeywissenschaft» den gewandelten Auffassungen zum Opfer. Der Begriff «Polizeistaat» bezeichnete nun ein Regiment der bürokratischen Überreglementierung, Allwisserei, Heimlichkeit und Willkür, das im Liberalismus und Rechtsstaat des 19. Jahrhunderts nichts mehr zu suchen hatte. Schließlich wurde aus dem Begriff Policeystaat als Synonym für einen vielregierenden und -verwaltenden Staat im 20. Jahrhundert der verabscheuungswürdige Polizeistaat als Staatssicherheits- und Überwachungsstaat der modernen Diktaturen. Dieser Wandel der grundlegenden Auffassungen von Staat, Verwaltung und Gesellschaft schlug sich mit zeitlichen Verzögerungen auch in Veränderungen der Praxis der Vorbildung und später ebenfalls in den Prüfungsordnungen für den höheren Verwaltungsdienst nieder, die zur Verdrängung der Kameralausbildung durch das Juristenprivileg für den höheren Verwaltungsdienst führten und ausschlaggebend für das weitere Schicksal der Lehre von der Politik und den Staatswissenschaften an den deutschen Universitäten wurden.[82]

Die in der Frühen Neuzeit an den deutschen Universitäten etablierte Politiklehre und ihr Kranz von politischen Kameral- und später Staatswissenschaften sind aber mit der wirtschafts-, verwaltungs-, ideen- und wissenschaftsgeschichtlichen Zeitenwende vom 18. zum 19. Jahrhundert nicht schlagartig untergegangen. Vielmehr haben sie in der ersten Hälfte des 19. Jahrhunderts eine Spätblüte erlebt und sind danach in einem Prozeß der Spezialisierung und Entpolitisierung in die heutigen Disziplinen der Volkswirtschaftslehre, der Betriebswirtschaftslehre, der Finanzwis-

[81] O. A.: Endurtheil des II. Senats vom 14. Juni 1882, in: Entscheidungen des Königlichen Oberverwaltungsgerichts 7 (1883), S. 353–384 (Nr. 52). Auf die juristische, aber auch architektonische und städtebauliche Bedeutung des Kreuzbergurteils hat mich 1969 Fritz Werner hingewiesen, Professor für Staatsrecht und Politik am Otto-Suhr-Institut für Politische Wissenschaft und Präsident des Bundesverwaltungsgerichts in Berlin. Vgl. Harald Schinkel: Polizei und Stadtverfassung im frühen 19. Jahrhundert, in: Der Staat 3 (1964), S. 315–334, bes.: S. 318 und Preu: Polizeibegriff.

[82] Vgl. Bleek: Kameralausbildung.

senschaft, der Statistik, der Staats- und Verwaltungsrechtswissenschaft sowie der Geschichtswissenschaft übergegangen. In den Wissenschaftsgeschichten dieser Fächer wurden viele Autoren und Inhalte der älteren politischen Wissenschaften aufgenommen, wenn auch oft zu bloßen Vorläufern ihrer Nachfolgedisziplinen umgedeutet.[83]

In den vergangenen Jahren zeichnet sich allerdings in den Nachfolgedisziplinen der älteren Lehre der Politik eine erfreuliche Wiederbelebung ihres wissenschaftsgeschichtlichen Herkunftsbewußtseins ab.[84] Doch auch die frühneuzeitlichen politischen Wissenschaften und insbesondere die Kameralwissenschaft finden wachsende Aufmerksamkeit, wie etwa die frequentierten Lesesäle der Herzog-August-Bibliothek in Wolfenbüttel dokumentieren. Nicht nur deutsche Wissenschaftshistoriker wie Rüdiger vom Bruch, sondern auch zahlreiche ausländische Forscher wie der italienische Historiker Pierangelo Schiera haben die Kameral- und Staatswissenschaften der frühen deutschen Territorialstaaten wiederentdeckt.[85] Das heutige internationale Interesse am deutschen Kameralismus und seinen akademischen Disziplinen resultiert vermutlich aus der Tatsache, daß hier die Ursprünge der Praxis des Wohlfahrtsstaates und der Theorie des Sozialstaats zu erfahren sind, die von Deutschland aus in der zweiten Hälfte des 19. Jahrhunderts und im 20. Jahrhundert ihre Verbreitung in aller Welt fanden.[86]

83 Markanteste Beispiele einer solchen ideengeschichtlichen Bewahrung sind Johann Caspar Bluntschli: Geschichte des allgemeinen Staatsrechts und der Politik seit dem 16. Jahrhundert bis zur Gegenwart, München 1864 und Wilhelm Roscher: Geschichte der National-Oekonomik in Deutschland, München 1874. Beide Autoren waren sich des Ursprungs ihrer eigenen Disziplin in der älteren Lehre der Politik nicht zuletzt dadurch bewußt, daß sie selbst noch nebenher über «Politik» lasen.

84 Beispielhaft dafür sind die Arbeiten des Öffentlichrechtlers und Rechtshistorikers Michael Stolleis, insbesondere die Zurückführungen des Ursprung der Disziplin des öffentlichen Rechts in der Frühen Neuzeit auf die aristotelisch geprägte Lehre der Politik. Stolleis: Geschichte, Bd. 1, bes.: S. 80–125.

85 Leider ist die Münchener Habilitationsschrift Rüdiger vom Bruch: Von der Kameralistik zur Wirtschaftswissenschaft. Studien zur Geschichte der deutschen Nationalökonomie als Staatswissenschaft. 1727–1923, München 1986 unveröffentlicht geblieben und die Abhandlung von Pierangelo Schiera: Dall'Arte di Governo alle Scienze dello Stato il Cameralismo e l'assolutismo tedesco, Milano 1969 nicht ins Deutsche übersetzt worden.

86 Auf diese Zusammenhänge hat erstmals Hans Maier in seinem Habilitationsvortrag hingewiesen: Hans Maier: Ältere deutsche Staatslehre und westliche politische Tradition. Münchner Antrittsvorlesung (= Recht und Staat in Geschichte und Gegenwart, Bd. 321), Tübingen 1966.

Die in der Frühen Neuzeit in Deutschland als Kameral- und Policeywissenschaften breit entfalteten politischen Wissenschaften waren weitgehend ein deutsches Unikum. Im frühneuzeitlichen Frankreich entwickelte sich zwar vorbildhaft die staatliche Wirtschaftspraxis des Merkantilismus, doch wurde sie kaum von der staatlichen Sozialpraxis einer guten Policey begleitet und führte daher nicht zur Ausbildung entsprechender Universitätsdisziplinen. An den französischen Universitäten setzte sich früher als in Deutschland die Dominanz der Rechtswissenschaft und des *droit publique* durch, dem allerdings *études politiques* angehängt wurden.[87] Die bedeutsamen Beiträge Frankreichs zur politischen Theorie der Neuzeit (Bodin, Montesquieu, Rousseau) waren Produkte politischer Schriftsteller und nicht akademischer Lehrer. Ähnliches gilt wohl auch für Italien und Spanien, deren Geschichte der älteren Universitätslehre der Politik wie diejenige Frankreichs noch im Nebel der Vorgeschichte der modernen Disziplinen liegt. Vom traditionsbewußten Großbritannien wissen wir allerdings, daß im Vereinigten Königreich bis in die Zeit nach dem Zweiten Weltkrieg im Rahmen der humanistischen Universitätsbildung zum gesellschaftlichen Ideal eines Gentleman die ältere Tradition einer aristotelischen Politiklehre dominierte und die britische Politikwissenschaft im internationalen Vergleich philosophischer und historischer geprägt ist.[88]

In Deutschland erinnert noch heute der Dr. rer. pol., der «Doctor rerum politicarum», der Doktorgrad der «politischen Dinge», der in den Wirtschafts- und Sozialwissenschaften vergeben wird, an deren Herkunft und Einheit in den politischen Wissenschaften der Frühen Neuzeit. Im Traditionszusammenhang der Policey- und Staatswissenschaften stehen nicht nur die politik- und sozialwissenschaftlich inspirierten Verwaltungsstudiengänge, zum Beispiel an der Universität Konstanz, sondern auch das relativ junge Forschungs- und Lehrgebiet der Politikfeldanalyse.

87 Werner Zettelmeier: Entstehung und Entwicklung der politikwissenschaftlichen Lehre an den französischen Universitäten. Zwischen Marginalität und Autonomie, in: Hans J. Lietzmann/Wilhelm Bleek (Hrsg.): Politikwissenschaft. Geschichte und Entwicklung, München, Wien 1996, S. 171–190, bes.: S. 173 ff.

88 Stefan Collini/Donald Winch/John Burrow: That Noble Science of Politics. A Study in Nineteenth-Century Intellectual History, Cambridge, London, New York et al. 1983.

4. Bürgerliche Reform und Politische Professoren im Vormärz und in der Revolution (1800–1849)

Schon die bisherigen Schilderungen haben deutlich werden lassen, daß die Entwicklung der Politikwissenschaft kein intellektueller Selbstläufer ist. Vielmehr ist die Geschichte dieses Faches auf vielfache Weise von den Rahmenbedingungen des jeweiligen politischen Systems und den Erwartungen der praktischen Politik an sie beeinflußt, aber auch von den wechselhaften Wissenschaftskonzeptionen und Universitätsidealen geprägt worden. Die Lehre der Politik floriert in Zeiten eines allgemeinen und umfassenden Wissenschaftsverständnisses, sie verkümmert aber unter dem Einfluß einer spezialisierten und eingeschränkten Konzeption. Diese Abhängigkeit der Politikwissenschaft von exogenen Faktoren wurde in Deutschland im 19. Jahrhundert überdeutlich, als zunächst die Herrschaft des idealistischen Bildungsprinzips nochmals eine Spätblüte der Disziplin ermöglichte, dann aber die Wende zum naturwissenschaftlich-theoretischen Wissenschaftsideal neben der restaurativen Tendenz der praktischen Politik ein Verwelken der älteren Lehre der Politik bewirkte.

Der Wendepunkt im 19. Jahrhundert war die bürgerliche Revolution der Jahre 1848/49, die in Deutschland im März 1848 ausbrach. Es hat sich eingebürgert, die vorangehenden Jahrzehnte als den Vormärz zu bezeichnen, nicht nur aus chronologischen Gründen, sondern auch weil in diesen Jahren die auf Reform und schließlich Revolution drängenden Ideen entwickelt wurden. Unter kulturellen, gesellschaftlichen und politischen Aspekten werden die drei Jahrzehnte zwischen dem Friedensschluß auf dem Wiener Kongreß von 1815 und dem Ausbruch der Revolution von 1848 oft mit den Begriffen der Romantik, der Biedermeierzeit, und der Restaurationsära charakterisiert. Doch im Hinblick auf die Lehre der Politik im Vormärz, der es vor allem um eine bürgerliche Verfassung ging, deren Verwirklichung im Mittelpunkt der Revolution von 1848/49 stand, erscheint es angemessen, die gesamte erste Hälfte des 19. Jahrhunderts einschließlich der preußischen Reformversuche zu Beginn des Jahrhunderts als Vormärzzeit zu verstehen.

a) Universitätsreform und Bildungsprinzip

Gegen Ende des 18. Jahrhunderts gerieten die Universitäten und mit ihnen die ältere universitäre Lehre der Politik in eine fundamentale Krise, die ihr baldiges Ende absehbar machte. Ebenso wie viele aus dem Mittelalter stammende Institutionen und Lebensbereiche drohten sie an der Schwelle zum industriellen Zeitalter in den hergebrachten Formen zu erstarren und obsolet zu werden. Der Anspruch der Universitäten auf Autonomie widersprach der Durchsetzung moderner Staatlichkeit, ihre Orientierung auf die Lehre als Einübung überlieferten Glaubenswissens mußte im Zeitalter der Aufklärung und des Vernunftdenkens als Anachronismus empfunden werden. Wie das Heilige Römische Reich Deutscher Nation an der Schwelle zum 19. Jahrhunderts ans Ende seiner Lebenskraft kam, so schien auch den Universitäten der Untergang bestimmt.

Um die Wende vom 18. zum 19. Jahrhundert kam es in Deutschland zu einer Phase des «Massensterbens»[1] unter den Universitäten. Die territoriale Zersplitterung des Reiches und der Ehrgeiz seiner regierenden Fürsten, über eine eigene «Landesuniversität» zu verfügen, hatte zu einer Überzahl von Hochschulen und damit zu einer Unterfrequenz von Studierenden geführt. An den Universitäten waren im Durchschnitt 120 bis 150 Studenten eingeschrieben, an vielen kleineren Hochschulen weit unter hundert junge Adelige und Bürger. So kann es nicht wundern, daß von den 45 Universitäten, die im 18. Jahrhundert in Deutschland existierten, in den 25 Jahren nach Beginn der Französischen Revolution im Juli 1789 etwa die Hälfte geschlossen oder zu zweitrangigen Hochschultypen wie Lyzeen degradiert wurde. Der äußere Anlaß für dieses Universitätssterben waren nicht nur die Auswirkungen der Säkularisation, sondern auch staatliche Sparmaßnahmen. Unter den Opfern dieser Entwicklung befanden sich vormals hochangesehene Universitäten wie Köln (1798) oder Erfurt (1816), die zuweilen im 20. Jahrhundert wiedergegründet worden sind.

Aber auch die Universitäten, welche die «Schwindsucht» an der Wende zum 19. Jahrhundert überlebten, waren nicht ungefährdet, selbst wenn sie wie Halle und Göttingen im 18. Jahrhundert die Reform auf ihr Gründungspanier geschrieben hatten. Mit der Gründung von Akademien und

[1] Rainer A. Müller: Geschichte der Universität. Von der mittelalterlichen Universitas zur deutschen Hochschule, München 1990, S. 66.

Fachhochschulen förderten die Landesherren im 18. Jahrhundert zwei konkurrierende Institutionen, die den Universitäten leicht den Garaus hätten machen können. In Preußen gründete König Friedrich I. 1700 auf Anregung des gelehrten Philosophen und Mathematikers Gottfried Wilhelm von Leibniz (1646–1716) die Brandenburgische Sozietät der Wissenschaften, aus der später die Preußische Akademie der Wissenschaften in Berlin hervorging. Diesem Vorbild folgten Akademiegründungen in Göttingen (1752) und München (1759).[2] Diese Institutionen vereinigten nicht nur die herausragenden Gelehrten ihrer Zeit zum freien Gespräch, sondern waren auch frühe Stätten der institutionalisierten Forschung, was beides für die Universitäten im 18. Jahrhundert nicht zutraf. Gleichzeitig richteten die Landesherren für die Ausbildung ihrer Staatsdiener Spezialhochschulen ein, für welche die schon erwähnten Kameralschulen zur Ausbildung von beamteten Staatswirten exemplarisch waren. Da das unter Kaiser Napoleon I. siegreiche Frankreich mit der École Polytechnique und den anderen Großen Schulen den Weg zu Spezialhochschulen ging, lag es für die unterlegenen und besetzten deutschen Staaten nahe, sich diesem Vorbild anzuschließen.

Preußen aber nahm die militärische Niederlage als Anlaß zu inneren Reformen. Ein Vierteljahrhundert nach dem Tode Friedrich des Großen hatte das von diesem und dessen Vater geschaffene Staatswesen im Oktober 1806 in der Doppelschlacht von Jena und Auerstädt eine scheinbar vernichtende Niederlage durch das nachrevolutionäre Frankreich erlitten. Doch Friedrich Wilhelm III. erklärte im August des folgenden Jahres in seinem Zufluchtsort Memel in einer Audienz für Professoren der Universität Halle, die nach dem Tilsiter Frieden an das französische Satrapenkönigtum Westfalen gefallen war: «Der Staat muß durch geistige Kräfte ersetzen, was er an physischen verloren hat.»[3] Dieser von dem Hallenser Professor Theodor Anton Heinrich Schmalz überlieferte Ausspruch ist nicht nur zum Motto für die Vorbereitung der Gründung einer Universität zu Berlin geworden, die der König am 4. September 1807 befahl. Er kann auch als Leitgedanke der vielfältigen Reformen der folgenden Jahre gelten. Während Preußen mehr als die Hälfte seines vormaligen Gebietsstandes verlor und sein Restterritorium einschließlich der Hauptstadt Berlin weitestgehend unter Besatzungsherrschaft stand, machte sich eine aufgeklärte Beamtenschaft unter zögerlicher

[2] Vgl. Jürgen Voss: Die Akademien als Organisationsträger der Wissenschaften im 18. Jahrhundert, in: Historische Zeitschrift 231 (1980), S. 43–74.

[3] Max Lenz: Geschichte der königlichen Friedrich-Wilhelms-Universität zu Berlin, 4 Bde., Halle/Saale 1910, Bd. 1, S. 78.

Führung des Monarchen daran, durch Neugestaltung seiner Verwaltungsorganisation, Militärverfassung, Wirtschafts- und Gesellschaftsstruktur sowie des Bildungswesens die Grundlage für einen inneren Wiederaufstieg zu legen.[4] Dabei kam der Bildungs- und insbesondere der Universitätsreform eine zentrale Rolle zu, sollte durch sie doch jene gebildete Oberschicht geschaffen werden, die an die Spitze von Staat und Gesellschaft treten und sie beide miteinander versöhnen würde. Das autokratische System des monarchischen Absolutismus war zwar zusammengebrochen, doch die Kräfte der Erneuerung fürchteten einen Umsturz der Volksmassen sowie die darauf folgende Anarchie und Diktatur wie im benachbarten Frankreich. So sollte durch eine Reform von oben eine Revolution von unten vermieden werden – und diese Devise bestimmte nicht nur die Neugestaltung des Universitätswesens, sondern auch die Inhalte der Lehre der Politik in der ersten Hälfte des 19. Jahrhunderts.

Träger der Wiederbelebung und Neugestaltung der Universitätsidee in Preußen wurde ein Bündnis von idealistischen Spitzenbeamten und Professoren. Die preußischen Reformen der Jahre 1807–1814 sind mit den Namen der beiden Staatsmänner Karl Reichsfreiherr vom Stein und Karl August Fürst von Hardenberg verbunden, doch konzipiert und ausgeführt wurden sie von einer großen Gruppe reformgesinnter Beamter an der Spitze der zentralen Staatsverwaltung in Berlin und der Provinzialregierungen.[5] Die meisten von ihnen hatten an den Universitäten Halle, Königsberg und Göttingen Rechts- und Staatswissenschaften studiert und waren nicht nur durch Immanuel Kant vom Geist der Aufklärung und des Vernunftdenkens, sondern auch durch die Rezeption der moralphilosophischen und ökonomischen Ideen Adam Smiths von der liberalen Idee der freien Entfaltung der Individuen zum Besten des Gemeinwesens beflügelt worden. Diese beamteten Anhänger eines aufgeklärten und freiheitlichen Staates fanden auf dem Gebiet der Univer-

[4] Vgl. Hans Rosenberg: Bureaucracy, Aristocracy and Autocracy. The Prussian Experience 1660–1815 (= Harvard Historical Monographs, Bd. 34), Cambridge/Massachusetts 1958. Diese von den Fragestellungen und Methoden Max Webers inspirierte Studie eines in die amerikanische Emigration gezwungenen deutschen Sozialhistorikers ist leider nie auf deutsch erschienen, ein Beispiel für die Nachwirkungen der nationalsozialistischen Epoche der deutschen Wissenschaftsgeschichte im 20. Jahrhundert.

[5] Grundlegend für die Bedeutung der preußischen Beamtenschaft in der Vormärzzeit Reinhart Koselleck: Preußen zwischen Reform und Revolution. Allgemeines Landrecht, Verwaltung und soziale Bewegung von 1791–1848 (= Industrielle Welt, Bd. 7), Stuttgart 1967.

sitätsreform Verbündete in den großen Philosophen Immanuel Kant, Johann Gottlieb Fichte und Friedrich Wilhelm Schelling sowie dem aufklärerischen Theologen Friedrich Schleiermacher, welche durch ihre Programmschriften die Grundlagen für die klassische «Idee der deutschen Universität» legten.[6]

Dieses Bündnis von aufgeklärten Spitzenbeamten und idealistischen Professoren führte auch zur Personalunion zwischen diesen beiden Gruppen. Ein Beispiel für die Verknüpfung von administrativ-politischer und akademisch-staatswissenschaftlicher Karriere des 18. Jahrhunderts ist Johann Gottfried Hoffmann (1765–1847).[7] Dieser stammte aus der Königsberger Schule der praktischen Philosophie und Kameralwissenschaften, nahm als Staatsrat in der Sektion für Gewerbeangelegenheiten wesentlichen Einfluß auf die liberale Reform der Handels- und Gewerbeverfassung und konzipierte in einer Denkschrift im Mai 1810 ein staatswissenschaftliches Bildungsstudium ganz in der Göttinger Tradition.[8] Ein halbes Jahr später übernahm Hoffmann an der neuen Universität zu Berlin die Gründungsprofessur für Staatswissenschaften, baute daneben das für ganz Europa vorbildhafte preußische Statistische Büro auf und sorgte als Mitglied der Oberexaminationskommission dafür, daß der Nachwuchs für den höheren Verwaltungsdienst nicht nur rechtswissenschaftliche Kenntnisse, sondern auch eine staatswissenschaftliche Bildung vorweisen konnte. In seiner Berliner Universitätslehre beschränkte sich Hoffmann allerdings auf kameralistische, nationalökonomische und statistische Vorlesungen, also politische Wissenschaften im Plural;[9] die Lehre der Politik im Singular überließ er philosophischen, historischen und juristischen Kollegen.

Am stärksten verkörperte Wilhelm von Humboldt (1767–1835) die der preußischen Universitätsreform zugrundeliegende Einheit von aufgeklärtem Staatsmann, reformorientiertem Spitzenbeamten und weltoffenem Universalgelehrten.[10] In seiner kurzen Amtszeit als Leiter der Sektion für Kultus und öffentlichen Unterricht im preußischen Innen-

[6] Ernst Anrich: Die Idee der deutschen Universität und die Reform der deutschen Universitäten, Darmstadt 1960. Vgl. René König: Vom Wesen der deutschen Universität, Berlin 1935.

[7] Ernst Rudolf Huber: Deutsche Verfassungsgeschichte seit 1789, Bd. 1, Stuttgart 1957, S. 132 und David F. Lindenfeld: The Practical Imagination: The German Sciences of State in the Nineteenth Century, Chicago 1997, S. 72 ff.

[8] Lenz: Geschichte, Bd. 1, S. 250 ff.

[9] J.[ohann] G.[ottfried] Hoffmann: Nachricht von dem Zwecke und der Anordnung der Vorträge, Berlin 1823.

[10] Vgl. Tilman Borsche: Wilhelm von Humboldt, München 1990.

ministerium vom Februar 1809 bis Juni 1810 legte Humboldt durch seine zahlreichen Memoranden die Grundlage für die folgende Reform der preußischen Universitäten, insbesondere in seiner großen Programmschrift «Über die innere und äußere Organisation der höheren wissenschaftlichen Anstalten in Berlin».[11] Dabei ging es Humboldt darum, die hergebrachten Universitäten nicht zu beseitigen, sondern ihre äußeren Formen zu reformieren und sie vor allem mit neuen Inhalten der Wissenschaft zu füllen.

In diesem Geiste der Reform wurde im Oktober 1810 die neue Universität zu Berlin eröffnet, welche bald zum Anziehungspunkt vieler berühmter Gelehrter wurde.[12] So gehörten zu ihren Gründungsprofessoren die Theologen Schleiermacher und de Wette, die Philosophen Fichte und bald darauf Hegel, die Juristen Eichhorn und Schmalz, der Graecist Boeckh, der Historiker Niebuhr, der Staatswissenschaftler Hoffmann, der Agrarwissenschaftler Thaer, der Chemiker Klaproth und der Mediziner Hufeland.

Obwohl die bald nach dem Wiener Kongreß (1815) und dem Wartburgfest der radikalen Studenten (1817) einsetzende Restaurationsbewegung viele der hochgemuten Ideen der Reformzeit verkümmern ließ, setzte sich der preußische Staat durch diese Universitätsgründungen an die Spitze des akademischen Fortschritts in Deutschland und legte die Grundlage für jene weltweite Spitzenstellung der deutschen Universitäten und Wissenschaften, die erst über hundert Jahre später unwiederbringbar eingebüßt wurde, weil die Träger dieser gelehrten Ideen aus dem nationalsozialistischen Deutschland vertrieben wurden.

Die preußische Universitätsreform Anfang des 19. Jahrhunderts, aber auch die Spätblüte der älteren Lehre der Politik an den Universitäten des Vormärz beruhten auf jenem umfassenden Bildungsideal, das mit dem Namen Wilhelm von Humboldt untrennbar verbunden ist.[13] Humboldt selbst hatte nach der Erziehung durch Hauslehrer und Hofmeister auf Drängen seines Vaters an der Universität Frankfurt an der Oder Rechts-

[11] Wilhelm von Humboldt: Über die innere und äussere Organisation der höheren wissenschaftlichen Anstalten in Berlin [1810], in: Wilhelm von Humboldt: Werke in fünf Bänden. Bd. 4: Schriften zur Politik und zum Bildungswesen, hrsg. von Andreas Flitner und Klaus Giel, Stuttgart ^{4}1993, S. 255–266.

[12] Vgl. Lenz: Geschichte, Bd. 1.

[13] Vgl. Clemens Menze: Die Bildungsreform Wilhelm von Humboldts, Hannover 1975 und Clemens Menze: Die Universitätsidee Wilhelm von Humboldts, in: Karl-Heinrich Hansmeyer/Friedrich-Wilhelm Henning (Hrsg.): 600 [Sechshundert] Jahre Kölner Universität. 1388/1988, Köln 1989, S. 86–106.

und Kameralwissenschaften als Vorbereitung auf die Karriere im höheren Verwaltungsdienst gepaukt. Doch nach dem Wechsel an die Universität Göttingen im Frühjahr 1788 genoß der einundzwanzigjährige Bildungsaristokrat neben der historisch begründeten Staatsrechts- und Staatsverfassungslehre von Pütter und Schlözer vor allem altphilologische Studien bei Christian Gottlieb Heyne und philosophisch-naturwissenschaftliche Vorlesungen bei Georg Christoph Lichtenberg.[14] Daneben beschäftigte er sich intensiv mit den damals erscheinenden Schriften Immanuel Kants. So erfuhr Wilhelm von Humboldt in Göttingen jene Bildungsstudien, die später nicht nur in seiner eigenen gelehrten Universalität, sondern auch in seiner Konzeption der Universität wie auch der wissenschaftlichen Bildung von Staatsbeamten zum Ausdruck kamen. Nach Studienabschluß und einer frustrierenden Tätigkeit am Berliner Kammergericht befreundete er sich in Weimar mit Goethe und Schiller und wurde durch seine «Ideen zu einem Versuch, die Gränzen der Wirksamkeit des Staates zu bestimmen» (1792)[15] zum politischen Theoretiker einer liberalen Staatskonzeption. Vor allem aber entdeckte Wilhelm von Humboldt wie viele seiner gebildeten Zeitgenossen im antiken Altertum das Vorbild eines neuhumanistischen Menschenbildes einer sich frei und umfassend entfaltenden individuellen Persönlichkeit.

Das von Humboldt konzipierte und verkörperte Ideal einer umfassenden Allgemeinbildung, das im Gegensatz zu einer speziellen Berufsausbildung stand, prägte auch seine Universitäts- und Wissenschaftskonzeption.[16] Die Hochschule hatte die Universalität des Wissens zu vermitteln, und nur der Gesamtheit aller Wissenschaften und deren geistiger Einheit war der Name einer Universität angemessen. Humboldts ganze Abscheu galt den «Brotstudien», die den Namen der Wissenschaft nicht verdienten, sondern lediglich Fachwissen für spezielle Berufe vermittelten. Zu Humboldts Grundmaximen für die reformierte Universität gehörte die

14 Vgl. die instruktive Darstellung der Universitätsstudien Wilhelm von Humboldts bei Christina M. Sauter: Wilhelm von Humboldt und die deutsche Aufklärung (= Historische Forschungen, Bd. 39), Berlin 1989, S. 122–173.

15 Wilhelm von Humboldt: Ideen zu einem Versuch, die Gränzen der Wirksamkeit des Staates zu bestimmen [1792], in: Wilhelm von Humboldt: Werke in fünf Bänden. Bd. 1: Schriften zur Anthropologie und Geschichte, hrsg. von Andreas Flitner und Klaus Giel, Stuttgart [4]1993, S. 56–233.

16 Zur Humboldtschen Universitätskonzeption vgl. Otto Vossler: Humboldts Idee der Universität, in: Historische Zeitschrift 178 (1954), S. 251–268 und Helmut Schelsky: Einsamkeit und Freiheit. Idee und Gestalt der deutschen Universität und ihrer Reformen (= Rowohlts deutsche Enzyklopädie; Sachgebiet Soziologie, Bd. 171/172), Reinbek 1963.

von ihm postulierte «Einheit von Forschung und Lehre», wobei nicht zufällig die Forschung an erster Stelle genannt wurde. Diese diente der zweckfreien Suche nach wissenschaftlicher Wahrheit. Auch die Lehre bestand nicht mehr aus der Verkündigung tradierter Glaubenssätze wie im Mittelalter oder der Aufstellung von Nützlichkeitsüberlegungen wie in der Frühen Neuzeit, sondern aus der Vermittlung von neuen wissenschaftlichen Erkenntnissen durch den «freien Vortrag» in Vorlesungen und der Teilnahme der Studenten am forschenden Erkennen durch Übungen und vor allem Seminare, die im 19. Jahrhundert zu dem überkommenen Lehrveranstaltungstypus des Kollegs hinzutraten. Als zweites universitäres Grundprinzip postulierte Humboldt die «Freiheit von Forschung und Lehre»: Nur die Freiheit von äußeren Zweckbestimmungen ermögliche den Fortschritt der Wissenschaften durch ihre forschende Selbstentfaltung. Die Professoren sollten ihre wissenschaftlichen Erkenntnisse unzensiert und unreglementiert vortragen können und die Studenten sich in der Wahl der Unterrichtsfächer sowie vor allem der besuchten Universitäten frei entscheiden können.

Viele dieser hehren Ideale, durch welche die Universität zu einem «Bund freier Geister» (Fichte) werden sollte, sind schon damals nur partiell verwirklicht worden, zum Beispiel hat Humboldt selbst das akademische Berufungsrecht nie den Fakultäten überlassen, sondern stets der staatlichen Kultusverwaltung vorbehalten. Doch die idealistische Vorstellung von freier Bildung und Universität wirkt bis heute fort, findet sich zum Beispiel in Jürgen Habermas' Konzeption des «herrschaftsfreien Diskurses».[17]

Der institutionelle Ort zur Verwirklichung dieser idealistisch-neuhumanistischen Bildungskonzeption waren zuvörderst die Philosophischen Fakultäten. Sie übernahmen der preußischen Universitätsreform zufolge eine Doppelfunktion. Auf der einen Seite vermittelten sie jene Allgemeinbildung, die den Reformern vorschwebte. Damit knüpften sie einerseits an die hergebrachte Vorbereitungsfunktion der alten Artistenfakultäten an, andererseits aber hoben sie diese aber auf eine neue Ebene. Sollte die Philosophische Fakultät doch jene aufklärerischen Prinzipien der wissenschaftlichen Wahrheit, öffentlichen Vernunft und politischen Unabhängigkeit verwirklichen, die ihnen Kant 1798 in seiner Schrift über den «Streit der Fakultäten» in der Entgegensetzung zu den theologischen, juristischen und medizinischen Fakultäten als von Maximen der

[17] Jürgen Habermas: Theorie des kommunikativen Handelns. Bd. 1: Handlungsrationalität und gesellschaftliche Rationalisierung, Frankfurt/Main 1981, S. 384–387.

Nützlichkeit und Regierungsabhängigkeit geprägten Institutionen zugeschrieben hatte.[18]

Auf der anderen Seite erhielten die Philosophischen Fakultäten durch die Reform des preußischen Schulwesens auch eine neue und bedeutsame Ausbildungsfunktion für das höhere Lehramt an Gymnasien.[19] Zu Beginn des 19. Jahrhunderts erhielt das humanistische Gymnasium das Monopol der Vorbereitung für die Universitäten, welches in der Voraussetzung der Reifeprüfung als Abitur oder Maturium verankert wurde. Diese Verwissenschaftlichung des höheren Schulwesens zog notwendigerweise nach sich, daß die künftigen Gymnasiallehrer ein Staatsexamen vor einer wissenschaftlichen Prüfungskommission bestehen mußten. Die Philosophische Fakultät wurde auf diese Weise zur Stätte der wissenschaftlichen Allgemeinbildung für alle Studenten und der akademischen Ausbildung für die Lehramtskandidaten.

Für die Entfaltung der Wissenschaften von Politik und Staat mußte es ausschlaggebend werden, wo und auf welche Weise sie in den zu neuer wissenschaftlicher Zielbestimmung reformierten Universitäten verankert würden. Die Ideen der preußischen Reformer waren geeignet, auch für die Lehre der Politik und die Wissenschaften vom Staate neue Perspektiven zu eröffnen. Zwar erhielten diese Disziplinen keinen Platz im Lehrplan der Gymnasien und damit auch nicht in den Lehramtsstudiengängen der Philosophischen Fakultäten. Die Vermittlung von politischen Ideen wurde lediglich indirekt in den Schulfächern der alten Sprachen, des Deutschunterrichts und der Geschichte verankert. Doch sollte die staatswissenschaftliche Allgemeinbildung nach den Vorstellungen der Reformer eine große Rolle für Studium, Auswahl und Beförderung im allgemeinen höheren Verwaltungsdienst spielen.[20]

[18] Immanuel Kant: Der Streit der Fakultäten [1798], in: Immanuel Kant: Werkausgabe, hrsg. von Wilhelm Weischedel, Bd. 11, Frankfurt/Main ³1981, S. 265–393, S. 282 ff.

[19] Wilhelm Roeßler: Die Entstehung des modernen Erziehungswesens in Deutschland, Stuttgart 1961 und Peter Lundgreen: Sozialgeschichte der deutschen Schule. Teil 1: 1770–1918, Göttingen 1980.

[20] Vgl. Wilhelm Bleek: Von der Kameralausbildung zum Juristenprivileg. Studium, Prüfung und Ausbildung der höheren Beamten des allgemeinen Verwaltungsdienstes in Deutschland im 18. und 19. Jahrhundert, Berlin 1972, S. 89 ff. und Wilhelm Bleek: Die Preußische Reform. Verwaltungsqualifikation und Juristenbildung, 1806–1817, in: Die Verwaltung 7 (1974), S. 179–197 sowie Bernd Schminnes: Bildung und Staatsbildung. Theoretische Bildung und höhere Staatsverwaltungstätigkeit. Entwicklungen in Preußen im 18. und frühen 19. Jahrhundert, Kleve 1994, der sich spitzfindig mit meinen Ergebnissen (insbesondere im Anhang, S. 295–298) auseinandersetzt.

Die wissenschaftliche Bildung, welche die preußischen Staatsmänner von der Verwaltungsbeamtenschaft erwarteten, war weder mit dem von König Friedrich Wilhelm I. inaugurierten Kameralstudium noch der von Friedrich II. favorisierten Juristenvorbildung identisch. An der Kameralausbildung kritisierten die Reformer unter dem Einfluß der Ideen der Aufklärung und der Marktökonomie die Reglementierung und Knebelung von Gesellschaft und Wirtschaft im Geiste der bevormundenden «Policey» und die Ausrichtung an vordergründigem Nützlichkeitsdenken. Notwendige Berufskenntnisse und Verwaltungstechniken sollten im praktischen Vorbereitungsdienst und nicht an den wissenschaftlichen Universitäten vermittelt werden, dort ging es vielmehr um die Erforschung und Lehre der allgemeinen Prinzipien von Staat, Gesellschaft und Wirtschaft.

Doch noch entschiedener kritisierten die preußischen Reformer eine einseitig juristische Vorbildung der Verwaltungsbeamten. Sie hatten mit den Juristen im eigentlichen Sinne, den Richtern und Beamten des Justizdepartments, wenig im Sinn, sahen in ihnen vielmehr die Anhänger der altaristokratischen Reaktionspartei am Werke, welche den Übergang von der feudalen Ordnung des Spätabsolutismus zum aufgeklärten Wirtschaftsliberalismus mit dem Hinweis auf die überkommene Rechtsordnung zu blockieren suchten. Nicht der Kameralist oder der Jurist, sondern der umfassend gebildete Staatsdiener prägte das Selbstverständnis der preußischen Reformer, dem sie für alle höheren Verwaltungsbeamten Geltung verschaffen wollten. Wilhelm von Humboldt hat diesem Ideal im Juli 1809 in einem «Gutachten über die Organisation der Ober-Examinations-Kommission» Ausdruck gegeben.[21] Ausgehend vom Verständnis des Staatsdienstes als einer Korporation, «zu der nur Geist und Bildung den Weg bahnen können», konzipierte er eine Prüfung, in welcher die Kandidaten für den höheren Verwaltungsdienst auch darzustellen hatten, daß sie ihre praktische Diensttätigkeit an philosophischen und moralischen Prinzipien orientieren konnten. Wissenschaftliche Einsicht, politisches Handeln und soziale Rücksicht waren für Humboldt eine selbstverständliche Einheit: «Nichts ist so wichtig bei einem höheren

[21] Wilhelm Dilthey/Alfred Heubaum: Ein Gutachten Wilhelm Humboldts über die Staatsprüfung der höheren Verwaltungsbeamten, in: Schmollers Jahrbuch für Gesetzgebung, Verwaltung und Volkswirtschaft im Deutschen Reich 23 (1899), S. 1455–1471 und Wilhelm von Humboldt: Gutachten über die Organisation der Ober-Examinations-Kommission [1809], in: Wilhelm von Humboldt: Werke in fünf Bänden. Bd. 4: Schriften zur Politik und zum Bildungswesen, hrsg. von Andreas Flitner und Klaus Giel, Stuttgart [4]1993, S. 77–89.

Staatsbeamten, als welchen Begriff er eigentlich nach allen Richtungen hin von der Menschheit hat, worin er ihre Würde und ihr Ideal im Ganzen setzt, mit welchem Grade intellectueller Klarheit er es sich denkt, mit welcher Wärme er empfindet; welche Ausdehnung er dem Begriff der Bildung giebt, was er darin für nothwendig, was nur gewissermaßen für Luxus hält; wie er sich die Menschheit in concreto vorstellt, welchen Grad der Achtung oder Nichtachtung er für die niederen Volksklassen hegt.»[22]

Während Wilhelm von Humboldt solchermaßen die höhere Verwaltungsqualifikation an seinem humanistisch-wissenschaftlichen Bildungsideal orientierte und daher die Lehre der Politik lediglich als traditionellen Bestandteil der praktischen Philosophie berücksichtigte, wurden die Staatswissenschaften ausdrücklich in den Vorschlägen seines Mitreformers und nachmaligen langjährigen Kultusministers Karl Freiherr zum Altenstein verankert. Altenstein verfaßte 1807 als Mitarbeiter des Staatskanzlers Hardenberg eine umfangreiche «Denkschrift über die Leitung des Preußischen Staates», in der er die desolate Lage Preußens auf allen Gebieten markierte und die notwendigen Reformgesetze konzipierte.[23] Zur Ausführung dieser großen legislativen Aufgabe waren seiner Meinung nach die bisherigen Gesetzgeber, die Juristen im Justizdepartment, mangels philosophischer und staatswissenschaftlicher Kenntnisse nicht fähig. Vielmehr gebührte die aufgeklärte Gesetzgebung «dem eigentlichen, vollendeten Staatsmanne, der immer zugleich auch Philosoph sein muß, und dem Juristen sowie dem Kameralisten nur, sofern sie wirkliche Staatsmänner sind».[24] Die Anstellung aller Staatsdiener sollte ein wissenschaftliches Bildungsstudium voraussetzen, das neben philosophischen und historischen auch staatswissenschaftliche Grundlagen oder, wie Altenstein es an anderer Stelle formulierte, «allgemeine Staatswirtschaftliche Kenntnisse» umfaßt.

Die Bedeutung, welche die preußischen Reformer neben der philosophischen auf die staatswissenschaftliche Allgemeinbildung legten und an welche in der Vormärzzeit immer wieder kultusministerielle Ermahnungen erinnerten, ergab sich aus ihrem Verständnis vom Beruf der Verwaltungsbeamten. Nicht mehr die alles reglementierende Policey, sondern

22 Humboldt: Gutachten, S. 84.

23 Karl Freiherr zum Altenstein: Denkschrift über die Leitung des Preußischen Staates [1807], in: Georg Winter (Hrsg.): Die Reorganisation des Preußischen Staates unter Stein und Hardenberg. Erster Teil: Allgemeine Verwaltungs- und Behördenreform, Bd. 1, Leipzig 1931, S. 364–566, bes.: S. 509 ff.

24 Altenstein: Denkschrift, S. 505.

die Normierung von allgemeingültigen Gesetzen stand nun im Vordergrund. Da sich zu Beginn des 19. Jahrhunderts in Preußen auf dem Gebiet der Gesetzgebung die monarchischen Prärogativen zunehmend auf eine formelle und nicht mehr inhaltliche Rolle beschränkten, es aber noch keine Ständevertretungen und Parlamente mit legislativen Funktionen gab, waren die höheren Verwaltungsbeamten de facto die eigentlichen Gesetzgeber. Die Erfüllung dieser Aufgabe im Geiste der Aufklärung, des Humanismus und der Wissenschaft setzte voraus, daß diese sich bei der Formulierung von Gesetzen durch Grundsätze der Philosophie und Moral leiten ließen, bei der Gesetzesvorbereitung jedoch von der staatswissenschaftlichen Analyse der realen Verhältnisse ausgingen.

Doch auch die administrative Umsetzung von Gesetzen war nach der Konzeption der preußischen Reformer keine bloße Exekution, zu deren Ausführung formaljuristische Fähigkeiten und verwaltungspraktische Fertigkeiten ausreichten. Sie waren sich vielmehr dessen bewußt, daß die Anwendung und Interpretation von Gesetzen stets auch schöpferische Elemente enthalten muß, und daher war ihnen wichtig, daß auch die nachgeordneten höheren Verwaltungsbeamten von diesen Ideen beflügelt und über jene wissenschaftliche Allgemeinbildung verfügen würden, die sie selbst auszeichnete. Die preußischen Reformer verstanden nicht nur sich selbst, sondern alle Beamten im höheren Staatsdienst als «Staatsmänner», und von diesen Männern des Staates wurde auch erwartet, daß sie durch das Studium der Staatswissenschaften wissenschaftliche Einsichten über den Staat gewonnen hatten.

So legte das politische Programm einer umfassenden Staats-, Gesellschafts- und Wirtschaftsreform durch eine aufgeklärte Beamtenherrschaft, wie es in Preußen zu Anfang des 19. Jahrhunderts konzipiert wurde, die Förderung der Staatswissenschaften im Allgemeinen und der Lehre der Politik als der Wissenschaft vom gut verfaßten Staat im Besonderen nahe. Wie dieser Anspruch der Reformer in der vormärzlichen Realität verwirklicht wurde und warum er ab Mitte des Jahrhunderts scheiterte, steht auf einem anderen Blatt. Festzuhalten bleibt aber, daß am Beispiel der preußischen Reform exemplarisch gezeigt werden kann, daß die Wissenschaft von Politik und Staat in Zeiten der Reform vermutlich bessere Entwicklungsbedingungen vorfindet als unter den Bedingungen von Restauration oder Revolution. Die Vertreter des restaurativen Prinzips wollen die Wiederherstellung alter Verhältnisse und setzen auf die Verklärung der Vergangenheit, während die Anhänger der Revolution zur Tat schreiten und sich nicht durch langwierige Überlegungen zu politischer Verfassung und Pragmatik aufhalten lassen wollen, höchstens von philosophischen Utopien inspiriert werden.

b) Politik als Lehre von der «guten Verfassung»

Im Vordergrund des allgemeinbildenden Studiums standen nach den idealistisch-neuhumanistischen Vorstellungen der preußischen Reformer drei Wissenschaften, die mit ihren Denkstilen und Methoden auch alle anderen Universitätsdisziplinen, einschließlich der Lehre der Politik und den Staatswissenschaften, durchdringen sollten.[25]

Der Primat kam dabei, wie sich auch im Namen der allgemeinbildenden Fakultät manifestierte, der Philosophie als dem wissenschaftlichen Streben nach Weisheit zu. An der Wende zum 19. Jahrhundert prägte insbesondere Immanuel Kant mit seiner kritizistischen Erkenntnistheorie und rationalistischen Vernunftphilosophie das Weltbild der preußischen Reformbeamtenschaft. In den folgenden Jahrzehnten übte Georg Wilhelm Friedrich Hegel (1770–1831) mit seiner Synthese allen bisherigen Denkens über Individuum, Gesellschaft und Staat einen großen Einfluß auf das Bildungsstudium an nord- und mitteldeutschen Universitäten aus. Künftige Staatsdiener konnten sich besonders an seiner Lehre erwärmen, daß die Beamten die eigentlichen Repräsentanten des gebildeten Mittelstandes darstellten und nicht nur durch ihre Bildung, sondern aufgrund ihres Staatsbewußtseins hervorgehoben seien.[26]

Hegel las bereits in seinem ersten Semester an der Berliner Universität, im Winter 1818/19, wie zuvor in Heidelberg, über «Naturrecht und Staatswissenschaft». In den folgenden Jahren kündigte er diese Vorlesung unter dem Titel «Naturrecht und Staatswissenschaft oder die Philosophie des Rechts» an, doch bei der Veröffentlichung dieses Vorlesungskompendiums im Jahr 1821 tauschte Hegel Ober- und Untertitel aus, und so ist dieses Werk heute als «Grundlinien der Philosophie des Rechts» oder noch verkürzt als «Rechtsphilosophie» bekannt. Doch nicht nur die Überschriften der zahlreichen Nachschriften dieser Vorlesung,[27] auch

[25] Immer noch als Überblick zur Entfaltung der Wissenschaften im deutschen Vormärz sehr instruktiv: Franz Schnabel: Deutsche Geschichte im 19. Jahrhundert, Bd. 1–4, Freiburg/Breisgau 1929–1937, hier: Bd. 3, S. 3–128.

[26] Georg Wilhelm Friedrich Hegel: Grundlinien der Philosophie des Rechts oder Naturrecht und Staatswissenschaft im Grundrisse (= Georg Wilhelm Friedrich Hegels Werke. Vollständige Ausgabe, Bd. 8), Berlin 1833, § 297.

[27] Vgl. den Titel «Rechts-Philosophie und Politik», den ein Hörer seiner umfangrei-

der Inhalt der Schrift selbst machen deutlich, daß Hegel in der älteren Überlieferung der Lehre der Politik als einem Teil der praktischen Philosophie stand, auch wenn er sie mit der Entgegensetzung von «bürgerlicher Gesellschaft» und «Staat» entschieden veränderte.[28]

Noch deutlicher als bei Hegel wird die ältere Tradition einer Politiklehre aus dem Geiste der antiken Philosophie bei Friedrich Schleiermacher (1768–1834). Dieser idealistische Theologe und Vater des deutschen Kulturprotestantismus, der gleichermaßen als Prediger wie als Universitätslehrer zu Berühmtheit gelangte, las in Berlin nicht nur in der Theologischen, sondern auch der Philosophischen Fakultät.[29] Zu den letztgenannten Vorlesungen Schleiermachers gehörte auch eine Vorlesung über «Philosophische Staatslehre», die Schleiermacher bereits vor Gründung der Universität im Winter 1808/09 als Privatkolleg und dann mit wachsender Zuhörerzahl – 1817/18 waren es 105 Hörer – in den Sommersemestern 1813 und 1817, im Wintersemester 1817/18 und dann erst wieder 1829 und 1833 hielt.[30] Aus dem Nachlaß Schleiermachers sind dessen handschriftliche Konzepte zu diesen Vorlesungen überliefert, außerdem existieren aufschlußreiche Nachschriften, zum Beispiel von Georg Waitz über das letzte Kolleg des Sommersemesters 1833.[31] Danach hat Schleiermacher unter der Staatslehre weder eine Kunstlehre für die Staatsleitung noch die Aufstellung eines Ideals, sondern die «physiologische» Herausarbeitung der Natur von Staaten aus ihrer historischen und räumlichen Vielfalt verstanden. Den Mittelpunkt bildete für den Theologen und Philosophen dabei der «Gegensaz von Obrigkeit und Unterthan. Wo der ist, da ist Staat und umgekehrt.»[32] Die Lehre vom Staat umfaßte für ihn drei Teile, einen ersten über die Staatsbildung, später auch Staatsverfassung betitelt, einen zweiten über die Staatsverwaltung, insbesondere die Staatswirtschaft, und einen dritten über die Staatserhaltung, worunter insbesondere die Beziehungen zwischen Staa-

chen Nachschrift gab: Georg Wilhelm Friedrich Hegel: Philosophie des Rechts: Die Vorlesung von 1819/20 in einer Nachschrift, hrsg. von Dieter Henrich, Frankfurt/Main 1983.

[28] Vgl. Manfred Riedel: Studien zu Hegels Rechtsphilosophie, Stuttgart 1969.

[29] Vgl. die erstmals 1870 erschienene Biographie von Wilhelm Dilthey: Leben Schleiermachers, Bd. 2/1, hrsg. von Martin Redeker, Berlin 1966.

[30] Vgl. neben dem Berliner Verzeichnis der Vorlesungen auch Lenz: Geschichte, Bd. 2/1, S. 208 mit Anm. 2, der von einer «Politik» spricht.

[31] Friedrich Ernst Daniel Schleiermacher: Vorlesungen über die Lehre vom Staat, hrsg. von Walter Jaeschke (= Kritische Gesamtausgabe. Abt. 2: Vorlesungen, Bd. 8), Berlin, New York 1998.

[32] Schleiermacher: Vorlesungen, S. 69.

ten verstanden wurden, aber auch die «Staatsverteidigung» nach außen und innen. Schleiermacher ist bei seinen Ausführungen einerseits auf die ihm sehr vertrauten griechischen Staatsphilosophen, insbesondere Platon und Aristoteles, zurückgegangen, hat andererseits dem politischen und gesellschaftlichen Wandel durchaus Rechnung getragen und seiner Sympathie für einen reformorientierten Verfassungsstaat Ausdruck gegeben. Wilhelm Dilthey hat daher bei aller Würdigung der philosophischen Elemente in der Staatslehre Schleiermachers in diesem sogar einen «Begründer der modernen Staatslehre nach komparativ-historischer Methode» und damit den Vorläufer von Dahlmann und Treitschke gesehen.[33]

Diese von Hegel und Schleiermacher gemeinsam verkörperte Tradition einer philosophischen Staatslehre – politisch und universitätspolitisch waren die beiden eher Kontrahenten – stieß schon bald auf das Mißtrauen der staatlichen Aufsichtsorgane und ist im Zuge der restaurativen Entwicklung schon zehn Jahre nach der Gründung der Berliner Universität weitgehend unterdrückt worden. Dabei spielten neben den Maßnahmen reaktionärer Bürokraten auch die politischen Verleumdungen ihres Universitätskollegen Theodor Schmalz eine Rolle, der als Gründungsrektor und Inhaber des Lehrstuhls für Römisches und Deutsches Recht im Sommersemester 1811 das erste «Politik»-Kolleg an der neuen Universität gehalten hatte. Auch an anderen preußischen Universitäten lasen Philosophen gelegentlich über «Politik», wie in Halle der Ordinarius Hermann Friedrich Wilhelm Hinrichs (1794–1861) und der Privatdozent Arnold Ruge (1802–1880), beide wegen ihrer freiheitlichen Gesinnungen der Obrigkeit ziemlich suspekt.

Auch die Philologie ging von der philosophischen Frage nach dem Ursprung der Sprache aus. Johann Gottfried Herder (1744–1803) erkannte in der zweiten Hälfte des 18. Jahrhunderts in der Sprache die geistige Natur des Menschen sowie den Ausdruck der Verschiedenheit der Völker und wurde damit zu einem der Väter der modernen Nationentheorie, auch in den Sozialwissenschaften. Unter dem Einfluß des Neuhumanismus wurden seit Beginn des 19. Jahrhunderts deutsche Philologen und Historiker führend bei der Erforschung von Sprache, Kultur und Recht der Antike, während die Brüder Jacob (1785–1863) und Wilhelm (1786–1859) Grimm als Begründer der Germanistik nicht nur Märchen, sondern auch Rechtsweistümer und Worte sammelten sowie analysierten und damit großen

33 Dilthey: Leben S. 368 und ähnlich S. 378. Vgl. zu Schleiermachers Staatslehre auch Wolfgang H. Pleger: Schleiermachers Philosophie, New York 1988, S. 104–130.

Einfluß auf die Identitätsfindung der deutschen Kulturnation in einer politisch zerstrittenen und zersplitterten Zeit nahmen.[34]

Zu den Germanisten kann auch Gottfried Georg Gervinus (1805–1871) gezählt werden, von dem die erste deutsche Literaturgeschichte des 19. Jahrhunderts stammt. Gervinus hatte in der ersten Hälfte der dreißiger Jahre als Heidelberger Privatdozent ebenfalls über «Politik» und «Die politischen Lehren des Machiavelli» gelesen und setzte diese Kollegs in Göttingen fort, wohin er 1836 als ordentlicher Professor der Geschichte und Literaturgeschichte berufen wurde. Doch schon ein Jahr später verlor er als einer der «Göttinger Sieben» seinen Lehrstuhl, wurde des Landes verwiesen und nahm wieder seine Privatdozentur in Heidelberg auf. Aus den Vorlesungskonzepten im Nachlaß von Gervinus und seiner Rezension der Dahlmannschen «Politik» ergibt sich die relative Nähe der Politiklehre dieses Literaturhistorikers zu derjenigen seines befreundeten Kollegen.[35] Der ausführliche Titel seiner einschlägigen Vorlesungen macht deren historische Ausrichtung deutlich: «Politik aus dem Standpunct der Geschichte».

Während im Mittelalter die «gute Ordnung des Gemeinwesens» und in der Frühen Neuzeit die vielfältigen Staatstätigkeiten im Rahmen der «Policey» im Mittelpunkt der Lehre der Politik gestanden hatten, ging es nun in der ersten Hälfte des 19. Jahrhunderts vor allem um die «Verfassung» der zu reformierenden Staaten. Doch angesichts der zögerlichen Bereitschaft der Monarchen, Verfassungen zu gewähren und sie im Geiste bürgerlicher Freiheit und Mitsprache zu gestalten, waren der Gegenstand dieser wissenschaftlichen Bemühungen im Vormärz weniger das positive Verfassungsrecht und die juristische Interpretation der gesetzten Normen.[36] Vielmehr ging es um die Konzipierung von allgemeinen Verfassungsprinzipien im Geiste der Aufklärung und der Reform sowie um die Aufstellung eines liberalen Verfassungsprogramms, das erst unter Fortentwicklung der historischen Gegebenheiten noch zu verwirklichen war. Der Begriff der Verfassung war nicht von der heute dominierenden

34 Vgl. Wilhelm Bleek: Die Brüder Grimm und die deutsche Politik, in: Aus Politik und Zeitgeschichte 36 (1986), H. 1, S. 3–16.

35 Georg Gottfried Gervinus: Über Dahlmanns «Politik» [1836], in: Georg Gottfried Gervinus: Gesammelte kleine historische Schriften, Karlsruhe 1839, S. 592–618 [ursprünglich in: Blätter für literarische Unterhaltung, Nr. 112–115]. Vgl. Jonathan F. Wagner: Germany's 19th Century Cassandra. The Liberal Federalist Georg Gottfried Gervinus, New York, Berlin 1995, bes.: S. 18–24.

36 Vgl. Michael Stolleis: Geschichte des Öffentlichen Rechts in Deutschland. Bd. 2: Staatsrechtslehre und Verwaltungswissenschaft 1800–1914, München 1992, S. 121–186.

Einschränkung auf das formale Verfassungsrecht geprägt, sondern beinhaltete gemäß der älteren aristotelischen Politiktradition das materiale Verständnis von Verfassung als normativer Grundordnung von Staat und Gesellschaft. In diesem Sinne wurde «Konstitution» im Vormärz nicht nur zum Zentralbegriff der wissenschaftlichen Politiklehre, sondern auch zur Hauptforderung der bürgerlichen Gesellschaft, wobei beide, Wissenschaft und praktische Politik, eine enge Symbiose eingingen. Staat und Gesellschaft sollten gemeinsam in eine «gute Verfassung» gebracht werden, in welcher sich alle Glieder frei und in harmonischer Zusammenarbeit entwickeln könnten.

Unter diesem breiten und dynamischen Verfassungsverständnis waren in der ersten Hälfte des 19. Jahrhunderts die Lehre der Politik, die Allgemeine Staatslehre und die Wissenschaft vom gemeinen öffentlichen Staatsrecht noch weitgehend identisch und wurden zumeist synonym gebraucht. Die Öffentlichrechtler dachten und argumentierten weitgehend politisch, und die Politiklehrer beschäftigten sich vorzugsweise mit der anzustrebenden Rechts- und Verfassungsordnung. Bei aller Unterschiedlichkeit ihrer wissenschaftlichen Vorbildung fanden sich beide in der Gruppe der «politischen Professoren», die an den Universitäten Politik als «gute Verfassung» erforschten und lehrten und gleichzeitig die praktische Politik zu beeinflussen suchten.

Dabei kreisten alle vormärzlichen Verfassungslehren um drei grundsätzliche Fragen, bei denen es um die Stellung der Monarchen, die Position von Ständevertretungen und Parlamenten sowie die Freiheits- und Grundrechte der Staatsbürger ging.[37] Zwar war durch die Französische Revolution und die mit ihr verbundenen politischen Umwälzungen die zuvor selbstverständliche Alleinherrschaft der absoluten Monarchen auch in Deutschland erschüttert worden, doch das nachrevolutionäre Bürgertum und seine Politiklehrer strebten in ihrer Mehrheit nicht nach Abschaffung, sondern nach Selbstbindung der monarchischen Gewalt in einer rechtsstaatlichen Ordnung. Auf der anderen Seite suchten die Anhänger des alten Gottesgnadentums durch das «monarchische Prinzip» so viele fürstliche Vorrechte wie nur möglich zu sichern. Gegenüber diesen Restaurationsbemühungen ging es den bürgerlichen Theoretikern des Verfassungsstaates darum, durch das Prinzip der Verantwortlichkeit der Minister, wie es sich in der Gegenzeichnungspflicht bei Gesetzen

37 Vgl. Hans Boldt: Deutsche Staatslehre im Vormärz (= Beiträge zur Geschichte des Parlamentarismus und der politischen Parteien, Bd. 56), Düsseldorf 1975. Vgl. auch Wilhelm Bleek: Die Paulskirche in der politischen Ideengeschichte Deutschlands, in: Aus Politik und Zeitgeschichte 48 (1998), H. 3–4, S. 28–39.

und der Möglichkeit ihrer strafrechtlichen Verfolgung durch die Volksvertretungen niederschlug, staatsbürgerlichen Einfluß auf die politischen Entscheidungen und die Ausführung der Gesetze zu gewinnen, ohne dabei die Stellung der Monarchen anzutasten.

Vielfältig und zwiespältig waren in der Vormärzzeit die verfassungspolitischen Auseinandersetzungen über die Volksvertretungen. Schon die Begriffe für diese Institutionen der politischen Beteiligung waren umstritten. Die Anhänger von «Landständen» knüpften an das *Ancien régime* der absolutistischen und feudalen Zeit an, als die ständisch gegliederten Untertanen lediglich das Recht hatten, durch ihre Vertretung beratend an einigen fundamentalen Entscheidungen der monarchischen Gewalt wie der Steuerfestsetzung mitzuwirken. Von «Parlamenten» sprachen hingegen diejenigen Theoretiker und Politiker der bürgerlichen Bewegung, die eine umfassende allgemeine Staatsbürgerschaft zugrunde legten und in deren Vertretung die ganze Nation repräsentiert sahen. Diese modernen Volksvertretungen sollten durch ihre Rechte der Gesetzesinitiative und des Gesetzesbeschlusses, der Budgetbewilligung und der Ministeranklage zu echten Gegengewichten zur monarchischen Gewalt werden.

Schließlich ging es der vormärzlichen Lehre der Politik darum, die wirtschaftlichen, gesellschaftlichen und politischen Rechte des aufstrebenden Bürgertums in einem Katalog von Freiheits- und Grundrechten gegen die Willkür von Staat und Bürokratie zu sichern. Anknüpfend an die englischen und amerikanischen Grundrechtsurkunden, aber auch ältere vorabsolutistische Rechtsverbürgungen in Deutschland aufnehmend, fand im Vormärz eine vielschichtige Auseinandersetzung mit den liberalen Grundrechten statt. Dabei konzedierten die alten monarchischen und bürokratischen Gewalten den Schutz wirtschaftlicher Freiheiten wie des Eigentums und der Gewerbefreiheit als erstes, schlugen aber bei der Gewährung politischer Rechte wie der Meinungs- und Pressefreiheit sowie der Versammlungs- und Vereinigungsfreiheit einen zunehmend restriktiven und repressiven Kurs ein. Demgegenüber erinnerten Politiklehrer und Verfassungstheoretiker immer wieder an die Notwendigkeit einer freiheitlichen Wertordnung des staatsbürgerlichen Gemeinwesens und setzten sich nicht nur auf der Lehrkanzel, sondern auch im eigenen politischen Engagement für eine «gute Verfassung» (Dahlmann) ein.

Innerhalb dieser Grundpositionen gab es allerdings auch unter den vormärzlichen Lehrern der Politik erhebliche theoretische Nuancen und politische Unterschiede. Anhänger radikaler und demokratischer Vorstellungen, welche die Monarchie durch die Republik ersetzen wollten und die Volksherrschaft anstrebten, gab es jedoch unter den vormärzlichen Universitätslehrern der Politik so gut wie nicht. Revolutionären Ideen hingen neben den Studenten der Burschenschaftsbewegung nur einige wenige Privatdozenten an, die aber im Rahmen der sogenannten Demagogenverfolgungen nach 1819 sehr schnell ihre Stellungen verloren, gerichtlich verfolgt und zur Auswanderung gezwungen wurden.[38]

Unter den liberalen Politiklehrern und Verfassungstheoretikern in Deutschland nahmen die zumeist an südwestdeutschen Universitäten lehrenden Anhänger eines vernunftrechtlichen Liberalismus noch am ehesten die frühen Phasen der Französischen Revolution zum Vorbild, bevor diese in Anarchie und Terrorherrschaft umschlug. Prototypisch für diese Gruppe war Karl von Rotteck (1775–1840), der an der Universität Freiburg im Breisgau zunächst gemäß dem Vorbild der älteren Universitätskarrieren in der Philosophischen Fakultät eine Professur für Weltgeschichte und ab 1818 in der Juristischen Fakultät einen Lehrstuhl für Vernunftrecht und Staatswissenschaften innehatte.[39] Rotteck knüpfte in seinen einschlägigen Vorlesungen, die er 1829–1835 in vier Bänden unter dem Titel «Lehrbuch des Vernunftrechts und der Staatswissenschaften»[40] veröffentlichte, an die Lehren Rousseaus vom Gesellschaftsvertrag und Kants von der Entfaltung des Individuums und des Rechtsstaats an. Er hat seine akademischen und politischen Auffassungen in dem Begriff der «Bewegung» und der «Bewegungspartei» zusammengefaßt, dem er auch einen Grundsatzartikel in dem von ihm und seinem Freiburger Kollegen Carl Theodor Welcker herausgegebenen «Staats-Lexikon» widmete.[41] Danach war für Rotteck das vorrangige Ziel die Bewegung als die «Möglichkeit eines gesetzlichen Fortschreitens». Mit diesem Fortschrittsprinzip setzte er sich sowohl vom Stillstand als auch von der Revolution ab. So

38 Vgl. allgemein Alexander Busch: Die Geschichte des Privatdozenten. Eine soziologische Studie zur großbetrieblichen Entwicklung der deutschen Universitäten (= Göttinger Abhandlungen zur Soziologie unter Einschluß ihrer Grenzgebiete, Bd. 5), Stuttgart 1959.

39 Vgl. Horst Ehmke: Karl von Rotteck – der «politische Professor», Karlsruhe 1964.

40 Karl von Rotteck: Lehrbuch des Vernunftrechts und der Staatswissenschaften. 4 Bde., Stuttgart 1829–1835.

41 Karl von Rotteck/Carl Theodor Welcker: Bewegungspartei und Widerstands- oder Stillstandspartei, in: Karl von Rotteck/Carl Welcker (Hrsg.): Staats-Lexikon oder Encyklopädie der Staatswissenschaften in Verbindung mit vielen der angesehensten Publizisten Deutschlands herausgegeben von Karl von Rotteck und Carl Welcker, Bd. 2, Altona 1835, S. 558–565.

wurde Rotteck zum vormärzlichen Inbegriff eines «politischen Professors». Nicht nur las er jedes zweite Semester über «Allgemeine Staatslehre», die nach der Vorlesungsankündigung die «Encyklopädie der Staatswissenschaften, Staatsmetaphysik und Staatsphysik, Constitutionslehre sowie Organisationslehre und allgemeine Regierungslehre» enthalten sollte. Rotteck trat auch in der Öffentlichkeit als Abgeordneter der Zweiten Badischen Kammer und als Herausgeber einer Zeitschrift für seine liberalen Grundauffassungen ein und wurde deswegen von der Obrigkeit auf Jahre von seinem akademischen Lehramt suspendiert.

Doch verbreiteter als die von Karl von Rotteck verkörperten Positionen eines der Aufklärung und dem Vernunftrecht verpflichteten Liberalismus war, zumal an den preußischen Universitäten in Nord- und Westdeutschland, eine liberal-konservative Lehre, die auf einer organischen Vorstellung vom Staat beruhte und auf eine kontinuierliche Entwicklung der Verfassungen setzte. Deren Anhänger setzten sich für eine gemäßigte Fortentwicklung der Verfassungsordnungen ein, wobei nicht das revolutionäre Frankreich, sondern das reformerische England ihr Vorbild war. Unter dem Einfluß der historischen Schule der Romantik entdeckten sie in altdeutschen vorabsolutistischen Zeiten konstitutionelle Ordnungen, an die es anzuknüpfen und welche es fortzuentwickeln galt, und setzten auf einen konsensualen Ausgleich zwischen dem monarchischen Prinzip und der bürgerlichen Beteiligung über Volksvertretungen.

Zu den Hochschullehrern, die während der Vormärzzeit in Vorlesungen und Publikationen die Politiklehre mit der Geschichtswissenschaft verknüpften und politisch meist eine gemäßigte Position der organischen Reform vertraten, waren als ordentliche Professoren unter anderem in Berlin Friedrich von Raumer (1781–1873), in Gießen Friedrich Schmitthenner (1796–1850), in Jena Heinrich Luden (1780–1847) und in Leipzig Friedrich Bülau (1805–1859), aber auch jüngere Privatdozenten wie der Berliner Wilhelm (von) Doenniges (1814–1872), der Bonner Max von Gagern (1810–1889), der Hallenser Max Duncker (1811–1886) und der Heidelberger Georg Gottfried Gervinus (1805–1871) zu zählen. Vor allem aber gehörte zu dieser Gruppe der zunächst in Göttingen und später in Bonn lehrende Friedrich Christoph Dahlmann (1785–1860), der im Vormärz durch sein politisches Lebensschicksal zum prominentesten Lehrer der Politik im 19. Jahrhundert wurde und auf den ausführlicher einzugehen sein wird.

Von diesen Anhängern eines historisch-organischen Liberalismus war der Übergang zu den konservativen Staatslehrern durchaus fließend. Sie alle einte die Abscheu gegenüber der Französischen Revolution mit ihren radikalen Umbrüchen der gesellschaftlichen Ordnung und gewalttätigen Exzessen. Konservative Staatslehrer führten diese Fehlentwicklungen auf die Gefahren der Geistesströmungen der Aufklärung, des Rationalismus und des Individualismus zurück und setzten ihnen mit den Ideen der politischen Romantik die Betonung des Gefühls, den Aspekt der Geschichtlichkeit und die Bedeutung des Organismus entgegen. Der prominenteste frühe Vertreter einer konservativ-romantischen Staatslehre war Adam Müller (1779–1829), der zwar keine politische Professur innehatte, aber in den ersten Jahrzehnten des 19. Jahrhunderts durch seine «Berliner Abendblätter» und die Veröffentlichung seiner Dresdener Prinzenvorlesungen über «Die Elemente der Staatskunst» (1809) auf die gesellschaftlichen und politischen Eliten Einfluß nahm. Zum führenden Vertreter einer konservativen Verfassungslehre wurde in der Mitte des 19. Jahrhunderts der zunächst in Erlangen und ab 1840 an der Berliner Universität lehrende Jurist und Rechtsphilosoph Friedrich Julius Stahl (1802–1861), der in seiner Schrift über «Das monarchische Princip» (1845)[42] die Bewahrung der Vorrechte der Monarchen mit den liberalen Forderungen nach Rechtsstaat und Repräsentativsystem verknüpfte und damit die preußisch-deutsche Verfassungsordnung der zweiten Hälfte des 19. Jahrhunderts vorwegnahm.[43]

Während die Konservativen die alte Ordnung nicht einfrieren, sondern in ihren wichtigsten Elementen fortführen wollten, waren die Anhänger der Restauration für die Wiederherstellung der vorrevolutionären Zustände, oft sogar für die Etablierung einer mehr oder weniger eingebildeten mittelalterlichen Ordnung. Diese politische Strömung erhielt ihre Bezeichnung durch das Hauptwerk des Schweizers Carl Ludwig von Haller (1768–1854), der an der Universität Bern Staatswissenschaften lehrte. Titel wie Untertitel seines vierbändigen Buches waren Programm: «Restauration der Staatswissenschaften oder Theorie des natürlich-geselligen Zustandes, der Chimäre der künstlich-bürgerlichen entgegengesetzt» (1816–1825).[44] Haller sprach sich entschieden gegen die Vertrags-

[42] Friedrich Julius Stahl: Das monarchische Princip. Eine staatsrechtlich-politische Abhandlung, Heidelberg 1845.

[43] Vgl. Wilhelm Füssl: Professor in der Politik. Friedrich Julius Stahl 1802–1861. Das monarchische Prinzip und seine Umsetzung in die parlamentarische Praxis (= Schriftenreihe der Historischen Kommission bei der Bayerischen Akademie der Wissenschaften, Bd. 33), Göttingen 1988.

[44] Carl Ludwig von Haller: Restauration der Staats-Wissenschaften oder Theorie des naturgeselligen Zustands, der Chimäre des künstlich bürgerlichen entgegengesetzt, 6 Bde., Aalen 1816–1825.

lehre, die Gewaltenteilung, die Grundrechte, die Einschränkung der monarchischen Privilegien durch Volksvertretungen und alle anderen Entwicklungen der vorausgegangenen Jahrzehnte aus. Er forderte die Wiederherstellung der alten Patrimonialherrschaft, die Abschaffung der Gesetzeskodifikationen, ja sogar die Wiederauflösung der modernen Staaten. In Deutschland hing kaum ein Politiklehrer und Staatstheoretiker diesen reaktionären Lehren an, vielmehr einte Haller die vorgenannten Strömungen, sowohl auf der liberalen als auch der konservativen Seite, in einhelliger Ablehnung und Abscheu. Sie alle verband der Ruf nach Verfassung, verstanden nicht als kodifizierte Konstitution, sondern als der ausgewogene Zustand, die gute Verfaßtheit der politischen und gesellschaftlichen Ordnung.

c) Staatslehre auf historischer Grundlage

Je weiter das 19. Jahrhundert voranschritt, um so deutlicher wurden Philosophie und Philologie als führende Geisteswissenschaften durch die Geschichtswissenschaft verdrängt. Ursprünglich ein Anhängsel des Naturrechts und eine Hilfswissenschaft der Jurisprudenz,[45] wurde die Geschichte nun zu einer Disziplin, die sich nicht nur größter Wertschätzung erfreute, sondern auch mit ihren Methoden und Arbeitsweisen alle benachbarten Fächer beeinflußte.[46] Barthold Georg Niebuhr (1776–1831) entwickelte am Beispiel der Römischen Geschichte[47] und Leopold von Ranke (1795–1886) an seiner Geschichte der Päpste und der Reformationszeit die Methoden der kritischen Quellenkunde und Geschichtsinterpretation,[48] die dann Johann Gustav Droysen (1808–1884) in seiner «Historik»[49] auf den Begriff brachte und Georg Waitz (1813–1886) in seiner Quellenkunde und den Quelleneditionen zur mittelalterlichen

[45] Vgl. Notker Hammerstein: Jus und Historie. Ein Beitrag zur Geschichte des historischen Denkens an deutschen Universitäten im späten 17. und 18. Jahrhundert, Göttingen 1972.

[46] Vgl. George Peabody Gooch: Geschichte und Geschichtsschreibung im 19. Jahrhundert, Frankfurt/Main 1961.

[47] Barthold G. Niebuhr: Römische Geschichte, 5 [4] Bde., Jena 1844/45.

[48] Leopold von Ranke: Die römischen Päpste, ihre Kirche und ihr Staat im sechzehnten und siebzehnten Jahrhundert, Berlin 1844–1857.

[49] Johann G. Droysen: Historik. Rekonstruktion der ersten vollständigen Fassung der Vorlesungen (1857), Grundriß der Historik in der ersten handschriftlichen (1857/1858) und in der letzten gedruckten Fassung (1882), hrsg. von Peter Leyh, Stuttgart, Bad Cannstatt 1977.

deutschen Geschichte fortführte.[50] In der Folgezeit verstanden sich alle Geistes- und Gesellschaftswissenschaften, die etwas auf sich hielten, vorzugsweise als historische Wissenschaften. Beispiel dafür ist die von Friedrich Karl von Savigny und Karl Friedrich Eichhorn begründete historische Rechtswissenschaft, aber auch die mit den Namen Roscher, Hildebrand und Knies verbundene historische Schule der Nationalökonomie in Deutschland.[51] Die Tatsache, daß von den genannten Universitätsgelehrten Droysen, Hildebrand, Roscher und Waitz Vorlesungen ebenfalls über «Politik» hielten, weist darauf hin, wie wichtig der historische Ansatz im 19. Jahrhundert auch für die Lehre der Politik wurde. Der bekannteste Exponent der historischen Schule der Politikwissenschaft wurde aber Friedrich Christoph Dahlmann, der die Verknüpfung von Politik- und Geschichtslehre nach seiner Berufung im Jahr 1829 an die Universität Göttingen aufnahm und damit eine dortige Traditionslinie fortsetzte. Nach dieser war die Lehre von der Politik aufs engste nicht nur mit dem Verständnis der Geschichte, sondern auch der zentralen Frage der Staatsverfassung verbunden.

Wenn unter den zahlreichen vormärzlichen Lehrern der Politik ausführlicher auf Friedrich Christoph Dahlmann eingegangen wird, so begründet sich das keineswegs aus einer besonderen wissenschaftlichen Originalität und theoretischen Geschlossenheit seines Werkes. Dahlmann war allerdings der bekannteste Politiklehrer, weil sich seine akademische Lehre auf eigentümliche Weise mit seinen persönlichen Erfahrungen in der praktischen Politik verband. Als Repräsentant sowohl des politischen Zentrums des deutschen Bürgertums als auch mittlerer Positionen in der vormärzlichen Staatslehre besaß er eine große öffentliche Ausstrahlungskraft, die ihn an die Spitze der bürgerlichen Verfassungsreform von 1848/49 brachte, ihn aber auch nach deren Scheitern in nachrevolutionäre Depression versinken ließ.

Friedrich Christoph Dahlmann wurde 1785 als Sohn eines Bürgermeisters in der Hansestadt Wismar geboren, die damals noch zu Schweden gehörte und erst 1803 an Mecklenburg fiel.[52] Er studierte klassische

[50] Friedrich Christoph Dahlmann/Georg Waitz: F. C. Dahlmanns Quellenkunde der deutschen Geschichte. Quellen und Bearbeitungen der deutschen Geschichte, neu zusammengestellt von G. Waitz, Göttingen ³1869.

[51] Dieter Koop: Die Historische Schule der Nationalökonomie. Ihr Wissenschaftsverständnis und die Historisierung der politischen Wissenschaft(en), in: Wilhelm Bleek/Hans J. Lietzmann (Hrsg.): Schulen der deutschen Politikwissenschaft, Opladen 1999, S. 131–157.

[52] Vgl. die Biographie von Anton Springer: Friedrich Christoph Dahlmann,

Philologie in Kopenhagen sowie Halle und promovierte 1810 in Wittenberg. Im Jahr darauf habilitierte er sich mit einer philologischen Arbeit über die antike Komödie in Kopenhagen und erhielt im Jahr darauf an der holsteinischen Universität Kiel eine außerordentliche Professur für Geschichte, was nicht so ungewöhnlich war, wenn man weiß, wie bedeutend die sprachwissenschaftliche Quelleninterpretation und das Studium der Antike für die sich entfaltende Geschichtswissenschaft waren. 1829 übernahm Dahlmann an der Universität Göttingen eine ordentliche Professur für Politik, Kameral-, Finanz- und Polizeiwissenschaft, Nationalökonomie und deutsche Geschichte. Doch als 1837 der neue hannoversche König das Staatsgrundgesetz von 1833, an dessen Ausarbeitung Dahlmann mitgewirkt hatte, einseitig aufhob, protestierte er mit sechs anderen Göttinger Professoren, darunter auch die mit ihm befreundeten Brüder Grimm, gegen diesen Verfassungsbruch, verlor sein Amt und wurde des Landes verwiesen. Durch dieses Ereignis wurden die «Göttinger Sieben» mit Dahlmann an der Spitze zu Heroen der liberal-bürgerlichen Bewegung in ganz Deutschland. Erst fünf Jahre später erhielt er nach der Thronbesteigung des neuen preußischen Königs Friedrich Wilhelms IV. durch die Vermittlung Bettina von Arnims einen Lehrstuhl für Staatswissenschaften und deutsche Geschichte an der 1818 nach Berliner Vorbild gegründeten rheinpreußischen Universität in Bonn. Als Dahlmann mit dem Dampfschiff in Bonn ankam, soll die Schiffskanone wie beim Empfang eines Prinzen Salut geschossen haben.[53] 1848/49 war Dahlmann prominentes Mitglied der Frankfurter Nationalversammlung, wirkte wesentlich an der Ausarbeitung der Reichsverfassung mit und wurde im September 1848 fast Ministerpräsident. Doch nachdem Friedrich Wilhelm IV. die deutsche Kaiserkrone abgelehnt hatte, zerschlugen sich die politischen Hoffnungen des erbkaiserlich, kleindeutsch und konstitutionell-liberal eingestellten Politiklehrers. Er trat aus der Nationalversammlung aus und verbrachte sein letztes Lebensjahrzehnt in Bonn in politischer Resignation, las aber bis zu seinem Tod am 5. Dezember 1860 weiterhin jedes Wintersemester über «Politik».

Auf Dahlmanns Politik-Vorlesungen beruhte auch sein Buch über «Die Politik», 1835 erstmals und 1847 in einer überarbeiteten zweiten

2 Bde., Leipzig 1870 und 1872, aber auch das Fragment einer politischen Autobiographie Dahlmanns in: Wilhelm Bleek/Daniela Lülfing: «Meinem edelen und mannhaften Freunde Jakob Grimm, dem Bruder Wilhelms, in Dank + Liebe gewidmet», in: Jahrbuch der Brüder Grimm-Gesellschaft 3 (1993), S. 7–28.

53 Bezold: Geschichte, S. 357.

und unveränderten dritten Auflage veröffentlicht.[54] Er wollte damit seinen akademischen Hörern einen Leitfaden zum Studium an die Hand geben, doch das Werk wurde weit über den akademischen Bereich hinaus in der breiten Öffentlichkeit des liberalen Bildungsbürgertums gelesen und rezipiert. Der vollständige Titel des Buches drückte das politiktheoretische Grundaxiom des Autors aus: «Die Politik auf den Grund und das Maß der gegebenen Zustände zurückgeführt». Im Mittelpunkt der Überlegungen sollten nämlich nicht abstrakte Staatskonstruktionen in der ideengeschichtlichen Tradition der Vertragstheorien und des Vernunftrechts, sondern die Untersuchung der «gegebenen Zustände» als der vorfindbaren Wirklichkeit stehen. Deren «Grund» im Sinne ihrer Verursachung sah Dahlmann vor allem in der historischen Entwicklung. Für den Historiker und Politiklehrer Dahlmann führte sich die politische Gegenwart auf die geschichtliche Vergangenheit zurück, so konzipierte er ganz im Geist seiner Zeit eine historische Staatslehre.[55] Doch gleichzeitig wandte er sich gegen einen, wie er es nannte, historischen «Quietismus», der jede historisch gewordene Erscheinung als gut und erhaltenswert ansah, wozu unter dem Einfluß der Romantik die historische Rechtsschule Savignys, aber auch die von Ranke begründete Geschichtsauffassung des Historismus neigte. Politik sollte vielmehr durch das «Maß» der gegebenen Zustände bewertet und verändert werden, womit nicht im modernen Verständnis ein empirisches Größenverhältnis, sondern die Wertstruktur der historisch gewordenen Wirklichkeit gemeint war.

Dahlmanns normative Politiklehre fragte nicht nach dem «besten Staat» mit der «besten Verfassung», dieses Ziel lehnte er als idealistisch, somit unhistorisch und unrealistisch ab. Im Mittelpunkt seiner Überlegungen stand vielmehr der «gute Staat» mit einer «guten Verfassung». Diese sah er in Anknüpfung an Aristoteles in einer gemischten Verfassung, in welcher sich das monarchische, das aristokratische und das demokratische Element die Waage hielten. Dahlmann war entschiedener

54 Vgl. die von mir herausgegebene und mit einem Nachwort zu Leben und Werk Dahlmanns versehene Neuausgabe: Friedrich Christoph Dahlmann: Die Politik auf den Grund und das Maß der gegebenen Zustände zurückgeführt, hrsg. von Wilhelm Bleek (= Bibliothek des Deutschen Staatsdenkens, Bd. 7), Frankfurt/Main 1997.

55 Mit dem Verhältnis von Politik und Geschichte beziehungsweise der beiden Disziplinen setzte sich Dahlmann besonders in seiner Bonner Antrittsrede auseinander: Friedrich Christoph Dahlmann: Erster Vortrag an der rheinischen Hochschule. 28. November 1842, Bonn 1842, wiederabgedruckt in: Friedrich Christoph Dahlmann: Kleine Reden und Schriften, hrsg. von Carl Varrentrapp, Stuttgart 1886, S. 310–318. Vgl. Karl Dietrich Bracher: Über das Verhältnis von Politik und Geschichte. Gedenkrede Friedrich Christoph Dahlmann, Bonn 1961.

Anhänger des Erbkönigtums mit eindeutigen Vorrechten des Monarchen nicht nur bei der Gesetzesausführung, sondern auch einem absoluten Vetorecht gegen Gesetzesbeschlüsse der Kammern. Diese ihrerseits sollten das Recht zur Gesetzesverabschiedung, zur Bewilligung des jährlichen Budgets und zur Ministeranklage besitzen, wobei sich die Erste Kammer aus Repräsentanten des Adels und die Zweite Kammer aus den Vertretern des Volkes gegenüberstanden.

Entscheidend für Dahlmanns Vorstellung eines «guten Staates» war, daß durch seine Verfaßtheit sowohl die Herrschaft der Obrigkeit als auch die Rechte der Bürger rechtsstaatlich definiert und festgelegt wurden. Es sollte kein allgemeines aktives Widerstandsrecht gegen den Staat geben, weil damit die Verfassungsordnung untergraben würde. Doch blinder Gehorsam würde jeden Unterschied zwischen einer faktischen und einer rechtmäßigen Regierung verwischen, und so kam Dahlmann zu dem Schluß: «Politische Erfahrung rät, gewisse Wege des erlaubten Widerstandes freiwillig zu eröffnen, damit die zerstörenden durch Warnung bei Zeiten umso sicherer verschlossen bleiben.»[56] Daher sollten die Verfassungen ein passives Widerstandsrecht zubilligen, das nur die Nichtbefolgung unrechtmäßiger Obrigkeitsakte erlauben sollte.

Keineswegs legitimierte das Widerstandsrecht eine Revolution. Dahlmann konstatierte: «Auch die aufs Beste ausgehende Revolution ist eine schwere Krise, die Gewissen verwirrend, die innere Sicherheit unterbrechend und nicht minder alle Staatsverträge gefährdend.»[57] Weder der revolutionäre Umsturz der bisherigen Ordnung noch die Zementierung alles Hergebrachten, sondern die behutsame Reform im Sinne der Anpassung des Bewährten an veränderte Verhältnisse stand im Mittelpunkt der Überlegungen Dahlmanns. Diese politiktheoretische und -praktische Dimension seines Berufs als «politischer Professor» postulierte Dahlmann am Ende des ersten Teiles seiner «Politik» über die Staatsverfassung in dem programmatischen Satz: «Der Politik bleibt die würdige Aufgabe, mit einem durch die Vergleichung der Zeitalter gestärkten Blicke die nothwendigen Neubildungen von den Neuerungen zu unterscheiden, welche unersättlich seys der Muthwille seys der Unmuth ersinnt.»[58]

Mit diesem Verständnis von Politik als Fortentwicklung einer «guten Verfassung» im Geiste gemäßigter Reform wandte sich Dahlmann an den Mittelstand als dem eigentlichen Kern der Bevölkerung: «Ihn hat jede

56 Dahlmann: Politik (1997), § 203.
57 Dahlmann: Politik (1997), § 206.
58 Dahlmann: Politik (1997), § 237.

Regierung vornehmlich zu beachten, denn in ihm ruht gegenwärtig der Schwerpunkt des Staates, der ganze Körper folgt seiner Bewegung.»[59] Dieses Bildungsbürgertum sprach er mit seinem Buch über «Die Politik» an, und seine Söhne suchte er durch die Vorlesungen über «Politik» zu bilden. Der Erfolg der «Politik» war über lange Jahre auch an den studentischen Frequenzen seiner Veranstaltungen in Göttingen und Bonn abzulesen. So las Dahlmann im Wintersemester 1846/47 die «Politik» vor 117 Hörern, mehr als einem Sechstel der damals 644 an der Bonner Universität eingeschriebenen Studenten.[60] Von vielen Gelehrten, wie Wilhelm Heinrich Riehl und Heinrich von Treitschke, und zahlreichen Prinzen, wie dem späteren Badischen Großherzog Friedrich und dem Preußischen Thronfolger Friedrich, der 1888 für 99 Tage Deutscher Kaiser war, ist bekannt, daß sie Dahlmanns «Politik» gehört und geschätzt haben.

Auch an anderen preußischen Universitäten fand die Lehre der Politik in der Vormärzzeit großen, wenn auch nicht so überwältigenden Anklang. Das gleiche gilt für die sächsische Universität Leipzig, die seit ihrer Gründung im Jahr 1409 zu den ältesten deutschen Universitäten gehörte und dementsprechend eine alte Tradition der Politik als praktischer Philosophie hatte, zu der noch 1763 eine kameralistische Professur hinzukam.[61] Diesen staatswissenschaftlichen Lehrstuhl besetzten im Vormärz nacheinander Karl Heinrich Pölitz (1772–1838) und Friedrich Bülau (1805–1859). Im Frühjahr 1848 wechselte Wilhelm Roscher (1817–1894), der durch das Studium bei Dahlmann und Ranke geprägt worden war, nach Leipzig. Er las neben der Nationalökonomie, in deren Wissenschaftsgeschichte er als Mitbegründer der historischen Schule bekannt wurde, bis weit in die zweite Hälfte des 19. Jahrhunderts über «Politik».

Die Liste der akademischen Lehre der Politik im Vormärz ließe sich für die meisten deutschen Universitäten fortsetzen. Lediglich im vormärzlichen Bayern wurde die Lehre von der Politik gezielt vernachlässigt. Dies resultierte aus der hergebrachten Skepsis katholischer Universitäten und Wissenschaftler gegenüber einer eigenständigen und kritischen Politiklehre. So sah der katholisch-konservative Kreis um Joseph Görres seine Vorbehalte gegen die Politiklehrer als «Giftmischer der Politik», die Anhänger eines «ungeschichtliche[n], willkürliche[n] Rationalismus in

59 Dahlmann: Politik (1997), § 237.

60 Vgl. die «Tabellen über die in jedem Semester angekündigten und wirklich gelesenen oder nicht zu Stande gekommenen Collegien» im Archiv der Universität Bonn und Lindenfeld: Imagination, Tabelle 7 auf S. 172.

61 Vgl. Ernst Engelberg (Hrsg.): Karl-Marx-Universität Leipzig 1409–1959. Beiträge zur Universitätsgeschichte, 2 Bde., Leipzig 1959.

der Politik» seien, durch deren politisches Engagement im Revolutionsjahr 1848/49 als voll bestätigt an.[62]

Die Politikprofessoren trugen ihre Lehren auf vielfältige Weise auch in die Öffentlichkeit. In der Vormärzzeit entfaltete sich im deutschen Bürgertum eine Lesegesellschaft, trotz und in vielem wegen der repressiven Karlsbader Beschlüsse von 1819, die alle Schriften unter zwanzig Bögen, also 320 Seiten, der Vorzensur unterwarfen und damit die Autoren in umfangreichere Publikationen drängten, die lediglich eine Nachzensur erforderten.[63] Vielbändige staatswissenschaftliche Bücher wie «Die Staatswissenschaften im Lichte unserer Zeit» (Leipzig 1823–1824)[64] von Karl Heinz Pölitz und die «Zwölf Bücher vom Staate oder systematische Encyclopädie der Staatswissenschaften», welche der Gießener Professor Friedrich Jakob Schmitthenner zwischen 1839 und 1845 allerdings nur zur Hälfte veröffentlichte, standen in der Tradition der vielschreibenden und oft oberflächlichen Kameralisten des 17. und 18. Jahrhunderts.

Zum bekanntesten Publikationsorgan der Politiklehre und aller Staatswissenschaften im Vormärz wurde das «Staats-Lexikon», oder wie es im Untertitel hieß: «Encyklopädie der Staatswissenschaften, in Verbindung mit vielen der angesehensten Publicisten Deutschlands herausgegeben von Karl von Rotteck und Carl Welcker».[65] Die beiden Freiburger politischen Professoren begannen dieses Publikationsunternehmen, bei dem sie eine Initiative Friedrichs Lists aufnahmen, nachdem sie 1832 von ihrem akademischen Lehramt suspendiert worden waren, und bei manchen langatmigen Beiträgen vor allem Welckers hat man den Eindruck,

[62] O. A.: Die Lehrstühle der Politik auf unseren Universitäten, in: Historisch-politische Blätter für das katholische Deutschland 27 (1851), S. 225–233, Zitat auf S. 231 u. 226. Anlaß dieser anonymen Polemik war die Zeitungsmeldung, daß Dahlmann für seine Politikvorlesungen in Bonn den größten Hörsaal benötigte.

[63] Hans-Ulrich Wehler: Deutsche Gesellschaftsgeschichte. Bd. 2: Von der Reformära bis zur industriellen und politischen «deutschen Doppelrevolution» 1815–1845/49, München 1987, S. 340 ff.

[64] Karl H. Pölitz: Die Staatswissenschaften im Lichte unserer Zeit dargestellt, 5 Bde., Leipzig 1823.

[65] Karl von Rotteck/Carl Welcker (Hrsg.): Staats-Lexikon oder Encyklopädie der Staatswissenschaften in Verbindung mit vielen der angesehensten Publizisten Deutschlands herausgegeben von Karl von Rotteck und Carl Welcker, Bd. 1–15 nebst Suppl. 1–4, Altona 1834–48. Als neueste ideengeschichtliche Einordnungen vgl. Hartwig Brandt: Das Rotteck-Welckersche «Staats-Lexikon». Einleitung zum Neudruck, in: Karl von Rotteck/Carl Theodor Welcker (Hrsg.): Staats-Lexikon. Encyklopädie der sämmtlichen Staatswissenschaften für alle Stände, Frankfurt/Main 1990, S. 5–25 und Rolf Grawert: Die Staatswissenschaft des Rotteck-Welckerschen «Staats-Lexikons», in: Der Staat 31 (1992), S. 114–128.

daß er um des Lebensunterhalts willen Zeilen schinden mußte.[66] Das Staats-Lexikon erschien von 1834 bis 1843 in der ersten Auflage, zwischen 1845 und 1848 in der überarbeiteten zweiten Auflage und nochmals von 1856 bis 1866 in einer dritten Auflage. Mit seinen Beiträgen zu allen politischen, historischen, juristischen, ökonomischen und sozialen Fragen der Zeit hatte es sich im Vorwort «zur Aufgabe gesetzt, nicht nur wenigen Gelehrten, sondern allen Gebildeten im Volk, allen die politische Mündigkeit Erstrebenden in allen Bürgerclassen eine willkommene Gabe zu bieten, hier eine nothwendige, dort eine nützliche Belehrung zu geben, dort wenigstens eine bequeme Vergegenwärtigung oder Wiederholung staatswissenschaftlicher Studien und Dinge zu bereiten».[67] Das Staats-Lexikon mit seinen 15 Bänden von insgesamt zwölftausend Seiten und Auflagen bis zu zehntausend Exemplaren stand als «politisches Hausbuch des vormärzlichen Bürgertums»[68] im Bücherschrank vieler bürgerlicher Familien der Vormärzzeit und wurde in den Verhandlungen der deutschen Nationalversammlung 1848/49 von vielen Abgeordneten als ein «politisches Orakel»[69] zitiert.[70] Es verkörperte mit seiner enzyklopädischen Breite, aber auch gesellschaftlichen und politischen Aktualität mehr als alle anderen Publikationen das bürgerliche Bildungsprinzip, welches sich in der ersten Hälfte des 19. Jahrhunderts noch nicht aus der Politik zurückgezogen hatte, sondern seine Hoffnungen auf deren konstitutionelle Reform setzte.

d) Das württembergische Alternativmodell

Während in Preußen und, seinem Vorbild folgend, in den meisten nord- und mitteldeutschen Staaten während der Vormärzzeit Politik im Rahmen der allgemeinbildenden Studien vor allem als inhaltlich historisch und politisch reformerisch orientierte Verfassungslehre gelehrt wurde, entwickelte sich in Württemberg ein Alternativmodell, durch welches die Gesamtheit der Staatswissenschaften als akademisches Ausbildungsstudium von höheren Verwaltungsbeamten institutionalisiert werden sollte

[66] Vgl. Hans Zehnter: Das Staatslexikon von Rotteck und Welcker. Eine Studie zur Geschichte des deutschen Frühliberalismus, Jena 1929.

[67] Karl von Rotteck/Carl Theodor Welcker: Einleitung, in: Karl von Rotteck/Carl Theodor Welcker (Hrsg.): Staats-Lexikon oder Encyklopadie der sämmtlichen Staatswissenschaften für alle Stände, Bd. 1, Altona 1834, S. XXVII.

[68] Brandt: Staats-Lexikon, S. 25.

[69] Robert Mohl, zit. nach Brandt: Staats-Lexikon, S. 20.

[70] Zehnter: Staatslexikon, S. 94.

und in einer eigenständigen Fakultät zu universitärer Blüte kam.[71] Auch in dem südwestdeutschen Mittelstaat, der durch die Gebietsveränderungen der napoleonischen Zeit sein Territorium verdoppeln sowie seine Bevölkerung verdreifachen konnte und von einem kleinen Herzogtum zu einem eindrucksvollen Königreich mutierte, war eine umfassende Verwaltungsreform der Anstoß für die Neukonzipierung der Verwaltungsausbildung und die dadurch bewirkte Aufwertung der Staatswissenschaften; unter der Herrschaft König Friedrichs I. machten sich zu Beginn des 19. Jahrhunderts aufgeklärte Minister wie Karl August Freiherr von Wangenheim daran, einen modernen Staat zu schaffen.

Auf dem Gebiet der Verwaltungsreform wurde Friedrich List zum wesentlichen Berater Wangenheims. List, der 1789 in Reutlingen geboren wurde, hatte in seiner Jugend selbst die Schreiberlaufbahn eingeschlagen, war aber wie sein berühmter schwäbischer Landsmann Hegel zum entschiedenen Kritiker des «Schreiberunwesens» geworden.[72] In mehreren Gutachten schlug List 1816/17 die Verwissenschaftlichung der Ausbildung und Auswahl von höheren Verwaltungsbeamten vor. Seine Empfehlungen gipfelten in dem Rat, an der Universität eine «Politische Fakultät» einzurichten, welche ein integriertes Studium der Rechts- und Staatswissenschaften als Voraussetzung für die Aufnahme in den höheren Staatsdienst ermöglichen würde.[73] In dieser neuen Fakultät sollte auch die Juristische Fakultät aufgehen. Die «Staatswirtschaftliche Fakultät», die schließlich am 17. Oktober 1817 an der Universität Tübingen errichtet wurde, war indes nur eine halbherzige Umsetzung des Vorschlags von Friedrich List, da sie als fünfte Fakultät neben die althergebrachten vier Fakultäten trat.[74] Ihr Name verwies weniger auf die Bedeutung der wirtschaftlichen Fächer, sondern mehr auf die Funktion einer akademischen Ausbildungsstätte für Staatswirte, also für Verwaltungsbeamte, in Württemberg damals auch Regiminalisten genannt.

71 Vgl. Bleek: Kameralausbildung, S. 194 ff.

72 Vgl. Bleek: Kameralausbildung, S. 230 ff. und Paul Gehring: Friedrich List. Jugend und Reifejahre 1789–1825, Tübingen 1964.

73 Friedrich List: Gutachten über die Errichtung einer staatswirtschaftlichen Fakultät (1817), in: Friedrich List: Schriften, Reden, Briefe, hrsg. von Erwin von Beckerath, Karl Goeser, Friedrich Lenz, William Notz, Edgar Salin und Artur Sommer, Bd. 1, Berlin 1927, S. 341–352.

74 Vgl. die höchst informative Fakultätsgeschichte von Karl Erich Born: Geschichte der Wirtschaftswissenschaften an der Universität Tübingen 1817–1967. Staatswirtschaftliche Fakultät – Staatswissenschaftliche Fakultät – Wirtschaftswissenschaftliche Abteilung der Rechts- und Wirtschaftswissenschaftlichen Fakultät, Tübingen 1967.

Die von den württembergischen Reformern für die höhere Verwaltungsausbildung als unentbehrlich erachteten Studienfächer schlugen sich auch in den Bezeichnungen der sechs Lehrstühle der neuen Fakultät nieder: Die Theorie der Staatswirtschaft, namentlich Staats-Polizei, National-Ökonomie und Finanzkunde; die Staatsverwaltungspraxis, insbesondere die Regiminal-, Polizei-, Kameral- und Finanz-Praxis auf allen Stufen der Verwaltung; die Landwirtschaft; die Forstwirtschaft; Technologie, Handels- und Bergbaukunde und die bürgerliche Baukunst. Friedrich List selbst übernahm 1817 die für die akademische Ausbildung der Verwaltungsbeamten zentrale Professur für Staatsverwaltungspraxis und sollte damit nach dem Willen des Ministers Wangenheim zum Motor der Verwaltungs- und Gemeindereform werden. Doch geriet List nicht nur mit den altständischen Schreibern in Streit, sondern auch mit seinen akademischen Kollegen. Er fand kaum Anklang bei den Studenten und vernachlässigte über der öffentlichen Agitation die ihm aufgetragene wissenschaftliche Forschung und Lehre. Vor Beginn des Sommersemesters 1819 nahm er seinen akademischen Abschied. Nachdem List wegen «Beleidigung der ganzen württembergischen Staatsdienerschaft» zu zehn Monaten Festungshaft verurteilt worden war, wanderte er 1822 in die USA aus, kehrte von dort 1830 als amerikanischer Konsul in seine Heimat zurück, nahm sich aber 1846 in Kufstein, weil ihm öffentliche Anerkennung und beruflicher Erfolg versagt geblieben waren, das Leben. Friedrich List ist uns heute als Förderer der Zolleinheit und des Eisenbahnwesens in Deutschland in Erinnerung, seine Episode als Gründer der Staatswirtschaftlichen Fakultät und akademischer Lehrer der Staatsverwaltungspraxis an der Universität Tübingen ist hingegen kaum wahrgenommen worden.

Die Staatswirtschaftliche Fakultät und das württembergische Regiminalstudium kümmerten im ersten Jahrzehnt ihrer Etablierung vor sich hin, ihr eigentlicher Aufschwung begann erst mit der Berufung von Robert Mohl, der zum zweiten Gründungsvater der Fakultät und Förderer des Konzepts der «gesamten Staatswissenschaft» wurde.[75] 1827 über-

[75] Vgl. neben Robert [von] Mohl: Lebenserinnerungen von Robert von Mohl 1799–1875, 2 Bde., Stuttgart, Leipzig 1902 und der ausgezeichneten Darstellung von Leben und Werk dieses altliberalen Staatsgelehrten durch Erich Angermann: Robert von Mohl 1799–1875. Leben und Werk eines altliberalen Staatsgelehrten (= Politica, Bd. 8), Neuwied, Berlin 1962 sowie Ulrich Scheuner: Robert von Mohl. Die Begründung einer Verwaltungslehre und einer staatswissenschaftlichen Politik, in: Hansmartin Decker-Hauff/Gerhard Fichtner/Klaus Schreiner (Hrsg.): 500 Jahre Eberhard-Karls-Universität Tübingen. Beiträge zur Geschichte der Universität Tübingen 1477–

nahm er den ursprünglich von Friedrich List vertretenen Lehrstuhl mit der neuen Bezeichnung einer «Professur für Staatsrecht, Polizeiwissenschaft, Encyklopädie der Staatswissenschaften». Mohl, der 1799 als Sproß einer württembergischen Beamtenfamilie geboren war, hatte Jurisprudenz in Tübingen und Heidelberg studiert und war nach einer ausgedehnten Bildungsreise im europäischen Ausland schließlich mit 25 Jahren Extraordinarius in der Juristischen Fakultät der Universität Tübingen geworden. Nachdem er drei Jahre später zum Ordinarius in der Staatswirtschaftlichen Fakultät berufen wurde, tat er alles, um die akademische und praktische Bedeutung dieser neuen Institution zu fördern. Vor allem setzte er sich in zahlreichen Aufsätzen dafür ein, daß die künftigen höheren Verwaltungsbeamten nicht bloß juristische Studien absolvierten, sondern in einem eigenständigen staats- und rechtswissenschaftlichen Studium mit den besonderen Anforderungen ihres Berufs vertraut gemacht würden. Mohl gelang es, im Jahr 1837 im Königreich Württemberg gesonderte Studien- und Prüfungsordnungen für die Finanz-, Justiz- und Verwaltungsbeamten durchzusetzen und damit die Staatswirtschaftliche Fakultät im System der akademischen Berufsstudien zu verankern.

Die Inhalte dieses württembergischen Regiminal- oder Verwaltungsstudiums spiegelten Robert Mohls Konzeption der Verwaltungstätigkeit in einem neuzeitlichen Staat wider. In seiner 1832/33 veröffentlichten «Polizei-Wissenschaft nach den Grundsätzen des Rechtsstaates» griff Mohl einerseits die ganze Breite der «Policey» der vorhergehenden Jahrhunderte auf, stellte sie aber unter das neue Prinzip der formalen Rechtsstaatlichkeit und suchte auf diese Weise den bevormundenden und willkürlichen Charakter des älteren Wohlfahrtsstaates zu überwinden.[76] Mohl wandte sich gleichzeitig entschieden gegen die Verkürzung des Rechtsstaatsprinzips auf die marktwirtschaftliche Auffassung eines «Nachtwächterstaates», der lediglich die Aufrechterhaltung von Sicherheit und Ordnung als öffentliche Aufgabe ansah. Vielmehr erkannte Mohl als einer der ersten in Deutschland die mit der Entstehung des modernen Industrieproletariats verbundene «Soziale Frage» und konzipierte durchaus moderne sozialpolitische Vorschläge wie z. B. die Gewinn- und Besitzbeteiligung von Arbeitern. In dem Artikel über «Gewerbe- und Fabrikwesen», den er 1838 zum

1977, Tübingen 1977, S. 514–538 meinen Beitrag: Wilhelm Bleek: Die Tübinger Schule der gesamten Staatswissenschaft, in: Wilhelm Bleek/Hans J. Lietzmann (Hrsg.): Schulen der deutschen Politikwissenschaft, Opladen 1999, S. 105–129.

[76] Robert [von] Mohl: Die Polizei-Wissenschaft nach den Grundsätzen des Rechtsstaates, 2 Bde., Tübingen 1832–1833. Vgl. dazu Angermann: Robert von Mohl, S. 97 ff. und Maier: Staats- und Verwaltungslehre, S. 219–233.

Staats-Lexikon von Rotteck und Welcker beisteuerte, verband Mohl eine nüchterne Analyse der empirischen Lage der Fabrikarbeiter mit der politischen Forderung nach sozialer Reform, um damit einer gesellschaftlichen Revolution wehren zu können.[77]

So wurde der altliberale Robert Mohl in der ersten Hälfte des 19. Jahrhunderts zu einem der Väter der modernen Konzeption eines sozialen Rechtsstaates, die von der Bundesrepublik Deutschland 1949 im Grundgesetz zum Verfassungsprinzip erhoben wurde. Mohl wirkte im Sinne dieser inhaltlich umfassenden und formal an Recht und Gesetz gebundenen Staats- und Verwaltungskonzeption in akademischer Lehre und wissenschaftlicher Forschung. Er las bis 1845 an der Universität Tübingen und, nachdem er diese Professur durch eine Strafmaßnahme der württembergischen Regierung wegen einer kritischen Äußerung im Wahlkampf verloren hatte, von 1847 bis 1861 an der badischen Universität Heidelberg über die ganze Breite der staatswissenschaftlichen Fächer. Zur Einführung in die Staatswissenschaften kündigte Mohl über dreißig Jahre lang fast jedes Semester Vorlesungen über die «Encyklopädie der Staatswissenschaften» an.[78] Der «Politik» oder «Staatskunst» widmete er darin einen langen Abschnitt[79] und trug sie auch ab 1837 fast jedes zweite Semester als eigenständige Vorlesung vor. Mohl definierte die Lehre der Politik als «die Wissenschaft von den Mitteln, durch welche die Zwecke der Staaten so vollständig als möglich in der Wirklichkeit erreicht werden»,[80] und gliederte sie in die Verfassungs- und die Verwaltungspolitik sowie eine Politik des inneren und eine des äußeren Staatslebens. Damit stand er in der Tradition des älteren umfassenden Politikbegriffs. Im Hinblick auf die Verfassungspolitik war Robert Mohl einer der ersten deutschen Politikwissenschaftler, der sich in Theorie und Praxis für die Überwindung des dualistischen Regierungssystems der konstitutionellen Monarchie durch ein parlamentarisches Regierungssystem einsetzte.[81]

77 Robert [von] Mohl: Gewerbe- und Fabrikwesen, in: Karl von Rotteck/Carl Theodor Welcker (Hrsg.): Staats-Lexikon oder Encyklopädie der sämmtlichen Staatswissenschaften für alle Stände, Bd. 6, Altona 1838, S. 775–830.

78 Robert [von] Mohl: Encyklopädie der Staatswissenschaften, Tübingen 1859.

79 Mohl: Encyklopädie, S. 539–710.

80 Mohl, Encyklopädie, S. 541.

81 Vgl. Mohls Abhandlung «Über die verschiedene Aufnahme des repräsentativen Systems in England, Frankreich und Deutschland», erstmals veröffentlicht: Robert [von] Mohl: Ueber die verschiedene Aufnahme des repräsentativen Systems in England, Frankreich und Deutschland, in: Zeitschrift für die gesamte Staatswissenschaft 3 (1846), S. 451–495, wiederabgedruckt in: Robert [von] Mohl: Politische Schriften, hrsg. von Klaus von Beyme, Köln, Opladen 1966, S. 47–84.

Die Vielfalt dieser politischen Wissenschaften suchte Robert Mohl durch das Konzept der «gesamten Staatswissenschaft» – im Singular – zu integrieren. Unter diesem Motto setzte er sich für die allgemeine Errichtung von Staatswissenschaftlichen Fakultäten ein,[82] in der alle politischen Disziplinen einschließlich des Öffentlichen Rechts zusammengefaßt sein sollten, und suchte auch die Tübinger Staatswirtschaftliche Fakultät als akademisches Vorbild auszubauen. So erreichte er 1830 das Promotionsrecht für diese Fakultät und betrieb durch eine gezielte Personalpolitik die Verjüngung und Verwissenschaftlichung ihres Lehrkörpers.

Vor allem hob Robert Mohl durch die Herausgabe der «Zeitschrift für die gesamte Staatswissenschaft» ab 1844 das wissenschaftliche Renommee der Tübinger Fakultät. Zwar tauchte in Deutschland schon im letzten Drittel des 18. Jahrhunderts eine wahre Flut von neuen Zeitschriften, vor allem historisch-politischen Journalen, auf, durch welche der Öffentlichkeit neuere Ereignisse und Entwicklungen periodisch mitgeteilt wurden.[83] Die staatsbürgerliche Aufklärungsfunktion, die mit diesem neuen Medium verknüpft war, wurde besonders deutlich bei den beiden Zeitschriften des Göttinger Historikers und Statistikers August Ludwig Schlözer, seinem «Briefwechsel meist historischen und politischen Inhalts» (1776–1782) und den «Stats-Anzeigen» (1782–1795): Wie sich in bundesrepublikanischen Jahrzehnten viele Politiker fürchteten, daß am Montag in einem «bekannten Hamburger Nachrichtenmagazin» ihre Machenschaften enthüllt würden, so sorgten sich damals viele Regenten, mit ihren Ränken und Kabalen «in den Schlözer zu kommen».[84] Zeitschriften trugen im ausgehenden 18. Jahrhundert wesentlich zur Bildung der deutschen Nation in einem doppelten Sinne bei, sie unterrichteten nicht nur die bürgerliche Öffentlichkeit über Neuigkeiten aller Art, sondern regten auch den politisch-kulturellen Zusammenschluß der Deut-

[82] Robert [von] Mohl: Ueber die Errichtung staatswissenschaftlicher Facultäten auf den deutschen Universitäten, in: Deutsche Vierteljahrs-Schrift 3 (1840), H. 4, S. 237–257, wiederabgedruckt in: Robert [von] Mohl: Staatsrecht, Völkerrecht und Politik. Monographien, Bd. 1–3, Tübingen 1860–1869, Bd. 3, S. 220–241.

[83] Gerhard Schuck: Die publizistisch-statistisch-staatswissenschaftlichen Zeitschriften um 1800, in: Michael Stolleis (Hrsg.): Juristische Zeitschriften. Die neuen Medien des 18.–20. Jahrhunderts (= Ius Commune, Bd. 128), Frankfurt/Main 1999, S. 449–479. Vgl. auch Carl Welcker: Zeitschriften, Zeitungen, in: Karl von Rotteck/ Carl Welcker (Hrsg.): Staats-Lexikon oder Encyklopädie der sämmtlichen Staatswissenschaften, Bd. 15, Altona 1843, S. 835–838.

[84] Zit. in: Jürgen Habermas: Strukturwandel der Öffentlichkeit. Untersuchungen zu einer Kategorie der bürgerlichen Gesellschaft (= Politica, Bd. 4), Neuwied, Berlin 1962, S. 87.

schen an. An diese Tradition der historisch-politischen Journale knüpften im Vormärz, wenn auch unter restriktiven Zensurbestimmungen und mit oft konservativerer Grundeinstellung, unter anderem Leopold von Rankes «Historisch-politische Zeitschrift» (1832–1836) und die von Joseph Görres herausgegebenen «Historisch-politischen Blätter für das katholische Deutschland» (ab 1838) sowie die «Deutsche Vierteljahrs-Schrift» (ab 1840) an. Gleichzeitig gingen aus ihr auch staatswissenschaftliche Fachzeitschriften hervor, zunächst in Gestalt von Einmannunternehmungen beispielsweise der Leipziger Pölitz und Bülau, auch des Heidelbergers Heinrich Rau, der eine wichtige Rolle bei der Entstehung des Systems der Volkswirtschaftslehre spielte.[85]

Doch die «Zeitschrift für die gesamte Staatswissenschaft» gilt zu Recht auf dem Gebiet der Politischen oder Staatswissenschaften in Deutschland als das erste moderne Periodikum, wenn man darunter ein Organ versteht, das durch den Abdruck von Forschungsbeiträgen, die Besprechung neuerer Fachliteratur und Mitteilungen aus der Gelehrtenzunft jene Fachdiskussion ermöglicht, durch die erst eine akademische Disziplin zu einer «scientific community» (Thomas Kuhn) wird. Das von Mohl im Dezember 1843 verfaßte Vorwort machte die mit der Herausgabe verbundenen akademischen Absichten und auch politischen Hoffnungen sehr deutlich. Danach sollte die Zeitschrift der wissenschaftlichen Diskussion in sämtlichen Staatswissenschaften, «somit Staatsrecht und Völkerrecht, politische Oekonomie in ihrem ganzen Umfange, Polizeiwissenschaft; Politik; Statistik und Staatengeschichte» dienen, aber dadurch auch mittelbar auf die Veränderung «der jetzigen negativen Zustände und Ansichten des Staatslebens» einwirken.[86] In diesem Sinne haben Mohl, seine Kollegen und seine Nachfolger in ihrer Zeitschrift die ganze Breite der Staatswissenschaften aufgenommen. Anfang des 20. Jahrhunderts wurden die Themen in der «Zeitschrift für die gesamte Staatswissenschaft» selektiver und unverbundener, doch im Dritten Reich gab es eine wissenschaftsgeschichtlich interessante, politisch allerdings problematische Neubelebung der integrativen Tradition der gesamten Staatswissenschaft, von der vor allem die politische Ideengeschichte, aber auch das Öffentliche Recht und insgesamt die nationalsozialistische Wissenschaftskonzeption sogenannter «politischer Wissen-

[85] Jahrbücher der Geschichte und Staatskunst (1828–1836), hrsg. von K. H. L. Pölitz; Jahrbücher der Geschichte und Politik (1839–1849), hrsg. von F. Bülau; Archiv für politische Ökonomie und Polizeiwissenschaft (1835–1853), hrsg. von K. H. Rau.

[86] Robert [von] Mohl [u. a.]: Vorwort, in: Zeitschrift für die gesamte Staatswissenschaft 1 (1843), S. 4 f.

schaften» profitierten. Nach einer Unterbrechung von vier Jahren trat die «Zeitschrift für die gesamte Staatswissenschaft» im Jahr 1948 wieder an die Öffentlichkeit, und die Herausgeber definierten bei dieser Gelegenheit den Gegenstand der Publikation als «social sciences» oder «Sozialwissenschaften», doch dominierte dabei die soziologische Sichtweise, die Politikwissenschaft spielte auch in den Beiträgen so gut wie keine Rolle. Über die bundesrepublikanischen Jahrzehnte verschob sich die Mischung von volkswirtschaftlichen, soziologischen und öffentlichrechtlichen Themen immer mehr zugunsten der wirtschaftswissenschaftlichen Beiträge, und im Jahr 1981 gab sich die «Zeitschrift für die gesamte Staatswissenschaft» den Untertitel «Journal of Institutional and Theoretical Economics». Fünf Jahre später, mit dem 142. Band, wurde der Ober- mit dem Untertitel vertauscht und aus der traditionsreichen «ZgS» die aktuelle «JITE», deren Beiträge weitgehend auf englisch erscheinen. So spiegelt sich in den 150 Jahren dieser traditionsreichen Tübinger Zeitschrift[87] nicht nur die allgemeine Wissenschafts- und Politikgeschichte, sondern auf beiden Gebieten auch der Bedeutungsverlust der wissenschaftlichen Politiklehre wider.

Robert von Mohl, der für seine Verdienste zunächst den persönlichen und dann den erblichen Adel erhielt, war im Revolutionsjahr 1848/49 Abgeordneter in der deutschen Nationalversammlung und Reichsjustizminister. Auch nach seiner Rückkehr auf die Heidelberger Professur zog er sich nicht aus der Politik zurück, sondern ließ sich 1857 von der liberalen Professorengruppe als Repräsentant der Universität Heidelberg in die Erste Kammer Badens schicken. Dort nahm er von 1861 bis 1866 als badischer Bundestagsgesandter Anteil am Untergang des Deutschen Bundes im Gefolge des preußisch-österreichischen Konflikts und wirkte danach bis 1871 als badischer Gesandter in München, bevor er als Altersversorgung die Präsidentschaft der badischen Oberrechnungskammer in Karlsruhe erhielt. 1874 wurde Robert von Mohl mit 75 Lebensjahren nochmals in den Deutschen Reichstag gewählt, schloß sich als Gast der nationalliberalen Fraktion an und engagierte sich erneut auf dem Gebiet des parlamentarischen Geschäftsgangs. Mohl, der Bismarck eher mit Skepsis gegenüberstand, die Herstellung der Reichseinheit aber begrüßt hatte, starb in der Nacht vom 4. auf den 5. November 1875 in der Reichs-

[87] Vgl. Heinz Sauermann: Die gesamte Staatswissenschaft im Spiegel ihrer Zeitschrift, in: Zeitschrift für die gesamte Staatswissenschaft 134 (1978/79), S. 1–14 und Terence W. Hutchison: From Zeitschrift für die gesamte Staatswissenschaft (ZgS) to Journal of Institutional and Theoretical Economics (JITE), 1844–1994, in: Journal of Institutional and Theoretical Economics 150 (1994), S. 1–10.

hauptstadt. Sein sanfter Tod entsprach dem Leben und Wirken dieses Politiklehrers und Staatswissenschaftlers: Man fand ihn, den gelehrten Büchernarren und enzyklopädischen Vielschreiber, mit einem Buch, das seiner Hand entglitten war.[88]

In Tübingen war auch nach der Zwangsentlassung Mohls im Jahr 1845 die von ihm verkörperte staatswissenschaftliche Tradition nicht sogleich untergangen. Als letzter unter seinen Nachfolgern setzte sich Albert Schäffle (1831–1903) für das Programm der gesamten Staatswissenschaft und ein staatswissenschaftliches Studium der höheren Verwaltungsbeamten ein.[89]

Zehn Jahre nach der Errichtung der Staatswirtschaftlichen Fakultät in Tübingen wurde eine gleichnamige Fakultät an der Ludwig-Maximilians-Universität in München eingerichtet, die aus dem Kameral-Institut an der Universität Landshut hervorging.[90] Das Schwergewicht der Münchener Fakultät, die unter diesem Namen bis 1972 existierte, lag anfangs ebenfalls auf der Ausbildung von Verwaltungsbeamten, doch spielten im Königreich Bayern die Forstbeamten eine größere Rolle, und daher waren die Forstwissenschaften ein wesentlicher Bestandteil dieser Fakultät. Die Policeywissenschaft und gar die Lehre von der Politik blieben in München unbeachtet, dominierend waren die Kameralwissenschaften und später die Nationalökonomie. Die bekanntesten Professoren in der Münchener Staatswirtschaftlichen Fakultät waren im 19. Jahrhundert der Nationalökonom Friedrich Benedikt Wilhelm (von) Hermann (1795–1868), der auch das Bayerische Statistische Bureau leitete und 1848/49 der Deutschen Nationalversammlung angehörte, und später als Ordinarius für Kulturgeschichte und Statistik Wilhelm Heinrich Riehl (1823–1897), der als Mitbegründer der Volkskunde und neben Lorenz von Stein und Albert Schäffle als Vorläufer der Soziologie in Deutschland in die Wissenschaftsgeschichte einging.[91]

Wie List, Mohl, Schäffle und viele andere trat schließlich für die Einheit von Staats- und Rechtswissenschaften auch Lorenz Stein (1815–1890) ein, der heute nicht nur als einer der ersten Analytiker der indu-

88 Angermann: Robert von Mohl, S. 94.

89 Vgl. Albert Eberhard Friedrich Schäffle: Aus meinem Leben, 2 Bde., Berlin 1905.

90 Vgl. Hubertus von Pechmann: Geschichte der Staatswirtschaftlichen Fakultät, in: Laetitia Boehm/Johannes Spörl (Hrsg.): Die Ludwig-Maximilians-Universität in ihren Fakultäten, Bd. 1, Berlin 1972, S. 127–183.

91 Vgl. Wilhelm Heinrich Riehl: Land und Leute (= Die Naturgeschichte des Volkes als Grundlage einer deutschen Social-Politik, Bd. 1), Stuttgart 1854.

striegesellschaftlichen Klassenverhältnisse und ihrer sozialstaatlichen Überwindung in einem «Königtum der sozialen Reform», sondern auch als einer der Gründungsväter der Soziologie in Deutschland respektiert wird.[92] Der gebürtige Eckernförder hatte sich 1843 an der Universität Kiel für Staatswissenschaften habilitiert, im selben Jahr einen programmatischen Aufsatz über «Die Nothwendigkeit einer staatswissenschaftlichen Vorbildung an der Landeshochschule»[93] veröffentlicht und als Privatdozent und dann Extraordinarius auch über «Politik» gelesen.[94] 1852 wurde Stein wegen seines Eintretens für die Rechte der Schleswig-Holsteiner von der Regierung in Kopenhagen entlassen und übernahm 1855 einen Lehrstuhl in Wien. Dort knüpfte Lorenz von Stein nicht nur mit seiner siebenbändigen «Verwaltungslehre»[95] an die ältere Tradition der umfassenden Policeywissenschaften an, wie sie im 18. Jahrhundert der Wiener Policey- und Staatswissenschaftler Joseph von Sonnenfels (1733–1817) verkörpert hatte. 1876 formulierte Lorenz von Stein in seiner Programmschrift über «Gegenwart und Zukunft der Rechts- und Staatswissenschaften Deutschlands» auch ein subtiles wissenschaftstheoretisches Plädoyer für die Einheit aller politischen Wissenschaften, wobei er fünf Jahre nach der kleindeutschen Reichsgründung noch von der großdeutschen Entität ausging.[96]

Das Modell einer staatswissenschaftlichen Vorbildung der Verwaltungsbeamten und die ihm zugrundeliegende akademische Konzeption der «Einheit der gesamten Staatswissenschaft», wie sie für einige Jahrzehnte in Württemberg realisiert wurden, verflüchtigten sich in der zweiten Hälfte des 19. Jahrhunderts, vor allem aufgrund der Dominanz Preußens und seiner Rechts- und Verwaltungsstrukturen im neugegründeten

92 Zu Leben, Werk und Wirkung Lorenz von Steins vgl. Werner Schmidt: Lorenz von Stein. Ein Beitrag zur Biographie, zur Geschichte Schleswig-Holsteins und zur Geistesgeschichte des 19. Jahrhunderts, Eckernförde 1956; Dirk Blasius/Eckart Pankoke: Lorenz von Stein. Geschichts- und gesellschaftswissenschaftliche Perspektiven (= Erträge der Forschung, Bd. 69), Darmstadt 1977 und Roman Schnur (Hrsg.): Staat und Gesellschaft: Studien über Lorenz von Stein, Berlin 1978.

93 Lorenz Stein: Die Nothwendigkeit einer staatswissenschaftlichen Vorbildung auf der Landeshochschule, in: Neue Kieler Blätter 1 (1843), S. 291–311. Vgl. auch Lorenz Stein: Die Lage der staatswissenschaftlichen Studien und Vorträge auf den deutschen Universitäten, in: Akademische Monatsschrift 4 (1852), S. 530–542.

94 Vgl. Heinz Taschke: Lorenz von Steins nachgelassene staatsrechtliche und rechtsphilosophische Vorlesungsmanuskripte, Heidelberg 1985.

95 Lorenz von Stein: Die Verwaltungslehre in 8 Theilen, Stuttgart 1866–1884.

96 Wiederabgedruckt in Lorenz von Stein: Gesellschaft – Staat – Recht, hrsg. und eingeleitet von Ernst Forsthoff, Frankfurt/Main 1972, S. 174–494.

Deutschen Reich. Diese württembergische Konzeption war auf eigentümliche Weise sowohl antiquiert als auch modern. Sie knüpfte an das Konglomerat von politischen Wissenschaften der vielverwaltenden Staaten des 18. Jahrhunderts an und nahm zugleich die Einsicht des 20. Jahrhunderts vorweg, daß Staat und Verwaltung nicht nur rechtsausführende, sondern auch umfassende wirtschafts- und gesellschaftsgestaltende Funktionen haben. In der zweiten Hälfte des 19. Jahrhunderts gingen diese Vorstellungen zeitweise unter, weil das positivistische Verständnis des Rechtsstaatsprinzips und eine wirtschaftsliberale Doktrin von staatlicher Enthaltsamkeit entgegen der politischen Wirklichkeit in der akademischen Lehre dominant wurden. Das württembergische Modell ist ein Beispiel dafür, wie Konzeptionen scheinbar unzeitgemäß sein können und erst durch veränderte Erfahrungen wieder aktuell werden. In der Bundesrepublik ist seit den siebziger Jahren des 20. Jahrhunderts bewußt und oft auch unbewußt in der Diskussion um die Vorbildung der höheren Verwaltungsbeamten, die Einheit der Sozialwissenschaften und die Vielfalt der Politiktätigkeitsfelder an die in der zweiten Hälfte des 19. Jahrhunderts untergegangenen Traditionen des Königreichs Württemberg und der Universität Tübingen, aber auch die Ideen Robert von Mohls und Lorenz von Steins angeknüpft worden.

e) Politik-Professoren in der Politik

In der ersten Hälfte des 19. Jahrhunderts vertraten zahlreiche Professoren die Politik nicht nur als Fach an den Universitäten, sondern suchten ihre wissenschaftlichen Auffassungen und Einsichten auch in der praktischen Politik umzusetzen. Sie ließen sich in die Ständevertretungen und Kammern wählen, wobei ihnen zum Vorteil gereichte, daß in vielen deutschen Einzelstaaten die Universitäten über ein besonderes Repräsentationsrecht in den Landtagen verfügten.[97]

Doch viele dieser professoralen Volksvertreter kamen durch ihre politischen Aktivitäten auch in Konflikt mit der Obrigkeit. In Freiburg im Breisgau verloren 1832 Karl von Rotteck und Carl Theodor Welcker wegen ihrer politischen Agitation in der Zweiten Badischen Kammer und der Zeitschrift «Der Freisinnige» nicht nur für acht Jahre ihre Lehr-

97 Friedrich Gackenholz: Die Vertretung der Universitäten auf den Landtagen des Vormärz. Insbesondere dargestellt am Beispiel der Universität Freiburg i. Br. (= Freiburger Rechts- und Staatswissenschaftliche Abhandlungen, Bd. 40), Karlsruhe 1974.

stühle, zugleich wurde die ganze Universität Freiburg für drei Wochen förmlich geschlossen. Ähnlich erging es in Württemberg Robert Mohl, der 1845 für die Abgeordnetenkammer kandidierte und im Wahlkampf einen Brief an einen Vertrauensmann in Balingen schrieb, in welchem er den Schlendrian des Landesministeriums kritisierte. Daraufhin wurde der kritische Tübinger Professor zur Strafe als Regierungsrat nach Ulm versetzt, quittierte den württembergischen Staatsdienst und trat ein Jahr später eine Professur in Heidelberg an.

Das bekannteste Opfer obrigkeitsstaatlicher Willkür wurde im Vormärz Friedrich Christoph Dahlmann. Er wurde 1831 von der Universität Göttingen, an die er zwei Jahre zuvor berufen worden war, in die Zweite Kammer des Königreichs Hannover gewählt und wirkte dort wesentlich an der Ausarbeitung des hannoverschen Staatsgrundgesetzes von 1833 mit. Als der neue hannoversche König Ernst August 1837 die Verfassung einseitig aufhob, protestierte Dahlmann an der Spitze von sieben Göttinger Professoren gegen diesen monarchischen Staatsstreich und für den Verfassungseid, zu dessen Unverbrüchlichkeit sich die Hochschullehrer zumal als Vorbild der studentischen Jugend bekannten. [98] Innerhalb von wenigen Tagen waren alle sieben Professoren auf Weisung des Königs entlassen, Dahlmann, Gervinus und Jacob Grimm wurden als angebliche Rädelsführer sogar des Landes verwiesen. Der Monarch erklärte in Gegenwart Alexander von Humboldts lakonisch: «Professoren, Huren und Ballettänzerinnen kann man für Geld überall haben.»[99] In der Öffentlichkeit hob der Protest der Göttinger Sieben das politische Ansehen der Professoren auf ungeahnte Höhen. Noch heute erinnern «Plätze der Göttinger Sieben» und «Dahlmannstraßen», unter anderem am Bonner Bundeshaus, an diesen überzeugungstreuen Politik-Professor, während immer noch vor dem Hauptbahnhof in Hannover König Ernst August auf einem Denkmal reitet, das ihm «von seinem treuen Volke» gewidmet worden ist. Im Widerstandsakt der Göttinger Sieben von 1837 hat die Lehre der Politik wie nie zuvor und später in Deutschland Geschichte gemacht.

Andere Hochschullehrer der Politik und der Staatswissenschaften wurden im Vormärz von noch weit schärferen Strafmaßnahmen getroffen. Arnold Ruge saß nach einem Studium der Theologie und später der klassischen Philologie in der zweiten Hälfte der zwanziger Jahre des

[98] Rudolf von Thadden: Die Göttinger Sieben, ihre Universität und der Verfassungskonflikt von 1837, Hannover 1987.

[99] Heinrich von Treitschke: Deutsche Geschichte im neunzehnten Jahrhundert, Bd. 4, Leipzig 1889, S. 660.

19. Jahrhunderts für fünf Jahre in Festungshaft, konnte sich 1832 nach der Begnadigung als Privatdozent in Halle habilitieren, ging aber 1843 nach Schwierigkeiten mit der preußischen und sächsischen Zensur nach Paris und gab dort mit Karl Marx die «Deutsch-Französischen Jahrbücher» heraus. Eine ähnliche, am Ende aber akademisch erfolgreiche «Karriere» erfuhr Max Duncker (1811–1886): Dieser wurde wegen seiner Zugehörigkeit zur Burschenschaft 1836 zunächst zu sechs Jahren Festungshaft verurteilt, die dann auf sechs Monate reduziert wurden, welche er in Köpenick absaß. 1839 konnte er sich unter dem Vorbehalt zukünftigen Wohlverhaltens habilitieren und las ab 1842 als Extraordinarius für Geschichte auch über «Politik». Ebenfalls wegen Beteiligung an der Burschenschaft saß Bruno Hildebrand (1812–1878) Mitte der dreißiger Jahre längere Zeit in preußischer Untersuchungshaft. 1839 wurde er auf eine staatswissenschaftliche Professur nach Marburg berufen, machte sich aber 1846 während einer Studienreise nach England erneut verdächtig, als er dort nicht nur an einer Sitzung des Deutschen Kommunistischen Clubs in London teilnahm, sondern auch einschlägige Veröffentlichungen nach Kurhessen zurückbrachte. Hildebrand wurde daher 1847/48 vom reaktionären kurhessischen Staatsministerium für zwei Jahre suspendiert und schrieb in dieser Zeit seine grundlegende «Nationalökonomie der Gegenwart und Zukunft».[100] Nach dem Revolutionsjahr und seiner Mitgliedschaft in der Paulskirche wurde Hildebrand zunächst zur Flucht in die Schweiz gezwungen, bevor er 1861 als Förderer der Einrichtung von Statistischen Bureaus und Mitbegründer der Historischen Schule der Nationalökonomie nach Deutschland an die Universität Jena zurückkehren konnte.

Bei so viel «Mannesmut» liberaler Politik Professoren vor reaktionären Thronen war es kein Wunder, daß sie im Frühjahr 1848 in beträchtlicher Zahl in die verfassunggebende Nationalversammlung gewählt wurden.[101] Von den rund 800 Abgeordneten waren etwa 50 Hochschullehrer und darunter 15 Dozenten, die im Vormärz auch über «Politik» gelesen

100 Bruno Hildebrand: Die Nationalökonomie der Gegenwart und Zukunft [1848], hrsg. und eingeleitet von Hans Gehrig (= Sammlung sozialwissenschaftlicher Meister, Bd. 22), Jena 1922. In der Vorrede dieses Buches (S. VI f.) geht Hildebrand auf diese anderthalbjährige Kriminaluntersuchung ein.

101 Aus der älteren, allgemeinen Literatur zur Revolution von 1848/49 ist immer noch hervorzuheben: Veit Valentin: Geschichte der deutschen Revolution von 1848–1849, 2 Bde., Berlin 1930/31. Aus dem Jubiläumsjahr 1998 ist zu nennen: Wolfgang J. Mommsen: 1848. Die ungewollte Revolution, Frankfurt/Main 1998 und Wilhelm Ribhegge: Das Parlament als Nation. Die Frankfurter Nationalversammlung 1848/49, Düsseldorf 1998. Das Standardwerk zur Frankfurter Nationalversammlung ist: Man-

hatten.[102] Sechs von ihnen wurden von ihren Universitätsstädten in die Nationalversammlung entsandt, doch vier wurden nicht nur außerhalb ihrer Heimatstadt, sondern auch ihres Heimatstaates gewählt. Sie belegen damit die Tatsache, daß Politik-Professoren um die Mitte des 19. Jahrhunderts Honoratioren nicht nur von lokalem, sondern sogar gesamtdeutschem Ansehen waren. An der Spitze stand, was nach dem Göttinger Protest nicht wundern kann, Friedrich Christoph Dahlmann. In seiner Universitätsstadt Bonn hatten zwar bei der indirekten Wahl die zumeist katholischen Honoratioren dem protestantischen Dahlmann eine Abfuhr erteilt, obwohl seine Freunde und Kollegen für ihn mit einem Flugblatt unter der Überschrift «Wahlmann, wähle Dahlmann!» geworben hatten. Doch kaum hatte das rheinische Provinzstädtchen die Ehre verschmäht, durch seinen berühmten Politik-Professor in der Nationalversammlung vertreten zu werden, wurde er von Wahlbezirken aus allen deutschen Staaten mit Angeboten überschüttet und schließlich in sechs Wahlkreisen in Hannover und Holstein gewählt, wovon er die Wahl in Segeberg aufgrund eines fast einstimmigen Ergebnisses annahm.

In der Paulskirche waren die 15 Politik-Lehrer eine zahlenmäßig kleine, aber sehr einflußreiche Gruppe. Obwohl sie wie alle Altliberalen dem Ideal eines unabhängigen, nur von seinen ethischen Überzeugungen und wissenschaftlichen Einsichten geleiteten Repräsentanten des Gemeinwesens anhingen, wurde ihnen wie den meisten ihrer Abgeordnetenkollegen bald bewußt, daß sie sich in Fraktionen organisieren mußten, wenn sie ihre Stimme mit Erfolg im parlamentarischen Geschäft zu Gehör bringen wollten.[103] Die Fraktionen erhielten 1848/49 ihren Namen nach Frankfurter Eß- und Versammlungslokalen, in denen sich die gleichgesinnten Volksvertreter mittags und abends trafen. Die überwiegende Mehrzahl der Politik-Professoren in der Paulskirche gehörte

fred Botzenhart: Deutscher Parlamentarismus in der Revolutionszeit 1848–1850, Düsseldorf 1977.

[102] Vgl. Wilhelm Bleek: Die Politik-Professoren in der Paulskirche, in: Jürgen Kocka/Hans-Jürgen Puhle/Klaus Tenfelde (Hrsg.): Von der Arbeiterbewegung zum modernen Sozialstaat. Festschrift für Gerhard A. Ritter, München, New Providence 1994, S. 276–299.

[103] Vgl. Gilbert Ziebura: Anfänge des deutschen Parlamentarismus. Geschäftsverfahren und Entscheidungsprozeß in der ersten deutschen Nationalversammlung 1848/49, in: Gerhard A. Ritter/Gilbert Ziebura (Hrsg.): Faktoren der politischen Entscheidung. Festgabe für Ernst Fraenkel, Berlin 1963, S. 185–236 und Werner Boldt: Die Anfänge des deutschen Parteienwesens. Fraktionen, politische Vereine und Parteien, Paderborn 1971.

den Fraktionen der liberalen Mitte an, allein sechs von ihnen, einschließlich Dahlmann, dem erbkaiserlich, konstitutionell und später kleindeutsch orientierten «Casino» auf der rechten Mitte und fünf, inklusive Robert Mohl, dem auf der linken Mitte der Nationalversammlung stehenden «Württemberger Hof» und später «Augsburger Hof». Mit Bruno Hildebrand zählte lediglich ein Politik-Professor zur gemäßigten Linken, der sogenannten «Linken im Frack». Arnold Ruge konnte nach der Aufgabe der Hallenser Privatdozentur 1843 in Deutschland nicht mehr lehren, er stand als Mitglied der Fraktion «Donnersberg» auf der äußersten Linken. Franz-Josef Buß, der 1833 in Freiburg Nachfolger des zwangspensionierten Karl von Rotteck geworden war, verband als Wortführer des politischen Katholizismus konservative mit sozial-karitativen Grundauffassungen und war im Oktober 1848 Präsident des ersten Deutschen Katholikentages in Mainz. Er schloß sich nach seinem Nachrücken in die Nationalversammlung über einen münsterländischen Wahlkreis im Dezember 1848 dem großdeutsch-konservativen «Café Milani» an.

Im Frankfurter Parlament rückten die Politik-Professoren rasch an die Spitze des parlamentarischen Establishments. Mehrere von ihnen arbeiteten an der Ausarbeitung der Geschäftsordnung mit, wobei insbesondere Robert Mohl durch seine einschlägigen akademischen Vorarbeiten zum Parlamentarismus großen Einfluß gewann. Vor allem aber waren die Hochschullehrer der Politik weit überdurchschnittlich im Verfassungsausschuß als dem wichtigsten Ausschuß der deutschen Nationalversammlung aktiv. Johann Gustav Droysen spielte als Schriftführer dieses Ausschusses 1848/49 eine wichtige Vermittlerrolle und bewahrte durch seine Protokolle die Verhandlungen des Verfassungsausschusses für die Nachwelt.[104] Der «herrschende Geist», wie es sein Parlamentskollege Heinrich Laube sah, war aber nach übereinstimmender Meinung aller Beteiligten Friedrich Christoph Dahlmann, der bereits für die 17 Vertrauensmänner den Entwurf eines Reichsgrundgesetzes und danach zu fast allen Abschnitten der Reichsverfassung die Vorlagen ausarbeitete. Auch Johann Louis Tellkampf (1808–1876), der nach dem hannoverschen Verfassungskonflikt 1838 als Privatdozent die Universität Göttingen verlassen mußte und in den USA am Columbia College in New York City

104 Vgl. Johann Gustav Droysen (Hrsg.): Die Verhandlungen des Verfassungsausschusses der deutschen Nationalversammlung, Theil 1, Leipzig 1849 und Johann Gustav Droysen: Aktenstücke und Aufzeichnungen zur Geschichte der Frankfurter Nationalversammlung aus dem Nachlaß von Johann Gustav Droysen, hrsg. von Rudolf Hübner, Berlin, Leipzig 1924.

eine Professur für Political Economy and History übernahm, bevor er 1846 als Professor der Staatswissenschaften an die Universität Breslau berufen wurde, gehörte zu den aktivsten Mitgliedern im Verfassungsausschuß. Doch zumeist überschüttete dieser Remigrant seine Kollegen derart mit Hinweisen auf das nordamerikanische Vorbild, daß sein Abgeordnetenkollege Heinrich Laube zu dem vernichtenden Urteil kam: «Herr Tellkampf lispelte immer von Amerika, wo er eine Zeitlang gewesen war. Nichts ist mißlicher als erlernte oder von der Fremde abgeschriebene Politik. Wenn sie geistvoll übertragen werden will, so beleidigt sie, und wenn sie geistlos empfohlen wird, so langweilt sie. Herr Tellkampf und die Nationalversammlung waren in dem letzteren Falle.»[105]

Im Mittelpunkt des öffentlichen Interesses der Arbeit der Nationalversammlung standen die großen Parlamentsdebatten.[106] Die Politik-Professoren nutzten in sehr unterschiedlichem Maße die Möglichkeit, das akademische Katheder mit der parlamentarischen Rednertribüne zu vertauschen. Manche von ihnen, wie Droysen, waren ausgesprochene Schweiger, Gervinus gar legte nach völliger Schweigsamkeit schon Ende Juli 1848 in physischer und psychischer Erschöpfung sein Mandat nieder und begab sich auf einen mehrwöchigen Kuraufenthalt nach Italien. Doch die übrigen Politik-Professoren hatten häufige parlamentarische Auftritte in den großen Debatten über die Grundrechte, das Wahlgesetz, die provisorische Zentralgewalt und die zentrale Frage des Staatsoberhauptes.

Vor allem die großen Reden Dahlmanns waren dramatische Höhepunkte in der Geschichte des ersten deutschen Parlaments.[107] Seine Reden waren zwar eher steif, gesinnungsschwer und theoriegeladen. Doch Dahlmann besaß sowohl im Parlament wie auch in der bürgerlichen Öffentlichkeit durch die Geradlinigkeit seiner Auffassungen und die Überzeugungstreue seines politischen Lebensschicksals eine große Ausstrahlungskraft. Sie erreichte ihren Höhe- und Wendepunkt im September 1848 in der Auseinandersetzung um die schleswig-holsteinische Frage, als Dahlmann mit einer Mehrheit von Stimmen der Linken und der Rechten wider die realpolitische Einsicht der Mitte die Aufhebung des

105 Heinrich Laube: Das erste deutsche Parlament, 2 Bde., Leipzig 1909, Bd. 2, S. 44.

106 Franz Wigard (Hrsg.): Stenographischer Bericht über die Verhandlungen der deutschen constituirenden Nationalversammlung zu Frankfurt am Main, 9 Bde., Frankfurt/Main 1848/49.

107 Abgedruckt in: Friedrich Christoph Dahlmann: Kleine Reden und Schriften, hrsg. von Carl Varrentrapp, Stuttgart 1886.

Waffenstillstandes mit Dänemark erzwang, den Rücktritt des von seiner eigenen Fraktion getragenen Reichsministeriums bewirkte, selbst mit der Regierungsbildung beauftragt wurde und wenige Tage später sein Scheitern eingestehen mußte. Dahlmanns Aussicht, als Ministerpräsident an die Spitze der Reichsregierung zu treten, scheiterte nicht nur daran, daß er als Anhänger der konstitutionellen Monarchie den Spielregeln des parlamentarischen Regierungssystems skeptisch gegenüberstand. Der Bonner Gelehrte hatte auch eine Aversion gegen die Übernahme von Regierungsämtern und antwortete dem Reichsverweser Erzherzog Johann schon auf dessen Vorschlag, selbst künftiger Ministerpräsident zu werden, «daß er es niemals werden wolle, er wolle Professor bleiben und nicht mehr seine Lage verändern».[108] Vor allem aber war für Dahlmann wie für die meisten Abgeordneten der Nationalversammlung dieser temporäre Ausgang der mitteleuropäischen Dauerkrise um Schleswig-Holstein, die sich durch das ganze 19. Jahrhundert bis zum Untergang des Dritten Reiches und zur Gründung der Bundesrepublik in der Mitte des 20. Jahrhunderts zog, ein traumatisches Ohnmachtserlebnis. Sie mußten existentiell erfahren, daß politiktheoretische Auffassungen und moralische Ansprüche nicht ohne Rücksicht auf die innen- und außenpolitischen Wirklichkeiten umzusetzen waren. Die Nachwelt hat dieses durch die realpolitischen Verhältnisse verursachte Scheitern der hehren Absichten der Reformmehrheit der Abgeordneten in der deutschen Nationalversammlung von 1848/49 zum abschätzigen Urteil über die Praxisferne und Weltfremdheit von theoriegeleiteten Professoren und insbesondere auch Hochschullehrern der Politik verallgemeinert. Dieser Vorwurf traf sicherlich am wenigsten auf jene Politik-Professoren zu, die im Jahr 1848/49 Regierungsverantwortung übernahmen. Der prominenteste unter ihnen war Robert Mohl, der als Reichsjustizminister vor allem in der Gesetzgebungsarbeit trotz beschränkter bürokratischer Hilfsmittel Erhebliches leistete.[109]

Ende Mai 1849 traten die meisten Politik-Professoren mit ihren Abgeordnetenkollegen der Mitte und der Rechten aus der Nationalversammlung aus, nachdem der preußische König Friedrich Wilhelm IV. die ihm von der Volksvertretung angetragene Kaiserkrone abgelehnt hatte. Für die Casino-Partei verfaßte Dahlmann die Austrittserklärung und erklärte darin in der für ihn charakteristischen politischen Sprache: «Zu ihrem tiefen Schmerze haben sich die Ereignisse anders gestaltet, und die

108 Springer: Dahlmann, S. 286.
109 Angermann: Robert von Mohl, S. 58 ff.

Hoffnungen des deutschen Volkes drohen so nahe der Erfüllung zu scheitern.»[110] Auch Robert Mohl trat damals aus und suchte in dem kleinen Kurdörfchen Mehlem am Rhein, das in der frühen Bundesrepublik als Sitz der amerikanischen Hochkommission und südlichster Stadtteil der ersten Bundeshauptstadt Bonn bekannt wurde, nicht nur von den Strapazen der letzten 14 revolutionären Monate sich zu erholen, sondern ebenfalls die politikpraktischen Erfahrungen aus politikwissenschaftlicher Sicht zu reflektieren. In einer damals verfaßten politischen Glosse setzte sich Mohl auch mit der Rolle von Professoren in Volksvertretungen auseinander.[111] Nach den Erfahrungen in der Paulskirche war sein Urteil über das Auftreten von Hochschullehrern in den Parlamenten sehr zwiespältig. Auf der einen Seite zeichnete sich seiner Meinung nach der Professor durch eine gewisse Übung im öffentlichen Reden, durch höhere Kenntnisse in seinen Fachgegenständen sowie Offenheit für neue Gedanken und Systeme aus. Auf der anderen Seite aber sei der Professor «selten ein Debater, da er an Widerrede gegen seine Aufstellungen nicht gewöhnt ist, und einen Widerspruch, namentlich einem Ungelehrteren, leicht übel nimmt». Vor allem aber seien Professoren von Hause aus Doktrinäre: Sie «waren zufrieden mit der theoretischen Folgerichtigkeit und Wahrheit des Werkes, und erwarteten nun von der inneren Güte desselben auch den Sieg. Dieses in der Wissenschaft vollkommen richtige Verfahren ist aber von kindlicher Naivität im wirklichen Leben. Praktische staatsmännische Eigenschaften haben also allerdings die Professoren in Frankfurt nicht erwiesen.»[112]

Im Rückblick zeigt sich allerdings, daß die bürgerliche Revolution in Deutschland 1848/49 weniger an ihren inneren Schwächen, und damit auch nicht an den Politik-Professoren, gescheitert ist, sondern vielmehr an den Vorbehalten der alten Kräfte in Österreich und Preußen sowie am Widerstand der europäischen Mächte gegen den nationalstaatlichen Zusammenschluß Deutschlands.

110 Wigard: Bericht, Bd. 9, S. 6697.

111 Robert [von] Mohl: Advokaten und Professoren in Ständeversammlungen, in: Robert [von] Mohl: Staatsrecht, Völkerrecht und Politik. Monographien. Bd. 2: Politik I, Tübingen 1862, S. 23–26.

112 Mohl: Advokaten, S. 25.

f) Ausblick

Die Lehre der Politik erlebte im deutschen Vormärz eine ausgesprochene Blüte. Sie wurde an den meisten Universitäten regelmäßig im Vorlesungskatalog angekündigt und war in Lehrstühlen verankert, die mit bekannten, teilweise berühmten Gelehrten besetzt waren. Die Ausstrahlungskraft dieser Politik-Professoren in der Vormärzzeit reichte weit über den akademischen Bereich hinaus in die politische Öffentlichkeit, sie wurden zu anerkannten Wortführern der liberal-konstitutionellen Bewegung des Bildungsbürgertums. Doch diese in der ersten Hälfte des 19. Jahrhunderts angesehene und einflußreiche Universitätsdisziplin ging in der zweiten Jahrhunderthälfte sukzessive unter und verschwand schließlich weitgehend aus dem akademischen Fächerkanon. Zu klären bleibt, welche inneren und äußeren Bedingungen den weitgehenden Untergang des Faches herbeiführten.

Der Lehre der Politik war von den preußischen Staatsmännern und Universitätsreformern zu Beginn des 19. Jahrhunderts ein fester Platz im Bildungsstudium an den reformierten wissenschaftlichen Hochschulen zugewiesen worden. Doch im Verlauf der folgenden Jahrzehnte wurde die Kluft zwischen dem universitären Bildungsanspruch und der akademischen Ausbildungsrealität immer größer.[113] Das traf vor allem für diejenigen Studenten zu, welche den höheren Verwaltungsdienst anstrebten. Aus schlichten ökonomischen Gründen konnte sich ihre Mehrzahl kaum mehr als ein «Brotstudium» von sechs Semestern leisten, und meist wurde dieses Triennium auch noch mit der Ableistung des einjährigen Militärdienstes verbunden. So paukten die künftigen Verwaltungsbeamten, die sich auf Anmeldebögen und Visitenkarten als «stud. jur. et cam.», als Studenten der Rechts- und Staatswissenschaften, auswiesen, mehr und mehr die justizjuristischen Fächer des positiven Privat- und Strafrechts, die vorzugsweise bei den ersten Staatsprüfungen an den Oberlandesgerichten abgefragt wurden, und vernachlässigten die philosophischen und staatswissenschaftlichen, aber auch die öffentlich-rechtlichen Teile der offiziellen Studienpläne. Kein Wunder, daß die einschlägige philosophisch-staatswissenschaftliche Klausur zum ersten Staatsexamen als «Märchenklausur» abgetan wurde. «Bildung» erwarb man im familiären, freundschaftlichen und gesellschaftlichen Umgang, «Ausbildung» vollzog sich im praktischen Vorbereitungsdienst: Zwischen diesen

[113] Vgl. Bleek: Kameralausbildung, S. 108 ff.

beiden Polen fiel die von den preußischen Reformern konzipierte rechts- und staatswissenschaftliche Allgemeinbildung, zu der auch die Politiklehre gehörte, hindurch. Die zahlreichen Ermahnungen der Aufsichtsbehörden, über den «Brotstudien» die allgemeinbildenden Wissenschaften nicht zu vernachlässigen, dokumentieren diese Ausdünnung des Bildungsstudiums, der die Lehre der Politik zum Opfer fiel.

Württemberg bot im Vormärz durch die Institutionalisierung eines gesonderten rechts- und staatswissenschaftlichen Studiums der höheren Verwaltungsbeamten eine interessante Alternative zum preußischen Modell, von der auch die akademische Lehre und Forschung der Staatswissenschaften einschließlich der Politik an der Staatswirtschaftlichen Fakultät der Universität Tübingen profitierten. Doch auf Dauer konnte das vergleichsweise kleine Königreich diese Sonderregelung nicht halten und mußte sich letztlich im Prozeß der Gründung des Deutschen Reiches von 1871 den preußischen Entwicklungen anpassen. So führte überall in Deutschland die Durchsetzung des Juristenprivilegs für den höheren Verwaltungsdienst schließlich zur Dominanz von in den Inhalten justizjuristisch und in der Methode positivistisch geprägten Rechtsstudien, wodurch die Lehre vom Staat und der Verwaltung aus philosophischer und historischer Perspektive immer mehr in den Hintergrund gedrängt wurde.

Im 19. Jahrhundert wandelte sich nicht nur das Ausbildungsprofil und Berufsbild der höheren Verwaltungsbeamten, sondern gemeinsam mit dem Wissenschaftsideal auch der vorherrschende Professorentypus. Im 18. Jahrhundert dominierten an den Universitäten und insbesondere in den Staatswissenschaften die Praktiker, die ihre Erfahrungen aus der Verwaltungstätigkeit in vielbändigen Kompendien veröffentlichten. In der ersten Hälfte des 19. Jahrhunderts wurde der Hochschullehrertypus des Redners prägend, der durch seine akademischen Vorträge nicht nur die Studenten fesselte, sondern auch zur Allgemeinbildung der bürgerlichen Öffentlichkeit beitrug. Doch in der zweiten Jahrhunderthälfte setzte sich der Gelehrte als Ideal durch, der durch hingebungsvolle Arbeit an Quellen und im Laboratorium den Forschungsstand in seinem Fachgebiet voranbrachte.[114] Die Hochschullehrer im Fach Politik konnten sowohl dem ersten und als auch dem zweiten Professorentypus entsprechen. Doch mit dem neuen Ideal des forschenden Gelehrten taten sie

[114] Vgl. Rüdiger vom Bruch: Vom Bildungsgelehrten zum wissenschaftlichen Fachgelehrtentum. Zum Selbstverständnis deutscher Hochschullehrer im 19. und 20. Jahrhundert, in: Kocka/Puhle/Tenfelde: Arbeiterbewegung, S. 582–600.

sich schwer, denn umfangreiche sozialwissenschaftliche Quellen und empirische Methoden standen noch nicht zur Verfügung, es boten sich höchstens die historischen und die statistischen Methoden an, die aber von der Geschichtswissenschaft sowie der Statistik und Nationalökonomie als deren eigene Domänen in Anspruch genommen wurden. So blieb die Politik ein Lehrfach und konnte sich nicht als Forschungsdisziplin profilieren, was für ihr Prestige als Wissenschaft fatale Folgen hatte.

Die vormärzliche Lehre der Politik wurde vor allem vom Typus der «politischen Professoren» repräsentiert, die ihre Einsichten über Politik gleichermaßen an den Universitäten zu lehren und in der politischen Wirklichkeit umzusetzen suchten. Die Mehrzahl der vormärzlichen Politik-Lehrer waren Anhänger politischer Reformen und wandten sich sowohl gegen reaktionäre Restaurationstendenzen als auch gegen revolutionäre Umsturzbestrebungen. Damit waren sie die Wortführer der bürgerlichen Gesellschaft ihrer Zeit und standen an der Spitze des altliberalen Doppelprogramms mit dem Anspruch auf staatsbürgerliche Freiheit und der Forderung nach nationaler Einheit.

Diese politischen Ziele verschafften der vormärzlichen Politiklehre öffentliche Popularität, aber auch Mißtrauen von seiten der staatlichen Aufsichtsbehörden. Nach den freiheitlichen Bestrebungen der Studenten, die im Oktober 1817 im Wartburgfest gipfelten, und nach der Ermordung des als «informeller Mitarbeiter» des russischen Zarenreiches verdächtigten Dichters August von Kotzebue durch den Burschenschaftler Karl Ludwig Sand zwei Jahre später setzte der Deutsche Bund unter dem österreichischen Staatskanzler Metternich nicht nur die reaktionären Karlsbader Beschlüsse mit der Einführung der Zensur, dem Verbot der Burschenschaften und der Entlassung von als Demagogen verdächtigten Professoren wie dem Bonner Historiker und Dichter Ernst Moritz Arndt und dem Berliner Theologen Wilhelm Leberecht de Wette durch. Die zur Überwachung der Universitäten eingesetzten außerordentlichen Regierungsbevollmächtigten beobachteten auch argwöhnisch, ob Studenten etwa durch Vorlesungen zum Zweifel an der staatlichen Ordnung verführt würden. Schon 1817 hatte der Staatskanzler Hardenberg auf Mißfallensäußerungen des Königs hin Schleiermacher seine Vorlesungen über «Philosophische Staatslehre» verboten, da sie «hauptsächlich eine politische Tendenz hätten» und dazu «dienten, ohne einen reellen Nutzen zu gewähren, die Gemüter zu bewegen und zu entzweien».[115]

[115] Lenz: Geschichte, Bd. 2/1, S. 39.

Diese Vorbehalte der konservativen Kreise gegenüber einer philosophisch inspirierten Lehre von Staat und Politik brachte eine Zirkularverfügung des preußischen Kultusministeriums vom 11. September 1824 auf den Nenner. In ihr vermutete der höchst reaktionäre Geheimrat von Kamptz, der gleichzeitig eine Abteilung im Polizeiministerium leitete, «daß die politischen und revolutionären Umtriebe und Verirrungen unserer Zeit zu einem bedeutenden Theile aus verkehrten Lehren des allgemeinen Staatsrechts», also der Lehre der Politik, entstanden seien, in welchen ein «idealer, sogenannter Vernunftstaat» postuliert und die von diesem abweichende politische Wirklichkeit als willkürlich und ungerecht dargestellt werde.[116] Daher sollte diese Lehre nicht mehr im Rahmen der allgemeinen philosophischen Studien, sondern in den Juristischen Fakultäten «von geprüften, gereiften, und nach Gesinnungen, wie in Gründlichkeit der Wissenschaft zuverlässigen Männern gelehrt werden». Diese Androhung einer reaktionären Wende konnte aber im Vormärz in aller Schärfe nur gegen radikale Studenten und Hochschullehrer, kaum gegen reformerische Professoren der politischen Mitte durchgesetzt werden, die wie die protestierenden Göttinger Sieben bei aller obrigkeitlichen Drangsalierung doch zumeist eine berufliche Nische in der staatenbündischen Universitätsvielfalt Deutschlands fanden.

Nachdem die Politik-Professoren sich in der Vormärzzeit durch ihr Auftreten in den einzelstaatlichen Landtagen und im Widerstand gegen die reaktionäre Politik der Obrigkeiten profiliert hatten, brachte ihre Mitarbeit in der verfassungsgebenden Nationalversammlung in den Jahren 1848/49 den Höhepunkt, aber auch die Wendemarke im öffentlichen Ansehen und der politischen Bedeutung der Lehre der Politik. Die innen- und vor allem außenpolitisch bewirkte Niederlage der bürgerlichen Freiheits- und Einheitsbewegung des Jahres 1848/49 war, wie der Historiker Franz Schnabel konstatierte, die «große und entscheidende Niederlage der politischen Professoren».[117] Diese wurden in zumeist überzeichneter und dennoch wirksamer Weise für die angebliche Theorielastigkeit, Praxisferne und Machtignoranz der Nationalversammlung verantwortlich gemacht – aus den gefeierten Vorbildern des liberalen Aufbruchs wurden die Sündenböcke der bürgerlichen Niederlage.

[116] Johann Friedrich Wilhelm Koch: Die Preußischen Universitäten. Eine Sammlung der Verordnungen, welche die Verfassung und Verwaltung dieser Anstalt betreffen, 3 Bde., Berlin, Posen, Bromberg 1839/40, Bd. 2/1, S. 187–189.

[117] Schnabel: Geschichte, Bd. 2, S. 206.

Die Bundesrepublik Deutschland hat mit ihrem Grundgesetz in vielfältiger Hinsicht an die freiheitlich-staatsbürgerliche Verfassungskonzeption von 1848/49 angeknüpft.[118] Doch noch immer herrscht die pauschale Vorstellung von der ersten deutschen Nationalversammlung als einer Ansammlung von dogmatischen Intellektuellen vor, welche die Gesetze der Macht und Politik nicht kannten. Mit diesem negativen Stereotyp haben nach dem Scheitern der bürgerlichen Revolution von 1848/49 nicht nur die siegreichen aristokratischen und autoritären Kräfte, sondern hat auch das deutsche Bürgertum selbst das Nichterreichen der Reformziele als unumgänglich und selbstverschuldet postuliert. So wurde nicht nur die Geschichte von den Siegern geschrieben, sondern selbst der Großteil der Verlierer schloß sich deren Interpretation an. Nachdem der deutsche Weg zu nationaler Einheit nur durch die Macht, nicht durch eine freiheitliche Verfassung, im Dritten Reich endgültig gescheitert ist, sollte es an der Zeit sein, nicht nur die bürgerliche Revolution von 1848/49, sondern auch ihre Wortführer zu rehabilitieren. Dazu gehören auch jene Professoren, welche in Deutschland durch ihre akademische Lehre der Politik als einer reformistischen Verfassungslehre die programmatischen Grundlagen für eine Staatsbürgergesellschaft konzipiert haben.

[118] Vgl. Bleek: Paulskirche, S. 38 f.

5. Der Untergang der älteren Lehre der Politik in der Restauration und im Deutschen Kaiserreich (1850–1918)

Die bürgerliche Revolution von 1848/49 war keineswegs jener dramatische Einschnitt in der jüngeren deutschen Geschichte, als der sie oft erscheint. Auch die meisten Repräsentanten des liberalen Bürgertums, einschließlich der politischen Professoren, zogen sich nicht abrupt aus der Politik zurück, sondern verfolgten weiterhin ihre Reformziele und versuchten zu retten, was zu retten war. So versammelten sich schon einen Monat nach ihrem Austritt aus der Frankfurter Nationalversammlung Ende Juni 1849 liberal-erbkaiserliche Abgeordnete, darunter auch Dahlmann, Mohl, Raumer und Waitz, in Gotha, um über die preußischen Unionspläne zur Rettung der nationalstaatlichen Einheit zu beraten. Dem Unionsparlament, das nach langem diplomatischem Geplänkel schließlich im März 1850 in Erfurt zusammentrat, gehörten als liberale Politiklehrer Friedrich Christoph Dahlmann, Max von Gagern und Heinrich von Sybel, aber auch der konservative Friedrich Julius Stahl und der konservativ-katholische Franz-Joseph Buß an. Auch nach dem Scheitern dieser Einigungsbemühungen wirkten zahlreiche politische Professoren in den Parlamenten der Einzelstaaten mit. So saßen in der badischen Ersten Kammer unter der Herrschaft des liberalen Großherzogs Friedrich als Vertreter der Heidelberger Universität Robert von Mohl und sein Nachfolger Johann Caspar Bluntschli, im preußischen Abgeordnetenhaus die politischen Historiker Max Dunker und Heinrich von Sybel, letzterer während des Höhepunktes des preußischen Verfassungskonfliktes zwischen 1862 und 1864. Selbst nachdem die deutsche Einheit in den Jahren 1867 bis 1871 nicht auf dem Wege des friedlichen Verfassungskompromisses, sondern durch militärische Gewalt erreicht worden war, gaben viele bürgerliche Politiker und Professoren ihre Hoffnung auf eine liberale Entwicklung des neuen Deutschen Reiches nicht auf. Politikprofessoren wie Robert von Mohl und Heinrich von Treitschke saßen schließlich nach der Gründung des Deutschen Reiches im Reichstag.

Auch die ältere Lehre der Politik ging nach 1849 nicht schlagartig unter, wie bisher zumeist vermutet wurde. Sie war, wenn auch mit abnehmender Bedeutung, durch die ganze zweite Hälfte des 19. Jahrhunderts existent, ist aber unter dem Eindruck ihres weitgehenden Verschwindens an der Wende vom 19. zum 20. Jahrhundert für diesen Zeitraum kaum wahrgenommen worden. In der Wissenschaftsgeschichte wie insgesamt in der Historie hat man sich vor den Fallstricken einer Ex-post-Sicht zu hüten, die im Wissen um die nachfolgende Entwicklung Einschnitte setzt und Erkenntnisse formuliert, welche nicht nur die Zeitgenossen noch nicht haben konnten, sondern die oft auch die Vielfalt der geschichtlichen Wirklichkeit verkürzen.

a) Politikvorlesungen in der zweiten Jahrhunderthälfte

Nach der Rückkehr aus der Paulskirchenversammlung an ihre Universitäten suchten die Politikprofessoren nicht nur in der Lehre an den Nimbus vor 1848 anzuknüpfen, sondern auch die zwischenzeitlichen praktischen Erfahrungen in Publikationen zu verarbeiten. Beispielhaft für den unterschiedlichen Erfolg dieser Bemühungen waren wiederum Dahlmann und Mohl. Zunächst konnte Dahlmann mit seiner Politik-Vorlesung im Wintersemester 1850/51 mit 107 Zuhörern bei insgesamt 911 an der Universität Bonn eingeschriebenen Studenten an seine Popularität im Vormärz anknüpfen, doch dann schwand die Hörerzahl kontinuierlich auf 23 Studenten im Wintersemester 1859/60. Auch die übrigen staatswissenschaftlichen Vorlesungen Dahlmanns fanden immer geringere Resonanz, hingegen stieg das Interesse an seinen historischen Vorlesungen, deren thematischer Zeitraum immer weiter zurückgriff. Ein Jahr vor seinem Tode hat er eine autobiographische Skizze seines politischen Lebens mit der resignativen Feststellung abgebrochen: «Leider hat kein einziger der guten Ausblicke, welche das Vorwort in die deutsche Zukunft wirft, sich erfüllt.»[1]

Leichter als Dahlmann verkraftete Robert von Mohl die Enttäuschungen der gescheiterten Revolution. Im Wintersemester 1849/50 las er an der Heidelberger Universität wieder über «Politik» und setzte diese Tradition in jedem Wintersemester fort, bis er 1861 als badischer Gesandter nach München ging. Er starb am 5. November 1875 in der neuen Reichshauptstadt Berlin. So vertrat Robert von Mohl sein ganzes Leben hindurch eine pragmatische Verbindung von Wissenschaft und Praxis. Mit den Kategorien Max Webers wäre Robert von Mohl dem Idealtypus des

[1] Wilhelm Bleek/Daniela Lülfing: «Meinem edelen und mannhaften Freunde Jakob Grimm, dem Bruder Wilhelms, in Dank + Liebe gewidmet», in: Jahrbuch der Brüder Grimm-Gesellschaft 3 (1993), S. 7–28, S. 26.

«Verantwortungsethikers», Friedrich Christoph Dahlmann hingegen dem des «Gesinnungsethikers» näher.

Die Wiederbesetzung der Lehrstühle dieser beiden bekanntesten deutschen Politikprofessoren des 19. Jahrhunderts war bezeichnend für die Fortführung, aber auch den Wandel der von ihnen verkörperten Fächertraditionen. Die Nachfolge Mohls an der Universität Heidelberg trat 1861 Johann Caspar Bluntschli (1808–1881) an.[2] Dieser in Zürich als Sohn und Enkel von Schreibern der Metzgerzunft «Zum Widder» geborene Schweizer hatte nach dem Studium in Berlin und der Promotion in Bonn 1833 in seiner Heimatstadt an der neugegründeten Universität einen Lehrstuhl für Römisches Recht übernommen und war im Schweizer Revolutions- und Kriegsjahr 1848 an die Universität München berufen worden. In Heidelberg las Bluntschli nicht nur über Staats- und Völkerrecht, sondern auch über «Politik» und «Allgemeine Staatslehre».

Bluntschli hatte bereits 1852 ein Werk über «Allgemeines Staatsrecht geschichtlich begründet» vorgelegt, in welchem er die juristische Betrachtungsweise Mohls und den historischen Ansatz Dahlmanns miteinander verband.[3] Dieses Buch, das danach zahlreiche Erweiterungen und Neuauflagen erfuhr, firmierte in Anlehnung an die Herkunft des älteren Staatsbegriffes vom lateinischen «status» unter dem Titel «Allgemeine Statslehre» und wurde von Bluntschli in der fünften Auflage von 1875 in drei Bände aufgeteilt, von denen der abschließende Band «Politik als Wissenschaft» behandelte. Im ersten Kapitel definierte er die Politik als das bewußte staatliche Leben, die Leitung des Staates. Daran anschließend unterschied er zwischen Politik als Staatspraxis, wie sie von Politikern und Staatsmännern gestaltet, und Politik als Staatslehre, wie sie von Hochschullehrern als «Staatsgelehrten» untersucht werde. Beide Tätigkeitsbereiche wurden eindeutig geschieden, doch gleichzeitig stellte Bluntschli heraus, daß ihre Träger voneinander profitieren könnten, sich Staatspraxis und Staatswissenschaft die Hände reichen sollten.

Dieses Buch über «Politik als Wissenschaft», das Bluntschli «als reifste Frucht meines langen der politischen Wissenschaft und Praxis gewidmeten Lebens»[4] ansah, enthält auch eine durch die psychologistischen Staats- und Religionslehren des bayerischen Erweckungsphilosophen Friedrich

[2] Johann Caspar Bluntschli: Denkwürdiges aus Meinem Leben, 3 Bde., Nördlingen 1884.

[3] Johann Caspar Bluntschli: Allgemeines Staatsrecht geschichtlich begründet, München 1852.

[4] Johann Caspar Bluntschli: Politik als Wissenschaft (= Lehre vom modernen Stat, Bd. 3), Stuttgart 1876, hier: Vorwort, S. V.

Rohmer inspirierte psychologische Generationentheorie der politischen Parteien.[5] Bluntschlis Staatslehre wurde in viele Sprachen übersetzt und verschaffte dem Autor internationale Anerkennung. Seine umfassenden Arbeiten kondensierte der deutsch-schweizerische Gelehrte in einer «Deutschen Staatslehre für Gebildete», welche erstmals 1874 im Verlag der C. H. Beckschen Buchhandlung in Nördlingen erschien.[6] Die akademische und öffentliche Reputation der Staatswissenschaften förderte Johann Caspar Bluntschli schließlich zusammen mit Karl Brater durch die Herausgabe der elf Bände des «Deutschen Staats-Wörterbuchs», zu dem auch zahlreiche Politiklehrer wie Mohl, Roscher, Schäffle, Stahl, Sybel und Treitschke beitrugen.[7] Dieses Werk trat die Nachfolge des «Staats-Lexikons» von Rotteck und Welcker an, das es zwar in wissenschaftlicher Hinsicht, jedoch nicht in öffentlicher Wirkung übertreffen konnte. So verkörperte Bluntschli in der Nachfolge Mohls noch einmal dessen Verknüpfung von Staatsrecht und Staatswissenschaft, allerdings nicht mehr wie dieser die ganze enzyklopädische Breite der gesamten Staatswissenschaften.

Die Verknüpfung von Staatsrecht und Politik war auch charakteristisch für Franz von Holtzendorff (1829–1889). Dieser liberale preußische Aristokrat hatte sich nach einem rechts- und staatswissenschaftlichen Studium, unter anderem in Bonn bei Dahlmann, 1857 in der Berliner Juristischen Fakultät habilitiert und las danach beinahe jedes Semester über «Politik» beziehungsweise «Grundsätze der Politik und allgemeinen Staatsrechtslehre». Auf diesen Vorlesungen bauten «Die Prinzipien der Politik» auf, die Holtzendorff 1869 in erster und 1879 in zweiter Auflage veröffentlichte.[8] Dieses als «Einleitung in die staatswissenschaftliche Betrachtung der Gegenwart» gedachte Buch behandelte mit der Politik ein Fach, das der Autor als die zentrale Disziplin unter den Staatswissenschaften ansah. Dauernden Nachruhm erwarb sich Holtzendorff jedoch als fortschrittlicher Kriminalrechtler, der sich nicht nur für die Reform des Strafvollzugs, sondern insbesondere für die Abschaffung der Todesstrafe einsetzte, nachdem eine entsprechende Bestim-

5 Aufbauend auf Bluntschlis Artikeln im Deutschen Staats-Wörterbuch zuerst veröffentlicht als Johann Caspar Bluntschli: Charakter und Geist der politischen Parteien, Nördlingen 1869, wieder abgedruckt in Bluntschli: Politik, S. 497–637.

6 Johann Caspar Bluntschli: Deutsche Staatslehre für Gebildete, Nördlingen 1874.

7 Johann Caspar Bluntschli/Karl Brater (Hrsg.): Deutsches Staats-Wörterbuch, Bd. 1–11, Stuttgart, Leipzig 1857–1870.

8 Franz von Holtzendorff: Die Prinzipien der Politik. Einleitung in die staatswissenschaftliche Betrachtung der Gegenwart, Berlin 1869.

mung im Grundrechtskatalog der Reichsverfassung von 1848/49 nicht in Kraft getreten war.

Neben diese von Bluntschli, Holtzendorff und anderen verkörperte rechtswissenschaftliche Traditionslinie der älteren Lehre der Politik traten auch geschichtswissenschaftliche Nachfolger, die alle direkt oder indirekt von Friedrich Christoph Dahlmann geprägt worden sind. Nach dessen Tod 1860 übernahm im folgenden Jahr seinen Lehrstuhl an der Bonner Universität Heinrich von Sybel (1817–1895).[9] Der Schüler Leopold von Rankes hatte sich 1840 in Bonn habilitiert und wurde zum Wintersemester 1845/46 an die Universität Marburg berufen. Dort las er nicht nur über mittlere und neuere Geschichte, sondern in den Semestern vor und nach der Revolution von 1848/49 auch über «Politik». Als Münchener Ordinarius war er 1859 der Begründer der «Historischen Zeitschrift», des noch heute bedeutendsten Fachorgans der deutschen Geschichtswissenschaft. In Bonn setzte er Dahlmanns Tradition der Vorlesungen über «Politik» fort, allerdings nur noch jedes zweite Wintersemester. Das in seinem Nachlaß erhaltene Manuskript dieser Vorlesung ist für seine Position in der Tradition der akademischen Politiklehre aufschlußreich.[10] Im Aufbau wie in Aussagen lehnte sich Sybel ganz an Dahlmanns historisch begründete und aristotelisch geprägte Verfassungslehre an. Lediglich bei der Behandlung des Nationenbegriffs und des Parteiensystems ging Sybel aufgrund der zwischenzeitlichen politischen Entwicklungen und Erfahrungen eindeutig über seinen Vorgänger hinaus.

Ähnlich waren auch die Politikvorlesungen von Georg Waitz (1813–1894) angelegt. Waitz war während seines Studiums in Berlin Mitte der dreißiger Jahre des 19. Jahrhunderts ebenfalls wie Sybel und viele andere Historiker seiner Zeit durch das berühmte Ranke-Seminar geprägt worden, hatte aber auch bei Friedrich Schleiermacher im Sommersemester 1833 dessen letzte Vorlesung über Politik als «Philosophische Staatslehre» gehört.[11] Danach trat Waitz mit Dahlmann in Verbindung, nicht nur

[9] Vgl. Hartmut Seier: Heinrich von Sybel, in: Hans-Ulrich Wehler (Hrsg.): Deutsche Historiker, Bd. 2, Göttingen 1971, S. 24–38.

[10] Vgl. Hartmut Seier: Sybels Vorlesung über Politik und die Kontinuität des «staatsbildenden Liberalismus», in: Historische Zeitschrift 187 (1959), S. 90–112 und Hartmut Seier: Die Staatsidee Heinrich von Sybels in den Wandlungen der Reichsgründungszeit 1862–71, Lübeck, Hamburg 1961 sowie Volker Dotterweich: Heinrich von Sybel. Geschichtswissenschaft in politischer Absicht 1817–1861, Göttingen 1978, S. 57.

[11] Vgl. die Nachschrift Georg Waitz: Kolleg 1833, Nachschrift Waitz, in: Friedrich Ernst Daniel Schleiermacher: Vorlesungen über die Lehre vom Staat, hrsg. von Walter Jaeschke (= Kritische Gesamtausgabe. Abt. 2: Vorlesungen, Bd. 8), Berlin, New York 1998, S. 751–954.

durch die Fortführung der von diesem begründeten «Quellenkunde zur deutschen Geschichte», durch welche beide heute noch jedem Geschichtsstudenten ein Begriff sind. Waitz wurde auch zweimal, wenn auch nach langen Vakanzen, zum Nachfolger Dahlmanns berufen: 1842 in Kiel und 1848 in Göttingen. Doch an der hannoverschen Landesuniversität konnte Waitz seine Lehrveranstaltungen erst Ende 1849 aufnehmen, war er doch zusammen mit Dahlmann Abgeordneter in der Nationalversammlung und maßgebliches Mitglied des Verfassungsausschusses. Aus Frankfurt am Main nach Göttingen zurückgekehrt, las der auf dem Gebiet der Verfassungsgeschichte berühmt gewordene Historiker fast jedes dritte Semester auch ein vierstündiges Kolleg über «Politik». Die 1862 veröffentlichten «Grundzüge der Politik nebst einzelnen Ausführungen»[12] dokumentieren, daß Waitz nicht nur, was selbstverständlich war, die Lehre der Politik auf historischer Grundlage darstellte, sondern daß für ihn ebenfalls die konstitutionelle Monarchie die bevorzugte Verfassungsform darstellte.

Noch prägnanter als die politischen Historiker hat in der zweiten Hälfte des 19. Jahrhunderts Wilhelm Roscher (1817–1894) die ältere aristotelische Tradition der Politiklehre verkörpert.[13] Dieser Gelehrte ist vor allem als Repräsentant der historischen Schule der Nationalökonomie berühmt geworden. Roscher hat sein Studium 1835 in Göttingen begonnen und ist von Dahlmann geprägt worden. Nach einem zwischenzeitlichen Studienaufenthalt in Berlin, natürlich auch im Historischen Seminar von Leopold von Ranke, habilitierte er sich 1840 an seiner Heimatuniversität für Geschichte und Staatswissenschaften, einer Fächerkombination von alter Göttinger Tradition. Während Roscher in der anschließenden Zeit der akademischen Lehre in Göttingen und ab 1848 an der Universität Leipzig die Geschichte als eigenständiges Lehrgebiet zurücktreten ließ, las er während seiner fünfzig Jahre langen Professorentätigkeit gemäß der Göttinger Überlieferung über die ganze Breite der Staatswissenschaften auf der Grundlage des historisch-organischen Ansatzes, mit Schwerpunkt auf der Volkswirtschaftslehre. Seine häufigen und vielfältigen Vorlesungen über «Politik» im engeren Sinne verstand Roscher in seinen Ankündigungen als «Einleitung in das Studium der Rechts-, Staats- und Kameralwissenschaften» und stellte sich damit in die Tradition eines Bildungsstudiums, wie es zu Anfang des 19. Jahrhunderts die preußischen

[12] Georg Waitz: Grundzüge der Politik nebst einzelnen Ausführungen, Kiel 1862.

[13] Guido Wölky: Das Politikverständnis von Wilhelm Roscher, in: Hans J. Lietzmann/Peter Nitschke (Hrsg.): Klassische Politik. Politikverständnisse von der Antike bis ins 19. Jahrhundert, Opladen 2000, S. 217–234.

Reformer konzipiert hatten. Er kündigte Kollegs sowohl über die «Geschichte der politischen (und socialen) Theorien» als auch über die «Geschichte des Naturrechts, der Politik und Nationalökonomie» an, aus denen 1874 seine auch für die Geschichte der Politiklehre grundlegende «Geschichte der National-Ökonomik in Deutschland» hervorging.[14] Seit 1870 stellte Roscher seine Politikvorlesung unter den Titel «Naturlehre der Monarchie, Aristokratie und Demokratie als Vorschule jeder praktischen Politik», woraus schließlich an seinem Lebensende die große Veröffentlichung über «Politik: Geschichtliche Naturlehre der Monarchie, Aristokratie und Demokratie»[15] erwuchs.

Im Mittelpunkt steht für Roscher dabei die Rezeption der aristotelischen Verfassungstypen, wobei er über die Dreiteilung von Monarchie, Aristokratie und Demokratie hinausgehend auch Plutokratie und Cäsarismus analysiert. Das Anschauungsmaterial für diese Staatsformen entnimmt Roscher zwar der Vergangenheit, doch beruht seine Darstellung nicht auf deskriptiver Geschichtsschreibung, sondern auf typologischer Analyse. Die unterschiedlichen Staatsformen sind für ihn Erscheinungsweisen der Völkergattungen, welche diese als typische Altersstufen der Menschheit durchleben. Daher plädiert Roscher nicht für eine ideale Verfassung, sondern für die Entwicklungsfähigkeit aller politischen Zustände. Dabei lehnte er aber, wie Dahlmann, Revolutionen als sittliches Unglück ab und sprach sich für Reformen als friedliche und rechtmäßige Entwicklungen aus. Wilhelm Roscher hat in seiner «Politik» die Staatstypen in der Tradition von Aristoteles mit einem von Edmund Burke inspirierten Reformkonservatismus verknüpft und beides durch einen religiös-christlichen Naturalismus gegen Veränderungen immunisiert. Auf diese Weise hat er, bevor die ältere Lehre der Politik weitgehend unterging, deren Traditionselemente noch einmal zusammengefaßt und aufbewahrt, aber auch ihre Entwicklungsfähigkeit eingefroren.[16]

Die Lehrveranstaltungen und Veröffentlichungen dieser deutschen Gelehrten der zweiten Hälfte des 19. Jahrhunderts dokumentieren, daß

[14] Wilhelm Roscher: Geschichte der National-Oekonomik in Deutschland (= Geschichte der Wissenschaften in Deutschland. Neuere Zeit, Bd. 14), München 1874.

[15] Wilhelm Roscher: Politik. Geschichtliche Naturlehre der Monarchie, Aristokratie und Demokratie, Stuttgart 1892.

[16] Vgl. die Kritik durch Georg Jellinek: Eine Naturlehre des Staates [1893], in: Georg Jellinek: Ausgewählte Schriften und Reden, Bd. 2, Berlin 1911, S. 320–329 und Otto Hintze: Roschers politische Entwicklungstheorie [1897], in: Otto Hintze: Soziologie und Geschichte. Gesammelte Abhandlungen zur Soziologie, Politik und Theorie der Geschichte, hrsg. und eingeleitet von Gerhard Oestreich (= Gesammelte Abhandlungen, Bd. 2), Göttingen 1964, S. 3–45.

in diesem Zeitraum entgegen mancher Vermutung die ältere Lehre der Politik in einer Symbiose mit den Nachbarfächern, insbesondere dem Öffentlichen Recht, der Geschichtswissenschaft und der Nationalökonomie, noch lebensfähig war. Gleichzeitig profilierten sich mit diesen Disziplinen aber auch jene Nachfolgefächer der Politiklehre, die schließlich deren Erbe übernahmen.

b) Staatskunst als Machtlehre

Bei aller Kontinuität von Personen und Strukturen der Politiklehre zwischen der ersten und der zweiten Hälfte des 19. Jahrhunderts wirkten sich doch die politischen Ereignisse und Erfahrungen des Revolutionsjahres 1848/49 auf die Inhalte des Faches aus. Vor allem die Erkenntnis der politischen Ohnmacht, mit welcher die liberalen Professoren in der Paulskirchenversammlung konfrontiert worden waren, wurde prägend. Dieses Urerlebnis hat Friedrich Christoph Dahlmann bereits im Plenum der Nationalversammlung in der Debatte über das Reichsoberhaupt am 22. Januar 1849 auf den Begriff gebracht. Seine Äußerung in der Paulskirche ist von dem Historiker Friedrich Meinecke als klassischer Beleg für die Wende der deutschen Liberalen von der Priorität des Freiheitsideals zum Vorrang des Machtgedankens zitiert worden: «Denn es ist nicht bloß die Freiheit, die der Deutsche meint, es ist zur größeren Hälfte die Macht, die ihm bisher versagte, nach der es ihn gelüstet.»[17] Meinecke und ihm folgend zahlreiche weitere Autoren wie der Verfassungshistoriker Ernst Rudolf Huber haben aber Dahlmanns parlamentarische Äußerung falsch zitiert und dadurch ihre Aussage erheblich simplifiziert. In Wirklichkeit hatte dieser in der Paulskirche ausgerufen: «Die Bahn der Macht ist die einzige, die den gährenden Freiheitstrieb befriedigen und sättigen wird, der sich bisher selbst nicht erkannt hat. Denn es ist nicht bloß die Freiheit, die er meint, es ist zur größeren Hälfte die Macht, die ihm bisher versagte, nach der es ihm gelüstet.»[18] Dahlmann hatte also nicht die Deutschen vom Freiheits- auf den Machtgedanken umschwenken lassen, sondern lediglich der Einsicht der bürgerlichen Mitte Aus-

[17] Friedrich Meinecke: Die Idee der Staatsräson in der neueren Geschichte, München et al. 1924, S. 493. Von Meinecke übernommen: Ernst Rudolf Huber: Deutsche Verfassungsgeschichte seit 1789, Bd. 2, Stuttgart ²1964, S. 385. Huber hat das Zitat in der 3. Auflage aus dem Jahre 1988 richtiggestellt.

[18] Franz Wigard (Hrsg.): Stenographischer Bericht über die Verhandlungen der deutschen constituirenden Nationalversammlung zu Frankfurt am Main, 9 Bde., Frankfurt/Main 1848/49, Bd. 7, S. 4821.

druck gegeben, daß das fortbestehende Ziel der Freiheit nur zu verwirklichen sei, wenn man über eine angemessene Machtbasis verfüge.

Während Dahlmann seine Absicht nicht mehr verwirklichen konnte, «Die Politik» aus der Vormärzzeit den gewandelten Einsichten und Realitäten des Nachmärzes entsprechend grundlegend zu überarbeiten, konzipierte sein Abgeordneten- und Historikerkollege Johann Gustav Droysen nach der Rückkehr aus Frankfurt für das Sommersemester 1850 einen «Kursus der praktischen Politik» an der Universität Kiel, dessen Manuskript uns aus seinem Nachlaß überliefert ist[19] und das auf bezeichnende Weise von der bei den vormärzlichen Politikprofessoren vorherrschenden Konzeption einer historischen Verfassungslehre abwich. Droysen hat sein nachrevolutionäres Programm einer Politikwissenschaft Ende 1851 in einem Brief an seinen Jugendfreund, den Löwener Völkerrechtslehrer Arendt, prägnant auf den Begriff gebracht: «Ich rüste mich, die Wissenschaft der Politik zu treiben, wenn auch nicht in der theosophischen noch rechthaberischen, der Stahlschen oder Dahlmannschen Manier; – eine pragmatische Politik, will sagen die exakte Wissenschaft vom Staat und von den Staaten, Machtlehre dergleichen. [...] Die Wissenschaft von den äußeren und inneren Machtverhältnissen, Machtbedingungen, Machtstörungen – nicht wahr, das wird eine stattliche Disziplin.»[20] Zwar hat der durch seine «Historik» heute noch bekannte preußische Geschichtsschreiber und -methodiker dieses Vorhaben nach seinem Ruf 1851 an die Universität Jena und 1859 nach Berlin dann nicht mehr ausgeführt und ist die ältere Lehre der Politik in seinem Jahrhundert weitgehend untergegangen, doch klingt Droysens Programm in heutigen Ohren wie eine prophetische Vorhersage der Entfaltung der modernen Politikwissenschaft als einer exakten Sozialwissenschaft.

Friedrich Christoph Dahlmann mit seinen Äußerungen in der Paulskirche im Januar 1849 und mehr noch Johann Gustav Droysen mit seiner Politik-Vorlesung im Sommer 1850 stehen für jene realpolitische Einsicht des deutschen Bürgertums in die Bedeutung der praktischen Machtverhältnisse, welche der Schriftsteller Ludwig August von Rochau 1853 paradigmatisch in seinem Buch «Grundsätze der Realpolitik, angewendet auf die staatlichen Zustände Deutschlands» formuliert hat.[21] Heinrich von

[19] Rudolf Hübner: Johann Gustav Droysens Vorlesungen über Politik, in: Zeitschrift für Politik 10 (1917), S. 325–376.

[20] Johann Gustav Droysen: Briefwechsel, 2 Bde., hrsg. von Rudolf Hübner (= Deutsche Geschichtsquellen des 19. Jahrhunderts, Bd. 25–26), Stuttgart, Berlin 1929, S. 11.

[21] Ludwig August von Rochau: Grundsätze der Realpolitik, angewendet auf die staatlichen Zustände Deutschlands, Stuttgart 1853.

Sybel hat diese grundlegende Erkenntnis des bürgerlichen Liberalismus 1864 in seiner Bonner Politik-Vorlesung auf den Satz gebracht: «Der Staat ist die Verwirklichung der Freiheit durch die Macht der Gemeinschaft.»[22]

Zum bekanntesten deutsch-preußischen Professor, der die Macht in den Mittelpunkt seiner Politik-Vorlesung stellte, wurde in der zweiten Hälfte des 19. Jahrhunderts mit Heinrich von Treitschke (1834–1896) ein sächsischer Generalssohn, der die wissenschaftliche Karriere einschlug, weil Taubheit ihn an der angestrebten soldatischen Laufbahn hinderte.[23]

Treitschke ist uns heute noch als kämpferischer Protagonist einer kleindeutsch-borussischen Geschichtsschreibung bekannt. Der Anfang seiner akademischen Karriere lag jedoch in den Staatswissenschaften. Als Jugendlicher verfolgte Treitschke mit großem Engagement Aufbruch und Scheitern der bürgerlichen Revolution von 1848/49. Im April 1851 begann er ein Studium der Geschichts- und Kameralwissenschaften an der Universität Bonn, wo er nicht nur im folgenden Wintersemester die Politik-Vorlesung Dahlmanns besuchte, sondern auch durch dessen Persönlichkeit und Überzeugungstreue tief beeindruckt wurde.[24] Auf Wunsch seines Vaters setzte er zum Wintersemester 1852/53 das Studium der Kameralwissenschaften an der Universität Leipzig fort und promovierte dort 1854 bei Wilhelm Roscher mit einem sehr modern anmutenden Thema über die Arbeitsproduktivität. Fünf Jahre später habilitierte sich Treitschke in Leipzig für das Fach Staatswissenschaft mit einer Schrift über «Die Gesellschaftswissenschaft. Ein kritischer Versuch».[25] Sie beinhaltete eine programmatische Auseinandersetzung mit den von Robert von Mohl,[26] Wilhelm Heinrich Riehl[27] und Lorenz

22 Hartmut Seier: Sybels Vorlesung über Politik und die Kontinuität des «staatsbildenden Liberalismus», in: Historische Zeitschrift 187 (1959), S. 90–112, S. 105.

23 Vgl. neben der psychoanalytisch inspirierten Interpretation von Walter Bußmann: Treitschke. Sein Welt- und Geschichtsbild, Göttingen 1952 die leider nicht ins Deutsche übersetzte Darstellung von Andreas Dorpalen: Heinrich von Treitschke, New Haven 1957 und neuerdings Ulrich Langer: Heinrich von Treitschke. Politische Biographie eines deutschen Nationalisten, Düsseldorf 1998.

24 Dorpalen: Heinrich von Treitschke, S. 12 ff.

25 Heinrich von Treitschke: Die Gesellschaftswissenschaft. Ein kritischer Versuch, Leipzig 1859.

26 Robert [von] Mohl: Gesellschafts-Wissenschaften und Staats-Wissenschaften, in: Zeitschrift für die gesamte Staatswissenschaft 7 (1851), S. 3–71, umgearbeitet und erweitert Robert [von] Mohl: Gesellschafts-Wissenschaften und Staats-Wissenschaften, in: Robert [von] Mohl: Geschichte und Literatur der Staatswissenschaften, Bd. 1, Erlangen 1855, S. 69–110.

27 Wilhelm Heinrich Riehl: Die bürgerliche Gesellschaft, Stuttgart 1851.

von Stein[28] vertretenen Bemühungen, eine gesonderte Gesellschaftswissenschaft, im modernen Sprachgebrauch die Soziologie, zu begründen.[29] Nach Treitschkes von der idealistischen Philosophie Hegels und der aristotelischen Politik-Konzeption seines akademischen Lehrers Dahlmann geprägten Auffassung gab es keine gesonderte Gesellschaft neben dem Staate, und er lehnte daher auch eine von der Staatswissenschaft getrennte Gesellschaftswissenschaft ab. Die von Treitschke vertretene Argumentation trug dazu bei, daß sich im staatsgläubigen Deutschen Kaiserreich von 1871 die Soziologie viel später als in der akademischen Gesellschaft der benachbarten Französischen Republik etablieren konnte, eigentlich erst in der Weimarer Republik zum Durchbruch kam.

Treitschke übernahm 1863 eine Professur für Staatswissenschaft in Freiburg und wurde 1866 nach Kiel, 1867 dann nach Heidelberg berufen. In diesem kämpferischen Jahrzehnt wurde er nicht nur zum politischen Herold der deutschen Reichsgründung, sondern auch zum engagierten Historiographen preußischer Größe auf dem Weg zu Deutschlands Einheit. Treitschke wurde schließlich 1873 an die Berliner Universität berufen und schrieb mit der unvollendeten fünfbändigen «Deutschen Geschichte im 19. Jahrhundert»[30] ein höchst anschauliches und engagiertes Werk über die erste Hälfte des Jahrhunderts. Mit den politischen Schwächen dieser Zeit legitimierte er den Ruf nach der starken Hand in der zweiten Jahrhunderthälfte; dementsprechend populär wurde dieses Werk sowohl im Kaiserreich als auch im Dritten Reich.

Doch auch weiterhin gehörte die Vorlesung über «Politik» zu Treitschkes festem Programm: In Berlin trug er sie über 20 Jahre lang jedes Wintersemester vor. In diesem Kolleg knüpfte Treitschke nicht nur an die ältere Politiklehre in der Tradition von Aristoteles bis Dahlmann an, sondern nahm auch zu tagespolitischen Ereignissen kämpferisch Stellung.[31] Von dieser Vorlesung ließen sich nicht nur Studenten, sondern auch zahlreiche junge Offiziere, Beamte und Industrielle in den Bann schlagen, darunter mit Alfred von Tirpitz auch der spätere Motor der deutschen

[28] Lorenz Stein: Der Socialismus und Communismus des heutigen Frankreichs. Ein Beitrag zur Zeitgeschichte, Leipzig 1842, Kap. 5.

[29] Äußerst differenziert zu dieser Kontroverse: Erich Angermann: Robert von Mohl 1799–1875. Leben und Werk eines altliberalen Staatsgelehrten (= Politica, Bd. 8), Neuwied, Berlin 1962, S. 330–387, zu Treitschke bes.: S. 372 ff.

[30] Heinrich von Treitschke: Deutsche Geschichte im 19. Jahrhundert, Leipzig 1879–1894.

[31] Vgl. Dorpalen: Heinrich von Treitschke, S. 226 ff. und Walter Bußmann: Treitschke als Politiker, in: Historische Zeitschrift 177 (1954), S. 249–279.

Flottenrüstung. Während Dahlmann die künftige akademische und politische Elite zu Füßen gesessen hatte, war es bei Treitschke mehr die gesellschaftliche Elite des Kaiserreiches, der er nationales Selbstbewußtsein predigte. Seine akademischen Fachgenossen hatten eher Vorbehalte gegenüber dem politisierenden Pathos ihres Kollegen.

Von 1871 bis 1884 war Treitschke Mitglied des Deutschen Reichstags, zunächst in der Nationalliberalen Fraktion, nach deren Entfremdung von Reichskanzler Bismarck im Jahr 1879 als unabhängiger Abgeordneter. Der taube Professor folgte den parlamentarischen Beratungen, indem er sich neben die Stenographen setzte. Er wandte sich in seinen Reden leidenschaftlich gegen den Marxismus und die Kathedersozialisten als dessen angebliche Helfershelfer sowie mit kulturpolitischen Argumenten gegen den wachsenden Einfluß des Judentums, worüber er in einen heftigen Antisemitismus-Streit mit dem berühmten Althistoriker Theodor Mommsen geriet.

Heinrich von Treitschke plante, nach Abschluß der «Deutschen Geschichte des 19. Jahrhunderts», seine Vorlesungen über «Politik» als Buch zu veröffentlichen. Nach seinem Tode 1896 hat zwei Jahre später sein Schüler Max Cornelicus die stenographischen Nachschriften dieser Vorlesung veröffentlicht.[32] Auch als Buch fand die «Politik» von Treitschke mit mehreren Auflagen weite Verbreitung unter dem wilhelminischen Bildungsbürgertum.

Heinrich von Treitschkes «Politik» stand auf eigentümliche Weise in der Tradition der älteren Politiklehre und höhlte diese zugleich aus. Mit Aristoteles hielt Treitschke daran fest, daß der Staat uranfänglich sei und nicht aus der Gesellschaft hervorgehe, sondern diese einschließe. Mit Dahlmann konzipierte Treitschke den Staat als ein geschichtliches Phänomen und sah im historischen Zugang den wichtigsten Ansatz der Staatswissenschaft. Dabei verstand Treitschke aber den Staat als Verkörperung der Macht: «die Macht ist das Prinzip des Staates».[33] Schon 1864 hatte Treitschke in seinem Aufsatz über «Bundesstaat und Einheitsstaat» definiert, «daß das Wesen des Staates zum Ersten Macht, zum Zweiten Macht und zum Dritten Macht ist».[34] Mit Hegel glorifizierte Treitschke den Staat als die Verkörperung der sittlichen Idee, stellte ihn gleichzeitig

32 Heinrich von Treitschke: Politik. Vorlesungen gehalten an der Universität zu Berlin, hrsg. von Max Cornicelius, 2 Bde., Leipzig ^{2}1899–1900. Vgl. Langer: Heinrich von Treitschke, S. 341–357.

33 Treitschke: Politik, Bd. 1, S. 33.

34 Heinrich von Treitschke: Bundesstaat und Einheitsstaat (1864), in: Heinrich von Treitschke: Historische und politische Aufsätze. Bd. 2: Die Einheitsbestrebungen zertheilter Völker, Leipzig ^{5}1886, S. 77–241, dort: S. 152.

über das für den Einzelnen geltende Sittengesetz und ging ganz im Gegensatz zur politiktheoretischen Auffassung und zum praktischen Verhalten Dahlmanns von einer gesonderten und übergeordneten Staatsmoral aus. Diese beinhaltete seiner Auffassung nach als Minimum das Recht des Volkes auf staatliche Existenz und als Maximum das Recht auf staatliche Größe. Der leidenschaftliche Anhänger deutscher Einheit unter preußischer Hegemonie sprach den deutschen und europäischen Kleinstaaten die Existenzberechtigung ab. Der Bewunderer der deutschen Reichseinigung durch «Blut und Eisen» (Otto von Bismarck) stilisierte Kriege zu inneren Instrumenten der Läuterung einer Nation und zu außenpolitischen Mitteln der Durchsetzung geopolitischer Ansprüche der auserwählten Nationalstaaten. Daher war er auch ein entschiedener Befürworter der kolonialen Ambitionen des Deutschen Reiches und sprach sich für die Beherrschung der Erde durch die «weiße Rasse» aus.

Innenpolitisch plädierte Treitschke für die deutsche Konzeption der konstitutionellen Monarchie als der Verfassungsordnung eines starken Staates, welcher auf den Grundpfeilern von Königtum, Aristokratie, Heer und Bürokratie ruhen sollte. Parlamente und insbesondere der Reichstag galten Treitschke, obwohl er diesem 13 Jahre lang als Mitglied angehört hatte, als «Schwatzbuden», wodurch er in vielem die ätzende Parlamentarismuskritik der Weimarer Republik vorwegnahm. Er ging zwar auf die politischen Verfassungsordnungen der übrigen europäischen Staaten und der USA ein, doch bezweckte er damit nicht den nüchternen Vergleich, sondern die kontrastive Gegenüberstellung vom hochgelobten deutschen Modell und den verweichlichten westlichen Demokratien. So beinhalteten seine Politik-Vorlesungen eine Glorifizierung des Wilhelminischen Kaiserreiches. Treitschke verbrämte seine politischen Bekenntnisse mit idealistischem Dekor in der Tradition Hegels und mit Überzeugungspathos im Gefolge Dahlmanns, aber letzten Endes beruhten sie auf politischem Dezisionismus, nicht auf einer nüchternen Analyse und einem skrupelhaften Abwägen, wie sie noch seinen Lehrer Dahlmann ausgezeichnet hatten.[35]

Obwohl Heinrich von Treitschke an die ältere Politiklehre anknüpfte, führte er doch mit diesen Inhalten die universitäre Tradition des Faches in Deutschland einem Ende zu. Seiner Auffassung zufolge stand die aka-

[35] Aufschlußreich für das Verhältnis des Schülers zum Lehrer sind Treitschkes Nachrufe und Würdigungen Dahlmanns, siehe Bußmann: Treitschke, S. 34 ff. und mein Nachwort in der Neuausgabe von Friedrich Christoph Dahlmann: Die Politik auf den Grund und das Maß der gegebenen Zustände zurückgeführt, hrsg. von Wilhelm Bleek (= Bibliothek des Deutschen Staatsdenkens, Bd. 7), Frankfurt/Main 1997, S. 311 f.

demische Lehre der Politik nicht mehr über oder neben der praktischen Politik, sondern unter der Staatskunst der großen Männer. Sie konnte und durfte deren Wirken nicht analysieren und möglicherweise kritisieren, sondern nur noch rechtfertigen und glorifizieren. Eine so verstandene Politiklehre gab ihren wissenschaftlichen Anspruch auf und verzichtete à la longue auf ihre akademische Existenzberechtigung.

Johann Caspar Bluntschli, Heinrich von Treitschke und viele andere Politiklehrer des 19. Jahrhunderts leiteten ihre einschlägigen Vorlesungen und Veröffentlichungen mit der Definition ein: «Politik ist Staatskunst». Sie knüpften damit an die klassische Herkunft der Politiklehre aus den artes liberales an. Doch während früher die freien Künste identisch mit den Universitätswissenschaften waren, drifteten gegen Ende des 19. Jahrhunderts – parallel zur wachsenden Kluft zwischen staatsmännischer Politikpraxis und akademischer Politiktheorie – Wissenschafts- und Kunstbegriff vor allem auf den Gebieten von Politik und Staat auseinander. Wissenschaft bedeutete jetzt die Erforschung eines Gegenstandes durch die beharrliche Arbeit der Gelehrten, während man zur Kunst begnadet sein mußte. Die Lehre der Politik fiel zwischen diesen beiden Polen hindurch, sie entsprach weder dem modernen empirisch-naturgesetzlichen Wissenschaftsbegriff noch dem staatsmännischen Verständnis großer Politik. Staatskunst als das Umgehen mit inneren und vor allem äußeren Machtverhältnissen, wie es Droysen exemplarisch definiert und Bismarck vorgeführt hatte, galt am Ende des 19. Jahrhunderts in Deutschland weitgehend nicht mehr als legitimer Gegenstand akademischer Forschung und Lehre.

Otto von Bismarcks Vorbehalte gegenüber Universitäten, Wissenschaften und Professoren spiegelten seinen eigenen Studien- und Ausbildungsgang wider.[36] «Als normales Produkt unsres staatlichen Unterrichts», wie er im oft zitierten ironischen ersten Satz seiner «Gedanken und Erinnerungen» später formulierte, hatte er nach Absolvierung der Schule auf Wunsch seiner Mutter die höhere Verwaltungslaufbahn oder eine diplomatische Karriere angestrebt. Er schrieb sich daher zum Sommersemester 1832 an der Universität Göttingen in den Rechts- und Staatswissenschaften ein. Doch schwänzte er die meisten Vorlesungen, lediglich die

[36] Vgl. Lothar Gall: Bismarck. Der weiße Revolutionär, Frankfurt/Main, Berlin, Wien 1980, S. 31 ff., während Ernst Engelberg: Bismarck. Urpreuße und Reichsgründer, Berlin 1985, S. 116 ff. weniger ertragreich ist. Charakteristisch ist auch, wie wenig autobiographische Bedeutung Bismarck seiner Universitätszeit zumißt: Otto von Bismarck: Gedanken und Erinnerungen. Die drei Bände in einem Bande, Stuttgart, Berlin 1928, S. 39 f.

Kollegs des Historikers und Staatenkundlers Arnold Heeren nahmen ihn in den Bann. Die Vorlesungen Dahlmanns hat Bismarck allerdings nicht aus Ignoranz versäumt, wie gelegentlich vermutet wird; dieser war vielmehr während Bismarcks Göttinger Zeit in Hannover mit der Ausarbeitung der Landesverfassung beschäftigt. Statt des Studiums genoß Bismarck in Göttingen als Mitglied einer schlagenden Landsmannschaft das gesellige Leben und vor allem die Mensuren. Auch nachdem er im Herbst 1833 nach Berlin überwechselte, bekam der junge Aristokrat vom wissenschaftlichen Renommee dieser Universität nichts mit. Die übliche Nachhilfe beim Repetitor ließ ihn dennoch 1835/36 das erste und zweite Staatsexamen bestehen, und er quälte sich auch durch die praktischen Vorbereitungszeiten als Auskultator und Regierungsrefendar. Doch nach dem frühen Tod der Mutter tat sich Bismarck diese Last nicht mehr an, bat 1839 um die Entlassung aus dem Staatsdienst und übernahm in den Fußstapfen des Vaters die Verwaltung der pommerschen Güter der Familie. Erst zehn Jahre später, zum Ausgang der Vormärzzeit, führten das Amt eines ritterschaftlichen Abgeordneten in der ständischen Vertretungskörperschaft der Provinz und die Gesinnungsgenossenschaft in einem streng konservativen Kreis ostelbischer Adliger Bismarck in das öffentliche Leben zurück. Seiner vor allem gesellschaftlich motivierten Abneigung gegenüber Universitäten und Professoren gab der inzwischen zum Staatsmann gewordene Junker 1868 gegenüber dem alten Göttinger Studienfreund Alexander Keyserling Ausdruck, als er über die akademischen Institutionen spottete, sie «seien nur da für die Professoren, die bei einem ziemlich kleinen lächerlichen Familienleben eine wissenschaftliche Gemeinschaft bilden und einen Lebensunterhalt haben, um ihre Bücher zu schreiben».[37]

Während die preußischen Staatsmänner zu Beginn des 19. Jahrhunderts durch ihre Universitätsstudien zu ihren Reformbemühungen inspiriert wurden und sich zur Notwendigkeit akademischer Bildung bekannten, hatte Otto von Bismarck schon früh zu erkennen gegeben, wie wenig er von Universität und Wissenschaft im allgemeinen und akademischer Lehre von Staat und Politik im Besonderen hielt. Zum Politiker und Staatsmann wurde man nach Auffassung Bismarcks und seiner Verehrer geboren, nicht gebildet: Dieses Vorurteil hat sich in Deutschland bis in die Gegenwart gehalten. Daß die Politikwissenschaft in einem solchen Meinungsklima nicht sonderlich reüssieren konnte, liegt auf der Hand.

[37] Zit. von Erich Eyck: Bismarck, Bd. 1, Erlenbach, Zürich 1941, S. 23.

c) Deutsche Nachfahren

Die Politikwissenschaft in Deutschland lebte auf vielfältige Weise in anderen Fächern fort. Zu diesen gehörten neben der Geschichtswissenschaft und der Nationalökonomie vor allem die Wissenschaften vom Öffentlichen Recht, das Staats- und das Verwaltungsrecht.[38] Während sich an den älteren Universitäten des Mittelalters die Rechtswissenschaften auf das kanonische, das heißt kirchliche Recht und auf das sogenannte Pandektenrecht als zivilrechtliche Rezeption des Römischen Rechtes beschränkten und die Erörterung des politischen Gemeinwesens sowie seiner Herrschaftsordnung der Lehre der Politik als Teil der allgemeinbildenden Artistenstudien überließen, kam es im 17. Jahrhundert zur Etablierung des Öffentlichen Rechts (jus publicum universale) an den Juristischen Fakultäten. Ausschlaggebend war dabei, wie Michael Stolleis in seiner interdisziplinären und minutiösen Wissenschaftsgeschichte des Faches aufgezeigt hat, nicht nur der durch die Religionskrisen forcierte Prozeß der Säkularisierung, sondern auch der Siegeszug der modernen Natur- und Vernunftsrechtsbewegung im Gefolge der Aufklärung.[39] Es war ein wissenschaftsgeschichtliches Schwellenjahr, als 1661 Samuel Pufendorf (1632–1694) an der Universität Heidelberg das erste deutsche Ordinariat für Naturrecht und damit den deutschen Gründungslehrstuhl für die akademische Disziplin des Öffentlichen Rechts erhielt, allerdings entgegen seinem eigenen Wunsch nicht in der Juristischen, sondern der Philosophischen Fakultät. Die Zusatzwidmung dieses Lehrstuhls «und Politik» weist darauf hin, in welchem Maße Pufendorf und seine Mitstreiter und Schüler Christian Thomasius (1655–1728) und Christian Wolff (1679–1754) nicht nur den modernen Entwicklungen des auf Vernunft beruhenden Öffentlichen Rechts den Weg bahnten, sondern gleichzeitig auch noch in der Tradition der älteren Politiklehre von der guten Ordnung des Gemeinwesens standen. Die universitären Lehren vom Öffentlichen Recht und von der Politik waren im ganzen 18. Jahrhundert, besonders prägnant an der Universität Göttingen, miteinander verknüpft.

Auch in den ersten beiden Dritteln des 19. Jahrhunderts war der Übergang zwischen den akademischen Fächern der Politik, der Allgemeinen

[38] Vgl. die anregende Studie über die Entwicklung der Staats- und Sozialwissenschaften in der zweiten Hälfte des 19. Jahrhunderts: Pierangelo Schiera: Laboratorium der bürgerlichen Welt. Deutsche Wissenschaft im 19. Jahrhundert, Frankfurt/Main 1992.

[39] Stolleis: Geschichte, Bd. 1.

Staatslehre und des Allgemeinen Staatsrechts noch fließend, und insbesondere an den südwestdeutschen Universitäten wurden diese als synonyme und austauschbare Vorlesungen verstanden.[40] Darin schlugen sich die politischen Zeitumstände der Jahrzehnte vor und teilweise auch nach der bürgerlichen Revolution von 1848/49 nieder, gab es doch kein kodifiziertes Verfassungsrecht oder nur sehr restaurative staatsrechtliche Ordnungen. Die zumeist liberal-konstitutionell eingestellten Öffentlichrechtler der Zeit ließen sich daher nicht auf die bloße juristische Interpretation der vorfindbaren Gesetze ein, sondern konzipierten im Rückgriff auf naturrechtliche und rechtsphilosophische Überlegungen verfassungs- und staatsrechtliche Reformvorstellungen, welche sie 1848/49 durchzusetzen versuchten, wenn auch weitgehend ohne Erfolg.

Doch die Gründung des Deutschen Reiches von 1871 und die mit ihr einhergehenden Rechtskodifikationen bewirkten ein Zurücktreten dieser reformpolitischen Motivation der Rechtswissenschaft zugunsten der formaljuristischen Interpretation des positiven, das heißt gesetzten Rechtes.[41] In den Disziplinen des Öffentlichen Rechts war diese Durchsetzung einer streng auf juristische Schlüssigkeit abstellenden Methode eng verbunden mit den Namen Carl Friedrich von Gerbers und Paul Labands. Allgemeine philosophische, historische und politische Erwägungen in der Wissenschaft vom Öffentlichen Recht wurden nun mit Gerber als unwissenschaftliches «Vorspiel im philosophischen Himmel» abgetan.[42] Nach Laband galt es, die vormärzlichen Verhältnisse umzudrehen: «Damals trat die Wissenschaft der Politik als die herrschende und maßgebende hervor und drängte die des Staatsrechts in den Hintergrund.»[43] Nun sollte in der zweiten Hälfte des 19. Jahrhunderts das besondere Staats- und Verwaltungsrecht des Deutschen Reiches und seiner Einzel-

[40] Vgl. neben Stolleis: Geschichte, Bd. 2, bes.: Kap. 3 u. 10 auch Manfred Friedrich: Geschichte der deutschen Staatsrechtswissenschaft (= Schriften zur Verfassungsgeschichte, Bd. 50), Berlin 1997.

[41] Vgl. Peter von Oertzen: Die soziale Funktion des staatsrechtlichen Positivismus: eine wissenssoziologische Studie über die Entstehung des formalistischen Positivismus in der deutschen Staatsrechtswissenschaft, Diss. Göttingen 1953 [Buchausgabe: Frankfurt/Main 1974] und Peter von Oertzen: Die Bedeutung C. F. von Gerbers für die deutsche Staatsrechtslehre, in: Konrad Hesse/Siegfried Reicke/Ulrich Scheuner (Hrsg.): Staatsverfassung und Kirchenordnung. Festgabe für Rudolf Smend, Tübingen 1962, S. 183–208.

[42] Carl Friedrich von Gerber: Grundzüge eines Systems des deutschen Staatsrechts, Leipzig 1865, S. 230.

[43] Zitiert nach Hermann Rehm: Geschichte der Staatsrechtswissenschaft, Freiburg/Breisgau 1896, S. 260.

staaten in den Vordergrund rücken. Das Allgemeine Staatsrecht und die Allgemeine Staatslehre mit ihren Bemühungen um die zugrundeliegenden zentralen Begriffe von Staat, Gesetz und Verordnung wurden zu Hilfswissenschaften des Öffentlichen Rechts, und die Lehre der «Politik» wurde, wenn nicht mit «Allgemeiner Staatslehre» gleichgesetzt, den politisierenden Kollegen in anderen Fakultäten überlassen.

Doch aufgrund der Erfahrung gesellschaftlicher Veränderungen durch das Industriezeitalter und unter dem Eindruck der aufkommenden Soziologie wurde auch den Wissenschaftlern vom Öffentlichen Recht in Deutschland an der Wende vom 19. zum 20. Jahrhundert bewußt, daß sie nicht einfach, wie die Anhänger des Rechtspositivismus, Rechtsnormen und politisch-gesellschaftliche Wirklichkeit gleichsetzen konnten. Vor allem Georg Jellinek (1851–1911) unternahm in seiner «Allgemeinen Staatslehre» den Versuch einer Synthese von rechts- und sozialwissenschaftlicher Betrachtungsweise des Staates und knüpfte dabei an die ihm noch bewußte Tradition der älteren Politiklehre an. Jellinek, Sohn eines jüdischen Reformrabbiners in Wien, hatte während seiner breiten philosophischen, historischen und juristischen Bildungsstudien in Heidelberg bei Bluntschli unter anderem dessen Vorlesung über «Politik» und in Leipzig bei Roscher dessen Kolleg über die «Naturlehre des Staates» gehört, das er später nach seiner Veröffentlichung als zu antiquiert für das Verständnis der modernen Staatswirklichkeit rezensierte, weil es die aristotelische Staatsformenlehre zugrunde gelegt hatte.[44] 1872 promovierte Jellinek in Leipzig mit einer philosophischen Arbeit über Leibniz und Schopenhauer zum Dr. phil. und 1874 in Wien mit einer rechtsphilosophischen Schrift über die sozialethische Bedeutung von Recht, Unrecht und Strafe zum Dr. jur.[45] Da der Einfluß klerikaler und antisemitischer Kreise in Österreich seine akademische Karriere behinderte, übernahm der hochbegabte liberale Rechtswissenschaftler 1889 eine Professur in Basel und im Jahr darauf in der Juristischen Fakultät der Heidelberger Universität jenen Lehrstuhl, den zuvor Robert von Mohl und Johann Caspar

[44] Georg Jellinek: Eine Naturlehre des Staates [1893], in: Georg Jellinek: Ausgewählte Schriften und Reden, Bd. 2, Berlin 1911, S. 320–329.

[45] Vgl. sein Lebensbild, entworfen von seiner Witwe Camilla Jellinek, in: Georg Jellinek (Hrsg.): Ausgewählte Schriften und Reden, 2 Bde., Berlin 1911, hier: Bd. 1, S. 5–140 und Martin J. Sattler: Georg Jellinek (1851–1911). Ein Leben für das öffentliche Recht, in: Helmut Heinrichs/Harald Franzki/Klaus Schmalz et al. (Hrsg.): Deutsche Juristen jüdischer Herkunft, München 1993, S. 355–368 sowie Klaus Kempter: Die Jellineks 1820–1955. Eine familienbiographische Studie zum deutsch-jüdischen Bildungsbürgertum (= Schriften des Bundesarchivs, Bd. 52), Düsseldorf 1998.

Bluntschli innegehabt hatten. Dort lehrte Jellinek nicht nur über Öffentliches Recht, sondern auch in jedem Sommer alternierend über «Allgemeine Staatslehre» und «Politik des modernen Staates». Als Professor für Staatsrecht, Völkerrecht und Politik war Jellinek eng mit den Philosophen Windelband und Troeltsch sowie mit Max Weber befreundet.

Jellinek knüpfte an die Lehren der älteren Politikwissenschaft an, indem er sich nicht nur auf internationale Klassiker wie Aristoteles, Hobbes, Locke, Montesquieu und Rousseau, sondern auch auf deutsche Politiklehrer wie Althusius, Justi, Schleiermacher, Dahlmann und Mohl bezog. Er versuchte auch in Deutschland, von der amerikanischen Political Science inspiriert, die «wissenschaftliche Politik» als eine Analyse des modernen Staates wiederzubeleben.[46] In seiner 1900 erstmals erschienenen «Allgemeinen Staatslehre» beschränkte sich Jellinek nicht auf eine «Allgemeine Staatsrechtslehre», sondern stellte gleichberechtigt daneben eine «allgemeine Soziallehre des Staates», in welcher er auf die politischen, gesellschaftlichen und wirtschaftlichen Aspekte der öffentlichen Ordnung einging.[47] Die «wissenschaftliche Politik» verstand er als angewandte Staatswissenschaft und Kunstlehre, die «allgemeine Staatslehre» hingegen als theoretische Staatswissenschaft. Obwohl Jellineks Denken und Werk durch eine starke Dichotomie von Norm und Wirklichkeit, von Recht und Politik geprägt war, wurde er doch beiden Sphären gerecht und hat zum Beispiel mit dem Begriff der «normativen Kraft des Faktischen» eine klassische Formel für ihr Wechselverhältnis geprägt. Jellineks politikwissenschaftliche Terminologie von Staat, Staatszweck, Macht, Herrschaft und Ordnung hat Max Webers staatssoziologische Begriffe stark beeinflußt.[48]

In dieser von Georg Jellinek geprägten Tradition ist die Allgemeine Staatslehre im 20. Jahrhundert in Deutschland zum festen Bestandteil der rechtswissenschaftlichen Veröffentlichungen, weniger des juristischen Studiums geworden. Dabei haben allerdings seine Nachfolger, von Ausnahmen wie Fritz Stier-Somlo abgesehen,[49] den sozialwissenschaftlichen Teil seines Programms weitgehend vernachlässigt und waren sich meist nicht bewußt, daß sie in der wissenschaftsgeschichtlichen Tradition der

[46] Vgl. Andreas Anter: Georg Jellineks wissenschaftliche Politik. Positionen, Kontexte, Wirkungslinien, in: Politische Vierteljahresschrift 39 (1998), S. 503–526.

[47] Georg Jellinek: Allgemeine Staatslehre, Berlin 1900.

[48] Vgl. Gangolf Hübinger: Staatstheorie und Politik als Wissenschaft im Kaiserreich. Georg Jellinek, Otto Hintze, Max Weber, in: Hans Maier et al. (Hrsg.): Politik, Philosophie, Praxis. Festschrift für Wilhelm Hennis, Stuttgart 1988, S. 143–160.

[49] Fritz Stier-Somlo: Politik (= Wissenschaft und Bildung, Bd. 4), Leipzig 1907; Fritz Stier-Somlo: Grund- und Zukunftsfragen deutscher Politik, Bonn 1917.

älteren Politiklehre stehen. So hat auch Roman Herzog 1971, lange bevor er Präsident des Bundesverfassungsgerichts und dann Bundespräsident wurde, eine «Allgemeine Staatslehre» vorgelegt. Der junge Berliner Staatsrechtsprofessor wußte aufgrund seines Lehrstuhls am Otto-Suhr-Institut und der Schriften von Hans Maier um die wissenschaftsgeschichtlichen Verknüpfungen zwischen Staatslehre und Politikwissenschaft, doch kam er in einem ausführlichen Abschnitt über das Verhältnis der beiden Disziplinen zu der für das Weltbild von Juristen charakteristischen Unterscheidung, daß die Staatslehre mit der Rechtsdogmatik über eine detailliertere und exaktere Erfahrungsgrundlage als die erst am Anfang ihrer empirischen Arbeit stehende Politikwissenschaft verfüge.[50] Während der Jurist Roman Herzog auch später die Erkenntnisse der Politikwissenschaft rezipierte, führen heute noch zahlreiche öffentlich-rechtliche Lehrstühle, insbesondere in Bayern, das zusätzliche Etikett «Politik», ohne daß ihre Inhaber es notwendigerweise ausfüllen.

Während gegen Ende des 19. Jahrhunderts das juristische Fach der Allgemeinen Staatslehre die ältere Lehre der Politik im Singular beerbte, knüpfte die sich im gleichen Zeitraum etablierende Verwaltungsrechtswissenschaft an die Politischen Wissenschaften oder Staatswissenschaften im Plural an.[51] Charakteristisch für diese Entwicklungslinie war die Nachfolge Friedrich Lists und Robert von Mohls auf dem Tübinger Gründungslehrstuhl für «Polizei- und Staatswissenschaft, Kameralrecht und Amtspraxis».[52] Nach Mohls Zwangsversetzung wurde 1849 Johann Helferich (1817–1892) berufen, und nach dessen Fortgang nach Göttingen übernahm 1860 Albert Schaffle den zentralen Lehrstuhl der traditionsreichen Staatswirtschaftlichen Fakultät. Beide lasen auch über «Enzyklopädie der Staatswissenschaften» und «Politik».

Albert Schäffle (1831–1903) konnte einen außergewöhnlichen akademischen, beruflichen sowie politischen Lebensweg und eine nahezu enzyklopädische Breite an staats- und gesellschaftswissenschaftlichen Interessen vorweisen, die ihn zum würdigen Nachfolger Mohls und zu einem

50 Roman Herzog: Allgemeine Staatslehre, Frankfurt/Main 1971, S. 32.

51 Zur Entstehung der Verwaltungsrechtswissenschaft vgl. Stolleis: Geschichte, Bd. 2, Kap. 5 u. 9, Schiera: Laboratorium, S. 127 ff. und die ältere Arbeit von Peter Badura: Das Verwaltungsrecht des liberalen Rechtsstaates. Methodische Überlegung zur Entstehung des wissenschaftlichen Verwaltungsrechts (= Göttinger Rechtswissenschaftliche Studien, Bd. 66), Göttingen 1967.

52 Zum folgenden Karl Erich Born: Geschichte der Wirtschaftswissenschaften an der Universität Tübingen 1817–1967. Staatswirtschaftliche Fakultät – Staatswissenschaftliche Fakultät – Wirtschaftswissenschaftliche Abteilung der Rechts- und Wirtschaftswissenschaftlichen Fakultät, Tübingen 1967.

der interessantesten deutschen Gelehrten der zweiten Hälfte des 19. Jahrhunderts machten.[53] Der gebürtige Schwabe hatte als Achtzehnjähriger am badischen Aufstand radikaler Demokraten im Mai 1849 teilgenommen, war danach als Redakteur des «Schwäbischen Merkur» tätig und studierte gleichzeitig Staatswissenschaften in Tübingen. Nach seinem Ruf auf den Tübinger Lehrstuhl gab Schäffle auch für drei Jahrzehnte die «Zeitschrift für die gesamte Staatswissenschaft» heraus und gehörte 1861–65 dem württembergischen Landtag sowie 1868 dem vom Norddeutschen Bund und den süddeutschen Staaten vereinbarten Zollparlament in Berlin an. Schäffle stand der liberal-kapitalistischen Wirtschaftsordnung sehr kritisch gegenüber und hielt den Sozialismus für unausweichlich, lehnte aber den Marxismus ab und engagierte sich später für die Bismarcksche Sozialpolitik. Vor allem wurde er mit seinem Hauptwerk «Bau und Leben des socialen Körpers. Entwurf einer realen Anatomie, Physiologie, Psychologie der menschlichen Gesellschaft mit besonderer Rücksicht auf die Volkswirtschaft als sozialem Stoffwechsel»,[54] in welchem er eine ganzheitliche Konzeption der Gesellschaft entwickelte, zu einem der ersten deutschen Soziologen. In einem programmatischen Aufsatz in der «Zeitschrift für die gesamte Staatswissenschaft» definierte Schäffle im Jahr 1897 den «wissenschaftlichen Begriff der Politik» in Anknüpfung an die ältere aristotelische Begriffstradition als «Staatskunstlehre» und unter Aufnahme der zeitgenössischen Diskussion in der entstehenden Soziologie als «schöpferische Seite der Staatstätigkeit».[55] Nach Schäffles Weggang übernahm 1872 Ludwig Jolly den Tübinger Lehrstuhl als Ordinariat für Verwaltungsrecht, Polizeiwissenschaft und Politik, doch in der Folgezeit wurde daraus eine rein verwaltungsrechtliche Professur.

Wie die akademischen Gebiete der Verfassungslehre und des Verfassungsrechts machten auch die Verwaltungslehre und das Verwaltungsrecht im letzten Drittel des 19. Jahrhunderts einen Prozeß der Entpolitisierung und Juridifizierung durch, denen die Politischen Wissenschaften

[53] Vgl. Albert Eberhard Friedrich Schäffle: Aus meinem Leben, 2 Bde., Berlin 1905. Zu Schäffles Politik-Vorlesung siehe dort: Bd. 1, S. 82 f.

[54] Albert Eberhard Friedrich Schäffle: Bau und Leben des socialen Körpers. Entwurf einer realen Anatomie, Physiologie, Psychologie der menschlichen Gesellschaft mit besonderer Rücksicht auf die Volkswirtschaft als sozialem Stoffwechsel, 4 Bde., Tübingen 1875–1878. Vgl. auch Albert Eberhard Friedrich Schäffle: Abriß der Soziologie, Tübingen 1906.

[55] Albert Eberhard Friedrich Schäffle: Über den wissenschaftlichen Begriff der Politik, in: Zeitschrift für die gesamte Staatswissenschaft 53 (1897), S. 579–600.

und insbesondere die Policeywissenschaft zum Opfer fielen. Unter dem doppelten Einfluß des Rückzugs des liberalen Bürgertums auf rechtsstaatliche statt politischer Reformen zum einen und des Siegeszugs des positivistischen Wissenschaftsideals zum anderen etablierte sich eine formaljuristische Verwaltungsrechtswissenschaft, die in dem 1895/96 von Otto Mayer veröffentlichten «Deutschen Verwaltungsrecht»[56] ihren ersten Höhepunkt erlebte. Politische und praktische Aspekte des Verwaltungshandels wurden nun als unwissenschaftlich ausgeblendet, lediglich die rechtsförmigen Gesichtspunkte wurden berücksichtigt. Diese Dominanz des rechtswissenschaftlichen Ansatzes in der Verwaltungswissenschaft war eng verknüpft mit der endgültigen Durchsetzung des Juristenmonopols für den höheren Verwaltungsdienst, so daß verwaltungsspezifische Kenntnisse erst im praktischen Vorbereitungsdienst vermittelt wurden. Dadurch wurden die Staatswissenschaften im älteren Verständnis und die Sozialwissenschaften im modernen Sinne für diese Berufsausbildung überflüssig.[57] In der Bundesrepublik kann man erst seit den sechziger Jahren des 20. Jahrhunderts von nennenswerten Ansätzen einer Verwaltungssoziologie und -politologie sprechen.[58]

Lorenz von Stein (1815–1890) hat diese Entwicklung aufzuhalten und umzukehren gesucht. Nach seiner Entlassung von der Universität Kiel durch die dänische Regierung erhielt Stein 1855 eine Professur für Politische Ökonomie in Wien und konnte dort seine umfangreiche staatswissenschaftliche Lehr- und Publikationstätigkeit fortsetzen. In seiner vielbändigen «Verwaltungslehre» (1865–68) suchte Lorenz von Stein in der Tradition der Policey- und Kameralwissenschaften des 17. und 18. Jahrhunderts nochmals alle Gebiete und Aspekte der staatlichen Verwaltungstätigkeit in Hegelscher Tradition zu synthetisieren und auf den Begriff zu bringen.[59] Doch letzten Endes mußte auch dieser Versuch der Bewahrung der Einheit der Staatswissenschaften[60] in einer Zeit der Ausdifferenzierung und Juridifizierung dieser Fächer scheitern.

Immerhin hielt Österreich-Ungarn unter dem Einfluß Lorenz von Steins länger als das von preußischen Konzeptionen dominierte Deut-

56 Otto Mayer: Deutsches Verwaltungsrecht (= Systematisches Handbuch der deutschen Rechtswissenschaft, Abt. 6, Bd. 1–2), Leipzig 1895–1896.

57 Vgl. Bleek: Kameralausbildung, bes.: Kap. 6.

58 Vgl. Joachim Jens Hesse (Hrsg.): Politikwissenschaft und Verwaltungswissenschaft (= Politische Vierteljahresschrift – Sonderheft, Bd. 13), Opladen 1982.

59 Lorenz von Stein: Die Verwaltungslehre in 8 Theilen, Stuttgart 1866–1884.

60 Vgl. auch die Programmschrift: Lorenz von Stein: Gegenwart und Zukunft der Rechts- und Staatswissenschaften Deutschlands, Stuttgart 1876.

sche Reich an einer gleichgewichtigen rechts- und staatswissenschaftlichen Vorbildung zum höheren Staatsdienst fest. Doch gegen Anfang des 20. Jahrhunderts setzte sich auch im Habsburger Reich das Juristenprivileg durch. Auf dem Gebiet der Politiklehre und der Politischen Wissenschaften ist die Entwicklung in Österreich generell ganz ähnlich wie in Deutschland verlaufen. Noch heute besteht zwischen den deutschen und österreichischen Universitäten wie auch den deutschsprachigen Hochschulen in der Schweiz ein enger Austausch von Gedanken und Personen. Die Politikwissenschaft ist an den Hochschulen in Österreich[61] und der Schweiz[62] nach dem Zweiten Weltkrieg nach bundesdeutschem Vorbild etabliert worden, obwohl dieser Zusammenhang aus Gründen nationaler Sensibilitäten meist nicht offen ausgesprochen wird.

Mit der Entwicklung der eigenständigen Wissenschaften vom Öffentlichen Recht aus dem Schoße der Politiklehre hing auch die Entstehung und Etablierung der Geschichtswissenschaft als der zweiten großen Nachbar-, Konkurrenz- und schließlich Nachfolgedisziplin der älteren Politikwissenschaft zusammen.[63] Vor allem unter dem Einfluß des Helmstedter Polyhistors Herrmann Conring[64] wandte sich im 17. Jahrhundert die in Anlehnung an die aristotelische Politiklehre entstehende Wissenschaft vom Reichsrecht (Reichspublizistik) der Reichsgeschichte als der eigentlichen Grundlage und Erklärung der Reichsverfassung und insbesondere der Erforschung von historischen Urkunden als dem Ausgangspunkt rechtswissenschaftlichen Bemühens zu. Auf diesen Anfängen der historischen Analyse als einer juristischen Hilfswissenschaft aufbauend, wurde dann sukzessive seit der Mitte des 18. Jahrhundert die Geschichtswissenschaft als eine selbständige, methodenbewußte und professionalisierte Disziplin an den deutschen Universitäten etabliert, wobei Göttin-

[61] Vgl. Anton Pelinka: Die Politikwissenschaft in Österreich, in: Hans J. Lietzmann/Wilhelm Bleek (Hrsg.): Politikwissenschaft. Geschichte und Entwicklung, München, Wien 1996, S. 132–144.

[62] Vgl. Wolf Lindner: Entwicklungen der Politikwissenschaft in der Schweiz, in: Hans J. Lietzmann/Wilhelm Bleek (Hrsg.): Politikwissenschaft. Geschichte und Entwicklung, München, Wien 1996, S. 145–170.

[63] Vgl. insbesondere Notker Hammerstein: Jus und Historie. Ein Beitrag zur Geschichte des historischen Denkens an deutschen Universitäten im späten 17. und 18. Jahrhundert, Göttingen 1972. Merkwürdigerweise gibt es keine Gesamtdarstellung zur Geschichte der Geschichtswissenschaft als einer akademischen Disziplin in Deutschland.

[64] Hermann Conring: Der Ursprung des deutschen Rechts, hrsg. von Michael Stolleis (= Bibliothek des deutschen Staatsdenkens, Bd. 3), Frankfurt/Main, Leipzig 1994.

gen mit seiner Verknüpfung von Staatenkunde, Staatsrecht und Staatengeschichte sowie seinen prominenten Universitätslehrern in dieser staatswissenschaftlichen Fächerkonglomeration (Achenwall, Gatterer, Pütter, Schlözer und Heeren) eine Vorreiterrolle zukam.[65] Schließlich wurde die Geschichtswissenschaft in der ersten Hälfte des 19. Jahrhunderts aufgrund ihrer methodologischen Ausgestaltung als einer Disziplin der kritischen Quellenanalyse und der allgemeinen Historisierung aller Geisteswissenschaften zu einer Leitwissenschaft an den durch die preußische Reform neugestalteten universitären Stätten der Forschung und Lehre in Deutschland.[66]

Bei diesem Siegeszug überflügelte die Geschichtswissenschaft bald ihre Herkunftsdisziplin der älteren Lehre von der Politik. Im 19. Jahrhundert bestanden an den norddeutschen und insbesondere preußischen Universitäten zahlreiche Doppellehrstühle für Geschichte und Politik sowohl im Singular als Verfassungslehre als auch im Plural als Staatswissenschaften. Sie wurden in der zweiten Jahrhunderthälfte zumeist mit Repräsentanten der akademischen Schule der «politischen Historiker» wie Johann Gustav Droysen, Heinrich von Sybel, Heinrich von Treitschke und Georg Waitz besetzt, deren wissenschaftliches Hauptinteresse an der Geschichte innerer Staatsbildungsprozesse und äußerer Beziehungen von Nationalstaaten maßgeblich durch den preußisch-deutschen Einigungsprozeß motiviert war. Von ihrem akademischen Vater Leopold von Ranke unterschieden sie sich durch ihr ausgeprägtes Engagement in der praktischen Politik. Gegen Ende des Jahrhunderts trat die nachfolgende Generation politischer Historiker aber kaum mehr als Hochschullehrer der Geschichte und der Politik, sondern nur noch als politisierende Gelehrte auf.[67]

Das völlige Aufgehen der Politiklehre in den Geschichtsprofessuren wurde sehr deutlich bei der Wiederbesetzung der traditionsreichen Doppellehrstühle in Berlin, Bonn und Göttingen. In der Reichshauptstadt

[65] Vgl. Mohammed H. Rassem/Guido Wölky: Zur Göttinger Schule der Staatswissenschaften bis zu den Freiheitskriegen, in: Wilhelm Bleek/Hans J. Lietzmann (Hrsg.): Schulen der deutschen Politikwissenschaft, Opladen 1999, S. 79–104 und Peter Hanns Reill: Die Geschichtswissenschaft um die Mitte des 18. Jahrhunderts, in: Rudolf Vierhaus (Hrsg.). Wissenschaften im Zeitalter der Aufklärung. Aus Anlaß des 250jährigen Bestehens des Verlages Vandenhoeck & Ruprecht, Göttingen 1985, S. 163–193.

[66] Vgl. Franz Schnabel: Deutsche Geschichte im 19. Jahrhundert. Bd. 3: Erfahrungswissenschaften und Technik, Freiburg/Breisgau 1934, S. 36–162.

[67] Vgl. Friedrich Meinecke: Drei Generationen deutscher Gelehrtenpolitik, in: Historische Zeitschrift 125 (1922), S. 248–283 und Rüdiger vom Bruch: Wissenschaft, Politik und öffentliche Meinung. Gelehrtenpolitik im Wilhelminischen Deutschland (1890–1914) (= Historische Studien, Bd. 435), Husum 1980.

wurde der Gründungslehrstuhl für Geschichte und Staatswissenschaft, den zuerst Friedrich von Raumer über ein halbes Jahrhundert und danach Heinrich von Treitschke innehatten, nach dessen Tod 1896 mit Hermann Oncken wiederbesetzt. Als Heinrich von Sybel, der Nachfolger Dahlmanns in Bonn, 1875 als Direktor der Preußischen Staatsarchive nach Berlin berufen wurde, folgten ihm Historiker, die kein Interesse mehr an den Staatswissenschaften hatten und nicht über «Politik» lehrten. Als im Jahr darauf auch Georg Waitz als Vorsitzender der Generaldirektion der «Monumenta Germaniae Historica» von Göttingen in die Reichshauptstadt zog, wurde mit Julius Weizsäcker ebenfalls ein reiner Historiker sein Nachfolger auf dem traditionsreichen Lehrstuhl an der hannoverschen Universität.

Entgegen diesem Trend übernahm Otto Hintze (1861–1940) an der Berliner Universität 1902 eine neugeschaffene Professur nicht nur für «Verfassungs-, Verwaltungs- und Wirtschaftsgeschichte», sondern auch für «Politik».[68] Mit der gegenseitigen Befruchtung dieser Fächer knüpfte Hintze an ältere Wissenschaftstraditionen an und bereitete überdies späteren Entwicklungen auf dem Gebiet der Geschichtswissenschaft den Weg. Hintze war Schüler von Droysen und Waitz, doch auf Vermittlung Gustav von Schmollers hatte er sich in der preußischen Verwaltungs- und Wirtschaftsgeschichte und ihren Quelleneditionen profiliert. Unter dem Einfluß von Max Weber entwickelte er eine historische Typenlehre, die er der Analyse der neuzeitlichen Verfassungs- und Verwaltungsinstitutionen sowie Staatsbildungsprozesse zugrundelegte. Das Korrelat zu dieser systematisch-vergleichenden Verfassungs- und Verwaltungsgeschichte war die historische Staatslehre, die Hintze alle drei Jahre in seiner Vorlesung über «Allgemeine Staats- und Gesellschaftslehre auf historischer Grundlage (Politik)» vortrug.[69] Er setzte damit an der Berliner Universität eine zuletzt von Heinrich von Treitschke vertretene Tradition fort, knüpfte aber weder in Stil noch Inhalt an seinen kämpferischen Vorläufer an.

Otto Hintze ging es vielmehr um eine nüchterne Analyse der Staatsordnungen aus historisch-vergleichender Perspektive, wobei die gesellschaftlichen und wirtschaftlichen Grundlagen der Politik nicht zu kurz

[68] Zu Biographie und Werk Otto Hintzes vgl. Jürgen Kocka: Otto Hintze, in: Hans-Ulrich Wehler (Hrsg.): Deutsche Historiker, Bd. 3, Göttingen 1972, S. 41–64 und Otto Büsch/Michael Erbe (Hrsg.): Otto Hintze und die moderne Geschichtswissenschaft. Ein Tagungsbericht, Berlin 1983.

[69] Gerhard Oestreich: Otto Hintzes Stellung zur Politikwissenschaft und Soziologie, in: Gerhard Oestreich (Hrsg.): Soziologie und Geschichte, Göttingen 1964, S. 10–35, bes.: S. 31 mit Anm. 26.

kommen durften, wie er in seiner programmatischen Besprechung der «Politik» Wilhelm Roschers monierte.[70] Obwohl er seine historisch-soziologische Politiklehre in zahlreichen Beiträgen auch für die «Zeitschrift für die gesamte Staatswissenschaft» und in der «Zeitschrift für Politik» ausführte, gewann Hintze mit ihr doch keine größere Resonanz. Das war nicht nur auf ungünstige allgemeinpolitische, sondern auch persönliche Umstände zurückzuführen. Er stand nicht nur wie viele seiner Historikerkollegen der Weimarer Demokratie skeptisch gegenüber, sondern gehörte auch zur Minderheit deutscher Historiker, die im Dritten Reich nicht reüssierte: Da Otto Hintze durch seine Heirat mit Hedwig Hintze, geborene Guggenheimer, dem rassistischen Regime als «jüdisch versippt» galt, mußte er seine Mitgliedschaft in der Preußischen Akademie der Wissenschaften niederlegen und konnte nicht mehr veröffentlichen. Die 1912 geschlossene Ehe zwischen dem einundfünfzigjährigen konservativen Professor sowie Geheimrat und der achtundzwanzigjährigen linksliberalen Studentin und späteren Privatdozentin für Neuere Geschichte war im Hinblick auf intellektuelle Anregung und Kooperation ihrer Zeit weit voraus und vorbildhaft für partnerschaftliche Solidarität unter der Diktatur des Nationalsozialismus.[71] Doch nahm sie ein tragisches Ende, als nach dem Tod Otto Hintzes 1940 die Übersiedlung Hedwig Hintzes in die USA scheiterte und sie 1942 in den Niederlanden den Freitod suchte. Auch das beschämende Verhalten von Zunftgenossen wie Friedrich Meinecke, der Hedwig Hintze 1933 rüde entließ, ist erst in den vergangenen Jahren ans Licht der Öffentlichkeit gebracht worden. Otto Hintzes Werk ist in der Bundesrepublik vor allem durch die Bielefelder Schule der Geschichtswissenschaft als einer historischen Sozialwissenschaft rezipiert worden, während die historisch-vergleichende Politiklehre dieses «monarchische(n) Political Scientist»,[72] wie ihn sein Herausgeber und Biograph Gerhard Oestreich charakterisierte, nach 1945 keine Rolle spielte. Zur Wiederbelebung der Politikwissenschaft in der Bundesrepublik trugen zwar zahlreiche ausgebildete Historiker wie Ludwig Bergsträßer, Theodor Eschenburg, Karl Dietrich Bracher und Waldemar Besson bei, doch mußten sie das angeblich neue Fach gegen den entschiedenen Widerstand der meisten Historiker durchsetzen.

70 Hintze: Entwicklungstheorie.

71 Brigitta Oestreich: Hedwig und Otto Hintze. Eine biographische Skizze, in: Geschichte und Gesellschaft 11 (1985), S. 397–419. Vgl. Barbara Deppe/Elisabeth Dickmann (Hrsg.): Hedwig Hintze (1884–1942). Bibliographie (= Schriftenreihe des Hedwig-Hintze-Instituts Bremen, Bd. 1), Berlin 1998.

72 Oestreich: Stellung, S. 10.

Ältere Politiklehre und Staatswissenschaften sind im 19. Jahrhundert auch in der modernen Disziplin der Nationalökonomie oder Volkswirtschaftslehre aufgegangen.[73] Am Anfang der modernen Volkswirtschaftslehre steht Adam Smith (1723–1790). Dieser schottische Gelehrte hat jedoch keineswegs nur mit seinen Lehren über die Bedeutung von Arbeit, Arbeitsteilung, Preisen und vor allem Märkten die theoretischen Grundlagen für die klassische Schule der Nationalökonomie gelegt oder gar dem reinen wirtschaftlichen Eigennutz das Wort geredet, wie es nach ihm die Anhänger des Manchester-Liberalismus taten. Smith selbst stand darüber hinaus in der älteren moralphilosophischen Tradition der Politiklehre[74] und hat dementsprechend auf die Bedeutung der Ethik und der zwischenmenschlichen Sympathie für das Wirtschaftsleben hingewiesen. Im Mittelpunkt stand für ihn die wirtschaftliche und politische Freiheit des Individuums. Seine Lehren sind in Deutschland gegen Ende des 18. Jahrhunderts vor allem an den Universitäten Königsberg und Göttingen durch die Professoren Christian Jakob Kraus (1753–1807) und Georg Sartorius Freiherr von Waltershausen (1766–1828) rezipiert und verbreitet worden und haben die preußische Reformbeamtenschaft beflügelt.[75]

Auf längere Sicht mußte die moderne Nationalökonomie mit ihrer Konzentration auf die wirtschaftenden Individuen die von den Gemeinschaften und dem Staat ausgehenden älteren kameralistischen und politischen Wissenschaften an den Rand drücken und schließlich verdrängen. In Deutschland wurde dieser internationale Siegeszug der theoretischen Nationalökonomie durch den Einfluß der historischen Schule der Nationalökonomie noch verzögert. Diese wirtschaftswissenschaftliche Denkrichtung hat in Deutschland in der zweiten Hälfte des 19. Jahrhunderts

[73] Zur Geschichte der Nationalökonomie im allgemeinen vgl. Edgar Salin: Geschichte der Volkswirtschaftslehre, Bern ³1944. und Ottmar Issing (Hrsg.): Geschichte der Nationalökonomie, München ³1994 sowie als Universitätsdisziplin Wilhelm Stieda: Die Nationalökonomie als Universitätswissenschaft (= Abhandlung der Philologisch-Historischen Klasse der Königlich-Sächsischen Gesellschaft der Wissenschaften, Bd. 25,2), Leipzig 1906 und Norbert Waszek (Hrsg.): Die Institutionalisierung der Nationalökonomie an deutschen Universitäten, St. Katharinen 1988.

[74] Adam Smith: Vorlesungen über Rechts- und Staatswissenschaften [1763] (= Klassiker der Freiheit, Bd. 2), Sankt Augustin 1996.

[75] Vgl. Wilhelm Roscher: Geschichte der National-Oekonomik in Deutschland (= Geschichte der Wissenschaften in Deutschland. Neuere Zeit, Bd. 14), München 1874, S. 593 ff. und Wilhelm Treue: Adam Smith in Deutschland. Zum Problem des «Politischen Professors» zwischen 1776 und 1810, in: Werner Conze (Hrsg.): Deutschland und Europa. Historische Studien zur Völker- und Staatenordnung des Abendlandes. Festschrift für Hans Rotfels zum 60. Geburtstag am 12. April 1951, Düsseldorf 1951, S. 101–133.

dominiert, war wesentlich durch die historische Methode in allen Geistes- und Kulturwissenschaften und die Organismuslehren der Romantik inspiriert worden.[76] Die Anhänger der historischen Schule der Nationalökonomie setzten auf die Beschreibung geschichtlich geprägter Wirklichkeiten anstelle der Konzeption abstrakter Theorien und auf die organische Zusammenarbeit von Staat, Wirtschaft und Gesellschaft anstelle der staatlichen Enthaltsamkeit von Eingriffen in Wirtschaft und Gesellschaft. Vertreter der historischen Schule, die sogenannten «Kathedersozialisten», forderten sozialpolitische Maßnahmen zum Ausgleich unerwünschter Folgen der kapitalistischen Produktionsweise und wollten insgesamt Wirtschaft und Wirtschaftslehre nicht auf einen reinen ökonomischen Utilitarismus beschränkt wissen, sondern auch ethische Motive und moralphilosophische Überlegungen zu ihrem Recht kommen lassen.

Mit diesen Auffassungen stand die historische Schule der Nationalökonomie eindeutig in der Tradition der älteren Politiklehre, wie auch Bildungsweg und Werk ihrer drei prominentesten Exponenten deutlich machten. Bruno Hildebrand (1812–1878) hatte nicht nur als Breslauer Privatdozent der Geschichte und Marburger Professor der Staatswissenschaften in der Vormärzzeit über «Politik» gelesen, er mußte auch aufgrund seines Engagements auf dem linken Flügel des Frankfurter Parlaments nach 1849 in die Schweiz emigrieren und kehrte erst 1860 an die Universität Jena zurück. Auch Karl Knies (1821–1898), der als theoretischer Kopf der historischen Schule zunächst in Marburg, dann an der Kantonsschule in Schaffhausen, weiter in Freiburg und schließlich ab 1865 in Heidelberg lehrte, berücksichtigte insbesondere nach der Revolution von 1848/49 politische Themen. Als Begründer der älteren Schule der Nationalökonomie ist Wilhelm Roscher anzusehen, dessen fünfbän diges «System der Volkswirtschaft»[77] das bekannteste nationalökonomische Lehrbuch der zweiten Jahrhunderthälfte war.

[76] Vgl. Rüdiger vom Bruch: Zur Historisierung der Staatswissenschaften. Von der Kameralistik zur historischen Schule der Nationalökonomie, in: Berichte zur Wissenschaftsgeschichte 9 (1985), S. 131–146 und dessen ungedruckte Münchner Habilitationsschrift von 1986 sowie Dieter Koop: Die Historische Schule der Nationalökonomie. Ihr Wissenschaftsverständnis und die Historisierung der politischen Wissenschaft(en), in: Wilhelm Bleek/Hans J. Lietzmann (Hrsg.): Schulen der deutschen Politikwissenschaft, Opladen 1999, S. 131–157.

[77] Wilhelm Roscher: System der Volkswirtschaft, 5 Bde., Stuttgart 1854–1894. Grundlegend für die historische Schule der Nationalökonomie bereits Wilhelm Roscher: Grundriß zu Vorlesungen über die Staatswirthschaft. Nach geschichtlicher Methode, Göttingen 1843.

Die nachwirkende Tradition der älteren Politiklehre läßt sich auch bei den Nachfolgern Roschers auf dem Leipziger Lehrstuhl der Staatswissenschaften bis ins 20. Jahrhundert beobachten. Lujo (Ludwig Josef) Brentano (1844–1933), welcher der bekannten Schriftstellerfamilie entstammte, hatte nach Abschluß seines Studiums auf einer Studienreise nach England Einblick in die proletarischen Arbeits- und Lebensverhältnisse gewonnen und setzte sich danach sein Leben lang für die materiellen und geistigen Interessen der Arbeiterschaft, insbesondere für Gewerkschaften, Arbeiterwohnsiedlungen und Volkshochschulen, ein.[78] Einen nationalökonomischen Parallellehrstuhl an der Universität Leipzig übernahm 1892 Karl Bücher (1847–1930), der bereits als Sohn eines Bürstenmachers und Landwirts aus dem Westerwald mit den sozialen Problemen von Handwerk und Kleinbauerntum vertraut war.[79] Nach verschiedenen beruflichen Stationen übernahm er an der sächsischen Landesuniversität nicht nur einen Lehrstuhl für Volkswirtschaft und Wirtschaftsgeschichte, sondern inaugurierte auch durch die Gründung eines Zeitungswissenschaftlichen Instituts ein neues Universitätsfach.

Brentano und Bücher waren Mitglieder der jüngeren historischen Schule der Nationalökonomie, die unter der Führung Gustav von Schmollers (1838–1917) stand, der 1860 an der Tübinger Staatswirtschaftlichen Fakultät promoviert hatte und nach Lehrstühlen in Halle und Straßburg 1882 das Ordinariat für Staatswissenschaften an der Universität Berlin übernahm. Alle diese Nationalökonomen, die nicht nur für die historische Methode in der akademischen Forschung, sondern auch in der Tradition von Lorenz von Steins «Königtum der sozialen Reform» für das wirtschafts- und sozialpolitische Engagement der Wissenschaft und des Staates eintraten, waren 1872/73 an der Gründung des «Vereins für Socialpolitik» beteiligt.[80] Anlaß hierfür war die «soziale Frage» mit ihren Erscheinungen von Massenarmut und Verelendung, die mit den Anfängen der Industrialisierung einhergingen.[81]

78 Vgl. Lujo Brentano: Mein Leben im Kampf um die soziale Entwicklung Deutschlands, Jena 1931 und James John Sheehan: The Career of Lujo Brentano. A Study of Liberalism and Social Reform in Imperial Germany, Chicago 1966.

79 Walter Goetz: Nachruf auf Karl Bücher, in: Berichte über die Verhandlungen der Sächsischen Akademie der Wissenschaften in Leipzig, Philologisch-Historische Klasse 83 (1931), H. 5, S. 1–12.

80 Vgl. Schiera: Laboratorium, S. 174 ff.

81 Den Zusammenhang zwischen der sozialen Frage und der Entstehung der frühen deutschen «Socialwissenschaft» hat sehr nachdrücklich herausgearbeitet Eckart Pankoke: Sociale Bewegung – Sociale Frage – Sociale Politik. Grundfragen der deutschen «Socialwissenschaft» im 19. Jahrhundert (= Industrielle Welt, Bd. 12), Stuttgart 1970.

Während die Anhänger der klassischen Schule der Nationalökonomie darin bloße Übergangserscheinungen sahen und auf Optimismus setzten, befürchtete die Mehrheit der deutschen Volkswirtschaftslehrer dauerhafte und gefährliche Schattenseiten des Kapitalismus. Sie trafen sich im Oktober 1872 in Eisenach und kamen zu der Erkenntnis, «daß die Gesellschaft mit Hilfe socialer Reformen auf friedlichem Wege umgebildet werden müsse, wenn sie der Revolution entgehen wolle».[82] Ein Jahr später wurde der «Verein für Socialpolitik» mit einer doppelten Frontstellung gegen sozialreaktionäres Manchestertum und sozialrevolutionären Marxismus gegründet. Durch sozialpolitische Reformen sollte die bestehende Gesellschafts- und Herrschaftsordnung modifiziert und damit vor dem Umsturz bewahrt werden. Die akademischen Anhänger dieses Programms wurden von marxistischer Seite als «Zukkerwassersozialisten» und von manchesterliberaler Seite als «Kathedersozialisten» denunziert. In der politischen Praxis des Kaiserreichs war ihre sozialreformerische Mittelposition einflußreicher als die radikalen Positionen ihrer Gegner, denn sie verhalf der Bismarckschen Sozialgesetzgebung der achtziger Jahre des 19. Jahrhunderts zum Durchbruch, die auch heute noch mit Kranken-, Unfall- und Altersversicherung in aller Welt als vorbildhaft gilt. So hat sich in Deutschland zu keiner Zeit das reine Modell der Marktwirtschaft durchgesetzt, weder in der nationalökonomischen Lehre noch in der wirtschaftspolitischen Praxis. Das ist nicht nur auf die wohlfahrtsstaatlichen Traditionen des älteren Policeystaates, sondern auch auf die Prägung der deutschen Nationalökonomie durch die ältere Politiklehre und deren ethisch-philosophische Orientierung der Gesellschafts- und Wirtschaftsordnung zurückzuführen.

Aus dieser vom «Verein für Socialpolitik» verkörperten wohlfahrtsstaatlichen Tradition ist in Deutschland schließlich mit der Soziologie eine Universitätsdisziplin hervorgegangen, die nicht zu den direkten Nachfahren der älteren Politiklehre gehört, aber mit dem modernen Fach der Politikwissenschaft in einem eigentümlichen Konkurrenzverhältnis steht. Ansätze zu einer Wissenschaft von der Gesellschaft gehen in Deutschland bereits auf die Mitte des 19. Jahrhunderts zurück, sie lassen sich in den Analysen Lorenz von Steins zur sozialen Bewegung in Frankreich[83] und den volkskundlichen Beschreibungen Wilhelm Hein-

[82] Zit. in: Dieter Lindenlaub: Richtungskämpfe im Verein für Socialpolitik, Wiesbaden 1967, S. 1.

[83] Lorenz von Stein: Geschichte der socialen Bewegung in Frankreich von 1789 bis auf unsere Tage, 3 Bde., Leipzig 1850–1855.

rich Riehls über «Land und Leute»[84] aufweisen.[85] Doch die Forderung Robert von Mohls aus dem Jahr 1851, neben der Staatswissenschaft auch eine eigenständige Gesellschaftswissenschaft zuzulassen, konnte damals von den Traditionalisten der älteren Lehre von Politik und Staat, allen voran Heinrich von Treitschke, noch abgewiesen werden. So ging Frankreich bei der Etablierung der Soziologie voraus[86]: Auguste Comte (1798–1857) verwandte in seinem «Cours de philosophie positive»[87] als erster den Begriff einer Soziologie. Die Verankerung der Soziologie als empirische Forschungsdisziplin und Universitätsfach war eng mit dem Namen Emile Durkheim (1858–1917) verbunden, der 1896 an der Universität Bordeaux und 1906 an der Pariser Sorbonne einen Lehrstuhl für Pädagogik und Soziologie erhielt. Bald darauf wurde die Soziologie auch an englischen und amerikanischen Universitäten institutionalisiert.

In Deutschland waren es vor allem sozialpolitisch engagierte und der historischen Schule nahestehende Nationalökonomen, die im letzten Drittel des 19. Jahrhunderts soziologische Fragestellungen aufgriffen und sozialempirische Arbeiten organisierten. Prototypisch dafür sind die Untersuchungen über «Die Verhältnisse der Landarbeiter im ostelbischen Deutschland», die Max Weber 1892 im Auftrage des «Vereins für Socialpolitik» durchführte.[88] Weber gehörte mit Ferdinand Tönnies (1855–1936), Georg Simmel (1858–1918), Alfred Vierkandt (1867–1953) und Werner Sombart (1863–1941) zum Kreis jener Hochschullehrer, die sich 1909 zur Gründung der Deutschen Gesellschaft für Soziologie zusammenfanden. Doch was unter Soziologie zu verstehen und wie sie an den Universitäten durchzusetzen sei, war zwischen diesen Gelehrten höchst umstritten. Die einen sahen in der Soziologie eine alle bestehenden Kul-

84 Wilhelm Heinrich Riehl: Land und Leute (= Die Naturgeschichte des Volkes als Grundlage einer deutschen Social-Politik, Bd. 1), Stuttgart 1854.

85 Zur Geschichte der Soziologie insb.: Wolf Lepenies (Hrsg.): Geschichte der Soziologie. Studien zur kognitiven sozialen und historischen Identität einer Disziplin, 4 Bde., Frankfurt/Main 1981 und Wolf Lepenies: Die drei Kulturen. Soziologie zwischen Literatur und Wissenschaft, München 1985.

86 Terry N. Clark: Prophets and Patrons. The French University and the Emergence of Social Sciences, Cambridge/Massachusetts 1973.

87 Auguste Comte: Cours de philosophie positive, Paris 1830.

88 Max Weber: Die Verhältnisse der Landarbeiter im ostelbischen Deutschland (= Schriften des Vereins für Socialpolitik, Bd. 55/3), Leipzig 1892. Vgl. Irmela Gorges: Sozialforschung in Deutschland 1872–1914. Gesellschaftliche Einflüsse auf Themen- und Methodenwahl des Vereins für Socialpolitik (= Schriften des Wissenschaftszentrums Berlin, Bd. 14), Königstein/Taunus 1980.

turwissenschaften zu durchdringende Methode, die anderen ein nach Selbständigkeit strebendes neues Fach.

Exemplarisch für diese Ambivalenz der frühen deutschen Soziologie waren die interdisziplinären Fachabgrenzungen und Methodenkonzeptionen von Ferdinand Tönnies, der von 1909 bis zu seinem durch die Nationalsozialisten erzwungenen Rücktritt 1933 der erste Vorsitzende der Deutschen Gesellschaft für Soziologie war.[89] Tönnies hatte sich nicht nur am Anfang seiner akademischen Karriere mit Thomas Hobbes als einem Klassiker der politischen Ideengeschichte beschäftigt, sein erstmals 1887 erschienenes Hauptwerk über «Gemeinschaft und Gesellschaft»[90] stand in der Tradition der deutschen Kulturphilosophie. Tönnies stellte 1907 auch in einem programmatischen Aufsatz über das Verhältnis von «Soziologie und Politik», der bezeichenderweise im ersten Jahrgang der neugegründeten «Zeitschrift für Politik» erschien, fest, daß sich Politik und Gesellschaft und daher auch Politikwissenschaft als Lehre von den politischen Verhältnissen und Soziologie als Lehre von den sozialen Verbänden weitgehend durchdringen.[91] Zu diesem Ergebnis konnte Tönnies auch kommen, weil er bei seinen Überlegungen zum Studium der sozialen Tatsachen von der aristotelischen Dreiteilung von Ökonomik, Politik und Ethik ausging und Politik als Oberbegriff aller sich auf politische Gegenstände beziehenden Wissenschaften verstand. So wird an diesem Gründungsvater der deutschen Soziologie deutlich, wie sich neue Fächer aus älteren Traditionen langsam herauslösen und ihre Etablierung nicht nur methodologisch-theoretischen Einsichten, sondern auch allgemein- und hochschulpolitischen Zweckmäßigkeiten verdanken.

Unter den Gründungsvätern der deutschen Soziologie hat langfristig Max Weber (1864–1920) den größten Einfluß auf die modernen Sozialwissenschaften einschließlich der Politikwissenschaft gehabt.[92] Weber hat sich zwar auf eigentümliche Weise von der älteren Politiklehre abgesetzt,

89 Zu Biographie und Werk von Ferdinand Tönnies vgl. Cornelius Bickel: Ferdinand Tönnies. Soziologie als skeptische Aufklärung zwischen Historismus und Rationalismus (= Studien zur Sozialwissenschaft, Bd. 82), Opladen 1991.

90 Ferdinand Tönnies: Gemeinschaft und Gesellschaft. Abhandlung des Communismus und des Socialismus als empirischer Kulturformen, Leipzig 1887; Ferdinand Tönnies: Gemeinschaft und Gesellschaft. Grundbegriffe der reinen Soziologie, Berlin ²1912. Vgl. auch zur Wirkung Lars Clausen (Hrsg.): Hundert Jahre «Gemeinschaft und Gesellschaft». Ferdinand Tönnies in der internationalen Diskussion, Opladen 1991.

91 Ferdinand Tönnies: Soziologie und Politik, in: Zeitschrift für Politik 1 (1907/08), S. 219–229.

92 Vgl. Dirk Käsler (Hrsg.): Max Weber. Sein Werk und seine Wirkung, München 1972.

zugleich aber die moderne Politikwissenschaft befruchtet. Sein eigener Bildungs- und Berufsweg erinnert mit seiner Interdisziplinarität an die Vielfalt der älteren politischen oder Staats-Wissenschaften. Weber hat sich nach einem Jurastudium im Handelsrecht promoviert und 1892 auf dem Gebiet des Römischen Rechts habilitiert, doch in seiner juristischen Habilitationsschrift über die römische Agrarverfassung standen bereits wirtschafts- und sozialgeschichtliche Aspekte im Vordergrund. 1894 übernahm er einen Lehrstuhl für Nationalökonomie in Freiburg und 1897 in Heidelberg, den er aber gegen Ende des Jahrhunderts aus gesundheitlichen Gründen aufgeben mußte. Weber konnte 1919 wieder ein Ordinariat an der Universität München übernehmen und hielt dort vor Studenten seine zündenden Vorträge über «Wissenschaft als Beruf» und «Politik als Beruf»,[93] bevor er Mitte 1920 an einer Lungenentzündung starb.

Max Weber stand der praktisch-philosophischen Tradition der älteren Politiklehre äußerst skeptisch gegenüber.[94] Vor allem nahm er an deren Neigung zu wertenden Aussagen Anstoß. In der großen Werturteilsdebatte am Vorabend des Ersten Weltkrieges, die auch zu seinem Austritt aus der gerade gegründeten Deutschen Gesellschaft für Soziologie führte, folgerte der Gelehrte aus der Forderung nach strengster methodischer Präzision eine scharfe Trennung zwischen wertfreier Empirie und logischer Arbeit in der Wissenschaft auf der einen und normativen Werturteilen sowie Engagement in der praktischen Politik auf der anderen Seite. Diese von Weber postulierte Dichotomie richtete sich vordergründig gegen das politische Engagement der historischen Schule der Nationalökonomie, hintergründig aber gegen das Erbe der älteren Politiklehre in dieser Disziplin. Daher mußte für Max Weber «Politik als Wissenschaft» ein Widerspruch in sich, eine wissenschaftstheoretische Unmöglichkeit sein. Diese entschiedene intellektuelle Position hielt Max Weber aber keineswegs davon ab, selbst politisch Stellung zu nehmen und aktiv

93 Max Weber: Politik als Beruf [1919], in: Max Weber: Gesamtausgabe. Abteilung 1: Schriften und Reden. Bd. 17: Wissenschaft als Beruf et al., hrsg. von Wolfgang J. Mommsen und Wolfgang Schluchter in Zusammenarbeit mit Birgitt Morgenbrod, Tübingen 1992, S. 157–252; Max Weber: Wissenschaft als Beruf [1917/1919], in: Max Weber: Gesamtausgabe. Abteilung 1: Schriften und Reden. Bd. 17: Wissenschaft als Beruf et al., hrsg. von Wolfgang J. Mommsen und Wolfgang Schluchter in Zusammenarbeit mit Birgitt Morgenbrod, Tübingen 1992, S. 71–111.

94 Zum Verhältnis zwischen Max Webers Lehre und der älteren wie neueren Politikwissenschaft vgl. neben Hans Maier: Max Weber und die deutsche politische Wissenschaft, in: Hans Maier: Politische Wissenschaft in Deutschland, München 1969, S. 69–88 vor allem die höchst anregenden Untersuchungen von Wilhelm Hennis: Max Webers Fragestellung. Studien zur Biographie des Werks, Tübingen 1987.

zu werden, er verwies diese Tätigkeit allerdings in den außerwissenschaftlichen Lebensbereich. In der Endphase des Kaiserreichs gehörte er zu den schärfsten Kritikern des autoritären Wilhelminismus, nahm nach der Novemberrevolution auf die Ausarbeitung der Weimarer Verfassung Einfluß und strebte selbst nach einer politischen Karriere in Reichstag und Reichsregierung.[95]

Die nach dem Zweiten Weltkrieg in Westdeutschland wiedergegründete akademische Disziplin der Politikwissenschaft hatte ein zwiespältiges Verhältnis zu den Auffassungen Max Webers.[96] Inzwischen gehören aber seine methodologischen Erkenntnisse, zum Beispiel zur Funktion von Idealtypen, aber auch seine Begriffssetzungen, beispielsweise zu den Formen der legitimen Herrschaft sowie in der Bürokratie- und Parteienlehre, heute zum Basiswissen aller modernen Sozialwissenschaften. Es ist allerdings für die Brüche der deutschen Wissenschaftsgeschichte bezeichnend, daß das Werk dieses großen deutschen Gelehrten von Anfang des 20. Jahrhunderts in Deutschland nicht direkt, sondern mehr indirekt über seine Rezeption in den USA vermittelt worden ist.

d) Ausländische Erben

Die ältere deutsche Politiklehre wurde während der zweiten Hälfte des 19. Jahrhunderts nicht nur von Nachbar- und Nachfolgefächern im Inland, sondern auch von akademischen Disziplinen und Institutionen im Ausland beerbt. Diese sind für die spätere Wiederbelebung der Politikwissenschaft in Deutschland noch bedeutsamer geworden als die inländischen Nachfahren.

Der diesem zwischennationalen Wissenschaftstransfer zugrundeliegende Wirkungszusammenhang von wissenschaftlicher und allgemeinpolitischer Entwicklung wird besonders deutlich am Gründungsdatum der École Libre des Sciences Politiques, der bis heute zentralen politikwissenschaftlichen Einrichtung Frankreichs, die im Januar 1872 aus nationalpolitischen Erwägungen heraus ans Licht der Welt trat – gut ein Jahr

95 Vgl. Wolfgang J. Mommsen: Max Weber und die deutsche Politik 1890–1920, Tübingen ²1974 und Wolfgang J. Mommsen: Politik und politische Theorie bei Max Weber, in: Johannes Weiß (Hrsg.): Max Weber heute: Erträge und Probleme der Forschung, Frankfurt/Main 1989, S. 515–542.

96 Vgl. Gangolf Hübinger et al.: Max Weber und die wissenschaftliche Politik nach 1945. Aspekte einer theoriegeschichtlichen Nicht-Rezeption, in: Zeitschrift für Politik, N. F. 37 (1990), S. 181–204.

nach der Niederlage des französischen Kaiserreiches gegen Preußen-Deutschland, der Ausrufung der Französischen Republik und der Proklamation des Deutschen Kaiserreiches im Spiegelsaal des Versailler Schlosses.[97]

Auch Emile Boutmy (1835–1906) als der Initiator und langjährige erste Direktor dieser Pariser «Freien Hochschule der Politischen Wissenschaften» machte in seinen Programmschriften[98] keinen Hehl aus seinen Motiven. Die neue Hochschule sollte der herrschenden Klasse eine breite Allgemeinbildung vermitteln und auf diese Weise die Zugehörigkeit zur Elite nicht mehr auf das Geburts-, sondern das Bildungs- und Leistungsprinzip gründen, ähnlich jenem Programm, wie es Wilhelm von Humboldt und seine Bundesgenossen Ende des 18. Jahrhunderts für die preußischen Oberschichten entwickelt hatten. Der akademische Inhalt dieser allgemeinbildenden Studien sollte die wissenschaftliche Durchleuchtung aller gesellschaftlichen und wirtschaftlichen Tatbestände und ihr politisches Ziel die Vorbereitung und Durchführung von moderaten Reformen sowie die Vermeidung von revolutionären Umbrüchen sein, deren Gefährlichkeit dem französischen Bürgertum durch die Episode der Pariser Kommune wieder einmal vor Augen geführt worden war. Vor allem aber sollte die École Libre nach innen jene äußere Niederlage wettmachen, die Frankreich durch Preußen-Deutschland erlitten hatte. Boutmy stellte im Februar 1871 fest, bei Königgrätz habe das Humboldtsche Universitätssystem gesiegt und nur eine vergleichbar resolute Reform des Bildungs- und Hochschulwesens eröffne in Frankreich einen Ausweg aus der aktuellen Notlage des eigenen Landes.[99] So nahmen Boutmy und sein Kreis nach der französischen Niederlage von 1870 jene nationalpolitischen und staatspädagogischen Argumente fast wortwörtlich auf, mit denen die

97 Zur Gründungsgeschichte der École Libre vgl. die zahlreichen Beiträge von Pierre Favre, welche dieser in einer materialreichen Darstellung zusammengefaßt hat: Pierre Favre: Naissances de la science politique en France 1870–1914, Paris 1989; die Marburger französischsprachige Dissertation von Margarete Rosenbauer: L'École Libre des Sciences Politiques de 1871 à 1896. L'enseignement des sciences politiques sous la IIIe République, Diss. Marburg/Lahn 1969 und Hans Manfred Bock: Nationale Elitenbildung und Ausbildung politisch-administrativer Führungskräfte. Zum Modell der Sciences Politiques in Frankreich, in: Hans J. Lietzmann/Wilhelm Bleek (Hrsg.): Politikwissenschaft. Geschichte und Entwicklung, München, Wien 1996, S. 191–218.

98 Emile Boutmy: Quelques idées sur la création d'une faculté libre d'enseignement supérieur, Paris 1871 und Emile Boutmy: Observations sur l'enseignement des sciences politiques et administratives présentées à l'occasion de la proposition de l'honorable M. Carnot tendant à la création d'une École d'Administration, Paris 1876.

99 Zit. bei Bock: Elitenbildung, S. 192.

preußische Reformbeamtenschaft mit Wilhelm von Humboldt an der Spitze nach der Niederlage Preußens gegen Frankreich 1806 die umfassende Reform des Bildungssystems legitimiert hatte.

Auch bei den Inhalten der politischen Studien, wie sie von Boutmy 1871 vorgeschlagen und in der Folgezeit an der École Libre vermittelt wurden, zeigen sich weitgehende Ähnlichkeiten mit dem preußisch-deutschen Vorbild. Die École Libre war ihrem Namen nach eine Hochschule für politische Wissenschaften in der Mehrzahl, und darunter wurden verschiedenste historische und juristische Disziplinen, aber auch Volkswirtschaftslehre, Philosophie, Geographie, Anthropologie, Kollektivpsychologie und vieles mehr verstanden. Wenn Boutmy und die übrigen Professoren der École Libre von «Sciences d'État» und insbesondere «Sciences camerales» sprachen, bezogen sie sich ausdrücklich auf das Vorbild der deutschen Kameral- und Staatswissenschaften.[100]

Der privaten Gründung der École Libre des Sciences Politiques in Paris war im ausgehenden 19. Jahrhundert ein erstaunlicher Erfolg beschieden, den viele europäische Nachbarstaaten, darunter auch Deutschland, mit mehr oder weniger großem Erfolg nachzuahmen suchten. Sie zog renommierte Dozenten und zahlreiche Studenten an. Doch dieser Erfolg beinhaltete nicht die von Boutmy als vorrangig angestrebte Allgemeinbildung der breiten Oberschichten, sondern beruhte auf der Etablierung der Hochschule als einer wichtigen Schleuse im französischen System der Elitenrekrutierung.[101]

An den französischen Universitäten ist die Politikwissenschaft im internationalen Vergleich bis heute eher unterentwickelt.[102] Sie war lange Jahre in den Juristischen Fakultäten nur ein Anhängsel des Öffentlichen Rechts und hat erst in den vergangenen Jahrzehnten ein eigenständiges

[100] Vgl. Favre: Naissances, S. 66 ff.

[101] Vgl. Ezra N. Suleiman: Elites in French Society: The politics of survival, Princeton/New Jersey 1978.

[102] Zur Entwicklung der französischen Politikwissenschaft nach 1945 und insbesondere an den Universitäten vgl. Pierre Favre: La science politique en France depuis 1945, in: International Political Science Review 2 (1981), S. 95–120; Pierre Favre: France, in: William G. Andrews (Hrsg.): International Handbook of Political Science, Westport/Connecticut, London 1982, S. 154–168; Jean Leca: French Political Science and its ‹Subfields›, in: David Easton/John G. Gunnell/Luigi Graziano (Hrsg.): The Development of Political Science. A Comparative Survey, London, New York 1991, S. 147–186 und Werner Zettelmeier: Entstehung und Entwicklung der politikwissenschaftlichen Lehre an den französischen Universitäten. Zwischen Marginalität und Autonomie, in: Hans J. Lietzmann/Wilhelm Bleek (Hrsg.): Politikwissenschaft. Geschichte und Entwicklung, München, Wien 1996, S. 171–190.

Profil in Forschung und Lehre gewinnen können. Zumal an den Universitäten in der französischen Provinz ist das Fach noch wenig anerkannt und nur begrenzt ausgebaut.

Noch ausgeprägter und langanhaltender waren und sind die Wechselwirkungen zwischen der deutschen und amerikanischen Politikwissenschaft. Das deutsche Vorbild hat in der zweiten Hälfte des 19. Jahrhunderts wesentlich zur Entstehung des modernen Universitätswesens in den USA und zur Etablierung der amerikanischen Universitätsdisziplin der Political Science beigetragen.[103] Zwar gab es in Nordamerika schon seit der frühen Kolonialzeit mit den Colleges zahlreiche Institutionen der höheren Bildung, von denen Harvard College (1637), Yale College (1701), das College of New Jersey in Princeton (1746) und das King's College in New York (1754), nach der Revolution in Columbia College umbenannt, auf die längste Tradition zurückblicken können.[104] Doch waren diese Colleges, zu Beginn des 19. Jahrhunderts knapp einhundert an der Zahl, in vielerlei Hinsicht parochiale Einrichtungen, nicht nur winzig im Hinblick auf die Frequenz ihrer Studenten und Lehrer, sondern auch fest eingebunden in die Glaubenswelt der sie tragenden Kirchen und Sekten. In ihrem von Geistlichen im Nebenberuf und jungen Theologen getragenen Lehrplan dominierten die klassischen Sprachen und Bildungsinhalte einschließlich der Moralphilosophie, die auch «Ethicks» und «Politicks» umfaßte.[105] Doch wurden diese Lehrinhalte drillmäßig gepaukt und abgefragt, von einem wissenschaftlichen Studium konnte kaum die Rede sein. Nicht Bücher und Bibliotheken, sondern Fechtsäle, Reitplätze und Lausbubenstreiche spielten zu Zeiten der Kolonialherrschaft und im ersten Jahrhundert der Republik die größte Rolle in der Erziehung der jungen «Gentlemen», die oft ziemlich ungezogen waren.[106]

103 Die älteren Standardwerke zur Geschichte der amerikanischen Politikwissenschaft sind Bernard Crick: The American Science of Politics. Its Origins and Conditions, London, Berkeley/Los Angeles 1959 und Albert Somit/Joseph Tanenhaus: The Development of American Political Science. From Burgess to Behavioralism, New York 1967.

104 Zur allgemeinen amerikanischen Universitätsgeschichte vgl. statt vieler Richard Hofstadter/Walter Paul Metzger: The Development of Academic Freedom in the United States, New York 1955.

105 Vgl. die minutiöse Darstellung der einschlägigen Lehrangebote, Disputationen und Lehrbücher bei Anna Haddow: Political Science in American Colleges and Universities 1636–1900, New York 1939.

106 So klagte der Politikprofessor Francis Lieber, als er bei der Verfolgung eines renitenten Studenten des South Carolina Colleges über einen Haufen von Ziegelsteinen stolperte – und man beachtete die überlieferte Schwierigkeit des Deutschstämmi-

Bei ihrem Bemühen, auch für die nordamerikanischen Einrichtungen der höheren Bildung wissenschaftliches Niveau zu erreichen, richteten die intellektuellen und wirtschaftlichen Eliten der aufstrebenden bürgerlichen Gesellschaft der USA ihren Blick auf Europa und vor allem auf das große akademische Vorbild Deutschland. Von dort importierte die Einwanderernation akademische Lehrer, Institutionen und Inhalte, auch auf dem Gebiet des Universitätsfaches der Political Science.

Nur eine kurze und einseitige Episode blieb die nordamerikanische akademische Tätigkeit von Johann Louis Tellkampf.[107] Dieser hatte als Göttinger Privatdozent nach dem monarchischen Verfassungsstreich und dem Protest der sieben Professoren ebenfalls die hannoversche Landesuniversität verlassen müssen und in den USA auf Vermittlung Alexander von Humboldts eine neue wissenschaftliche Heimat gefunden. Er lehrte zunächst von 1839 bis 1843 am Union College in Schenectedy im Staat New York Geschichte und Politische Ökonomie und übernahm dann am Columbia College in New York City eine von einem Auslandsdeutschen gestiftete Professur für «German Language and Literature, Deutsche Sprache und Literatur». Doch sein Lehrerfolg war, wohl auch auf Grund der Disziplinprobleme mit amerikanischen Studenten in der damaligen Zeit, so mäßig,[108] daß Tellkampf schon vier Jahre später, wiederum auf Vermittlung Alexander von Humboldts, an der Universität Breslau eine staatswissenschaftliche Professur antrat.

Wesentlich größere Bedeutung für den deutsch-amerikanischen Kulturtransfer, auch auf dem Gebiet der Lehre von der Politik, gewann Francis Lieber, dessen Werk und Wirken als prototypisch für die Symbiose von deutschen Denktraditionen und anglo-amerikanischen Freiheitsauffassungen gilt.[109] Er wurde als Franz Lieber 1798 oder 1800 – das Jahr ist umstritten – in Berlin geboren.[110] Unter dem Eindruck der franzö-

gen mit dem «th»: «Mein Gott! All dis for two tousand dollars!». Frank Freidel: Francis Lieber. Nineteenth-Century Liberal, Baton Rouge 1947, S. 140 und Hofstadter/Metzger: Development, S. 230.

107 Vgl. George H. Danton: «A Smart Flippant Little Fellow...» Johann Ludwig Tellkampf, in: New York History 27 (1946), S. 458–478.

108 So beantragte der deutschstämmige Zigarettenmagnat William B. Astor bei den Trustees des Colleges, seinen Sohn von der Pflichtteilnahme an den Veranstaltungen des Deutschprofessors zu entbinden. Danton: Fellow, S 468.

109 Vgl. Peter Schäfer/Karl Schmitt (Hrsg.): Franz Lieber und die deutsch-amerikanischen Beziehungen im 19. Jahrhundert (= Jenaer Beiträge zur Politikwissenschaft, Bd. 2), Weimar, Köln 1993.

110 Zur Biographie von Franz/Francis Lieber vgl. Frank Freidel: Francis Lieber. Nineteenth-Century Liberal, Baton Rouge 1947, auf deutsch zusammengefaßt in:

sischen Besatzungszeit und der deutschen Befreiungskriege wurde er zum Anhänger des Turnvaters Jahn und zog 1814 als Obersekundaner in die Schlacht von Waterloo, die ihn fast das Leben kostete. Danach besuchte er in Berlin die junge Universität zu allgemeinen Bildungsstudien insbesondere auf den Gebieten der Philosophie und der Staatswissenschaften, erregte aber durch freundschaftliche Kontakte zu Burschenschaftlern bald das Mißtrauen der preußischen Überwachungsbehörden. Lieber wich nach Untersuchungshaft und Berufsverbot auf den Spuren Lord Byrons nach Griechenland aus, doch waren seine Erfahrungen im philhellenistischen Befreiungskampf bitter und enttäuschend. Zurück in Preußen, wurde er 1824 sofort wieder verhaftet. Erst nach Monaten konnte der Althistoriker Barthold Georg Niebuhr, der Lieber 1823 auf dessen Rückweg von Griechenland in Rom als preußischer Gesandter beim Heiligen Stuhl kennen- und schätzengelernt hatte, ihn aus der Untersuchungshaft in Köpenick befreien. Franz Lieber wurde bewußt, daß er in Preußen unter den politischen Umständen keine Zukunft hatte, er wanderte 1825 nach England und schließlich 1827 als Leiter einer Turn- und Schwimmschule nach Boston in die USA aus.

In seiner neuen Heimat gewann Francis Lieber bald als Organisator des Waisenhauswesens, als Gefängnisreformer und schließlich während des amerikanischen Bürgerkrieges auf Aufforderung Präsident Lincolns als Autor der Militärinstruktionen und des Militärstrafrechtes öffentliches Ansehen. 1835 hatte er am South Carolina College im südstaatlichen Columbia eine Professur für History and Political Economy übernommen, und gut zwanzig Jahre später wurde er nach New York berufen, damals die unumstrittene Metropole der Vereinigten Staaten. Lieber erreichte es, daß die ihm 1857 vom Columbia College angebotene Professur für Geschichte und Politische Ökonomie in einen «Chair of History and Political Science» umbenannt wurde, die letztgenannte Lehrstuhlbezeichnung eine Novität in der amerikanischen Wissenschaftsgeschichte. Seine zahlreichen Lehrbücher waren bis weit in die zweite Hälfte des 19. Jahrhunderts Standardwerke nicht nur im Collegestudium, sondern auch in der öffentlich-politischen Debatte der USA. Zahlreiche Angehörige der nächsten, der im Land geborenen Gründungsgeneration der Political Science studierten bei ihm und wurden durch ihn angeregt. Von Francis Lieber erhielt der französische Aristokrat und Staatstheoretiker Alexis de Tocqueville in Gesprächen, Briefen und durch die Bände der

Frank Freidel: Franz Lieber. Ein Vorkämpfer des nationalen Denkens und des internationalen Rechts, Bad Godesberg 1957.

«Encyclopædia Americana» viele Hinweise zu den politischen und gesellschaftlichen Verhältnissen der USA, die er seiner klassischen Analyse des Spannungsverhältnisses von Freiheit und Gleichheit in der modernen Demokratie zugrundelegte.[111] Vielleicht hatte Tocqueville sogar seinen deutschstämmigen Informanten im Sinn, wenn er 1835 vom Bedarf einer neuen Politikwissenschaft in der völlig neuen Welt der Demokratie sprach. So wird Francis Lieber auch heute noch zu Recht als der erste Gründungsvater der nordamerikanischen Politikwissenschaft allgemein anerkannt.

Im geistigen Gepäck hatte der junge Gelehrte aus Deutschland die philosophischen Ideen Immanuel Kants und des deutschen Idealismus, aber auch die quellenkritischen Methoden der historischen Schule. Im Vorwort der seit 1829 von ihm herausgegebenen «Encyclopædia Americana» stellte er als Leitmaxime seiner Tätigkeit in der neuen Heimat die Absicht vor, amerikanische Inhalte in deutschen Denkstrukturen zu vermitteln.[112] Sein zweibändiges «Manual of Political Ethics»,[113] das 1838/39 erstmals erschien, war ein Lehrbuch für den Politikunterricht an den Colleges, das mit seiner aristotelischen Anlage und seinen anglophilen Inhalten in vielem der historisch-normativen «Politik» ähnelte, die Friedrich Christoph Dahlmann drei Jahre zuvor veröffentlicht hatte. Bei der Vorstellung seines idealistischen Staatsbegriffs bezog sich Lieber ausdrücklich auf Dahlmann, dessen ehrenhaften Protest gegen den Verfassungsbruch des hannoverschen Königs er erwähnte.[114] Ähnlich wie Dahlmann 1842 an der Universität Bonn hielt Francis Lieber 1858 am Columbia College seine Antrittsvorlesung über das Thema «History and Political Sciences Necessary Studies in Free Countries».[115] Diese beiden Disziplinen standen für ihn in einem notwendigen Ergänzungsverhältnis und dienten in ihrer Verbindung vor allem der politischen Bildung zur staatsbürgerlichen Selbstregierung. Nach Auffassung des Deutschamerikaners stand Europa mit Deutschland im Mittelpunkt an der Spit-

[111] Alexis de Tocqueville: Über die Demokratie in Amerika, hrsg. von J. P. Mayer, Stuttgart 1985, hier: S. 15.

[112] Francis Lieber (Hrsg.): Encyclopædia Americana, Bd. 1, Philadelphia 1829. Auf dem Titelblatt gab Lieber das Brockhaussche Conversations-Lexicon von 1827–1829 als die eigentliche Grundlage seiner Enzyklopädie an, die bis heute in zahlreichen Neubearbeitungen existiert.

[113] Francis Lieber: Manual of Political Ethics: Designed chiefly for the use of colleges and students at law, Boston 1838–1839.

[114] Lieber: Manual, S. 171 mit Anm. 1.

[115] Abgedruckt in: James Farr/Raymond Seidelman (Hrsg.): Discipline and History: Political science in the United States, Ann Arbor 1993, S. 21–32.

ze des kulturellen und wissenschaftlichen Fortschritts, während die bürgerliche Demokratie der Vereinigten Staaten von Amerika die gesellschaftliche und politische Zukunft verkörperte. Lieber stellte dem neuen Fach der Political Science die Aufgabe, diese beiden Entwicklungen zu verbinden und damit zur staatsbürgerlichen Erziehung in der modernen Demokratie beizutragen. In diesem Sinne schloß er seine Antrittsvorlesung mit der auf Seneca zurückgehenden und von deutschen Gymnasiallehrern häufig zitierten Ermahnung an die Adepten des neuen Lehrfaches der Political Science: «Non scholae, sed vitae, vitae utrique.»[116]

In seiner New Yorker Antrittsrede gab Francis Lieber im Jahr 1858 auch der Erwartung Ausdruck, daß die Vereinigten Staaten zu wahrhaft nationalen Universitäten nach deutschem Vorbild gelangen würden. Dieses Ideal brachte er seinen amerikanischen Studenten nahe.[117] Viele von ihnen zog es anschließend zum Studium nach Deutschland als dem Mekka der Wissenschaften, und von dort kamen sie mit dem Wunsch und Willen zurück, auch in den USA Universitäten als Stätten wissenschaftlicher Lehre und Forschung zu errichten. Nachdem die Political Science um die Mitte des 19. Jahrhunderts in den Vereinigten Staaten unter wesentlicher Geburtshilfe eines deutschen Einwanderers das Licht der Welt erblickt hatte, zog es in der zweiten Hälfte des Jahrhunderts ihre amerikanischen Adepten zu den vom deutschen Paten gepriesenen hohen Schulen.

Charakteristisch für diese zweite Phase des deutsch-amerikanischen Kulturtransfers, auch und besonders auf dem Gebiet der Politik- und Staatswissenschaft, wurden Studium und Wirken von John W. Burgess (1844–1933).[118] Dieser war als junger Mann aufgrund der eigenen Erfahrungen im blutigen amerikanischen Bürgerkrieg zu der Überzeugung gelangt, daß politische Konflikte nicht gewaltsam, sondern nur mit den Mitteln der Vernunft zu lösen seien und daher eine Wissenschaft von der Politik notwendig wäre. Nach der Rückkehr aus dem Krieg studierte er unter anderem bei Francis Lieber in New York, doch allgemein bewirkten Studium und Lehre an den amerikanischen Colleges bei dem jungen

[116] Farr/Seidelman: Discipline, S. 32.

[117] Vgl. Schäfer/Schmitt: Franz Lieber.

[118] Vgl. die Lebenserinnerungen von John W. Burgess: Reminiscences of an American Scholar: The Beginnings of Columbia University, New York 1934 und meinen Beitrag zur Bracher-Festschrift: Wilhelm Bleek: Die Gründung der Wissenschaft von der Politik in den USA. Ein Kapitel amerikanisch-deutschen Kulturtransfers, in: Manfred Funke et al. (Hrsg.): Demokratie und Diktatur. Festschrift für Karl-Dietrich Bracher zum 65. Geburtstag, Düsseldorf, Bonn 1987, S. 521–533.

Amerikaner nur Gefühle der Unzufriedenheit. So machte sich Burgess als einer von 9000 wissenschaftsbeflissenen jungen Amerikanern zwischen 1865 und 1914 im Jahr 1871 nach Deutschland auf. In der Aufbruchstimmung des neugegründeten Deutschen Reiches genoß er in Göttingen, Leipzig und schließlich Berlin ein Bildungsstudium vor allem in den Geschichts- und Staatswissenschaften, hörte unter anderem Georg Waitz' «Deutsche Verfassungsgeschichte» sowie Roschers «Naturlehre des Staates» und wurde in Droysens Seminar mit der historisch-kritischen Quellenanalyse vertraut. Nach diesen Studien- und Forschungserfahrungen in Deutschland stand für John W. Burgess die Absicht fest: «to establish a school of political science in the United States».[119]

Nach der Berufung im Jahr 1876 auf den zuvor von Tellkampf und Lieber wahrgenommenen New Yorker Lehrstuhl für «History, Political Science and International Law» propagierte Burgess die Reform des Columbia Colleges nach dem Vorbild der deutschen Universitäten.[120] Nicht nur erreichte er die Übernahme der deutschen Hochschulverfassung mit der Einführung eines akademischen Senates und der Einteilung in Fakultäten, auch wurde das College durch die Etablierung von Graduiertenstudien in den Rang einer Universität erhoben. Zahlreiche prominentere amerikanische Colleges wie Harvard, Yale und Princeton folgten im letzten Drittel des 19. Jahrhunderts diesem Vorbild. Seitdem können junge amerikanische Wissenschaftler nach einem mindestens zweijährigen wissenschaftlichen Aufbaustudium und der Erarbeitung einer Dissertation in den Geistes-, Sozial- und Naturwissenschaften im eigenen Land den Grad eines Doktors der Philosophie (Ph. D.) erwerben, der in den USA entsprechend der älteren, aber im Gegensatz zur jüngeren deutschen Universitätstradition die akademische Lehrbefähigung beinhaltet.

Auf dem Gebiet der Politikwissenschaft konnten der Doktorgrad und die Lehrbefähigung an der School of Political Science erworben werden, die auf Drängen von John W. Burgess 1880 an der Columbia University errichtet wurde.[121] Als Vorbild für diese in den USA neuartige Lehr- und Forschungsinstitution nannte Burgess ausdrücklich die École Libre des Sciences Politiques, deren Gründungsdirektor Boutmy er gerade in Paris besuchte, als ihn telegraphisch die frohe Botschaft erreichte, daß das Ku-

119 Burgess: Reminiscences, S. 137.

120 Vgl. auch Columbia University (Hrsg.): A History of Columbia University 1754–1904, published in commemoration of the hundred and fiftieth Anniversary of the founding of King's College, New York 1904, S. 222 ff.

121 Vgl. neben den Lebenserinnerungen von Burgess auch R. Gordon Hoxie et al.: A History of the Faculty of Political Science Columbia University, New York 1955.

ratorium der Columbia University seine Pläne gebilligt habe. Doch auch der Einfluß der Tübinger Staatswirtschaftlichen Fakultät und der Rechts- und Staatswissenschaftlichen Fakultät an der Reichsuniversität Straßburg auf die Gründung der New Yorker School of Political Science sind offensichtlich. Diese selbst wurde zum Vorbild für jene Vielzahl von Departments of Political Science, die in der Folgezeit an fast allen nordamerikanischen Universitäten und Colleges eingerichtet wurden. Einer der ersten Studenten von Burgess in der neuen Graduate School in New York war Theodore Roosevelt, der später als US-Präsident von 1901 bis 1909 die amerikanisch-deutschen Wissenschaftskontakte seines akademischen Lehrers nachdrücklich unterstützte.[122]

Als Bezeichnung für die neu etablierte Universitätsdisziplin und ihre Einrichtungen wurde sowohl die Einzahl von «Political Science» als auch die Mehrzahl von «Political Sciences» verwandt. Mit dem pluralen Sprachgebrauch folgten Burgess und seine Mitstreiter nicht nur ihrem deutschen und französischen Vorbild, sondern gaben auch der Fächervielfalt an ihrer Neugründung Ausdruck. Burgess selbst übernahm an der School of Political Science einen Lehrstuhl für politische Geschichte, vergleichendes Verfassungsrecht und internationales Recht, während seine drei Gründungskollegen Ökonomie und englische Geschichte, Römisches Recht und vergleichende Jurisprudenz sowie vergleichendes Verfassungsrecht lehrten. Gegen Ende des 19. Jahrhunderts kamen auch Verwaltungswissenschaft und Soziologie hinzu, und so folgte die New Yorker Neugründung weitgehend dem Konzept der «politischen Wissenschaften» und «gesamten Staatswissenschaften», wie es Friedrich List und Robert Mohl zu Beginn des 19. Jahrhunderts für die Tübinger Fakultät entwickelt hatten.

Nach dem Vorbild der Tübinger «Zeitschrift für die gesamte Staatswissenschaft» und insgesamt der wissenschaftlichen Periodika in Deutschland suchten Burgess und seine Kollegen das akademische und öffentliche Profil des Faches und seiner neuen Institution durch die Herausgabe einer eigenen Zeitschrift zu stärken. Seit 1886 gab die School of Political Science das «Political Science Quarterly» heraus, die älteste politikwissenschaftliche Fachzeitschrift der USA. Aufschlußreich für das inhaltliche Profil der neuen Universitätsdisziplin ist der Rezensionsteil dieses Periodikums, in dem über lange Jahre deutschsprachige Werke fast ein

[122] Vgl. Bernard von Brocke: Der deutsch-amerikanische Professorenaustausch. Preußische Wissenschaftspolitik, internationale Wirtschaftsbeziehungen und die Anfänge einer deutschen Auswärtigen Kulturpolitik vor dem Ersten Weltkrieg, in: Zeitschrift für Kulturaustausch 31 (1981), S. 128–182.

Drittel der Besprechungen ausmachten. Die staatswissenschaftlichen Ideengebäude aus Deutschland wurden dem breiteren akademischen Publikum in den USA auch durch Übersetzungen deutscher Standardwerke ins Englische bekannt, wobei Johann Caspar Bluntschlis «Allgemeine Statslehre» mit der englischen Übersetzung ihres ersten Bandes als weitverbreitetes Textbuch den größten Einfluß gewann.[123] Die zu Universitäten mutierenden nordamerikanischen Colleges kauften ganze deutsche Gelehrtenbibliotheken auf, zum Beispiel das Yale College 1870 die umfangreiche Sammlung des Büchernarren Robert von Mohl und die John Hopkins University in Baltimore 1892 die Bibliothek des zehn Jahre zuvor verstorbenen Heidelberger Rechts- und Staatswissenschaftlers Bluntschli.[124]

Vier überwiegend aus Deutschland übernommene Elemente prägten die amerikanische Political Science in ihrer Gründungsphase. Das erste war die Idee vom Staat als einem idealen Vernunftgebilde, die man von der Staatsphilosophie Hegels und Hegelianern wie Bluntschli übernahm. Hinzu trat als zweites der Historismus und die historische Methode, die Betrachtung aller politischen und gesellschaftlichen Erscheinungen von ihrer geschichtlichen Herkunft her und die Dominanz der geschichtswissenschaftlichen Quellenkritik als Arbeitsmethode.[125] Das dritte Element war der vergleichende Ansatz, durch den nicht nur die einzelnen Phänomene an Kontrastschärfe gewinnen, sondern vor allem Rückschlüsse auf gemeinsame Ursprünge gewonnen werden sollten. Dieser Impetus der vergleichenden Methode führte zu den modernen Bemühungen um eine allgemeine Theorie von Staat, Verfassung und Herrschaft. Viertens konzentrierte sich die Political Science des ausgehenden 19. Jahrhunderts auf politische Institutionen wie den Gesamtstaat und seine Teilorgane.

Dieser institutionell-staatliche Fokus der frühen amerikanischen Politikwissenschaft war keineswegs nur einer akademischen Germanophilie

123 Johann Caspar Bluntschli: The Theory of the Modern State, Oxford 1885. Dieser erste Band der «Allgemeinen Staatslehre» war 1865 von Bluntschli unter dem Titel «Politik als Wissenschaft» erstmalig veröffentlicht worden, und auch in der englischen Übersetzung wurde «Statswissenschaft» durchgängig mit «Political Science» übersetzt, während Bluntschli auf dem Titelblatt als «professor of political sciences» firmierte.

124 Vgl. Robert [von] von Mohl: Lebenserinnerungen von Robert von Mohl 1799–1875, 2 Bde., Stuttgart, Leipzig 1902, Bd. 2, S. 151 und Jurgen Herbst: The German Historical School in American Scholarship: A Study in the Transfer of Culture, Ithaca/New York 1965, S. 36.

125 Vgl. die Untersuchung von Herbst: School.

geschuldet, wie die Nachfolgegenerationen oft unterstellt haben, sondern kam den politischen und gesellschaftlichen Bedürfnissen der damaligen amerikanischen Gegenwart durchaus entgegen. Die Vereinigten Staaten standen nach dem Bürgerkrieg und mit Beginn der gleichzeitigen Industrialisierung vor den Herausforderungen einer umfassenden Nationen- und Staatsbildung, nachdem ihre gesamtstaatliche Struktur im ersten Jahrhundert der Republik eher unterentwickelt gewesen war.[126] So standen auch umfassende Reformen von Verwaltungsorganisation und öffentlichem Dienst an der Spitze der liberalen Agenda. Die Gründergeneration der amerikanischen Political Science war die Vorhut dieser Reformbewegung[127] und blickte auf das Deutsche Reich als Vorbild, weniger im Hinblick auf dessen gesamtstaatliche Strukturen, sondern die Detailorganisation von Recht und Verwaltung.

Doch mit dem 20. Jahrhundert begann für die amerikanische Politikwissenschaft eine Zeit der Adoleszenz und Verselbständigung. Sie erlebte ein rasches Wachstum, durchlief vielfältige und manchmal schmerzliche Abnabelungsprozesse gegenüber der ausländischen Herkunftsdisziplin sowie den inländischen Geschwisterfächern und entwickelte im Hinblick auf Organisation, Lehr- und Forschungsinhalte sowie Arbeitsmethoden ein eigenständiges Profil als Profession.

In diesem Prozeß markiert die Gründung der American Political Science Assocation (APSA) den bedeutsamsten Einschnitt. Dieser heute weltweit größte und einflußreichste Berufsverband von Politikwissenschaftlern wurde 1903 von 25 Political Scientists gegründet; 1910 hatte die Vereinigung schon 1350 Mitglieder, und heute gehören ihr über 15000 weitgehend hauptberufliche Political Scientists an. Mit dem eigenen Verband setzte sich die amerikanische Politikwissenschaft von den Nachbarfächern und insbesondere von der Geschichtswissenschaft und der Ökonomie sowie deren Vereinigungen ab, sie schuf sich aber auch in der sich entfaltenden Interessensgruppengesellschaft ein Instrument des Einflusses auf Berufsmarkt und politische Entscheidungsprozesse. In diesem Sinne muß das Jahr 1903 nach 1857 und 1880 als das dritte Geburtsdatum der American Political Science, dieses Mal als Geburt einer Profession, angesehen werden. Drei Jahre später veröffentliche die APSA mit der «American

[126] Vgl. Seymour Martin Lipset: The First New Nation: The United States in historical and comparative perspective, New York 1963, seinerseits ein modernes Beispiel der Fruchtbarkeit der historisch-vergleichenden Methode auch in der politischen Soziologie.

[127] Vgl. Raymond Seidelman/Edward J. Harpham: Disenchanted Realists: Political Science and the American Crisis, 1884–1984, Albany 1985.

Political Science Review» (APSR) erstmals ihr eigenes Periodikum, die anfangs mehr eine Verbandszeitschrift war, heute jedoch weltweit als das bedeutendste Fachorgan der Politikwissenschaft angesehen wird.

Dieser Prozeß der Verselbständigung, der auch als «Amerikanisierung» charakterisiert worden ist,[128] betraf vor allem die Inhalte und Methoden des neuen Faches. Das anfangs dominierende Interesse für den Staat und seine Institutionen wurde nun als teutonisch, autoritär und antidemokratisch kritisiert.[129] An seine Stelle trat die Fokussierung auf die Verhaltensweisen und Machtprozesse von Gruppen in der pluralistischen Gesellschaft, wie es seinen klassischen Ausdruck in Arthur F. Bentleys 1908 veröffentlichtem Werk über «The Process of Government» fand.[130] In Anlehnung an das moderne Wissenschaftsideal der Naturwissenschaften sollten auch in der Politikwissenschaft wie in allen Sozialwissenschaften die realistische Beobachtung sowie quantitative Messung von harten Fakten und darauf aufbauend die Überprüfung exakter Gesetzmäßigkeiten vorherrschen.[131] So bahnte sich schon in den zwanziger Jahren des 20. Jahrhunderts jene behavioristisch-szientistische Paradigmenwende an, die nach dem Zweiten Weltkrieg zum charakteristischen Merkmal der amerikanischen Political Science wurde.

Der scheinbar endgültige Schlag wurde dem deutschen Einfluß auf die amerikanische Political Science durch den politischen Wettersturz im Verhältnis der beiden Nationen während des Ersten Weltkrieges versetzt. Schon in den Jahren zuvor hatte das zunehmende Mißtrauen der demokratisch-republikanischen Eliten der USA gegenüber dem Deutschen Reich germanophile Politiker und Professoren wie John W. Burgess in die Isolation getrieben. Dieser Gründungsvater der amerikanischen Political Science war weder an der Verbandsgründung der APSA beteiligt, noch trug er zur APSR bei. Um so wohler fühlte Burgess sich im Jahr 1906/07 auf der auf seine Initiative hin von Präsident Theodore Roosevelt an der Friedrich-Wilhelms-Universität zu Berlin gestifteten und nach diesem benannten Gastprofessur für Amerikanische Geschichte

[128] Somit/Tanenhaus: Development, S. 61.

[129] Vgl. John G. Gunnell: The Declination of the «State» and the Origins of American Pluralism, in: James Farr/John S. Dryzek/Stephen T. Leonhard (Hrsg.): Political Science in History: Research programs and political traditions, Cambridge et al. 1995, S. 19–40.

[130] Arthur F. Bentley: The Process of Government: A Study of Social Pressures, Chicago 1908.

[131] Diesen Prozeß des Szientismus in der amerikanischen Political Science hat am nachdrücklichsten analysiert – und kritisiert: Crick: Science.

und Institutionen. Als die USA unter Präsident Woodrow Wilson am 6. April 1917 an der Seite Großbritanniens und Frankreichs in den Krieg gegen das Deutsche Reich eintraten, sah John W. Burgess sein Lebenswerk durch seine akademischen Kollegen und Konkurrenten zerstört.[132] In den letzten Jahrzehnten seines Lebens war er ein gebrochener alter Mann, enttäuscht über die Undankbarkeit seines amerikanischen Vaterlandes gegenüber seinem deutschen Idol und verbittert über die Ignoranz seiner Fachdisziplin gegenüber dem Gründungsvater und dessen inhaltlich-methodologischem Programm.

Eine dritte Phase des transatlantischen Kulturtransfers in der Politikwissenschaft sollte die durch die Machtergreifung der Nationalsozialisten erzwungene Emigration von deutschen Wissenschaftlern in die USA darstellen, während in einer vierten Phase der Beziehungen nach dem Ende des Zweiten Weltkrieges und der NS-Diktatur die Politikwissenschaft in Westberlin und Westdeutschland mit umfassender inhaltlicher, personeller, materieller und organisatorischer Hilfe der Vereinigten Staaten im Rahmen der erneuten Demokratiegründung wiederbelebt worden ist. In einer fünften, noch andauernden Phase haben junge bundesdeutsche Politikwissenschaftler zu Beginn ihrer akademischen Karriere in den USA als dem wissenschaftlichen Mekka studiert.

Heute blickt die deutsche Politikwissenschaft voller Ehrfurcht und oft auch Neid auf die Political Science in den Vereinigten Staaten. Deren Abstammung aus der eigenen Tradition ist man sich, wenn überhaupt, meist nur sehr vage bewußt. Auf der anderen Seite erinnert man sich in der amerikanischen Political Science in wachsendem Maße der eigenen Geschichte und dabei auch der deutschen «roots».[133] Besonders deutlich wird diese Besinnung auf die Vergangenheit in der zunehmenden Aufmerksamkeit, welche das Konzept des Staates und die Themen der staatlichen Institutionen gegenwärtig in den USA finden.[134]

Rückblickend ist die «German connection» bei der Entstehung und Institutionalisierung der Politikwissenschaft in den Vereinigten Staaten während der zweiten Hälfte des 19. Jahrhunderts und die Patenschaft der etablierten amerikanischen Political Science bei der Wiedergründung der Politikwissenschaft in den drei Westzonen nach 1945 das «missing link» im Geschichtsbewußtsein der deutschen Disziplin. Es verknüpft die älte-

132 Burgess: Reminiscences, S. 29 u. 197.

133 Vgl. die neueren Arbeiten in Farr/Seidelman: Discipline.

134 Vgl. die Adresse des APSR-Präsidenten Theodore J. Lowi: The State in Political Science, in: American Political Science Review 86 (1992), S. 1–7, auch in Farr/Seidelman: Discipline, S. 383–395.

re Lehre der Politik, die Ende des 19. Jahrhunderts in Deutschland weitgehend untergegangen ist, mit der in der Bundesrepublik nach 1945 (wieder-)gegründeten Politikwissenschaft.

e) Ausblick

Die Lehre von der Politik erfreute sich im Deutschland des 19. Jahrhunderts, gemessen an der Zahl der einschlägigen akademischen Vorlesungen, nochmals eines konjunkturellen Höhepunkts während der vierziger Jahre.[135] Doch daran schloß sich in der zweiten Hälfte des Jahrhunderts ihr Abstieg an. 1897 mußte Otto Hintze feststellen, daß nach dem Tode von Roscher und Treitschke in Deutschland «kaum ein namhafter akademischer Lehrer zu finden sein [dürfte], der regelmäßig Vorlesungen über Politik hält: die Wissenschaft vom Staat, in dieser Form, scheint fast aus dem Kreise unserer Universitätswissenschaften ausscheiden zu wollen».[136] Wie immer man die Bemühungen Einzelner, darunter auch gerade Otto Hintzes, einschätzen mag, die ältere Tradition der Politiklehre in Deutschland zu bewahren und wiederzubeleben, es kann kein Zweifel daran bestehen: Der Faden war an der Wende vom 19. zum 20. Jahrhundert so dünn geworden, daß er zu reißen drohte.

Doch wie nach dem Ende der bürgerlichen Revolution von 1848/49 die altliberalen Hoffnungen nicht schlagartig aufgegeben wurden, so ging auch danach die Lehre von der Politik nicht vollends unter. Vielmehr wirkte sie noch über Jahrzehnte nach, wenn auch in immer schwächer werdender Gestalt. Vor allem beeinflußte sie die Gründung der Political Science in den USA und ist von dort nach siebzigjährigem Exil, wenn auch in modernerer Gestalt, nach Deutschland zurückgekommen.

Aber auch die deutschen Nachbar- und Nachfolgewissenschaften der älteren Lehre der Politik, an deren Wiege sie im 18. Jahrhundert gestanden hatte, bewahrten deren Erbe, selbst wenn sie sich dessen oft nicht bewußt waren, es häufig sogar verleugneten. So verschwand die Politikwissenschaft zwar weitgehend aus dem offiziellen Kanon der akademischen Disziplinen, ihre Gegenstände und teilweise auch ihre Methoden wurden aber von ihren Erben bewahrt. Diese wurden dann nach 1945 wie die amerikanische Political Science zu Paten der in Deutschland wie-

[135] Vgl. die Auszählungen aus den Vorlesungsverzeichnissen durch David F. Lindenfeld: The Practical Imagination: The German Sciences of State in the Nineteenth Century, Chicago 1997, S. 115 u. 331 ff.

[136] Hintze: Entwicklungstheorie, S. 3.

dergegründeten akademischen Wissenschaft der Politik und gaben dieser als Taufgeschenk jenen Erfahrungsschatz zurück, den sie in den dazwischenliegenden Jahrzehnten aufgehoben und vermehrt hatten. Während also die einzelwissenschaftliche Perspektive der Wissenschaftsgeschichte mehr die Diskontuinitäten herausstellt, läßt ihre multidisziplinäre Sichtweise eher die Kontinuitäten erkennen.

Ausdruck dieser ideengeschichtlichen Kontinuität bei aller organisatorischen Diskontinuität des akademischen Faches Politik sind zwei Veröffentlichungen, die zu Anfang des 20. Jahrhunderts das Licht der Welt erblickten. 1907 erschien erstmals die «Zeitschrift für Politik», die heute noch existiert.[137] Ihre Herausgeber waren mit Richard Schmidt ein etablierter Ordinarius des Strafrechts und der Allgemeinen Rechts- und Staatslehre und mit Adolf Grabowsky (1880–1969) ein junger juristischer Privatdozent.[138] Letzterer hatte sich im Öffentlichen Recht promoviert und habilitiert sowie das juristische Staatsexamen abgelegt, zeichnete sich aber früh durch breite Bildungsinteressen und -studien aus und stand der jungkonservativen Bewegung nahe. Richard Schmidt (1862–1944) lehrte damals in Freiburg, später dann in Leipzig und hatte wenige Jahre zuvor eine voluminöse «Allgemeine Staatslehre» veröffentlicht.[139] An den An-

[137] Theo Stammen: Neunzig Jahre Zeitschrift für Politik, in: Zeitschrift für Politik, N. F. 45 (1998), S. 349–365. Zum wissenschaftsgeschichtlichen, insbesondere methodologischen Hintergrund dieser Zeitschriftengründung vgl. Thomas Duve: Die Gründung der Zeitschrift für Politik – Symbol und Symptom für die Entstehung der Politikwissenschaft um 1900?, in: Zeitschrift für Politik, N. F. 45 (1998), S. 405–426, S. 71 ff. und Thomas Duve: Von «Stoffhubern» und «Sinnhubern». Die wissenschaftstheoretische Grundlagendebatte um 1900 und die Entstehung politikwissenschaftlicher Zeitschriften, in: Michael Stolleis (Hrsg.): Juristische Zeitschriften. Die neuen Medien des 18.–20. Jahrhunderts (= Ius Commune, Bd. 128), Frankfurt/Main 1999, S. 449–479, bes.: S. 463 ff. Duves Hauptergebnis, Richard Schmidt habe mit seiner Abkehr von der positivistischen Methode der zeitgenössischen Staatsrechtslehre einen wesentlichen Beitrag zum Neuanfang einer Politikwissenschaft um 1900 geleistet, erscheint allerdings überzogen.

[138] Vgl. Hans Thierbach: Lebenslauf, in: Hans Thierbach (Hrsg.): Adolf Grabowsky. Leben und Werk. Dem Altmeister der Politischen Wissenschaft als Fest- und Dankesgabe gewidmet, Köln et al. 1963, S. 135–152 und Erwin Faul: Adolf Grabowsky 80 Jahre, in: Politische Vierteljahresschrift 1 (1960), S. 177–189.

[139] Richard Schmidt: Allgemeine Staatslehre, 2 Bde. (= Hand- und Lehrbuch der Staatswissenschaften. Abt. 3: Staats- und Verwaltungslehre, Bd. 1–2), Leipzig 1901. Vgl. Adolf Grabowsky: Zum 100. Geburtstag von Richard Schmidt, in: Zeitschrift für Politik, N. F. 9 (1962), S. 262–266 und vor allem Thomas Duve: Normativität und Empirie im öffentlichen Recht und der Politikwissenschaft um 1900. Historisch-systematische Untersuchung des Lebens und Werks von Richard Schmidt (1862–1944) und der Methodenentwicklung seiner Zeit (= Münchener Universitätsschriften, Bd. 81), Ebelsbach 1998.

fang des ersten Heftes der «Zeitschrift für Politik» stellte Schmidt seinen Aufsatz über «Wege und Ziele der Politik».[140] Interessant ist sein Verständnis von Politik als einer historisch-typologischen Staatslehre, das an Otto Hintze und Friedrich Christoph Dahlmann erinnert. Doch dem letztgenannten Politikklassiker des vergangenen Jahrhunderts zieht Schmidt Treitschke mit seinem ausgeprägteren Machtbegriff und vor allem Ranke mit seiner kurzlebigen «Historisch-politischen Zeitschrift» vor. Darin kommen vor allem politische Präferenzen zum Ausdruck, stand Richard Schmidt doch dem Konservativismus von Ranke viel näher als dem bei Dahlmann vermuteten Reformimpetus. Diesem Leitbeitrag ihres Herausgebers zufolge war die Gründung der «Zeitschrift für Politik» motiviert durch das doppelte Interesse, ein akademisches Forum für alle an staatlichen Zusammenhängen interessierten Wissenschaften und ein politisches Sprachrohr für die wissenschaftliche Legitimation des monarchisch-konservativen Sonderweges deutscher Staatlichkeit zu eröffnen.

War die «Zeitschrift für Politik» im Kaiserreich systemtragend angelegt, so wurde sie unter der fortbestehenden Herausgeberschaft Richard Schmidts und Adolf Grabowskys nach dem Ende des Ersten Weltkrieges und der Novemberrevolution von 1918 weitgehend zu einem Organ von Politiklehrern, die zu den rechten und revisionistischen Positionen der «konservativen Revolution» neigten. Deren bildungsbürgerlich verbrämte Bereitschaft, die nationalsozialistische Diktatur hinzunehmen, wenn nicht zu begrüßen, wurde auf exemplarische Weise im Schlußsatz von Richard Schmidts Aufsatz im ersten Heft des Jahrgangs 1933 der «Zeitschrift für Politik» deutlich: «Auch für das jetzige Zeitalter, eine Übergangszeit, gilt wieder Goethes Maxime: eher eine Ungerechtigkeit ertragen als eine Unordnung.»[141] Im Dritten Reich diente die «Zeitschrift für Politik» vorzugsweise der wissenschaftlichen Rechtfertigung der imperialistischen Großraumpolitik. Insgesamt spiegelt sich in den inzwischen über achtzig Jahrgängen der «Zeitschrift für Politik» und ihrer 1954 begründeten «Neuen Folge», die heute von der Münchener Hochschule für Politische Wissenschaften herausgegeben wird, vor allem der Wandel des Konservatismus in Deutschland während des 20. Jahrhunderts wider.

Kurz vor dem Ausbruch des Ersten Weltkrieges erschien außerdem

[140] Richard Schmidt: Wege und Ziele der Politik, in: Zeitschrift für Politik 1 (1908), S. 1–60.

[141] Richard Schmidt: Der politische Lehrgehalt in Goethes Lebenswerk, in: Zeitschrift für Politik 22 (1933), S. 73–91, hier: S. 91.

das «Handbuch der Politik».[142] Es wurde herausgegeben von Rechtswissenschaftlern wie Paul Laband und dem zum Zeitpunkt der Veröffentlichung bereits verstorbenen Georg Jellinek, von Nationalökonomen wie Adolf Wagner und dem Historiker Karl Lamprecht. Aufschlußreich für den zugrundeliegenden Politikbegriff, aber auch das Verständnis der akademischen Politiklehre sind die einleitenden Artikel im ersten Band des Handbuchs über «Politik als Staatskunst und Wissenschaft». Darin setzte der Straßburger Jurist Hermann Rehm, der ebenfalls eine «Allgemeine Staatslehre»[143] veröffentlicht hatte, nicht nur Politik als Wissenschaft mit Staatswissenschaft gleich. Gleichzeitig unterschied er zwischen «Staatsmachtlehre oder historischer Politik» und «Staatskunstlehre oder theoretischer Politik» und gliederte letztere wiederum in «Staatsklugheitslehre oder praktische Politik» und «Staatszweckmäßigkeitslehre oder theoretische Politik im engeren Sinne». Damit nahm Rehm die Gesamtheit der Traditionen der älteren Lehre der Politik auf.[144] Doch das Sammelsurium der in den drei Bänden folgenden Artikel zu einer Vielzahl von Aspekten des staatlichen, gesellschaftlichen, wirtschaftlichen und rechtlichen Lebens, die sehr unvermittelt nebeneinanderstehen, macht deutlich, daß die Einheit von Politik als Staatswissenschaft zu Beginn des 20. Jahrhunderts in Deutschland nur noch ein Erinnerungsposten war, nicht mehr der akademischen und intellektuellen Wirklichkeit entsprach.

Diese weitgehende Verdrängung der Politik- und Staatslehre durch ihre Nachbarwissenschaften, die in Deutschland gegen Ende des 19. Jahrhunderts zu konstatieren ist, wurde überdies durch die Veränderungen im allgemeinen Wissenschaftsideal bewirkt. Insbesondere Wilhelm Hennis und Hans Maier haben in ihren Arbeiten zur Wissenschaftsgeschichte der älteren Lehre der Politik immer wieder herausgestellt, wie Ende des 18. Jahrhunderts unter dem Einfluß von Immanuel Kant die aristotelische Orientierung der praktischen Philosophie an der Glückseligkeit (Eudämonismus) durch das kritische Wissenschaftsideal einer theoretischen Philosophie ersetzt wurde. Unter dem neuen Wissenschaftsverständnis

142 Paul Laband/Adolf Wach/Adolf Wagner et al. (Hrsg.): Handbuch der Politik, 3 Bde., Berlin, Leipzig 1912.

143 Hermann Rehm: Allgemeine Staatslehre, Freiburg/Breisgau 1899.

144 Hermann Rehm: Politik als Wissenschaft – Ihre Zweige, in: Paul Laband/Adolf Wach/Adolf Wagner et al. (Hrsg.): Handbuch der Politik. Bd. 1: Die Grundlagen der Politik, Berlin, Leipzig 1912, S. 7–11, hier: S. 8. Noch deutlicher wurde das im Beitrag von Fritz Berolsheimer: Methodik und Abgrenzung der Politik, in: Paul Laband/Adolf Wach/Adolf Wagner et al. (Hrsg.): Handbuch der Politik. Bd. 1: Die Grundlagen der Politik, Berlin, Leipzig 1912, S. 14–19 mit seinen Hinweisen auf Dahlmann, Waitz, Holtzendorff, Bluntschli, Schäffle u. a.

wurden nun den bisherigen Gebrauchsdisziplinen die «reinen Wissenschaften» entgegengesetzt, wurde die Wertfreiheit als wünschenswert angesehen und sollten sich alle Wissenschaften nach naturwissenschaftlichem Vorbild durch einen eigenen Gegenstand und vor allem eine autonome Methode auszeichnen. Diesen szientistischen Maßstäben konnte die ältere Lehre der Politik mit ihrem Praxisbezug, ihrer Interdisziplinarität und ihrer Normativität kaum genügen. Akademische Bemühungen um Politik wurden nun, wie es bereits 1865 Carl Friedrich von Gerber als der Vater der positivistischen Staatsrechtslehre formulierte, als «Vorspiel im philosophischen Himmel»[145] nicht mehr ernst genommen.

Die vermeintliche Antiquiertheit der älteren Politikwissenschaft zeigte sich auch im Hinblick auf die Lehrveranstaltungsformen, in denen sie präsentiert wurde. Die am Prinzip von Bildung und Wissenschaft orientierten Reformen vom Anfang des 19. Jahrhunderts hatten zwar die Vorlesungen als die seit der Entstehung der Universitäten im Mittelalter dominierende Form akademischer Lehre beibehalten, aber ihren Charakter radikal verändert. Aus dem ritualisierten Vortrag eines dogmatisch festgelegten Lehrkanons sollte nach Auffassung der Universitätsreformer eine kritisch-reflektierende Wissensvermittlung werden. So entstanden bald neue Lehrveranstaltungsformen: in den Naturwissenschaften die Laboratorien, in den Geisteswissenschaften die Seminare.[146]

Als in der zweiten Hälfte des 19. Jahrhunderts auf professoralen Antrag immer mehr «Staatswissenschaftliche Seminare» an den Universitäten eingerichtet wurden, handelte es sich um mit eigenen Etats und Bibliotheken ausgestattete Forschungseinrichtungen auf dem Gebiet der Nationalökonomie und der Statistik.[147] Die ältere Lehre von der Politik profitierte nicht mehr von dieser Entwicklung, sie stand auf einem Abstellgleis der großbetrieblichen Entwicklung der Universitäten. Auch die beabsichtigte Aufwertung der politischen Wissenschaften durch die Einrichtung von Rechts- und Staatswissenschaftlichen Fakultäten im letzten Drittel des 19. Jahrhunderts, mit der an Konzeptionen Friedrichs Lists und Robert Mohls vom Beginn des Jahrhunderts angeknüpft wurde, brachte keine Wende.

145 Gerber: Grundzüge, S. 230.

146 Vgl. Schnabel: Geschichte, Bd. 3, S. 135 f.

147 Vgl. Gustav Fischer: Über die Einrichtung staatswissenschaftlicher Seminarien auf den deutschen Universitäten, Jena 1857 und Gustav Fischer: Staatswissenschaftliche Seminare, in: Wilhelm Lexis (Hrsg.): Die Deutschen Universitäten. Für die Universitätsausstellung in Chicago, Bd. 2, Berlin 1893, S. 603–606.

Zum weitgehenden Untergang der älteren Politikwissenschaft trugen schließlich auch die Wandlungen in der politischen Kultur der Deutschen bei, die in der zweiten Hälfte des 19. Jahrhunderts unter dem Eindruck des Erfolgs der nationalstaatlichen Einigung Deutschlands durch die Militärmacht Preußen und die Erfahrungen des politischen und wirtschaftlichen Aufschwungs des neugegründeten Deutschen Reiches erfolgte.[148] Nicht nur die herrschende Aristokratie, auch das Bürgertum in seiner breiten Mehrheit akzeptierte das politische System des Wilhelminismus mit seiner Orientierung an den Werten von Autorität, Größe und Staatsgläubigkeit. Die Notwendigkeit von Reformen wurde lediglich auf den Gebieten der technischen Entwicklung und der sozialen Daseinsfürsorge konzediert. In dieser Grundstimmung konnten anwendungsorientierte Staats- und Sozialwissenschaften wie die Nationalökonomie, die moderne Statistik und das Verwaltungsrecht sowie sozialpolitische Strömungen, nicht aber die universitäre Lehre von der Politik als die Wissenschaft von der kritischen Analyse des politischen Systems und seiner Reformierbarkeit florieren.[149]

Zwar wurde an den deutschen Universitäten auch im Zweiten Reich politische Bildung vermittelt und politische Kultur geprägt.[150] Doch diese beinhalteten nicht mehr die liberale Forderung nach staatsbürgerlichen Freiheiten, die prinzipielle Frage nach einer guten Verfassung und den vergleichenden Blick auf die politischen Zustände früherer Zeiten und anderer Länder, sondern die uneingeschränkte Glorifizierung der gegebenen Verhältnisse der deutschen Gegenwart. Ausdruck dieser politischen Bildung waren kaum mehr Politikvorlesungen, sondern politisierende Statements von Spezialisten anderer Fächer, die den Beitrag der «deutschen Wissenschaft» zu diesen Errungenschaften beschworen.[151]

[148] Vgl. vor allem die Arbeiten von Fritz Stern: Das Scheitern illiberaler Politik. Studien zur politischen Kultur Deutschlands im 19. und 20. Jahrhundert, Frankfurt/Main 1974.

[149] Das ist das Hauptergebnis von Schiera: Laboratorium. Vgl. Pierangelo Schiera: Das Politische der «Deutschen Wissenschaft», in: Christoph König/Eberhard Lämmert (Hrsg.): Konkurrenten der Fakultät. Kultur, Wissen und Universität um 1900, Frankfurt/Main 1999, S. 163–180.

[150] Vgl. die materialreiche Studie von Konrad H. Jarausch: Students, Society and Politics in Imperial Germany: The Rise of Academic Illiberalism, Princeton/New Jersey 1982, in der auch die akademischen Politikvorlesungen erwähnt werden (S. 206 ff.), allerdings ohne Kenntnis des wissenschaftsgeschichtlichen Hintergrundes.

[151] Vgl. Friedrich Meinecke: Drei Generationen deutscher Gelehrtenpolitik, in: Historische Zeitschrift 125 (1922), S. 248–283 und Thomas Nipperdey: Deutsche

Die eigentliche politische Sozialisation der akademischen Jugend erfolgte, abgesehen vom bürgerlichen Elternhaus, in Burschenschaften und Studentenvereinigungen: Hier wurden auch jene illiberalen Werte des Nationalismus, Imperialismus, Militarismus und Antisemitismus vermittelt, die in der bürgerlichen Gesellschaft Deutschlands zu Endes des 19. Jahrhunderts dominierend wurden und auf verhängnisvolle Weise die weitere deutsche Geschichte prägen sollten.

Unter solchen restriktiven Bedingungen des öffentlichen Meinungsklimas konnte die «Politik als Wissenschaft» nicht mehr reüssieren. Dazu trug auch der paradigmatische Wandel im wissenschaftstheoretischen Verständnis des Verhältnisses von Theorie und Praxis bei. Diese waren für die ältere Politiklehre weitgehend eine Einheit. Doch in der zweiten Hälfte des Jahrhunderts traten beide Bereiche auseinander, verstand sich derjenige als guter Theoretiker, wer sich nicht auf die Praxis einließ, und als erfolgreicher Praktiker, wer sich nicht um theoretische Spitzfindigkeiten kümmerte. Politik wurde nun zur genialen Kunst primär in der Außenpolitik oder bloßen Praxis vorwiegend in der Innenpolitik reduziert, galt als Gegenstand von genialen Staatsmännern, kompetenten Verwaltungsbeamten und parlamentarischen Interessenvertretern.[152] Hochschullehrer, die auch in der Politik mitwirken wollten, wurden als politisierende Professoren eher abschätzig angesehen.[153]

Im Wilhelminischen Kaiserreich meinte man auf eine kritische Analyse seiner Politik weitgehend verzichten zu können, weil diese von den meinungsführenden Eliten in Staat, Gesellschaft und Wirtschaft, aber auch Kultur und Wissenschaft als die beste aller Welten glorifiziert wurde.[154] Allerdings mehrten sich seit Beginn des 20. Jahrhunderts und ins-

Geschichte 1866–1918. Bd. 1: Arbeitswelt und Bürgergeist, München 1990, S. 590–601.

[152] Vgl. Karl Dietrich Bracher: Wissenschafts- und zeitgeschichtliche Probleme der Politischen Wissenschaft in Deutschland, in: Kölner Zeitschrift für Soziologie und Sozialpsychologie 17 (1965), H. 3 [= Festschrift für Otto Stammer], S. 447–464, hier: S. 448 und öfter.

[153] Vgl. die Hinweise auf das sich in der zweiten Hälfte des 19. Jahrhunderts wandelnde Verhältnis von Wissenschaft und Politik bei Rüdiger vom Bruch: Wissenschaft, Politik und öffentliche Meinung. Gelehrtenpolitik im Wilhelminischen Deutschland (1890–1914) (= Historische Studien, Bd. 435), Husum 1980 und Christian Jansen: Professoren und Politik. Politisches Denken und Handeln Heidelberger Hochschullehrer 1914–1935 (= Kritische Studien zur Geschichtswissenschaft, Bd. 99), Göttingen 1992.

[154] Vgl. zum antidemokratischen Bündnis von Professorenschaft und Obrigkeitsstaat Fritz K. Ringer: Die Gelehrten. Der Niedergang der deutschen Mandarine 1890–1933, Stuttgart 1983.

besondere im Verlauf des Ersten Weltkrieges die kritischen Stimmen gegenüber diesem wilhelminischen Grundkonsens. So beklagten nationale Liberale wie Friedrich Naumann und Max Weber, fortschrittliche Industrielle wie Walther Rathenau, Reformpädagogen wie Georg Kerschensteiner[155] und besorgte Universitätslehrer wie der Bonner Staatsrechtsordinarius Fritz Stier-Somlo[156] und der junge Greifswalder Privatdozent der Geschichte Ludwig Bergsträßer (1883–1960)[157] die Verkümmerung des politischen Engagements des deutschen Bürgertums und traten für die Förderung der «staatsbürgerlichen Erziehung» ein.[158] Damit verbunden wurde die Forderung nach Vertiefung der Kenntnis des Auslands, insbesondere durch auslandswissenschaftliche Studien. Alle diese Argumente bündelte Anfang 1917 Carl Heinrich Becker (1876–1933), vormals Bonner Orientalistikprofessor und kurz zuvor nach Berlin als Vortragender Rat in das preußische Kultusministerium berufen, in einer Denkschrift für den Preußischen Landtag, in der er nicht nur die Förderung der Auslandsstudien propagierte, sondern generell die Überwindung des unpolitisch gewordenen Bildungsideals des Neuhumanismus durch die breite Förderung der politischen Bildung der deutschen Jugend in den Schulen und an den Universitäten forderte.[159] An diese staatsbürgerliche Reformdebatte zum Ende der deutschen Monarchie und die sich daraus ergebenden Folgerungen für den akademischen Politikunterricht konnte in der Weimarer Republik angeknüpft werden.

Von diesen Ausnahmen abgesehen entsprach aber dem Sonderweg der Verherrlichung eines spezifisch deutschen Politik- und Verfassungsmodells, der mit der konstitutionellen Monarchie des autoritären Deutschen Reiches von 1871 begann und mit der nationalsozialistischen Diktatur des Dritten Reiches 1945 endete, auch ein weitgehender Sonderweg auf dem Gebiet der Geschichte der Politikwissenschaft: Während sich dieses Fach in den westlichen Demokratien, allen voran den USA, im

[155] Georg Kerschensteiner: Staatsbürgerliche Erziehung der deutschen Jugend, Erfurt 1901.

[156] Fritz Stier-Somlo: Grundsätzliches zur staatsbürgerlichen Erziehung, in: Zeitschrift für Politik 4 (1911), S. 544–553. Aus diesem staatsbürgerlichen Reformimpetus heraus las Stier-Somlo auch an der Bonner Universität für Hörer aller Fakultäten über «Politik» und veröffentlichte sein Manuskript erstmals 1907 als Buch.

[157] Ludwig Bergsträßer: Mein Weg, München 1953. Vgl. auch die Festschrift für diesen in den Anfangsjahren der Bundesrepublik als Kultuspolitiker sehr einflußreichen Vetter Arnold Bergstraessers: Alfred Herrmann (Hrsg.): Festschrift zum 70. Geburtstag von Ludwig Bergsträßer. Aus Geschichte und Politik, Düsseldorf 1954.

[158] Zum folgenden Jarausch: Students, S. 219–233.

[159] Vgl. Jarausch: Students, S. 225 f.

20. Jahrhundert eines steten Aufschwungs erfreuen konnte, ging es in Deutschland, einem Land mit großen politikwissenschaftlichen Traditionen, zwischen 1890 und 1945 weitgehend unter. So ist die Spätblüte der älteren Politikwissenschaft in der ersten Hälfte und ihr weitgehendes Verwelken zu Ende der zweiten Hälfte des 19. Jahrhunderts ein Beispiel dafür, daß die Konjunktur des Faches weniger von inneren Faktoren wie der Produktion wissenschaftlicher Erkenntnisse und der Organisation akademischer Lehre und Forschung, sondern mehr von äußeren Bedingungen wie der Entwicklung des politischen Systems und der Erfüllung gesellschaftlicher Bedürfnisse abhängt.

6. Die Deutsche Hochschule für Politik in der Weimarer Republik (1919–1933)

Die konjunkturelle Abhängigkeit des akademischen Faches der Politik von der jeweiligen Struktur der praktischen Politik ist in der deutschen Geschichte zu keiner Zeit so deutlich geworden wie in der ersten Hälfte des 20. Jahrhunderts.[1] Während unter den politisch-kulturellen Bedingungen des autoritären Kaiserreiches die ältere Lehre von der Politik nach jahrhundertelanger Existenz weitgehend untergegangen war, verknüpfte sich mit der Einführung der demokratischen Verfassungsordnung in der Weimarer Republik das Experiment einer neuen Etablierung der Politik als Wissenschaft. Doch dieser Versuch endete schon bald mit dem Ende der ersten deutschen Republik und machte in der völkischen Diktatur des Dritten Reiches einer politisierten Wissenschaft Raum, der jedes kritische Wissenschaftspotential abging. In den 14 Jahren der Weimarer Republik kam es zu einem inhaltsreichen und spannungsvollen Experiment nicht nur der Demokratiegründung, sondern auch der Wiederbelebung der Lehre von der Politik. Diese Bemühungen waren trotz ihres Scheiterns nach 1933 doch grundlegend für die erfolgreicheren Unternehmungen in der Bundesrepublik Deutschland.

a) Gründungsimpulse

Die Versuche in der Weimarer Republik, eine akademische Lehre der Politik zu etablieren, beruhten auf einem eigentümlichen Gemenge von außen- und innenpolitischen Motiven, die noch auf Reformbemühungen zum Ausgang des Wilhelminischen Reiches zurückgingen. Grundsätzliche Anstöße dazu hatte Max Weber vermittelt. Er hatte in den beiden ersten Jahrzehnten des 20. Jahrhunderts nicht nur allgemein die Notwendigkeit von innenpolitischen Strukturveränderungen der konstitutionellen Monarchie herausgestellt, durch welche die außenpolitische Macht-

[1] Das ist auch die Leitidee des Sammelbandes von Rainer Eisfeld/Michael Greven/Hans Karl Rupp: Political Science and Regime Change in 20th Century Germany, Commack/New York 1997.

stellung des Deutschen Reiches gefestigt werden sollte, sondern im besonderen die fehlende Erziehung der deutschen Eliten in Gesellschaft und Verwaltung zur politischen Verantwortung beklagt und Reformüberlegungen entwickelt, die nach Kriegsende in seinem berühmten Vortrag über «Politik als Beruf» kulminierten.[2]

Diese programmatischen Appelle Webers wurden von dem sozial-liberalen Politiker Friedrich Naumann (1860–1919) politisiert und konkretisiert. Naumann hatte schon 1900 in seiner Programmschrift über «Demokratie und Kaisertum» zur Stärkung der inneren Voraussetzungen deutscher Größe ein Bündnis von Monarchie und Arbeiterschaft gefordert, für das er den Begriff des «nationalen Sozialismus» prägte.[3] Später propagierte er die Ausbildung liberaler Eliten im Geiste der sozialpatriotischen Solidargemeinschaft und forderte Anfang 1918 in positiver Beantwortung der selbstgestellten Frage, «ob Politik lehrbar und lernbar» sei, eine «freie deutsche Hochschule für Politik».[4] Nach dem Untergang der Monarchie gründete er Ende 1918 eine «Staatsbürgerschule», doch an der Durchführung dieses Projektes hinderte ihn weitgehend die Teilnahme an der Weimarer Nationalversammlung. Nach seinem Tod im August 1919 wirkte Naumanns Vermächtnis auf seine Mitarbeiter. Auch die Gründung der Zentralstelle für Heimataufklärung Anfang des letzten Kriegsjahres 1918, aus der in der Weimarer Republik die Reichszentrale für Heimatdienst hervorging, stand unter dem Ziel einer Stärkung der Heimatfront durch staatsbürgerliche Aufklärungs- und Erziehungsarbeit.[5] An diese Traditionskette knüpfte in der Bundesrepublik die 1952

[2] Max Weber: Gesammelte Politische Schriften, hrsg. von Johannes Winckelmann, Tübingen ^{2}1958. Vgl. die grundlegende, wenn auch kontroverse Studie von Wolfgang J. Mommsen: Max Weber und die deutsche Politik 1890–1920, Tübingen ^{2}1974.

[3] Friedrich Naumann: Demokratie und Kaisertum. Ein Handbuch für die innere Politik, Berlin-Schönberg 1900; wiederabgedruckt in: Friedrich Naumann: Werke, Bd. 2, hrsg. i. A. der Friedrich-Naumann-Stiftung von Walter Uhsadel, Köln, Opladen 1964.

[4] Friedrich Naumann: Vier Reden an junge Freunde (1918), in: Friedrich Naumann: Werke, Bd. 5, Köln, Opladen 1964, S. 709–735. Vgl. Theodor Heuss: Friedrich Naumann als politischer Pädagoge, in: Ernst Jäckh (Hrsg.): Politik als Wissenschaft. Zehn Jahre Deutsche Hochschule für Politik, Berlin 1931, S. 121–133 und Theodor Heuss: Friedrich Naumann: Der Mann, das Werk, die Zeit, Stuttgart, Tübingen 1949, S. 410 ff.

[5] Vgl. Johannes K. Richter: Die Reichszentrale für Heimatdienst: Geschichte der ersten politischen Bildungsstelle in Deutschland und Untersuchung ihrer Rolle in der Weimarer Republik, Berlin 1963 und Klaus W. Wippermann: Politische Propaganda und staatsbürgerliche Bildung. Die Reichszentrale für Heimatdienst in der Weimarer Republik (= Schriftenreihe der Bundeszentrale für politische Bildung, Bd. 114), Köln 1976.

gegründete «Bundeszentrale für Heimatdienst» an, welche 1963 in «Bundeszentrale für politische Bildung» umbenannt wurde.

Im Geiste dieser Ideen Max Webers und Friedrich Naumanns erfolgte im Jahr 1920 in Berlin die Gründung der Deutschen Hochschule für Politik, selbst wenn es jetzt um die demokratischen Voraussetzungen nicht mehr der Bewahrung, sondern der Wiedererlangung deutscher Größe im internationalen Maßstab ging.[6] Dieser Impuls wurde überdeutlich in den Gründungsdenkschriften und -reden von Ernst Jäckh, dem Direktor, und Theodor Heuss, dem Studienleiter der neuen Institution, zwei erklärten Naumannianern, die viel zum Nachruhm ihres Vorbildes beitrugen.[7] Ernst Jäckh ging in seiner Schlußrede auf der Gründungsfeier der Deutschen Hochschule für Politik[8] ausführlich auf das Vorbild der 1871 in Paris gegründeten École Libre des Sciences Politiques ein. Dabei knüpfte er nicht nur an die spezifische Bildungsfunktion der Pariser Institution, sondern auch an die mit ihr verbundenen Hoffnungen einer nationalen Revanche nach dem verlorenen Krieg an. Jäckh wie auch der damalige Reichsaußenminister Walter Simons, der von 1922 bis 1929 Präsident des Reichsgerichts war, und der rechtskatholische Historiker Martin Spahn, der ebenfalls zu den Gründern der Deutschen Hochschule gehörte, erinnerten daran, daß Emile Boutmy als der Gründer der École Libre seinerseits auf die Gründung der Berliner Universität im Jahr 1810 als Reaktion auf die militärische Niederlage Preußens gegen das revolutionäre Frankreich verwiesen hatte.[9]

6 Zur Geschichte der ersten Deutschen Hochschule für Politik vgl. neben der älteren Arbeit von Hans Kastendiek: Die Entwicklung der westdeutschen Politikwissenschaft, Frankfurt/Main 1977, S. 117–140 insbesondere Antonio Missiroli: Die Deutsche Hochschule für Politik, Königswinter 1988; Detlef Lehnert: «Politik als Wissenschaft». Beiträge zur Institutionalisierung einer Fachdisziplin in Forschung und Lehre der Deutschen Hochschule für Politik 1920–1933, in: Politische Vierteljahresschrift 30 (1989), S. 443–465 und Detlef Lehnert: «Schule der Demokratie» oder «politische Fachhochschule»? Anspruch und Wirklichkeit einer praxisorientierten Ausbildung der Deutschen Hochschule für Politik 1920–1933, in: Gerhard Göhler/Bodo Zeuner (Hrsg.): Kontinuitäten und Brüche in der deutschen Politikwissenschaft, Baden-Baden 1991, S. 65–93.

7 Vgl. Heuss: Friedrich Naumann.

8 Ernst Jäckh: Zur Hochschule für Politik, in: Deutsche Politik V (1920), H. 46, S. 571–575; wiederabgedruckt in: Missiroli: Hochschule, S. 145–149.

9 Ernst Jäckh: [Rede], in: Bill Drews et al. (Hrsg.): Politische Bildung. Wille – Wesen – Ziel – Weg. Sechs Reden, gehalten bei der Eröffnung der Deutschen Hochschule für Politik, Berlin 1921, S. 28–32, hier: S. 30. Die ganz ähnliche Assoziationskette bei Walter Simons: [Rede], in: Bill Drews et al. (Hrsg.): Politische Bildung. Wille – Wesen – Ziel – Weg. Sechs Reden, gehalten bei der Eröffnung der Deutschen Hochschule für Politik, Berlin 1921, S. 17–21, hier: S. 21.

Dieses Leitmotiv der Gründung politikwissenschaftlicher Bildungsstätten aus dem Geiste nicht nur des patriotischen Idealismus, sondern auch des nationalen Revanchismus klang auch in der «Denkschrift zur Errichtung einer Deutschen Hochschule für Politik» von Theodor Heuss an.[10] Für den jungen liberalen Publizisten und Dozenten stellte die Neugründung «ein wichtiges Werkzeug für die Wiedererrichtung des deutschen Staates» dar, sollte als «freie Vereinigung vaterländisch gesinnter Männer und Frauen [...] dem Gedanken der deutschen Befreiung und Erneuerung dienen». Die Etablierung einer Deutschen Hochschule für Politik 1920 fügte sich somit in jene Reihe von Bemühungen nach dem Ersten Weltkrieg ein, auf die Niederlage nicht mit historischen Dolchstoßlegenden und militärischem Revanchismus, sondern der Einsicht in die Notwendigkeit innerer, sprich demokratischer Stärkung des deutschen Staates zu reagieren. In Abwandlung des Sprichworts vom Krieg als dem Vater aller Dinge kann man für die Politik wie die Politikwissenschaft feststellen, daß für beide die Niederlage oft zur Mutter der Reform geworden ist.

Gleichzeitig kamen bei der Gründung der Hochschule auch originäre staatsbürgerliche Ziele zum Tragen. Waren sich doch die Väter der Weimarer Verfassung vom 11. August 1919 durchaus bewußt, daß die von ihnen konzipierte demokratische Republik nicht nur entsprechende Verfassungsinstitutionen erforderte, sondern auch demokratische Verhaltensweisen der Staatsbürger voraussetzte, die vorzugsweise in der schulischen Bildung und Sozialisation zu erwerben waren. Dementsprechend wurde in Artikel 148 der Weimarer Verfassung nicht nur in Absatz 1 neben der «sittlichen Bildung» und der «persönlichen und beruflichen Tüchtigkeit im Geiste des deutschen Volkstums und der Völkerversöhnung» die «staatsbürgerliche Gesinnung» als Bildungsziel postuliert. In Absatz 3 hieß es außerdem, im Anschluß an die Reformdebatte vom Ende des Kaiserreiches: «Staatsbürgerkunde und Arbeitsunterricht sind Lehrfächer der Schulen. Jeder Schüler erhält bei Beendigung der Schulpflicht einen Abdruck der Verfassung.» Diese wie viele andere Ist-Bestimmungen im Grundrechtsteil der Weimarer Verfassung blieb allerdings weitgehend auf dem Papier bestehen, wurde in der Schulpraxis kaum realisiert.[11] Doch

[10] Theodor Heuss: Denkschrift zur Errichtung einer Deutschen Hochschule für Politik, in: Drews: Politische Bildung, S. 33–37; wiederabgedruckt in: Missiroli: Hochschule, S. 140–144.

[11] Vgl. die bezeichnend knappe Kommentierung bei Gerhard Anschütz: Die Verfassung des Deutschen Reichs vom 11. August 1919. Ein Kommentar für Wissenschaft und Praxis, Berlin [14]1933, S. 686, die sich darauf beschränkt, daß «die Unterrichtsver-

von der Gründung, nicht vom Scheitern der Weimarer Republik her gesehen kam in dem intendierten System staatsbürgerlicher Erziehung der Deutschen Hochschule für Politik nach der Absicht ihrer Initiatoren eine zentrale Rolle zu.

Schließlich führte sich die neue Institution auch auf jene Hochschulreformen zurück, die mit dem Namen des preußischen Kultuspolitikers Carl Heinrich Becker verbunden war.[12] Dieser gebildete und weltmännische Orientalist, welcher der liberalen Deutschen Demokratischen Partei nahestand, ohne ihr anzugehören, war Professor an der Universität Bonn, bevor er 1916 als Vortragender Rat ins preußische Kultusministerium berufen und dort 1919 Staatssekretär wurde, bis er schließlich von 1925 bis 1930 das Amt des preußischen Kultusministers innehatte. In Anknüpfung an die Universitätsreformen Wilhelm von Humboldts vom Anfang des 19. Jahrhunderts bemühte sich C. H. Becker ebenfalls um eine inhaltliche und organisatorische Reform des Hochschulwesens. Er forderte nun am Anfang der Weimarer Republik in seinen «Gedanken zur Hochschulreform» vor allem die Institutionalisierung von neuen Hochschulfächern wie der Soziologie, wobei er ergänzte: «Dabei ist die Soziologie im weitesten Sinne des Wortes gedacht einschließlich der wissenchaftlichen Politik und der Zeitgeschichte.»[13] C. H. Becker entwickelte dabei Reformvorschläge, die weit über die damals existierende Hochschul- und Fakultätsorganisation hinausgingen. So konzipierte er nicht nur die Pädagogischen Akademien als wissenschaftliche Hochschulen für die Ausbildung von Volksschullehrern, sondern forderte auch auf dem Gebiet der politischen Bildung einen «neuen praktischen Hochschultyp». Ihm sollte entsprechend dem Vorbild der École Libre des

waltungen [...] für den Vollzug dieser Bestimmungen zu sorgen haben», aber auch Christoph Gusy: Die Weimarer Reichsverfassung, Tübingen 1997, S. 335. Ausführlicher hingegen Emil Stutzer: Staatsbürgerliche Bildung und Erziehung. – Deutsche Staatsbürgerkunde, in: Gerhard Anschütz/Fritz Berolzheimer/Georg Jellinek et al. (Hrsg.): Handbuch der Politik. Bd. 3: Die politische Erneuerung, Berlin, Leipzig [3]1921, S. 227–232 und vor allem, auch auf die Entstehungsgeschichte der Bestimmung eingehend, Walter Landé: Artikel 143–149. Bildung und Schule, in: Hans Carl Nipperdey/Gerhard Anschütz (Hrsg.): Die Grundrechte und Grundpflichten der Reichsverfassung. Kommentar zum zweiten Teil der Reichsverfassung. Bd. 3: Artikel 143–165 und «Zur Ideengeschichte der Grundrechte», Berlin, Mannheim 1930, S. 75–78.

[12] Vgl. Erich Wende: C. H. Becker: Mensch und Politiker. Ein biographischer Beitrag zur Kulturgeschichte der Weimarer Republik, Stuttgart 1959 und Guido Müller: Weltpolitische Bildung und akademische Reform. Carl Heinrich Beckers Wissenschafts- und Hochschulpolitik 1908–1930 (= Beiträge zur Geschichte der Kulturpolitik, Bd. 2), Köln et al. 1991.

[13] Carl Heinrich Becker: Gedanken zur Hochschulreform, Leipzig 1919, S. 9.

Sciences Politiques die «Pflege aller politischen Wissensgebiete übertragen werden, und zwar ohne Berücksichtigung der Parteirichtung».[14] Diese Gründungen sollten «die Rolle von Schrittmachern und Versuchsanstalten» für die etablierten Universitäten übernehmen. In diesem Sinne war die im Oktober 1920 gegründete Deutsche Hochschule für Politik ein Experiment auf dem Gebiet der staatsbürgerlichen Bildung und politischen Wissenschaft, das bei seinem Erfolg auch an den Universitäten wiederholt werden sollte.

Alle diese unterschiedlichen Motive und Pläne zur Etablierung einer Lehranstalt auf dem Gebiet der Politik wurden von Ernst Jäckh (1875–1959) gebündelt und in die organisatorische Praxis umgesetzt. Jäckh war der eigentliche Vater der «Politik als Wissenschaft» in der Weimarer Republik.[15] In der Vorkriegszeit war er enger Mitarbeiter Friedrich Naumanns und Chefredakteur der «Neckar Zeitung» gewesen, er hatte sich als Kenner des Nahen Ostens und Verbindungsmann des Auswärtigen Amtes zur Türkei einen Namen gemacht. Er wandte sich zwar gegen die überzogenen annexionistischen Strömungen während des Ersten Weltkrieges, war aber entschiedener Anhänger deutscher Größe, vor allem auf den Gebieten des kulturellen Einflusses. In der Weimarer Republik setzte sich Jäckh insbesondere für die deutsch-französische Aussöhnungspolitik Stresemanns ein, emigrierte nach der nationalsozialistischen Machtergreifung nach England und wirkte später als Berater und Gastprofessor auf dem Gebiet des Nahen Ostens in den USA. Nach dem Zweiten Weltkrieg vermittelte er durch seine Anwesenheit bei der Wiedergründung der Deutschen Hochschule für Politik in West-Berlin dieser Institution traditionale Legitimität.

Ernst Jäckh schuf durch seine zahlreichen Verbindungen zu liberalen, aber auch nationalen Politikern und Wirtschaftsführern die materiellen Voraussetzungen für die Deutsche Hochschule für Politik. Er sicherte durch ihm nahestehende Industrielle wie Robert Bosch und Carl Friedrich von Siemens deren Finanzierung, die allerdings durch die Wirt-

14 Becker: Gedanken, S. 29.

15 Vgl. seine, allerdings von Selbstüberschätzung und «name droping» geprägten Berichte: Ernst Jäckh: Zur Gründung und Entwicklung der Deutschen Hochschule für Politik, in: Ernst Jäckh: Politik als Wissenschaft. Zehn Jahre Deutsche Hochschule für Politik, Berlin 1931, S. 175–202; Ernst Jäckh: Die «alte» Hochschule für Politik. 1920–1933, in: Ernst Jäckh/Otto Suhr (Hrsg.): Geschichte der Deutschen Hochschule für Politik, Berlin 1952, S. 5–32. Autobiographische Erinnerungen: Ernst Jäckh: Der goldene Pflug. Lebensernte eines Weltbürgers, Stuttgart 1954 und Ernst Jäckh: Weltsaat. Erlebtes und Erstrebtes, Stuttgart 1960.

schaftskrise in den Jahren 1922/23 so beschnitten wurde, daß in verstärktem Maße staatliche Ministerien, aber auch amerikanische Stiftungen Zuschüsse leisten mußten. Das Land Preußen stellte der Deutschen Hochschule für Politik als repräsentative Unterbringung in bester Lage Schinkels klassizistisches Gebäude der Bauakademie in der Mitte Berlins zwischen Schloß und Universität zur Verfügung.

An dieser besten Adresse in der deutschen Hauptstadt wurde am 24. Oktober 1920 die Deutsche Hochschule für Politik offiziell im Beisein des Reichspräsidenten Friedrich Ebert eröffnet Die programmatische Hauptrede im Namen des Vorstandes des eingetragenen Vereins hielt Bill Drews (1870–1938), zuvor 1917/18 preußischer Innenminister, dann Staatskommissar der preußischen Regierung für die Verwaltungsreform und später von 1921–1937 Präsident des Preußischen Oberverwaltungsgerichts. Die weiteren Redner spiegelten das Spektrum der Parteien wider, welche die neue Hochschule, aber auch die Weimarer Republik zu Anfang stützten. Extremistischen Positionen auf der Rechten und Linken wurde von Jäckh in seinem Schlußwort eine ausdrückliche Absage erteilt.

b) Vielfalt der Funktionen und Lehrinhalte

Die Deutsche Hochschule für Politik übernahm in der Weimarer Republik eine Vielzahl von Funktionen. Nach Ernst Jäckh sollte sie sowohl Hochschule als auch Fachschule und Volkshochschule sein.[16]

An erster Stelle sollte die Institution als eine Abendschule allen Klassen und Schichten des ganzen Volkes in volkspädagogischer Absicht zur politischen Bildung offenstehen, daher wurde ihr Besuch im Gegensatz zum Universitätsstudium nicht von einem Abiturzeugnis abhängig gemacht. Die Hochschule sollte gemäß der älteren Tradition des Faches ein politisches Studium Generale ermöglichen, sich dabei aber in staatsbürgerlicher Absicht an das ganze Volk richten. Außerdem suchte die Hochschule über Aufbaukurse an die Universitätsreife heranzuführen, verstand sich somit als eine Einrichtung des zweiten Bildungsweges.

[16] Ernst Jäckh: Zwei Jahre Deutsche Hochschule für Politik, in: Ernst Troeltsch (Hrsg.): Naturrecht und Humanität in der Weltpolitik. Vortrag bei der 2. Jahresfeier der Deutschen Hochschule für Politik, Berlin 1923, S. 25–43, S. 37. Sehr anschaulich zur Arbeit der Hochschule die Festschrift Ernst Jäckh (Hrsg.): Politik als Wissenschaft. Zehn Jahre Deutsche Hochschule für Politik, Berlin 1931.

Zum zweiten war sie eine politische Fachschule vor allem für mittlere Partei- und Verbandsfunktionäre. Mit dieser Zielsetzung nahm die Hochschule jenen von Max Weber idealtypisch skizzierten Übergang vom Honoratioren- zum Berufspolitiker auf und suchte diesen Wandel mit den veränderten gesellschaftlichen Bedingungen des Industriezeitalters, aber auch mit den normativen Ansprüchen einer demokratischen Verfassungsordnung zu versöhnen. Die Deutsche Hochschule sollte gemäß dem von Friedrich Naumann und seinen Anhängern vermittelten Gründungsimpuls der Heranbildung einer liberaldemokratisch orientierten politischen Elite dienen. In diesem Sinne wurden zahlreiche Fortbildungsseminare angeboten, unter anderem für Attachés des Auswärtigen Amtes, Gewerkschaftsfunktionäre, Sozialarbeiter, Volksbildner und in Umsetzung des Verfassungsauftrags der staatsbürgerlichen Erziehung zur Aus- und Fortbildung von Lehrern, insbesondere Geschichtslehrern.

Die dritte Funktion einer wissenschaftlichen Lehr- und Forschungsstätte gewann erst Konturen, als 1927 neben der Seminaristischen Abteilung, in der man vier Semester ohne Voraussetzung einer Formalqualifikation studieren konnte, eine Akademische Abteilung eingeführt wurde, deren Besuch in der Regel den Abschluß der Seminaristischen Abteilung oder eines Universitätsstudiums voraussetzte.[17] Da der erfolgreiche Besuch dieser Akademischen Abteilung und das Bestehen ihrer Prüfung mit einem «Diplom D. H. P.» testiert wurde, haben wissenschaftsgeschichtliche Arbeiten zur Deutschen Hochschule für Politik darin die Einleitung eines Prozesses der «Akademisierung», das heißt der Angleichung der Deutschen Hochschule für Politik an die Universitäten und der Etablierung der Politikwissenschaft als einer Fachdisziplin, gesehen,[18] wie ihn die Nachfolgeinstitution in Westberlin in den fünfziger Jahren mit ihrer Transformation von einer Deutschen Hochschule für Politik zum Otto-Suhr-Institut der Freien Universität absolviert hat. Doch neuere Untersuchungen warnen angesichts der geringen Zahl von Diplomen und der Ambivalenz der Entwicklung in den letzten Jahren der Weimarer Republik vor einer Überbewertung des Verwissenschaftlichungsprozesses der Hochschule.[19] Auch die im Sommer 1932 ins Leben gerufene «Forschungsabteilung» konnte der Deutschen Hochschule

[17] Arnold Wolfers: Aufbau und Ziele des Hauptlehrganges, in: Ernst Jäckh (Hrsg.). Politik als Wissenschaft. Zehn Jahre Deutsche Hochschule für Politik, Berlin 1931, S. 213–222.

[18] Vor allem Kastendiek: Entwicklung, S. 132 ff. und Missiroli: Hochschule, S. 39 ff.

[19] Lehnert: Politik.

für Politik im Untergangsjahr der Weimarer Republik kein eindeutig politikwissenschaftliches Profil mehr geben. In ihr waren vielmehr vor allem rechtskonservative und pronationalsozialistische Wissenschaftler tätig, die unter Leitung des Staats- und Völkerrechtlers Friedrich Berber (1898–1984) standen. Dieser sollte nach 1935 zu den engeren Beratern und Emissären des späteren Außenministers Joachim von Ribbentrop gehören. Berber, der nach dem Zweiten Weltkrieg als Regierungsberater in Indien und seit 1954 als Ordinarius für Völkerrecht an der Universität München wirkte, bewertete in der Rückschau seiner Lebenserinnerungen sein Verhalten während des Dritten Reiches als «klug, schlau, undurchsichtig, doppelgesichtig».[20]

Die Lehrinhalte an der Deutschen Hochschule für Politik waren enzyklopädisch breit angelegt und mit dem Wechsel der Studiengänge und des Lehrpersonals einem erheblichen Wandel unterworfen. Theodor Heuss hatte 1920 in seiner Denkschrift die Frage des Inhalts der Lehre von der Politik programmatisch angesprochen. Er ging vom Anspruch des Begriffs «Hochschule» auf Wissenschaftlichkeit aus und fragte daher im Anschluß an seinen Mentor Friedrich Naumann: «Gibt es Politik als Wissenschaft?»[21] Seine Antwort auf die selbstgestellte Frage war ein «Ja und nein». An den Universitäten würden in den Fächern des Staats- und Verfassungsrechts, der Geschichte, der Volkswirtschaftslehre sowie der Philosophie politische Gegenstände behandelt, doch zumeist in einer entpolitisierten und segmentierten Weise, durch welche das zentrale Merkmal des Politischen, die aktive Gestaltung des Gemeinwesens, vernachlässigt werde. Diese unterschiedlichen Aspekte der Politik müßten vielmehr zusammengesehen werden: «Die Politik der Wissenschaft [gemeint ist wohl: Wissenschaft der Politik, W. B.] ist eine Wissenschaft der Grenzgebiete, wenn man an die überkommene Teilung der Disziplinen denkt, der Versuch, aus dem festgefahrenen Zustand der spezialisierten Wissenschaften zu einer Synthese zu kommen.»[22] Heuss formulierte damit als einer der ersten jenes Konzept der synoptischen Integrationswissenschaft, welches nach dem Zweiten Weltkrieg bei dem erfolgreicheren Wiedergründungsversuch der Politikwissenschaft in Deutschland eine zentrale Rolle spielen sollte. Wissenschaftsgeschichtlich stand dahinter

[20] Friedrich Berber: Zwischen Macht und Gewissen. Lebenserinnerungen, hrsg. von Ingrid Strauß, München 1986, S. 90. Zu seiner Tätigkeit an der Hochschule für Politik: S. 49 ff.

[21] Heuss: Denkschrift, hier zitiert nach dem Abdruck bei Missiroli: Hochschule, S. 142.

[22] Heuss: Denkschrift, S. 143.

der Versuch, das zusammenzufügen, was einmal eine Einheit gewesen und dann aufgespalten worden war.

Theodor Heuss hatte mit Philosophie, Geschichte, Recht und Volkswirtschaftslehre bereits jene vier Disziplinen genannt, die im Lehrplan der Deutschen Hochschule für Politik in der Weimarer Zeit eine zentrale Rolle spielten. Philosophie oder Theorie der Politik wurde vorzugsweise als Geschichte der politischen Ideen verstanden und konzentrierte sich auf die Darstellung jener großen Denkströmungen wie den Liberalismus, Konservatismus und Sozialismus, welche die politische Debatte in der Weimarer Republik prägten. Im Bereich der politischen Geschichte wurde nicht nur ein allgemeiner Abriß über die Geschichte der neuesten Zeit, als welche damals das 19. Jahrhundert verstanden wurde, vermittelt, sondern auch auf spezielle Aspekte des Ersten Weltkrieges, insbesondere in Auseinandersetzung mit der heftig umstrittenen Kriegsschuldfrage, eingegangen. In den ersten Jahren der Hochschule übernahm Friedrich Meinecke (1862–1954), der an der Berliner Universität Neuere Geschichte lehrte und 1948 im hohen Alter Gründungsrektor der Freien Universität in Westberlin wurde, diese historischen Kollegs und Übungen. In zahlreichen weiteren Lehrveranstaltungen wurde unter dem Etikett der Vermittlung von «Rechtsgrundlagen der Politik» vor allem von Praktikern aus dem Staatsdienst wie Bill Drews in das Grundwissen des Staats- und Verwaltungsrechts, des Arbeitsrechts und des Völkerrechts eingeführt. Dieser Bereich ging fließend über in das Gebiet der «Innenpolitik», wozu neben Verwaltungs- und Verfassungsfragen vor allem historische und aktuelle Aspekte des Parteiwesens gezählt wurden. Insbesondere Theodor Heuss nahm sich dieses Lehrgebietes an, später auch Sigmund Neumann, der die erste Studie zu den Parteien der Weimarer Republik vorlegte und damit zu einem Gründungsvater der politikwissenschaftlichen Parteienforschung in Deutschland wurde.[23] Zahlreiche Lehrangebote zur Sozial- und Wirtschaftspolitik, die ebenfalls weitgehend von Praktikern kamen, wandten sich vor allem an die Studierenden der besonderen Fortbildungsseminare. Doch den relativ größten Raum unter den Veranstaltungen der Deutschen Hochschule für Politik nahmen gemäß dem ersten Gründungsimpuls während der Weimarer Jahre die Vorlesungen, Übungen und Seminare zur Auswärtigen Politik und zu den Auslandsstudien ein. Dominierte dabei anfangs die Auseinander-

[23] Sigmund Neumann: Die deutschen Parteien. Wesen und Wandel nach dem Kriege, Berlin 1932. In Neuauflage unter dem Titel: Sigmund Neumann: Die Parteien der Weimarer Republik, Stuttgart 1965.

setzung mit der Kriegsschuldfrage und dem Versailler Vertrag, wobei auch die von Adolf Grabowsky vertretene «Geopolitik» eine große Rolle spielte,[24] so differenzierten sich später als regionale Schwerpunkte die osteuropäischen Staaten und die Sowjetunion sowie der Nahe und Ferne Osten heraus, bevor in den letzten Jahren der Weimarer Republik der völkisch orientierte Max Hildebert Böhm im Rahmen einer «Deutschtumswissenschaft» die Auslandsdeutschen zum Gegenstand von Lehre und Forschung machte.[25]

So kämpften um den dominierenden Einfluß auf das Lehrangebot der Deutschen Hochschule für Politik die Gefolgsleute eines «Primats der Außenpolitik» wie der deutschnationale Reichstagsabgeordnete und Professor Otto Hoetzsch sowie Adolf Grabowsky und die Anhänger eines «Primats der Innenpolitik» wie der Privatdozent der Geschichte Eckhard Kehr.[26] Letztlich setzten sich die Anhänger des «Primats der Außenpolitik» durch, nachdem außenpolitische Motive schon bei der Gründung der Hochschule eine wichtige Rolle gespielt hatten.

c) Lehrpersonal und Studierende

Entsprechend der Vielfalt der Lehrfunktionen und Lehrfächer, aber auch der politischen Trägerschaft der Deutschen Hochschule für Politik war ihr Lehrpersonal bunt gemischt.[27] Vor allem in den Anfangsjahren bestand es überwiegend aus nebenamtlich tätigen Lehrbeauftragten, die im Hauptberuf an hervorragender Stelle in der Reichsregierung tätig waren. Dazu zählten die Minister Hugo Preuß, Erich Koch(-Weser) und Eugen Schiffer sowie aus der Ministerialverwaltung Bill Drews und der Gesandte Konrad Riezler. Daneben lehrten anfangs prominente Professoren wie Friedrich Meinecke, Werner Sombart und Gerhart von Schulze-

[24] Adolf Grabowsky: Staatserkenntnis durch räumliches Denken, in: Ernst Jäckh (Hrsg.): Politik als Wissenschaft. Zehn Jahre Deutsche Hochschule für Politik, Berlin 1931, S. 34–54.

[25] Max Hildebert Boehm: Erziehung zur Deutschtumspolitik, in: Ernst Jäckh (Hrsg.): Politik als Wissenschaft. Zehn Jahre Deutsche Hochschule für Politik, Berlin 1931, S. 78–93.

[26] Vgl. die Einleitung von Hans-Ulrich Wehler zu den von ihm herausgegebenen Aufsätzen von Eckart Kehr: Der Primat der Innenpolitik. Gesammelte Aufsätze zur preußisch-deutschen Sozialgeschichte im 19. und 20. Jahrhundert, hrsg. von Hans-Ulrich Wehler, Berlin 1965, S. 1–29.

[27] Vgl. die Hinweise bei Missiroli: Hochschule und Lehnert: Politik sowie vor allem das Dozentenverzeichnis in Jäckh: Politik, S. 301–305.

Gävernitz. Später rückten jüngere Privatdozenten wie Hermann Heller und Hajo Holborn nach, für welche die Hochschule ein erstes akademisches Tätigkeitsfeld eröffnete, das sich ihnen an den etablierten Universitäten noch nicht oder aus politischen Gründen gar nicht bot. Um Lehrangebot und Personal der Hochschule stärker zu integrieren, wurden Mitte der zwanziger Jahre einige zentrale Professuren für Theorie der Politik und Wissenschaft, neuere deutsche Geschichte und vergleichende Verfassungsgeschichte, für auswärtige Politik und für staatsrechtliche Übungen eingerichtet, die aber weitgehend nebenamtlich tätigen Politikern und Professoren übertragen wurden und damit nicht die erwünschte Integrationskraft entfalteten. Hauptamtlich waren an der Deutschen Hochschule für Politik nur Ernst Jäckh als deren Direktor und ab 1930 als Präsident und Theodor Heuss bis 1924 als Studienleiter tätig. Außerdem wirkten Hans Simons (1893–1972) von 1925 bis 1930[28] und Arnold Wolfers (1892–1968)[29] ab 1930 als geschäftsführende Direktoren sowie Sigmund Neumann (1904–1962)[30] als Archivar (Zeitschriftenausschnittssammlung).

Aufschlußreich ist die parteipolitische Orientierung der Dozenten der Deutschen Hochschule für Politik im Wandel der Weimarer Jahre. Ihre Gründer gehörten im Gefolge des Einflusses von Friedrich Naumann weitgehend der linksliberalen Deutschen Demokratischen Partei an. Zu dieser Gruppe ist neben Ernst Jäckh, Hugo Preuß als dem Vater der Weimarer Verfassung und der Reichstagsabgeordneten sowie stellvertretenden Vorsitzenden der DDP Gertrud Bäumer vor allem Theodor Heuss zu zählen.

Theodor Heuss (1884–1963) wuchs in Heilbronn auf und begeisterte sich schon in seiner Jugendzeit für die politischen und sozialen Ideen

28 Hans Simons, der Sohn von Walter Simons, dem deutschen Außenminister und Präsidenten des Reichsgerichts in der Weimarer Republik, machte als sozialdemokratischer Verwaltungsjurist Karriere, wurde aber 1932 nach dem sog. Preußenschlag als Oberpräsident für Niederschlesien abgesetzt.

29 Arnold Wolfers, gebürtiger Schweizer, hatte sich 1929 in Rechtswissenschaft an der Universität Berlin habilitiert und schon in der Weimarer Republik Kontakte als Gastdozent in die USA, was ihm nach 1933 die akademische und politikberatende Karriere in diesem Land erleichterte. Vgl. Roger Hilsman/Robert C. Good (Hrsg.): Foreign Policy in the Sixties: The issues and the instruments. Essays in honor of Arnold Wolfers, Baltimore/Maryland 1965.

30 Sigmund Neumann hatte sich 1927 in Leipzig unter Hans Freyer in Soziologie promoviert (Sigmund Neumann: Die Stufen des preußischen Konservatismus. Ein Beitrag zum Staats- und Gesellschaftsbild Deutschlands im 19. Jahrhundert (= Historische Studien, Bd. 190), Vaduz 1965 und war in Berlin nicht nur an der DHfP, sondern ab 1930 auch als Leiter der Volkshochschule tätig.

Friedrich Naumanns, mit dem er später befreundet war und über den er 1937 eine einfühlsame Biographie veröffentlichte. Der junge Schwabe stand in der umfassenden Bildungstradition des 19. Jahrhunderts und entwickelte schon früh breite literarisch-kunstgeschichtliche sowie nationalökonomisch-politische Interessen. Er studierte Volkswirtschaftslehre in München sowie Berlin und promovierte als Einundzwanzigjähriger über den Weinbau und Weingärtnerstand in seiner Heimatstadt. In den folgenden anderthalb Jahrzehnten arbeitete Heuss publizistisch wie politisch mit seinem Mentor Naumann zusammen und gründete mit diesem nach dem Ersten Weltkrieg die Deutsche Demokratische Partei (DDP). Er kandidierte vergeblich für die verfassungsgebende Versammlung in Weimar, war aber von 1919 bis 1931 Stadtverordneter in Berlin und wurde 1924 in den Deutschen Reichstag gewählt.[31]

An der neugegründeten Deutschen Hochschule für Politik übernahm Heuss 1920 als Studienleiter die Verantwortung für die Organisation des Lehrprogramms. Auch nachdem er 1924 dieses Amt aufgegeben hatte, wirkte er bis zum Ende der Weimarer Republik als Dozent an der Hochschule.[32] Er verstand diese berufliche Aufgabe mehr in einem allgemeinbildenden und pädagogischen als im akademischen und wissenschaftlichen Sinne, genoß daher besonders die Durchführung von mehrtägigen Kursen außerhalb Berlins, oft in Zusammenarbeit mit der Reichszentrale für Heimatdienst.[33] In seinen Lehrveranstaltungen behandelte Heuss «Fragen der Volks- und Staatspolitik» im allgemeinen und der Geschichte und Programmatik der deutschen Parteien sowie historische und aktuelle Fragen der Reichsverfassung im besonderen.[34] In seinem 1932 veröffentlichten Buch über «Hitlers Weg» warnte Theodor Heuss entschieden vor

[31] Vgl. Modris Eksteins: Theodor Heuss und die Weimarer Republik. Ein Beitrag zur Geschichte des deutschen Liberalismus (= Stuttgarter Beiträge zur Geschichte und Politik, Bd. 3), Stuttgart 1969, S. 48–50 (zur Tätigkeit an der Deutschen Hochschule für Politik), und Jürgen C. Heß: Theodor Heuss vor 1933. Ein Beitrag zur Geschichte des demokratischen Denkens in Deutschland (= Kieler historische Studien, Bd. 20), Stuttgart 1973, S. 17.

[32] Vgl. Theodor Heuss: Deutsche Hochschule für Politik, in: Walther Vogel (Hrsg.): Weltpolitische Bildungsarbeit an preußischen Hochschulen. Festschrift aus Anlaß des 50. Geburtstages des Preußischen Ministers für Wissenschaft, Kunst und Volksbildung Herrn Professors Dr. C. H. Becker, Berlin 1926, S. 79–93.

[33] Vgl. den Bericht in Theodor Heuss: Erinnerungen 1905–1933, Tübingen ²1963, S. 301. Ansonsten fand Heuss die Einzelheiten seiner Tätigkeit an der Hochschule kaum der Darstellung würdig.

[34] Aus dem Stoff dieser Lehrveranstaltungen ging hervor: Theodor Heuss: Staat und Volk, Berlin 1926.

dem Irrationalismus und Machtstreben der Nationalsozialisten, deren Aufstieg er auf den durch den Versailler Vertrag provozierten Nationalrevanchismus in Deutschland zurückführte.[35] Nach der «Machtergreifung» Hitlers wurde Heuss im März 1933 erneut als Abgeordneter der liberalen Staatspartei, die aus der DDP hervorgegangen war, in den Reichstag gewählt und setzte sich in seiner Fraktion für die Ablehnung des nationalsozialistischen «Ermächtigungsgesetzes» ein, wurde aber überstimmt und beugte sich der Fraktionsdisziplin, weshalb er am 24. März 1933 im Gegensatz zu den Sozialdemokraten im Reichstag diesem Gesetz zustimmte, mit dem die Weimarer Verfassung legal durchbrochen und faktisch außer Kraft gesetzt wurde. Die zwölf Jahre der Nazidiktatur überlebte Heuss in der Zurückgezogenheit einer «inneren Emigration», in der er sich biographischen Studien nicht nur über Friedrich Naumann, sondern auch über den Architekten Hans Poelzig, den Chemiker Justus von Liebig und den Industriellen Robert Bosch widmete. Nach 1945 profitierte der Wiederaufbau der Politikwissenschaft in der zweiten deutschen Republik von dem Vertrauensbonus, den Theodor Heuss als Bundespräsident ihr vermitteln konnte. Allerdings verstand er sich sowohl in seiner Zeit als Dozent an der alten Deutschen Hochschule für Politik als auch als erster Präsident der Bundesrepublik nicht als fachlich profilierter und spezialisierter Politikwissenschaftler, sondern in einem positiven Sinne als politischer Wissenschaftler, für den akademische Allgemeinbildung und politische Verantwortung eng verknüpft waren.[36]

Als zweite politische Gruppe unter den Dozenten der Deutschen Hochschule für Politik sind die Sozialdemokraten zu nennen. In den Gründungsjahren der Hochschule waren die beiden der SPD angehörigen Reichsminister Rudolf Hilferding (1877–1941) und Gustav Radbruch (1878–1949) im Vorstand der Hochschule vertreten, und der Mitbestimmungstheoretiker Fritz Naphtali (1888–1961) lehrte über Gewerkschafts- und Wirtschaftspolitik. In der zweiten Hälfte der zwanziger Jahre wurden jüngere Sozialdemokraten wie die Historiker Hajo Holborn (1902–1969) und Eckart Kehr (1902–1933), der Parteiensoziologe Sigmund Neumann, der als Wiederbegründer der Deutschen Hochschule für Politik 1948 zu Ehren kommende Volkswirt Otto Suhr und Juristen wie Arnold

35 Theodor Heuss: Hitlers Weg. Eine historisch-politische Studie über den Nationalsozialismus, Stuttgart ^{4}1932.

36 Vgl. Thomas Hertfelder: Das symbolische Kapital der Bildung: Theodor Heuss, in: Gangolf Hübinger und Thomas Hertfelder (Hrsg.): Kritik und Mandat. Intellektuelle in der deutschen Politik (= Stiftung Bundespräsident-Theodor-Heuss-Haus, Wissenschaftliche Reihe 3), Stuttgart 2000, S. 93–113.

Brecht (1884–1977),[37] Hans Simons und Hermann Heller, auf den noch ausführlich einzugehen sein wird, als Dozenten an die Hochschule gerufen. Diese der SPD angehörenden oder nahestehenden Dozenten machten sich einen Namen nicht nur durch kritische Analysen der Demokratiedefizite der Weimarer Republik und Ansätze zur empirischen Forschung, zum Beispiel der Parteien. An die von ihnen verkörperte Tradition knüpfte auch 1948 die in Westberlin neugegründete Deutsche Hochschule für Politik an, wobei Otto Suhr als dem damaligen Stadtverordnetenvorsteher und späteren Regierenden Bürgermeister der geteilten Stadt der größte Verdienst zukam.

Neben den liberalen und sozialdemokratischen Dozenten gehörten von Anfang an auch rechtskonservative Professoren zum Lehrkörper. In diesem Zusammenhang ist nicht nur Adolf Grabowsky zu nennen, der Gründer der «Zeitschrift für Politik» und, angeregt durch die «Politische Geographie» Friedrich Ratzels und den schwedischen Wirtschaftshistoriker Richard Kjellén, ein Anhänger des Konzeptes der «Geopolitik», durch welches politische Phänomene primär auf räumliche Aspekte zurückgeführt wurden.[38] Grabowsky war seit 1921 Dozent an der Deutschen Hochschule und veröffentlichte in der Weimarer Zeit viele Artikel zur wissenschaftlichen Begründung der Notwendigkeit einer Revision des Versailler Vertrages. Auch der deutsch-nationale Reichstagsabgeordnete Otto Hoetzsch, der seit 1913 Professor für osteuropäische Geschichte an der Universität Berlin war, lehrte an der Deutschen Hochschule für Politik seit ihrer Gründung über auswärtige Politik- und Osteuropathemen.[39]

Diese Gruppe innenpolitisch konservativ und außenpolitisch revanchistisch gesinnter Dozenten wurde 1927 verstärkt durch die Integration

[37] Arnold Brecht, damals Leiter der Verfassungsabteilung im Reichsinnenministerium und nach 1927 Ministeraldirektor im preußischen Staatsministerium, verteidigte 1932 das Land Preußen vor dem Staatsgerichtshof gegen den sogenannten Preußenschlag des Reichskanzlers von Papen. In seinen Lebenserinnerungen geht er auch auf seine Tätigkeit für die Deutsche Hochschule für Politik ein: Arnold Brecht: Aus nächster Nähe. Lebenserinnerungen 1884–1927, Stuttgart 1966, S. 441.

[38] Adolf Grabowsky: Staat und Raum. Grundlagen räumlichen Denkens in der Weltpolitik (= Weltpolitische Bücherei, Bd. 1), Berlin 1928 und Adolf Grabowsky: Raum, Staat und Geschichte. Grundlegung der Geopolitik, Köln et al. 1960. Vgl. Rainer Sprengel: Kritik der Geopolitik. Ein deutscher Diskurs 1914–1944, Berlin 1996.

[39] Vgl. Gerd Voigt: Otto Hoetzsch. 1876–1946. Wissenschaft und Politik im Leben eines deutschen Historikers (= Quellen und Studien zur Geschichte Osteuropas, Bd. 21), Berlin [Ost] 1978.

des Politischen Kollegs in die Deutsche Hochschule für Politik.[40] Diese Institution war 1920 als deutsch-nationaler Widerpart zu der Deutschen Hochschule für Politik wenige Tage nach dieser gegründet worden und sollte als Schulungsanstalt der Deutsch-Nationalen Volkspartei (DNVP) dienen. Ihr Gründungsimpuls war eine entschiedene Ablehnung nicht nur des Versailler Vertrages, sondern auch des Weimarer Verfassungskompromisses. Das Politische Kolleg, das sich 1922 den Untertitel «Hochschule für nationale Politik» gab, wurde vor allem von dem jungkonservativen und nationalrevolutionären Ring-Kreis getragen, dessen prominentestes Mitglied Arthur Moeller van den Bruck war, der den Begriff des «Dritten Reiches» prägte. Diese rechtsextremen Intellektuellen forderten die Revision nicht nur der äußeren Grenzen und Machtstellung des Deutschen Reiches, sondern auch der inneren Ordnung von Demokratie und Pluralismus durch den Übergang zu einem ständisch und autoritär organisierten Staat.[41] Leiter des Politischen Kollegs wurde der rechtskatholische und deutsch-nationale Historiker Martin Spahn, Finanziers waren die deutsch-nationalen Industriellen Hugo Stinnes und Paul Reusch sowie der Pressezar Alfred Hugenberg.

Anfangs grenzte sich die Deutsche Hochschule für Politik unter Ernst Jäckh vom Politischen Kolleg eindeutig ab, auch wenn man 1922 in Gestalt von Otto Hoetzsch einen deutsch-nationalen Professor und Politiker in den eigenen Lehrkörper aufnahm. Doch als 1927 die DNVP anstelle der DDP in die Reichsregierung eintrat und der deutsch-nationale Walter von Keudell das Reichsministerium des Innern übernahm, auf dessen Zuschüsse die Deutsche Hochschule in zunehmendem Maße angewiesen war, kam es zu einer Arbeitsgemeinschaft zwischen beiden politischen Hochschulen, durch welche das Politische Kolleg Räumlichkeiten in der Hochschule erhielt und an deren Etat beteiligt wurde. Nach der durch Hugenberg 1928 eingeleiteten Wende der DNVP zur äußersten Rechten kam es zwar zu endlosen finanziellen Streitigkeiten zwischen der Deutschen Hochschule für Politik und dem Politischen Kolleg, bis 1930 die Arbeitsgemeinschaft zwischen ihnen aufgelöst wurde, doch die rechtskonservativen Dozenten Hoetzsch und Spahn blieben in der Hochschule und erhielten in den letzten Jahren der Weimarer Republik personelle Verstärkung durch den Deutschtumsforscher Max Hildebert

40 Vgl. Klaus-Peter Hoepke: Das politische Kolleg, in: Mitteilungen der Technischen Universität Carolo-Wilhelmina zu Braunschweig 11 (1976), H. 2, S. 20–25.

41 Vgl. Kurt Sontheimer: Antidemokratisches Denken in der Weimarer Republik. Die politischen Ideen des deutschen Nationalsozialismus zwischen 1918 und 1933, München 1962.

Boehm und den Staats- und Völkerrechtler Friedrich Berber, aber auch den jungen Dozenten für Staatswissenschaften und Auslandskunde Arnold Bergstraesser, der später eine bedeutsame Rolle beim Aufbau der Politikwissenschaft in der Bundesrepublik spielen sollte.

Auch Carl Schmitt, der brillanteste rechtskonservative Denker der Weimarer Republik, bemühte sich zu Anfang seiner wissenschaftlichen Karriere als Bonner Professor um eine «feste Position» an der Deutschen Hochschule für Politik, doch mußte ihm 1924 Theodor Heuss als deren Studienleiter mitteilen, daß seine Forderungen nicht erfüllbar seien.[42] Carl Schmitt wurde dann 1928 Professor an der Handelshochschule in Berlin, um dem Zentrum der deutschen Politik und des Geistes näherzurücken. Bereits im Mai 1927 hielt er im Rahmen einer Vorlesungsreihe der Deutschen Hochschule für Politik über «Probleme der Demokratie» seinen umstrittenen und wirkungsmächtigen Vortrag über den «Begriff des Politischen», welchen er auf die Unterscheidung von Freund und Feind zurückführte.[43] Ohne Zweifel hat Carl Schmitt das politische wie auch das politikwissenschaftliche Denken in Deutschland im 20. Jahrhundert wesentlich mitgeprägt. Doch in der Disziplingeschichte der Politikwissenschaft spielt er bis auf jene wenigen seiner Schüler, die in den sechziger Jahren in der Bundesrepublik in diesem Fach zu professoralen Ehren kamen (zum Beispiel Roman Schnur und Bernard Willms in Bochum), keine Rolle.

Während beim Lehrpersonal der Deutschen Hochschule für Politik im Laufe der Weimarer Jahre ein erheblicher Bedeutungszuwachs von konservativen und selbst rechtsextremen Positionen zu verzeichnen war, sah die politische Vielfalt auf der Ebene der Studierenden anders aus.[44] Bei den Wahlen zum Hörerausschuß erreichten die Sozialdemokraten auch noch im Februar 1933 nach der nationalsozialistischen «Machtergreifung» 43 Prozent, die den demokratischen Parteien der Mitte nahestehende überparteiliche Liste 16 Prozent und die Kommunisten 19 Prozent, während sich die Deutschnationalen mit sieben Prozent und der Nationalsozialistische Studentenbund mit knapp 15 Prozent zufriedengeben mußten, ganz im Gegensatz zu den großen Erfolgen der Nationalsozialisten bei den Studentenwahlen an den Universitäten seit 1928.

[42] Heuss: Erinnerung, S. 302 f. berichtet relativ ausführlich über diese Episode. Vgl. Paul Noack: Carl Schmitt. Eine Biographie, Berlin et al. 1993, S. 98 f.

[43] Carl Schmitt: Der Begriff des Politischen, in: Hans Kelsen (Hrsg.): Probleme der Demokratie, Reihe 1 (= Politische Wissenschaft, Bd. 5), Berlin-Grunewald 1928, S. 3–34 und Carl Schmitt: Der Begriff des Politischen, Hamburg 1932.

[44] Zu den folgenden Angaben zur Studentenstatistik vgl. Lehnert: Schule, bes.: S. 80 ff. und Missiroli: Hochschule, bes.: S. 95 ff.

Die absolute Zahl der Studentenschaft der Deutschen Hochschule für Politik war über die Jahre ihrer Existenz großen konjunkturellen Schwankungen unterworfen. Schon die Tatsache, daß im Winter in der Regel doppelt so viele Hörer zu verzeichnen waren wie in den Sommersemestern, verweist darauf, daß die Hochschule wohl mehr ein Ort volksbildenden Gelegenheitsstudiums als kontinuierlicher akademischer Bemühungen war. Im Gründungssemester Winter 1920/21 waren an die neunhundert Studenten eingeschrieben, doch dann sank die Hörerzahl 1923/24 aufgrund der Inflationskrise auf ein Drittel ab und verharrte auch während der stabileren mittleren Jahre der Weimarer Republik auf diesem niedrigen Niveau, bevor sie 1931/32 wieder anstieg, offensichtlich im Gefolge der wachsenden Arbeitslosigkeit. Während der Anteil von Angestellten vor allem aus den Partei-, Gewerkschafts- und Verbandsbürokratien über die Jahre anwuchs, ging die Zahl der Beamten und Lehrer, deren Fortbildung das Gründungsprogramm doch explizit im Auge gehabt hatte, kontinuierlich zurück. Der tatsächliche Erfolg der Hochschule relativiert sich noch weiter, wenn man die Zahl der Absolventen berücksichtigt. Bis 1930 hatten nur 38 Hörer den viersemestrigen Ausbildungsgang der Seminaristischen Abteilung, der das Abitur voraussetzte, mit Erfolg abgeschlossen, und bis zum Wintersemester 1932/33 konnten ganze 17 Studierende an der Akademischen Abteilung, die auf der Seminaristischen Abteilung oder einem Universitätsstudium aufbaute, das Diplom erwerben. Die Deutsche Hochschule für Politik war in der Weimarer Zeit mehr eine Volkshochschule für Gelegenheitshörer als eine akademische Institution auf dem Weg zum Universitätsfach. Diese nüchterne Feststellung soll ihre politisch-pädagogische Bedeutung nicht herabsetzen, schränkt aber die oft überzogenen wissenschaftlichen Ansprüche und Erfolgsmeldungen von Ernst Jäckh ein, nicht nur gegenüber den zeitgenössischen Geldgebern, sondern auch den Erben in der Zeit nach dem Zweiten Weltkrieg.

Insgesamt spiegelte die Zusammensetzung der Lehrinhalte, Dozenten und Studierenden der Deutschen Hochschule für Politik die ganze Vielfältigkeit, aber auch Zwiespältigkeit und Zerrissenheit der Weimarer Republik auf den Gebieten der Außen- und Innenpolitik wider. Keineswegs war die Hochschule jene eindeutige Bastion der freiheitlichen Demokratie und Demokratiewissenschaft, zu der sie die Gründer der zweiten Deutschen Hochschule für Politik nach 1948 in ihrer «Familienlegende» (Detlef Lehnert) stilisiert haben.

d) Staatslehre als Politische Wissenschaft: Hermann Heller

An der Deutschen Hochschule für Politik lehrte zwischen 1928 und 1932 mit Hermann Heller ein engagierter demokratischer Staatsrechtler, dessen Konzeption der Politikwissenschaft als einer empirischen wie normativen Disziplin grundlegend für den erfolgreichen Aufbau des Faches nach 1945 wurde, auch wenn er selbst aufgrund seines frühen Todes an diesen Bemühungen nicht mehr teilhaben konnte.

Wie schon bei seinen politikwissenschaftlichen Vorgängern waren auch bei Hermann Heller wissenschaftliches Werk, politisches Engagement und persönliche Biographie eng miteinander verwoben.[45] Er wurde 1891 als Sohn einer jüdischen Familie in Teschen an der Olsa im österreichischen Schlesien geboren. Nach dem frühen Tod seines Vaters wuchs Heller in Wien bei einem Onkel auf und kam schon als Schüler mit dem Austromarxismus in Berührung. Er studierte Rechts- und Staatswissenschaften an österreichischen Universitäten, wurde 1915 während des Kriegsdienstes an der Universität Graz promoviert und habilitierte sich 1919 mit einer Arbeit über Hegel und den nationalen Machtstaatsgedanken an der Universität Kiel für die Fächer Rechtsphilosophie, Staatslehre und Staatsrecht. Nachdem Heller schon 1920 in Kiel die Volkshochschule aufgebaut hatte, übernahm er 1922 in Leipzig die Leitung des Volksbildungsamtes und beschritt mit Unterstützung jüngerer Mitarbeiter neue Wege vor allem in der Arbeiterbildung. Von 1926 bis 1928 war er Referent am Kaiser-Wilhelm-Institut für ausländisches öffentliches Recht und Völkerrecht in Berlin. Der Sozialdemokrat Heller engagierte sich nicht nur in Auseinandersetzung mit Hans Kelsen und dessen «reiner Rechtslehre» zusammen mit dem liberalen Rudolf Smend und dem konservativen Carl Schmitt für eine Neuorientierung der Staatslehre, welche der veränderten politischen und gesellschaftlichen Wirklichkeit Rechnung tragen sollte. Er bezog auch in den Diskussionen in der SPD gegen deren doktrinäre Revolutionstheorien und für eine undogmatische Mitarbeit am Staat auf der Basis der Weimarer Verfassungsordnung Stellung. Mit diesen politischen Aktivitäten und seinem kämpferischen Naturell machte sich Heller in den etablierten Kreisen der Universitätsjurisprudenz eher

[45] Vgl. Klaus Meyer: Hermann Heller. Eine biographische Skizze, in: Politische Vierteljahresschrift 7 (1967), S. 293–313 sowie Wolfgang Schluchter: Hermann Heller. Ein wissenschaftliches und politisches Portrait, in: Christoph Müller/Ilse Staff (Hrsg.): Der soziale Rechtsstaat. Gedächtnisschrift für Hermann Heller, Baden-Baden 1984, S. 45–63.

unbeliebt, und so konnte ihn der preußische Kultusminister C. H. Becker erst nach neunjähriger Privatdozentenzeit gegen die Vorbehalte der sich sträubenden juristischen Fakultät in Berlin zum außerordentlichen Professor ernennen.

In den Jahren 1928 bis 1932 las Hermann Heller dann in Berlin nicht nur an der Universität, sondern lehrte gleichzeitig an der Deutschen Hochschule für Politik in der Studiengruppe «Innenpolitik und Staatslehre». Im März 1932 wurde er schließlich zum ordentlichen Professor für «Öffentliches Recht» an die Universität Frankfurt am Main berufen, wo er vor allem mit dem Wissenssoziologen Karl Mannheim befreundet war. Heller hatte sich zwar aus gesundheitlichen Gründen aus dem politischen Tageskampf zurückgezogen, doch nach dem sogenannten Preußenschlag, als am 20. Juli 1932 die deutsch-nationale Reichsregierung unter Franz von Papen die preußische Staatsregierung unter Otto Braun und Carl Severing (beide SPD) absetzen ließ und einen Reichskommissar für Preußen einsetzte, ließ er sich von der sozialdemokratischen Fraktion im preußischen Landtag als Anwalt verpflichten. Im Prozeß Preußens gegen das Reich vor dem Staatsgerichtshof in Leipzig im Oktober 1932 lieferte sich Hermann Heller heftige Wortgefechte vor allem mit seinem Gegenspieler Carl Schmitt, der die Reichsregierung vertrat.[46] Der Prozeß endete mit dem für die Weimarer Demokratie faulen Kompromiß, daß die demokratisch gewählte preußische Regierung zwar das Land weiterhin im Reichsrat vertreten durfte, aber die Regierungsgewalt beim Kommissar der autoritären Reichsregierung verblieb. Als die Nationalsozialisten Anfang 1933 die Macht übernahmen, befand sich Heller auf einer Auslandsreise an der London School of Economics. Aufgrund des sogenannten Gesetzes zur Wiederherstellung des Berufsbeamtentums vom 7. April 1933 wurde er als Jude aus seinen Ämtern in Deutschland entlassen, nahm eine Gastprofessur in Madrid an, konnte seine Familie nachkommen lassen und seine Bibliothek aus Deutschland retten. Hermann Heller, der sich im wissenschaftlichen und politischen Kampf für die demokratische Verfassungsordnung Deutschlands verausgabt hatte, starb nach einem Herzinfarkt im Alter von 42 Jahren am 5. November 1933 im spanischen Exil, mitten in der Arbeit an seinem Hauptwerk, der unvollendet gebliebenen «Staatslehre».[47]

46 Vgl. Andreas Kaiser: Preußen contra Reich. Hermann Heller als Prozeßgegner Carl Schmitts vor dem Staatsgerichtshof, in: Christoph Müller/Ilse Staff (Hrsg.): Der soziale Rechtsstaat. Gedächtnisschrift für Hermann Heller, Baden-Baden 1984, S. 287–311.

47 Hermann Heller: Staatslehre, hrsg. von Gerhart Niemeyer, Leiden 1934, auch

Mit diesem Werk stellte sich Heller in eine Reihe mit den bekannten Autoren großer allgemeiner Staatslehren seiner Zeit, setzte sich aber auch entschieden von ihnen ab. An den Staatslehren der Rechtspositivisten von C. F. von Gerber über Paul Laband bis hin zu Hans Kelsen kritisierte er, daß sie den Staat als ein reines Gebäude von Rechtsnormen konstruierten und damit seine politisch-gesellschaftliche Bedingtheit negierten. Die Kritik an dieser unpolitischen Staatslehre des Rechtspositivismus teilte Heller mit Rudolf Smend und Carl Schmitt, doch Smends Integrationslehre kritisierte er als Verkürzung auf geisteswissenschaftliche Zusammenhänge und Carl Schmitts Reduktion des Politischen auf die politische Entscheidung als fragwürdigen Dezisionismus. Diesen Lehren setzte Heller sein eigenes Verständnis des Staates als einer umfassenden historischen und gesellschaftlichen Realität entgegen. Staat verstand er nicht lediglich im engeren Sinne als ein Gebäude von Herrschaftsinstitutionen, sondern in einem auf die aristotelische Lehre von der Polis zurückgehenden weiteren Verständnis als die sich im Gemeinwesen verwirklichende menschliche Gegebenheit. So umfaßte für Heller der weitere Begriff der Politik den engeren Begriff des Staates, wie auch die Staatslehre für ihn nur ein Teil der politischen Wissenschaften war. In einem Aufsatz «Vom Sinn der Politik» definierte Heller 1924 in Anknüpfung an Max Weber, aber auch die ältere Lehre der Politik: «Politik heißt die Ordnung des Zusammenwirkens menschlicher Gegenseitigkeitsbeziehungen aller Art. [...] Zweck der Politik ist also die Ordnung gesellschaftlicher Beziehungen, Gesellschaftsgestaltung. Zweck der Staatspolitik im besonderen ist die Ordnung des Zusammenwirkens der gesellschaftlichen Beziehungen auf einem bestimmten Gebiet Und zwar ist der nächste Zweck aller Politik Ordnung um der Ordnung willen, möglichste Ausschaltung des physischen Zwanges, der Gewalt.»[48]

Dieses allgemeine Verständnis von Politik, Staat und Verfassungsordnung, mit welchem Heller mehr in der Tradition der älteren Lehre der Politik als der zeitgenössischen deutschen Rechtswissenschaft stand, brachte er in seiner konkreten wissenschaftlichen Analyse und politischen Reformprogrammatik der Weimarer Republik zum Tragen. So kritisierte er, daß der Verwirklichung der demokratischen Verfassungsnormen die gesellschaftlichen und wirtschaftlichen Realverhältnisse entgegenstanden. Die

in: Hermann Heller: Gesammelte Schriften. Bd. 3: Staatslehre als politische Wissenschaft, Leiden 1971, S. 81–406.

48 Hermann Heller: Vom Sinn der Politik [1924], in: Hermann Heller: Gesammelte Schriften. Bd. 1: Orientierung und Entscheidung, Leiden 1971, S. 431–435, hier: S. 432.

Klassenantagonismen müßten daher nach Auffassung Hellers, der den Gedanken von Reformsozialisten wie Carlo Mierendorff nahestand, durch die Mitwirkung der Arbeiterschaft in Gesellschaft, Politik und Wirtschaft überwunden werden, wenn die Weimarer Republik nicht an ihren sozialen Strukturen zerbrechen sollte. In diesem Sinne forderte er die Weiterentwicklung des liberalen zum «sozialen Rechtsstaat» und stand damit nicht nur in der Tradition der Politik- und Staatslehren des 19. Jahrhunderts wie Robert von Mohls und Lorenz von Steins, sondern legte auch die theoretische Grundlage für die Verankerung des Prinzips des «sozialen Rechtsstaates» im Katalog der Verfassungsprinzipien des Grundgesetzes der Bundesrepublik Deutschland.

Doch Heller knüpfte nicht nur im Inhalt seiner «Staatslehre» an die ältere Lehre von der Politik an, sondern stellte sich in deren Einleitungsabschnitt ausdrücklich in die Traditionskette dieses Faches, die in der zweiten Hälfte des 19. Jahrhunderts unterbrochen war und welche er wiederherstellen wollte. Er verstand seine Lehre vom Staat als einem historisch gewordenen und gesellschaftlich geprägten Phänomen als Teil der «politischen Wissenschaften» und setzte sich von der herrschenden «allgemeinen Staatslehre» als juristischer Disziplin mit der folgenden wissenschaftsgeschichtlichen Verortung seines Werkes ab: «Die vorliegende Staatslehre dagegen steht in ihrer Fragestellung viel näher der ‹Politik› im Sinne der Dahlmann, Waitz und Droysen oder Mohls ‹Enzyclopädie der Staatswissenschaften›, diesem letzten akademischen Versuch, den Staat aus umfassenden Zusammenhängen zu verstehen.»[49] Ganz ähnlich wie Dahlmanns «Politik», die Heller mehrfach zitierte, ließ er an die einführenden Bemerkungen über «Staatslehre als Teil der politischen Wissenschaften» einen geschichtlichen Abriß über die Entwicklung der politischen Ideen von den Griechen, insbesondere Aristoteles, über das Mittelalter und die Frühe Neuzeit bis hin zum deutschen Vormärz mit seiner Spätblüte der Lehre von der Politik folgen.

Mit diesen Klassikern der Politik hatte Heller auch seine Grundauffassung vom sowohl empirischen als auch normativen Charakter der Staatslehre gemeinsam. Er kritisierte die Auffassungen seiner Zeitgenossen, «es liesse sich eine scharfe Grenze ziehen zwischen Politik als praktischer und wertender Wissenschaft einerseits und der Staatslehre als theoretischer und wertfreier Wissenschaft andererseits».[50] Vielmehr müsse die wertende Wissenschaft der Politik auch empirisch arbeiten und auf

49 Heller: Staatslehre, S. 4.
50 Heller: Staatslehre, S. 51.

der anderen Seite die Staatslehre die politischen Verhältnisse nicht nur analysieren, sondern auch bewerten. Wenn auch die Arbeit des Theoretikers der Politik primär an dem Wissenszusammenhang und diejenige des Praktikers der Politik vor allem an dem Wirkungszusammenhang orientiert sei, so standen doch für den Linkshegelianer Heller Theorie und Praxis in einem dialektischen Zusammenhang. Staatslehre war in den Augen Hellers gleichzeitig normative Strukturwissenschaft und empirische Wirklichkeitswissenschaft, und er behandelte daher im zweiten Abschnitt seines Buches «die gesellschaftliche Wirklichkeit», bevor er erst im dritten Abschnitt auf den «Staat» einging. Daher standen für ihn, im Gegensatz zu vielen seiner konservativen Kollegen der Weimarer Zeit, nicht außenpolitische Probleme, sondern innenpolitische Fragestellungen im Mittelpunkt der «modernen Wissenschaft der Politik».[51]

Hermann Heller hat noch keinen eindeutigen Begriff für die von ihm konzipierte Wissenschaft von der Politik geprägt. Auf der einen Seite sprach er von der Staatslehre als einem Teil der umfassenderen «politischen Wissenschaften», auf der anderen Seite veröffentlichte er 1932 in der renommierten «Encyclopaedia of the Social Sciences» den Grundsatzartikel über Theorie und Methoden der «Political Science»,[52] dessen Inhalt er dann weitgehend in den ersten Abschnitt der «Staatslehre» über «Aufgabe und Methode der Staatslehre» übernahm. Im hinterlassenen Manuskript fand sich häufig der Ausdruck «Political Science», den Heller bei der letzten Überarbeitung durch einen deutschen Terminus ersetzen wollte. Sein Kollege und Freund Gerhart Niemeyer hat 1934 bei der posthumen Herausgabe des Werkes in einem holländischen Verlag für «Political Science» den Begriff «Politikologie» eingesetzt.[53] Dieser Zungenbrecher hat sich bei der Wiedergründung des Faches nach 1945 nicht durchgesetzt, aber den lange Jahrzehnte vor allem an der Freien Universität Berlin herrschenden Ausdruck «Politologie» beeinflußt.

Ganz gleich, ob dieser Begriff auf Heller zurückgeht oder nicht, er selbst hätte sich bei einem längeren Leben sicherlich als Gründungsvater und prominentes Mitglied der Disziplin der Politikwissenschaft in der

[51] Heller: Staatslehre, S. 23.

[52] Hermann Heller: Political Science, in: Edwin R. A. Seligman/Alvin Johnson (Hrsg.): Encyclopaedia of the Social Science, Bd. 12, New York 1934, S. 207–224, wiederabgedruckt in: Hermann Heller: Gesammelte Schriften. Bd. 3: Staatslehre als politische Wissenschaft, Leiden 1971, S. 45–75.

[53] Heller: Staatslehre, S. 4, Anm. 3. In der redaktionellen Bearbeitung der «Staatslehre» für die Gesamtausgabe von 1971 ist der Ausdruck dann durch den damals verbreiteten Begriff «politische Wissenschaft» ersetzt worden.

Bundesrepublik verstanden. Während Heller in der Staatsrechtswissenschaft und Allgemeinen Staatslehre nach 1945 im Gegensatz zu seinen Weimarer Konkurrenten Rudolf Smend und Carl Schmitt kaum rezipiert worden ist, hat er das theoretische und methodologische, aber auch staatsbürgerlich-pädagogische Grundverständnis der bundesdeutschen Politikwissenschaft als einer «Demokratiewissenschaft» insbesondere in Westberlin als dem Zentrum politikwissenschaftlicher Lehre in den fünfziger und sechziger Jahren erheblich beeinflußt.

e) (Selbst-)Gleichschaltung und Ende der Deutschen Hochschule für Politik

Die Deutsche Hochschule für Politik, 1920 von nationalen und sozialen Liberalen gegründet und durch die ganze Zeit der Weimarer Republik von der Sozialdemokratie angehörenden oder nahestehenden Dozenten mitgetragen, hatte sich schon Ende der zwanziger Jahre nach rechts geöffnet und Anhänger autoritärer und revanchistischer Positionen in den Lehrkörper aufgenommen, wie es dem allgemeinen Übergang des politischen Systems zu einem autoritären Präsidialregime ab 1930 entsprach. Doch mit der Machtübernahme Hitlers am 30. Januar 1933 stand die Existenz der Hochschule, von manchen Nationalsozialisten als «marxistische Brutstätte» geschmäht, auf dem Spiel.

Ernst Jäckh als der Gründer und Präsident der Institution versuchte aber zu retten, was zu retten war.[54] Nicht nur suggerierte er in seinen öffentlichen Erklärungen und Schreiben an die neuen Machthaber, daß es sich bei den national-sozialen Ideen, die hinter der Gründung der Hochschule gestanden hatten, um eine Vorform des Nationalsozialismus gehandelt habe, und konstatierte die «Übereinstimmung der dreizehn-

[54] Zu den Anpassungsbemühungen Jäcks nach dem 30. Januar 1933 vgl. die archivgestützten Darstellungen von Missiroli: Hochschule, S. 44 ff. und Ernst Haiger: Politikwissenschaft und Auslandswissenschaft im «Dritten Reich». (Deutsche) Hochschule für Politik 1933–1939 und Auslandswissenschaftliche Fakultät der Berliner Universität 1940–1945, in: Gerhard Göhler/Bodo Zeuner (Hrsg.): Kontinuitäten und Brüche in der deutschen Politikwissenschaft, Baden-Baden 1991, S. 94–136, bes.: S. 95 ff. sowie vor allem Rainer Eisfeld: Ausgebürgert und doch angebräunt. Deutsche Politikwissenschaft 1920–1945, Baden-Baden 1991, bes.: S. 93 ff. und Rainer Eisfeld: German Political Science at the Crossroads. The Ambivalent Response to the 1933 Nazi Seizure of Power, in: Rainer Eisfeld/Michael Greven/Hans Karl Rupp (Hrsg.): Political Science and Regime Change in 20th Century Germany, Commack/New York 1997, S. 17–53.

jährigen Tätigkeit der Hochschule mit den von Reichskanzler Hitler in der Potsdamer Garnisonskirche proklamierten Forderungen des Primats der Politik und einer Synthese aller nationalpolitischen Lebenskräfte».[55] Auch bemühte sich Jäckh um die Aufnahme von entschiedenen Nationalsozialisten in das Dozentenkollegium sowie Kuratorium der Hochschule und verwies auf den neuen SA-Gruppenführer von Berlin und Reichstagsabgeordneten Karl Ernst, der mit Stolz seine politische Ausbildung an der Hochschule für Politik im Reichstagshandbuch anführte.[56] Vor allem aber stützte sich Jäckh auf den Kontakt mit einem rechtskonservativen Dozenten der Hochschule, der im Februar 1932 in die NSDAP eingetreten war und nach deren Regierungsantritt ins Zentrum der Macht aufstieg. Hans Heinrich Lammers (1879–1962)[57] hatte als ausgebildeter Jurist im Reichsministerium des Innern nach dem Weltkrieg Karriere gemacht, obwohl er als überzeugter Monarchist die parlamentarisch-demokratische Republik entschieden ablehnte. Lammers, der durch seine rechtswissenschaftlichen Veröffentlichungen großes Ansehen in der akademischen Fachwelt genoß, hielt ab 1928 verwaltungsrechtliche Lehrveranstaltungen an der Deutschen Hochschule für Politik und hatte die Professur für rechtliche Grundlagen der Politik inne. Er wurde am 30. Januar 1933 Staatssekretär in der Reichskanzlei, weil Hitler an dieser Stelle keinen politischen Funktionär, sondern einen hochqualifizierten Ministerialbeamten wollte. In dieser Funktion hat Lammers, der 1937 zum Reichsminister und Chef der Reichskanzlei ernannt wurde, als «Notar des Reiches» (Albert Speer) fungiert und die formale Rechtmäßigkeit der Entscheidungen des materialen Unrechtsstaates besiegelt. Nach dem Zweiten Weltkrieg wurde er 1949 vom Nürnberger Militärtribunal zu zwanzig Jahren Haft verurteilt, aber 1952 auf dem Gnadenwege aus dem Kriegsverbrechergefängnis entlassen.

Ernst Jäckh erreichte über diesen von ihm als «anständigen Nationalsozialisten» charakterisierten Ministerialbeamten und Verwaltungsrechtler eine Unterredung mit Adolf Hitler über das Schicksal der Deutschen

[55] Erklärung Jäckhs bei der Eröffnung des 8. Lehrgangs zur politischen Propädeutik am 27. März 1933, aus den Akten zitiert bei Lehnert: Schule, S. 71.

[56] In Wirklichkeit hatte der ehemalige Kellner und Schlägertyp Ernst lediglich eine mittelmäßige Diplomarbeit über die englische Suezkanal-Politik geschrieben und verschwand vor der mündlichen Prüfung ohne Entschuldigung von der Bildfläche der Hochschule (Lehnert: Schule, S. 71f.). Im Juni 1934 fiel er dem sogenannten Röhmputsch gegen die SA-Führung zum Opfer.

[57] Vgl. Dieter Rebentisch: Lammers, Hans Heinrich, in: Historische Kommission bei der Bayerischen Akademie der Wissenschaften (Hrsg.): Neue Deutsche Biographie, Bd. 13, Berlin 1982, S. 449–450.

Hochschule für Politik, die am 1. April 1933 in der Reichskanzlei stattfand. Jäckh hat später in seinen Erinnerungen, wenn auch beschönigend und eitel, über diese Audienz berichtet[58] Danach sprachen er und Hitler nicht nur über allgemeine weltpolitische Lageeinschätzungen, sondern auch über das Kompetenzgerangel zwischen Reichspropagandaministerium und Preußischem Ministerium im Hinblick auf die Oberaufsicht über die gleichzuschaltende Hochschule. Jäckh erreichte aufgrund seines Gespräches mit Hitler, aber auch der Hinweise auf seine internationalen Kontakte, daß Reichspropagandaminister Goebbels die Hochschule nicht pauschal gleichschaltete oder liquidierte, sondern in einem Vertrag mit Jäckh die Auszahlung aller rückständigen Gehälter auch an die jüdischen und schon ins Ausland geflohenen Dozenten und Angestellten der Hochschule zusagte.

Diese Verhandlungen liefen darauf hinaus, die obrigkeitliche Gleichschaltung der Institution zugunsten einer «Selbstgleichschaltung» (Karl Dietrich Bracher) unter günstigeren Bedingungen zu vermeiden. Nachdem es zu einem entsprechenden Abkommen gekommen war, trat Ernst Jäckh am 16. April 1933 von seinem Amt an der Spitze der Deutschen Hochschule zurück, aber nicht aus Protest gegen die Nazis, sondern weil er niemals ein staatliches Amt übernehmen wollte. Die Hochschule wurde unter einem Kommissar des Reichspropagandaministeriums in Personal und Lehrinhalten völlig zu einer nationalsozialistischen Schulungsanstalt umgestaltet 1937 wurde die Deutsche Hochschule für Politik in eine «Anstalt des Reiches» umgewandelt und 1940 in die «Auslandswissenschaftliche Fakultät» der Berliner Universität integriert.

Ein aufschlußreiches Dokument für den scheinbar bruchlosen Übergang von der Weimarer Republik zum Dritten Reich wurde das erste und einzige Heft des «Jahrbuches für politische Forschung», welches die Forschungsabteilung der Hochschule unter Friedrich Berber im April 1933 «Zum Neubau der Verfassung» veröffentlichte.[59] Es war im Jahr 1932 konzipiert und am 15. Januar 1933 abgeschlossen worden, doch lediglich Sigmund Neumann wies in ergänzender Fußnote darauf hin, daß die «inzwischen vollzogene große Umwälzung» manche seiner Beobachtungen über die gesellschaftlichen Ursachen der Weimarer Verfassungskrise inzwischen zu historischen Feststellungen habe werden lassen.[60] Andere Autoren wie

[58] Jäckh: Weltsaat, S. 129–141, abgedruckt in: Missiroli: Hochschule, S. 158–169.

[59] Fritz Berber (Hrsg.): Zum Neubau der Verfassung (= Jahrbuch für Politische Forschung, Bd. 1), Berlin 1933.

[60] Sigmund Neumann: Die Bedeutung des gesellschaftlichen Aufbaus für die Verfassungsstruktur in Deutschland, in: Berber: Neubau, S. 56–78, hier: S. 56 mit Anm. 1.

Max Hildebert Boehm, Otto Koellreutter und Arnold Koettgen brauchten ihren Analysen über die Verfassungskrise nichts hinzuzufügen, versprachen doch die Nationalsozialisten den von ihnen als notwendig erachteten konservativ-autoritären Neubau der Verfassung.

Nicht vom Regimewechsel betroffen war etwa ein Fünftel des hauptamtlichen Lehrkörpers der Deutschen Hochschule für Politik. Dazu zählten mit Friedrich Berber, Max Hildebert Boehm und Hans Heinrich Lammers insbesondere jene rechtskonservativen Dozenten, die sich schon in der Weimarer Republik offen gegen die parlamentarisch-demokratische Verfassungsordnung ausgesprochen hatten. Hingegen schieden alle liberalen Dozenten aus. Einige wie Theodor Heuss zogen sich in die «innere Emigration» zurück, doch knapp die Hälfte aller 18 hauptamtlichen Mitarbeiter, die fast alle auf der politischen Linken standen, gingen 1933 ins Exil. Dazu gehörten insbesondere Arnold Brecht, Hajo Holborn, Sigmund Neumann, Hans Simons und Hans Speier. Damit brachte der zwiespältige Anpassungs- und Gleichschaltungsprozeß zu Beginn der dreißiger Jahre das tastende Experiment der Weimarer Republik, eine «Politik als Wissenschaft» in Deutschland zu etablieren, erneut zu einem vorläufigen Ende.

f) Ausblick

Nicht nur Einzelheiten der Geschichte der Deutschen Hochschule für Politik, sondern noch mehr ihre Auswirkungen auf die Entwicklung der Politikwissenschaft in der heutigen Bundesrepublik sind höchst umstritten und haben im Lauf der vergangenen Jahrzehnte einen charakteristischen Meinungswandel durchgemacht. Anfangs stand das Bild der älteren Hochschule für Politik ganz im Bann der Bemühungen der Gründungsväter der neueren Hochschule, bei deren Errichtung im Jahr 1948 und vor allem beim Abschluß des Kooperationsvertrages mit der Freien Universität im Jahr 1952 versucht wurde, der Neugründung durch die Anknüpfung an die Vorgängerinstitution traditionale Legitimität zu verschaffen. Dieser Kontinuitätsanspruch fand 1952 seinen besonderen Ausdruck durch die Anwesenheit Ernst Jäckhs, der als Gründungsvater und Präsident der ersten Hochschule für Politik deren Bedeutung als Bollwerk der Demokratie und Opfer der Diktatur herausstellte und der zweiten Hochschule mehr Glück wünschte. In diesem Sinne schloß Jäckh seine Ansprache mit der emphatischen Feststellung: «So kann für die neue Hochschule für Politik und für Deutschland wahr werden, was ihrer Vorgängerin der deutsche Generalkonsul von Chicago, vorher Walter Rathenaus Adjutant, gewünscht hat: ‹Wenn wir alle Deutschen in diese Hochschule für Politik hineinschicken könnten, würden wir über alle inneren Schwierigkeiten hinweg sein.›»[61]

Diese Sicht der Deutschen Hochschule für Politik der Weimarer Zeit als Vorläufer der bundesdeutschen Politikwissenschaft und insbesondere ihres Zentrums in Westberlin wurde in den siebziger Jahren von Hans Kastendiek in seinen Arbeiten zur Entstehung der westdeutschen Politikwissenschaft rezipiert. Nach seiner Auffassung durchlief die ältere Deutsche Hochschule für Politik einen Prozeß der Akademisierung, der im Jahr 1927 mit der Gründung ihrer Forschungsabteilung die Grundlagen einer «institutionalisierten Politikwissenschaft» legte.[62] Als Träger dieses Verwissenschaftlichungsprozesses galten jene republikanisch und vor allem sozialdemokratisch orientierten Wissenschaftler, welche die Grundlagen zu wissenschaftlichen Politikanalysen insbesondere auf den Gebieten der Untersuchung von Parlamentarismus und Parteiwesen schufen. Diese Politikwissenschaftler der Weimarer Zeit weigerten sich, die Deutsche Hochschule für Politik dem Nationalsozialismus als Propagandainstrument zur Verfügung zu stellen, und wurden daher in die Emigration gezwungen, in der sie ihr politikwissenschaftliches Profil noch verstärkten. Nach der Rückkehr aus den USA waren sie die eigentlichen Träger des Aufbaus der Politikwissenschaft in Westdeutschland und insbesondere in Westberlin.

Dieses Bild der älteren Deutschen Hochschule ist seit Ende der achtziger Jahre in zahlreichen Arbeiten, welche die einschlägigen Archivalien ausgewertet haben, als eine «Familienlegende» (Detlef Lehnert) der bundesdeutschen Politikwissenschaft widerlegt worden. Rainer Eisfeld, Detlef Lehnert und Alfons Söllner haben in ihren Beiträgen aufgezeigt, daß die ältere Deutsche Hochschule keineswegs einen geradlinigen Prozeß von einer Art Volkshochschule zu einer Institution der wissenschaftlichen Lehre und Forschung durchgemacht hat, sondern bis zum Ende der Weimarer Republik von jener zwiespältigen Funktionenvielfalt geprägt war, die an ihrem Anfang gestanden hatte. Es sei der Hochschule daher nicht gelungen, eine kohärente Politikwissenschaft zu begründen. Auch könne man keineswegs von einer Dominanz der republikanischen oder gar der sozialdemokratischen Sozialwissenschaftler in der Dozentenschaft der älteren Hochschule sprechen. Vielmehr habe ein wesent-

61 Ernst Jäckh: Die «alte» Hochschule für Politik. 1920–1933, in: Ernst Jäckh/Otto Suhr (Hrsg.): Geschichte der Deutschen Hochschule für Politik, Berlin 1952, S. 5–32, hier: S. 22.

62 Ähnlich auch Missiroli: Hochschule, S. 35 ff.

licher Bestandteil des Lehrkörpers von Anfang an antidemokratische, autoritäre, expansionistische und nationalistische Grundauffassungen vertreten und sei durch die Arbeitsgemeinschaft der Hochschule mit dem Politischen Kolleg nach 1927 noch verstärkt worden. Daher sei es nach der nationalsozialistischen «Machtergreifung» nicht pauschal zu Verweigerung und Widerstand gegenüber dem neuen Regime gekommen, vielmehr hätten nicht nur die zahlreichen Dozenten aus dem deutschnationalen und pränationalsozialistischen Lager der Rechten, sondern auch vernunftrepublikanische Kräfte der politischen Mitte mit Ernst Jäckh an der Spitze versucht, die Institution durch Anpassung an das neue Regime zu retten. Nur eine Minderheit ihres Personals emigrierte, andere zogen sich in die «innere Emigration» zurück, doch etwa die Hälfte aller Lehrenden, wenn man auch die große Zahl von Gastdozenten miteinbezieht, war auch nach der nationalsozialistischen «Machtergreifung» an der Hochschule tätig. Nicht das Jahr 1933, erst das Jahr 1945 habe eine eindeutige Zäsur gebracht, auch in der Geschichte der Politikwissenschaft.

Diese neuere Sicht entlarvt zu Recht einige frühere Legenden, kann aber bei ihren Schlußfolgerungen einige zeittypische Einseitigkeiten nicht vermeiden. Vor allem geht sie vom Idealbild einer «kohärenten Politikwissenschaft» aus, an welchem die Vorläufer gemessen und letzten Endes als ungenügend bewertet werden, das aber auch in der Gegenwart nur in den szientistischen Ansprüchen mancher moderner Protagonisten des Faches, nicht aber in dessen Realität existiert. Außerdem denunziert sie politisch als fragwürdig empfundene Politikgebiete wie die Auslandskunde als unwissenschaftlich und läßt nur politisch korrekte Politikgebiete wie die Demokratietheorie und die Parteiensoziologie als wissenschaftlich gelten, ohne das Kriterium der Wissenschaftlichkeit zu hinterfragen und nachzuprüfen. Indem die Autoren dieser in der heutigen Politikwissenschaft weit verbreiteten Sichtweise den Beginn ihres Faches in Deutschland erst nach 1945 ansetzen, hypostasieren sie auf unhistorische Weise einen modernen Wissenschaftsbegriff, der doch seinerseits dem Wandel unterliegt.

Die Geschichte der Deutschen Hochschule für Politik während der Weimarer Republik kann in ihrer Bedeutung für die Entwicklung der Politikwissenschaft nur bewertet werden, wenn sie nicht lediglich, wie es das Stichwort der «angebräunten Politikwissenschaft» (Rainer Eisfeld) suggeriert, von der Nachgeschichte im Dritten Reich und in der Bundesrepublik her gesehen, sondern in den Rahmen der Gesamtgeschichte der Disziplin, damit auch der Vorgeschichte der älteren Lehre der Politik gestellt wird. In den zwölfeinhalb Jahren zwischen ihrer Gründung im Oktober 1920 und ihrer Gleichschaltung im Frühjahr 1933 hat diese akademische Einrichtung wie die republikanische Staatsordnung einen Wechsel von Phasen des Aufbaus und der Krisen, von Höhen und Tiefen durchlaufen und ist schließlich untergegangen, auch wenn ihre Fassade wie der Weimarer Verfassungstext im Dritten Reich erhalten blieb. Diese Konjunkturen der politikwissenschaftlichen Institution decken sich auf bezeichnende Weise mit jenen der Republik.

Die Deutsche Hochschule für Politik scheiterte in den Weimarer Jahren nicht zuletzt an der Vielfalt der Funktionen, die sie im Bildungssystem übernehmen sollte. So berechtigt alle die unterschiedlichen Ziele auf dem Gebiet der allgemeinen Volksbildungsarbeit, der Ausbildung von Partei- und Verbandsfunktionären und der politischen Bildung akademischer Eliten waren, so konnte doch die Institution mit ihren beschränkten Mitteln diese kaum erfüllen, und die Vielfalt der Aufgaben gab ihr ein unscharfes und widersprüchliches Profil. Vor allem blieb die Hochschule bei einer Ansammlung von politisch relevanten Fächern stehen, ohne jenes akademisch-paradigmatische Verständnis von Politikwissenschaft zu entwickeln, durch welches sie gemäß ihrem von C. H. Becker formulierten Gründungsanspruch auf die staatlichen Hochschulen hätte wirken können.

Wurde in der Weimarer Zeit an der Hochschule wenigstens der Versuch einer Etablierung der Politikwissenschaft unternommen, so gab es an den meisten Universitäten auch weiterhin kein akademisches Fach der Politik. So scheiterte der Versuch von Siegfried Landshut (1897–1968), sich 1928 als erster deutscher Wissenschaftler mit einer Arbeit zur «Kritik der [empiristischen, W. B.] Soziologie» in Hamburg für das Fach «Politik» zu habilitieren, an prinzipiellen Einwänden gegen diese Venia.[63] In Heidelberg allerdings bildete das 1925 aus dem Institut für Nationalökonomie hervorgegangene Institut für Sozial und Staatswissenschaften und die von seinem Gründungsvater Alfred Weber, dem jüngeren Bruder Max Webers, konzipierte verstehende Kultur- und Staatssoziologie eine interessante Brücke zwischen der älteren Staatswissenschaft des 19. Jahrhunderts und der nach 1945 etablierten Wissenschaft

[63] Siegfried Landshut: Kritik der Soziologie. Freiheit und Gleichheit als Ursprungsproblem der Soziologie, München 1929. Wiederveröffentlicht in Siegfried Landshut: Kritik der Soziologie und andere Schriften zur Politik (= Politica, Bd. 27), Neuwied, Berlin 1969. Landshut wurde 1932 durch die Herausgabe der philosophischen Frühschriften von Karl Marx bekannt, mußte 1933 nach Palästina emigrieren ud konnte 1951 den politikwissenschaftlichen Gründungslehrstuhl in Hamburg übernehmen. Vgl. Rainer Nicolaysen: Siegfried Landshut. Die Wiederentdeckung der Politik. Eine Biographie, Frankfurt/Main 1997.

von der Politik.[64] Doch kaum eine Universität in der Weimarer Republik bemühte sich um die Etablierung der Politikwissenschaft; es kam lediglich zu heftigen politischen Debatten in ideologisch zentralen Fächern wie der Staatsrechtslehre und der Geschichtswissenschaft. Vor allem aber scheiterte der Versuch zur Wiederbelebung der akademischen Politik in Deutschland daran, daß sich seine Träger, sieht man von Ausnahmen wie Siegfried Landshut, Hermann Heller und Alfred Weber ab, kaum der älteren Tradition des Faches erinnerten.

Vom Ende her gesehen erscheinen die Deutsche Hochschule für Politik in Berlin und ähnliche Bemühungen an den Universitäten während der Weimarer Republik wie diese insgesamt als eine erfolglose und folgenlose Episode. Sie haben aber gleichwohl indirekte Anstöße gegeben, die zum erfolgreicheren Aufbau der Politikwissenschaft in der Bundesrepublik geführt haben. In diesem Zusammenhang sind vor allem jene liberalen und linken, aber auch konservativen Dozenten zu nennen, die in die USA emigrierten und von dort nach dem Ende des Dritten Reiches nach Deutschland zurückkehrten.

Im Hinblick auf die in der Geschichte auch der akademischen Lehre und Forschung der Politik zentrale Frage der Kontinuitäten und Brüche[65] wird man resümieren müssen, daß von der Deutschen Hochschule für Politik der Weimarer Republik eine institutionelle und auch personelle Teilkontinuität zum Wissenschaftsalltag des Dritten Reiches und gleichermaßen über die Emigration zur Wiedergründung der Politikwissenschaft in der Bundesrepublik führte. Doch noch wichtiger als die personellen und institutionellen Einflußlinien sind die politischen und intellektuellen Lehren, die nach 1945 aus dem Scheitern vor 1933 gezogen wurden. Das Experiment der Deutschen Hochschule für Politik mißlang im ersten Drittel des 20. Jahrhunderts wie die erste deutsche Demokratiegründung, war es doch ein Spiegelbild des Zeitgeistes der Weimarer Republik. Beide aber wurden später in der Bundesrepublik als der zweiten deutschen Demokratie erfolgreich aufgehoben. Doch zwischen diese demokratischen Zeitepochen schoben sich die gleichermaßen kurzen und langen zwölf Jahre der nationalsozialistischen Diktatur, auch in der Geschichte der Politikwissenschaft in Deutschland kein Intermezzo, sondern eine Periode von konstituierender Bedeutung.

[64] Vgl. Reinhard Blomert/Hans Ulrich Eßlinger/Norbert Giovannini (Hrsg.): Heidelberger Sozial- und Staatswissenschaften. Das Institut für Sozial- und Staatswissenschaften zwischen 1918 und 1958, Marburg 1997.

[65] Vgl. Gerhard Göhler: Einleitende Überlegungen zum Kontinuitätsproblem, in: Gerhard Göhler/Bodo Zeuner (Hrsg.): Kontinuitäten und Brüche in der deutschen Politikwissenschaft, Baden-Baden 1991, S. 8–22.

7. Politisierte Wissenschaften im Dritten Reich und Political Science in der Emigration (1933–1945)

Bis heute ist der Stellenwert des Dritten Reiches in der deutschen Geschichte trotz aller zeitgeschichtlichen Detailstudien und allgemeinen Erörterungen umstritten: Handelte es sich bei den zwölf Jahren des nationalsozialistischen Terror- und Ausrottungsregimes um eine letzten Endes unverständlich bleibende Episode in der Geschichte eines Kulturvolkes, in welcher Verbrecher die Macht ergriffen und Unglück über die Deutschen und ihre Nachbarn brachten? Oder war die nationalsozialistische Diktatur in der deutschen Entwicklung des späten 19. und frühen 20. Jahrhunderts angelegt und hat auch nach ihrem äußerlichen Ende im Jahr 1945 mit ihren Verwüstungen der politischen Kultur der Deutschen nachgewirkt?

Diese zentrale Frage nach Kontinuitäten und Diskontinuitäten liegt auch der Debatte um die Geschichte der Wissenschaften im Dritten Reich zugrunde, wie sie seit den sechziger Jahren in fast allen akademischen Disziplinen geführt wird und bis heute anhält.[1] In der nach dem Zweiten Weltkrieg in Westberlin und Westdeutschland neugegründeten Politikwissenschaft wurde lange Zeit als selbstverständlich angenommen, daß es – entsprechend dem von Altbundeskanzler Helmut Kohl formulierten Diktum von der «Gnade der späten Geburt» – in diesem Fach keine braunen Vorläufer gegeben habe. Man könnte höchstens an demokratische Ansätze einer entsprechenden Disziplingründung in der Weimarer Republik anknüpfen, die aber nach der Machtergreifung von den Nationalsozialisten unterdrückt und in die Emigration gezwungen worden seien. Erst seit den achtziger Jahren und insbesondere der Öffnung der ostdeutschen Archive nach der Vereinigung wird vermehrt darauf hingewiesen, daß es unter dem Nationalsozialismus durchaus Bemühungen um Wissenschaftsformationen gab, die sich als «politische

[1] Zum Beispiel Eberhard Lämmert: Germanistik – eine deutsche Wissenschaft, Frankfurt/Main 1967, Carsten Klingemann: Soziologie im Dritten Reich, Baden-Baden 1996; Winfried Schulze (Hrsg.): Deutsche Historiker im Nationalsozialismus, Frankfurt/Main 1999 und Michael Stolleis: Geschichte des öffentlichen Rechts in Deutschland. Bd. 3: Staats- und Verwaltungsrechtswissenschaft in Republik und Diktatur 1914–1945, München 1999, S. 246–414.

Wissenschaften» verstanden. Im Hinblick auf die Geschichte der Politikwissenschaft im Dritten Reich ist dabei nicht nur im zeitgeschichtlichen und empirischen Detail zu untersuchen, in welcher Form es sie gegeben hat, sondern auch die grundsätzliche Frage zu beantworten, ob in einer Diktatur wie derjenigen des Dritten Reiches die Existenz einer Politikwissenschaft überhaupt möglich gewesen ist.

a) Von der Hochschule für Politik zur Auslandswissenschaftlichen Fakultät

Nach der «Machtergreifung» der Nationalsozialisten bemühte sich zunächst Ernst Jäckh als Präsident der Deutschen Hochschule für Politik, seine Gründung durch verbale Anpassung und organisatorische Zugeständnisse an das neue Regime zu retten, konnte aber schließlich die Gleichschaltung nicht verhindern.[2] Die Nationalsozialisten lösten die im Geiste der Republik gegründete Hochschule nicht auf, sondern führten sie mit weitgehend gewandeltem Studieninhalt und Lehrkörper fort. So begann Ende Mai 1933 dem Vorlesungsverzeichnis zufolge das «26. Semester» an der Hochschule. Anstelle von Jäckh übernahm ein Kommissar des Reichspropagandaministeriums das Regiment. Paul Meier, der sich nach seinem Aufstieg zum Präsidenten der Hochschule Meier-Benneckenstein nannte, war ausgebildeter Volksschullehrer, aber 1931 wegen Agitation für die NSDAP aus dem preußischen Schuldienst entlassen worden und hatte sich danach in der Schulungs- und Propagandaarbeit der Partei politische Meriten erworben. Am 1. April 1933 wurde er Referent im Reichspropagandaministerium unter Joseph Goebbels und von diesem bald darauf als Kommissar und im November 1933 als Präsident der Hochschule für Politik eingesetzt. Dieser eher biedere und schwerfällige «alte Kämpfer» leitete die Gleichschaltung der Deutschen Hochschule für Politik.[3]

[2] Zur Geschichte der Hochschule für Politik im Dritten Reich vgl. vor allem Ernst Haiger: Politikwissenschaft und Auslandswissenschaft im «Dritten Reich». (Deutsche) Hochschule für Politik 1933–1939 und Auslandswissenschaftliche Fakultät der Berliner Universität 1940–1945, in: Gerhard Göhler/Bodo Zeuner (Hrsg.): Kontinuitäten und Brüche in der deutschen Politikwissenschaft, Baden-Baden 1991, S. 94–136; Rainer Eisfeld: Ausgebürgert und doch angebräunt. Deutsche Politikwissenschaft 1920–1945, Baden-Baden 1991; Rainer Eisfeld: German Political Science at the Crossroads. The Ambivalent Response to the 1933 Nazi Seizure of Power, in: Rainer Eisfeld/Michael Greven/Hans Karl Rupp (Hrsg.): Political Science and Regime Change in 20th Century Germany, Commack/New York 1997, S. 17–53.

[3] Vgl. Eisfeld: Ausgebürgert, S. 107 ff.

Zahlreiche neue Lehrkräfte wurden aus dem Ministerial- und Parteiapparat angeworben, doch sank das akademische Niveau, weil die Zahl der Hochschullehrer und Promovierten erheblich niedriger war als zu Weimarer Zeiten. Als prominentester neuer ständiger Dozent muß Albrecht Haushofer (1903–1945) erwähnt werden, der im Wintersemester 1933/34 die Leitung des Geopolitischen Seminars von Adolf Grabowsky übernahm.[4] Dieser junge Akademiker war als Anhänger der politischen Strömung der «Jungkonservativen» entschiedener Kritiker der parlamentarischen Demokratie der Weimarer Republik, aber kein Mitglied der NSDAP. Er genoß, obwohl er «Vierteljude» war, wie sein Vater Karl Haushofer (1869–1946), der als bayerischer Generalmajor im Ersten Weltkrieg gedient hatte und danach als Professor in München die Schule der Geopolitik begründete, die Protektion von Rudolf Heß als dem «Stellvertreter des Führers» und wurde während des Dritten Reiches in zahlreiche Beraterfunktionen insbesondere für das Auswärtige Amt berufen. Nachdem Rudolf Heß im Mai 1941 nach England geflogen war, wurde sein Schützling erstmals für kurze Zeit inhaftiert. Haushofer, der mit seinen antidemokratischen Einstellungen und geopolitischen Großraumkonzeptionen dem Ideengut des Nationalsozialismus nahestand, aber die Mentalität und Praxis seiner Herrscher verabscheute, wurde nach dem Aufstand vom 20. Juli 1944 erneut verhaftet und schrieb im Moabiter Gefängnis die «Moabiter Sonette», die als die bedeutendste Lyrik des deutschen Widerstandes gegen das Hitler-Regime gelten. Albrecht Haushofer wurde im April 1945, kurz vor Kriegsende, im Konzentrationslager Flossenbürg zusammen mit dem evangelischen Theologen Dietrich Bonhoeffer und dem Abwehrchef Wilhelm Canaris von der SS ermordet. Mit ihnen starb auch der Reichsgerichtsrat Hans von Dohnanyi, der als qualifizierter Fachmann ohne Parteibuch ebenfalls nach 1933 an der Deutschen Hochschule für Politik gelehrt hatte.

Im Lehrplan der Hochschule[5] wurde nach der nationalsozialistischen Machtergreifung zunehmend das Schwergewicht auf auslandskundliche und außenpolitische Themen gelegt, eine Entwicklung, die sich schon in der Weimarer Zeit angebahnt hatte. Hinzu traten im Geiste des neuen Regimes Themen wie Propaganda, Wehrpolitik, Rassenkunde und Rassenpflege. Auch weiterhin waren die Ausbildungsziele der Hochschule vielfältig. Unter der übergreifenden Maxime der Schulung von «Führern» wurden Kurse für die SA und HJ, für die NS-Frauenschaft und die Fort-

[4] Vgl. Ursula Laack-Michel: Albrecht Haushofer und der Nationalsozialismus, Stuttgart 1974.

[5] Vgl. Eckert: Aufbau und Vorlesungsplan der Hochschule für Politik, in: Zeitschrift für Politik 24 (1934), S. 228–231.

bildung von Lehrern in der «nationalpolitischen Pädagogik» durchgeführt. Das Profil der Studentenschaft blieb ebenfalls diffus, wenn auch im Jahr 1936 die Mitgliedschaft in der NSDAP oder einem ihrer Verbände Aufnahmevoraussetzung wurde. Mit dem informellen Sprachgebrauch von einer «Hochschule für Politik der NSDAP» wurde das Selbstverständnis der Institution auf den Begriff gebracht. Doch da die nationalsozialistische Parteielite eher Vorbehalte gegen Akademiker und wissenschaftlich vorgebildete Politiker hatte, sank die Zahl der an der Hochschule Studierenden von knapp tausend im Jahr der Machtergreifung auf unter fünfhundert im Wintersemester 1937/38.

Seit 1935 versuchte die nationalsozialistische Studentenschaft und insbesondere die Dozentenschaft der Hochschule für Politik, deren Status anzuheben. Hinter diesen Bemühungen um die staatliche Anerkennung des Diploms und das Promotions- und Habilitationsrecht standen Karriere- und Prestigeinteressen, vor allem wollten die ständigen Dozenten an der Hochschule zu Professoren aufrücken. Doch allen Versuchen zum Trotz blieb die Hochschule für Politik auch in den folgenden Jahren eine Schmalspurhochschule, weder von der akademischen Welt der Universitäten noch den politischen Praktikern in Partei und Staat wirklich anerkannt.

Das langersehnte Ziel einer Akademisierung erreichte die Hochschule schließlich Anfang 1940 mit ihrem Aufgehen in der neugegründeten «Auslandswissenschaftlichen Fakultät» der Berliner Universität. Diese in der deutschen Tradition neuartige und einmalige Fakultät ging auf vielfältige Vorläufer zurück. Schon im Kaiserreich war eine Reichshochschule für Auslandswissenschaften gefordert worden, welche die großimperialen Interessen Deutschlands besonders im Nahen Osten unterstützen sollte. 1935 wurde auf Initiative der SS und vor allem ihres Sicherheitsdienstes unter Reinhard Heydrich in Berlin eine «Auslandshochschule» eingerichtet, die schließlich zusammen mit der Hochschule für Politik 1940 in der Auslandswissenschaftlichen Fakultät aufging, nachdem sich die Philosophische Fakultät der Universität Berlin störrisch gegenüber der Aufnahme dieser politischen Fächer und Institutionen gezeigt hatte.

Zum Dekan auf Lebenszeit dieser neuen Fakultät wurde der damals dreißigjährige Franz Alfred Six (1909–1975) ernannt, eine der schillerndsten Figuren des Dritten Reiches im Grenzgebiet von Politik, Propaganda und Wissenschaft.[6] Six, Sohn eines Möbelhändlers, der schon

[6] Vgl. die höchst anschauliche, aber auch sehr ausgreifende Lebensbeschreibung von Lutz Hachmeister: Der Gegnerforscher. Die Karriere des SS-Führers Franz Alfred Six, München 1998.

1930 als zwanzigjähriger Oberprimaner der NSDAP beigetreten war und danach im Nationalsozialistischen Studentenbund Karriere machte, promovierte 1934 an der Universität Heidelberg. Seine Doktorarbeit über «Die politische Propaganda der NSDAP im Kampf um die Macht» wurde von Arnold Bergstraesser, der damals am Heidelberger Institut für Staats- und Sozialwissenschaften eine Stiftungsprofessur für Staatswissenschaft und Auslandskunde innehatte, betreut und wegen ihrer «Verbindung äußerster Realistik und analytischer Kühle» sehr positiv begutachtet.[7] Ob der Doktorvater damit die folgende Feststellung seines Doktoranden meinte: «Der Ostgalizier, der dicke fette Jude, der Bonze, die Ballonmütze des Sozialdemokraten und das Grinsen des kommunistischen Untermenschen hatten sich dank der zielbewußten Aufklärung der nationalsozialistischen Bewegung bald in das Gedächtnis der Massen eingegraben.»[8] Zwei Jahre später habilitierte sich Six mit einer Untersuchung über «Die Presse der nationalen Minderheiten im Deutschen Reich», in welcher er sehr knapp über die polnischen, wendischen und dänischen Publikationen und deren «unzweideutige Feindschaft gegen die Staatsform des Wirtlandes» berichtete.[9] Diese Arbeit ließ der Autor mit der Begründung, sie enthalte staatspolitische Geheimnisse, sekretieren. Öffentlich aber machte er Karriere, wechselte 1935 nach der Entmachtung der SA in die SS, stieg dort innerhalb von drei Jahren zum Standartenführer (Oberst) auf und wurde 1937 im Sicherheitsdienst Leiter der Abteilung «Weltanschauliche Gegnerbekämpfung», in der damals auch Adolf Eichmann an Plänen zur «Endlösung der Judenfrage» arbeitete.[10] 1938 wurde der nationalsozialistische Multifunktionär Six außerordentlicher Professor für Zeitungswissenschaft an der Universität Königsberg und erreichte 1940 den Gipfel seiner akademischen Karriere, als Reinhard Heydrich der Berliner Universität nicht nur die Errichtung einer eigenständigen Auslandswissenschaftlichen Fakultät oktroyierte, sondern auch Six zum Dekan auf Lebenszeit dieser neuen Einrichtung ernennen ließ, wohl auch, um ihn aus seinem engeren Zirkel abzuschieben. Six, der zwischenzeitlich auch in der Waffen-SS avanciert war, gab

7 Vgl. die Zitate aus Bergstraessers Gutachten (Heidelberger Universitätsarchiv) in: Hachmeister: Gegnerforscher, S. 72 f.

8 Franz Alfred Six: Die politische Propaganda der NSDAP im Kampf um die Macht, Diss. Heidelberg 1934, S. 20.

9 Zitiert nach: Eisfeld: Ausgebürgert, S. 130.

10 Vgl. Michael Wildt (Hrsg.): Die Judenpolitik des SD 1935 bis 1938. Eine Dokumentation (= Schriftenreihe der Vierteljahrshefte fur Zeitgeschichte, Bd. 71), München 1995, bes.: S. 26 mit Anm. 92.

dieses akademische Amt aber 1943 auf, um die Leitung der Kulturpolitischen Abteilung des Auswärtigen Amtes zu übernehmen.[11] Am Ende des Dritten Reiches hatte der Fünfunddreißigjährige den Rang eines Ministerialdirigenten und SS-Brigadeführers (Generalmajor) erreicht, war aber auch bis zuletzt an der Berliner Universität als Ordinarius für Außenpolitik und Auslandskunde tätig.

In der Auslandswissenschaftlichen Fakultät sorgte Six dafür, daß herrschaftspolitische Themen der Lageberichterstattung und Gegnerforschung[12] sowie expansionistische Fragen der Großraumgestaltung und Ostsiedlung im Mittelpunkt von akademischer Lehre und Forschung standen. Er verstand sein eigenes Arbeitsgebiet zunächst als «politische Geisteswissenschaft»[13] und später als «Politische Wissenschaft», wie auch der Titel einer seit 1943 vom Deutschen Auslandswissenschaftlichen Institut und dem Reichspropagandaministerium herausgegebenen Zeitschrift lautete, zu der Six das Vorwort schrieb.[14] So degenerierte die staatsbürgerliche Lehre der Politik aus der Zeit der Weimarer Republik im Dritten Reich zu einer der im Umkreis der SS angesiedelten Hilfswissenschaften für nationalsozialistische Diktatoren. Dabei waren keineswegs nur reine Propagandaarbeiten gefragt, sondern es wurden auch nüchterne empirische Analysen von parteifremden Akademikern angefertigt, so zum Beispiel auf den Gebieten der Bevölkerungssoziologie und Raumforschung. Diesen durchaus wissenschaftlichen und scheinbar unpolitischen Arbeiten kam eine Funktion innerhalb des Herrschaftsapparates des «Großdeutschen Reiches» und seiner imperialen Pläne zu. Von Franz Alfred Six, dessen Veröffentlichungen eher programmatischen und propagandistischen Charakter trugen,[15] erschien noch wenige Tage vor Kriegsende ein Artikel in der «Zeitschrift für Politik», in welchem er im Geiste des Regimes die «Europäische Schicksalsgemeinschaft» beschwor.[16]

[11] Six' Nachfolger als Dekan der Auslandswissenschaftlichen Fakultät wurde 1943 Karl-Heinz Pfeffer.

[12] Z.B.: Franz Alfred Six: Studien zur Geistesgeschichte der Freimaurerei, Hamburg 1942.

[13] Vgl. den Antrag auf Förderung eines gleichnamigen Königsberger Instituts, den Six 1938 an die DFG stellte: Bundesarchiv Koblenz, R 73/14779, zitiert in: Hachmeister: Gegnerforscher, S. 116 ff.

[14] Studien zur Auslandskunde/Politische Wissenschaft (1943–1944). In diesem Vorwort (S. 1) sprach Six sogar von «Forschungen über Politikwissenschaft».

[15] Vgl. seine Reden und Aufsätze aus den Jahren zwischen 1938 und 1943: Franz Alfred Six: Europa. Tradition und Zukunft, Hamburg 1944.

[16] Franz Alfred Six: Europäische Schicksalsgemeinschaft, in: Zeitschrift für Politik 35 (1945), S. 35–36.

Nach Ende des Zweiten Weltkrieges tauchte dieser prototypische Nazi-Intellektuelle zunächst mit Hilfe von Karl Heinz Pfeffer, seinem Berliner Dekansnachfolger, unter, wurde aber im April 1946 gefaßt, im «Fall IX» der Nürnberger Folgeprozesse angeklagt und im April 1948 wegen der zumindest indirekten Beteiligung an der Ermordung von Juden während seiner Tätigkeit an der Spitze einer SS-Einsatzgruppe vor Moskau zu zwanzig Jahren Haft verurteilt, aber 1952 nach der Entscheidung zur bundesdeutschen Wiederbewaffnung vorzeitig entlassen. Vor dem Nürnberger Tribunal erklärte dieser politische Wissenschaftler, welcher der Vision eines «wissenschaftlichen Nationalsozialismus» anhing, er sei im Dritten Reich immer ein Wissenschaftler gewesen und habe sich für einen «organischen Lehr- und Forschungskörper» eingesetzt, wie er unter dem Etikett der Politikwissenschaft schon lange in den angelsächsischen Ländern bestände.[17] Doch im Gegensatz zu seinen Kollegen in benachbarten Fächern, wie zum Beispiel dem Soziologen Karl Heinz Pfeffer, gelang weder Six noch irgendeinem anderen politischen Wissenschaftler des Dritten Reiches der Wiedereinstieg als Politikwissenschaftler in der Bundesrepublik. Nach der Entlassung aus dem Landsberger Kriegsverbrechergefängnis war Six zunächst im Essener «Büro für Generalamnestie» tätig, das sich unter dem Rechtsanwalt Ernst Achenbach um die juristische und politische Rehabilitierung der personellen Träger des Hitlerregimes bemühte.[18] 1953 ermöglichte der Großindustrielle Friedrich Flick, der Six in Landsberg kennengelernt hatte, diesem den Eintritt in die Geschäftsführung des Leske-Verlags in Darmstadt, der damals allerdings mehr auf dem Gebiet der Reiseliteratur reüssierte und erst später unter dem Namen Leske+Budrich zum wesentlichen Fachverlag für politikwissenschaftliche Veröffentlichungen wurde. Danach war Six als Werbeleiter bei der Firma Porsche-Diesel Motorenbau sowie als Unternehmensberater tätig. Er lehrte über Marketing als Aufgabe der Unternehmensführung an der Bad Harzburger Akademie

[17] Zitiert nach Hachmeister: Gegnerforscher, S. 76.

[18] Achenbach vertrat Six auch in seinen – letztlich erfolglosen – Bemühungen, wieder im Auswärtigen Amt und als ordentlicher Professor beschäftigt zu werden, und ermöglichte die Unterwanderung der nordrhein-westfälischen FDP durch eine Gruppe von ehemaligen Nazis um den Staatsekretär im Reichspropagandaministerium Werner Naumann und den Reichskommissar in Dänemark Werner Best. Obwohl der britische Geheimdienst und der nordrhein-westfälische Verfassungsschutz diese Absichten 1953 enttarnten, machte Achenbach als Bundestagsmitglied von 1957 bis 1976 politische Karriere, nicht zuletzt in der sozialliberalen Koalition. Vgl. Norbert Frei: Vergangenheitspolitik. Die Anfänge der Bundesrepublik und die NS-Vergangenheit, München 1996, S. 361ff.

für Führungskräfte der Wirtschaft, die von Reinhard Höhn, seinem früheren Mitkämpfer nicht nur im Reichssicherheitshauptamt, sondern auch als nationalsozialistischer Politik- und Staatsforscher, organisiert wurde.[19] 1961 mußte Six als Zeuge im Eichmann-Prozeß aussagen, seine eigene strafrechtliche Verfolgung wurde 1968 aus gesundheitlichen Gründen niedergeschlagen.

Über die auslandswissenschaftliche Forschungs- und Publikationstätigkeit im Zweiten Weltkrieg und ihre Bedeutung für die Kriegsführung berichtete Six seit 1941 bis zum Kriegsende in der «Zeitschrift für Politik». Die inhaltliche Gleichschaltung und Instrumentalisierung der politikwissenschaftlichen Ansätze der Weimarer Zeit durch den Nationalsozialismus lassen sich besonders deutlich an dieser 1907 von Richard Schmidt und Adolf Grabowsky begründeten Zeitschrift ablesen. Nach der Machtübernahme durch die Nationalsozialisten wurde Adolf Grabowsky wegen seiner jüdischen Herkunft als Mitherausgeber und Schriftleiter der «Zeitschrift für Politik» abgesetzt und mußte im Juli 1934 in die Schweiz emigrieren, obwohl sein Eröffnungsbeitrag für den Jahresband 1933 über «Außenpolitik und nationale Revolution» durchaus im Geiste des neuen Regimes ausgefallen war.[20] Der deutschnationale Richard Schmidt firmierte noch bis 1936 als Herausgeber, allerdings wohl mehr als Aushängeschild auf dem Titelblatt um des Kontinuitätsanspruchs willen als in verantwortlicher Position.[21] Schon vor 1933 waren in der «Zeitschrift für Politik» immer mehr Beiträge zu auslandskundlichen und nationalrevisionistischen Themen erschienen, danach dominierten eindeutig ideologische Traktate und rassisch-völkisches Großraumdenken. Mit gutem Grund hat die «Zeitschrift für Politik», als sie 1954 in der Bundesrepublik wiedererschien, mit dem ersten Jahrgang einer Neuen Folge einen Neuanfang gemacht.

[19] Vgl. Franz Alfred Six: Marketing in der Investitionsgüterindustrie. Durchleuchtung, Planung, Erschließung (= Betriebspraxis der Akademie für Führungskräfte der Wirtschaft Bad Harzburg, Bd. 6), Bad Harzburg 1968.

[20] Adolf Grabowsky: Außenpolitik und nationale Revolution, in: Zeitschrift für Politik 33 (1933), S. 1–6.

[21] Die alle politischen Systemveränderungen überdauernde Kontinuität des «nationalen Empfindens» bei Richard Schmidt hoben auch seine Leipziger Kollegen hervor: O. A.: Festschrift der Leipziger Juristenfakultät für Dr. Richard Schmidt zum 1. November 1934 (= Leipziger rechtswissenschaftliche Studien, Bd. 91), Leipzig 1936, S. III.

b) Das Konzept der «politischen Wissenschaften»

Zahlreiche der akademischen Repräsentanten der Auslandswissenschaften verstanden ihre Disziplin als eine politische Wissenschaft und bemühten sich um eine entsprechende methodologische Begründung. Dazu gehörte insbesondere Karl-Heinz Pfeffer (1906–1971), der nach Studien der Anglistik, Geschichte und Staatswissenschaften nicht nur an vielen deutschen Universitäten, sondern auch an der Stanford University, in Paris, der London School of Economics und selbst im australischen Sydney 1934 Dozent für Soziologie an der Universität Leipzig wurde. 1940 erhielt Pfeffer einen Lehrstuhl für Volks- und Landeskunde Großbritanniens an der neuen Berliner Auslandswissenschaftlichen Fakultät und war von 1943 bis 1945 als Nachfolger von Six Dekan dieser Fakultät. Nach dem Zweiten Weltkrieg war er zunächst in Forschungsinstitutionen der Landesplanung, aber auch in Pakistan tätig. 1956 veröffentlichte Pfeffer ein umstrittenes «Handwörterbuch der Politik».[22] 1962 wurde er auf Vermittlung Helmut Schelskys Professor für Entwicklungssoziologie an der Universität Münster.

Pfeffer konzipierte 1934 in einem Aufsatz die «Politische Wissenschaft im neuen Deutschland».[23] Darin skizzierte er die Vielfalt der Staatswissenschaften in Deutschland, aber auch die Sciences Politiques in Frankreich sowie die Political Science in England und den USA. Doch diese in- und ausländischen Erscheinungen konnten nach Pfeffer nicht als Vorbilder für das weltanschaulich andersartige Dritte Reich dienen, hier sollten vielmehr «die zerfaserten Einzelwissenschaften wieder zusammengebunden [werden] in der selbstverständlichen Kraft der nationalsozialistischen Weltanschauung». Programmatisch fügte Pfeffer hinzu: «Die bisherigen Wissenschaften über politische Tatsachen werden jetzt selbst politisiert, werden jetzt erst aus ausgegliederten Bildungswissenschaften zu politischen Wissenschaften. Sie richten sich inhaltlich und formal auf die neue Wirklichkeit aus.»[24] Diese Konzeption von Politi-

[22] Karl Heinz Pfeffer: Handwörterbuch der Politik, Darmstadt 1956. Dieses Buch erschien auf Vermittlung von Franz A. Six im Leske Verlag. Ernst Fraenkel und Karl Dietrich Bracher warfen 1957 in der Einleitung ihres Fischer-Lexikons «Staat und Politik» wichtigen Artikeln des Handwörterbuches von Pfeffer vor, «unter der Maske wissenschaftlicher Objektivität den nationalsozialistischen Vorgang zu bagatellisieren oder gar nachträglich zu rechtfertigen». Ernst Fraenkel/Karl Dietrich Bracher (Hrsg.): Staat und Politik (= Fischer Lexikon, Bd. 2), Frankfurt/Main 1957, S. 13.

[23] Karl-Heinz Pfeffer: Politische Wissenschaft im neuen Deutschland, in: Hochschule und Ausland 12 (1934), S. 38–47.

[24] Pfeffer: Wissenschaft, S. 43 u. 45.

scher Wissenschaft, die Karl-Heinz Pfeffer im Anschluß an seinen akademischen Lehrer Hans Freyer als «volksgebundene Wirklichkeitswissenschaft» verstand, ließ ihn auch 1942 sein damaliges Fach der Auslandskunde eine «Politische Wissenschaft» nennen.[25] Doch der Begriff in der Einzahl wurde von den intellektuellen Wortführern des Dritten Reiches überwiegend abgelehnt und statt dessen von «politischen Wissenschaften» in der Mehrzahl mit Kleinschreibung des Adjektivs gesprochen. Von vielen Protagonisten des nationalsozialistischen Wissenschaftsbetriebes wurden die beiden Termini zwar synonym und rein propagandistisch verwandt, doch bei den intellektuell anspruchsvolleren Anhängern einer «nationalen Revolution» auch auf dem Gebiet der Wissenschaften stand hinter dieser Unterscheidung eine grundsätzliche Wissenschaftskonzeption, die für die Ideologie des Nationalsozialismus und sein Verhältnis zum hergebrachten Wissenschaftsideal aufschlußreich ist.

Vordenker der Hochschul- und Wissenschaftsreform nach der nationalsozialistischen Machtergreifung war der Pädagoge Ernst Krieck, der 1933 Rektor der Universität Frankfurt am Main wurde. Krieck plädierte für eine «Revolution der Wissenschaft», durch welche Sein und Sollen unter dem Primat des «völkisch-politischen Lebensganzen» wieder zusammengeführt werden sollten. Auf der Basis dieses integrationistisch-politischen Wissenschaftsverständnisses lehnte er eine selbständige Politikwissenschaft entschieden ab, weil das Politische nicht zum Gegenstand einer eigenen Disziplin gemacht werden dürfe, sondern alle Wissenschaften zu durchdringen habe.[26] In der völkischen Ordnung des Dritten Reiches müßten alle Fächer politische Wissenschaften im Sinne von Weltanschauungswissenschaften sein. Auf der Basis dieses ideologischen Grundverständnisses war im Dritten Reich keine Politikwissenschaft möglich, sehr wohl wurden aber umfassende politische Wissenschaften gefordert.

Subtiler ist das Konzept der «politischen Wissenschaften» von Hans Freyer (1887–1969) begründet worden, der seit 1925 an der Universität Leipzig den ersten deutschen Lehrstuhl für Soziologie innehatte.[27]

[25] Karl Heinz Pfeffer: Begriff und Methode der Auslandswissenschaften, in: Nachrichten des Deutschen Auslandswissenschaftlichen Instituts 4 (1942), S. 278–283.

[26] Ernst Krieck: Gibt es eine Wissenschaft von der Politik?, in: Ernst Krieck: Wissenschaft, Weltanschauung, Hochschulreform, Leipzig 1934, S. 55–60.

[27] Zu Freyers Leben und Werk vgl. Rolf Peter Sieferle: Die konservative Revolution. Fünf biographische Skizzen: Paul Lensch, Werner Sombart, Oswald Spengler, Ernst Jünger, Hans Freyer, Frankfurt/Main 1995 und Elfriede Üner: Soziologie als «geistige Bewegung». Hans Freyers System der Soziologie und die «Leipziger Schule», Weinheim 1992.

Freyers soziologisches und methodologisches Denken war unter dem Einfluß der Ideen der Jugendbewegung und der Zivilisationskritik geprägt von der Skepsis gegenüber den atomisierenden und entfremdeten Auswirkungen der kapitalistischen Industriegesellschaft. Als Anhänger einer «Revolution von rechts» wollte er die antagonistischen Gesellschaftsstrukturen, die Kluft zwischen Macht und Geist, die Zersplitterung der Einzelwissenschaften sowie die Dichotomie von wissenschaftlicher Realanalyse und normativer Bewertung in einer neuen Einheit überwinden. Dieses Werk der Synthese erhoffte sich der Hegelianer Freyer von den Nationalsozialisten, und an diese wandte er sich mit der Forderung, die herkömmlichen Einzelwissenschaften zu «politischen Wissenschaften» zu revolutionieren. Nicht nur sollten sich alle Fächer – und dabei nannte Freyer neben der Soziologie auch die Staats- und Rechtswissenschaft, die Medizin und selbst die Mathematik – als «politisch» verstehen, auch waren durch die normative Orientierung aller Wissenschaften am Ziel der «werdenden Volksgemeinschaft» die Grenzen zwischen den Fächern zu überwinden.

Diesen wortreichen Programmen zur Revolution der Wissenschaften ließ man nach der nationalsozialistischen Machtergreifung auch Taten folgen. Für Hans Freyer war es nur konsequent, daß er zum Wintersemester 1934/35 seine Leipziger Professur für Soziologie in ein Ordinariat für «Politische Wissenschaften» umwandeln ließ. Im entsprechenden Abschnitt des Leipziger Vorlesungsverzeichnisses kündigte er zwei Kollegs über «Das Zeitalter des Kapitalismus» und «Probleme des nationalen Sozialismus» sowie eine Übung über das «19. Jahrhundert in Frankreich» und ein Seminar über «Fragen der Außenpolitik und Auslandsdeutschentums» an. Noch deutlicher wurde der allgemeinbildende Anspruch der «politischen Wissenschaften» im Frankfurter Vorlesungsverzeichnis desselben Semesters, in welchem dem ersten Abschnitt über «Volk, Staat und Politik» die Ermahnung vorangestellt wurde: «Der Student tut nicht genug, wenn er sich nur die technischen Fähigkeiten für seinen künftigen Beruf erwirbt. Er hat sich auch über weitere Zusammenhänge Gedanken zu machen, hat insbesondere das deutsche Volk, den deutschen Staat und seine Politik verstehen zu lernen.» Nach dieser Einführung wurde auch auf Veranstaltungen der Medizinischen Fachschaft der Studentenschaft über «Rassehygiene und Bevölkerungspolitik im neuen Deutschland» und «Fußleiden und Fußpflege (für SA- und SS-Angehörige)» hingewiesen. Unter dem Einfluß des «Begriffs des Politischen» von Carl Schmitt wurden damit alle Gegenstände politisch, behandelten sie doch entweder die Bekämpfung und Ausrottung des Feindes oder die Pflege der Gesundheit des Freundes, also des eigenen Volkes. So konnte auch die Fußpflege zum Gegenstand «politischer Wissenschaften» werden.

Als Vorschlag zur umfassenden Universitätsreform hat Hans Freyer 1933 ein «politisches Semester» gefordert, in welchem die Studierenden aller Fakultäten nicht nur vor Beginn des Fachstudiums in den «politischen Wissenschaften» geschult, sondern auch in Anknüpfung an bündische Traditionen der Jugendbewegung in Gemeinschaftslagern zu einem neuen «Ethos der Arbeit» erzogen werden sollten.[28] Diese Ideen sind auch in den Dozentenlagern umgesetzt worden, an denen im Dritten Reich alle Habilitanden teilnehmen mußten. Am weitesten reichten die organisatorischen Schlußfolgerungen aus dem neuen politischen Wissenschaftsideal bei Ernst Krieck, der die herkömmliche Gliederung in Fakultäten als ein trennendes Prinzip durch die Orientierung der Wissenschaften an der «völkisch-politischen Zentralidee» ersetzen wollte. Manche dieser mit dem Prinzip der «politischen Wissenschaften» begründeten Transformationen der hergebrachten Inhalte und Strukturen von Lehre und Forschung im Zeichen der völkischen Einheit sind an den sogenannten Grenzlanduniversitäten in Kiel, Breslau, Königsberg und nach der Eroberung des Elsaß in Straßburg durchgeführt worden, welche die Nationalsozialisten durch ihre Berufungspolitik zu Vorbildern «politischer Hochschulen» machen wollten. Doch insgesamt sind diese hochfliegenden Pläne von rechtskonservativen und völkischen Gelehrten zur Umgestaltung der Universitäten im Geiste der «nationalen Revolution» eher gescheitert.

Der meist aus Nichtakademikern bestehenden Herrschaftselite des neuen Regimes mit Adolf Hitler an der Spitze war der Anspruch von Professoren auf Fortsetzung der geistigen Revolution unter ihrer Führung suspekt. Die Nationalsozialisten hatten die politischen Professoren in ihrem Kampf gegen die Weimarer Republik und für die Legitimierung der neuen Ordnung als Bündnisgenossen willkommen geheißen, doch nach der Durchsetzung ihrer Herrschaft wollten sie sich nicht von Intellektuellen vorschreiben lassen, wie es weitergehen sollte. So zog sich mancher politische Professor wie der Philosoph Martin Heidegger und der Staatsrechtler Carl Schmitt nach anfänglichem Enthusiasmus für die neue Zeit enttäuscht zurück, und auch für den Soziologen und politischen Wissenschaftler Hans Freyer war die Übernahme einer Professur an der Universität Budapest im Jahr 1938 eine Art «innere Emigration».

[28] Hans Freyer: Das politische Semester. Ein Vorschlag zur Universitätsreform, Jena 1933.

Nach 1936/37 setzte das Regime nicht mehr auf die revolutionäre Umgestaltung der Gesellschaft, sondern die planmäßige Vorbereitung des Krieges. Damit waren im Bereich der Wissenschaften nicht mehr die großen ideologischen Entwürfe, sondern exakte Einzelforschungen als Beitrag zur Stabilisierung der Herrschaft im Inneren und Planung der Großraumexpansion nach Außen gefragt. Im Bereich der Soziologie führte das zu einer Verlagerung von der Theoriediskussion zu sozialtechnischen Arbeiten zum Beispiel auf den Gebieten der Bevölkerungs-, Polizei- und Wehrsoziologie.[29] Da die Politikwissenschaft noch kaum ein entsprechendes empirisches Instrumentarium vorweisen konnte, blieben ihr solche Versuchungen einer Instrumentalisierung zu nationalsozialistischen Herrschaftszwecken weitestgehend erspart. Das Konzept der «politischen Wissenschaften» als völkisch-ideologische Integrationswissenschaften, das schon nach 1936 an Bedeutung verloren hatte, ging mit dem Ende des Dritten Reiches endgültig unter.

Doch noch immer führen die aus der Zeit des Nationalsozialismus stammenden Begriffe zur Verwirrung, sowohl beim Namen als auch in der Geschichte des Faches. Vielerorts ist das 1945 in der Bundesrepublik neu gegründete Fach mit der Bezeichnung «Politische Wissenschaft» versehen worden. Das mag eine Übersetzung des anglo-amerikanischen Begriffs «Political Science» sein, doch ermöglicht es durch die unbewußte Übernahme eines Terminus aus dem Dritten Reich auch das Mißverständnis einer «politisierten Wissenschaft». Selbst der historisch noch belastetere Begriff von «Politischen Wissenschaften» in der Mehrzahl wird nicht immer vermieden.

c) Die «deutsche Staatswissenschaft»

Im Konzept der «politischen Wissenschaften» sind während des Dritten Reiches keineswegs nur völkische Ideen zum Ausdruck gekommen. Vielmehr knüpften die Anhänger der «nationalen Revolution» auch an ältere Vorstellungen von der politischen Natur des Menschen, der Einheit von Sein und Sollen sowie der Universitas der Wissenschaften an. Kein politischer Wissenschaftler des Dritten Reiches hat diesen Kontinuitätsanspruch so offen formuliert wie der Verfassungshistoriker und Staatstheoretiker Huber mit seiner Konzeption der «deutschen Staatswissenschaft».[30]

29 Vgl. Klingemann: Soziologie, bes.: S. 277–316.

30 Vgl. Ralf Walkenhaus: Konservatives Staatsdenken. Eine wissenssoziologische Studie zu Ernst Rudolf Huber, Berlin 1997, insb.: S. 209–217.

Ernst Rudolf Huber (1903–1990) hat sich nach einem rechts- und staatswissenschaftlichen Studium in Bonn 1926 mit einer staatskirchenrechtlichen Arbeit promoviert und 1931 auf dem von ihm erschlossenen Gebiet des Wirtschaftsverwaltungsrechts habilitiert. In den Krisenjahren der Weimarer Republik wurde er zum rechtskonservativen Anhänger des Ordnungs- und Gestaltdenkens Carl Schmitts und übernahm 1933 einen Lehrstuhl an der Universität in Kiel, 1937 auf Vermittlung Hans Freyers in Leipzig und 1941 an der wiedergegründeten Reichsuniversität Straßburg. Mit dem Zusammenbruch des Dritten Reiches endete zunächst die akademische Karriere dieses Protagonisten eines autoritären Staates. In der erzwungenen Muße eines «131er Beamten»,[31] der auf seine Wiederverwendung wartete, begann Huber die Arbeit an seiner «Deutschen Verfassungsgeschichte seit 1789», die mit ihren bis 1984 veröffentlichten sieben Bänden von über 10 000 Seiten zu einem nicht zu übertreffenden Standardwerk geworden ist. 1952 erhielt er einen Lehrauftrag an der Universität Freiburg, 1957 eine Professur an der Hochschule für Sozialwissenschaft in Wilhelmshaven-Rüstersiel und hatte seit deren Verlegung an die Universität Göttingen von 1962 bis zu seiner Emeritierung im Jahr 1968 wieder einen Lehrstuhl an einer juristischen Fakultät. Ernst Rudolf Huber ist der bundesdeutschen Wissenschaft als Verfassungshistoriker, höchstens noch als Wirtschaftsrechtler in Erinnerung; das Bemühen dieses konservativen Juristen um die Integration aller Staatswissenschaften ist mit der braunen Vergangenheit weitgehend in Vergessenheit geraten.

Als Ernst Rudolf Huber 1933 nach Kiel berufen wurde, übernahm er mit den dortigen Nationalökonomen Andreas Predöhl und Hermann Bente am Institut für Weltwirtschaft die Herausgeberschaft der «Zeitschrift für die gesamte Staatswissenschaft». Sie leiteten das erste Heft des Jahrgangs 1935 dieser traditionsreichen Publikation mit programmatischen Beiträgen ein, wobei Ernst Rudolf Huber mit dem Artikel über «Die deutsche Staatswissenschaft» den Anfang machte und seine Vorstellungen von einer Einheit von politischem Ziel und wissenschaftlichem Wollen formulierte: «Das Dasein einer echten Staatswissenschaft hängt

[31] So nannte man jene Deutschen, die nach dem 8. Mai 1945 aus dem Öffentlichen Dienst, insbesondere auch im Rahmen der Entnazifizierung, ausgeschieden waren und deren Rechtsverhältnis nach Artikel 131 des Grundgesetzes durch ein Bundesgesetz zu regeln war (vgl. Frei: Vergangenheitspolitik, S. 69–100). Zur Karriere E. R. Hubers nach 1945 siehe den spannenden Aufsatz von Ewald Grothe: Eine «lautlose» Angelegenheit? Zur Rückkehr des Verfassungshistorikers Ernst Rudolf Huber in die universitäre Wissenschaft nach 1945, in: Zeitschrift für Geschichtswissenschaft 47 (1999), S. 980–1001.

vom Bestand eines wirklichen Staates ab. Die Staatswissenschaft ist die politische Wirklichkeitswissenschaft, und sie ist nur möglich, wenn ihr Gegenstand, der einheitliche und in sich geschlossene Staat, existenziell gegenwärtig ist.»[32] Doch danach rekurriert Huber nicht auf Hans Freyer und Carl Schmitt, deren Konzeptionen ihm bei diesen beiden Einleitungssätzen in die Feder geflossen sind, sondern auf die klassische Geschichte der politischen Ideen. Er läßt diese beginnen mit der Polislehre der griechischen Antike, führt sie fort über mittelalterliche und neuzeitliche Konzeptionen und sieht in der deutschen Staatsphilosophie des Idealismus, insbesondere Hegels und der Romantik um Adam Müller, die letzte große Blüte einer auf das ganze politische Gemeinschaftsleben bezogenen Staatslehre.

Dieser Anspruch auf Bewahrung der Einheit der Staatswissenschaft fand, so stellt Ernst Rudolf Huber zu Recht fest, noch einmal in der 1844 unter Führung Robert von Mohls begründeten «Zeitschrift für die gesamte Staatswissenschaft» seinen programmatischen Ausdruck. Doch danach zerfiel das alte geschlossene Wissenschaftssystem in eine Vielzahl selbständiger und zusammenhangloser Einzeldisziplinen wie Staatslehre und Rechtsphilosophie, Rechtswissenschaft und Wirtschaftswissenschaft, Soziologie und Volkstumskunde. Huber führt diese Entwicklung nicht lediglich auf wissenschaftsimmanente Ausdifferenzierungen, sondern auf allgemeine Zersplitterungsprozesse zurück. Insbesondere die reale Entgegensetzung von Staat und Gesellschaft sowie die Pluralisierung der Lebensverhältnisse habe seit der Mitte des 19. Jahrhunderts zu einem «Trennungsdenken» in politischer Öffentlichkeit wie akademischer Wissenschaft geführt, durch welche die alte Einheit im Staatsdenken aufgelöst worden sei. Neben dem grundlegenden Dualismus von Staat und Gesellschaft nennt Huber auch die Entgegensetzungen von Politik und Recht, von Herrschaft und Genossenschaft, von hoheitlichem und privatem Bereich, von Staat und Wirtschaft, zu denen das liberale Trennungsdenken geführt hat – Gegensätze, die es in der Wirklichkeit wie der Wissenschaft aufzuheben gelte. Dementsprechend konzipierte Huber ein geschlossenes Wissenschaftssystem der gesamten Staatswissenschaft mit Volkslehre (früher Soziologie), Staatslehre (Verfassungsgeschichte und Verfassungsrecht, Ständelehre, korporative Verbände), Wirtschaftslehre und Rechtslehre als Einzelzweigen einer politischen Gesamtwissenschaft. Ganz im Sinne von Ernst Krieck, den

32 Ernst Rudolf Huber: Die deutsche Staatswissenschaft, in: Zeitschrift für die gesamte Staatswissenschaft 95 (1935), S. 1–65.

er allerdings nicht zitiert, postuliert Huber: «Die politische Gesamtwissenschaft kann nicht eine Wissenschaft der ‹Politik› sein, da das Politische nur eine Funktion, nicht das Wesen selbst ist. Sie ist vielmehr Staatswissenschaft, die den Staat als wirkliche politische Gestalt und in ihm als den Träger der Politik den Mittelpunkt des politischen Denkens begreift.»[33]

Grundlegend für Hubers integrationistische Konzeption der Staatswissenschaft war sein umfassender Staatsbegriff. Er sprach mit Carl Schmitt und Ernst Forsthoff von einem «totalen Staat»; für ihn war «die gesamte Staatswissenschaft [...] die Wissenschaft vom totalen Staat».[34] Ganzheitlicher Staat und ganzheitliche Staatswissenschaft bedingen in dieser Konzeption einander, und der konservative Staatsdenker, der seine Hoffnung auf die Nationalsozialisten setzte, kam zu dem Schluß: «Die gesamte Staatswissenschaft ist die Wissenschaft der politischen Totalität.»[35]

Solche Zitate können nach den Erfahrungen mit dem totalitären Unterdrückungs- und Ausrottungsregime der Nationalsozialisten als legitimatorische Ausführungen eines intellektuellen Steigbügelhalters der Nationalsozialisten verstanden, aber auch mißverstanden werden. Es sollte aber nicht übersehen werden, daß sie ebenso auf ganz unproblematischen Bemühungen beruhen können, die Entfremdungen zwischen den wissenschaftlichen Disziplinen zu überwinden und an synoptische Sichtweisen älterer Zeiten wieder anzuknüpfen. So spricht Ernst Rudolf Huber nicht von der Beseitigung oder Vernichtung, sondern im Hegelschen Sinne von einer «Aufhebung» des Trennungsdenkens in den Staats- und Gesellschaftswissenschaften. Huber strebt nach der Position der gesamten Staatswissenschaft im 18. und frühen 19. Jahrhundert und der Negation in Gestalt des Fächerantagonismus während der zweiten Hälfte des 19. und der Anfänge des 20. Jahrhunderts mit seinem Konzept der «deutschen Staatswissenschaft» für seine Zeit eine neue Synthese an. Nach den Erfahrungen mit dem Dritten Reich findet man diese sicherlich nicht in «der lebendigen und geprägten Wirklichkeit des völkischen Denkens», von welcher Huber im Schlußsatz seines Programmaufsatzes spricht.[36] Doch das Bemühen um eine integrative und synoptische Sicht prägte auch die sich als Demokratiewissenschaft in der Bundesrepublik Deutschland neu konstituierende Politikwissenschaft.

33 Huber: Staatswissenschaft, S. 32 f.
34 Huber: Staatswissenschaft, S. 45.
35 Huber: Staatswissenschaft, S. 28.
36 Huber: Staatswissenschaft, S. 65.

Ernst Rudolf Hubers ambitionierte Konzeption einer «deutschen Staatswissenschaft» als dialektische Wiederaufnahme der «gesamten Staatswissenschaft» ist auf organisatorischem Gebiet weitgehend Programm geblieben, auch wenn die interdisziplinäre politische Sicht seine eigenen Arbeiten[37] und die akademischen Netzwerke von Wissenschaftlern im Dritten Reich wie die «Kieler Schule» der Staats- und Rechtswissenschaften geprägt hat.[38] In der Diskussion um die Reform der Voraussetzungen zum höheren Verwaltungsdienst durch Abkehr von der justizjuristisch dominierten Juristenausbildung knüpften im Zweiten Weltkrieg Autoren nicht nur an das Vorbild der preußischen Kameralausbildung im 18. Jahrhundert, sondern auch die Konzeptionen Robert von Mohls und Lorenz von Steins für einen akademischen Verwaltungsstudiengang an.[39] Dabei wurde aber von nationalsozialistischen Gegnern des Rechtsstaatsprinzips wie Reinhard Höhn und Wilhelm Stuckart die Vorstellungen nicht nur Mohls und Steins, sondern auch Ernst Rudolf Hubers verzeichnet, die nicht auf einer Ablehnung von Rechtswissenschaft und Rechtsstudium, sondern einer Verknüpfung von Staats- und Rechtswissenschaften beruhten.

Am Juristenprivileg für den höheren Verwaltungsdienst hat sich im Dritten Reich trotz solcher Pläne zu einer politischen und volksverbundenen «Verwaltungsführung» nicht viel geändert, es wurde durch die Ernennung von zwar parteipolitisch, aber nicht akademisch qualifizierten Beamten nur marginal tangiert. Politische Entscheidungen behielten die nationalsozialistischen Führer ihrer ingeniösen Staatskunst vor, die Ausführung überließen sie dem formaljuristisch qualifizierten bürokratischen Apparat. So hatten trotz aller programmatischen Konzeptionen

37 In diesem Zusammenhang sind insbesondere Ernst Rudolf Huber: Verfassung, Hamburg 1937 und Ernst Rudolf Huber: Verfassungsrecht des Großdeutschen Reichs, Hamburg 1939 zu nennen.

38 Vgl. Ralf Walkenhaus: Die Kieler Grenzlanduniversität und das Konzept der «politischen Wissenschaften» im Dritten Reich – gab es eine «Kieler Schule»?, in: Wilhelm Bleek/Hans J. Lietzmann (Hrsg.): Schulen der deutschen Politikwissenschaft, Opladen 1999, S. 159–182.

39 Beispielsweise Reinhard Höhn: Der Kampf um die juristische Ausbildung des Verwaltungsnachwuchses in Preußen, in: Reich – Volksordnung – Lebensraum. Zeitschrift für völkische Verfassung und Verwaltung 4 (1943), S. 9–104. Die Zeitschrift «Reich-Volksordnung-Lebensraum. Zeitschrift für völkische Verfassung und Verwaltung», Bd. 1–5 (1940–1944) diente als geopolitisches und verwaltungswissenschaftliches Organ der SS und mit ihr affilierter Autoren wie Friedrich Berber, Werner Best, Reinhard Höhn, Theodor Maunz und Paul Ritterbusch. Vgl. Stolleis: Geschichte, Bd. 3, S. 308 f.

die Absolventen weder einer «deutschen Staatswissenschaft» noch der «politischen Wissenschaften» insgesamt nennenswerte Chancen zu Beatung oder Beruf im nationalsozialistischen Herrschafts- und Verwaltungssystem. Im Gegensatz zu dem großen nationalrevolutionären Getöse blieb es auch auf dem Gebiet des Staatsapparates und der Verwaltungsqualifikation im Dritten Reich weitgehend beim Alten und Bewährten.

d) Die politikwissenschaftliche Emigration

Während die nationalsozialistische Diktatur in Deutschland die zaghaften Ansätze einer Politikwissenschaft aus der Zeit der Weimarer Republik zum Erliegen brachte und lediglich politische Wissenschaften als politisierte Fächer zuließ, förderte sie auf der anderen Seite nolens volens durch die Zwangsemigration von deutschen Wissenschaftlern die Entwicklung des Faches nicht nur direkt und kurzfristig in den USA, sondern auch indirekt im nachfaschistischen Deutschland und langfristig die Internationalisierung der Politikwissenschaft in der zweiten Hälfte des 20. Jahrhunderts.[40]

Bei den Gründen der Vertreibung, den von der Migrationsforschung sogenannten «Push-Faktoren», fielen die politisch und die rassisch motivierten Absichten des nationalsozialistischen Regimes oft zusammen: Ein Großteil der aus Deutschland in den Jahren 1933 bis 1938 zwangsemigrierten Wissenschaftler[41] war nicht nur nach der biologistischen Logik des Regimes nichtarischer, das heißt jüdischer Abkunft, sondern hatte sich auch auf dem linken politischen Spektrum engagiert, vorzugsweise in der Sozialdemokratie. Dazu gehörten auch die späteren Politikwissenschaftler Ossip K. Flechtheim, Ernst Fraenkel, Hermann Heller, John (Hans) H. Herz, Otto Kirchheimer, Karl Loewenstein, Richard Löwenthal, Fritz Morstein Marx, Franz L. Neumann und Sigmund Neumann.

[40] Vgl. vor allem die zahlreichen Arbeiten von Alfons Söllner, zusammengefaßt in Alfons Söllner: Deutsche Politikwissenschaftler in der Emigration. Studien zu ihrer Akkulturation und Wirkungsgeschichte, mit einer Bibliographie, Opladen 1996. Eine knappe Zusammenfassung in Alfons Söllner: Politikwissenschaften, in: Claus-Dieter Krohn/Patrik von zur Mühlen/Gerhard Paul et al. (Hrsg.): Handbuch der deutschsprachigen Emigration 1933–1945, Darmstadt 1998, S. 836–845.

[41] Die folgenden biographischen Hinweise beruhen vor allem auf Herbert A. Strauss/Werner Röder (Hrsg.): International Biographical Dictionary of Central European Emigrés 1933–1945. Vol. II: The Arts, Science, and Literature, München, New York, London, Paris 1983.

Beispielhaft für den biographischen Hintergrund dieser Gruppe ist der Lebenslauf von Ernst Fraenkel (1898–1975), der nach der Rückkehr aus der amerikanischen Emigration nach Deutschland zu einem der wichtigsten Gründungsväter der bundesdeutschen Politikwissenschaft wurde.[42] Als linker Arbeits- und Staatsrechtler in der Weimarer Republik rezipierte er marxistische Ökonomie- und Gesellschaftstheorie und trug in zahlreichen Aufsätzen und Schriften wie der Veröffentlichung «Zur Soziologie der Klassenjustiz» zur Gesellschafts- und Verfassungsanalyse der umkämpften Republik bei.[43] Fraenkel ist unter anderem einer der geistigen Väter des konstruktiven Mißtrauensvotums, das später als Abwahlmodus gegen den Bundeskanzler im Grundgesetz verankert wurde.[44] Der dekorierte Frontsoldat des Weltkrieges konnte noch bis 1938 in seinem Beruf als Rechtsanwalt weiterarbeiten und verteidigte mit seinem Freund und Anwaltskollegen Franz L. Neumann viele aus politischen und rassischen Gründen Verfolgte. Schließlich mußte Ernst Fraenkel selbst nach der Reichspogromnacht im November 1938 in die USA emigrieren.

Ein ganz ähnliches biographisches Profil läßt sich für die zahlreichen Dozenten der Deutschen Hochschule für Politik aufzeichnen, die zu Beginn des Dritten Reiches in die Vereinigten Staaten flüchteten. Von den achtzehn Dozenten beziehungsweise Seminarleitern der DHfP gingen sieben – Arnold Brecht, Hajo Holborn, Franz L. Neumann, Sigmund Neumann, Hans Simons, Hans Speier und Arnold Wolters – in die Emigration.

Eine Minderheit in dieser politikwissenschaftlichen Emigrantengruppe hatte sich nicht auf dem linken Flügel engagiert. So konnte Ferdinand A. Hermens (1906–1998), der 1930 in Bonn bei dem Nationalökonomen Joseph A. Schumpeter promoviert hatte, seine begonnene akademische Karriere wegen seines Engagements für die Zentrumspartei und insbe-

42 Vgl. insbesondere Ernst Fraenkels autobiographische Aufsatzsammlung: Ernst Fraenkel: Reformismus und Pluralismus. Materialien zu einer ungeschriebenen politischen Autobiographie, hrsg. von Falk Esche und Frank Grube, Hamburg 1973.

43 Jetzt versammelt in: Ernst Fraenkel: Recht und Politik in der Weimarer Republik, hrsg. von Hubertus Buchstein unter Mitarbeit von Rainer Kühn (= Gesammelte Schriften, Bd. 1), Baden-Baden 1999.

44 Ernst Fraenkel: Verfassungsreform und Sozialdemokratie, in: Die Gesellschaft. Internationale Revue für Sozialismus und Politik 2 (1932), S. 486–500. Vgl. Friedrich Karl Fromme: Von der Weimarer Reichsverfassung zum Bonner Grundgesetz. Die verfassungspolitischen Folgerungen des Parlamentarischen Rates aus Weimarer Republik und nationalsozialistischer Diktatur, Tübingen ^{2}1962, S. 97 und Lutz Berthold: Das konstruktive Mißtrauensvotum und seine Ursprünge in der Weimarer Staatsrechtslehre, in: Der Staat 36 (1997), S. 81–94.

sondere der Mitarbeit an der katholischen Zeitschrift «Hochland» nicht fortsetzen.[45] Leo Strauss (1899–1973) hatte sich als von der Gedankenwelt nicht nur der Antike, sondern auch des orthodoxen Judentums inspirierter politischer Philosoph seit 1925 als Forschungsassistent an der Berliner Akademie für die Wissenschaft des Judentums profiliert. Eric Voegelin (1901–1985), der dem Gedankengut des ständestaatlichen Dollfuß-Regimes nahestand, wurde 1938 nach dem Anschluß Österreichs ans Großdeutsche Reich als außerordentlicher Professor an der Juristischen Fakultät der Universität Wien entlassen. Arnold Bergstraesser schließlich verlor 1936 seine Heidelberger Professur trotz seiner anfänglichen konservativ-revolutionären Sympathien für das neue Regime wegen seiner jüdischen Großmutter.

Zu der Gruppe von deutschen Wissenschaftsemigranten, die schon vor der Vertreibung ein akademisches Studium abgeschlossen hatten, allerdings erst in der Emigration zu Politikwissenschaflern wurden, können 64 Personen gezählt werden.[46] Hinzu kommt eine nächste Generation von jüngeren Emigranten, die als Schüler aus Deutschland vertrieben wurden und erst in den Aufnahmeländern, vorzugsweise den USA, Political Science studierten und politikwissensschaftliche Berufe ergriffen, allerdings zeitlebens von ihren deutschen Erfahrungen und Fragen geprägt wurden.[47] Zu dieser Gruppe wird man unter anderem den 1916 in Berlin geborenen politischen Soziologen Reinhard Bendix[48] und die 1929 geborenen Arnold J. Heidenheimer[49] und Amitai Etzioni[50] zählen müssen. Das berühmteste Mitglied dieser zweiten politikwissenschaftlichen Emigrationsgruppe wurde der 1923 im fränkischen Fürth als Sohn eines Studienrates und einer Köchin geborene Heinz Kissinger, der mit

[45] Hans Kammler: Nachruf auf Ferdinand Aloys Hermens, in: Zeitschrift für Politik, N. F. 45 (1998), S. 109–110.

[46] Söllner: Politikwissenschaftler, S. 289 und öfter.

[47] Unter Einbeziehung dieser jüngeren Gruppe kommt M. Rainer Lepsius auf 130 Emigranten im Fach Politikwissenschaft: M. Rainer Lepsius: Die sozialwissenschaftliche Emigration und ihre Folgen, in: Günther Lüschen (Hrsg.): Deutsche Soziologie seit 1945 (= Kölner Zeitschrift für Soziologie und Sozialpsychologie – Sonderheft, Bd. 21), Opladen 1979, S. 459–500, dort: S. 495 ff.

[48] Reinhard Bendix (1916–1991), seit 1947 Professor an der University of California, Berkeley, erwarb sich große Verdienste um die Rezeption von Max Weber.

[49] Arnold J. Heidenheimer (geb. 1929 in Würzburg), seit 1967 Professor an der Washington University in St. Louis, wurde durch seine Überblicksdarstellungen zum deutschen Regierungssystem und zur vergleichenden Policyforschung bekannt.

[50] Amitai Etzioni, ursprünglich Werner Falk (geb. 1929 in Köln), lehrt seit 1957 an der Columbia University in New York City, wurde 1967 Professor und macht in jüngster Zeit als Vater der Kommunitarismustheorie von sich reden.

seinen jüdischen Eltern 1938 in die USA auswanderte, wo er 1943 den Vornamen «Henry» annahm. Später verkörperte Kissinger auf moderne Weise den traditionellen Typus des «politischen Professors». Er studierte, promovierte und lehrte an der Harvard University auf dem Gebiet der Internationalen Beziehungen, insbesondere der Sicherheitspolitik, und war gleichzeitig als Regierungsberater tätig, bis er von 1969 bis 1976 unter den Präsidenten Nixon und Ford als amerikanischer Sicherheitsberater und Außenminister höchste politische Prominenz erlangte. Kissinger wie die meisten Mitglieder der zweiten Generation politikwissenschaftlicher Emigranten blieb in den USA und wurde zu einem «real American», doch wie viele behielt er nicht nur einen deutschen Akzent und eine Faszination für den deutschen Fußballsport, sondern bewahrte auch ein lebenslanges besonderes Interesse an deutschen Fragestellungen und Themen.[51] Dasselbe gilt auch für den 1925 in Frankfurt am Main geborenen Alfred Grosser, der 1933 nach Frankreich emigrierte und als Pariser Professor noch heute einer der zentralen Repräsentanten des französisch-deutschen Gesprächs ist.[52]

Mehr als drei Viertel aller aus Deutschland vertriebenen künftigen Politikwissenschaftler fanden ihre Zukunft in den USA, auch wenn nur ein Drittel von ihnen direkt dorthin emigrierte. Doch Großbritannien, Frankreich, Spanien, die Schweiz, die Niederlande und andere europäische Aufnahmeländer erwiesen sich für die meisten als Transitstationen, in denen sie aus Gründen nicht nur der nationalsozialistischen Weltkriegsexpansion, sondern auch mangelnder beruflicher Zukunft nicht bleiben konnten. Exemplarisch sei der Emigrationsweg von Franz L. Neumann (1900–1954) erwähnt, der als sozialdemokratischer Rechtsanwalt und Rechtswissenschaftler sowie Dozent an der Deutschen Hochschule für Politik schon im Mai 1933 nach einer Verhaftungserfahrung nach London emigrierte und dort 1936 an der London School of Economics unter Harold Laski und Karl Mannheim ein zweites Mal mit einer Arbeit über den Rechtsstaat (Rule of Law) promovierte,[53] bevor er 1938

[51] Bei Kissinger besonders offensichtlich in seiner 1954 an der Harvard University angenommenen Dissertation: Henry A. Kissinger: A World Restored. Metternich, Castlereagh, and the Problems of Peace, 1812–22, Boston 1957 (deutsch: 1962), die auch seine eigenen staatsmännischen Grundauffassungen prägte. Vgl. Bruce Mazlish: Kissinger: The European Mind in American Policy, New York 1976.

[52] Alfred Grosser (geb. 1925) lehrt seit 1951 an der Universität Paris. Besonders einflußreich sowohl in Frankreich wie in Deutschland: Alfred Grosser: Deutschlandbilanz. Geschichte Deutschlands seit 1945, München 1970.

[53] Erst 1986 im Original veröffentlicht: Franz L. Neumann: The Rule of Law: Political theory and the legal system in modern society, Leamington Spa 1986. Aber

nach New York an das Institute for Social Research übersiedelte. Im Schweizer Exil blieb lediglich Adolf Grabowsky, während Siegfried Landshut als einziger der deutschen Emigranten jüdischer Herkunft und Glaubens 1933 nach Palästina auswanderte, wo er als Hochschullehrer an der Hebräischen Universität und als Mitglied des Britischen Hauptquartiers für den Nahen Osten tätig war.

Die Zuflucht der meisten deutschen Emigranten in den Vereinigten Staaten beruhte auf der Wirkung von Potenzen, die in der allgemeinen Migrationsforschung als «Pull-Faktoren», als Anziehungskräfte, charakterisiert werden. Dazu gehörten nicht nur die Tatsache, daß die USA in den dreißiger Jahren des 20. Jahrhunderts eine der wenigen Bastionen einer demokratischen und freiheitlichen Verfassung in der Welt verkörperten, sondern vor allem die großen wirtschaftlichen und gesellschaftlichen Zukunftsmöglichkeiten, die der amerikanische Arbeitsmarkt auch für Wissenschaftler anbot.

Viele der deutschen Emigranten wurden erst in den USA zu professionellen Politikwissenschaftlern. Zahlreiche von ihnen drückten zunächst noch einmal die Schulbank. So absolvierte Ernst Fraenkel von 1938 bis 1941 an der School of Law der University of Chicago ein Aufbaustudium vor allem in amerikanischem Recht, von dem auch seine späteren Arbeiten zum Vergleich politischer Herrschaftssysteme profitierten. Den zumeist mittellosen Flüchtlingen griffen Hilfsorganisationen wie die Rokkefeller und Carnegie Foundation mit Stipendien unter die Arme. In New York wurde schon 1933 von Alvin Johnson an der New School of Social Research eine «University in Exile» organisiert. Aus ihr ging im folgenden Jahr die Graduate Faculty der New School hervor, in der auch zahlreiche Dozenten der Deutschen Hochschule für Politik eine Zuflucht fanden.[54] Arnold Brecht wurde an der New School nicht nur Professor für Politikwissenschaft, sondern leitete auch in den vierziger Jahren das Institute of World Affairs, während der vormalige DHfP-Direktor Hans Simons sogar zum Dekan der Graduate Faculty (1943–1950) und schließlich Präsidenten der New School (1950–1960) aufstieg. Ein zweites Zentrum der sozialwissenschaftlichen Emigration in New York war das In-

schon 1980 von Alfons Söllner ins Deutsche übersetzt und herausgegeben: Franz L. Neumann: Die Herrschaft des Gesetzes. Eine Untersuchung zum Verhältnis von politischer Theorie und Rechtssystem in der Konkurrenzgesellschaft, Frankfurt/Main 1980.

54 Zur Gründung und Geschichte der Graduate Faculty an der New School for Social Research vgl. Peter M. Rutkoff/William B. Scott: New School: A history of the New School for Social Research, New York et al. 1986.

stitute of Social Research an der Columbia University, in dem neben exilierten Mitgliedern des Frankfurter Instituts für Sozialforschung wie Max Horkheimer, Theodor W. Adorno, Herbert Marcuse und Karl August Wittfogel auch empirische Soziologen wie Paul Lazarsfeld und Politikwissenschaftler wie Franz L. Neumann arbeiteten.

Zu einer Konzentration deutscher Emigranten konservativer Prägung kam es an der University of Chicago. An diesem seit den zwanziger Jahren aufstrebenden Zentrum einer empirisch-szientistischen Politikwissenschaft im mittleren Westen erhielten nicht nur der Historiker Hans Rothfels und der Philosoph Helmut Kuhn, sondern auch Hans Morgenthau für Politikwissenschaft und Moderne Geschichte, Arnold Bergstraesser für deutsche Kulturgeschichte und Leo Strauss für Politische Philosophie Lehrstühle, wobei insbesondere von dem letzten die Kritik an der behavioristischen Political Science mit Verve im eigenen Fachbereich vorgetragen wurde.

Doch die meisten deutschen Wissenschaftsemigranten mußten sich auf ein Einzelgängerdasein in den über den ganzen nordamerikanischen Kontinent verstreuten Universitäten und kleineren Colleges einlassen. So lehrte Ossip K. Flechtheim am Bates College und Colby College im Staate Maine, Ferdinand A. Hermens an der Catholic University of America in Washington und der Notre Dame University in Indiana, Karl Loewenstein am Amherst College in Massachussets, Eric Voegelin an der University of Alabama sowie der Louisana State University.

Während die deutschen Emigranten an den beiden Institutionen in New York und am Zentrum für Emigrationsforschung in Chicago zur Selbstisolierung neigten, ihre deutschen Debatten fortsetzten und diese nach 1945 – wie das ganze Institut für Sozialforschung – nach Deutschland zurückbrachten, mußten sich die über den amerikanischen Kontinent verstreuten Emigranten nicht nur auf die amerikanische Politik- und Sozialwissenschaft, sondern auch auf den vom deutschen Universitätswesen höchst unterschiedlichen amerikanischen Campusalltag einlassen. Für viele gestandene deutsche Wissenschaftler bedeutete die Emigration «eine zweite wissenschaftliche und politische Sozialisation».[55] Den meisten gelang – im Gegensatz zum Gros der Einwanderer – der berufliche Einstieg in dem fremden Land erstaunlich schnell, was sowohl für die Anpassungsbereitschaft der Emigranten als auch die Integrationsfähigkeit der Aufnahmegesellschaft spricht. Manche Wissenschaftsemigranten hatten allerdings in den USA mit ihren urdeutschen Auffassungen und

55 Söllner: Politikwissenschaften, Sp. 837.

Verhaltensweisen Probleme, wurden gar wie Arnold Bergstraesser von ihrer deutschen Vergangenheit eingeholt.[56] Doch insgesamt handelte es sich bei der Eingliederung deutscher Wissenschaftler in den USA, auch auf dem Gebiet der Politikwissenschaft, um einen schwierigen, aber im Endergebnis erfolgreichen Prozeß.

Dazu trug auch die Tatsache bei, daß die deutschen Kollegen wichtige Beiträge zur Bereicherung der amerikanischen Disziplin beisteuern konnten.[57] Dabei stand die wissenschaftlich-zeitgeschichtliche Verarbeitung der eigenen politischen Erfahrungen und insbesondere die Beantwortung der auch die bürgerlichen Eliten der USA drängenden Frage, wie und warum es in Deutschland zum Untergang der Demokratie und zur Machtübernahme der nationalsozialistischen Diktatur kommen konnte, verständlicherweise im Vordergrund.[58] Besonders deutlich wurde diese politische Betroffenheit und Motivation in einem Aufsatz von Karl Loewenstein (1891–1973) aus dem Jahr 1937 in der renommierten «American Political Science Review».[59] Darin machte der vormalige sozialdemokratische Münchener Rechtsanwalt und Privatdozent den Werterelativismus der Weimarer Verfassung für deren Untergang haftbar und forderte als Konsequenz eine «militant democracy», eine «kämpferische Demokratie», die später wesentlich die bundesdeutsche Verfassungskonzeption der «wehrhaften Demokratie» beeinflußte.

Auch die ersten Bemühungen, die nationalsozialistische Diktatur insgesamt auf einen politiktheoretischen Begriff zu bringen, stammten von zwei deutschen Emigranten in die USA, den miteinander befreundeten sozialdemokratischen Juristen und nachmaligen Politikwissenschaftlern

[56] Bergstraesser wurde 1941/42 in der jüdischen Emigrantenzeitschrift «Aufbau» wegen seines Verhaltens zu Ende der Weimarer Republik und Beginn des Dritten Reiches scharf angegriffen, vom FBI verhaftet und einige Monate in einem Internierungslager festgehalten. Vgl. Claus-Dieter Krohn: Der Fall Bergstraesser in Amerika, in: Exilforschung 4 (1986), S. 254–276.

[57] Vgl. Söllner: Politikwissenschaftler und Peter Th. Walther: Zur Kontinuität politikwissenschaftlicher Fragestellung: Deutschlandstudien exilierter Dozenten, in: Gerhard Göhler/Bodo Zeuner (Hrsg.): Kontinuitäten und Brüche in der deutschen Politikwissenschaft, Baden-Baden 1991, S. 137–143.

[58] Ein Drittel der politikwissenschaftlichen Emigranten verfaßte eigene Monographien zum Nationalsozialismus bzw. Faschismus, und jeder publizierte mindestens einen Artikel zum Thema (vgl. die bibliographischen Angaben bei Söllner: Politikwissenschaftler, S. 308 ff.). Exemplarisch für die zeitgeschichtliche Verarbeitung der eigenen Erfahrung: Arnold Brecht: Prelude to silence. The end of the German Republic, New York 1944.

[59] Karl Loewenstein: Militant Democracy and Fundamental Rights, in: American Political Science Review 31 (1937), S. 417–432 u. 638–658.

Ernst Fraenkel und Franz L. Neumann. Fraenkel hatte 1937 noch in Deutschland Thesen über «Das Dritte Reich als Doppelstaat» aufgestellt, die im Ausland in einer sozialistischen Untergrundzeitschrift erschienen und zur Grundlage des 1941 in den USA veröffentlichten Buches «The Dual State» wurden.[60] In diesem «Beitrag zur Theorie der Diktatur», der in Deutschland erst 1974 in einer Rückübersetzung erschien, erläuterte Fraenkel unter Bezug auf seine eigenen Erfahrungen als Rechtsanwalt der Verfolgten das doppelgleisige Vorgehen der nationalsozialistischen Diktatoren sowohl im Rahmen des «Normenstaates» als auch des «Maßnahmenstaates». Franz L. Neumann zeigte in seinem 1942 erschienenen «Behemoth» unter dem Einfluß der politischen Theorie von Thomas Hobbes und mit den Methoden der marxistischen Gesellschaftsanalyse auf, wie die nationalsozialistischen Cliquen direkte Herrschaft ausübten, ohne dabei notwendigerweise den Staatsapparat einzusetzen.[61] Ernst Fraenkel und Franz L. Neumann trugen mit diesen Veröffentlichungen wie auch andere Autoren[62] der deutschen Emigration in den Vereinigten Staaten wesentlich zur Entstehung der Totalitarismustheorie bei.[63]

Bei der Ausweitung und Systematisierung der Totalitarismustheorie in den fünfziger Jahren spielten erneut zwei deutschstämmige Amerikaner eine große Rolle. Dabei handelte es sich zum einen um die 1933 zunächst nach Frankreich und 1940 in die USA geflüchtete politische Philosophin Hannah Arendt (1906–1975).[64] Nachdem sie zunächst am Brooklyn College in New York und danach an einer Vielzahl von amerikanischen Universitäten gelehrt hatte, übernahm sie schließlich 1967 den

60 Ernst Fraenkel: Das dritte Reich als Doppelstaat (1937), in: Ernst Fraenkel: Reformismus und Pluralismus. Materialien zu einer ungeschriebenen politischen Autobiographie, hrsg. von Falk Esche und Frank Grube, Hamburg 1973, S. 225–239; Ernst Fraenkel: The Dual State. A Contribution to the Theory of Dictatorship, New York 1941; Ernst Fraenkel: Der Doppelstaat, Frankfurt/Main 1974. Die verschiedenen Fassungen des «Doppelstaat» sind jetzt zugänglich in: Ernst Fraenkel: Nationalsozialismus und Widerstand, hrsg. von Alexander von Brünneck (= Gesammelte Schriften, Bd. 2), Baden-Baden 1999.

61 Franz L. Neumann: Behemoth. The Structure and Practice of National Socialism, New York 1942 und Franz L. Neumann: Behemoth. Struktur und Praxis des Nationalsozialismus 1933–1944, hrsg. von Gert Schäfer, Köln et al. 1977.

62 Franz Borkenau: The Totalitarian Enemy, London 1940 und Sigmund Neumann: Permanent Revolution: The Total State in a World at War, New York 1942.

63 Vgl. Martin Jänicke: Untersuchungen zum Begriff totalitärer Herrschaft, Diss Berlin 1969 und Alfons Söllner/Ralf Walkenhaus/Karin Wieland (Hrsg.): Totalitarismus. Eine Ideengeschichte des 20. Jahrhunderts, Berlin 1997.

64 Zur Biographie Hannah Arendts vor allem Elisabeth Young-Bruehl: Hannah Arendt. Leben, Werk und Zeit, Frankfurt/Main 1986.

Lehrstuhl für Politische Philosophie in der Graduate Faculty der New School of Social Research in New York. Das Werk dieser deutschen Jüdin und amerikanischen Staatsbürgerin beruhte auf der Rezeption des klassischen politischen Denkens der griechischen Antike und der deutschen Philosophie insbesondere Kants, beide aber in Frage gestellt und geschärft durch das Wissen um die Vernichtung von Millionen von europäischen Juden durch die Nationalsozialisten. In ihrer 1951 erstmals veröffentlichten Abhandlung über die Ursprünge des Totalitarismus führte Hannah Arendt diesen nicht nur auf seine ideengeschichtlichen Wurzeln im Antisemitismus und Imperialismus zurück, sondern sah in der totalitären Herrschaft ihrer Zeit auch die Anti-Politik der Menschenvernichtung, die im völligen Gegensatz zu der klassischen Politik als der Selbstregierung mündiger Bürger stand.[65] Der ideologische Anspruch totalitärer Systeme auf alleinige Welterklärung bewirkte nach Arendt nicht nur den permanenten Bewegungscharakter, sondern diente auch der Rechtfertigung des Terrors als des wesentlichen Elements dieser Form der Herrschaft. Hannah Arendt hat die totalitären Erscheinungen ihrer Zeit nicht nur geschichtsphilosophisch einzuordnen, sondern auch in ihrem praktischen Funktionieren zu verstehen versucht.[66]

Das 1956 erschienene Buch von Carl Joachim Friedrich stellte hingegen mehr auf die politisch-instrumentellen Charakteristika der totalitären Systeme in Gestalt der Existenz eines Einparteiensystem, einer Geheimpolizei, eines Nachrichtenmonopols und weiterer Faktoren ab.[67] Carl Joachim Friedrich (1901–1984) hatte zu Anfang der Weimarer Republik in Heidelberg Nationalökonomie und Staatswissenschaften studiert und wurde 1925 von Alfred Weber promoviert. Im Jahr darauf hatte er bereits einen Lehrauftrag an der Harvard University und zehn Jahre später an dieser amerikanischen Renommieruniversität eine ordentliche Professur für «Government» erhalten.[68] Er nahm in den dreißiger Jahren intensiv zu den Verfassungsreformplänen in der Weimarer Republik und zum Charakter der nationalsozialistischen Herrschaft des Dritten Reiches Stellung.

[65] Hannah Arendt: Elemente und Ursprünge totaler Herrschaft, Frankfurt/Main 1962 [amerikanische Originalausgabe: New York 1951].

[66] Vgl. Hannah Arendt: Eichmann in Jerusalem. Ein Bericht von der Banalität des Bösen, München 1964 [amerikanische Originalausgabe: New York 1963].

[67] Carl J. Friedrich/Zbigniew K. Brzezinski: Totalitarian Dictatorship and Autocracy, Cambridge 1956 und Carl J. Friedrich/Zbigniew K. Brzezinski: Totalitäre Diktatur, Stuttgart 1956.

[68] Vgl. jetzt umfassend zu Biographie und Werk Friedrichs: Hans J. Lietzmann: Politikwissenschaft im «Zeitalter der Diktaturen». Die Entwicklung der Totalitarismustheorie Carl Joachim Friedrichs, Opladen 1999.

Mit diesen Arbeiten trugen deutsche Emigranten in den USA wesentlich zur inhaltlichen Ausweitung der Political Science von Aspekten der pluralistisch-liberalen Demokratien auf Fragen totalitärer Diktaturen und insgesamt zur Erweiterung der Lehre vom amerikanischen «Government», die verständlicherweise nicht ihr Metier war, zum Lehr- und Forschungsgebiet des «Comparative Government», der vergleichenden Regierungslehre, bei.[69] Im Mittelpunkt stand dabei die durch den Untergang der Weimarer Republik aufgeworfene zentrale Frage nach den Voraussetzungen der Stabilität von politischen Systemen und insbesondere von Demokratien. Unter dem Eindruck dieser durch die deutschen Emigranten immer wieder aufgeworfenen Fragestellung wandte sich die amerikanische Political Science als eine Demokratiewissenschaft von institutionell-prozessualen Überlegungen verstärkt der Erforschung der wirtschaftlichen und vor allem der sozialen und sozialpsychologischen Prämissen funktionierender demokratischer Ordnung zu. Langfristig ging daraus auch das politikwissenschaftliche Konzept der «politischen Kultur» hervor, der vergleichenden Untersuchung unterschiedlicher Einstellungs-, Verhaltens- und Wertsysteme. Es kann nicht verwundern, daß dieser seit den siebziger Jahren auch in Deutschland verbreitete Ansatz durch Gabriel Almond entwickelt wurde, der als amerikanischer Student den deutschen Emigranten begegnet war und nach 1945 als Kulturoffizier der amerikanischen Besatzungsmacht in Deutschland die Bemühungen um die Re-education der Deutschen an Ort und Stelle miterlebte.[70]

Aber auch der Aufschwung der normativ-ontologischen Debatte in der amerikanischen Politikwissenschaft ist auf deutsche Wissenschaftsemigranten zurückzuführen. Eine eher kleine Gruppe von aus Deutschland stammenden politischen Philosophen wie Hannah Arendt, Herbert Marcuse, Leo Strauss und Eric Voegelin gelangte zu großem Einfluß als Gegenposition zum Mainstream der amerikanischen Political Science.[71] Gerade konservative politische Theoretiker wie Strauss und Voegelin wurden zu schärfsten Kritikern der Dominanz von behavioristisch und

69 In diesem Zusammenhang sind vor allem Ernst Fraenkel, John H. Herz, Otto Kirchheimer, Karl Loewenstein und Sigmund Neumann zu nennen.

70 Gabriel A. Almond/Sidney Verba: The Civic Culture. Political Attitudes and Democracy in Five Nations, Princeton/New Jersey 1963. Vgl. auch das Oral History-Interview mit Gabriel Almond, in: Michael A. Baer (Hrsg.): Political Science in America: Oral histories of a discipline, Lexington/Kentucky 1991, S. 121–134.

71 Vgl. Peter Graf Kielmannsegg/Horst Mewes/Elisabeth Glaser-Schmidt (Hrsg.): Hannah Arendt und Leo Strauss: German Emigres and American Political Thought after World War II, Washington D.C. 1995.

szientistischen Ansätzen und stellten ihr eine «New Science of Politics»[72] entgegen, die in Wirklichkeit an die von den Griechen überlieferte alte Lehre der Politik als einer normativ-teleologischen Wissenschaft anknüpfte. Sie wirken durch ihre Schüler in vielen nordamerikanischen Departments of Political Science bis in die Gegenwart fort.

Den größten Einfluß hatten die mitteleuropäischen Emigranten in den USA vermutlich auf das politikwissenschaftliche Teilgebiet der «International Relations». Dabei ist an erster Stelle Hans J. Morgenthau (1904–1980) zu nennen, der mit seinem theoretischen Ansatz des «politischen Realismus»[73] für die Theorie der internationalen Beziehungen schulbildend wurde. Insgesamt trugen die Neuankömmlinge wesentlich zur internationalen Horizonterweiterung in einem Lande bei, das in den vierziger und fünfziger Jahren auch die politikwissenschaftlichen Konsequenzen aus seinem Aufstieg zur Weltmacht zu ziehen hatte.[74]

Der vielfältigste, einflußreichste und prominenteste amerikanische Politikwissenschaftler aus dem Kreis der mitteleuropäischen Emigranten der dreißiger Jahre war vermutlich Karl W. Deutsch.[75] Dieser wurde 1912 in Prag als Sohn einer deutsch-österreichischen Familie geboren, beide Eltern waren in der böhmischen Sozialdemokratie und vor allem ihrer Bildungsbewegung aktiv. Er studierte Rechts- und Staatswissenschaft zunächst an der Deutschen, dann an der Tschechischen Karls-Universität in Prag, wo er 1938 wenige Monate vor dem Einmarsch der Nazis noch promovieren konnte. Kurz darauf ging Deutsch in die USA, lehrte in Boston am Massachusetts Institute of Technology und studierte an der Harvard University, wo er 1951 über «Nationalism and Social Communication» promovierte.[76] In diesem bahnbrechenden Buch verband Karl W. Deutsch seine mitteleuropäischen Erfahrungen der Nationalitätenkonflikte mit der empirisch-quantativen Analyse der Politik, die in den USA als seiner zweiten Heimat immer mehr zu seiner Priorität wurde. Von

[72] Eric Voegelin: The New Science of Politics. An Introduction, Chicago 1952 und Leo Strauss: What is Political Philosophy? And Other Studies, New York 1959.

[73] Hans J. Morgenthau: Politics Among Nations: The Struggle for Power and Peace, New York 1948.

[74] Vgl. Ernst Fraenkel: USA – Weltmacht wider Willen (= Schriftenreihe der Deutschen Hochschule für Politik Berlin, Bd. 22), Berlin 1957.

[75] Vgl. neben den biographischen Angaben in: Strauss/Röder: Dictionary, S. 2123 vor allem das Manuskript des Interviews, welches Richard L. Merritt vom 19. bis 21. September 1989 für das Political Science Oral History Program der APSA mit Karl W. Deutsch geführt hat.

[76] Karl W. Deutsch: Nationalism and Social Communication: An Inquiry into the Foundations of Nationality, Cambridge/Massachusetts 1953.

1958 bis 1967 arbeitete Deutsch an der Yale University mit Harold Lasswell, Robert Dahl und Gabriel Almond zusammen, ab 1967 lehrte er an seiner amerikanischen Alma Mater in Harvard. Die kybernetische Systemtheorie in der Politikwissenschaft und insbesondere bei der Analyse internationaler Beziehungen geht auf ihn zurück.[77] 1969/70 war Karl W. Deutsch Präsident der American Political Science Association und in den Jahren 1976 bis 1979 Präsident der International Political Science Association, auf deren Weltkongreß im August 1979 in Moskau er seinem Anliegen einer Globalisierung der Politikwissenschaft ein wesentliches Stück näher kam. Doch gleichzeitig hielt Deutsch immer Kontakt mit seiner europäischen Heimat, war Gastprofessor in Heidelberg sowie Mannheim und zehn Jahre lang von 1976 bis 1986 Direktor am Wissenschaftskolleg in Berlin. Karl W. Deutsch, der 1993 starb, trieb die Entwicklung der Politikwissenschaft zu einer empirisch-quantitativen Sozialwissenschaft voran und verkörperte gleichzeitig den breiten Bildungshorizont der alteuropäischen Gelehrtentradition. Wie kaum ein anderer Politikwissenschaftler im 20. Jahrhundert förderte er die Internationalisierung der Disziplin, was sicherlich auch auf seinen eigenen Berufs- und Lebensweg zurückzuführen ist.

Zugleich stellten deutsche Emigranten in den USA ihren Sachverstand in der Politikberatung und als Regierungsangestellte zur Verfügung. Das begann schon bei den Vorarbeiten während der frühen vierziger Jahre für die zukünftige Besetzung Deutschlands und Befreiung vom nationalsozialistischen Geist. Auch hier sei wieder das Beispiel von Ernst Fraenkel angeführt, der nach seinem Studienabschluß in Chicago 1942 von der Carnegie Foundation mit einer Studie über die Erfahrungen aus der amerikanischen Rheinlandbesetzung in der Zeit nach dem Ersten Weltkrieg als Modellfall für die zukünftige Militärverwaltung in Deutschland beauftragt wurde.[78] Andere deutsche Emigranten wurden sogar als Berater im State Department, im Office of War Information oder wie Herbert Marcuse und Franz L. Neumann im geheimdienstlichen Office of

77 Karl W. Deutsch: The Nerves of Government: Models of Political Communication and Control, New York 1963 und Karl W. Deutsch: The Analysis of International Relations, Englewood Cliffs/New Jersey 1968.

78 Fraenkels Arbeiten dazu sind jetzt vollständig zugänglich in: Ernst Fraenkel: Neuaufbau der Demokratie in Deutschland und Korea, hrsg. von Gerhard Göhler unter Mitarbeit von Dirk Rüdiger Schumann (= Gesammelte Schriften, Bd. 3), Baden-Baden 1999. Während des Studiums in Berlin berichtete Fraenkel mir, daß er bezüglich der zukünftigen Militärbesetzung in Deutschland auch geraten habe, nicht noch einmal das Experiment der Einführung der «prohibition» zu wiederholen, wie es nach 1918 an der Mosel geschehen war.

Strategic Services, dem Vorgänger des CIA, fest angestellt, um an Plänen zur Demokratisierung Deutschlands nach Kriegsende mitzuarbeiten.[79] Es gehört zu den Merkwürdigkeiten der Zeitgeschichte, daß dabei anscheinend Franz L. Neumann von 1942 bis zum Kriegsende seine Erkenntnisse, wenn auch zögerlich, mit dem sowjetischen Geheimdienst teilte, wie die Öffnung der Akten des NKGB nach dem Zusammenbruch der Sowjetunion enthüllt hat.[80]

Während Ernst Fraenkel nach dem Ende des Zweiten Weltkrieges als amerikanischer Berater nach Korea ging, auch weil er und seine Frau den Deutschen nicht trauten, wurden einige seiner Mitemigranten, wie Arnold Brecht und Karl Loewenstein, nach 1945 als Berater in der amerikanischen Militärverwaltung in Deutschland (OMGUS) tätig und haben sich um die Umsetzung ihrer Pläne in die Praxis bemüht.[81] Hans Simons war als Abteilungsleiter bei OMGUS in den Jahren 1948/49 der Verbindungsmann der Amerikaner zum Parlamentarischen Rat und nahm wesentlichen Einfluß auf die Ausarbeitung des Grundgesetzes der Bundesrepublik Deutschland.

Schließlich kehrte auch ein Drittel der zuvor umrissenen ersten politikwissenschaftlichen Emigrantengruppe nach 1949 nach Deutschland auf feste akademische Positionen zurück. Dort gelang vor allem Arnold Bergstraesser, Ernst Fraenkel, Ferdinand A. Hermens und Eric Voegelin die universitäre Etablierung des Faches Politikwissenschaft in Freiburg, Berlin, Köln und München, während in Heidelberg der schon vor 1933 ausgewanderte Carl Joachim Friedrich und in Hamburg der aus Israel über Großbritannien zurückgekehrte Siegfried Landshut diese Gründerfunktion übernahmen. Ein weiteres Drittel der genannten Emigrantengruppe, darunter Arnold Brecht, Karl W. Deutsch, Otto Kirchheimer, Karl Loewenstein und Franz L. Neumann, trug durch häufige Gastprofessuren zum Wiederaufbau der Politikwissenschaft in der Bundesrepublik bei.

Alle diese Remigranten schlugen damit ein weiteres Kapitel in den wechselseitigen Beziehungen zwischen den Sozialwissenschaften in Amerika und dem deutschsprachigen Europa auf. Im intellektuellen Rei-

79 Vgl. Alfons Söllner: Zur Archäologie der Demokratie in Deutschland. Analysen politischer Emigration 1942–1949, 2 Bde., Frankfurt/Main 1986.

80 Allen Weinstein/Alexander Vassiliev: The Haunted Wood: Soviet Espionage in America – the Stalin Era, New York 1999, S. 249 ff.

81 Vgl. Arnold Brecht: Federalism and Regionalism in Germany. The Division of Prussia, New York 1945 und Karl Loewenstein: Political Reconstruction, New York 1946.

segepäck brachten sie aus den USA Organisationsmodell, methodisches Instrumentarium und inhaltliche Ergebnisse der Political Science nach Deutschland mit.[82] Gleichzeitig wurden aber auch frühere inhaltliche Importe aus Deutschland in die USA wie die ältere Politik- und Staatslehre nun nach Deutschland reimportiert, wobei die aus Deutschland stammende Betonung des historischen und staatstheoretischen Zugangs durch den in Amerika vorherrschenden Empirismus und Pragmatismus ergänzt und abgemildert wurde.

Personelle Emigration und Remigration sowie inhaltlicher Import und Reimport gingen aber weit über die akademische Disziplin der Politikwissenschaft hinaus, strahlten auf das allgemeine Verständnis zwischen den USA und der Bundesrepublik Deutschland aus. Zunächst verdeutlichten die deutschen Emigranten in den USA, daß es auch ein nicht-nationalsozialistisches, ein demokratisches und liberales Deutschland gab. Dann vermittelten die Remigranten nach 1945 in Westdeutschland ein neues pluralistisches Verständnis von den Vereinigten Staaten und ermunterten die Deutschen, nach dem Ende des deutschen Sonderweges eines autoritären Obrigkeitsstaates sich als «westliche Demokratie» nach dem Vorbild der USA und Großbritanniens zu verstehen.[83] So verstanden sowohl die politikwissenschaftlichen Emigranten von Deutschland in die USA in den dreißiger Jahren als auch die Remigranten von den USA nach Deutschland nach 1945 ihre Bemühungen um die Politikwissenschaft nicht bloß als eine im engeren Sinne akademische, sondern im weitesten Sinne staatsbürgerliche Verpflichtung.

Sie setzten einen umfassenden Kulturaustausch in Gang, der bei allen Mißverständnissen und Spannungen seitdem anhält. Franz L. Neumann hat 1953 drei mögliche Wege unterschieden, die ein exilierter Wissenschaftler nach seiner Emigration einschlagen kann: Er kann seine vorherige intellektuelle Position aufgeben und sich völlig assimilieren, oder er hält entschieden an der alten Denkstruktur fest und will die Auffassun-

[82] Vgl. den Bericht von Karl Loewenstein auf der Waldleininger Konferenz über die Förderung der Politischen Wissenschaften an den deutschen Universitäten im September 1949: Karl Loewenstein: Über den Stand der politischen Wissenschaften in den USA, in: Zeitschrift für die gesamte Staatswissenschaft 106 (1950), S. 349–391.

[83] Für diese Aufklärung über die USA und den Appell an Deutschland, sich zu einer westlichen Demokratie zu entwickeln, sind zwei Arbeiten von Ernst Fraenkel prototypisch: Ernst Fraenkel: Das amerikanische Regierungssystem. Eine politologische Analyse (= Die Wissenschaft von der Politik, Bd. 5), Köln, Opladen 1960 und Ernst Fraenkel: Deutschland und die westlichen Demokratien [1960], in: Ernst Fraenkel: Deutschland und die westlichen Demokratien, hrsg. von Alexander von Brünneck, Frankfurt/Main 1991, S. 32–47.

gen in dem Aufnahmeland danach ummodeln, «vielleicht aber versucht er, um eine dritte Möglichkeit zu nennen, seine neuen Erfahrungen mit den alten Traditionen zu verknüpfen».[84] Das war nach Neumanns Auffassung die schwierigste, aber auch sinnvollste Lösung, die er und seine politikwissenschaftlichen Mitemigranten nach 1933 wie nach 1945 verfolgt haben. Für die Politikwissenschaft in Deutschland war die sozialwissenschaftliche Emigration in die USA in den dreißiger Jahren und die Remigration nach 1945 nicht nur die Chance, aus den USA Neues und Innovatives zu übernehmen, sondern auch an eine in Deutschland weitgehend verschüttete deutsche Tradition anzuknüpfen, die in Amerika – wenn auch in veränderter Form – bewahrt worden war.

e) Ausblick

Auch in der Politikwissenschaft ist die Frage nach dem Erbe der nationalsozialistischen Zeit des Dritten Reiches und seiner Bewältigung in der Bundesrepublik höchst umstritten.[85] Lange Zeit allerdings dominierte im Fach – und das trifft noch heute für seine ahistorischen Vertreter zu – die Auffassung, es handele sich bei der bundesrepublikanischen Politikwissenschaft um eine gänzliche Neuschöpfung nach 1945, die sich als Demokratiewissenschaft lediglich auf die Umerziehungsmaßnahmen der westalliierten Siegermächte und deren einschlägige, vor allem amerikanische Traditionen sowie das staatsbürgerliche Erneuerungsprogramm deutscher Antifaschisten zurückführe, somit keine deutschen Überlieferungen aufzuweisen habe und daher auch nicht durch eine nationalsozialistische Vergangenheit belastet sein könne.

Wenn überhaupt, dann wurde auf politikwissenschaftliche Vorläufer in der Zeit der Weimarer Republik verwiesen. Das entsprach vor allem dem Gründungsprogramm und Selbstverständnis der 1948/49 errichteten Westberliner «neuen» Deutschen Hochschule für Politik, die sich als Wiedererrichtung der «alten» Deutschen Hochschule der Jahre 1920 bis

84 Franz L. Neumann: Intellektuelle Emigration und Sozialwissenschaft [1953], in: Franz L. Neumann: Wirtschaft, Staat, Demokratie, Frankfurt/Main 1978, S. 403–423, dort: S. 417.

85 Vgl. die anregende Einleitung zu dem Berliner Colloquium über «Kontinuitäten und Brüche» der deutschen Politikwissenschaft vom Dezember 1989: Gerhard Göhler: Einleitende Überlegungen zum Kontinuitätsproblem, in: Gerhard Göhler/Bodo Zeuner (Hrsg.): Kontinuitäten und Brüche in der deutschen Politikwissenschaft, Baden-Baden 1991, S. 8–22.

1933 legitimierte.[86] Dieses Interpretationsmuster lag auch 1975 der ersten bundesrepublikanischen Geschichte des Faches von Hans Kastendiek zugrunde, der die Anfänge einer deutschen Politikwissenschaft während der Weimarer Zeit vor allem in der seit Mitte der zwanziger Jahren zu beobachtenden «Akademisierung» der DHfP und den Beiträgen von dort lehrenden vor allem sozialdemokratischen Dozenten zur Analyse der Innenpolitik sah.[87] Diese hoffnungsvollen ersten Ansätze seien im Jahr 1933 durch die Gleichschaltung, sprich Auflösung der alten Hochschule und die Vertreibung ihres demokratischen Personals in die Emigration abgebrochen worden, hätten aber durch den Einfluß von Remigranten aus diesem Kreis wesentlich zur Etablierung des Faches nach 1945 beigetragen. Auf die konservativen und pränationalsozialistischen Dozenten ging Kastendiek kaum, auf die Fortexistenz der Hochschule für Politik im Dritten Reich mit keinem Wort ein, übernahm vielmehr die Version der Gründungsväter der Disziplin.

An dieser «Familienlegende»[88] von der nationalsozialistischen Unbelastetheit der bundesrepublikanischen Politikwissenschaft ist erst in den achtziger Jahren des 20. Jahrhunderts, dafür aber umso entschiedener gerüttelt worden. Als erster stellte 1985 Johannes Weyer die Frage, ob es im Faschismus dem Namen oder dem Inhalt nach eine «Politikwissenschaft» gegeben habe, und er beantwortete sie mit einem klaren «Ja».[89] Zur Begründung führte er die Entwicklung der Deutschen Hochschule für Politik zur Auslandswissenschaftlichen Fakultät sowie zahlreiche ein-

86 Das ist der Tenor der Vorträge von Ernst Jäckh als dem Direktor und Präsidenten der «alten» und von Otto Suhr als dem Direktor der «neuen» DHfP zum Dreijahresjubiläum der letzteren: Ernst Jäckh/Otto Suhr (Hrsg.): Geschichte der Deutschen Hochschule für Politik, Berlin 1952.

87 Hans Kastendiek: Desintegration einer Integrationswissenschaft. Konstituierung und Wandel der westdeutschen Politologie, in: Bernhard Blanke/Ulrich Jürgens/Hans Kastendiek (Hrsg.): Kritik der Politischen Wissenschaften 1, Frankfurt/Main 1975, S. 27–125.

88 Detlef Lehnert und Alfons Söllner verwenden diese Charakterisierung häufig, z. B. in ihren Beiträgen Detlef Lehnert: «Schule der Demokratie» oder «politische Fachhochschule»? Anspruch und Wirklichkeit einer praxisorientierten Ausbildung der Deutschen Hochschule für Politik 1920–1933, in: Gerhard Göhler/Bodo Zeuner (Hrsg.): Kontinuitäten und Brüche in der deutschen Politikwissenschaft, Baden-Baden 1991, S. 65–93 und Alfons Söllner: Gruppenbild mit Jäckh. Anmerkungen zur «Verwissenschaftlichung» der Deutschen Hochschule für Politik während der Weimarer Republik, in: Gerhard Göhler/Bodo Zeuner (Hrsg.): Kontinuitäten und Brüche in der deutschen Politikwissenschaft, Baden-Baden 1991, S. 41–64.

89 Johannes Weyer: Politikwissenschaft im Faschismus (1933–1945). Die vergessenen zwölf Jahre, in: Politische Vierteljahresschrift 26 (1985), S. 423–437.

schlägige Zitate von Franz Alfred Six, Karl Heinz Pfeffer und anderen an, wobei Weyer «politische Wissenschaft» und «Politikwissenschaft» gleichsetzte. Den theoretischen Beweis für die Richtigkeit seiner These sah er in der Behauptung, daß auch der Nationalsozialismus einer Herrschaftswissenschaft des Politischen nicht entbehren konnte. So kommt Weyer zu dem Ergebnis, daß sich bereits im Dritten Reich schrittweise die theoretische und institutionelle Struktur der bundesdeutschen Politikwissenschaft herausgebildet habe, nicht unähnlich dem Vorgang in der Soziologie und empirischen Sozialforschung.[90]

Diese doch zumeist pauschalen Deduktionen Weyers sind sofort auf heftigste Einwände gestoßen. Kurt Lenk, der Aachener Professor für politische Ideengeschichte und Wissenssoziologe, wandte vor allem ein, daß Weyers Inhaltsanalyse keine von der Politik emanzipierte Wissenschaft im Dritten Reich belege und er das nationalsozialistische Programm von «politischer Wissenschaft» mit dem Konzept einer «Politikwissenschaft» gleichsetze.[91] Lenks Einspruch war nicht frei von der Logik, daß nicht sein kann, was nicht sein darf. Wissenschaftsgeschichtlich fundierter und differenzierter war die Replik von Hubertus Buchstein und Gerhard Göhler, die Weyer entgegenhielten, es habe nur im geringen Umfang personelle Kontinuitäten zwischen der Hochschule für Politik der Weimarer Republik und derjenigen des Dritten Reiches, vor allem aber keine Verbindungslinien zwischen der Auslandswissenschaft des Dritten Reiches und der bundesrepublikanischen Politikwissenschaft gegeben.[92]

Die Diskussion über eine mögliche braune Vergangenheit der bundesdeutschen Politikwissenschaft war damit aber nicht beendet, sondern wurde komplizierter. Das ist vor allem den materialreichen, wenn auch

[90] Vgl. aus den zahlreichen einschlägigen Arbeiten von Carsten Klingemann dessen Beitrag zum OSI-Kolloquium: Carsten Klingemann: Die deutschen Sozialwissenschaften zwischen den beiden Weltkriegen. Mythos und Realität in Entwicklungsumbrüchen, in: Gerhard Göhler/Bodo Zeuner (Hrsg.): Kontinuitäten und Brüche in der deutschen Politikwissenschaft, Baden-Baden 1991, S. 23–40.

[91] Kurt Lenk: Über die Geburt der «Politikwissenschaft» aus dem Geiste des «unübertrefflichen» Wilhelm Heinrich Riehl, in: Politische Vierteljahresschrift 27 (1986), S. 252–258. Weyer antwortete Lenk nochmals mit sehr allgemeinen, abstrakten Überlegungen, warum es doch eine rationale Wissenschaft von der Politik im Dritten Reich gegeben habe: Johannes Weyer: Replik auf Kurt Lenk. Forschen für jeden Zweck? Zur Diskussion über die Politikwissenschaft im Faschismus, in: Politische Vierteljahresschrift 27 (1986), S. 259–264.

[92] Hubertus Buchstein/Gerhard Göhler: In der Kontinuität einer ‹braunen› Politikwissenschaft? Empirische Befunde und Forschungsdesiderate, in: Politische Vierteljahresschrift 27 (1986), S. 330–340.

in der Interpretation kontroversen Arbeiten von Rainer Eisfeld zu verdanken.[93] Für die Weimarer Republik arbeitete er die Pluralität des Lehrprogramms und die politische Heterogenität des Lehrkörpers der Deutschen Hochschule für Politik heraus, die vor allem mit den aus dem rechtskonservativen Politischen Kolleg stammenden Dozenten «die personelle Kontinuität von der Politikwissenschaft der Weimarer Republik zu den Residuen des Faches im Dritten Reich» erlaubt habe.[94] Vor allem aber wies Eisfeld darauf hin, daß mit Ernst Jaeckh, Arnold Bergstraesser und Adolf Grabowsky drei der Gründungsväter der bundesrepublikanischen Politikwissenschaft nicht nur wie deren Mehrzahl vom Dritten Reich «ausgebürgert» worden, sondern zunächst auch «angebräunt» waren. Eisfeld kommt zu dem Fazit, daß die Politologie sowenig wie die Soziologie, die Psychologie und die Geschichtswissenschaft während der Weimarer Republik und des Dritten Reiches gegen die antidemokratische Versuchung immun gewesen war.

Dieser vom Entlarvungsethos der achtundsechziger Bewegung getragene Befund einer nationalsozialistischen Vergangenheit auch der deutschen Politikwissenschaft ist nicht unumstritten geblieben.[95] Zwar ist die Korrektur der Gründungsversion der bundesdeutschen Politikwissenschaft und insbesondere der Westberliner Deutschen Hochschule für Politik als deren Vorhut durchaus berechtigt, sie knüpfe lediglich an demokratische und verfassungstreue Tradition in der Weimarer Republik an, die 1933 insgesamt in die Emigration gezwungen wurde. Doch daraus eine «Lebenslüge» der bundesrepublikanischen Politikwissenschaft zu machen und ihr eine teilbraune Vergangenheit anzuhängen, erscheint ziemlich überzogen. Von den drei von Eisfeld für die Richtigkeit seiner These angeführten Personen gehörte lediglich Arnold Bergstraesser zu den zentralen Figuren im Etablierungsprozeß der bundesdeutschen Politikwissenschaft, Arnold Grabowsky spielte bis 1960 als Mitherausgeber der «Zeitschrift für Politik» eine Rolle, stand aber als Lehrbeauftragter und später Professor in Marburg und dann Gießen am Rande, und Ernst Jäckh war ein selbstverliebter Schönredner, der lediglich Anfang der fünfziger Jahre zur Dekoration der Wiedergründung der Deutschen

93 Eisfeld: Ausgebürgert und Eisfeld: Science.

94 Eisfeld: Ausgebürgert, S. 166.

95 Vgl. die gegensätzlichen Besprechungen im Rezensionsteil der PVS: Michael Th. Greven: Rezension von Rainer Eisfeld: Ausgebürgert und doch angebräunt, in: Politische Vierteljahresschrift 33 (1992), S. 140–145 und Hubertus Buchstein: Rezension von Rainer Eisfeld: Ausgebürgert und doch angebräunt, in: Politische Vierteljahresschrift 33 (1992), S. 145–151.

Hochschule eingesetzt wurde. Die weit überwiegende Mehrzahl der Gründungsväter der bundesrepublikanischen Politikwissenschaften waren gegen alle antidemokratischen Versuchungen gefeite Anhänger der Weimarer Republik, die das Dritte Reich in der inneren Emigration, meist mit durch Zugehörigkeit zu Widerstandsgruppen verbundenem Risiko für Freiheit und Leben, überstanden hatten, wenn sie nicht sogar vom nationalsozialistischen Regime in die Emigration gedrängt worden waren. Das personelle, aber auch inhaltliche Verbindungsglied zwischen den Ansätzen zur Wiederetablierung der Politikwissenschaft in der Weimarer Republik und den erfolgreicheren Bemühungen in der Bundesrepublik war nicht die politische Wissenschaft des Dritten Reiches, sondern die von diesem erzwungene Auswanderung von überwiegend progressiven Juristen, Historikern und Ökonomen vor allem in die USA, die dort zu Politikwissenschaftlern wurden und dann das Fach nach Deutschland zurückbrachten. Wenn die Politikwissenschaft eine nationalsozialistische Vergangenheit gehabt hat, dann sollte sie diese nicht verschweigen, doch umgekehrt sollte man auch nicht eine solche erfinden, um aus ihr eine ganz normale deutsche Wissenschaft zu machen.

Das heißt nun aber nicht, daß die zwölf Jahre des Dritten Reiches keine Bedeutung für die Geschichte der Politikwissenschaft in Deutschland gehabt hätten. Vielmehr förderte die nationalsozialistische Diktatur in Deutschland in einem Akt Hegelscher «List der Vernunft» nicht nur die personelle, sondern auch die inhaltliche Entwicklung des Faches. Der Untergang der demokratischen Ordnung der Weimarer Republik sowie die Machtübernahme und Diktaturpraxis der Nationalsozialisten waren wesentliche, wenn nicht die eigentlichen Motive zur (Wieder-)Gründung des Faches in Deutschland nach 1945 und wurden zu zentralen Gegenständen von politikwissenschaftlicher Forschung und Lehre in der jungen Bundesrepublik.

8. Politologie als Demokratiewissenschaft (1945–1959)

Nach dem Ende des Zweiten Weltkrieges und des Dritten Reiches wurde vielfach vom 8. Mai 1945, dem Tag der Kapitulation der Deutschen Wehrmacht, als einer «Stunde Null» der Deutschen gesprochen. Die totale Katastrophe, welche die nationalsozialistische Diktatur über die europäischen Nachbarn, aber auch die Deutschen selbst gebracht hatte, schien so unermeßlich, daß man sich nur einen umfassenden Neuanfang vorstellen konnte. Doch mit wachsendem Abstand von den Erlebnissen des Zusammenbruchs im Jahr 1945 mußte die deutsche Öffentlichkeit nicht nur erkennen, daß manche Einflüsse und Einstellungen aus der Diktatur in der demokratischen Bundesrepublik nachwirkten, sondern auch die Entstehung des Dritten Reiches in vielfältiger Weise auf die deutsche Geschichte des späten 19. und frühen 20. Jahrhunderts zurückging. Nicht mehr die Vorstellung eines abrupten Neuanfangs und einer einschneidenden Diskontinuität, sondern die Frage nach den längerwirkenden Kontinuitäten und langwierigen Lernprozessen bestimmt heute den zeitgeschichtlichen Rückblick der Deutschen auf das 20. Jahrhundert.

a) Gründungsprozeß

Zeitpunkt und Umstände der Konstituierung der Politikwissenschaft nach 1945[1] hätten allerdings durchaus an die Wiederaufnahme einer älteren Tradition im Rahmen der zweiten Demokratiegründung erinnern können. So forderte in Berlin die Stadtverordnetenversammlung unter Leitung ihres Vorsitzenden Otto Suhr die Wiedererrichtung der Deutschen Hochschule für Politik am 18. März 1948, bewußt einhundert Jahre nach dem Beginn der Märzrevolution von 1848. Alle Stadtverordneten stimmten dem Beschluß zu, nur die Sozialistische Einheitspartei votierte dagegen. Während man im Westen der geteilten Stadt eine Einrichtung zur wissenschaft-

[1] Den informativsten Überblick vermittelt immer noch Arno Mohr: Politikwissenschaft als Alternative. Stationen einer wissenschaftlichen Disziplin auf dem Wege zu ihrer Selbständigkeit in der Bundesrepublik Deutschland 1945–1965, Bochum 1988.

lichen Weiterbildung auf dem Gebiet der Politik wiedergründete, legte am gleichen Tag im Ostteil der Stadt der Deutsche Volksrat unter Führung der SED die Verfassung für eine «Deutsche Demokratische Republik» vor und erklärte sich für die deutschen Nationalfarben Schwarz-Rot-Gold.

Ein Jahr später trat im September 1949 im südhessischen Waldleiningen die erste westdeutsche Gründungskonferenz der Politikwissenschaft genau zu jenem Zeitpunkt zusammen, an dem sich in Bonn der 1. Deutsche Bundestag konstituierte und Bundespräsident sowie Bundeskanzler wählte. Theodor Heuss war daher in Waldleiningen verhindert, obwohl er am Gründungsvorgang der Politikwissenschaft beteiligt war.

Die Deutsche Hochschule für Politik in Westberlin wurde als eine außeruniversitäre Institution im Januar 1949 eröffnet. Im September desselben Jahres fand dann auf Anregung und mit Finanzierung der amerikanischen Militärbehörden und Einladung des hessischen Staatsministeriums im Odenwald-Schloß Waldleiningen eine Konferenz über die «Einführung der politischen Wissenschaften an den deutschen Universitäten und Hochschulen» statt.[2] An ihr nahmen 99 Persönlichkeiten teil, neben den Vertretern der Militärbehörden und dem Vorsitzenden der American Political Science Association Repräsentanten der verschiedenen westdeutschen Kultusverwaltungen und der Universitäten. Das Hauptreferat hielt Karl Loewenstein, der das amerikanische Vorbild mit seinen Hauptgebieten vorstellte, zugleich aber konzedierte: «Jedes Land muß aber seine Politische Wissenschaft nach seinen eigenen ethnologischen Gegebenheiten und historischen Traditionen entwickeln.»[3] Doch da die Universitätsrektoren noch starke Bedenken gegen das neue Fach und seinen amerikanischen Ursprung hegten, kamen die Anhänger der Politikwissenschaft wenig später im März 1950 auf einer von der Deutschen Hochschule für Politik in Berlin organisierten Tagung in Berlin erneut zusammen.[4] Sie verabschiedeten folgende «Feststellung»: «Es gibt eine eigene Wissenschaft von der Politik. Sie soll in Forschung und Lehre entsprechend der besonderen deutschen Situation entwickelt werden.»[5]

[2] Hessisches Ministerium für Erziehung und Volksbildung (Hrsg.): Die politischen Wissenschaften an den deutschen Universitäten und Hochschulen. Gesamtprotokoll der Konferenz von Waldleiningen vom 10./11. 9. 1949, o. O. 1949. Vgl. Mohr: Politikwissenschaft, S. 97–110.

[3] Karl Loewenstein: Über den Stand der politischen Wissenschaften in den USA, in: Zeitschrift für die gesamte Staatswissenschaft 106 (1950), S. 349–391, hier: S. 359.

[4] Mohr: Politikwissenschaft, S. 110–113.

[5] Hans-Joachim Bloch: Die (deutsche) Vereinigung für die Wissenschaft von der Politik, in: Zeitschrift für Politik, N. F. 1 (1954), S. 190–191, hier: S. 190.

Den entscheidenden Durchbruch zur Etablierung der Politikwissenschaft als Universitätsfach brachte erst eine abermals vom hessischen Kultusminister Stein nach Königstein bei Frankfurt am Main einberufene Konferenz, an der im Juli 1950 88 Personen teilnahmen: neben neun Amerikanern meist deutscher Herkunft, je einem Gast aus Frankreich und Großbritannien und zahlreichen höheren Beamten aus den Ländern und Vertretern der Erwachsenenbildung vierzig deutsche Hochschullehrer aus dem breiten Fächerspektrum der politischen Wissenschaften, insbesondere Juristen, Philosophen, Historiker und Soziologen.[6] Sie plädierten nachdrücklich für die Einrichtung von Lehrstühlen für, wie es jetzt hieß, «Wissenschaft von der Politik» an allen Universitäten.

Nach der Gründung der Bundesrepublik und den politikwissenschaftlichen Gründungskonferenzen dauerte es aber mehr als ein Jahrzehnt, bis alle Universitäten wenigstens einen Lehrstuhl für Politikwissenschaft hatten.[7] In Hessen hatte die Landesregierung schon im April 1948 den drei Universitäten in Darmstadt, Frankfurt am Main und Marburg je eine Professur für «Wissenschaftliche Politik» zugewiesen. 1950 wurde auf die Marburger Professur der Jurist und Sozialist Wolfgang Abendroth (1906–1985) berufen.[8] Er hatte das Dritte Reich im Zuchthaus und im Strafbataillon 999 überlebt und war nach 1945 in Leipzig und Jena Professor für öffentliches Recht, bevor er 1948 aus der Sowjetischen Besatzungszone aufgrund von Konflikten mit der thüringischen Volksbildungsministerin Marie Torhorst[9] fliehen mußte und in Wilhelmshaven am Aufbau der Hochschule für Arbeit, Politik und Wirtschaft beteiligt war. Anfang 1951 wurde auf den entsprechenden Lehrstuhl in Frankfurt der Berufsdiplomat Ernst Wilhelm Meyer (1890–1969) berufen, der aber schon im November desselben Jahres wieder ausschied, um als bundes-

[6] Hessisches Ministerium für Erziehung und Volksbildung (Hrsg.): Über Lehre und Forschung der Wissenschaft von der Politik. Gesamtprotokoll der Konferenz von Königstein im Taunus vom 15. und 16. Juli 1950, Wiesbaden 1950. Vgl. Mohr: Politikwissenschaft, S. 113–120.

[7] Ausgewählte Beispiele über die Errichtung und Besetzung der ersten politikwissenschaftlichen Lehrstühle bei Mohr: Politikwissenschaft, S. 124 ff.

[8] Wolfgang Abendroth: Ein Leben in der Arbeiterbewegung. Gespräche, aufgezeichnet und hrsg. von Barbara Dietrich und Joachim Perels, Frankfurt/Main 1976 und Hans Karl Rupp: Wolfgang Abendroth. Klassengesellschaft und Demokratie, in: Hans Karl Rupp/Thomas Noetzel: Macht, Freiheit, Demokratie. [Bd. 1]: Anfänge der westdeutschen Politikwissenschaft. Biographische Annäherungen, Marburg 1991, S. 57–72.

[9] Vgl. Wilhelm Bleek: Zum 100. Geburtstag der Pädagogin Marie Torhorst, in: Deutschland Archiv 22 (1989), S. 139–141.

deutscher Botschafter in Indien in seinen früheren Beruf zurückzukehren. Sein Nachfolger wurde 1953 Carlo Schmid (1896–1979), habilitierter Jurist und in der Nachkriegszeit als Staatspräsident von Württemberg-Hohenzollern, sozialdemokratisches Mitglied des Parlamentarischen Rates und Vizepräsident des Deutschen Bundestages zu politischer Prominenz gelangt.[10] Ebenfalls 1951 wurde der katholische Publizist Eugen Kogon (1903–1987) an die Technische Hochschule Darmstadt berufen, der nach der Befreiung aus dem Konzentrationslager die hessische CDU sowie die «Frankfurter Hefte» mitgegründet hatte.[11]

Im badischen Heidelberg war Alfred Weber (1868–1958) bestrebt, die Tradition des von ihm in der Weimarer Republik geleiteten Instituts für Sozial- und Staatswissenschaften weiterzuführen. Er wurde nicht nur einer der Wortführer auf den politikwissenschaftlichen Gründungskonferenzen und der Ehrenvorsitzende der 1951 gegründeten Fachvereinigung, sondern bemühte sich auch um die Errichtung und Besetzung einer politikwissenschaftlichen Professur an seinem Institut.[12]

Alfred Webers erste Wahl für diesen Lehrstuhl war Carl Joachim Friedrich (1901–1984), der 1925 mit einer nationalökomischen Dissertation bei ihm in Heidelberg promoviert hatte, ein Jahr danach einen Lehrauftrag an der Harvard University und zehn Jahre später an dieser amerikanischen Renommieruniversität eine ordentliche Professur für «Government» erhalten hatte.[13] Doch die Verhandlungen mit Friedrich, der nach 1945 als Berater der amerikanischen Militärregierung an der

[10] Vgl. die Biographie von Petra Weber: Carlo Schmid 1896–1979. Eine Biographie, München 1996.

[11] Hans Karl Rupp: Eugen Kogon. Ordnung und Humanität, in: Hans Karl Rupp/Thomas Noetzel: Macht, Freiheit, Demokratie. [Bd. 1]: Anfänge der westdeutschen Politikwissenschaft. Biographische Annäherungen, Marburg 1991, S. 73–83.

[12] Vgl. Hans J. Lietzmann: Kontinuität und Schweigen. Über die Fortwirkung Alfred Webers und seiner politischen Theorie in der westdeutschen Politikwissenschaft, in: Hans G. Nutzinger (Hrsg.): Zwischen Nationalökonomie und Universalgeschichte. Alfred Webers Entwurf einer umfassenden Sozialwissenschaft in heutiger Sicht, Marburg 1995, S. 137–159 und Eberhard Demm: Von der Weimarer Republik zur Bundesrepublik. Der politische Weg Alfred Webers 1920–1958 (= Schriften des Bundesarchivs, Bd. 51), Düsseldorf 1999.

[13] Vgl. Klaus von Beyme: Zum Tode von Carl Joachim Friedrich (1901–1984), in: Politische Vierteljahresschrift 25 (1984), S. 478–479 und Klaus von Beyme: A Founding Father of Comparative Politics: Carl Joachim Friedrich, in: Hans Daalder (Hrsg.): Comparative European Politics. The Story of a Profession, London, Washington D.C. 1997, S. 7–14 sowie jetzt umfassend zu Biographie und Werk Friedrichs Hans J. Lietzmann: Politikwissenschaft im «Zeitalter der Diktaturen». Die Entwicklung der Totalitarismustheorie Carl Joachim Friedrichs, Opladen 1999.

Ausarbeitung der deutschen Länderverfassungen beteiligt war, zogen sich bis 1954 hin. Seitdem lehrte Friedrich bis zu seiner Emeritierung im Jahr 1966 in jedem Winter an der Harvard University und im Sommersemester in Heidelberg und wurde so zu einer weiteren Symbolfigur des deutsch-amerikanischen Kulturtransfers auf dem Gebiet der Politikwissenschaft.

Ambitionen auf die Heidelberger Professur hegte auch Arnold Bergstraesser (1896–1964), der ebenfalls aus der Schule Alfred Webers kam, aber seiner deutschen Heimatuniversität im Hinblick auf seine politische Position zu Ende der Weimarer Republik und Beginn des Dritten Reiches suspekt war. Bergstraesser lehrte daher ab 1952 zunächst an der Universität Tübingen «Amerikanische Kulturgeschichte», bevor er 1954 auf einen Lehrstuhl für «Wissenschaftliche Politik und Soziologie» an die Universität Freiburg berufen und dort zum Vater der in den sechziger Jahren höchst einflußreichen Freiburger Schule der Politikwissenschaft wurde. In Tübingen wurde 1951 ein Lehrstuhl für Wissenschaftliche Politik eingerichtet und im Jahr darauf mit Theodor Eschenburg (1904–1999) besetzt, der bereits in den ersten Nachkriegsjahren als Staatskommissar für Flüchtlingsfragen in Württemberg-Hohenzollern einen Lehrauftrag zur Geschichte der Weimarer Republik innehatte.[14]

In der britischen Besatzungszone erhielt Gerhard Leibholz (1901–1982), der 1935 an der Universität Göttingen aus «rassischen» Gründen zwangsemeritiert worden war und 1938 nach England emigrieren mußte, 1947 seine juristische Professur als Lehrstuhl für «Öffentliches Recht und Politik» wieder, später findet sich auch die Lehrstuhlbezeichnung «Politische Wissenschaft und Allgemeine Staatslehre». Leibholz hat die Lehre vom modernen Parteienstaat nicht nur in der wissenschaftlichen Diskussion initiiert, sondern auch als Bundesverfassungsrichter in den Jahren von 1951 bis 1971 in die verfassungsrechtliche Praxis umsetzen können.[15]

Michael Freund (1902–1972), der zum Ende der Weimarer Republik sogenannter wissenschaftlicher Hilfsarbeiter an der Deutschen Hoch-

[14] Vgl. nach dem Bericht von Theodor Eschenburg: Anfänge der Politikwissenschaft und des Schulfaches Politik in Deutschland seit 1945 (= Augsburger Universitätsreden, Bd. 7), Augsburg 1986 und den Erinnerungen an Eschenburgs Tübinger Lehrtätigkeit in: Hermann Rudolph (Hrsg.): Den Staat denken. Theodor Eschenburg zum Fünfundachtzigsten, Berlin 1990 dessen höchst anschauliche Autobiographie: Theodor Eschenburg: Letzten Endes meine ich doch. Erinnerungen 1933–1999, Berlin 2000, insb.: S. 189 ff. u. 204 ff.

[15] Erich Küchenhoff: Nachruf auf Gerhard Leibholz, in: Politische Vierteljahresschrift 23 (1982), S. 362–364 und Christoph Link: Zum Tode von Gerhard Leibholz, in: Archiv des öffentlichen Rechts 108 (1983), S. 153–160.

schule für Politik war, sich 1938 in Freiburg für westeuropäische Geschichte habilitiert hatte, danach aber aus politischen Gründen entlassen worden war, übernahm 1951 an der Universität Kiel einen Lehrstuhl für «Wissenschaft und Geschichte der Politik».[16] Im selben Jahr erhielt den Hamburger politikwissenschaftlichen Lehrstuhl Siegfried Landshut (1897–1968), der sich in der Weimarer Zeit vergebens um eine Venia in diesem Fach bemüht hatte und von den Nationalsozialisten in die Emigration zunächst nach Palästina, dann nach England gezwungen worden war.[17]

An der Universität Köln übernahm den Lehrstuhl für «Politische Wissenschaften» Ende 1951 Heinrich Brüning (1885–1970).[18] Der Zentrumspolitiker und umstrittene Reichskanzler in der letzten Phase der Weimarer Republik war 1934 vor der nationalsozialistischen Verfolgung in die USA geflohen und hatte 1938 an der Harvard University eine Professur für Public Administration erhalten. In Köln lehrte Brüning vor allem über die internationalen Beziehungen der Zwischenkriegszeit. Aus Sorge um die deutsche Einheit wurde Brüning immer kritischer gegen die von Bundeskanzler Konrad Adenauer verfolgte Politik einer einseitigen Westorientierung der Bundesrepublik. Nachfolger des 1955 emeritierten Brüning wurde 1959 Ferdinand A. Hermens (1906–1998), der noch im letzten Jahr der Weimarer Republik und dann erneut in der amerikanischen Emigration eine Anklageschrift gegen das Verhältniswahlrecht als Ursache des Untergangs der ersten deutschen Demokratie verfaßt hatte und daran anknüpfend in Köln die Wahlforschung förderte, von der die Kölner und später Mannheimer Schule der empirischen und quantitativen Politikwissenschaft ihren Ausgang nahm.[19] An der Universität Bonn wurde erst 1959 ein Lehrstuhl mit Karl Dietrich Bracher (geb. 1922) be-

[16] Wilfried Röhrich (Hrsg.): Macht und Ohnmacht des Politischen. Festschrift zum 65. Geburtstag von Michael Freund am 18. Januar 1967, Köln et al. 1967.

[17] Rainer Nicolaysen: Siegfried Landshut. Die Wiederentdeckung der Politik. Eine Biographie, Frankfurt/Main 1997.

[18] Vgl. Hermann Brüning: Briefe 1960–1960, hrsg. von Claire Nix, Stuttgart 1974; Astrid Mannes: Heinrich Brüning. Leben, Wirken, Schicksal, München 1999, S. 235–246 und Rudolf Morsey: Die Vorgeschichte von Brünings Berufung an die Universität Köln 1951, in: Peter R. Weilemann/Hanns Jürgen Küsters/Günter Buchstab (Hrsg.): Macht und Zeitkritik. Festschrift für Hans-Peter Schwarz zum 65. Geburtstag (= Studien zur Politik, Bd. 34), Paderborn, München et al. 1999, S. 711–722.

[19] Rudolf Wildenmann (Hrsg.): Form und Erfahrung. Ein Leben für die Demokratie. Zum 70. Geburtstag von Ferdinand A. Hermens, Berlin 1976 und Hans Kammler: Nachruf auf Ferdinand Aloys Hermens, in: Zeitschrift für Politik, N. F. 45 (1998), S. 109–110.

setzt, die Bezeichnung «Wissenschaft von der Politik und Zeitgeschichte» nahm dabei eine von Friedrich Christoph Dahlmann verkörperte traditionelle Fächerkombination an der Rheinischen Hochschule auf. Den ersten Lehrstuhl an der Universität München für «Politische Wissenschaften» übernahm 1958 Eric Voegelin (1901–1984), der sich 1929 an der Universität Wien für Politische Wissenschaft und Soziologie habilitiert hatte, 1938 nach dem Anschluß Österreichs an das Großdeutsche Reich entlassen wurde und in die USA emigrierte.[20] In Westberlin wurden bereits 1952 an der Freien Universität aufgrund eines Kooperationsvertrages mit der Deutschen Hochschule für Politik von 1952 politikwissenschaftliche Lehrstühle eingerichtet, die prominente Dozenten der Deutschen Hochschule für Politik übernahmen.

Die Namen dieser Gründungsväter dokumentieren ihre Prominenz. Sie haben vor allem durch ihre Schüler das Fach Politikwissenschaft in der Bundesrepublik Deutschland auf Jahrzehnte geprägt. 1960 gab es insgesamt 21 Professuren für Politikwissenschaft an den damals 15 westdeutschen Universitäten. Doch da allein zehn von ihnen an der Freien Universität lehrten, hatten einige Hochschulen wie Aachen, Erlangen und Münster noch keinen einzigen politikwissenschaftlichen Lehrstuhl. So ist das Fach in den fünfziger Jahren nur sehr langsam und mühsam eingeführt worden.

b) Gründung des Fachverbandes

Zur Etablierung der Politikwissenschaft in der jungen Bundesrepublik gehörte auch die Gründung eines einschlägigen Fachverbandes. Bereits auf der Königsteiner Konferenz vom Juli 1950 wurde dazu aufgerufen, nach dem Vorbild der American Political Science Association auch in Deutschland eine Vereinigung für die Wissenschaft von der Politik zu gründen.[21] Ausschlaggebend für diese Initiative war vor allem die auch

20 Von Hans Maier als dem jüngeren Münchener Kollegen stammt eine sehr nuancierte Würdigung Eric Voegelins: Hans Maier: Ein Schwieriger zwischen den Fronten. Politikwissenschaft in universalistischer Absicht: Erinnerungen an Eric Voegelin, in: Frankfurter Allgemeine Zeitung (08.04.2000), S. II (Bilder und Zeiten). Ausführlicher zu Voegelins Wirken und Wirkung: Dietmar Herz/Veronika Weinberger: Die Münchener Schule der Politikwissenschaft, in: Wilhelm Bleek/Hans J. Lietzmann (Hrsg.): Schulen der deutschen Politikwissenschaft, Opladen 1999, S. 269–292.

21 Zur Gründungsgeschichte der DVPW Bloch: Vereinigung, S. 190 f. Vgl. Hans-Joachim Arndt: Die Besiegten von 1945. Versuch einer Politologie für Deutsche samt Wür-

finanziell wichtige Mitgliedschaft in der International Political Science Association, die im September 1949 auf Anregung der UNESCO in Paris gegründet worden war.[22] Nach organisatorischen Vorarbeiten, vor allem Otto Suhrs, kam es zur offiziellen Gründungsversammlung der Vereinigung für die Wissenschaft von der Politik, wie sich der Fachverband zunächst nannte, am 10. Februar 1951 in dem für die Gründungsgeschichte der bundesdeutschen Politikwissenschaft nun schon traditionsträchtigen Königstein. Knapp vierzig Gründungsmitglieder wählten Alfred Weber zum Ehrenvorsitzenden und dessen Nachfolger auf dem Heidelberger Lehrstuhl für Soziologie, Alexander Rüstow (1885–1963),[23] zum Vorsitzenden der Vereinigung, in deren erstem Vorstand außerdem Wolfgang Abendroth, Adolf Grabowsky, Ernst Wilhelm Meyer sowie Otto Suhr als geschäftsführendes Mitglied mitwirkten. Schon auf dieser Gründungsversammlung entbrannte eine heftige Debatte um die Voraussetzungen zur Mitgliedschaft, die spätere Kontroversen in der zweiten Hälfte der sechziger Jahre und den siebziger Jahren vorwegnahm. Vor allem Otto Suhr setzte sich mit Blick auf die wissenschaftliche Reputation der neuen Disziplin für eine eher restriktive Beschränkung auf Politikwissenschaftler im engeren Sinne ein. Nachdem zusätzlich zu den in diesem Fach Lehrenden und Forschenden auch jene aufgenommen werden sollten, die «publizistisch oder sonst im öffentlichen Leben für die Wissenschaft von der Politik» wirken, stieg die Mitgliederzahl in der neuen Vereinigung bis zum Mai 1952 auf 128 Mitglieder an, stagnierte aber in den fünfziger Jahren auf diesem Niveau und verzeichnete 1960 153 Mitglieder.[24]

Ziel der neugegründeten «Vereinigung für die Wissenschaft von der Politik» war es gemäß dem ersten Paragraphen ihrer Satzung, «Forschung und Lehre der Wissenschaft von der Politik zu fördern, auch durch Erfahrungs- und Meinungsaustausch mit dem Ausland».[25] In diesem Sinne organisierte die Vereinigung gut ein Jahr nach ihrer Gründung ihre erste große wissenschaftliche Tagung Anfang Mai 1952 in Berlin. Den Festvortrag hielt Theodor Heuss, der als Mitglied des Parlamentarischen Rates zu den wichtigsten Vätern des Bonner Grundgesetzes gehörte und

digung der Politikwissenschaft in der Bundesrepublik Deutschland, Berlin 1978, S. 186 ff. und Mohr: Politikwissenschaft, S. 164 ff.

22 Die IPSA, in: Konrad Kettig: Vereinigungen für die Wissenschaft von der Politik, in: Zeitschrift für Politik, N. F. 1 (1954), S. 184–189, hier: S. 185.

23 Erwin Faul: Alexander Rüstow, gest. 30. Juni 1963, in: Politische Vierteljahresschrift 4 (1963), S. 217–218.

24 Mohr: Politikwissenschaft, S. 168 f.

25 Zit. nach: Bloch: Vereinigung, S. 190.

am 12. September 1949 zum ersten Bundespräsidenten der neugegründeten Bundesrepublik gewählt worden war. In seinem Vortrag über «Formkräfte der politischen Stilbildung»[26] gab Heuss nochmals seiner schon 1921 in der «Denkschrift zur Errichtung einer Deutschen Hochschule für Politik»[27] geäußerten Grundauffassung Ausdruck, daß Politik weniger der Gegenstand einer gesonderten Disziplin als vielmehr ein umfassender Auftrag zur demokratischen Bildung der Staatsbürger wie der Eliten sei. In diesem Sinne verstand sich Theodor Heuss sowohl in seiner Zeit als Dozent an der alten Deutschen Hochschule für Politik als auch als erster Präsident der Bundesrepublik nicht als fachlich profilierter und spezialisierter Politikwissenschaftler, sondern in einem positiven Sinne als politischer Wissenschaftler, für den akademische Allgemeinbildung und politische Verantwortung eng verknüpft waren.

Den zentralen Vorbehalten, welche der neuen Universitätsdisziplin von ihren Nachbarfächern und Konkurrenten entgegengebracht wurden, entgegnete während der Berliner Tagung Alexander Rüstow als der erste Vorsitzender der Vereinigung,[28] vor allem aber Carl Joachim Friedrich. In seinem Vortrag zur Geschichte der Wissenschaft von der Politik postulierte er diese als die «älteste und zugleich [...] jüngste aller Wissenschaften von der Gesellschaft der Menschen».[29] Er wies nicht nur auf die antiken Ursprünge des Faches und dessen ideengeschichtliche Traditionen in Italien, England, Frankreich und Amerika hin, sondern erwähnte auch die deutschen Überlieferungen der Wissenschaft von der Politik in Gestalt von Kameralisten des 18. Jahrhunderts wie Moser, Justi und Sonnenfels, von Staatswissenschaftlern wie Mohl und Roscher und Nationalökonomen wie Schmoller im 19. Jahrhundert und von Soziologen des frühen 20. Jahrhunderts wie Max Weber. Friedrichs grundlegende Hinweise auf die Geschichte des Faches wurden von einem Teil der versammelten Gründungsväter als ungebührliche Kritik an den Ausführungen des „Herrn Bundespräsidenten" mißbilligt.[30] Entsprechend dem allge-

26 Theodor Heuss: Formkräfte der politischen Stilbildung, Berlin 1952.

27 Theodor Heuss: Denkschrift zur Errichtung einer Deutschen Hochschule für Politik, in: Bill Drews et al. (Hrsg.): Politische Bildung. Wille – Wesen – Ziel – Weg. Sechs Reden, gehalten bei der Eröffnung der Deutschen Hochschule für Politik, Berlin 1921, S. 33–37.

28 Alexander Rüstow: Weshalb Wissenschaft von der Politik?, in: Zeitschrift für Politik, N. F. 1 (1954), S. 131–138.

29 Carl Joachim Friedrich: Grundsätzliches zur Geschichte der Wissenschaft von der Politik, in: Zeitschrift für Politik, N. F. 1 (1954), S. 325–336. Zitat im Eröffnungssatz auf S. 325.

30 Friedrich wurde, wie Hermann Brill berichtete, «Ungehörigkeit und Taktlosig-

meinen Bemühen der Deutschen nach 1945, mehr in die Zukunft als in die Vergangenheit zu schauen, wurde auch in der Politikwissenschaft der Neuanfang des Faches und dessen Diskontinuität zur bisherigen deutschen Wissenschaftsgeschichte herausgestellt – unter Vernachlässigung der Aspekte von Kontinuität und Tradition der Disziplin.

Nach dieser umstrittenen ersten wissenschaftlichen Tagung der Vereinigung fanden die folgenden Symposien im internen Rahmen statt und dienten mehr der Profilierung der neuen Disziplin auf ihren Hauptforschungsgebieten.[31] Zur Etablierung der neuen Disziplin und ihrer Fachvereinigung gehörte, das erkannten die Gründer sehr richtig, auch die Herausgabe einer wissenschaftlichen Zeitschrift.[32] Zunächst erreichte es die Vereinigung in Verhandlungen mit dem Carl Heymanns Verlag und dem aus dem Schweizer Exil an die Universität Marburg zurückgekehrten Adolf Grabowsky, daß die alte «Zeitschrift für Politik» (ZfP) 1954 in «Neuer Folge» wiederbelebt wurde, «im Auftrage der Vereinigung für die Wissenschaft von der Politik» erschien und neben Grabowsky auch Alexander Rüstow und Otto Suhr als Herausgeber fungierten sowie Gert von Eynern die Redaktion übernahm. Doch andauernde Schwierigkeiten mit dem Verlag und Adolf Grabowsky veranlaßten die Vereinigung schließlich, den Vertrag zu kündigen und ab Oktober 1960 die «Politische Vierteljahresschrift» (PVS) herauszugeben,[33] die nun im Westdeutschen Verlag erschien, der seit Mitte der fünfziger Jahre zu einer Art Hausverlag des neuen Faches geworden war. Herausgeber der PVS waren in den ersten zehn Jahren ihres Erscheinens Karl Dietrich Bracher, Gert von Eynern, Otto Heinrich von der Gablentz, Gerhard Leibholz und Dolf Sternberger, ihr Redakteur wurde der Sternberger-Schüler Erwin Faul. Die ZfP ihrerseits wurde zum Organ der Münchener Hochschule für Politische Wissenschaften, einer außeruniversitären Einrichtung der politischen Erwachsenenbildung, nicht unähnlich der frühen Westberliner Deutschen Hochschule für Politik, doch entsprechend ihrer bayerischen Verankerung mit stärker konservativem und juristischem Profil, das auch die ZfP bis heute prägt.

Die Fachvereinigung schloß diese Gründungsphase in den fünfziger Jahren schließlich damit ab, daß sie sich 1959 einen neuen Namen gab:

keit gegenüber dem Herrn Bundespräsidenten» vorgeworfen. Mohr: Politikwissenschaft, S. 174.

31 Vgl. die Themenliste bei Mohr: Politikwissenschaft, S. 176 ff.

32 Vgl. Arndt: Die Besiegten, S. 213 ff. und Mohr: Politikwissenschaft, S. 180 ff.

33 Vgl. Otto Heinrich von der Gablentz: Geleitwort, in: Politische Vierteljahresschrift 1 (1960), S. 2–3.

An die Stelle der als «unhandlich» angesehenen Bezeichnung «Wissenschaft von der Politik» trat nun «Politische Wissenschaft». Zwar ist auch dieser Titel in der Zwischenzeit im Sprachgebrauch der Disziplin aus semantischen und methodologischen Gründen weitgehend ersetzt worden, doch der politikwissenschaftliche Fachverband firmiert noch heute als Deutsche Vereinigung für Politische Wissenschaft (DVPW).

c) Gründungskräfte

Unter den politischen Kräften, welche nach 1945 die Gründung der Politikwissenschaft an den westdeutschen Universitäten förderten, sind an erster Stelle die Besatzungsmächte zu nennen. Dabei waren es insbesondere die amerikanischen Militärbehörden und ihre Berater, die den deutschen Universitäten die Etablierung einer wissenschaftlichen Disziplin von der Politik nahelegten und dabei von amerikanischen Stiftungen wie der Ford Foundation unterstützt wurden. Dieser Vorschlag war Teil eines umfassenderen Programms, mit dem die Amerikaner die Deutschen zur Demokratie erziehen wollten.[34] Im Rahmen der amerikanischen Politik der «reeducation» hatte auch die Einfuhrung der Politikwissenschaft ihren Stellenwert: Durch sie sollten die an den Universitäten studierenden gesellschaftlichen Eliten zu Meinungsführern einer demokratischen Öffentlichkeit und zu Multiplikatoren einer staatsbürgerlichen Kultur erzogen werden.

Dieses Konzept einer Erziehung zur Demokratie vertraten vor allem die amerikanischen Kulturoffiziere, unter denen sich viele deutsche Emigranten befanden. Aus dem Dritten Reich in die USA vertriebene und geflohene deutsche Intellektuelle hatten dort die breite akademische und staatsbürgerliche Wirksamkeit der Political Science kennengelernt. So befanden sich unter den neun Amerikanern, die an der für die Etablierung der Politikwissenschaft in der Bundesrepublik entscheidenden Königsteiner Konferenz im Juli 1950 teilnahmen, mit Carl Joachim Friedrich, Ferdinand A. Hermens, Franz L. Neumann und Karl Loewenstein vier deutsche Emigranten – Friedrich allerdings war bereits 1926 ausgewandert. Vor allem Franz L. Neumann setzte sich bei seinen häufigen Besuchen in Westberlin und Westdeutschland für die Etablierung der Politikwissenschaft als einer Lehr- und Forschungsdisziplin an den deut-

34 Vgl. zuletzt Hermann-Josef Rupieper: Die Wurzeln der westdeutschen Nachkriegsdemokratie. Der amerikanische Beitrag 1945–1952, Opladen 1993.

schen Hochschulen ein. Da er sich dabei nicht nur auf seine intellektuelle Autorität als in den USA anerkannter Professor an der Columbia University für Regierungslehre und politische Theorie, sondern auch auf seine engen Verbindungen mit staatlichen wie privaten Geldgebern, zum Beispiel der Ford Foundation, berufen konnte, muß Franz L. Neumann als der eigentliche «Pate» der nach 1945 in Deutschland gegründeten Politikwissenschaft als einer Demokratiewissenschaft angesehen werden.[35] Um so tragischer war sein durch einen Verkehrsunfall im August 1954 in der Schweiz bewirkter früher Tod. Neumann hatte kurz zuvor in Westberlin seine Annahme des Rufs auf einen der neuen politikwissenschaftlichen Lehrstühle an der Freien Universität zugesagt.[36]

Eher begrenzt war der Beitrag der britischen und französischen Militärbehörden zur Gründung der Politikwissenschaft in Westdeutschland. Das war nicht zuletzt auf ihre unterschiedlichen Entnazifizierungs- und Demokratisierungskonzeptionen zurückzuführen. Für die bis 1951 in Großbritannien regierende Labour Party standen an erster Stelle der Denazifizierung zunächst wirtschafts- und sozialpolitische Reformen, und auf dem Bildungssektor waren die Briten inhaltlich an der Erwachsenenbildung und institutionell mehr an der Überwindung der oligarchischen Strukturen der deutschen Bildungsinstitutionen interessiert.[37] Die Franzosen setzten in ihrer Zone zunächst auf eine harte Bestrafungs- und Besatzungspolitik, sie wollten sich nicht auf liberale Experimente mit den Deutschen einlassen.

Der Kalte Krieg zwischen den Siegermächten hatte ab 1947 bewirkt, daß jede Besatzungsmacht in ihrer Zone eine eigenständige Politik verfolgte und die Beschlüsse der Potsdamer Konferenz vom August 1945 über eine gemeinsame Militärregierung Deutschlands nach einheitlichen Prinzipien bald zur Makulatur wurden. So hatten sich die Westmächte und die Sowjets längst entfremdet, als Ende der vierziger Jahre die Etablierung der Politikwissenschaft als Universitätsdisziplin anstand. An den sechs Universitäten in der Sowjetischen Besatzungszone Deutsch-

[35] Vgl. den programmatischen Vortrag von Franz L. Neumann: Die Wissenschaft von der Politik in der Demokratie [1950], in: Franz L. Neumann: Wirtschaft, Staat, Demokratie, Frankfurt/Main 1978, S. 373–392, den er im Februar 1950 vor Studenten der Freien Universität und der Deutschen Hochschule für Politik in Berlin hielt.

[36] Vgl. den Nachruf von Ernst Fraenkel: Gedenkrede auf Franz L. Neumann (1955), in: Ernst Fraenkel: Reformismus und Pluralismus. Materialien zu einer ungeschriebenen politischen Autobiographie, hrsg. von Falk Esche und Frank Grube, Hamburg 1973, S. 168–179.

[37] Arthur Hearnden: The British in Germany. Educational Reconstruction after 1945, London 1978.

lands einschließlich Ostberlins wurden nach ihrer Wiedereröffnung zum Wintersemester 1945/46 vereinzelt Marxisten auf historische, philosophische und germanistische Lehrstühle berufen. Die Politikwissenschaft blieb tabu, lediglich ein Studium Generale, das auch gesellschaftliche und politische Vorlesungen anbot, wurde eingeführt. Statt dessen wurde 1951 mit der I. Hochschulreform der DDR für Studenten aller Fachrichtungen ein marxistisch-leninistisches Grundlagenstudium verbindlich und wurden entsprechende Institute, später Sektionen für das Fach Marxismus-Leninismus etabliert.[38]

Obwohl die Besatzungsmächte nach 1945 die deutsche Politik bestimmten, rückten sie doch sukzessive von der Alleinregierung ab und bedienten sich, zumal nach der Gründung der beiden deutschen Staaten im Jahr 1949, deutscher Politiker, Verwaltungsbeamter und Fachleute, um ihre Politik umzusetzen. Auf einer solchen Koalition von Besatzungsmächten und deutschen Politikern beruhte auch die Einführung der Politikwissenschaft an den westdeutschen Universitäten. Zu den deutschen Kräften, die diese Aktion unterstützten, gehörten vor allem sozialdemokratische Politiker wie der niedersächsische Kultusminister Adolf Grimme, der hessische Staatssekretär Hermann Brill,[39] der Bundestagsabgeordnete Ludwig Bergsträßer,[40] der Berliner Stadtverordnetenvorsteher und spätere Regierende Bürgermeister Otto Suhr,[41] aber auch Christdemokraten wie der hessische Kultusminister Erwin Stein.

[38] Zur Hochschulpolitik in der SBZ/DDR vgl. Ernst Richert: Sozialistische Universität. Die Hochschulpolitik der SED, Berlin 1967 und Siegfried Baske: Das Hoch schulwesen, in: Christa Berg (Hrsg.): Handbuch der deutschen Bildungsgeschichte, Bd. IV/2, München 1998, S. 202–228.

[39] Eugen Kogon: Hermann Brill zum Gedächtnis, in: Politische Vierteljahresschrift 6 (1965), S. 114–116.

[40] Ludwig Bergsträßer (1883–1960), ein Vetter Arnold Bergstraessers, hatte sich 1910 mit Studien zur Vorgeschichte der Zentrumspartei im Fach Geschichte an der Universität Greifswald habilitiert, war während der Weimarer Republik am Reichsarchiv in Potsdam tätig und von 1924 bis 1928 Mitglied des Deutschen Reichstages für die linksliberale DDP, trat 1930 in die SPD über und gehörte nach dem Ende des Dritten Reiches zunächst im hessischen Landtag, dann im Parlamentarischen Rat und schließlich als Mitglied des ersten Deutschen Bundestages zu den Gründungsvätern nicht nur der Bundesrepublik, sondern als DVPW-Initiator auch der bundesdeutschen Politikwissenschaft. Vgl. Ludwig Bergsträßer: Mein Weg, München 1953 und Elisabeth Fehrenbach: Ludwig Bergsträßer, in: Hans-Ulrich Wehler (Hrsg.): Deutsche Historiker, Bd. 7, Göttingen 1980, S. 101–117.

[41] Vgl. Gunter Lange: Otto Suhr. Im Schatten von Ernst Reuter und Willy Brandt. Eine Biographie, Bonn 1994.

Auf deutscher Seite waren aber auch jene Gegenkräfte zu finden, die sich gegen das ungewollte Geschenk der Besatzungsmächte sperrten. Diese Widerstände kamen vor allem von den Universitäten selbst und ihren Repräsentanten.[42] Das neue Fach – so resümierte Alexander Rüstow die Einwände auf der Berliner Tagung im Mai 1952 – sei «1. neumodisch, 2. undeutsch, 3. überflüssig».[43] An erster Stelle stand damit die Behauptung, daß das Fach Politikwissenschaft an den Universitäten keine Tradition habe, daher ein Fremdkörper sei. Zum zweiten wurde das neue Fach mehr oder weniger offen als ein aufoktroyierter Import der Amerikaner denunziert. Als Beleg für diesen Einwand sei nur aus einem universitären Senatsbeschluß gegen die Einrichtung der Politikwissenschaft zitiert, «daß keine bloße Imitation amerikanischer Verhältnisse an deutschen Universitäten stattfinden kann».[44] Diesen Beschluß faßte am 21. Oktober 1949 ausgerechnet der Akademische Senat der mit großer amerikanischer Unterstützung gegründeten und ansonsten reformgesinnten Freien Universität in Westberlin. Drittens wurde eingewandt, politische Zusammenhänge würden bereits von angesehenen Universitätsdisziplinen wie Staatsrechtslehre, Nationalökonomie, Geschichte und Philosophie behandelt. In der Tat stand hinter der mehrheitlichen Abneigung der Universitäten und Professoren gegen das neue Fach die Befürchtung nicht nur der Politisierung von akademischer Lehre und Forschung, sondern vor allem die Sorge vor einem Konkurrenten für die etablierten Fächer. So wundert es nicht, daß sich die «Westdeutsche Rektorenkonferenz» anfänglich gegen die Einführung des Faches an den Mitgliedsuniversitäten sperrte und sich erst 1954 zu einer entsprechenden Empfehlung bequemte.[45] Noch 1959 bündelte der Freiburger Historiker Gerhard Ritter alle diese Vorbehalte nicht nur gegen die Zeitgeschichte, sondern auch gegen die «neue, aus Amerika importierte Wissenschaft von der Politik»;[46] dabei hätte gerade ihm als Mediävisten deren lange Tradition auch an deutschen Universitäten bewußt sein müssen.

[42] Vgl. Mohr: Politikwissenschaft, S. 106 ff.

[43] Rüstow: Wissenschaft, S. 131.

[44] Zitiert in Gerhard Göhler: Die Wiederbegründung der Deutschen Hochschule für Politik. Traditionspflege oder wissenschaftlicher Neubeginn?, in: Gerhard Göhler/Bodo Zeuner (Hrsg.): Kontinuitäten und Brüche in der deutschen Politikwissenschaft, Baden-Baden 1991, S. 144–164, hier: S. 159.

[45] Empfehlungen der Westdeutschen Rektorenkonferenz für die politische Bildung und Erziehung an den Universitäten und Hochschulen vom 6. 1. 1954.

[46] Gerhard Ritter: Wissenschaftliche Historie, Zeitgeschichte und «politische Wissenschaft», Heidelberg 1959, S. 5.

d) Gründungsväter

Das Verdienst, die eher politisch motivierten Beschlüsse der Besatzungsmächte und westdeutschen Kulturpolitiker zur Gründung einer Politikwissenschaft an den widerstrebenden westdeutschen Universitäten umgesetzt zu haben, gehört wesentlich den ersten Lehrstuhlinhabern des Faches, seinen Gründungsvätern – Gründungsmütter gab es nicht. Es war das politische und speziell hochschulpolitische Engagement dieser ersten Generation westdeutscher Politikwissenschaftler, aber auch ihr wissenschaftliches Profil, das dem scheinbar neuen Fach akademische und öffentliche Reputation einbrachte und so die Voraussetzungen für die Expansionsphase in den sechziger Jahren schuf. Bei aller Unterschiedlichkeit der Gründungsprofessoren kann man doch in ihren Biographien und Lehrinhalten sowie Forschungsintentionen Gemeinsamkeiten erkennen, die ein kollektives Porträt dieser Generation der Gründungsväter der westdeutschen Politikwissenschaft erlauben.[47]

Zwei Gruppen können bei den politikwissenschaftlichen Gründungsprofessoren unterschieden werden: diejenigen, welche die nationalsozialistische Herrschaft in Deutschland überlebt hatten, und jene, die aus der Emigration nach Deutschland zurückkamen. Letztere waren in der Mehrzahl von der Ausbildung her Juristen, oft unter dem Einfluß des Frankfurter Arbeitsrechtlers Hugo Sinzheimer mit einem Schwerpunkt im Arbeitsrecht. Sie waren in der Weimarer Republik als Rechtsanwälte für die Arbeiterschaft und die Gewerkschaften tätig gewesen und hatten sich auf der politischen Linken engagiert. Eine Minderheit unter den deutsch-amerikanischen Remigranten, zu der Arnold Bergstraesser und Eric Voegelin gehörten, hatte allerdings vor der Emigration konservativen, teilweise sogar autoritären und ständestaatlichen Positionen nahegestanden. Sie waren daher in amerikanischen Emigrantenkreisen umstritten und konnten in den fünfziger Jahren Gründungsprofessuren in Westdeutschland nur mit zeitlicher Verzögerung übernehmen.

47 Vgl. neben den politisch-wissenschaftlichen Biographien von zehn Vertretern der Gründergeneration der bundesdeutschen Politikwissenschaft: Thomas Noetzel/Hans Karl Rupp (Hrsg.): Macht, Freiheit, Demokratie. Bd. 1: Anfänge der westdeutschen Politikwissenschaft, Marburg 1991 die anschaulichen, wenn auch hagiographisch geschönten – das gilt insbesondere für seinen Habilitationsvater Arnold Bergstraesser – Porträts von vier Gründungsvätern der deutschen Politikwissenschaft bei Kurt Sontheimer: So war Deutschland nie. Anmerkungen zur politischen Kultur der Bundesrepublik, München 1999, S. 72 ff.

Zu den in der Weimarer Republik rechtswissenschaftlich ausgebildeten und sozialdemokratisch engagierten Gründungsvätern der bundesrepublikanischen Politikwissenschaft gehörte vor allem Ernst Fraenkel.[48] Er und insbesondere seine Frau hielten es zunächst für undenkbar, als deutsche Juden nach dem Holocaust nach Deutschland zurückzukehren. Daher ließ er sich im Jahr 1945 von der amerikanischen Regierung nach Korea schicken, um dort am Aufbau des verfassungsrechtlichen und sozialpolitischen Systems mitzuarbeiten. Nachdem dieses Experiment mit dem Ausbruch des Koreakrieges im August 1950 gescheitert war, erreichte Fraenkel 1951 die Bitte seines alten Freundes Otto Suhr, sich in Berlin an der Neugründung der Deutschen Hochschule für Politik als Dozent zu beteiligen. Auf Rat seines Freundes Franz L. Neumann wurde Fraenkel mit dem Aufbau der Abteilung «Überstaatliche Politik und vergleichende Lehre der Herrschaftsformen» betraut. 1952 erhielt Ernst Fraenkel die Berufung zum ordentlichen Professor für «Vergleichende Lehre der Herrschaftssysteme» an der Freien Universität. In dieser Zeit wurde er zum eigentlichen Motor der wissenschaftlichen Entwicklung der Deutschen Hochschule für Politik und ihrer akademischen Kooperation mit der Freien Universität, die schließlich 1959 in der Eingliederung der Hochschule als Otto-Suhr-Institut in die Freie Universität mündete. Der Höhepunkt in seiner öffentlichen Karriere war für Fraenkel die Übernahme des Dekanats der großen Philosophischen Fakultät der Freien Universität im Jahr 1961/62, zumal in dieser Zeit auch der amerikanische Präsident John F. Kennedy Berlin und die Freie Universität besuchte. Fraenkel hatte 1960 sein Standardwerk über «Das amerikanische Regierungssystem» veröffentlicht, und auf seine Initiative hin erfolgte 1964 die Gründung des nach dem im November 1962 ermordeten Präsidenten benannten John F. Kennedy Instituts für Amerikastudien. 1967 erreichte er das Emeritierungsalter. Schon ab Mitte der sechziger Jahre war Fraenkel in wachsende Konflikte mit damals tonangebenden Teilen der Berliner Studentenschaft und auch einigen Assistenten seines Faches geraten, die ihm den Verrat an seinen früheren marxistischen Positionen

[48] Vgl. neben Ernst Fraenkels autobiographischer Aufsatzsammlung: Ernst Fraenkel: Reformismus und Pluralismus. Materialien zu einer ungeschriebenen politischen Autobiographie, hrsg. von Falk Esche und Frank Grube, Hamburg 1973 aus jüngster Zeit die beiden einfühlsamen Beiträge von Winfried Steffani: Ernst Fraenkel als Persönlichkeit, in: Zeitschrift für Politikwissenschaft 4 (1997), S. 1261–1284 und Hubertus Buchstein: Ernst Fraenkel als Klassiker?, in: Leviathan 26 (1998), S. 458–481. Nicht zuletzt kann ich mich auf eigene Erinnerungen an Fraenkels Berliner Erzählungen und Hochschullehrertätigkeit in den sechziger Jahren stützen.

vorhielten und in seiner Pluralismus-Theorie eine unkritische Rechtfertigung der Klassenverhältnisse der Gegenwart sahen. Die Protestformen der Außerparlamentarischen Opposition erinnerten ihn auf unheilvolle Weise an den Untergang der Weimarer Republik und die Machtergreifung der Nationalsozialisten, auch und besonders an den Hochschulen. Durch die Radikalisierung des Otto-Suhr-Instituts sah Ernst Fraenkel sein Lebenswerk der Etablierung einer Politikwissenschaft als Demokratiewissenschaft in der Bundesrepublik gefährdet Er starb verbittert und weitgehend vereinsamt an Ostern 1975 in Berlin. Erst in den neunziger Jahren ist Ernst Fraenkel als moderner Klassiker einer pluralistischen Demokratietheorie wiederentdeckt worden.[49]

In der historischen Distanz ist die zentrale Rolle Ernst Fraenkels, der im Gegensatz zu anderen Gründungsvätern keine Schule um sich versammelte, bei der akademischen Etablierung der Wissenschaft von der Politik als einer Demokratiewissenschaft noch deutlicher geworden. Das wechselseitige Verhältnis, in dem Politikwissenschaft und pluralistische Demokratie stehen, hat Fraenkel selbst bereits in einem Vortrag im Jahr 1955 über «Akademische Erziehung und politische Berufe» auf die klassische Formel gebracht: «Eine funktionierende Demokratie erfordert, daß der Prozeß der Gestaltung politischer Entscheidungen öffentlich kontrolliert wird. Kontrolle der Regierung durch öffentliche Meinung setzt eine systematische Analyse der einzelnen Phasen des Prozesses der politischen Entscheidung voraus. Die methodische und wissenschaftlich betriebene Erforschung dieses Prozesses, die Schulung zum Verständnis der Bestimmungsgründe und Auswirkungen politischer Entscheidungen, d. h. aber die Wissenschaft von der Politik ist in einer funktionierenden Demokratie ebensosehr unentbehrlich wie sie außerhalb eines demokratischen Herrschaftssystems erschwert, wenn nicht gar unmöglich gemacht wird. Die Wissenschaft von der Politik ist die demokratische Wissenschaft par excellence.»[50]

Zu den Gründungsvätern der Politikwissenschaft gehörten auch solche, auf die der Begriff der «inneren Emigration» zutrifft, obwohl dieser Begriff auf Grund der unterschwelligen Vorwürfe des Schriftstellers Frank Thiess als eines «inneren Emigranten» in den Jahren 1945/46 ge-

49 Vgl. Ernst Fraenkel: Gesammelte Schriften, 7 Bde., hrsg. von Alexander von Brünneck, Hubertus Buchstein und Gerhard Göhler, Baden-Baden 1999 ff.

50 Ernst Fraenkel: Akademische Erziehung und politische Berufe (1955), in: Ernst Fraenkel: Reformismus und Pluralismus. Materialien zu einer ungeschriebenen politischen Autobiographie, hrsg. von Falk Esche und Frank Grube, Hamburg 1973, S. 315–336, hier: S. 321 f.

gen den «äußeren Emigranten» Thomas Mann nicht unproblematisch ist.[51] Mit «inneren Emigranten» sind jene Deutschen gemeint, die aus vielfältigen Gründen nicht emigrierten, aber resistent blieben und auf ein postfaschistisches Deutschland setzten. Manche von ihnen sind dabei im Kampf gegen die Hitlerdiktatur ein hohes Risiko eingegangen. Als entsprechendes Beispiel aus dem Kreis der Gründungsväter der bundesdeutschen Politikwissenschaft sind neben Wolfgang Abendroth Hermann Brill und Eugen Kogon zu nennen, die das Konzentrationslager Buchenwald überlebten. Auch Otto Suhr, Gert von Eynern und Otto Heinrich von der Gablentz standen in enger Verbindung mit sozialdemokratischen beziehungsweise christlich-konservativen Widerstandskreisen, wurden aber während des Dritten Reiches nicht verhaftet und konnten sich in unpolitischen Berufen über Wasser halten. Insgesamt waren alle Gründungsväter der westdeutschen Politikwissenschaft, ganz gleich ob sie das Dritte Reich außerhalb oder innerhalb Deutschlands überlebten, entschiedene Gegner der nationalsozialistischen Diktatur und überzeugte Anhänger eines demokratischen Systems, was sie nach 1945 und noch für viele Jahre zur Minderheit unter den Deutschen im allgemeinen und den deutschen Universitätsprofessoren im besonderen machte.

Kontrovers ist allerdings in der neueren Forschungsdiskussion, ob die Remigranten bei der Gründung der bundesdeutschen Politikwissenschaft jene große Rolle spielten, die anfangs von den Gegnern des neuen Faches in negativer Absicht behauptet und die später von den ersten Historiographen der westdeutschen Politikwissenschaft wie Hans Kastendiek und Hans-Joachim Arndt, aber auch von der Exilforschung im allgemeinen und in Untersuchungen zur politikwissenschaftlichen Emigration, insbesondere von Alfons Söllner, in positiver Hinsicht herausgestellt wurde.[52] Diese These hat vor allem Hubertus Buchstein entschieden in Frage gestellt.[53] Seine Gegenthese lautet, daß die intellektuelle

[51] Vgl. Michael Philipp: Distanz und Anpassung. Sozialgeschichtliche Aspekte der inneren Emigration, in: Exilforschung 12 (1994), S. 11–30.

[52] Vgl. M. Rainer Lepsius: Die sozialwissenschaftliche Emigration und ihre Folgen, in: Günther Lüschen (Hrsg.): Deutsche Soziologie seit 1945 (= Kölner Zeitschrift für Soziologie und Sozialpsychologie – Sonderheft, Bd. 21), Opladen 1979, S. 459–500 und, frühere Arbeiten zusammenfassend: Alfons Söllner: Deutsche Politikwissenschaftler in der Emigration. Studien zu ihrer Akkulturation und Wirkungsgeschichte, mit einer Bibliograhie, Opladen 1996.

[53] Zuerst in Hubertus Buchstein/Peter Th. Walther: Politikwissenschaft in der Emigrationsforschung, in: Politische Vierteljahresschrift 30 (1989), S. 342–352, zuletzt in Hubertus Buchstein: Wissenschaft von der Politik, Auslandswissenschaft, Political Science, Politologie. Die Berliner Tradition der Politikwissenschaft von der Weimarer

Biographie der Gründungsväter der bundesdeutschen Politikwissenschaft mehr von Kontinuität zwischen erster und zweiter deutscher Demokratie und weniger von der Diskontinuität durch die Verfolgung und Vertreibung im Dritten Reich geprägt war. Dem ist zwar im Hinblick auf das theoretische Œuvre zuzustimmen, doch hat das Erleben der Vertreibung aus Deutschland und der Aufnahme vor allem in den USA ganz wesentlich zur Veränderung des politischen Weltbildes und Erweiterung des intellektuellen Horizonts der Betroffenen beigetragen. Aus der Emigration haben die meisten dieser Remigranten nicht nur die Kenntnis der Fragen und Methoden einer modernen Sozialwissenschaft, sondern auch das entschiedene Bekenntnis zu einer partizipativen und pluralistischen Demokratie mitgebracht. Die Emigrationserfahrung hat den Gründungsvätern der bundesdeutschen Politikwissenschaft jene Autorität und Ausstrahlungskraft vermittelt, mit der sie ihr neues Fach nach 1945 in einer skeptischen Umgebung durchsetzen und eine erste Generation von Schülern nicht nur für die Politikwissenschaft, sondern auch für das Leitbild einer «westlichen Demokratie» begeistern konnten.

Für das kollektive Verständnis dieser Gruppe erscheint es sinnvoll, auf das Konzept der politischen Generation zurückzugreifen, wie es Karl Mannheim als die Gemeinsamkeit der historisch sozialen Erfahrung einer Alterskohorte entwickelt hat.[54] Hans-Joachim Arndt hat das Generationenkonzept als erster auf die Nachkriegsgeschichte der Politikwissenschaft angewandt, aber auf fragwürdige Weise mit einem politischen Lagerkonzept verbunden. Thomas Noetzel und Hans Karl Rupp hingegen haben die Geschichte der westdeutschen Politikwissenschaft als eine Dynamik von Generationenfolge und Generationenkonflikt charakterisiert, die manchen sozialpsychologischen Hintergrund der Fachgeschichte erhellt.[55]

Aus der Sicht des Generationenkonzepts verkörpert die erste Generation der bundesdeutschen Politikwissenschaftler mehr als die nachfolgenden Generationen einen engagierten Professorentyp, der seine

Republik bis zur Bundesrepublik, in: Wilhelm Bleek/Hans J. Lietzmann (Hrsg.): Schulen der deutschen Politikwissenschaft, Opladen 1999, S. 183–212, bes.: S. 202 ff.

54 Karl Mannheim: Das Problem der Generationen, in: Kölner Vierteljahrshefte für Soziologie 7 (1928), H. 2, S. 157–185 und 309–330, wiederabgedruckt in Karl Mannheim: Das Problem der Generationen [1928], in: Karl Mannheim: Wissenssoziologie. Auswahl aus dem Werk, hrsg. von Kurt H. Wolff (= Soziologische Texte, Bd. 28), Berlin, Neuwied 1964, S. 509–565.

55 Thomas Noetzel/Hans Karl Rupp: Zur Generationenfolge in der westdeutschen Politikwissenschaft, in: Hans J. Lietzmann/Wilhelm Bleek (Hrsg.): Politikwissenschaft. Geschichte und Entwicklung, München, Wien 1996, S. 77–98.

eigenen Lebenserfahrungen in den akademischen Beruf einbrachte. Die prägenden Urerlebnisse dieser Professoren waren der Erste Weltkrieg, die Etablierung des Kommunismus in Rußland, die Hoffnungen und das Scheitern der ersten deutschen Demokratie während der Weimarer Republik, die Verfolgung und der Widerstand während des Dritten Reiches, die Emigration und die Aufnahme in den USA, die Heimkehr ins zerstörte Deutschland nach 1945 und schließlich der Kalte Krieg zwischen den Weltmächten mit seinen dramatischen Auswirkungen auf Deutschland bis zum Mauerbau im August 1961. Diese politischen Ereignisse und Konstellationen waren eine generationsspezifische Herausforderung an die politikwissenschaftlichen Bemühungen der Gründungsväter der Disziplin. Wenige von ihnen gingen direkt in die Politik, das taten erst ihre Schüler, doch verstanden sie die Etablierung der Wissenschaft von der Politik an den deutschen Universitäten als eine politische Aufgabe von großer Bedeutung, für die sie ihre ganze persönliche Überzeugungskraft und ihr taktisches Geschick einsetzten.

e) Vorposten der Politikwissenschaft in Westberlin

Die Brüche der jüngsten deutschen Vergangenheit, aber auch die Auswirkungen der weltpolitischen Konfrontation der Gegenwart waren nach 1945 in keiner deutschen Universitätsstadt so offensichtlich wie im geteilten Berlin. So kann es nicht wundern, daß Westberlin nicht nur zum Vorposten der westlichen Welt, sondern auch zur Vorhut bei der Entwicklung der bundesdeutschen Politikwissenschaft als einer Demokratiewissenschaft wurde.

Zunächst allerdings war in Berlin gar nicht an die Etablierung der Politikwissenschaft als Universitätsfach gedacht. Sonst hätte man im Frühjahr 1948, als auf Initiative von Otto Suhr und eines Kreises ihm befreundeter Politiker die Wiedergründung der Deutschen Hochschule für Politik (DHfP) beschlossen wurde, diese gleich in die in Gründung befindliche Freie Universität integriert.[56] Statt dessen knüpfte man an die außeruniversitäre Institution der Weimarer Zeit und ihr Programm einer politischen Volkshochschule für die breite Öffentlichkeit und einer

[56] Die frühe Geschichte der Deutschen Hochschule für Politik nach 1945 ist sehr gut bearbeitet: Vgl. Otto Suhr: Drei Jahre Deutsche Hochschule für Politik 1949–1952, in: Ernst Jäckh/Otto Suhr (Hrsg.): Geschichte der Deutschen Hochschule für Politik, Berlin 1952, S. 33–48; Mohr: Politikwissenschaft, S. 47–75 und vor allem Buchstein: Politikwissenschaft.

Fachhochschule für die Weiterbildung von Kommunalpolitikern, Verwaltungsangestellten, Parteifunktionären und Journalisten an. Doch dieses Angebot wurde von den Adressaten kaum angenommen, es schrieben sich nur wenige Gasthörer ein. Statt dessen drängten sich «Vollstudenten», wie sie entsprechend ihrem Status auf den Lebensmittelkarten genannt wurden, viele von ihnen mit Abitur, in die Lehrveranstaltungen und verlangten die Ausgestaltung eines akademischen Studiums und akademischen Abschlusses. 1953 erreichten sie die Einführung des Diplom-Studiengangs, der mit dem Berufstitel eines «Diplom-Politologen» abgeschlossen werden konnte, welcher 1956 als akademischer Grad anerkannt wurde.

Diese von den Studierenden geforderte Akademisierung des Studiums und des Faches wurde von Franz L. Neumann bei seinen häufigen Besuchen in Berlin, vor allem aber vom 1951 nach Berlin berufenen Ernst Fraenkel vorangetrieben. Er erreichte in hartnäckigen Verhandlungen, daß sich die Freie Universität 1952 zu einem Vertrag mit der Deutschen Hochschule für Politik bequemen mußte, durch welchen nicht nur deren Absolventen der DHfP das Promotionsrecht an der FU eingeräumt wurde, sondern auch sechs politikwissenschaftliche Lehrstühle an der Freien Universität eingerichtet wurden. In der Philosophischen Fakultät erhielten Ernst Fraenkel den politikwissenschaftlichen Lehrstuhl für «Theorie und vergleichende Geschichte der Herrschaftssysteme» und Eugen Fischer-Baling (1881–1964) den Lehrstuhl für «Theorie und Geschichte der auswärtigen Politik».

Länger zog sich die Besetzung der Lehrstühle in der Wirtschafts- und Sozialwissenschaftlichen Fakultät hin: Otto Heinrich von der Gablentz (1898–1972) erhielt eine Professur für «Theorie der Politik», Gert von Eynern (1902–1987) nach Auseinandersetzungen um seine Habilitation erst 1957 einen Lehrstuhl mit besonderer Berücksichtigung der «Politischen Wirtschaftslehre».[57] Auch an eine Professur für Otto Suhr wurde gedacht, doch zog es dieser vor, 1955 zum Regierenden Bürgermeister von Berlin gewählt zu werden, starb allerdings bereits im August 1957. Die Juristische Fakultät besetzte den ihr zugewiesenen Lehrstuhl für «Staatsrecht und Politik» erst im Jahr 1962 mit Klaus Stern, nach dessen Fortgang an die Universität Köln 1966 mit dem jungen Roman Herzog. In der Zwischenzeit war 1959 bei der Eingliederung der DHfP als interfakultatives Universitätsinstitut in die FU die Zahl der politologischen

57 Otto Heinrich von der Gablentz: Gratulation [Gert von Eynern 60 Jahre], in: Politische Vierteljahresschrift 4 (1963), S. 111–112.

Lehrstühle nochmals auf zehn erhöht worden, kamen damit Professuren für Innenpolitik (Ossip K. Flechtheim, 1909–1998), Geschichte der politischen Theorien (Gerhard Oestreich, 1910–1978), Geschichtliche Grundlagen der Politik (Walter Bussmann, 1914–1993; ab 1962: Gerhard A. Ritter, geb. 1929) sowie Soziologie und Politische Wissenschaft (Otto Stammer, 1900–1978) hinzu. 1962 wurde Kurt Sontheimer (geb. 1928) auf einen weiteren Lehrstuhl für «Geschichte und Theorie der Parteien und Interessengruppen» berufen.

1959 wurde die Deutsche Hochschule für Politik als interfakultatives Institut, nach ihrem Gründungsvater Otto Suhr benannt, in die Freie Universität eingegliedert. Quantitativ und auch qualitativ konnte sich die Berliner Politologie Anfang der sechziger Jahre an der Spitze der bundesdeutschen Politikwissenschaft sehen. Wer damals in Berlin als einer von höchstens fünfhundert Kommilitonen Politologie studierte und zu den jährlich etwa zwanzig Studierenden gehörte, die das Studium mit dem akademischen Grad eines «Diplom-Politologen» abschlossen, fühlte sich in jeder Beziehung als die Vorhut des Faches und Anwärter auf eine Stelle an den westdeutschen Universitäten, die nun endlich ab Beginn der sechziger Jahre weitere Lehrstühle und vor allem zugehörige Assistentenstellen einrichteten.

Es wird oft übersehen, daß in Westberlin neben der Deutschen Hochschule für Politik seit 1950 auch ein Institut für Politische Wissenschaft (IfPW) bestand, das von Anfang an in die Freie Universität integriert war und eine zentrale Rolle für die Entwicklung der bundesdeutschen Politikwissenschaft als einer Forschungsdisziplin spielte.[58] Seine Gründung ging wesentlich auf Franz L. Neumann zurück. Dieser verstand es, der zögerlichen Freien Universität Anfang 1950, als sie sich in einer existentiellen Finanzkrise um amerikanische Stiftungsgelder bemühen mußte, wenn schon nicht die Einrichtung einer ganzen Fakultät für Politikwissenschaft, so doch wenigstens die Zustimmung zu einem Forschungsinstitut für das neue Fach abzuringen. Die Leitung des Instituts übernahm Otto Heinrich von der Gablentz, sein Stellvertreter wurde Arcadius R.L. Gurland (1904–1979), Neumann aus der gemeinsamen Zeit am New Yorker Institut für Sozialforschung unter Max Horkheimer vertraut. Gurland war entschiedener Marxist und Anhänger der empi-

[58] Zur Geschichte des IfPW vgl. Otto Stammer: Zehn Jahre Institut für Politische Wissenschaft, in: Otto Stammer (Hrsg.): Politische Forschung. Beiträge zum zehnjährigen Bestehen des Instituts für Politische Wissenschaft (= Schriften des Instituts für politische Wissenschaft, Bd. 17), Köln, Opladen 1960, S. 175–211 und Buchstein: Wissenschaft, bes.: S. 198–201.

risch-analytischen Sozialforschung.[59] Zwischen ihm und Gablentz kam es schon bald zu Konflikten, 1951 zog sich Gablentz zurück, und Gurland übernahm die Institutsleitung, war aber den organisatorischen Aufbauarbeiten nicht gewachsen, mußte seinerseits 1954 ausscheiden und konnte erst 1962 den Lehrstuhl für wissenschaftliche Politik an der TH Darmstadt übernehmen. Am Berliner Institut für politische Wissenschaft wurde mit Otto Stammer[60] ein Mann zwar der gleichen politischen Couleur und mit ähnlicher methodologischer Ausrichtung, aber aufgrund seiner Berufserfahrungen als technischer Betriebsleiter eines pharmazeutischen Werkes im Dritten Reich und in der Sowjetischen Besatzungszone mit großem Organisationstalent der Wissenschaftliche Leiter und machte das IfPW in kürzester Zeit zu einem höchst produktiven und angesehenen Forschungsinstitut.

Schon die drei ersten Projekte, die das neugegründete Institut 1950 in Arbeit nahm, steckten den inhaltlichen Rahmen und die Bedeutung seiner Forschungsbemühungen ab: Stephanie Münke untersuchte die Berliner Wahl vom Dezember 1950, Karl Dietrich Bracher analysierte den Zusammenbruch der Weimarer Republik, und Ernst Richert begann eine Studie über das Propagandasystem in der SBZ/DDR. Aus diesen Projekten gingen dann die drei Forschungsabteilungen des IfPW hervor: die Historische, sprich zeitgeschichtliche Abteilung, die Abteilung Sowjetzone, später DDR-Forschung, und die Abteilung Parteien, Wahlen und Verbände. Auf diesen drei Feldern der sogenannten Demokratie- und Totalitarismusforschung konnte das Institut während der ersten zehn Jahre seiner Tätigkeit in seiner Schriftenreihe 16 Bände veröffentlichen, die nicht nur im Hinblick auf ihre inhaltlichen Ergebnisse, sondern auch ihr methodologisches Vorgehen Pionierarbeiten waren. Allerdings war das theoretisch methodologische Grundverständnis dieses Berliner Forschungsinstituts nicht unumstritten. Es wurde nicht nur wegen seiner Konzentration auf die empirische Analyse von Machtprozessen von der entstehenden normativ-ontologischen Freiburger Schule unter Arnold Bergstraesser angefeindet, sondern hatte sich auch in Westberlin selbst der Attacken vor allem Ernst Fraenkels gegen die Soziologisierung der

59 Vgl. den Beitrag von Arcadius R. L. Gurland: Politische Wirklichkeit und Politische Wissenschaft, in: Karl Dietrich Bracher et al.: Faktoren der Machtbildung. Wissenschaftliche Studien zur Politik (= Schriften des Instituts für Politische Wissenschaft, Bd. 2), Berlin 1952, S. 9–38 und zur Biographie Gurlands Buchstein: Politikwissenschaft, S. 128 ff.

60 Vgl. Jürgen Fijalkowski: Otto Stammer, in: Kölner Zeitschrift für Soziologie und Sozialpsychologie 17 (1965), H. 3 [= Festschrift für Otto Stammer], S. 409–415.

Politikwissenschaft zu erwehren. Bei dieser über 15 Jahre andauernden Kontroverse innerhalb der Berliner Politikwissenschaft ging es nicht nur um persönliche Rivalitäten zwischen zwei älteren Herren, sie berührte auch Grundfragen des Fachverständnisses, bei denen die bundesdeutschen Politikwissenschaftler über Jahrzehnte geteilter Meinung waren.[61]

Im Hinblick auf die weitere Entwicklung der bundesdeutschen Politikwissenschaft muß der Arbeit des Berliner IfPW in den fünfziger Jahren eine doppelte Pionierfunktion zugeschrieben werden: Nicht nur war es die erste politikwissenschaftliche Forschungsstätte in der Bundesrepublik und setzte Maßstäbe auf dem Gebiet der empirischen Politikforschung, auch kam ihm eine erhebliche Bedeutung für die Ausbildung der zweiten Generation von bundesdeutschen Politik- und Sozialwissenschaftlern zu, es seien nur die Namen von Karl Dietrich Bracher, Peter Christian Ludz und Renate Mayntz genannt. Das Westberliner Institut für politische Wissenschaft ging später in ein Zentralinstitut (ZI 6) der Freien Universität auf; auf den Gebieten der Parteien- und der DDR-Forschung entstanden auch weiterhin beachtenswerte Arbeiten, doch verlor es seine Prominenz in der politikwissenschaftlichen Forschungslandschaft der Bundesrepublik.

Alles in allem kam während der fünfziger und beginnenden sechziger Jahre der Berliner Politikwissenschaft, wenn man die Deutsche Hochschule für Politik, das Institut für politische Wissenschaft und das Otto-Suhr-Institut der Freien Universität zusammennimmt, eine Vorhutstellung innerhalb der Entwicklung des Faches in der Bundesrepublik Deutschland zu. In der geteilten Stadt inmitten des feindlichen anderen Weltlagers bewirkten die politische Situation, die demokratischen Motive der autochthonen Gründungskräfte und die persönlichen Lebenserfahrungen der Gründungsprofessoren eine im Vergleich zu den westdeutschen Universitäten viel schnellere und umfassendere Etablierung der Politikwissenschaft. Das hatte einen Vorsprung von fast zehn Jahren zur Folge. Er betraf in Westberlin zunächst einmal die fachliche und lehrstuhlmäßige Ausdifferenzierung der Politikwissenschaft in Teilgebiete. Auch im Hinblick auf die Professionalisierung des Faches nahm man die spätere Entwicklung an den westdeutschen Universitäten vorweg, sowohl im Hinblick auf die Einführung eines facheigenen Diplomstudiengangs als auch die Aufstellung strikter methodologischer Standards in der Forschungsarbeit.

[61] Zur Kontroverse zwischen Fraenkel und Stammer, die sich auf die programmatische Gegenüberstellung von ‹integrationswissenschaftlicher Politikwissenschaft› und ‹Politischer Soziologie› zuspitzte, vgl. Buchstein: Politikwissenschaft, S. 188–193.

Diese Vorhutstellung der Westberliner Politikwissenschaft erklärt aber auch, warum es in ihrem Rahmen nicht zu jener Schulbildung kam, wie sie den politikwissenschaftlichen Alltag an den westdeutschen Universitäten in den späten fünfziger und frühen sechziger Jahren auszeichnete. In der Berliner Professorenschaft des Faches bestand schon in den fünfziger Jahren das ganze Spektrum an theoretisch-methodologischen sowie politischen Positionen, war der aspirierende junge Student und Nachwuchswissenschaftler nicht dem Charisma eines einzigen Schulvaters, sondern dem Appeal konkurrierender Hochschullehrerpersönlichkeiten ausgesetzt und lernte zwischen diesen seinen eigenen Weg zu gehen. So wundert es nicht, daß es selbst charismatischen Gründungsvätern wie Ernst Fraenkel weder zu ihren Lebzeiten gelang, eine gläubige und loyale Schülerschaft um sich zu versammeln, noch ihr Erbe nach ihrer Emeritierung von Schülern fortgesetzt wurde. Schließlich war die Berliner Politikwissenschaft auch im Hinblick auf die Sensibilität gegenüber politischen Einflüssen ihren westdeutschen Konkurrenten voraus, entwickelte an der Grenze der Weltlager eine Offenheit gegenüber welt- und innenpolitischen Veränderungen, die in den meist verträumten Universitätsstädten Westdeutschlands erst später einzog.

So verlief die Entwicklung der Politikwissenschaft in Westberlin und Westdeutschland zeitversetzt. Man tut daher gut daran, auch auf dem Gebiet der Wissenschaftsgeschichte der Politikwissenschaft die Berliner und die westdeutsche Entwicklung in den vier Jahrzehnten der deutschen Teilung auseinanderzuhalten.

f) Lehr- und Forschungsgebiete

Die Themenfelder der sich in den fünfziger Jahren an den Universitäten Westberlins und Westdeutschlands etablierenden Wissenschaft von der Politik ergaben sich aus der politisch-historischen Konstellation ihrer (Wieder-)Gründung und deren Herausforderungen.[62] Das neue Fach war ein Produkt der Konstituierung der Bundesrepublik Deutschland als der zweiten deutschen Demokratie, aber auch der Auseinandersetzung mit dem Scheitern der Weimarer Republik als der ersten deutschen Demokra-

62 Vgl. Otto Heinrich von der Gablentz: Politische Forschung in Deutschland, in: Otto Stammer (Hrsg.): Politische Forschung. Beiträge zum zehnjährigen Bestehen des Instituts für politische Wissenschaft (= Schriften des Instituts für politische Wissenschaft, Bd. 17), Köln, Opladen 1960, S. 153–173 und Mohr: Politikwissenschaft, S. 301–333.

tie, der Bewältigung der jüngsten Vergangenheit der nationalsozialistischen Diktatur im Dritten Reich und schließlich der Konfrontation mit der kommunistischen Diktatur in der DDR als dem zweiten deutschen Staat.

Der Aufbau der Demokratie erforderte an erster Stelle die Auseinandersetzung mit der *deutschen Zeitgeschichte*, insbesondere die Erklärung des Scheiterns der ersten deutschen Demokratie und der Machtergreifung der nationalsozialistischen Diktatur im Jahr 1933. Wie die deutsche Gesellschaft insgesamt taten sich die etablierten Nachbarwissenschaften, vor allem die Rechts- und Geschichtswissenschaft, bei der Beantwortung dieser Fragen schwer – nicht zuletzt weil das Problem der eigenen Beteiligung und Verantwortung aufgeworfen wurde. Die «neue» Wissenschaft von der Politik entdeckte in der Zeitgeschichte eine Nische, durch die sie sich nicht nur auf dem akademischen Markt etablieren konnte, sondern auch auf längere Sicht politische Unterstützung und gesellschaftliche Anerkennung gewinnen konnte.

Zwei junge Politikwissenschaftler legten in der frühen Bundesrepublik mit ihren Habilitationsarbeiten die wissenschaftlichen Pionierwerke für die zeitgeschichtliche Erforschung des Untergangs der ersten deutschen Republik vor. Der erste war Karl Dietrich Bracher, der nach dem Krieg in Altrömischer Geschichte promoviert hatte und sich dann ab 1950 in Westberlin, insbesondere unter dem Einfluß von Ernst Fraenkel und dem Historiker Hans Herzfeld, der jüngsten deutschen Zeitgeschichte zuwandte.[63] In seiner 1955 veröffentlichten Habilitationsschrift über «Die Auflösung der Weimarer Republik»[64] vermittelte Bracher nicht nur einen zeitgeschichtswissenschaftlichen Abriß der letzten drei Jahre der Weimarer Republik, sondern unternahm auch eine systematische Analyse der politischen Strukturdefizite, die zum «Machtverfall in der Demokratie» – so der Untertitel seines Buches – geführt hatten. 1960 habilitierte sich dann in Freiburg der Bergstraesser-Schüler Kurt Sontheimer mit einer Untersuchung des «Antidemokratischen Denkens in der Weimarer Republik», in der er das nationalistische Gedankengebäude der Mehrheit der Intellektuellen und Professoren der ersten deutschen Demokratie offenlegte.[65] Beide Arbeiten stießen zunächst auf Ablehnung,

[63] Vgl. die autobiographischen Hinweise und Hintergründe bei: Karl Dietrich Bracher im Gespräch mit Werner Link: Von der Alten Geschichte zur Politikwissenschaft, in: Neue Politische Literatur 42 (1997), S. 257–274.

[64] Karl Dietrich Bracher: Die Auflösung der Weimarer Republik. Eine Studie zum Problem des Machtverfalls in der Demokratie (= Schriften des Instituts für Politische Wissenschaft, Bd. 4), Stuttgart, Düsseldorf 1955.

[65] Kurt Sontheimer: Antidemokratisches Denken in der Weimarer Republik. Die

wobei Arnold Bergstraessers Irritation über seinen Schüler Sontheimer besonders aufschlußreich ist: Waren doch die Intellektuellen, mit denen sich Sontheimer auseinandersetzte, die geistigen und persönlichen Freunde seines Habilitationsvaters. Auch in der etablierten Geschichtswissenschaft wurden beide Arbeiten zunächst kritisiert, später jedoch dienten sie als Ausgangspunkte der weiteren Erforschung der Schwächen und Mängel der Weimarer Republik durch die Historiker.

Das zweite große zeitgeschichtliche Thema der jungen Politikwissenschaft war das Dritte Reich. Auch hier stammten die Anstöße zu einer systematischen Analyse des nationalsozialistischen Herrschaftssystems noch aus der amerikanischen Emigrationszeit deutscher Gründungsväter des Faches, insbesondere von Ernst Fraenkel und Franz L. Neumann. Noch offensichtlicher war die persönliche Motivation und Betroffenheit in der ersten Arbeit über das System der Konzentrationslager der SS, die Eugen Kogon im Herbst 1945 vorlegte, er selbst war erst wenige Monate zuvor aus dem Konzentrationslager Buchenwald befreit worden.[66] Diese Ansätze der Gründungsväter zur Analyse von Herrschaft und Geschichte des Dritten Reiches führten dann deren Schüler systematisch fort. Als Beispiele seien nur die 1960 erschienenen Studien von Karl Dietrich Bracher, Wolfgang Sauer und Gerhard Schulz zur nationalsozialistischen Machtergreifung[67] sowie die zahlreichen von Wolfgang Abendroth betreuten Marburger Dissertationen zur Geschichte der Arbeiterbewegung in der Weimarer Republik sowie im Dritten Reich und insbesondere zum Widerstand genannt.[68]

In den späteren Jahrzehnten ist diese zeitgeschichtliche Ausrichtung der bundesdeutschen Politikwissenschaft zurückgegangen, in den acht-

politischen Ideen des deutschen Nationalismus zwischen 1918 und 1933, München 1962. Vgl. meine Skizze des Lebenslaufs und Werkes: Wilhelm Bleek: Kurt Sontheimer: Politikwissenschaft als öffentlicher Beruf, in: Hans Karl Rupp/Thomas Noetzel (Hrsg.): Macht, Freiheit, Demokratie. Bd. 2: Die zweite Generation der westdeutschen Politikwissenschaft. Biographische Annäherungen, Marburg 1994, S. 27–44.

66 Eugen Kogon: Der SS-Staat. Das System der deutschen Konzentrationslager, Frankfurt/Main 1946.

67 Karl Dietrich Bracher/Wolfgang Sauer/Gerhard Schulz (Hrsg.): Die nationalsozialistische Machtergreifung. Studien zur Errichtung des totalitären Herrschaftssystems in Deutschland 1933/1934 (= Schriften des Instituts für politische Wissenschaft, Bd. 14), Köln, Opladen 1960.

68 Vgl. die Nachweise bei Christoph Hüttig/Lutz Raphael: Die «Marburger Schule(n)» im Umfeld der westdeutschen Politikwissenschaft 1951–1975, in: Wilhelm Bleek/Hans J. Lietzmann (Hrsg.): Schulen der deutschen Politikwissenschaft, Opladen 1999, S. 293–318.

ziger und frühen neunziger Jahren sogar von der Zunft verpönt worden. Doch nicht nur im Hinblick auf die Nachkriegsgeschichte der Bundesrepublik haben Politikwissenschaftler wesentliche zeithistorische Vorarbeiten für die Geschichtswissenschaft geleistet, auch die Geschichte der DDR ist bis zu deren staatlichem Ende im Jahr 1990 fast nur von Hochschullehrern der Politikwissenschaft behandelt worden.[69]

Als zweites politikwissenschaftliches Teilgebiet setzte sich die bundesdeutsche Lehre und Forschung mit dem kommunistischen System und insbesondere der *Sowjetischen Besatzungszone und DDR* auseinander.[70] Für die politische Ortsbestimmung der neugegründeten Bundesrepublik Deutschland war die aktuelle Konfrontation mit der kommunistischen Diktatur in der DDR als dem zweiten deutschen Staat zentral. Ernst Fraenkel hat diesen Systemantagonismus auf eine klassische Formel gebracht: «Es stehen sich somit zwei idealtypische Staatsgebilde gegenüber, die auf diametral verschiedenen Verfassungsgrundsätzen basiert sind: der Idealtyp des autonom legitimierten, heterogen strukturierten, pluralistisch organisierten Rechtsstaats und der Idealtyp der heterogen legitimierten, homogen strukturierten, monistischen, d. h. aber totalitär organisierten Diktatur.»[71]

Die westdeutsche Wissenschaft einschließlich der Politikwissenschaft beteiligte sich allerdings an diesen legitimatorisch-ideologischen Kontrastbemühungen um den innerdeutschen Vergleich mit dem anderen deutschen Staat und seinem Herrschaftssystem zunächst kaum, weil man die DDR, damals in Anführungszeichen gesetzt oder als SBZ charakterisiert, für ein flüchtiges Übergangsphänomen und bloßes Kolonialgebiet des sowjetischen Imperiums hielt. Berlin hingegen wurde schon

[69] Vgl. Hermann Weber: Geschichte der DDR, München 1985; Dietrich Staritz: Sozialismus in einem halben Lande. Zur Programmatik und Politik der KPD/SED in der Phase der antifaschistisch-demokratischen Umwälzung in der DDR (= Politik, Bd. 69), Berlin 1976; Dietrich Staritz: Geschichte der DDR 1949–1985, Frankfurt/Main 1985.

[70] Vgl. meine Abrisse zur Geschichte der DDR- und Deutschlandforschung: Wilhelm Bleek: Zur Entwicklung der vergleichenden Deutschlandforschung, in: Aus Politik und Zeitgeschichte 34 (1984), H. 38, S. 25–37 und Wilhelm Bleek: Deutschlandforschung, in: Werner Weidenfeld/Karl-Rudolf Korte (Hrsg.): Handbuch zur deutschen Einheit 1949 – 1989 – 1999, Frankfurt/Main, New York 1999, S. 226–239.

[71] Ernst Fraenkel: Strukturanalyse der modernen Demokratie [1969], in: Ernst Fraenkel: Deutschland und die westlichen Demokratien, hrsg. von Alexander von Brünneck, Frankfurt/Main 1991, S. 326–359, hier: S. 326 f.

zu Anfang der fünfziger Jahre zur Wiege der sozialwissenschaftlichen DDR- und Deutschlandforschung der Bundesrepublik.[72]

Das dritte Teilgebiet der jungen bundesdeutschen Politikwissenschaft war die *Theorie und Empirie der Demokratie*. So sehr sich die frühe Bundesrepublik über die aktuelle Gegnerschaft zum kommunistischen System der DDR und die historische Auseinandersetzung mit der gescheiterten Demokratie der Weimarer Republik und Diktatur des Dritten Reiches zu legitimieren suchte, sie kam doch nicht umhin, politische Stabilität, Rechtmäßigkeit und Anerkennung auch aus sich selbst heraus zu gewinnen.

So lag es auf der Hand, daß die meisten Gründungsväter der bundesdeutschen Politikwissenschaft sich um die Entwicklung eines sowohl normativ gehaltvollen auch als unter den Bedingungen der modernen Massengesellschaft realistischen Modells der Demokratie bemühten. Politikwissenschaftler wie Carl Joachim Friedrich in seinem «Verfassungsstaat der Neuzeit»[73] griffen dabei auf die historische Ausbildung der modernen Demokratie im Verlauf der letzten Jahrhunderte zurück, andere warfen einen Blick auf die gefestigteren Demokratien der Gegenwart in den USA und Großbritannien.[74] Unter der energischen Meinungsführerschaft Ernst Fraenkels verdichtete sich die Debatte auf den Gegensatz zwischen einer identitär-plebiszitären Demokratievorstellung, wie sie in der klassischen Konzeption Rousseaus angelegt war, und einer repräsentativ-pluralistischen Demokratiekonzeption, die als moderne und realistischere Alternative von Fraenkel aus den angelsächsischen Lehren der Repräsentation im Gefolge von John Locke und Edmund Burke, den durch Otto von Gierke und Harold Laski inspirierten Pluralismustheorien sowie dem Schumpeterschen Modell einer Konkurrenzdemokratie entwickelt wurde.[75] Gerhard Leibholz nahm mit seiner These von der Parteienstaatsdemokratie, in der Wahlen als Volksentscheide zwischen den konkurrierenden Parteien verstanden werden, erheblichen Einfluß auf die Rechtsprechung des Bundesverfassungsgerichts, doch in politikwissenschaftlicher Lehre und Forschung setzte sich weit-

[72] Dafür stehen die Arbeiten von Otto Stammer, Carola Stern, Ernst Richert und Peter Christian Ludz.

[73] Carl Joachim Friedrich: Der Verfassungsstaat der Neuzeit, Berlin, Göttingen, Heidelberg 1953. Amerikanische Originalausgabe: Carl Joachim Friedrich: Constitutional Government and Politics, New York 1937.

[74] Vgl. Karl Loewenstein: Verfassungslehre, Tübingen 1959.

[75] Zu Herkunft und Inhalt von Fraenkels Demokratiekonzeption vgl. die facettenreiche Untersuchung von Hubertus Buchstein: Politikwissenschaft.

gehend Ernst Fraenkels Vorstellung einer repräsentativ-pluralistischen Demokratie durch, in der neben den Parteien auch den Verbänden und der öffentlichen Meinung eine zentrale Funktion im gesellschaftlichen Meinungs- und staatlichen Willensbildungsprozeß zukommt. An dieser Demokratietheorie orientierte sich die empirische Demokratieforschung, die sich in den fünfziger Jahren unter Rezeption der einschlägigen Methoden der amerikanischen Sozialforschung vor allem am Westberliner Institut für Politische Wissenschaft unter Otto Stammer, aber auch am Kölner Forschungsinstitut für Politische Wissenschaften und Europäische Fragen unter Ferdinand A. Hermens und in der Heidelberger Forschungsgruppe unter Dolf Sternberger entfaltete.[76]

Wahlforschung entstand in der Bundesrepublik bezeichnenderweise als Wahlrechts- und Wahlsystemforschung. Es ging dabei vor allem um die Erörterung und Entscheidung der durch den Untergang der Weimarer Republik aufgeworfenen Frage, ob das Mehrheitswahlrecht oder das Verhältniswahlrecht größere demokratische Gerechtigkeit und zugleich politische Stabilität gewährleisten würde. Ausgangspunkt dieser bis in die sechziger Jahre in der bundesdeutschen Politikwissenschaft wie öffentlichen Meinung heiß umstrittenen Kontroverse waren die Thesen von Ferdinand A. Hermens. Sein in der amerikanischen Emigration veröffentlichtes, dann Anfang der fünfziger Jahre ins Deutsche übersetztes Buch über «Demokratie oder Anarchie?» führte den Untergang der Weimarer Demokratie primär auf die Zersplitterung des damaligen Parteiensystems durch das Proportionalwahlrecht zurück und plädierte daher entschieden für das Mehrheitswahlrecht, um die Stabilität der zweiten deutschen Demokratie zu sichern.[77] Von ähnlichen Grundannahmen ging auch Dolf Sternberger aus.[78] Die Kölner Wahlschule hat später über Mannheim, insbesondere den Hermens-Schüler Rudolf Wildenmann, wesentlichen Einfluß auf Entwicklung der empirischen Wahlforschung mit ihrem Ziel der Beschreibung, Erklärung und Prognose des Wahlverhaltens genommen.

[76] Dolf Sternberger: Lebende Verfassung. Studien über Koalition und Opposition (= Parteien, Fraktionen, Regierungen, Bd. 1), Meisenheim/Glan 1956.

[77] Ferdinand A. Hermens: Demokratie oder Anarchie? Eine Untersuchung über die Verhältniswahl, Frankfurt/Main 1951. Damit knüpfte er an sein noch im letzten Jahr der Weimarer Republik verfaßtes Buch an: Ferdinand A. Hermens: Demokratie und Wahlrecht. Eine wahlrechtssoziologische Untersuchung zur Krise der parlamentarischen Regierungsbildung (= Görres-Gesellschaft. Sektion für Sozial- und Wirtschaftswissenschaft: Veröffentlichungen, Bd. 6), Paderborn 1933.

[78] Dolf Sternberger: Die große Wahlreform. Zeugnisse einer Bemühung, Köln, Opladen 1964.

Durch Wahlen werden, zumal in der Bundesrepublik, deren Grundgesetz von der Skepsis gegenüber plebiszitären Elementen ausgegangen ist und weitgehend auf das repräsentative Demokratiemodell setzt, vor allem die Volksvertretungen in Gestalt der Parlamente bestimmt. Von Anfang an spielte daher in Forschung und Lehre der bundesdeutschen Politikwissenschaft der *Parlamentarismus* eine wichtige Rolle. Dabei ging es sowohl allgemein um parlamentarische Systeme als Repräsentativsysteme als auch im besonderen um das parlamentarische Regierungssystem, in dem die Regierung personell und inhaltlich aufs engste mit der Parlamentsmehrheit verknüpft ist und die parlamentarische Kontrolle der Regierung der Opposition als Parlamentsminderheit obliegt. Ausgehend von historischen Hinweisen der Gründungsväter, insbesondere Ernst Fraenkels und Dolf Sternbergers, auf die ideen- und realgeschichtlichen Ursprünge des Parlamentarismus, insbesondere in England, aber auch den Kontrast zum präsidentiellen Regierungssystem der USA und die «historischen Vorbelastungen»[79] des deutschen Parlamentarismus, wandten sich deren Schüler in zahlreichen Dissertationen einzelnen Aspekten der aktuellen Parlamentspraxis zu. Aus diesen vielfältigen Bemühungen ist schließlich 1969 die von dem Fraenkel-Schüler Winfried Steffani (1927–2000) angeregte und von Uwe Thaysen betreute «Zeitschrift für Parlamentsfragen» hervorgegangen.

Die zentrale Rolle bei der Durchführung von Wahlen und der Organisation des Parlamentarismus nehmen die *politischen Parteien* ein. Die neugegründete Bundesrepublik Deutschland und mit ihr die junge Politikwissenschaft bemühten sich von Anfang an um eine Anerkennung der politischen Institution der Parteien. Die Politikwissenschaft nahm die in Artikel 21 des Grundgesetzes verankerte verfassungsrechtliche Aufwertung der Parteien auf und suchte sie in Lehre und Forschung zu begründen. Am Anfang der politikwissenschaftlichen Aktivitäten stand dabei die Diskussion um die Rechtsstellung der Parteien, insbesondere den Begriff der Partei, ihren inneren Aufbau, die Möglichkeiten des Verbots von verfassungsfeindlichen Parteien sowie ganz allgemein die Klärung der Funktion der Parteien als Mittler zwischen Gesellschaft und Staat. Diese Aufgaben im Grenzgebiet von Verfassungsrecht und Verfassungspolitik wurden unter wesentlichem Einfluß der einschlägigen Lehren von Gerhard Leibholz, dem Göttinger Lehrstuhlinhaber für Politische Wissen-

[79] Ernst Fraenkel: Historische Vorbelastungen des deutschen Parlamentarismus [1959, 1960], in: Ernst Fraenkel: Deutschland und die westlichen Demokratien, hrsg. von Alexander von Brünneck, Frankfurt/Main 1991, S. 23–47.

schaft und Allgemeine Staatslehre sowie Bundesverfassungsrichter, angegangen.[80] Über die beiden Verbotsurteile des Bundesverfassungsgerichts gegen die neonazistische Sozialistische Reichspartei im Jahr 1952 und die Kommunistische Partei Deutschlands im Jahr 1956 sowie die Urteile zur Parteienfinanzierung gingen Definitionen und Lehren von Leibholz in die Rechtsprechung ein. Problematisch war dabei die in Leibholz' Lehren angelegte Tendenz zur Etatisierung der Parteien und der Monopolisierung ihrer Rolle im Prozeß der politischen Willensbildung. Differenzierter gesehen wurde die Stellung der Parteien von einer durch den Bundesminister des Innern eingesetzten Parteienrechtskommission, der neben Historikern und Juristen auch die Politikwissenschaftler Theodor Eschenburg, Michael Freund und Dolf Sternberger sowie der politische Soziologe Otto Stammer angehörten.[81] Das war ein erstes Beispiel für die politikberatende Funktion der jungen Disziplin, auch wenn die Verabschiedung des Parteiengesetzes noch bis ins Jahr 1967 auf sich warten ließ.

Zum zweiten Strang der politikwissenschaftlichen Parteienforschung wurde die Parteiengeschichte. Der hessische Sozialdemokrat und Bildungspolitiker Ludwig Bergsträßer konnte seine erstmals 1921 veröffentlichte «Geschichte der Politischen Parteien in Deutschland»[82] nach dem Zweiten Weltkrieg in zahlreichen Auflagen neu publizieren. Einzelaspekte der deutschen Parteiengeschichte wurden beliebte Dissertationsthemen. Auf dem Gebiet der deutschen Parteiengeschichte promovierten nicht nur in Berlin Gerhard A. Ritter und Helga Grebing, zu den zahlreichen von Dolf Sternberger betreuten Heidelberger Dissertationen zur Wiedergründung der Parteien nach 1945 gehörte auch die Doktorarbeit des späteren CDU-Vorsitzenden und Bundeskanzlers Helmut Kohl.[83] Die systematische Erarbeitung und Publikation von Analysen sowie Dokumenten zur deutschen Parteiengeschichte übernahm seit Anfang der fünfziger Jahre die «Kommission für die Geschichte des Parlamentarismus und der politischen Parteien».[84]

80 Vgl. Gerhard Leibholz: Strukturprobleme der modernen Demokratie, Karlsruhe 1958.

81 Bundesminister des Inneren (Hrsg.): Rechtliche Ordnung des Parteiwesens. Probleme eines Parteiengesetzes. Bericht der vom Bundesminister des Innern eingesetzten Parteienrechtskommission, Frankfurt/Main et al. 1957.

82 Ludwig Bergsträßer: Geschichte der politischen Parteien in Deutschland (= Berliner Verwaltungsakademie: Schriftenreihe, Bd. 4), Mannheim et al. 1921.

83 Helmut Kohl: Die politische Entwicklung in der Pfalz und das Wiedererstehen der Parteien nach 1945, Diss. Heidelberg 1958.

84 Martin Schumacher: Gründung und Gründer der Kommission für Geschichte des Parlamentarismus und der politischen Parteien, in: Karl Dietrich Bracher/Paul

Etwas länger dauerte es, bis nach 1945 die Parteiensoziologie wieder in Schwung kam, die doch in Deutschland mit den Arbeiten von Max Weber und Robert Michels auf eine lange Tradition zurückblicken und auch an Sigmund Neumanns Analyse über «Die Deutschen Parteien»[85] aus den Endjahren der Weimarer Republik anknüpfen konnte. Im Verlauf der fünfziger Jahren veröffentlichte das Berliner Institut für Politische Wissenschaft unter Leitung Otto Stammers zahlreiche Studien zur Entwicklung der deutschen Parteien.

Neben den Parteien, das erkannte die sich entfaltende Politikwissenschaft, spielten in der modernen pluralistischen Demokratie auch die *Interessengruppen* eine zunehmende Rolle. Vor allem Ernst Fraenkel kämpfte gegen die traditionelle deutsche «Verbandsprüderie» und für die Anerkennung der Interessengruppen als intermediäre Organisationen zur Bündelung von gesellschaftlichen Interessen und ihrer Vermittlung an politische Organisationen wie Parteien und staatliche Instanzen wie Regierung und Parlament.

So wurden in den fünfziger Jahren auf dem Gebiet der Analyse des politischen Systems der Bundesrepublik Deutschland, vor allem in Dissertationen, Stein auf Stein gelegt. Gesamtdarstellungen hingegen ließen zunächst auf sich warten. Einen ersten Ansatz unternahm 1956 Theodor Eschenburg mit seinem Überblick über «Staat und Gesellschaft in Deutschland»,[86] dessen verfassungspolitisch orientierte Darstellung noch stark einem verfassungsrechtlichen Raster folgte. Erst 1964 erschien mit Thomas Ellweins «Regierungssystem der Bundesrepublik Deutschland» eine detaillierte politikwissenschaftliche Gesamtdarstellung der politischen Prozesse und Institutionen unseres Staates, die seitdem als Standardwerk immer wieder überarbeitet und neu aufgelegt worden ist.[87] Diese Verzögerung war darauf zurückzuführen, daß sich zunächst sowohl in der politischen Praxis der Bundesrepublik die Konturen der zweiten deutschen Demokratie herausbilden mußten als auch die einzelnen Akteure und Mechanismen des demokratischen Prozesses durch die

Mikat/Konrad Repgen et al. (Hrsg.): Staat und Parteien. Festschrift für Rudolf Morsey zum 65. Geburtstag, Berlin 1992, S. 1029–1054.

85 Sigmund Neumann: Die deutschen Parteien. Wesen und Wandel nach dem Kriege, Berlin 1932, wiederaufgelegt: Sigmund Neumann: Die Parteien der Weimarer Republik, Stuttgart 1965.

86 Theodor Eschenburg: Staat und Gesellschaft in Deutschland, Stuttgart 1956.

87 Mit der 6. Auflage von 1987 wurde Joachim Jens Hesse Mitautor: Thomas Ellwein/Joachim Jens Hesse: Das Regierungssytem der Bundesrepublik Deutschland, Opladen [6]1987. Inzwischen steht er auch als Autor vor Ellwein (gest. 1998).

junge Politikwissenschaft zu erforschen waren, bevor man sich an eine Gesamtdarstellung wagen durfte.

Aus diesen Gründen setzte das Studium des demokratischen Systems notwendigerweise bei der Analyse der älteren und gefestigteren Demokratien im Rahmen der *vergleichenden Regierungslehre* an. Vorbildhaft für die Behandlung und Analyse eines nichtdeutschen demokratischen Regierungssystems wurde Ernst Fraenkels Werk über «Das amerikanische Regierungssystem»,[88] behandelte es doch nicht allein die USA, sondern flocht immer wieder Vergleiche mit dem politischen System der Bundesrepublik Deutschland ein. Fraenkel arbeitete in mehreren klassischen Aufsätzen, die er 1964 in seinem Sammelband über «Deutschland und die westlichen Demokratien» zusammenfaßte, am Beispiel der amerikanischen und englischen Demokratie den Idealtypus der «westlichen Demokratie» heraus, an dem sich die Bundesrepublik allen «historischen Vorbelastungen» des deutschen Sonderweges nach der erfolglosen bürgerlichen Revolution von 1848/49 zum Trotz nun endlich orientieren sollte.

Bei diesen Arbeiten wurde auf die *Geschichte der politischen Ideen* verwiesen, doch waren diese in den fünfziger Jahren noch kein eigenständiges Lehr- und Forschungsgebiet der Politikwissenschaft.[89] Durch den Rekurs auf die politischen Ideengebäude der Klassiker legitimierten die Gründungsväter vielmehr ihr Fach durchgängig gegenüber dessen eifersüchtigen Nachbardisziplinen durch seine Altehrwürdigkeit und Tradition. Nach innen suchte die erste bundesdeutsche Generation der Politikwissenschaftler in den politischen Ideen der Vorväter eine gemeinsame Grundlage, auf der sie den Konsens und die Entwicklung des Faches aufbauen konnte. Erst in den sechziger Jahren differenzierte sich die Politische Theorie und Ideengeschichte zu einer Subdisziplin der Politikwissenschaft aus, erhielt besondere Professuren und eigene akademische Diskussionsforen.[90]

Führend bei der ideengeschichtlichen Fundierung des Faches wurde die «Freiburger Schule» unter Arnold Bergstraesser. Nach einigen Pro-

[88] Ernst Fraenkel: Das amerikanische Regierungssystem. Eine politologische Analyse (= Die Wissenschaft von der Politik, Bd. 5), Köln, Opladen 1960.

[89] Vgl. Udo Bermbach: Zur Entwicklung und zum Stand der politischen Theoriengeschichte, in: Klaus von Beyme (Hrsg.): Politikwissenschaft in der Bundesrepublik Deutschland, Opladen 1986, S. 142–167.

[90] In diesem Zusammenhang wird man nicht nur die Sektion «Politische Theorien und Ideengeschichte» in der DVPW, sondern auch die 1989 gegründete Deutsche Gesellschaft zur Erforschung des politischen Denkens (DGEPD) und ihr Jahrbuch «Politisches Denken» (1991ff.) nennen können.

grammaufsätzen von Bergstraesser aus den fünfziger Jahren war es vor allem die von Dieter Oberndörfer 1962 herausgegebene Festschrift für den Meister, in der die Schüler den normativ-ontologischen Theoriebegriff ihrer Schule explizierten.[91] Die Freiburger, die später auch einflußreiche Lehrstühle an weiteren süddeutschen Universitäten (Hans Maier) und selbst in Berlin (Kurt Sontheimer, Alexander Schwan) besetzten, rezipierten mit ihrem Theoriebegriff vor allem die politische Philosophie von Aristoteles, aber auch die Lehren von Augustinus und Thomas von Aquin, während sie dem von Macciavelli eingeleiteten neuzeitlichen Staats- und Machtdenken und auch dem Politik-Begriff Max Webers kritisch gegenüberstanden.

Auch Ernst Fraenkel plädierte für eine wertorientierte, normative Politologie. Er knüpfte allerdings weniger an die altgriechischen und altchristlichen Klassiker an, sondern baute seine um den Pluralismusbegriff konzentrierten Theoriebemühungen in formaler Hinsicht auf der dialektischen Methode von Hegel und Marx und in inhaltlicher Hinsicht auf angelsächsischen Verfassungstheoretikern wie den amerikanischen Federalists (Hamilton, Jefferson) und englischen Pluralismustheoretikern (Harold Laski) auf.

Bei diesem Bemühen um eine ideengeschichtliche Begründung ihres Faches wie seiner Analyse aktueller politischer Prozesse und Probleme bezogen sich die Gründungsväter vornehmlich auf Autoren und Texte, denen eine überzeitliche, archetypische Bedeutung für das Verständnis von Politik zugemessen wurde. Zu diesem Zweck wurden zahlreiche Sammlungen von Texten politischer «Klassiker» zusammengestellt und veröffentlicht.[92] Aufbauend auf diesen Bemühungen der funfziger Jahre um die Kanonisierung von politischen Klassikern hat in den sechziger Jahren eine breitere Erforschung der politischen Ideengeschichte eingesetzt, die auch die biographischen und zeitgebundenen Aspekte politi-

[91] Dieter Oberndörfer (Hrsg.): Wissenschaftliche Politik. Eine Einführung in die Grundfragen ihrer Tradition und Theorie, Freiburg/Breisgau 1962.

[92] Gerhard Möbus: Die politischen Theorien von ihren Anfängen bis Machiavelli (= Politische Theorien, Bd. 1), Köln, Opladen 1958; Gerhard Möbus: Die politischen Theorien im Zeitalter der absoluten Monarchie bis zur Französischen Revolution (= Politische Theorien, Bd. 2), Köln 1961; Otto Heinrich von der Gablentz: Die politischen Theorien seit der Französischen Revolution, Köln, Opladen 1957; Arnold Bergstraesser/Dieter Oberndörfer (Hrsg.): Klassiker der Staatsphilosophie. Ausgewählte Texte, Stuttgart 1962; Hans Maier/Heinz Rausch/Horst Denzer (Hrsg.): Klassiker des politischen Denkens, 2 Bde., München 1968. Vgl. auch aus jüngster Zeit: Dieter Oberndörfer/Beate Rosenzweig (Hrsg.): Klassische Staatsphilosophien. Texte und Einführungen. Von Platon bis Rousseau, München 2000.

scher Ideen einbezieht. Von dieser Entwicklung hat ebenfalls die Wissenschaftsgeschichte der Lehre von der Politik profitiert,[93] auch wenn man gut daran tut, immer wieder in Erinnerung zu rufen, daß sich Wissenschaft und ihre Untersuchung nicht auf die Produktion von Ideen beschränkt.

g) Ausblick

Das Fach Politikwissenschaft mußte in Westdeutschland nach dem Zweiten Weltkrieg sehr mühsam gegen den Widerstand der konservativen und traditionalistischen Kräfte an den Universitäten etabliert werden. Um so wichtiger war es für die ersten Lehrstuhlinhaber, die «Gründungsväter» der Disziplin, unter sich und gegenüber der Öffentlichkeit zu einem Konsens über die akademische Ortsbestimmung des neuen Faches, insbesondere seine theoretischen und methodologischen Grundlagen, die wesentlichen Teilgebiete, die universitäre Verankerung und die gesellschaftliche Funktion der Politikwissenschaft, zu kommen.

Doch schon im Hinblick auf die Bezeichnung des neuen Faches herrschte eine verwirrende Vielfalt. In Anlehnung an die amerikanische «political science» und die französische «science politique» wurde nach 1945 und wird bis heute vielfach von der «Politischen Wissenschaft» gesprochen. Doch ist dieser Ausdruck nicht gegen das Mißverständnis gefeit, daß es sich im adjektivischen Sinne bloß um eine politisch engagierte, also eine politisierte Wissenschaft handelt, wie es ja auch das nationalsozialistische Konzept der «politischen Wissenschaft(en)» zum Ausdruck gebracht hatte. Genau umgekehrt angelegt, aber nicht weniger problematisch war die Bezeichnung «Wissenschaftliche Politik», die im Land Baden-Württemberg, vermutlich auf Vorschlag von Theodor Eschenburg,[94] nicht nur für die einschlägigen Universitätslehrstühle, sondern auch das Gymnasialfach verwandt wurde. Implizierte dieser Begriff doch, daß Politik insgesamt auf Wissenschaft zurückgeführt werden könnte, und nahm damit die Konzeption nicht nur des antiken Philosophen-Königtums, sondern auch des auf den herrschaftsfreien Diskurs setzenden Rationalismus auf – beides ideale, aber doch unrealistische Vorstellungen.

93 Vgl. insbesondere die Arbeiten von Hans Maier.

94 Klaus von Beyme: Intrigiert wird in diesem Hause nicht!, in: Hermann Rudolph (Hrsg.): Den Staat denken. Theodor Eschenburg zum Fünfundachtzigsten, Berlin 1990, S. 70–75, hier: S. 70.

In der älteren Geschichte der Politikwissenschaft war das Fach schlicht mit seinem Gegenstandsbereich als «Politik» bezeichnet worden, doch dieser universitäre Sprachgebrauch war im 19. Jahrhundert obsolet geworden. Seitdem dokumentierten akademische Disziplinen ihren Anspruch mit dem deutschen Suffix «Wissenschaft» oder seiner griechischen Fassung «-logie». In den fünfziger Jahren wurde oft, auch in der Bezeichnung des Fachverbandes, von der «Wissenschaft von der Politik» gesprochen, doch empfand man diesen Ausdruck als umständlich und unschön.

Der leidigen Frage der Fachbezeichnung nahm sich 1954 im ersten Heft der wiederbegründeten «Zeitschrift für Politik» deren Redakteur, Gert von Eynern, an.[95] Der Anlaß war die Notwendigkeit, für die Absolventen der Deutschen Hochschule für Politik einen angemessenen Titel zu finden. «Diplompolitiker» wurde aus guten Gründen verworfen, aber auch «Politischer Wissenschaftler» oder «Wissenschaftler von der Politik» machten keinen Sinn. So nahm von Eynern einen Vorschlag auf, den sein Berliner Kollege Eugen Fischer-Baling schon 1948 gemacht hatte: die Wissenschaft als «Politologie», ihre Vertreter als «Politologen» und ihre Absolventen als «Diplom-Politologen» zu bezeichnen. Dabei ließ er sich von der Bezeichnung der Soziologen und Philologen, aber auch von Gerhart Niemeyers Begriff «Politikologie» inspirieren, doch im Kontrast zu diesem «zungenbrecherischen Gebilde» erschien ihm sein eigener Vorschlag «kurz, klangvoll und richtig gebildet».[96] Die Fachbezeichnung «Politologie» und die Berufszeichnung «Politologe» hat sich aber selbst an ihrem Berliner Ursprungsort nie voll durchsetzen können und ist dann im Gefolge der öffentlichen Kritik an der Studentenbewegung weitgehend in der Versenkung verschwunden. Heute hat sich zumeist der Begriff «Politikwissenschaft» durchgesetzt, den Gert von Eynern in der Gründungsphase der Disziplin noch als ein schwerfälliges «Wortungetüm von 19 Buchstaben mit nur sechs Vokalen» verworfen hatte.

Einig war man sich schon früh in der Ablehnung der Bezeichnung der «Politischen Wissenschaften» in der Mehrzahl. Dahinter wurde zu Recht das Argument der akademischen Gegner des neuen Faches in seinen Nachbarfächern vermutet, daß diese bereits die politischen Gegenstandsbereiche ausreichend behandeln würden, eine eigenständige Universitätsdisziplin für die Politik daher überflüssig sei. Diese grund-

[95] Gert von Eynern: Politologie, in: Zeitschrift für Politik, N. F. 1 (1954), S. 83–85.
[96] Eynern: Politologie, S. 85.

sätzlichen Vorbehalte der Nachbardisziplinen brachte der Rechts- und Sozialphilosoph Jürgen von Kempski, der während des Dritten Reiches als Mitarbeiter des Deutschen Instituts für außenpolitische Forschung mit der «politischen Wissenschaft» in Berührung gekommen war, auf den Einwand, es entstehe noch keine neue Disziplin dadurch, «daß man einer anderen die Federn ausrupft und sich mit ihnen schmückt».[97]

In der Tat konnten die politikwissenschaftlichen Gründungsväter nicht leugnen, daß sich auch die Jurisprudenz, die Geschichtswissenschaft, die Volkswirtschaftslehre, die Soziologie und zahlreiche andere Fächer mit Aspekten des Politischen beschäftigten. Doch ihre eigene Disziplin konstituierten sie durch den Anspruch, alle diese Betrachtungsweisen zu bündeln und damit in dialektischer Weise auf eine höhere Ebene zu heben. Dieses Bemühen kam vor allem in Arnold Bergstraessers Grundgedanken einer «synoptischen Wissenschaft» und Ernst Fraenkels Konzeption einer «Integrationswissenschaft» zum Ausdruck.[98] Integrationswissenschaft bedeutete zugleich das Zusammenführen der Methoden und Arbeitsweisen verschiedener Nachbardisziplinen. Diese Zusammenschau der Nachbardisziplinen brachte Arnold Bergstraesser auf den Begriff der «synoptischen Methode» und der Politikwissenschaft als einer «synoptischen Wissenschaft». Auf diese Weise wurden die im 19. Jahrhundert aus der Lehre von der Politik ausdifferenzierten Einzelwissenschaften zwar nicht wieder in die Politikwissenschaft zurück integriert, aber doch zu einer Art von Hilfswissenschaften für die zugleich neue und alte Disziplin.

Diese Konstituierung und Legitimierung der neuen Disziplin nicht durch eine autonome Methode, auch nicht über einen eigenständigen Gegenstand, sondern über die Zusammenschau alles wissenschaftlichen Lehrens und Forschens auf dem Bereich des Politischen machte es um so wichtiger, den zugrundeliegenden Begriff der Politik zu klären. Zwei Positionen standen sich in dieser begrifflichen Grundsatzdebatte der jungen bundesdeutschen Politikwissenschaft gegenüber: auf der einen

[97] Jürgen von Kempski: Wissenschaft von der Politik – sozusagen, in: Merkur 20 (1966), S. 454–468, hier: S. 464. Seine methodologischen Einwände gegen das neue Fach hatte Kempski schon früher formuliert: Jürgen von Kempski: Wie ist Theorie der Politik möglich?, in: Zeitschrift für die gesamte Staatswissenschaft 106 (1950), S. 447–460.

[98] Vgl. insbesondere Ernst Fraenkel: Die Wissenschaft von der Politik und die Gesellschaft, [1963], in: Heinrich Schneider (Hrsg.): Aufgabe und Selbstverständnis der politischen Wissenschaft, Darmstadt 1967, S. 228–247.

Seite ein mehr auf die empirische Forschung ausgerichtetes Verständnis von Politik als Erwerb, Gebrauch und Verbrauch von Macht, auf der anderen ein mehr normativer Begriff von Politik als «guter Ordnung». Der erstgenannte Begriff wurde im Anschluß an Max Weber vor allem in Westberlin von Arcadius L. R. Gurland und Otto Stammer vertreten und lag insbesondere den Forschungsarbeiten am Institut für Politische Wissenschaft zugrunde.[99] Diesem machtbezogenen Politik-Begriff setzte die Freiburger Schule unter Arnold Bergstraesser, aber auch die Münchener Schule unter Eric Voegelin ein normativ-ontologisches Grundverständnis von Politik als gerechter Gestaltung des Gemeinwohls entgegen. Aber auch Gründungsväter wie Ernst Fraenkel, Otto Heinrich von der Gablentz, Eugen Kogon, Otto Suhr und Dolf Sternberger ließen keinen Zweifel daran, daß die Wissenschaft von der Politik sich nicht auf die wertfreie Analyse von Machtverhältnissen beschränken dürfe, sondern auch die bewertende Frage nach dem «bonum commune», dem Gemeinwohl, umfasse. Für die überwiegende Mehrheit der politikwissenschaftlichen Gründungsväter war es im Hinblick auf ihre Erfahrungen mit dem Werterelativismus der Weimarer Demokratie, aber auch der Werteperversion der nationalsozialistischen Diktatur selbstverständlich, daß ihr Fach auch wesentlich eine normative Perspektive zum Inhalt hatte.

In diesen Debatten um den Politik-Begriff schlug sich auch die unterschiedliche Herkunft der Gründungsväter und ihr ambivalentes Verhältnis zu ihren ursprünglichen Fächern nieder. Am ausgeprägtesten war diese Haß-Liebe zur Herkunftsdisziplin bei jenen, die wie Ernst Fraenkel oder Wolfgang Abendroth aus der Jurisprudenz kamen und in der neuen Disziplin der Politikwissenschaft die alten Träume von einer materialen und demokratischen Staatslehre im Sinne Hermann Hellers zu verwirklichen suchten. Den aus der Geschichtswissenschaft kommenden Gründungsvätern wie Michael Freund, Theodor Eschenburg und Karl Dietrich Bracher ging es nicht nur darum, auch die jüngste Vergangenheit mit den Methoden des Historikers zu erforschen, gleichzeitig wollten sie in der Tradition Otto Hintzes die Fragen und Methoden der Sozialwissenschaft für die Historik fruchtbar machen. Ausgebildete Wirtschaftswissenschaftler wie Ferdinand A. Hermens verstanden es, das Modell des homo oeconomicus auch auf den Bereich des Politischen zu übertragen,

[99] Vgl. den programmatischen Sammelband: Karl Dietrich Bracher et al.: Faktoren der Machtbildung. Wissenschaftliche Studien zur Politik (= Schriften des Instituts für politische Wissenschaft, Bd. 2), Berlin 1952.

während Gert von Eynern mehr an die klassischen Traditionen der politischen Ökonomie anknüpfte.

Diese heterogene Abstammung der Gründungsväter der bundesdeutschen Politikwissenschaft schlug sich auch in der vielfältigen Bezeichnung ihrer Professuren und deren Fakultätsverankerungen nieder. Viele Politikwissenschaftler der ersten Generation saßen auf Lehrstühlen, die als Kombinationslehrstühle nicht unähnlich der Praxis in der ersten Hälfte des 19. Jahrhunderts die Lehre von der Politik mit einem anderen Fach verbanden. Dazu gehörte Michael Freund mit seinem Kieler Lehrstuhl für «Wissenschaft und Geschichte der Politik», aber auch Karl Dietrich Brachers Bonner Lehrstuhl für «Wissenschaft von der Politik und Zeitgeschichte». In Freiburg verband Arnold Bergstraesser entsprechend der Heidelberger Tradition der Staats- und Sozialwissenschaften die Lehre der «Wissenschaftlichen Politik» mit jener der Soziologie im kultursoziologischen Sinne Alfred Webers, während Otto Stammer in Berlin die «Politische Wissenschaft» mit der «Politischen Soziologie» in der Tradition Max Webers und Robert Michels verknüpfte. Die meisten der politikwissenschaftlichen Gründungslehrstühle wurden in Philosophischen Fakultäten eingerichtet, was nicht nur der Fächerherkunft ihrer Inhaber und dem im Vergleich zu anderen Fakultäten offeneren Profil dieser Fakultäten entsprach, sondern auch die Bildungs- und Ausbildungsfunktion widerspiegelte, welche das neue Fach übernehmen konnte. Eine Sonderstellung auch im Hinblick auf die institutionelle Verankerung der Politikwissenschaft nahm die Freie Universität ein: Dort setzte schon in den fünfziger Jahren die inhaltliche Ausdifferenzierung der Lehrstühle der Politikwissenschaft nach deren Teilgebieten ein, und die Professuren waren drei Fakultäten zugeordnet, unter denen allerdings die Philosophische Fakultät, auch im Hinblick auf die Promotionsverfahren, die größte Rolle spielte.

Vor allem die aus der Jurisprudenz kommenden Gründungsväter hegten die Hoffnung, daß die Absolventen eines politikwissenschaftlichen Studiums bei der Auswahl für den höheren Verwaltungsdienst berücksichtigt werden könnten. Anlaß zu solchen Hoffnungen gab das Bundesbeamtengesetz vom 14. Juli 1953, das unter den Zulassungsbedingungen für den allgemeinen höheren Verwaltungsdienst neben dem rechtswissenschaftlichen Studium fakultativ auch «das Studium der Wirtschafts-, Finanz- und Sozialwissenschaften» erwähnte. Doch trotz aller Bemühungen der Deutschen Vereinigung für die Wissenschaft von der Politik und insbesondere des von ihr mit der Klärung dieser Angelegenheit beauftragten Chefs der hessischen Staatskanzlei, Staatssekretär Hermann

Brill,[100] erfüllten sich diese Hoffnungen nicht. Auch den Bemühungen um die Verankerung eines Schulfaches «Politische Bildung» und eine entsprechende Ausbildungsfunktion der akademischen Politikwissenschaft war in den fünfziger Jahren kaum Erfolg beschieden, lediglich in Baden-Württemberg wurde unter dem Einfluß von Theodor Eschenburg und Arnold Bergstraesser ein Schulfach «Gemeinschaftskunde» etabliert, zu dem das Universitätsfach «Wissenschaftliche Politik» ausbildete.

Da auch der Magistergrad erst in den siebziger Jahren eingeführt wurde, konnte man im Gründungsjahrzehnt die Politikwissenschaft an westdeutschen Universitäten lediglich im Nebenfach studieren oder im Hauptfach mit einer Promotion abschließen. Westberlin allerdings nahm 1953 die spätere Professionalisierung mit der Einführung des Diplom-Studiengangs vorweg, der mit dem Berufstitel eines «Diplom-Politologen» abgeschlossen werden konnte und seit 1956 als akademischer Abschlußgrad anerkannt war. Berliner Politologen der fünfziger und frühen sechziger Jahre gelang der Einstieg in eine Vielzahl von Berufen, so ist Josef Stingl als einer der ersten Absolventen der Deutschen Hochschule aus dem Jahr 1951 über eine Karriere als sozialpolitischer Experte im Deutschen Bundestag 1968 für 16 Jahre zum Präsidenten der Bundesanstalt für Arbeit aufgestiegen. Doch in Westdeutschland beschränkte sich die Bildungs- und Ausbildungsfunktion der jungen Wissenschaft von der Politik überwiegend auf ihren Beitrag zum Studium Generale, der allgemeinen staatsbürgerlichen Bildung der Studenten. Die Wissenschaft von der Politik sollte die akademischen Eliten über die Werte und Prozesse der «westlichen Demokratie» aufklären und sie zu Demokraten erziehen.

Gemeinhin wird heute die bundesdeutsche Politikwissenschaft in ihrer (Wieder-)Gründungsphase von 1945 bis 1959 als «Demokratiewissenschaft» charakterisiert. Dieser Begriff ist allerdings erst 1962 von Hans-Peter Schwarz, noch dazu in distanzierenden Anführungszeichen, geprägt worden.[101] Doch danach hat er sich allgemein durchgesetzt, auch wenn seine Verwendung in den späten sechziger und während der siebziger Jahre oft in kritischer, gelegentlich pejorativer Absicht er-

[100] Hermann Brill: Der Begriff der Sozialwissenschaften. Ein Beitrag zur Auslegung und Anwendung des Bundesbeamtengesetzes, in: Zeitschrift für Politik, N. F. 1 (1954), S. 86–90. Vgl. Mohr: Politikwissenschaft, S. 189 ff.

[101] Hans-Peter Schwarz: Probleme der Kooperation von Politikwissenschaft und Soziologie in Westdeutschland, in: Dieter Oberndörfer (Hrsg.): Wissenschaftliche Politik. Eine Einführung in die Grundfragen ihrer Tradition und Theorie, Freiburg/Breisgau 1962, S. 297–333, hier: S. 303.

folgte[102] und in den neunziger Jahren wissenschaftstheoretische und wissenssoziologische Untersuchungen die Vielfältigkeit und Widersprüchlichkeit der Demokratietheorien der Nachkriegspolitologen aufgewiesen haben.[103]

Obwohl der Begriff «Demokratiewissenschaft» von den Gründungsvätern nicht benutzt wurde, entsprach er doch deren Selbstverständnis und der Verknüpfung der Gründung der neuen Disziplin mit dem zweiten Versuch der Etablierung des politischen Systems der Demokratie in Deutschland.[104] Die bundesdeutsche Politikwissenschaft war in ihrer ersten Phase ein von demokratischen Hochschullehrern zur Erziehung der Westdeutschen zu demokratischen Staatsbürgern konzipiertes Universitätsfach, das die Institutionen, Prozesse und Werte der Demokratie zum Inhalt hatte. Wie kein anderes westdeutsches Fach wurde die Politikwissenschaft nach 1945 von Hochschullehrern getragen, an deren Resistenz gegen die nationalsozialistische Diktatur und Eintreten für die freiheitliche Demokratie kein Zweifel bestehen konnte, sieht man von Arnold Bergstraesser ab, dessen Neigung zu autoritären Staatskonzeptionen erst durch seine rassisch bedingte Vertreibung und die Erfahrungen der amerikanischen Emigration überwunden wurde.

Diese Kindheitsphase der bundesdeutschen Politikwissenschaft ist in der folgenden Adoleszenzphase der Disziplin in heftige Kritik geraten, doch inzwischen erinnert sich das in die Jahre gekommene Fach seiner Anfänge wieder mit Reverenz und Wehmut. Ein Beispiel dafür ist die nach 1990 weitverbreitete Forderung, beim Aufbau des Faches in den ostdeutschen Bundesländern an die westdeutsche und Westberliner Nachkriegskonzeption einer «Demokratiewissenschaft» anzuknüpfen.

[102] Im Konzept der Demokratiewissenschaft hat Kastendiek (Hans Kastendiek: Desintegration einer Integrationswissenschaft. Konstituierung und Wandel der westdeutschen Politologie, in: Bernhard Blanke/Ulrich Jürgens/Hans Kastendiek (Hrsg.): Kritik der Politischen Wissenschaften 1, Frankfurt/Main 1975, S. 27–125, bes.: S. 52 ff.) eine legitimatorische Verschleierung der Restauration des Kapitalismus, Arndt (Arndt: Die Besiegten) eine von den Alliierten oktroyierte Verkennung der deutschen Lage nach 1945 gesehen. Beide kritisierten also, wenn auch aus entgegengesetzten politischen Positionen, die normative Ausrichtung der frühen Politikwissenschaft der Bundesrepublik.

[103] Vgl. insb.: Buchstein: Politikwissenschaft.

[104] Es sei nur auf die Titel des Programmvortrages von Franz L. Neumann: Die Wissenschaft von der Politik in der Demokratie [1950], in: Franz L. Neumann: Wirtschaft, Staat, Demokratie, Frankfurt/Main 1978, S. 373–392 und der Programmschrift von Carl Joachim Friedrich: Demokratie als Herrschafts- und Lebensform, Heidelberg 1959 hingewiesen.

Doch wird man gut daran tun, bei aller Bewunderung für den Mut und die Innovationskraft der Gründungsväter nicht zu übersehen, daß diese ihr Werk nicht als vorgängerlos verstanden, sondern an eine ältere Lehre der Politik anknüpften, welche sie unter günstigeren politischen Bedingungen wiederbeleben und fortentwickeln wollten.

9. Expansion und Krise der Politikwissenschaft (1960–1975)

Nachdem die Politikwissenschaft in den fünfziger Jahren an den bundesdeutschen Universitäten auf Grund des politischen Drucks der westlichen Siegermächte und des Einsatzes von reformgesinnten deutschen Kultuspolitikern, aber auch der akademischen Ausstrahlungskraft und des persönlichen Engagements seiner Gründungsväter mühsam und auch nur partiell etabliert worden war, erlebte sie in den sechziger Jahren eine eindrucksvolle Ausweitung, die mit der allgemeinen Expansion des Hochschulwesens in diesem Jahrzehnt einherging.

Nach 1945 waren, abgesehen von einigen sich als Wiedergründungen legitimierenden Neugründungen wie den Universitäten Mainz (1946) und Gießen (1957) und der durch den Kalten Krieg bewirkten Errichtung der Freien Universität Berlin (1949), keine neuen Universitäten etabliert worden. Vielmehr konzentrierte man sich nach dem Ende der nationalsozialistischen Diktatur und zu Beginn der bundesrepublikanischen Demokratie auf eine Wiederherstellung der an den deutschen Hochschulen vor 1933 herrschenden Inhalte und Strukturen, was von manchen späteren Kritikern auch als «restaurative Reform» beklagt worden ist.[1] Doch dann schnitt im August 1961 der Bau der Berliner Mauer den ständigen Zustrom von Hochschulabsolventen aus der DDR in die Bundesrepublik ab, die ihrerseits einen andauernden «Brain drain» nach Nordamerika zu kompensieren hatte. Der «Sputnikschock» (1957) über den vermuteten technologischen Rückstand des Westens gegenüber der Sowjetunion und die westeuropäischen Minderwertigkeitsgefühle gegenüber den USA und Japan taten das Ihre, um Anfang der sechziger Jahre das Schlagwort vom «Bildungsnotstand» in der Bundesrepublik Deutschland populär werden zu lassen, das der Heidelberger Religionsphilosoph und Bil-

[1] Dietrich Goldschmidt: Hochschulpolitik, in: Wolfgang Benz (Hrsg.): Die Geschichte der Bundesrepublik Deutschland. Bd. 1: Politik, Frankfurt/Main 1989, S. 354–389, hier: S. 366. Allgemein zur deutschen Universitätsgeschichte nach 1945: Christoph Oehler: Hochschulentwicklung in der Bundesrepublik Deutschland seit 1945, Frankfurt/Main, New York 1989 und Christoph Oehler: Die Hochschulentwicklung nach 1945, in: Christa Berg (Hrsg.): Handbuch zur deutschen Bildungsgeschichte. Bd. VI: 1945 bis zur Gegenwart, München 1998, S. 412–446.

dungsexperte Georg Picht geprägt hatte.[2] Bildungspolitiker wie der Soziologe Ralf Dahrendorf propagierten ein «Bürgerrecht auf Bildung»[3] und forderten, durch massive Bildungswerbung gerade unter Arbeiterkindern die Zahl der Studierenden und damit der künftigen Akademiker entscheidend zu erhöhen.

Die in den sechziger Jahren zunächst kontinuierlich, später in den siebziger Jahren rapide anwachsenden Studentenzahlen machten nicht nur den Ausbau der bestehenden, sondern auch die Gründung von neuen Hochschulen unabdinglich.[4] Den Anfang setzte 1961 die Entscheidung des Landes Nordrhein-Westfalen, damals noch von der CDU regiert, durch die Gründung der Ruhr-Universität in Bochum (Beginn des Lehrbetriebs: 30. Juni 1965) das akademische Potential des bis dahin systematisch ausgeklammerten Ruhrgebietes zu erschließen. Bald darauf wurden Universitäten in Düsseldorf (1965), Konstanz (1966), Regensburg (1967), Bielefeld (1969), Dortmund (1969), Kaiserslautern (1970), Trier (1970), Augsburg (1970), Bremen (1971), Bayreuth (1975) und Passau (1979) gegründet. Es folgte 1970 mit Kassel die Gründung der ersten der Gesamthochschulen, in die nicht nur örtliche Fachhochschulen, sondern vor allem auch Pädagogische Hochschulen aufgingen. Zu diesem vor allem in Nordrhein-Westfalen unter dem Wissenschaftsminister Johannes Rau mit fünf Gründungen im Jahr 1972 besonders geförderten neuen Hochschultyp gehörte auch die 1974 errichtete Fern-Universität – GH Hagen. Schon im Jahr zuvor waren in Hamburg und München auf Anregung vor allem Theodor Ellweins zwei Hochschulen der Bundeswehr gegründet worden. Nachdem auch diese Hochschulen den prestigereicheren Titel von Universitäten erhielten, verfügte die Bundesrepublik (einschließlich Westberlins) 1981 über 62 Universitäten, ein enormer Anstieg im Vergleich zu 18 Universitäten und acht Technischen Hochschulen im Jahr 1960. Von dieser allgemeinen Expansion der wissenschaftlichen Hochschulen in den sechziger und siebziger Jahren haben sozialwissenschaftliche Fächer wie die Soziologie und Politikwissenschaft überproportional profitiert.

[2] Georg Picht: Die deutsche Bildungskatastrophe. Analyse und Dokumentation, Freiburg/Breisgau, Olten 1964.

[3] Ralf Dahrendorf: Bildung ist Bürgerrecht. Plädoyer für eine aktive Bildungspolitik, Hamburg 1965.

[4] Rolf Neuhaus (Hrsg.): Dokumente zur Hochschulreform. Anregungen des Wissenschaftsrates. Empfehlungen und Denkschriften auf Veranlassung von Ländern in der Bundesrepublik Deutschland in den Jahren 1960–1966, Wiesbaden 1968.

a) Entfaltung der Politikwissenschaft

Programmatische Grundlage für diese nachhaltige Konsolidierung und entschiedene Ausweitung der Politikwissenschaft in den sechziger Jahren wurde eine im Auftrage der Deutschen Forschungsgemeinschaft verfaßte und 1961 veröffentlichte «Denkschrift zur Lage der Soziologie und der Politischen Wissenschaft».[5] Ihre Entstehung wurde von älteren und etablierten Vertretern des Faches wie Arnold Bergstraesser, Theodor Eschenburg, Otto Heinrich von der Gablentz und Otto Stammer beratend begleitet, doch der Autor war mit Mario Rainer Lepsius (geb. 1928) ein zweiunddreißigjähriger Habilitand der Soziologie, der später zu einem der bedeutendsten Vertreter der Sozialwissenschaften in Deutschland und insbesondere der politischen Soziologie als des Scharniergebietes zwischen Politikwissenschaft und Soziologie aufgerückt ist.[6] Mit dieser Denkschrift, die für die heutigen Sozialwissenschaften in Deutschland die gleiche Bedeutung erlangt hat wie die Memoranden der preußischen Reformer vom Anfang des 19. Jahrhunderts für die allgemeine Gestalt der deutschen Universitäten, machte der junge Soziologe aus einem alten Gelehrtengeschlecht in jeder Beziehung Wissenschaftsgeschichte, sowohl für sein eigenes Fach als auch für das Nachbarfach der Politikwissenschaft.

Lepsius setzte im Vorwort seiner Denkschrift das Ziel, die Lage und Ausbauerfordernisse von Soziologie und politischer Wissenschaft zu erkunden. Auf diese Weise wollte er «die institutionellen Voraussetzungen für die künftige Entwicklung dieser Wissenschaften in Deutschland [...] bestimmen».[7] Nach der ersten Entwicklungsphase der Neukonstituierung sollte die zweite Phase der inneren Konsolidierung eingeleitet und dann die dritte Stufe der vollen Entfaltung angestrebt werden. Lepsius legte eine ausführliche und angesichts des damaligen wissenschaftsgeschichtlichen sowie theoretischen Erkenntnisstandes erstaunlich zutreffende Bestandsaufnahme des Stellenwerts der beiden Sozialwissenschaften im Wissenschaftssystem, ihrer Entwicklung in Deutschland insbesondere im 19. und 20. Jahrhundert, ihres Aufstiegs im Ausland und vor allem in den USA, der einzelnen Teilbereiche der Politikwissenschaft

[5] M. Rainer Lepsius: Denkschrift zur Lage der Soziologie und der Politischen Wissenschaft. Im Auftrage der Deutschen Forschungsgemeinschaft, Wiesbaden 1961.

[6] Vgl. die Aufsatzsammlung: M. Rainer Lepsius: Demokratie in Deutschland. Soziologisch-historische Konstellationsanalysen. Ausgewählte Aufsätze (= Kritische Studien zur Geschichtswissenschaft, Bd. 100), Göttingen 1993.

[7] Lepsius: Denkschrift, S. 1.

und schließlich ihres Verhältnisses zu den Nachbardisziplinen zugrunde. Für die Gegenwart konstatierte er an den bundesdeutschen Universitäten eine sehr ungleichgewichtige und an den meisten westdeutschen Hochschulen dürftige Ausstattung des Faches mit Lehrpersonal, Mitarbeitern und Sachmitteln. Seine Inventuraufnahme aus dem Jahr 1960 kam zu dem Schluß: «Im ganzen gesehen muß der gegenwärtige Stand der politischen Wissenschaft in Deutschland noch als unbefriedigend bezeichnet werden. Die politische Wissenschaft steht am Anfang und angesichts der politischen Lage Deutschlands zugleich vor dringenden, ungewöhnlich weitgespannten Aufgaben.»[8]

Aus dieser historischen und augenblicklichen Bestandsaufnahme folgerte M. Rainer Lepsius die Notwendigkeit einer umfassenden Etablierung, Konsolidierung, Institutionalisierung und auch Internationalisierung der Politikwissenschaft. Vor allem forderte er die Entwicklung des Faches von einer allgemeinbildenden und propädeutischen Lehrdisziplin zu einer theoretisch anspruchsvollen Einzelwissenschaft und daher den Ausbau der einschlägigen Universitätsinstitute von Lehrseminaren zu Forschungsinstituten mit einem entsprechenden Personal. Das Fach Politikwissenschaft sollte sowohl in seinen Hauptfach- wie Nebenfachfunktionen in verschiedenen Studiengängen fester verankert werden, wobei Lepsius nicht nur an das bundesweit einzuführende Schulfach der Gemeinschafts- oder Sozialkunde dachte, sondern auch eine stärkere Berücksichtigung bei den Eintrittsprüfungen für den höheren Verwaltungsdienst und in den Studienordnungen der Wirtschaftswissenschaften im Auge hatte. Diese Bildungs- und Ausbildungsfunktionen konnte die Politikwissenschaft nach Ansicht von Lepsius in Zukunft nur dann wahrnehmen, wenn an den Universitäten die gesamte Disziplin angemessen vertreten war. Insbesondere wies er auf die Berücksichtigung der bisher weitgehend vernachlässigten Analyse der Außenpolitik der Bundesrepublik wie der Weltmächte und der internationalen Organisationen hin. Die Denkschrift mündete in einem «Modell für die Institutionalisierung der Politischen Wissenschaft», wonach an jeder Universität mindestens drei planmäßige Professuren und ein Institut mit fünf wissenschaftlichen Assistenten sowie nichtwissenschaftlichen Mitarbeitern und angemessenen Sachmitteln einzurichten sei. Dieses Ziel sollte in einem Zeitraum von etwa zehn Jahren verwirklicht und in den nächsten fünf Jahren sollte wenigstens an jeder westdeutschen Universität ein, wenn nicht zwei Lehrstühle der Politikwissenschaft errichtet werden.

[8] Lepsius: Denkschrift, S. 87.

Diese anspruchsvollen Forderungen der Lepsius-Denkschrift nahm im folgenden Jahr der Wissenschaftsrat in seinen «Anregungen zur Gestalt neuer Hochschulen» auf, indem er Sozialwissenschaftliche Fakultäten konzipierte, die auch drei Lehrstühle für «Wissenschaft von der Politik», und zwar für Politische Theorien, Politische Institutionen und Internationale Beziehungen, umfassen sollten.[9] Diese Konzeption konnte in der Folgezeit in einem Umfang und Zeitrahmen umgesetzt werden, die heute kaum mehr vorstellbar sind und nicht nur das damalige Ausmaß des Reformimpetus, sondern auch der dahinterstehenden finanziellen Ressourcen widerspiegeln. An fast allen bundesdeutschen Universitäten wurde in den sechziger Jahren die Vertretung des Faches Politikwissenschaft, die mit Ausnahme Westberlins in den fünfziger Jahren nur durch Einzellehrstühle wahrgenommen wurde, auf mindestens drei Lehrstühle erhöht. Mit dieser personellen Expansion des Faches ging eine inhaltliche Ausdifferenzierung seiner Lehr- und Forschungsgebiete einher, so wurden entsprechend den Vorschlägen von Lepsius gesonderte Lehrstühle für Innenpolitik und vergleichende Lehre, für Politische Theorie und Ideengeschichte und für Internationale Beziehungen eingerichtet, während an den Pädagogischen Hochschulen oft noch Professuren für Politische Bildung bzw. Politische Didaktik hinzukamen. Diese inhaltliche und personelle Ausdifferenzierung der Politikwissenschaft ging vor allem bei den zahlreichen Hochschulneugründungen der sechziger und siebziger Jahre sehr zügig und problemlos vonstatten, während an den etablierten Universitäten noch manche früheren Vorbehalte zu überwinden waren.

Aufgrund dieser doppelten Expansion, sowohl der allgemeinen Zahl der Hochschulen als auch der Lehrstuhlvertretungen der Disziplin, kam es in den 15 Jahren zwischen 1960 und 1975 zu einer Vermehrung der Zahl der Professuren, Mittelbaustellen und auch Studierenden im Fach Politikwissenschaft, die man nur als Explosion charakterisieren kann.[10] 1960 existierten an den insgesamt 18 bundesdeutschen Universitäten

[9] Anregungen des Wissenschaftsrates zur Gestaltung neuer Hochschulen, vom 10.2. und 26.5.1962, in: Neuhaus: Dokumente (1968), S. 23 f.

[10] Vgl. die Zahlen bei Arno Mohr: Die Durchsetzung der Politikwissenschaft an deutschen Hochschulen und die Entwicklung der Deutschen Vereinigung für Politische Wissenschaft, in: Klaus von Beyme (Hrsg.): Politikwissenschaft in der Bundesrepublik Deutschland (= Politische Vierteljahresschrift – Sonderheft, Bd. 17), Opladen 1986, S. 62–77, hier: S. 66 f. Vgl. auch die in etwa übereinstimmenden Berechnungen bei Hans-Joachim Arndt: Die Besiegten von 1945. Versuch einer Politologie für Deutsche samt Würdigung der Politikwissenschaft in der Bundesrepublik Deutschland, Berlin 1978, S. 138, Tabelle 1.

24 politikwissenschaftliche Lehrstühle, doch da allein zehn Professuren an dem mit der Freien Universität verbundenen Zentrum politikwissenschaftlicher Lehre und Forschung in Westberlin zu verzeichnen waren, verfügte ein beträchtlicher Teil westdeutscher Universitäten am Anfang der sechziger Jahre noch nicht einmal über einen einzigen einschlägigen Lehrstuhl. 1965 waren es bereits 51 Professorenstellen für Politikwissenschaft, deren Zahl sich damit innerhalb von nur fünf Jahren mehr als verdoppelt hatte. Bis 1970 war nur ein leichter Zuwachs auf 63 zu verzeichnen, dann stieg die Zahl in den ersten fünf Jahren der sozialliberalen Bundesregierung mit ihrer Betonung der Bildungspolitik nochmals um mehr als das Doppelte auf 133 politikwissenschaftliche Professorenstellen im Jahr 1975 an. Danach flachte der Zuwachs ab, verfügte die Politikwissenschaft 1980 über 201 und 1985 über 278 Professorenstellen. Heute gibt es in Deutschland, nach der mit der staatlichen Vereinigung einhergehenden Etablierung der Politikwissenschaft an den 17 Universitäten der neuen Bundesländer, an insgesamt 85 staatlichen Universitäten und Gesamthochschulen knapp dreihundert C3- und C4-Professuren für Politikwissenschaft. Dabei schwankt die Anzahl der politikwissenschaftlichen Professuren an den Universitäten auch weiterhin: Die Freie Universität Berlin steht auch nach einer erheblichen Stellenabsetzung mit 29 noch an der Spitze, soll allerdings weiter reduziert werden. Das Schlußlicht bilden Hochschulen mit nur einer politikwissenschaftlichen Professur wie zum Beispiel die Universität Dortmund und die Bergische Universität/Gesamthochschule Wuppertal, sieht man von Spezialuniversitäten wie der Tierärztlichen Hochschule in Hannover oder der Bauhaus-Universität in Weimar ohne politikwissenschaftliche Professuren ab.

Mit der Einrichtung neuer Professuren zu Beginn der sechziger Jahre ging auch eine erhebliche Vermehrung der wissenschaftlichen Mitarbeiterstellen in der Politikwissenschaft einher. Während zuvor den vereinzelten Professoren nur ein, höchstens zwei Assistenten zugeordnet waren, wurden jetzt zwei und mehr Lehrassistenten die Regel, und dazu kamen dann noch zahlreiche befristete Stellen aus Forschungsprojekten. Die Verdoppelung der Professorenstellen in den Jahren 1960 bis 1965 zog faktisch eine Vervierfachung der politikwissenschaftlichen Mitarbeiterstellen nach sich. Auf diesen Positionen sowie dank der ebenfalls verbesserten Stipendienmöglichkeiten promovierte und habilitierte sich der politikwissenschaftliche Nachwuchs, rechnete allerdings auch mit einem Aufrücken in die Professuren in absehbarer Zeit. Viele Nachwuchswissenschaftler mußten sich aber in den siebziger Jahren mit unbefristeten Stellen (Akademische Räte, Studienräte im Hochschuldienst) im sogenannten akademischen «Mittelbau» zufriedengeben,[11] die in den Jahren des rasanten Anstiegs der Studentenzahlen zur Bewältigung der Lehrnachfrage eingerichtet worden waren. In den achtziger Jahren gab es für die meisten Privatdozenten der Politikwissenschaft überhaupt keine Aussicht auf eine feste Hochschulstelle. So erzeugte die Expansion der Politikwissenschaft zu Anfang der sechziger Jahre zunächst die Erwartung an einen permanenten Boom und dann, nachdem dieser sich als unrealistisch erwies, ab den späten sechziger Jahren beruflichen Frust und politischen Protest unter dem Nachwuchs des Faches.

Die durch die Bildungsreformen bewirkte Expansion der Politikwissenschaft schlug sich auch in den Studentenzahlen nieder.[12] Im Wintersemester 1960/61 gab es in der gesamten Bundesrepublik 316 Hauptfachstudenten der Politikwissenschaft, von denen der weit überwiegende Teil an der Freien Universität Berlin studierte. Damit studierte Anfang der sechziger Jahre nur etwas mehr als ein Promille der insgesamt 216 000 Studenten an allen bundesdeutschen Universitäten Politikwissenschaft im Hauptfach. Fünf Jahre später hatte sich 1965/66 die Zahl der Politikstudenten auf 1496 fast verfünffacht, zehn Jahre später, im Jahr 1970, studierte mit 3354 Studenten knapp ein Prozent aller 350 000 Studierenden Politikwissenschaft im Hauptfach. In den fünf Jahren bis 1975 verdoppelte sich die Zahl abermals auf 8079 Studenten, stagnierte dann bis 1980 mit 8364 und stieg in den frühen achtziger Jahren erneut auf 13 483 Studierende im Fach Politikwissenschaft im Wintersemester 1984/85 an. Doch inzwischen war die Gesamtzahl der an den bundesdeutschen Hochschulen Studierenden viel stärker expandiert, erreichte 1985 die Einmillionengrenze. Im Wintersemester 1997/98 waren im Hauptfach Politikwissenschaft 24 686 der insgesamt etwas über 1,8 Millionen an deutschen Hochschulen Studierenden eingeschrieben.[13] Dazu kommen die Studierenden in Lehramtsstudiengängen und im Nebenfachstudium, wobei die Konjunktur des letzten Jahrzehnts die erste Gruppe dezimiert und die zweite Gruppe erheblich verstärkt hat. Somit sind gut zwei

[11] Vgl. Werner Thieme: Deutsches Hochschulrecht. Das Recht der wissenschaftlichen, künstlerischen, Gesamt- und Fachhochschulen in der Bundesrepublik Deutschland, Köln, Berlin, Bonn, München [2]1986, S. 206 ff.

[12] Siehe Tabelle 2 bei Mohr: Durchsetzung, S. 67. Diese beruht auf: Statistisches Bundesamt (Hrsg.): Fachserie A: Bevölkerung und Kultur. Reihe 10: Bildungswesen. 5: Hochschulen – Studenten an Hochschulen (große Hochschulstatistik), Stuttgart, Mainz 1961 ff.

[13] Zahlenangaben nach: Statistisches Bundesamt (Hrsg.): Statistisches Jahrbuch 1999 für die Bundesrepublik Deutschland, Stuttgart 1999, S. 386.

Prozent aller an deutschen Universitäten Studierenden in Politikwissenschaft als Haupt- oder Nebenfach eingeschrieben. Das ist nicht viel, aber angesichts der Fächervielfalt an den Hochschulen auch nicht wenig. Auf die Berufsaussichten der studierten Politikwissenschaftler wird noch einzugehen sein. Doch schon an dieser Stelle bleibt festzuhalten, daß die für den politikwissenschaftlichen Nachwuchs in den sechziger und siebziger Jahren ungewöhnlich günstige Konjunktur sowohl im Hochschullehrer- als auch im Lehrerberuf dann in den achtziger und neunziger Jahre für die folgende Generation sehr einschränkende Folgen hatte.

b) Ausbildungsfach für Sozialkunde-Lehrer

Zur Expansion der Politikwissenschaft seit Beginn der sechziger Jahre trug wesentlich die bundesweite Verankerung des gymnasialen Schulfaches der Sozialkunde in diesem Jahrzehnt bei, für welche das Fach eine wichtige Funktion in der akademischen Berufsausbildung übernahm.[14] Die Bedeutung einer staatsbürgerlichen Bildung auch in den Schulen für die Festigung der jungen deutschen Demokratie war von zahlreichen Politikern und Pädagogen bereits seit dem Ende der nationalsozialistischen Diktatur im Jahr 1945 und der Gründung der Bundesrepublik im Jahr 1949 herausgestellt worden. Doch in den fünfziger Jahren dominierte die Tendenz, politische Bildung mehr als ein allgemeines Unterrichtsprinzip und weniger als die Garantie eines besonderen Faches zu verstehen. Alle Schulfächer bis hin zur Mathematik – als Beispiel wurde in diesem Fall die Berechnung von Wahlergebnissen angeführt – sollten vom Prinzip staatsbürgerlicher Aufklärung und Verantwortung durchdrungen werden, das auch im partnerschaftlichen Umgang in der Schule und in der Schülermitverwaltung einzuüben sei.

14 Vgl. neben den Beiträgen von Arno Mohr: Politikwissenschaft als Alternative. Stationen einer wissenschaftlichen Disziplin auf dem Wege zu ihrer Selbständigkeit in der Bundesrepublik Deutschland 1945–1965, Bochum 1988, S. 196–221 und Arno Mohr: Soll Politikwissenschaft ein Bildungs- oder ein Ausbildungsfach sein?, in: Hans-Hermann Hartwich (Hrsg.): Politikwissenschaft. Lehre und Studium zwischen Professionalisierung und Wissenschaftsimmanenz, Opladen 1987, S. 81–89, bes.: S. 82 f., die umfassende Analyse und Dokumentation von Wolfgang W. Mickel: Politische Bildung an Gymnasien 1945–1965. Analyse und Dokumentation, Stuttgart 1967.

Die auf diesen Programmerklärungen aufbauende Schulpraxis der politischen Bildung wurde aber von vielen Beobachtern wegen ihrer Neigung zu Dilettantismus und Stammtischniveau kritisiert, die Reduzierung von politischer Bildung auf ein Unterrichtsprinzip als eine zu allgemeine und damit letztlich unverbindliche Maxime abgelehnt. Vor allem Gründungsväter der bundesdeutschen Politikwissenschaft wie Theodor Eschenburg und Arnold Bergstraesser drängten seit Beginn der fünfziger Jahre entschieden auf die Einführung eines selbständigen Schulfaches mit eigenen Fachstunden, um damit auch ihrer eigenen akademischen Disziplin einen festen Stellenwert im akademischen Ausbildungssystem zu sichern. Sie konnten sich bei diesen Bemühungen auf die Festschreibung der politischen Bildung in den Verfassungen ihrer Bundesländer berufen. So war bereits 1946/47 in den Verfassungen der drei südwestdeutschen Länder die Verankerung der «Staatsbürgerkunde auf der Grundlage der Verfassung als ordentlichem Unterrichtsfach aller Schularten» aus der Weimarer Reichsverfassung rezipiert worden.[15] Insbesondere der Heidelberger Rechtslehrer und frühere Reichsjustizminister Gustav Radbruch, der aus dem Scheitern der wertrelativistischen Weimarer Republik eine Wende zur Wertbezogenheit abgeleitet hatte, setzte sich in diesem Zusammenhang für Staatsbürgerkunde als Lehrfach ein.[16] Nachdem sich die drei südwestdeutschen Länder 1953 zum Bundesland Baden-Württemberg zusammenschlossen, wurde diese Bestimmung in die Verfassung des neuen Bundeslandes übernommen, doch die Fachbezeichnung auf Veranlassung der von SPD, FDP und BHE gestellten Landesregierung unter Reinhold Maier (FDP) in bezeichnender Weise verändert: «In allen Schulen ist Gemeinschaftskunde ordentliches Schulfach.»[17] Trotz dieser verfassungsrechtlichen Verankerung von politischer Bildung tat sich aber auch in Baden-Württemberg die Kultusbürokratie, zumal angesichts der Vorbehalte der Lobbyisten der anderen Schulfächer, vor allem der Geschichte, nicht leicht, das neue Schulfach in der Schulpraxis durchzusetzen.

[15] Land Württemberg-Baden (Hrsg.): Verfassung für Württemberg-Baden. Nach den Beschlüssen der Verfassungsgebenden Landesversammlung von Württemberg-Baden vom 24. Oktober 1946, München 1946, Art. 41; Land Württemberg-Hohenzollern (Hrsg.): Verfassung für Württemberg-Hohenzollern, Biberach/Riss 1947, Art. 112; Land Baden (Hrsg.): Verfassung des Landes Baden, Villingen 1947, Art. 29. Vgl. Mickel: Bildung, S. 195 ff.

[16] Gustav Radbruch: Staatsbürgerkunde als Lehrfach, in: Süddeutsche Juristenzeitung 3 (1948), S. 425–430.

[17] Land Baden-Würtemberg (Hrsg.): Verfassung des Landes Baden-Württemberg. Verkündet am 19. 11. 1953, Stuttgart 1953, Art. 21 Abs. 2.

Es bedurfte daher des politisch-administrativen Verhandlungsgeschicks von Theodor Eschenburg[18] und der prinzipiellen Hinweise von Arnold Bergstraesser auf die wechselseitige Bedingtheit der Einführung von Gemeinschaftskunde als Schulfach und «Wissenschaftlicher Politik» als Universitätsfach, um schließlich 1957 in Baden-Württemberg eine eigenständige Fakultas, das heißt Lehrberechtigung, für Gemeinschaftskunde wenigstens als Zusatzfach in den Klassen 10 und 13 an den Gymnasien zu erreichen und vor allem die Hochschullehrer der Politikwissenschaft mit der Ausbildung der Lehrer in diesem Fach zunächst in Fortbildungskursen und dann an den Universitäten zu beauftragen. Der Bergstraesser-Schüler Hans Maier war einer der ersten Studenten, der das Staatsexamen auch in diesem Schulfach ablegte und dann als junger Lehrer nach seiner Promotion für kurze Zeit Erfahrungen in der Schulpraxis sammelte, die seinem späteren Beruf nicht nur als Hochschullehrer, sondern auch als bayerischer Kultusminister zugute kamen.

In Hessen waren «Gemeinschaftskunde» oder «politischer Unterricht» als Zusatzfach bereits Anfang 1946 angeordnet und dementsprechend im Juni 1949 «Richtlinien für den politischen Unterricht» erlassen worden.[19] Insbesondere der hessische Kultuspolitiker und Darmstädter Oberpräsident Ludwig Bergsträßer bemühte sich um die Umsetzung dieser Bestimmung in der Schulpraxis.[20] Doch auch in diesem Bundesland ist erst 1957 eine entsprechende Fakultas eingeführt wurde. Zahlreiche hessische Sozialkundelehrer sind dann vor allem an der Marburger Universität von Wolfgang Abendroth ausgebildet worden.

Während Baden-Württemberg und Hessen bei der Einführung von schulischer Gemeinschafts- oder Sozialkunde voranschritten, galt politische Bildung in anderen Bundesländern wie Nordrhein-Westfalen als ausschließliche Aufgabe des Geschichtsunterrichts oder wurde wie in Bayern und Schleswig-Holstein ein sozialkundlicher Gymnasialzweig mit Sozialpraktika in Altersheimen und Kindergärten lediglich für Mädchen eingeführt, weil diese als weniger befähigt für naturwissenschaft-

18 Vgl. dessen anschaulichen Bericht in: Theodor Eschenburg: Anfänge der Politikwissenschaft und des Schulfaches Politik in Deutschland seit 1945 (= Augsburger Universitätsreden, Bd. 7), Augsburg 1986.

19 Mickel: Bildung, S. 260 ff.

20 Aufschlußreich nicht nur für die Geschichte des sozialkundlichen Schulfaches, sondern auch das Gründungsverständnis des Verfassungsschutzes ist die Tatsache, daß Ludwig Bergsträßer 1951 als Mitglied des Bundestagsausschusses «zum Schutze der Verfassung» Vorschläge zum politischen Unterricht an den Schulen und zur Lehrerbildung vorlegte. Mohr: Ausbildungsfach, S. 82.

lich-mathematische Gymnasien galten und im Lehrplan die «natürlichen Eigenheiten der Frau» stärker berücksichtigt werden sollten.[21] So bemühten sich in den fünfziger Jahren zahlreiche Institutionen und Organisationen ziemlich folgenlos um die bundesweite Einführung dieses Schulfaches.[22] Die Vereinigung für die Wissenschaft von der Politik bildete auf Initiative Ludwig Bergsträßers 1954 eine Kommission zur Erarbeitung eines «Studienplans für eine Lehrerprüfung in politischer Wissenschaft», der auch Wolfgang Abendroth, Arnold Bergstraesser, Theodor Eschenburg und Adolf Grabowsky angehörten. Doch kam diese Kommission nicht nur auf Grund der föderalen Unterschiede, sondern auch von Meinungsverschiedenheiten, ob das Schulfach mehr auf Faktenkunde oder die Vermittlung eines analytischen Beurteilungsvermögens auf dem Gebiet der Politik ausgerichtet sein sollte, nicht richtig voran, und so entschloß sich die Vereinigung für die Wissenschaft von der Politik 1958 zur Regionalisierung ihrer einschlägigen Bemühungen.

Die Westdeutsche Rektorenkonferenz (WRK) richtete schon 1949 eine Kommission zur politischen Bildung und Erziehung an den Universitäten und Hochschulen unter dem Göttinger Pädagogen Erich Weniger ein, die nach langjährigen Deliberationen schließlich die «Empfehlungen für die politische Bildung und Erziehung an den Universitäten und Hochschulen» erarbeitete, welche die WRK am 6. Januar 1954 verabschiedete.[23] Darin rang sich das Repräsentativorgan der bundesdeutschen Hochschulen zwar endlich zur Anerkennung der Politikwissenschaft als einem eigenständigen Universitätsfach durch, konnte aber seine fortwährende Skepsis gegenüber der Etablierung eines neuen akademischen Studiengangs und insbesondere der Überfrachtung des Schulunterrichts durch ein neues Fach nicht verbergen. Um die pädagogischen Reformbemühungen in der kulturföderalistischen Bundesrepublik zu intensivieren, wurde 1953 von Bund und Ländern der Deutsche Ausschuß für das Erziehungs- und Bildungswesen mit rund zwanzig unabhängigen Personen aus der Schulpraxis, Wissenschaft und Wirtschaft konstituiert, unter denen sich auf dem Gebiet der politischen Bildung vor allem Fritz Borinski engagierte.[24] Unter seiner Federführung erarbeitete der Deut-

[21] Mickel: Bildung, S. 133 ff.

[22] Mohr: Politikwissenschaft, S. 196 ff.

[23] Rolf Neuhaus (Hrsg.): Dokumente zur Hochschulreform 1945–1959, Wiesbaden 1961, S. 65 f.

[24] Fritz Borinski (1903–1988), ein Schüler Hermann Hellers sowohl als Jurist als auch in der Arbeiter- und Erwachsenenbildung, hatte im Dritten Reich emigrieren müssen. Als Leiter der Bremer Volkshochschule verfaßte er: Fritz Borinski: Der Weg

sche Ausschuß 1955 ein «Gutachten zur politischen Bildung und Erziehung», das sich aber auf Überlegungen zum Stellenwert der politischen Bildung in der Demokratie konzentrierte und dessen Empfehlungen daher eher allgemein blieben.[25]

Die zähen Bemühungen um die Einführung eines der Politikwissenschaft verbundenen Schulfaches erhielten erst durch die Ende der fünfziger, Anfang der sechziger Jahre immer dringender werdende Auseinandersetzung mit der «jüngsten deutschen Vergangenheit» einen wesentlichen Auftrieb. Ab November 1959 wurde die deutsche und internationale Öffentlichkeit durch eine Welle von antisemitischen Hakenkreuzschmierereien an jüdischen Synagogen und vor allem Friedhöfen erschreckt. Die Täter waren nicht etwa alte Nazis, die jetzt wieder aus ihren Löchern krochen, sondern nach 1945 aufgewachsene Jugendliche. Damit hatte man nicht gerechnet, vielmehr darauf gesetzt, daß nationalsozialistisches Gedankengut über kurz oder lang biologisch aussterben würde und die in der Bonner Republik nachwachsenden Generationen per se Demokraten sein würden. Ganz offensichtlich hatten in den fünfziger Jahren nicht nur die im Dritten Reich erwachsenen Deutschen ihre Vergangenheit und Mitschuld verdrängt,[26] sondern hatte auch die geschichtliche und staatsbürgerliche Bildungsarbeit an den Jüngeren versagt. Die Kultusministerkonferenz sah sich durch diese jugendlichen Hakenkreuzschmierereien dazu veranlaßt, am 12. Februar 1960 in den «Richtlinien über die Behandlung der jüngsten Vergangenheit im Geschichts- und gemeinschaftskundlichen Unterricht in den Schulen» eine intensivere Auseinandersetzung mit dem Dritten Reich zu empfehlen.[27]

Auf Grund dieses öffentlichen Schocks gelang es Anfang der sechziger Jahre, in allen Bundesländern das schulische Fach der Gemeinschaftskunde einzuführen und an den Universitäten vor allem die akademische Disziplin der Politikwissenschaft mit der Aus- und Fortbildung der Leh-

zum Mitbürger, Düsseldorf, Köln 1954. 1957 übernahm Borinski an der FU Berlin den Lehrstuhl für Erwachsenenbildung und gab den Anstoß zu zahlreichen Projekten der praktischen Bildungsarbeit dieser Universität, an denen auch der Verfasser als junger Diplom-Politologe mitwirken konnte.

[25] Abgedruckt in: Heinrich Schneider (Hrsg.): Politische Bildung in der Schule. Bd. 1: Grundfragen zur Entwicklung der Diskussion in der Bundesrepublik Deutschland (= Wege der Forschung, Bd. 424), Darmstadt 1975, S. 295 ff.

[26] Vgl. die sehr differenzierte und materialreiche Untersuchung von Norbert Frei: Vergangenheitspolitik. Die Anfänge der Bundesrepublik und die NS-Vergangenheit, München 1996.

[27] Sammlung der Beschlüsse der Ständigen Konferenz der Kultusminister der Länder in der Bundesrepublik Deutschland (Loseblattsammlung), Neuwied, Nr. 551.

rer in diesem Schulfach zu beauftragen. Damit wurde auch der Tatsache Rechnung getragen, daß die Politikwissenschaft und nicht die Geschichtswissenschaft bei der wissenschaftlichen Auseinandersetzung mit der jüngsten deutschen Vergangenheit der Vorreiter gewesen war. Den Grundsatzentschluß zur bundesweiten Einführung der Gemeinschaftskunde traf die Kultusministerkonferenz Ende September 1960 mit ihrer sogenannten «Saarbrücker Rahmenvereinbarung» zur Reform des Unterrichtsstoffes in der Oberstufe der Gymnasien. Der Text der Vereinbarung macht aber deutlich, daß Inhalt und Verantwortung für das neue Fach zwischen den beteiligten Universitätsfächern auch weiterhin umstritten und die Entscheidung zwischen dem Verständnis politischer Bildung als Unterrichts- oder als Fachprinzip noch nicht endgültig war, hieß es doch in der «Rahmenvereinbarung»: «Verbindliche Unterrichtsfächer in den Klassen 12 und 13 aller Schultypen sind weiterhin: Gemeinschaftskunde (insbesondere Geschichte, Geographie, Sozialkunde; es geht hier nicht um den Anteil der Fächer an der Stundenzahl, sondern um übergreifende geistige Gehalte), außerdem Leibesübungen und ein musisches Fach.»[28] Zwei Jahre später führte die KMK die Saarbrücker «Rahmenvereinbarung» in «Rahmenrichtlinien für die Gemeinschaftskunde» weiter aus, in welchen «facheigene Beiträge» der Fächer Geschichte, Geographie und Sozialkunde betont und in die Themenvorschläge für den Gemeinschaftskundeunterricht eingebracht wurden.[29]

Doch während die Schulfächer Geschichte und Geographie eindeutig bestimmten Universitätsdisziplinen zuzuordnen waren, galt das nicht für die «Sozialkunde». Für die Historiker erklärten deren Nestoren Alfred Heuß, daß das neue Fach, von dem sie sich wie von der DDR durch Anführungszeichen distanzierten, zu einem «didaktischen Okkultismus» führe, der die Idee des deutschen Gymnasiums untergrabe, und Gerhard Ritter, daß ihr Fach wegen der historischen Wurzel aller politischen und sozialen Gegenwartsphänomene auch die Lehrer für die Gemeinschaftskunde stellen könne.[30] Auch Waldemar Besson (1929–1971), der später

[28] Beschluß der Ständigen Konferenz der Kultusminister der Länder in der Bundesrepublik Deutschland über die Rahmenvereinbarung zur Ordnung auf der Oberstufe der Gymnasien vom 29. September 1960, in: Schneider: Bildung, Bd. 1, S. 311 f.

[29] Beschluß der Ständigen Konferenz der Kultusminister der Länder in der Bundesrepublik Deutschland über Rahmenrichtlinien für die Gemeinschaftskunde in den Klassen 12 und 13 der Gymnasien vom 5. Juli 1962, in: Schneider: Bildung, Bd. 1, S. 312–316.

[30] Alfred Heuß: «Gemeinschaftskunde», ein Kapitel moderner deutscher Pädagogik, in: Die Mitarbeit 15 (1966), S. 430–442, sowie in: Heinrich Schneider (Hrsg.): Politische Bildung in der Schule. Bd. 2: Die Beiträge der Unterrichtsfächer zur Ent-

vom Privatdozenten der Geschichte zum Erlanger Ordinarius der Politikwissenschaft mutierte, sprach sich damals für die akademische Verankerung des politischen Unterrichts in der Geschichtswissenschaft aus, während Karl Dietrich Erdmann eine eigenständige Fakultas für Sozialkunde konzedierte.[31] Die Repräsentanten der Politikwissenschaft hingegen wurden nicht müde, die Bedeutung ihres Faches für die akademische Ausbildung der Sozialkundelehrer herauszustellen. Die meisten von ihnen gingen allerdings nicht so weit wie Kurt Sontheimer, der direkt ein Monopol für die Politikwissenschaft beanspruchte, wenn er feststellte: «Die neue Idee der Gemeinschaftskunde als eines fächerübergreifenden Faches ist im Prinzip identisch mit der Idee der Politischen Wissenschaft.»[32] Die meisten Politikwissenschaftler aber, die sich an der Diskussion beteiligten,[33] bemühten sich in Abwehr der Alleinvertretungsansprüche von Historikern und Geographen um eine strategische Allianz mit den Soziologen. In diesem Sinne bildeten die Fachverbände der beiden Disziplinen eine Vereinigte Kommission zur Ausbildung und Prüfung der Sozialkundelehrer an der Universitäten, die im August 1964 ein Memorandum vorlegte, in welchem nicht nur eine eigenständige Lehrbefähigung für Sozialkundelehrer gefordert wurde, sondern auch die Vermittlung der Grundlagen der sozialkundlichen Lehrerausbildung der Politikwissenschaft und Soziologie zugesprochen und den übrigen Fächern (Rechts- und Wirtschaftswissenschaft) eine nachgeordnete Funktion zugewiesen wurde.[34]

wicklung der Diskussion in der Bundesrepublik Deutschland (= Wege der Forschung, Bd. 423), Darmstadt 1975, S. 324–343 und Gerhard Ritter: Geschichtsunterricht oder «Gemeinschaftskunde»?, in: Geschichte in Wissenschaft und Unterricht 13 (1962), S. 281–294.

[31] Waldemar Besson: Geschichte als politische Wissenschaft. Zum Verhältnis von nationalstaatlichem und historischem Denken, in: Aus Politik und Zeitgeschichte 12 (1962), H. 46, S. 586–592 und Karl Dietrich Erdmann: Entwurf einer historischen Gegenwartskunde, in: Geschichte in Wissenschaft und Unterricht 14 (1963), S. 28–45.

[32] Kurt Sontheimer: Politische Wissenschaft und Gemeinschaftskunde, in: Aus Politik und Zeitgeschichte 13 (1963), H. 34–35, S. 11–20, hier: S. 12. Vgl. noch grundsätzlicher: Kurt Sontheimer: Politische Bildung zwischen Utopie und Verfassungswirklichkeit, in: Zeitschrift für Pädagogik 9 (1963), S. 167–180, wiederabgedruckt in: Schneider: Bildung, Bd. 1, S. 202–221.

[33] Vgl. die Beiträge einer Tagung des Otto-Suhr-Instituts im Juni 1963: Hans-Hermann Hartwich (Hrsg.): Sozialkunde und Sozialwissenschaften. Zur Diskussion um das neue Fach Gemeinschaftskunde (= Zur Politik und Zeitgeschichte, Bd. 14/15), Berlin 1963.

[34] DGS/DVPW: Vorschlag der Vereinigten Kommission der Deutschen Gesellschaft für Soziologie und der Deutschen Vereinigung für Politische Wissenschaft zur

Die ziemlich kontroverse und stark verbandspolitisch geprägte Diskussion um das Schulfach der Gemeinschaftskunde[35] und seine universitären Voraussetzungen führte schließlich dazu, daß die einzelnen Bundesländer sehr unterschiedliche Regelungen trafen.[36] Der Kultusföderalismus bewirkte auch, daß für das neue Schulfach höchst divergente Namen gewählt wurden: Sozial-, Staatsbürger-, Gesellschafts-, Gemeinschafts-, Gegenwarts-, Politische Weltkunde. Das Thema der Lehrerausbildung hat die DVPW auch in den siebziger und vor allem achtziger Jahren intensiv beschäftigt, insbesondere als die Gemeinschaftskunde wieder aus dem Bereich der gymnasialen Pflichtfächer herauszufallen drohte.[37] 1980 hat die Vereinigung einen Ständigen Ausschuß für Lehre und Studienreform eingerichtet, in dem vor allem Hans-Hermann Hartwich sehr aktiv wurde.

Mit der akademischen Ausbildung von Sozialkundelehrern übernahmen es die Universitäten, nicht nur sozialwissenschaftliche Kenntnisse, sondern auch einschlägige didaktische Fähigkeiten zu vermitteln. Ab den sechziger Jahren profilierten sich daher manche Politikwissenschaftler auf Fragen der politischen Bildung (genannt seien Dieter Grosser, Hans-Hermann Hartwich, Manfred Hättich, Wolfgang Mickel, Rolf Schmiederer, Hans-Joachim Winkler und deren Schüler) und wurden vereinzelt Professuren zur Fachdidaktik der Politik- bzw. Sozialwissenschaft eingerichtet, auch einige Pädagogikprofessoren (insbesondere Wolfgang Gagel, Hermann Giesecke, Wolfgang Hilligen, Klaus Hornung, Bernhard Sutor) widmeten sich vor allem der Didaktik der politischen Bildung.[38] Zwischen diesen Spezialisten für politische Bildung und Didaktik kam es in Auswirkung der Studentenbewegung und des mit dem Antritt der sozialliberalen Bundesregierung 1969 verbundenen politischen Klimawechsels zu heftigen Diskussionen vor allem über die übergeordneten Ziele der politischen Bildung, die in einer bildungspolitischen Polarisierung zwischen systembewahrenden und systemüberwindenden Positionen mündete. Aber auch die unterschiedlichen Lernziele des Sozial-

Frage der Sozialkunde im Rahmen der Gemeinschaftskunde, in: Politische Vierteljahresschrift 5 (1964), S. 466–475. Vgl. dazu Hans Maier: Die Vorschläge der Vereinigten Kommission zur Ausbildung und Prüfung der Sozialkundelehrer an der Universität, in: Gesellschaft, Staat, Erziehung 10 (1965), S. 114–122.

35 Joachim H. Knoll: Die Gemeinschaftskunde. Eine kritische Betrachtung der bisherigen Diskussion, in: Zeitschrift für Pädagogik 10 (1964), S. 82–93.

36 Detallierte Darstellung bei Mickel: Bildung, S. 194–339.

37 Vgl. Mohr: Durchsetzung, S. 73 f.

38 Einen Überblick vermitteln: Hans-Werner Kuhn/Peter Massing (Hrsg.): Politische Bildung in Deutschland. Entwicklung, Stand, Perspektiven, Opladen 1993.

kundeunterrichts, zum Beispiel die Erziehung zu Einsichts-, Urteils-, Konflikt- oder Kritikfähigkeit waren höchst umstritten, wobei die Fronten in der fachdidaktischen Diskussion entsprechend der parteipolitischen Orientierung der einzelnen Bundesländer verliefen. Diese Kontroversen gipfelten 1972/73 im Streit um den Entwurf der «Hessischen Rahmenrichtlinien» für das Unterrichtsfach Gesellschaftskunde. 1976 einigten sich alle Beteiligten auf die Negativformel vom «Überwältigungsverbot», das heißt dem Verbot, Schüler im Unterricht zu doktrinieren und abweichende Auffassungen zu sanktionieren. Seitdem hat sich die Diskussion um die politische Bildung, auch unter dem Eindruck der 1978 auf dem Bonner Kongreß «Mut zur Erziehung» postulierten konservativen Trendwende, weitgehend auf pragmatische Fragen der Vermittlung im Sozialkundeunterricht zurückgezogen.

Während sich also die bundesdeutsche Politikwissenschaft in ihrer Gründungsphase der fünfziger Jahre insgesamt als eine (Allgemein-)Bildungswissenschaft verstand, hat sich in den sechziger Jahren eine politikwissenschaftliche Teildisziplin der politischen Bildung und Didaktik ausdifferenziert, der aber nur eine Randbedeutung zugewachsen ist, wie insgesamt die Vernachlässigung von Fragen der Lehrerausbildung durch die Gesamtdisziplin beklagt wird.[39] Die einschlägig interessierten und aktiven Wissenschaftler und Praktiker haben mit der Deutschen Vereinigung für Politische Bildung einen eigenen Verband gegründet. Als einschlägige Periodika, in denen nicht nur Grundsatzfragen der politischen Bildung erörtert, sondern auch sozialwissenschaftliche Themen für die Hand des Lehrers aufgearbeitet werden, sind vor allem die Zeitschriften «Gegenwartskunde» (seit 1954), «Gesellschaft, Staat, Erziehung» (seit 1956) und «Politische Bildung» (seit 1967) zu nennen; einen Überblick über die Vielfalt der institutionell-organisatorischen, curricularen und theoretischen Überlegungen vermittelt das «Handbuch zur politischen Bildung».[40]

Die Bemühungen um die Einführung eines Schulfachs im Bereich der politischen Bildung und dessen universitäre Absicherung in der Politikwissenschaft konzentrierten sich auf die Oberstufe der Gymnasien, was sowohl im wissenschaftlich-gesellschaftlichen Prestige dieser Schulart als auch im Alter der Schüler nahe an der staatsbürgerlichen Mündig-

[39] Gerd Stein: Politikwissenschaft und Lehrerausbildung – ein fortdauerndes Mißverhältnis?, in: Politische Vierteljahresschrift 23 (1982), S. 320–332.

[40] Wolfgang W. Mickel/Dietrich Zitzlaff (Hrsg.): Handbuch zur politischen Bildung (= Schriftenreihe der Bundeszentrale für politische Bildung, Bd. 264), Bonn 1988.

keit begründet war. Doch auch an den übrigen Schulen sollte die politische Bildung, zumindest als Unterrichtsprinzip, verstärkt werden. So führten in den sechziger und siebziger Jahren die Bestrebungen zur Institutionalisierung der sozialkundlich-politischen Ausbildung von Lehrern an Volksschulen zur Errichtung von politikwissenschaftlichen Dozenturen an den Pädagogischen Hochschulen in zahlreichen Bundesländern. Diese waren nach 1945 in großer Zahl gegründet worden, 1950 existierten bereits 78. Die Pädagogischen Hochschulen knüpften an die in der Weimarer Republik vor allem vom preußischen Kultusminister C. H. Becker initiierten Pädagogischen Akademien an, von denen die 1926 in Bonn etablierte Pädagogische Akademie auch für die Geschichte der Bundesrepublik Deutschland bedeutsam wurde, tagte doch in ihren Räumen ab 1948 zunächst der Parlamentarische Rat und dann, mit zahlreichen Um- und Neubauten, bis 1999 der Deutsche Bundestag und der Bundesrat. Der schon in der Weimarer Republik eingeleitete Prozeß der Verwissenschaftlichung der Volksschullehrerausbildung wurde dann durch die Reformbestrebungen der sechziger Jahre entschieden vorangetrieben, führte zunächst zur Anerkennung der PHen als wissenschaftliche Hochschulen und schließlich zu ihrer weitgehenden Integration in Gesamthochschulen und Universitäten. So existieren heute im Bereich der alten Bundesländer nur noch in Baden-Württemberg sechs eigenständige Pädagogische Hochschulen, alle anderen sind in den siebziger Jahren in den Universitäten aufgegangen, und auch die PH Rheinland-Pfalz mit Sitz in Koblenz und Landau ist inzwischen zu einer Universität umgewandelt worden. Von dieser Entwicklung der Verwissenschaftlichung des Bildungsgangs von Lehrern auch der Primarstufe profitierten die Sozialwissenschaften einschließlich der Politikwissenschaft nicht nur im Hinblick auf ihre Beteiligung an der grundwissenschaftlichen Ausbildung der Lehrer der Primarstufe, sondern auch durch die Schaffung weiterer Professuren für Politikwissenschaft, oft mit einem Schwerpunkt auf politischer Didaktik.

Insgesamt haben es die Politikwissenschaftler in den sechziger Jahren erreicht, daß ihr Fach in allen Bundesländern mehr oder weniger an der akademischen Ausbildung von Lehrern beteiligt ist. Doch war das in mancher Hinsicht ein Pyrrhussieg. Nicht nur haben die interdisziplinären Auseinandersetzungen um die universitäre Verankerung des Schulfachs Gemeinschaftskunde in den siebziger Jahren das Verhältnis zu den Nachbarwissenschaften, insbesondere der Geschichtswissenschaft, erheblich belastet. Dazu trug auch bei, daß manche reformgesinnten Politikwissenschaftler damals die Beschäftigung mit der Vergangenheit als per se konservativ ansahen und ihr die politikwissenschaftliche Analyse von Gegenwart und Zukunft als progressiv entgegensetzten. Auch hat die Lehrerausbildung in den achtziger Jahren einen arbeitsmarktbedingten Konjunktureinbruch erlebt, der dieses erste feste Standbein der Politikwissenschaft im Berufsausbildungssystem einknicken ließ.

c) Neue Lehr- und Forschungsgebiete

Die strukturelle Ausdifferenzierung der Politikwissenschaft schlug sich auch in der inhaltlichen Entwicklung der Lehr- und Forschungsgebiete nieder. Dabei wurden einerseits jene Teilbereiche systematisch ausgebaut, die bereits im Gründungsjahrzehnt der fünfziger Jahre eine zentrale Rolle gespielt hatten. Weiterhin stammten viele Untersuchungen zur deutschen Zeitgeschichte der Weimarer Republik und der Nazidiktatur von Politikwissenschaftlern, doch jetzt entdeckten auch die Historiker die jüngste deutsche Vergangenheit.[41] Eine Pionierfunktion dabei übernahm das 1952 gegründete Münchener Institut für Zeitgeschichte, in dessen Leitung aber bis heute historisch orientierte Politikwissenschaftler (zum Beispiel Theodor Eschenburg, Karl Dietrich Bracher, Hans-Peter Schwarz) eine führende Rolle spielen. In der zweiten Hälfte der sechziger Jahre mutierte die in Westberlin initiierte Forschung zur Sowjetzone unter der energischen Führung von Peter Christian Ludz (1931–1979)[42] zu einer empirisch orientierten sowie methodologisch anspruchsvollen DDR-Forschung und Anfang der siebziger Jahre zu einer vergleichenden Deutschlandforschung. Sie stieß mit den drei Bänden «Bericht der Bundesregierung und Materialien zur der Lage der Nation» (1971, 1972 und 1974) und dem «DDR-Handbuch»[43] auf erhebliche Resonanz in Öffentlichkeit und Politikberatung, war aber nicht nur wegen ihres system-

[41] Grundlegende Überlegungen zum Verhältnis der beiden Fächer: Hans Mommsen: Zum Verhältnis von politischer Wissenschaft und Geschichtswissenschaft in Deutschland, in: Vierteljahrshefte für Zeitgeschichte 10 (1962), S. 341–372.

[42] Vgl. Johannes L. Kuppe: Peter Christian Ludz: Zur Funktion von Ideologien in Geschichte und Gegenwart, in: Hans Karl Rupp/Thomas Noetzel (Hrsg.): Macht, Freiheit, Demokratie. Bd. 2: Die zweite Generation der westdeutschen Politikwissenschaft. Biographische Annäherungen, Marburg 1994, S. 111–127 sowie die Nachrufe, Vita und Bibliographie in: Ursula Ludz (Hrsg.): Peter Christian Ludz (1939–1979), Feldfing 1981.

[43] Bundesministerium für innerdeutsche Beziehungen (Hrsg.): DDR-Handbuch, Köln 1975; Bundesministerium für innerdeutsche Beziehungen (Hrsg.): DDR-Handbuch, 2 Bde., Köln [3]1985.

immanent-kritischen Ansatzes, sondern auch wegen der politischen Nähe von Ludz zur neuen Deutschlandpolitik der sozialliberalen Bundesregierung und der Zurücksetzung von älteren, konservativeren und wertenderen Bemühungen in der Deutschlandforschung umstritten.[44] An der Universität Mannheim baute Hermann Weber (geb. 1928) ab 1968 seinen politikwissenschaftlichen Lehrstuhl zu einem anerkannten Arbeitsbereich für Geschichte und Politik der DDR aus. Auf dem großen Gebiet der Erforschung der Innenpolitik der Bundesrepublik standen auch weiterhin Untersuchungen zum Parteiensystem und Analysen von Wahlen im Mittelpunkt, auch und gerade wegen ihrer politikberatenden Bedeutung. Nachdem diese Themenbereiche in den fünfziger Jahren lediglich am Westberliner Institut für Politische Wissenschaft unter Otto Stammer in einem selbständigen Forschungsinstitut bearbeitet worden waren, kam es in den sechziger Jahren auch an westdeutschen Universitäten zum organisatorischen Ausbau der politikwissenschaftlichen Lehrseminare zu Forschungsinstituten, wobei insbesondere die Freiburger Arbeitsstelle für Kulturwissenschaftliche Forschung unter Arnold Bergstraesser, die Heidelberger «Forschungsgruppe für Politik» unter Dolf Sternberger und das Kölner Forschungsinstitut für Politische Wissenschaft und Europäische Fragen unter Ferdinand A. Hermens hervorzuheben sind.

Zu diesen aus der Gründungsphase der bundesdeutschen Politikwissenschaft fortgesetzten Arbeitsfeldern kamen in den sechziger Jahren aber auch neue Forschungsgebiete, allen voran die *Analyse der Internationalen Politik*.[45] Am Ende der fünfziger Jahre hatten sowohl Otto Heinrich von der Gablentz in seinem Forschungsbericht als auch Mario Rainer Lepsius in seiner Denkschrift konstatieren müssen, daß die Kenntnis des Auslandes und der Außenpolitik der schwächste Punkt der

44 Eine spätere, aus der Perspektive der deutschen Wiedervereinigung besserwisserische Abrechnung: Jens Hacker: Deutsche Irrtümer. Schönfärberei und Helfershelfer der SED-Diktatur im Westen, Berlin 1992.

45 Vgl. die Berichte von Ernst-Otto Czempiel: Die Entwicklung der Lehre von den Internationalen Beziehungen, in: Politische Vierteljahresschrift 6 (1965), S. 270–290 und Ernst-Otto Czempiel: Der Stand der Wissenschaft von den Internationalen Beziehungen und der Friedensforschung in der Bundesrepublik Deutschland, in: Klaus von Beyme (Hrsg.): Politikwissenschaft in der Bundesrepublik Deutschland, Opladen 1986, S. 250–263 sowie Volker Rittberger/Hartwig Hummel: Die Disziplin «Internationale Beziehungen» im deutschsprachigen Raum auf der Suche nach ihrer Identität: Entwicklung und Perspektiven, in: Volker Rittberger (Hrsg.): Theorien der internationalen Beziehungen. Bestandsaufnahme und Forschungsperspektiven (= Politische Vierteljahresschrift – Sonderheft, Bd. 21), Opladen 1990, S. 17–47.

bundesdeutschen Politikwissenschaft seien.[46] Ausschlaggebend für die anfängliche Vernachlässigung der internationalen Beziehungen war die außenpolitische Situation der neugegründeten Bundesrepublik. Dem im Jahr 1949 auf dem Gebiet der drei westlichen Besatzungszonen etablierten deutschen Kernstaat wurde zunächst nur ein relativ eingeschränktes Recht zur inneren Selbstregierung zugestanden, seine außenpolitische Handlungsfähigkeit war noch lange Zeit der Oberherrschaft der drei Westalliierten unterworfen. Nach der innenpolitischen und wirtschaftlichen Teilsouveränität erreichte die Bundesrepublik im Jahr 1955 durch den Beitritt zur NATO und die Aufstellung der Bundeswehr auch auf dem Gebiet der Militär- und Sicherheitspolitik die Anerkennung als gleichberechtigter Partner, noch bis zur staatlichen Vereinigung von 1990 stand die Außenpolitik der Bundesrepublik Deutschland unter dem im Grundgesetz verankerten Vorbehalt des Ziels einer Wiederherstellung der deutschen Einheit und der Verantwortung der vier Siegermächte des Zweiten Weltkrieges für «Deutschland als Ganzes».

Diese besondere Lage bundesrepublikanischer Außenpolitik bestimmte auch die Themen der politikwissenschaftlichen Analysen internationaler Beziehungen, wie sie in den sechziger Jahren langsam in Gang kamen. So lag das Schwergewicht lange Zeit auf der Untersuchung der Außenpolitik der vier Siegermächte, ihren Beziehungen zur Bundesrepublik und damit auf den deutschlandpolitischen Aspekten der internationalen Beziehungen. Prototypisch für diese Verknüpfung der Untersuchung außenpolitischer Konstellationen mit deutschlandpolitischen Analysen wurde die wegweisende Freiburger Habilitationsschrift von Hans-Peter Schwarz über die außenpolitischen Konzeptionen sowohl der vier Siegermächte als auch der deutschen politischen Kräfte nach dem Zweiten Weltkrieg.[47] Aber auch in der ersten Geschichte der bundesrepublikanischen Außenpolitik von Waldemar Besson aus dem Jahr 1970 stand die «deutsche Frage» noch ganz im Mittelpunkt.[48] Erst in den siebziger Jahren, nach der Normalisierung und Öffnung bundesdeutscher Außenpoli-

[46] Otto Heinrich von der Gablentz: Politische Forschung in Deutschland, in: Otto Stammer (Hrsg.): Politische Forschung. Beiträge zum zehnjährigen Bestehen des Instituts für politische Wissenschaft (= Schriften des Instituts für politische Wissenschaft, Bd. 17), Köln, Opladen 1960, S. 153–173, S. 171 und Lepsius: Denkschrift, S. 96.

[47] Hans-Peter Schwarz: Vom Reich zur Bundesrepublik. Deutschland im Widerstreit der außenpolitischen Konzeptionen in den Jahren der Besatzungsherrschaft 1945 bis 1949, Neuwied 1966.

[48] Waldemar Besson: Die Außenpolitik der Bundesrepublik. Erfahrungen und Maßstäbe, München 1970.

tik im Gefolge der Anerkennung der DDR, erweiterte sich die Analyse der internationalen Beziehungen, vor allem auf den Gebieten der Sicherheits- und Entspannungspolitik.

Exemplarisch für die organisatorische Etablierung des Teilbereichs «Internationale Politik» war die Entwicklung in Westberlin. An der Deutschen Hochschule für Politik und ab 1953 auch an der Freien Universität lehrte über «Theorie und Geschichte der auswärtigen Politik» Eugen Fischer-Baling (1881–1964), der im Ersten Weltkrieg in der Auslandsabteilung der Obersten Heeresleitung und der Kulturabteilung des Auswärtigen Amtes einschlägige Erfahrungen gesammelt hatte, nach der Novemberrevolution im Parlamentarischen Untersuchungsausschuß des Reichstages zur Kriegsschuldfrage mitarbeitete und 1928 Direktor der Bibliothek des Deutschen Reichstages wurde.[49] Nach seinem altersbedingten Ausscheiden erreichte es Ernst Fraenkel, daß 1962 Richard Löwenthal (1908–1991) auf den Westberliner Lehrstuhl für «Außenpolitik» berufen wurde. Löwenthal, der Ende der zwanziger Jahre als Jungkommunist an der Universität Heidelberg auch bei Alfred Weber studiert und 1931 in Nationalökonomie promoviert hatte, war im Dritten Reich und in der Emigration der führende Kopf der sozialistischen Widerstandsgruppe «Neu Beginnen» gewesen und hatte sich nach dem Krieg in Großbritannien als angesehener Leitartikler profiliert.[50] Inzwischen zum entschiedenen Anhänger einer freiheitlichen und pluralistischen Sozialdemokratie geworden, nahm Löwenthal in Berlin unter großem Zuspruch der Studenten seine Lehrtätigkeit auf. Zwischen ihm und

[49] Vgl. sein Lehrbuch: Eugen Fischer-Baling: Theorie der auswärtigen Politik (= Die Wissenschaft von der Politik, Bd. 6), Köln, Opladen 1960. Zu seinen wechselvollen Lebensstationen Gerhard Hahn: Die Reichstagsbibliothek zu Berlin – ein Spiegel deutscher Geschichte. Mit einer Darstellung zur Geschichte der Bibliotheken der Frankfurter Nationalversammlung, des Deutschen Bundestages und der Volkskammer sowie einem Anhang: Ausländische Parlamentsbibliotheken unter nationalsozialistischer Herrschaft und Dokumenten, Düsseldorf 1997, S. 227 ff., 305 ff. u. 536 ff.

[50] Zur politischen Persönlichkeit Richard Löwenthals vgl. nicht nur dessen zwei Festschriften (Peter Raina (Hrsg.): Internationale Politik in den siebziger Jahren. Richard Löwenthal zum 65. Geburtstag, Frankfurt/Main 1973; Hannelore Horn/Alexander Schwan/Thomas Weingärtner (Hrsg.): Sozialismus in Theorie und Praxis. Festschrift für Richard Löwenthal zum 70. Geburtstag am 15. April 1978, Berlin 1978) und die Gedächtnisschrift (Gesine Schwan (Hrsg.): Wissenschaft und Politik in öffentlicher Verantwortung. Problemdiagnosen in einer Zeit des Umbruchs. Zum Gedenken an Richard Löwenthal, Baden-Baden 1995), sondern vor allem seine ausführliche Einführung «Nach 30 Jahren» in: Richard Löwenthal: Jenseits des Kapitalismus. Ein Beitrag zur sozialistischen Neuorientierung, mit einer ausführlichen Einführung «Nach 30 Jahren» (= Internationale Bibliothek, Bd. 96), Berlin ^{2}1977.

Fraenkel als den beiden in den frühen sechziger Jahren bedeutendsten Berliner Politikwissenschaftlern ergab sich eine regionale Arbeitsteilung der Welt: Während Fraenkel sich auf Innen- und Außenpolitik der «westlichen Demokratien» konzentrierte, lehrte und publizierte Richard Löwenthal über die politischen Systeme und internationalen Beziehungen der kommunistischen Mächte, insbesondere der Sowjetunion und der Volksrepublik China.

Hinter dieser jeweiligen Verbindung von Innen- und Außenpolitik standen zugleich programmatische Grundauffassungen über das Verhältnis von Außen- und Innenpolitik. Während in Deutschland unter dem Einfluß der Denk- und Politiktraditionen des Bismarckreiches bis weit in das 20. Jahrhundert der «Primat der Außenpolitik» vorherrschte, wonach die Außenpolitik als die von Kaiser, Kanzler und Diplomaten gestaltete «Große Politik» der Innenpolitik als bloßer Verwaltung oder gesellschaftlichem Kompromiß übergeordnet galt, und nur einige Nonkonformisten wie der Historiker Eckart Kehr in der Weimarer Republik vom «Primat der Innenpolitik» ausgingen,[51] legten A. Bergstraesser, Fraenkel und Löwenthal die Vorstellung einer wechselseitigen Verklammerung von Außen- und Innenpolitik zugrunde, die später unter Rezeption von Lehren der amerikanischen International Relations als «linkage approach» verfeinert wurde.

Aus dem Teilbereich der Internationalen Beziehungen haben sich weitere politikwissenschaftliche Teilgebiete ausdifferenziert. An erster Stelle ist die *Entwicklungsforschung* zu nennen.[52] Im Zuge des Dekolonisierungsprozesses nach dem Zweiten Weltkrieg hatten zahlreiche europäische Kolonien die politische Unabhängigkeit erhalten, für die sich der Begriff der Entwicklungsländer und in ihrer Gesamtheit die Bezeichnung «Dritte Welt» einbürgerte.

Auch in der Bundesrepublik Deutschland wurde gegen Ende der fünfziger Jahre die Hilfe für die Staaten der Dritten Welt als eine politische Aufgabe entdeckt, trat im Spektrum der internationalen Beziehungen neben die dominierende Westpolitik und die noch rudimentäre Ostpolitik.

51 Eckart Kehr: Der Primat der Innenpolitik. Gesammelte Aufsätze zur preußisch-deutschen Sozialgeschichte im 19. und 20. Jahrhundert, hrsg. von Hans-Ulrich Wehler, Berlin 1965.

52 Vgl. Franz Nuscheler (Hrsg.): Dritte-Welt-Forschung. Entwicklungstheorie und Entwicklungspolitik (= Politische Vierteljahresschrift – Sonderheft, Bd. 16), Opladen 1985 und Andreas Boeck: Entwicklungsforschung, in: Dieter Nohlen (Hrsg.): Lexikon der Politik. Bd. 2: Politikwissenschaftliche Methoden, hrsg. von Jürgen Kriz, Dieter Nohlen und Rainer-Olaf Schultze, München 1994, S. 100–105.

Seinen organisatorischen Niederschlag fand dieser neue außenpolitische Politikbereich 1961 in der Gründung des Bundesministeriums für wirtschaftliche Zusammenarbeit, das seit 1993 als Bundesministerium für wirtschaftliche Zusammenarbeit und Entwicklung firmiert. Die Bemühungen für die Dritte Welt waren aber nicht uneigennützig; für die Bundesrepublik lag die wesentliche Funktion ihrer staatlichen Entwicklungshilfe bis Ende der sechziger Jahre in dem deutschlandpolitischen Ziel, die Entwicklungsländer von der Anerkennung der DDR abzuhalten.[53] Der effiziente Einsatz der Mittel der Entwicklungshilfe setzte eine angemessene Kenntnis der Empfängerländer, insbesondere ihrer sozioökonomischen Strukturen und Perspektiven, voraus. Parallel zur staatlichen Entwicklungspolitik entstand daher in der Bundesrepublik die Entwicklungsländerforschung. So richtete Arnold Bergstraesser an der Freiburger Universität eine Arbeitsstelle für kulturwissenschaftliche Forschung ein, aus der nach seinem Tode (1964) das Arnold-Bergstraesser-Institut hervorging, das unter seinem Schüler Dieter Oberndörfer zu einem Zentrum der sozialwissenschaftlichen Entwicklungsländerforschung wurde.

Solche Bemühungen erfuhren Ende der sechziger Jahre einen erheblichen Aufschwung, als die Studentenbewegung die Spannungen zwischen entwickelten und unterentwickelten Staaten, den sogenannten Nord-Süd-Konflikt, entdeckte. Sie setzte ihre Hoffnungen auf die erste sozialliberale Bundesregierung unter Kanzler Willy Brandt, insbesondere auf Erhard Eppler als den Bundesminister für wirtschaftliche Zusammenarbeit in den Jahren 1969 bis 1974. Die Intensivierung der Entwicklungsländerforschung schlug sich nicht nur in zahlreichen Projekten und Publikationen,[54] sondern auch einer intensiven Theoriedebatte über Erklärungsmodelle für die Ursachen der Unterentwicklung und der strukturellen Abhängigkeit der Dritten Welt (Wachstums-, Imperialismus-, Dependenz- und Modernisierungstheorien) nieder. Sehr einflußreich für die entwicklungspolitische und -theoretische Diskussion wurde der Bericht der Nord-Süd-Kommission unter Vorsitz von Willy Brandt.[55] In den

[53] Vgl. Heinrich End: Zweimal deutsche Außenpolitik. Internationale Dimensionen des innerdeutschen Konflikts 1949–1972 (= Bibliothek Wissenschaft und Politik, Bd. 1), Köln 1972 und Hans-Joachim Spranger/Lothar Brock: Die beiden deutschen Staaten in der Dritten Welt. Die Entwicklungspolitik der DDR – eine Herausforderung für die Bundesrepublik Deutschland?, Opladen 1987.

[54] Beispielhaft: Dieter Nohlen/Franz Nuscheler (Hrsg.): Handbuch der Dritten Welt, Bd. 1–4, Hamburg 1974–1978.

[55] Independent Commission on International Development Issues: Das Überleben sichern. Gemeinsame Interessen der Industrie- und Entwicklungsländer. Bericht der Nord-Süd-Kommission. Mit einer Einleitung von Willy Brandt, Köln et al. 1980.

achtziger Jahren hat sich aber, auch aufgrund der politischen Trendwende in der Bundesrepublik von 1982, das allgemeine Engagement der Öffentlichkeit für die Dritte Welt eher abgeschwächt und konkreteren Dritte-Welt-Initiativen Platz gemacht. Auch in der akademischen Entwicklungsforschung ist weitgehend an die Stelle von großen Theoriedebatten die Arbeit an spezielleren Projekten getreten.

Im Rahmen der anwendungsbezogenen und politikberatenden Entwicklungsländerforschung ist auch in der Bundesrepublik der akademischen *Regionenforschung* (nach dem amerikanischen Vorbild der *area studies*) eine wachsende Bedeutung zugekommen. Darunter werden im Zusammenhang der internationalen Beziehungen und der Entwicklungsforschung nicht die innerstaatlichen Differenzierungen von einzelnen Territorien vor allem in Bundesstaaten, sondern die suprastaatlichen Gemeinsamkeiten und Kooperationen von Staaten einer geographischen Region, oft eines Kontinents oder Subkontinents, verstanden. Solche Bündelung von auslandswissenschaftlichen Länderanalysen zu Regionenstudien hat in Deutschland durchaus eine ältere, allerdings, wie im Fall der Osteuropaforschung und ihrer Verwicklung in die nationalsozialistische Großraumpolitik,[56] nicht immer unproblematische Tradition.

Zur politikwissenschaftlichen Regionenforschung muß schließlich auch die *Europaforschung* gezählt werden, die sich im Kontext der von der Bundesrepublik Deutschland seit ihrer Gründung entschieden unterstützten Politik einer wirtschaftlichen, politischen und vor allem auch kulturell-ideellen Integration unseres Kontinents entwickelt hat. Die wesentlichen Anstöße zur Europaforschung gingen dabei bezeichnenderweise in Westdeutschland weniger vom politikwissenschaftlichen Teilbereich der Internationalen Politik, sondern von der vergleichenden Verfassungslehre und Politikanalyse aus.[57] So beschäftigte sich seit den fünfziger Jahren Carl Joachim Friedrich unter dem Einfluß der von Althusius formulierten Lehre der symbiotischen Verfassung föderaler Gemeinschaften mit dem europäischen Integrationsprozeß, während in Köln Ferdinand A. Hermens Arbeiten über die europäischen Organisationen anregte. Selbst wenn seit den achtziger Jahren prominente deutsche Politik-

[56] Vgl. Christoph Kleßmann: Osteuropaforschung und Lebensraumpolitik im Dritten Reich, in: Aus Politik und Zeitgeschichte 34 (1984), H. 7, S. 33–45.

[57] Z. B. Werner Kaltefleiter: Funktion und Verantwortung in den europäischen Organisationen. Über die Vereinbarkeit von parlamentarischem Mandat und exekutiver Funktion (= Kölner Schriften zur politischen Wissenschaft, Bd. 3), Frankfurt/Main 1964 und Gerda Zellentin (Hrsg.): Formen der Willensbildung in den europäischen Organisationen, Frankfurt/Main, Bonn 1965.

wissenschaftler wie Beate Kohler-Koch, Martin Kreile, Werner Weidenfeld und Wichard Woyke sich den vielfältigen Aspekten des politischen Systems und der politischen Zusammenarbeit auf europäischer Ebene widmen, so wird man doch immer noch einen nationalstaatlichen Bias auch der deutschen Politikwissenschaft konstatieren müssen.[58]

Die bei der Entstehung und Entwicklung von politikwissenschaftlichen Teilgebieten wie insgesamt der Disziplin zu beobachtende Abhängigkeit von allgemeinen politischen Konjunkturen ist im Fall der bundesdeutschen *Friedens- und Konfliktforschung* besonders prägnant zu beobachten.[59] Ende der sechziger Jahre entstand in der Bundesrepublik im Rahmen der entspannungspolitischen Bemühungen um den Abbau der Konfrontationen des Kalten Krieges und nach dem Vorbild vor allem skandinavischer Bemühungen (insbesondere Johan Galtungs) aus der Wissenschaft von den Internationalen Beziehungen heraus eine selbständige Friedens- und Konfliktforschung. Ihr politischer Pate war der damalige Bundespräsident Gustav Heinemann, der im Oktober 1970 bei der Gründung der Deutschen Gesellschaft für Friedens- und Konfliktforschung (DGFK) den Vorsitz dieser von Bund und Ländern unterstützten, politisch aber wesentlich von der SPD, den Gewerkschaften und der Evangelischen Kirche getragenen Dachvereinigung übernahm. Das Entstehungsmotiv für dieses neue Teilgebiet war nicht nur die politische Prioritätensetzung, daß es sich bei der Friedenssicherung um das zentrale Problem der Zeit handelt, sondern auch eine Kritik an der Staatszentrierung der bisherigen außenpolitischen Forschung. So schlug sich in der Friedensforschung der politische Wille der Entspannungspolitik nieder, das im Verlauf des Kalten Krieges auf beiden Seiten aufgehäufte atomare Abschreckungspotential zu entschärfen, aber auch die sozialwissenschaftliche Erkenntnis vielfacher Interdependenzen von äußerer und innerer Gewaltsamkeit, von kriegerischen und gesellschaftlich-ideologischen Drohmustern.

In der bundesdeutschen Friedensforschung engagierten sich anfangs vor allem von der 68er-Bewegung motivierte jüngere und eher linke

[58] Vgl. Markus Jachtenfuß: Politikwissenschaftliche Europaforschung, in: Dieter Nohlen (Hrsg.): Lexikon der Politik. Bd. 5: Die Europäische Union, hrsg. von Beate Kohler-Koch und Wichard Woyke, München 1996, S. 214–219 und Michael Kreile (Hrsg.): Die Integration Europas (= Politische Vierteljahresschrift – Sonderheft, Bd. 23), Opladen 1992.

[59] Czempiel: Stand und Egbert Jahn: Friedens- und Konfliktforschung, in: Dieter Nohlen (Hrsg.): Lexikon der Politik. Bd. 6: Internationale Beziehungen, hrsg. von Andreas Boeckh, München 1993, S. 158–163.

Sozialwissenschaftler. Ihnen ging es um eine «Kritische Friedensforschung», wie sie Dieter Senghaas, von Frankfurt am Main an die neugegründete Universität Bremen berufen, 1971 in Anlehnung an die Kritische Theorie der Frankfurter Schule forderte.[60] Im Mittelpunkt sollte die Suche nach den Ursachen des «organisierten Unfriedens» in den dem Kapitalismus zugeschriebenen Deformationen westlicher Gesellschafts- und Herrschaftssysteme stehen. Ein ähnlich allgemeiner systemkritischer Impuls motivierte Anfang der siebziger Jahre auch die Gründung der Hessischen Stiftung für Friedens- und Konfliktforschung in Frankfurt am Main. Ende der siebziger Jahre hingegen bildete die durch den Doppelbeschluß der NATO bewirkte Nachrüstungsdebatte den Hintergrund für die Gründung eines Instituts für Friedensforschung und Sicherheitspolitik an der Universität Hamburg (IFSH). Dessen Leitung übernahm zunächst der SPD-Abrüstungsexperte Egon Bahr, heute steht Dieter S. Lutz an der Spitze. Sicherheitspolitische Analysen standen auch im Mittelpunkt der Arbeiten an der Heidelberger Forschungsstätte der Evangelischen Studiengemeinschaft unter Klaus von Schubert.

In den achtziger Jahren schwächte sich die anfängliche Hochkonjunktur der Friedensforschung in der Bundesrepublik ab. Dazu trug nicht nur die in der Friedensforschung und in den meisten sozialwissenschaftlichen Themengebieten sich weitende Kluft zwischen generellen Theoriebemühungen und empirischen Praxisprojekten sowie die Schwierigkeiten der Abgrenzung gegenüber den etablierten Fachgebieten, sondern vor allem der allgemeine politische Wandel bei. Nach der konservativen «Wende» im Herbst 1982 wurde 1983 vor allem auf Betreiben der bayerischen Staatsregierung die DGFK aufgelöst und die Förderung dieses Forschungsgebietes, wenn auch in eingeschränkterem Umfang, der Deutschen Forschungsgemeinschaft übertragen. Heute zeichnen sich die deutschen Forschungsprojekte zur Friedens- und Konfliktforschung durch größere politikpraktische Aktualität und sozialwissenschaftliche Professionalität, aber auch durch reduzierte allgemeine Ansprüche auf politischer und theoretischer Ebene aus.

Allen Teilgebieten des politikwissenschaftlichen Bereichs der Internationalen Politik ist im Hinblick auf die allgemeine Aufklärung von Öffentlichkeit und Politikern über die komplexen internationalen Beziehungen und deren innere Voraussetzungen eine erhebliche Praxisrelevanz zu eigen. Darüber hinaus besteht ein spezieller politikberatender Bedarf bei der Projektvorbereitung und -evaluation auf den Gebieten der Sicher-

60 Dieter Senghaas (Hrsg.): Kritische Friedensforschung, Frankfurt/Main 1971.

heitspolitik und der Entwicklungshilfe. Ein Großteil dieser praxisrelevanten Forschung auf dem Gebiet der internationalen Beziehungen ist allerdings nicht an den Universitäten, sondern in außeruniversitären Forschungsinstituten angesiedelt. An erster Stelle ist dabei das Forschungsinstitut der Deutschen Gesellschaft für Auswärtige Politik (DGAP) zu nennen.[61] Es geht auf die frühe Nachkriegsgründung des «Europa-Archivs» durch Wilhelm Cornides und das 1952 dieser Zeitschrift beigeordnete Frankfurter Institut für Europäische Politik und Wirtschaft zurück. Dieses ging in der DGAP auf, die 1955 nach britischem und amerikanischem Vorbild als eine überparteiliche außenpolitische Studiengesellschaft gegründet wurde. Erster Direktor dieses Instituts wurde Arnold Bergstraesser, der einen wesentlichen Einfluß auf das Jahrbuch «Die Internationale Politik» hatte, das 1958 erstmals für das Jahr 1955 erschien.[62] Bergstraesser gab sein Amt faktisch 1958, offiziell 1960 auf, als das Forschungsinstitut von Frankfurt am Main nach Bonn umzog. In der Folgezeit war als Direktor des Forschungsinstituts unter anderem von 1970 bis 1973 Karl Carstens nach seinem Ausscheiden aus dem Auswärtigen Amt und vor Beginn seiner politischen Karriere als CDU-Fraktionsvorsitzender und dann Bundespräsident tätig, seit 1977 hat Karl Kaiser dieses Amt inne. Noch unter seiner Leitung ist das Forschungsinstitut mit der Geschäftsstelle der Deutschen Gesellschaft für Auswärtige Politik Anfang 1999 nach Berlin als neuem Sitz von Regierung und Parlament umgezogen. Bereits 1995 hat das «Europa-Archiv» als das Publikationsorgan der DGAP den seiner Aufgabe und seinem Inhalt angemesseneren Titel einer Zeitschrift für «Internationale Politik» erhalten und wird seitdem von Werner Weidenfeld mit dem Ziel herausgegeben, sich am ambitiösen Vorbild der amerikanischen «Foreign Affairs» zu orientieren und als die führende deutschsprachige Fachzeitschrift für internationale Politik zu präsentieren.

Speziell mit Fragen der Sicherheits- und Rüstungs- bzw. Abrüstungspolitik beschäftigt sich seit 1965 das Forschungsinstitut für Internatio-

[61] Vgl. die detailreiche Untersuchung von Daniel Eisermann: Außenpolitik und Strategiediskussion. Die Deutsche Gesellschaft für Auswärtige Politik 1955 bis 1972 (= Schriften des Forschungsinstituts der Deutschen Gesellschaft für Auswärtige Politik e.V. Bonn – Reihe: Internationale Politik und Wirtschaft, Bd. 66), München 1999.

[62] Arnold Bergstraesser/Wilhelm Cornides: Die internationale Politik 1955. Eine Einführung in das Geschehen der Gegenwart, München 1958. Vgl. darin die programmatische Einleitung von A. Bergstraesser: Die weltpolitische Dynamik der Gegenwart, S. 1–51.

nale Politik und Sicherheit der Stiftung Wissenschaft und Politik (SWP) und steht damit in einem engeren Klientelverhältnis zum Auswärtigen Amt und Bundesverteidigungsministerium. Die Initiative zu dieser Gründung, die wesentlich auf die zunehmende Bedeutung von «Think Tanks» in den USA mit Beginn der Kennedy-Administration zurückzuführen ist,[63] ging unter anderem von Arnold Bergstraesser aus, der 1962 den Vorsitz des SWP-Stiftungsrates übernahm, die Verwirklichung seiner Pläne aber nicht mehr erlebte. Nachdem die Stiftung Wissenschaft und Politik während der Bonner Republik im idyllischen Ebenhausen südlich von München untergebracht war, ist sie Ende 2000 mit dem Kölner Bundesinstitut für Ost-Studien zusammengelegt und nach Berlin verlagert worden. Hinter diesen Veränderungen steht nicht nur der Umzug des politischen Entscheidungszentrums, das diese Forschungsinstitute vorzugsweise beraten, sondern auch die Auswirkung des weltpolitischen Umbruchs von 1989/90 auf die Analyse internationaler Beziehungen.

Forschung und Politikberatung auf dem Gebiet der internationalen Beziehungen ist auch eine wesentliche Aufgabe der politischen Stiftungen, wobei sich auf dem Gebiet der Entwicklungsländerforschung insbesondere die Friedrich-Ebert-Stiftung profiliert hat. Die Mitarbeiter der Forschungsabteilungen dieser Stiftungen übernehmen oft, wenn ihre Partei nicht an der Regierung ist, die Funktion von internationalen Horchposten der bundesdeutschen Opposition, was die Regierungsparteien als Schattenaußenpolitik anprangern, aber bei der Verbannung durch die Wähler in die Opposition ihrerseits aufnehmen.

Am Beispiel der Durchsetzung der politikwissenschaftlichen Teildisziplin zunächst der «Außenpolitik» und später der «Internationalen Beziehungen» kann auch in Deutschland beobachtet werden, wie sich neue Fächer und ihre Teilgebiete in komplexen Prozessen der Ausdifferenzierung von größeren Fächern und Themenzusammenhängen etablieren. Diese Entwicklung von Teilpolitologien fördert sicherlich deren empirische und theoretische Kompetenz, führt aber auf der anderen Seite zu Spezialgebieten, die auf Grund ihrer Fragmentierungen und Abschottungen für die Entwicklung der Gesamtdisziplin nicht unproblematisch sind.

63 Vgl. Winand Gellner: Ideenagenturen für Politik und Öffentlichkeit. Think Tanks in den USA und in Deutschland (= Studien zur Sozialwissenschaft, Bd. 157), Opladen 1995.

d) Akademische Schulen

Mit der quantitativen Expansion der Politikwissenschaft an den bundesdeutschen Universitäten und der inhaltlichen Ausdifferenzierung des Faches ging während der sechziger Jahre auch eine Erntezeit der akademischen Schulen in diesem Fach einher. Diese sind zwar nach ihren Universitätsorten benannt worden, doch konstitutiv für akademische Schulen als die Anhängerschaft von prominenten Gelehrten war die Ausstrahlungskraft ihrer Schulväter. Einigen Gründern der Disziplin gelang es, mit einem inhaltlich und methodologisch anspruchsvollen Programm einen Kreis von engagierten und getreuen Schülern zu inspirieren, die von Studierenden zu wissenschaftlichen Mitarbeitern, dann Habilitanden und schließlich jüngeren akademischen Kollegen des akademischen Meisters aufstiegen. Sie trugen dessen Lehr- und Forschungsprogramm nicht nur an andere Universitäten, sondern vor allem in die nächste Generation weiter. Aus soziologischer Sicht sind wissenschaftliche Schulen damit als wechselseitige protektive Sozialsysteme zwischen akademischen Lehrern und Schülern zu verstehen, wobei erstere von der Verbreitung ihres Gedankengebäudes, letztere durch die Förderung der eigenen Berufskarriere profitieren.[64]

Wie in keiner Zeit zuvor oder danach ist Schulen in der bundesdeutschen Politikwissenschaft in den sechziger Jahren eine disziplingeschichtliche Bedeutung zugesprochen worden. Neben einer normativ-ontologisch inspirierten Schule, die sich in München um Eric Voegelin bildete,[65] entstanden solch unterschiedliche und vom Ansatz oftmals gegensätzliche Gebilde wie die an Fragen der Ideengeschichte und des Parlamentarismus orientierte Heidelberger Schule Dolf Sternbergers[66] oder die auf Verfas-

[64] Vgl. Rudolf Stichweh: Zur Soziologie wissenschaftlicher Schulen, in: Wilhelm Bleek/Hans J. Lietzmann (Hrsg.): Schulen der deutschen Politikwissenschaft, Opladen 1999, S. 19–32.

[65] Vgl. Dietmar Herz/Veronika Weinberger: Die Münchener Schule der Politikwissenschaft, in: Wilhelm Bleek/Hans J. Lietzmann (Hrsg.): Schulen der deutschen Politikwissenschaft, Opladen 1999, S. 269–292.

[66] Vgl. Hans J. Lietzmann: Integration und Verfassung. Oder: Gibt es eine Heidelberger Schule der Politikwissenschaft?, in: Wilhelm Bleek/Hans J. Lietzmann (Hrsg.): Schulen der deutschen Politikwissenschaft, Opladen 1999, S. 245–268 sowie Bernhard Vogel: Dolf Sternberger zum 80. Geburtstag, in: Zeitschrift für Politik, N.F. 34 (1987), S. 371–377; Udo Bermbach: Dolf Sternberger. Zum 80. Geburtstag, in: Politische Vierteljahresschrift 29 (1988), S. 85–89 und Hans Karl Rupp: Dolf Sternberger: Sprache als Fundament des Politischen, in: Hans Karl Rupp/Thomas Noetzel: Macht,

sungs- und Wahlrechtsthemen spezialisierte Kölner Schule unter Ferdinand Hermens, die später in die empirisch-analytische Schule Rudolf Wildenmanns in Mannheim überging. Exemplarisch für dieses Phänomen soll auf die Freiburger Schule unter Arnold Bergstraesser und die Marburger Schule Wolfgang Abendroths eingegangen werden, die nicht nur die größte Ausstrahlungskraft erreichten, sondern auch verschiedenen Seiten des politischen Spektrums zugeordnet wurden. Abschließend wird die Frage zu beantworten sein, warum es in Westberlin, dieser Hochburg der bundesdeutschen Politikwissenschaft, nicht zur Bildung einer Schule gekommen ist.

Das erfolgreichste Beispiel einer politikwissenschaftlichen Schule verkörperte in den sechziger Jahren die sogenannte *Freiburger Schule*.[67] In der Breisgaustadt beeindruckte Arnold Bergstraesser durch seine charismatische Persönlichkeit als ein von der klassischen Antike, aber auch der deutschen Klassik inspirierter Bildungsbürger.[68] Doch entscheidend für seinen Erfolg als Schulvater wurde sein organisatorisches Talent als «Mittler zwischen Universität, Gesellschaft und Politik» (Hans-Peter Schwarz), das sich in der Gründung einer Vielzahl von Institutionen insbesondere auf den Gebieten der Politischen Bildung und der Internationalen Politik, der Mitgliedschaft in ungezählten Gremien und vor allem vielfältigen informellen Kontakten zu den Einflußreichen in Staat und Wirtschaft niederschlug.

Diese persönlichen Fähigkeiten und öffentlichen Aktivitäten setzte Arnold Bergstraesser zielgerichtet für die Verwirklichung des gleichermaßen wissenschaftlichen wie politischen Forschungsprogramms seiner Freiburger Schule ein.[69] Politikwissenschaft war für ihn eine «synoptische Wissenschaft», welche die Bemühungen der kulturwissenschaftlichen Nachbardisziplinen um das Verständnis der Politik und des Politi-

Freiheit, Demokratie. [Bd. 1]: Anfänge der westdeutschen Politikwissenschaft. Biographische Annäherungen, Marburg 1991, S. 97–106.

67 Vgl. Horst Schmitt: Die Freiburger Schule 1954–1970. Politikwissenschaft in «Sorge um den deutschen Staat», in: Wilhelm Bleek/Hans J. Lietzmann (Hrsg.): Schulen der deutschen Politikwissenschaft, Opladen 1999, S. 213–244.

68 Vgl. den einfühlsamen Nachruf von Ernst Fraenkel: Arnold Bergstraesser: 14. Juli 1896–24. Februar 1964, in: Jahrbuch für Amerikastudien 10 (1965), S. 8–14.

69 Vgl. neben dem programmatischen Aufsatz von Arnold Bergstraesser: Die Stellung der Politik unter den Wissenschaften (1957/58), in: Arnold Bergstraesser. Politik in Wissenschaft und Bildung, Freiburg/Breisgau ^{2}1961, S. 17–31 vor allem die detailreiche Dissertation von Horst Schmitt: Politikwissenschaft und freiheitliche Demokratie. Eine Studie zum Forschungsprogramm der «Freiburger Schule» 1954–1970, Baden-Baden 1995.

schen durch die Fokussierung auf das Problem des Gemeinwohls auf eine eigenständige Ebene heben sollte. Daher verstand Bergstraesser die Politikwissenschaft als eine normative Disziplin, der es um die Orientierung und Bewertung politischer Realitäten an den Maßstäben einer guten und gerechten Ordnung ging. Dieses Verständnis gipfelte in der Konzeption der Politikwissenschaft als einer «praktischen Wissenschaft», womit die Freiburger Schule nicht nur an die aristotelische Tradition der älteren Lehre der Politik anknüpfte, sondern dem nach 1945 wiederbelebten Fach auch die Aufgabe einer umfassenden Vermittlung zwischen politischer Wissenschaft und politischer Praxis setzte. Dieses Schulprogramm fand in der Freiburger Bezeichnung des Faches als «Wissenschaftlicher Politik» seinen Niederschlag. Politikwissenschaft als praktische Wissenschaft und wissenschaftliche Politik hieß für die Freiburger vor allem, die freiheitliche und demokratische Grundordnung der jungen Bundesrepublik nicht nur wissenschaftlich zu analysieren, sondern auch politisch gegen alle inneren und äußeren Gefährdungen zu stärken. So beruhte das Freiburger Schulprogramm unter den zeitgenössischen Rahmenbedingungen des Kalten Krieges zwischen dem westlichen Lager und dem sowjetischen Block vor allem auf der entschiedenen Entgegensetzung der normativen Ideen der freiheitlichen Demokratien des Westens und der totalitären Ideologie der kommunistischen Diktaturen. Damit entsprach das Freiburger Verständnis von Politikwissenschaft der damals weitverbreiteten Forderung nach einer «geistigen Aufrüstung» des Westens in der ideologischen Auseinandersetzung mit dem Marxismus-Leninismus.

Arnold Bergstraesser hat diese anspruchsvolle und weitgreifende Konzeption in Lehrveranstaltungen und Vorträgen vermittelt, deren Veröffentlichung ihren programmatischen und essayistischen Charakter belegt.[70] Er hat es seinen Schülern überlassen, dieses schulpolitische Programm nicht nur auszuführen,[71] sondern vor allem durch ihre Promotions- und Habilitationsarbeiten in den politikwissenschaftlichen Teilbereichen in die Forschung umzusetzen und sich damit für die Besetzung von Professuren in der sich ausdifferenzierenden Disziplin zu qualifizieren.

[70] Vgl. vor allem den Sammelband: Arnold Bergstraesser (Hrsg.): Politik in Wissenschaft und Bildung, Freiburg/Breisgau 1961.

[71] Insbesondere in deren Festschrift für Arnold Bergstraesser: Dieter Oberndörfer (Hrsg.): Wissenschaftliche Politik. Eine Einführung in die Grundfragen ihrer Tradition und Theorie, Freiburg/Breisgau 1962.

Der erste Freiburger Assistent Arnold Bergstraessers wurde Kurt Sontheimer, der seinen späteren Lehrer 1952 als Austauschstudent an der University of Chicago kennengelernt hatte und im Jahr darauf bei ihm an der Universität Erlangen über «Die amerikanische Soziologie als Organ des Konformismus» promovierte.[72] 1960 habilitierte sich Sontheimer mit einer Untersuchung über das «Antidemokratische Denken in der Weimarer Republik»,[73] die mit ihrer Analyse des intellektuellen Nationalismus in der ersten deutschen Demokratie nicht nur auf bahnbrechende Weise die beiden Gebiete der Ideen- und Zeitgeschichte verband, sondern sich gleichzeitig sehr sublim mit dem auch von seinem Schulvater vertretenen Gedankengut der «konservativen Revolution» auseinandersetzte, das zum Untergang der Weimarer Republik beigetragen hatte. Obwohl er Bergstraesser und dessen Verstrickungen nicht erwähnte, durchschaute dieser doch die vielleicht unterbewußte Absicht und verbannte den illoyalen Schüler an eine Pädagogische Hochschule (Osnabrück), bevor Sontheimer 1962 durch den Ruf an die Freie Universität unter den Einfluß von Ernst Fraenkel und dessen Neopluralismustheorie sowie vergleichende Lehre der Herrschaftssysteme geriet.

Ein leichteres Auskommen mit Bergstraesser hatte der Nachfolger Sontheimers auf dessen Freiburger Assistentenstelle. Hans Maier (geb. 1931) war nicht nur von der Persönlichkeit, sondern auch seinen Forschungsgebieten her weniger auf Kontroverse mit Arnold Bergstraesser angelegt.[74] Er promovierte 1957 bei Bergstraesser mit einer ideengeschichtlichen Arbeit über die Frühgeschichte der christlichen Demokratie im 19. Jahrhundert; der politische Katholizismus prägte später auch seine langjährige Tätigkeit als bayerischer Kultusminister (1970–1986) und vor allem als Vorsitzender des Zentralkomittees der deutschen Katholiken (1976–1988). Daneben galt Maiers ideengeschichtliches Forschungsinteresse vor allem der Geschichte der älteren Lehre der Politik, über die er

72 Vgl. meine biographische Skizze des eigenen akademischen Vaters: Wilhelm Bleek: Kurt Sontheimer: Politikwissenschaft als öffentlicher Beruf, in: Hans Karl Rupp/Thomas Noetzel (Hrsg.): Macht, Freiheit, Demokratie. Bd. 2: Die zweite Generation der westdeutschen Politikwissenschaft. Biographische Annäherungen, Marburg 1994, S. 27–44.

73 Kurt Sontheimer: Antidemokratisches Denken in der Weimarer Republik. Die politischen Ideen des deutschen Nationalismus zwischen 1918 und 1933, München 1962.

74 Vgl. Thomas Noetzel: Hans Maier: Traditionsbestände des summum bonum, in: Hans Karl Rupp/Thomas Noetzel (Hrsg.): Macht, Freiheit, Demokratie. Bd. 2: Die zweite Generation der westdeutschen Politikwissenschaft. Biographische Annäherungen, Marburg 1994, S. 99–110.

sich 1962 mit einer Arbeit über «Die ältere deutsche Staats- und Verwaltungslehre (Polizeiwissenschaft)» habilitierte.[75] Im selben Jahr wurde er an die Universität München auf deren zweiten politikwissenschaftlichen Lehrstuhl berufen.

Ähnliche fachliche wie berufliche Schwerpunkte in der Demokratietheorie und politischen Bildung kennzeichneten Manfred Hättich (geb. 1925), der 1957 über «Wirtschaftsordung und katholische Soziallehre» promovierte, sich 1965 – nach Bergstraessers Tod – mit der Schrift «Demokratie als Herrschaftsordnung» habilitierte und 1967 nach Mainz berufen wurde, bevor er 1970 die Leitung der Politischen Akademie in Tutzing und pro forma eine Professur in München übernahm. Am stärksten verkörperte die Freiburger Schultradition der politischen Ideengeschichte Alexander Schwan (1931–1989), der sich 1959 bei Bergstraesser mit einer Arbeit über Heideggers politische Philosophie promoviert hatte und 1965 in Freiburg mit der Studie «Geschichtlichkeit und Politik. Zur Grundlegung politischer Ethik in der Geschichtstheologie Friedrich Gogartens und Rudolf Bultmanns» habilitiert wurde. 1966 wurde Alexander Schwan als Professor für Geschichte der politischen Theorien an die FU Berlin berufen und war dort mit dem Mitfreiburger Kurt Sontheimer einer jener engagierten Anhänger der Universitätsreform, die sich später deren revolutionären Auswüchsen entgegenstemmten.

Neben der politischen Ideengeschichte galt Arnold Bergstraessers besonderes Engagement der Etablierung der politikwissenschaftlichen Teildisziplin der Internationalen Politik. Als ersten seiner Schüler habilitierte er auf diesem Gebiet 1960 mit einer Arbeit über «Die amerikanische Außenpolitik vor dem Problem der Koexistenz» Dieter Oberndörfer (geb. 1929), der 1963 neben Bergstraesser den zweiten Freiburger Lehrstuhl für Politikwissenschaft erhielt.

Die Liste der Bergstraesser-Schüler (zu denen vor allem noch Gottfried-Karl Kindermann und Hans-Peter Schwarz zu zählen sind) ließe sich fortsetzen, doch das Geheimnis des Erfolgs dieser politikwissenschaftlichen Schule in den sechziger Jahren ist bereits deutlich geworden. Arnold Bergstraesser verstand es nicht nur, seine Schüler für jene politikwissenschaftlichen Teilbereiche zu qualifizieren, deren Professuren im Zuge der Ausdifferenzierung des Faches seit 1960 erstmals zu besetzen

[75] Hans Maier: Die ältere deutsche Staats- und Verwaltungslehre (Polizeiwissenschaft). Ein Beitrag zur Geschichte der politischen Wissenschaft in Deutschland (= Politica, Bd. 13), Neuwied, Berlin 1966. Vgl. auch seine Aufsatzsammlung: Hans Maier: Politische Wissenschaft in Deutschland. Aufsätze zur Lehrtradition und Bildungspraxis, München 1969.

waren, dieser Erfolg gelang ihm auch «just in time». Während an anderen Universitäten die politikwissenschaftlichen Habilitationen erst Anfang der siebziger Jahre zunahmen, hatten die Freiburger das Angebot bereit, als in den sechziger Jahren im Gefolge der Expansion der Hochschulen und des Faches die Nachfrage nach qualifizierten Hochschullehrern der Politikwissenschaft dramatisch anstieg. Selbst «Der Spiegel» wies im November 1966 auf die erstaunlichen «Blitz-Karrieren» der Freiburger «Junior-Professoren» hin.[76]

Obwohl zahlreiche Mitglieder der Freiburger wie auch der Münchener Schule sich in der Aufbruchsstimmung der sechziger Jahre für die Sozialdemokratie engagierten, hing beiden Schulen infolge ihres Rekurses auf die klassische politische Philosophie, aber auch des politischen Standorts ihrer Schuloberhäupter und der parteipolitischen Zusammensetzung der jeweiligen Landesregierung ein konservativer Ruf an. Aus dieser politischen Perspektive erhielt die *Marburger Schule* das Gegenimage einer radikalsozialistischen Schule in der bundesdeutschen Politikwissenschaft.[77] Sie wurde durch die politische Persönlichkeit Wolfgang Abendroths geprägt, der 1950 an die traditionsreiche Philipps-Universität berufen worden war und dort bis 1967 der einzige Hochschullehrer für «Wissenschaftliche Politik» war.[78]

Der entschiedene Antifaschist und Marxist Abendroth stellte seine eigenen politischen Lebenserfahrungen und Anliegen in den Mittelpunkt des politikwissenschaftlichen Lehr- und Forschungsprogramms an der kurhessischen Landesuniversität. Grundlegend für die Marburger Schule war weniger ein spezifischer theoretischer und methodologischer Ansatz, sondern die Betonung bestimmter inhaltlicher Themenfelder, insbesondere die politische Willensbildung in Parteien sowie Verbänden, die Ana-

76 O. A.: Politologie. Eine Art Tribunal, in: Der Spiegel (28. 11. 1966), S. 166–196.

77 Vgl. den sehr differenzierten Bericht von Christoph Hüttig/Lutz Raphael: Die «Marburger Schule(n)» im Umfeld der westdeutschen Politikwissenschaft 1951–1975, in: Wilhelm Bleek/Hans J. Lietzmann (Hrsg.): Schulen der deutschen Politikwissenschaft, Opladen 1999, S. 293–318, eine überarbeitete Fassung des Aufsatzes: Christoph Hüttig/Lutz Raphael: Die «wissenschaftliche Politik» der «Marburger Schule(n)» im Umfeld der westdeutschen Politikwissenschaft 1951–1975, in: Politische Vierteljahresschrift 33 (1992), S. 427–454.

78 Zu Leben und Werk Abendroths vgl. Wolfgang Abendroth: Ein Leben in der Arbeiterbewegung. Gespräche, aufgezeichnet und hrsg. von Barbara Dietrich und Joachim Perels, Frankfurt/Main 1976 und Hans Karl Rupp: Wolfgang Abendroth: Klassengesellschaft und Demokratie, in: Hans Karl Rupp/Thomas Noetzel: Macht, Freiheit, Demokratie. [Bd. 1]: Anfänge der westdeutschen Politikwissenschaft. Biographische Annäherungen, Marburg 1991, S. 57–72.

lyse von lokalen Wahlstudien aus historisch-soziologischer Perspektive und die Herrschaftsinstitutionen und -praxis des «Dritten Reiches» sowie die Vielfalt der politischen Gruppierungen der Arbeiterbewegung in der Weimarer Republik und im Widerstand gegen das nationalsozialistische Regime. Ausschlaggebend für das Marburger Profil war der zugrundeliegende radikaldemokratische und sozialistische Grundkonsens. Ihm zufolge durfte sich die Verwirklichung der demokratischen Grundordnung des nachfaschistischen Staates nicht auf die staatlichen Institutionen und den politischen Prozeß beschränken, sondern sollte durch die «Demokratisierung» auch der Gesellschaft und Wirtschaft letzten Endes die Überwindung der antidemokratischen Gefahrenpotentiale des modernen Kapitalismus in einer sozialistischen Ordnung herbeigeführt werden.

Abendroth und seine Marburger Schüler vertraten mit diesen Auffassungen politische Positionen, die in den fünfziger Jahren auch von der Mehrheit der Mitglieder und der Führung seiner Partei, der SPD, geteilt wurden. Doch während die Sozialdemokratie mit dem Godesberger Parteiprogramm von 1959 in die Mitte des politischen Spektrums zu rücken versuchte, hielt Abendroth an seinen marxistischen Grundauffassungen fest und orientierte sich mit der Studentenschaft nach links. Als sich 1960 der SPD-Parteivorstand vom Sozialistischen Deutschen Studentenverband abgrenzte, weigerten sich Abendroth und Ossip K. Flechtheim in Berlin, sich von der Zusammenarbeit mit dem SDS zu lösen, und wurden daraufhin aus der SPD ausgeschlossen. Politisch und politikwissenschaftlich geriet die Marburger Universität in den Folgejahren in den Sog der Studentenbewegung, war neben Westberlin und Frankfurt am Main eine ihrer Hochburgen. Unter dem Einfluß der von der Frankfurter Schule propagierten Kritischen Theorie veröffentlichten die Marburger Politikwissenschaftler 1968 auf dem Höhepunkt der antiautoritären Hochschulproteste eine von linksstehenden Studierenden in der ganzen Bundesrepublik intensiv benutzte «Einführung in die politische Wissenschaft»,[79] deren Beiträge weitgehend der Marburger Mittelbau verfaßte, während sich Abendroth und sein soeben habilitierter Schüler Kurt Lenk auf die Herausgeberschaft und Schlußredaktion beschränkten.

Soziale Herkunft und berufliche Zukunft der Schüler Wolfgang Abendroths waren in den fünfziger und sechziger Jahren weitgehend durch das sozialdemokratische Milieu des Landes Hessen bestimmt, das damals durch die langjährige Ministerpräsidentenschaft Georg August

[79] Wolfgang Abendroth/Kurt Lenk (Hrsg.): Einführung in die politische Wissenschaft, München 1968.

Zinns und dessen sozialdemokratische Reformpolitik unter der Parole «Hessen vorn» geprägt wurde. Zahlreiche Mitglieder der Marburger Schule kamen aus dem Umfeld von Parteien und Gewerkschaften und gingen nach dem Studium dorthin zurück. Andere hessische Sozialdemokraten, die in Marburg Wissenschaftliche Politik studiert hatten, entschieden sich für politische Karrieren: Auch der frühere hessische Ministerpräsident und heutige Bundesfinanzminister Hans Eichel hat in den sechziger Jahren als Vorbereitung auf das höhere Lehramt in Marburg Politikwissenschaft studiert, bevor er in seiner Heimatstadt Kassel Oberbürgermeister wurde.

Die Institutionalisierung des Schulfaches «Gesellschaftskunde» in Hessen brachte mit Beginn des sechziger Jahre einen großen Aufschwung nicht nur der Studentenzahlen und des Mitarbeiterstabes am politikwissenschaftlichen Institut der Universität Marburg, auch die akademischen Karrierechancen der Abendroth-Schüler wurden dadurch gefördert. Berufungen von Marburger Habilitanten und später in der westdeutschen Zunft angesehenen Hochschullehrern wie von Kurt Lenk nach Erlangen oder von Werner Link nach Köln sprachen für das Renommee der Marburger Schule. In diesem Zusammenhang ist auch zu erwähnen, daß Wolfgang Abendroth bereits 1961 Jürgen Habermas mit dessen wegweisender Studie über den «Strukturwandel der Öffentlichkeit» in Marburg mit der Habilitation im Fach Wissenschaftliche Politik die akademische Karriere eröffnete, die ihm in Frankfurt am Main Max Horkheimer, dem Habermas zu politisch und links erschien, verweigerte.[80] Doch überwiegend machten Marburger Nachwuchswissenschaftler in der Region, insbesondere an der Universität Gießen und der Gesamthochschule Kassel, akademische Karriere.

Nichts hat den Ruf der Marburger Schule stärker ramponiert als die institutsinterne Nachwuchsrekrutierung in den sechziger und siebziger Jahren. Ein Kreis von Doktoranden erklomm die Marburger Karriereleiter von der studentischen Hilfskraft zum Assistenten bzw. Oberassistenten und schließlich beamteten Professor (zum Beispiel Frank Deppe, Georg Fülberth, Reinhard Kühnl und Peter Römer). Ihnen war nicht nur die entschiedene Frontstellung sowohl gegenüber der als «bürgerlich» kritisierten herkömmlichen Politikwissenschaft und den unorthodoxen Neuansätzen im Fach unter dem Einfluß der Kritischen Theorie der

80 So warnte Max Horkheimer 1958 in einem Brief an Theodor W. Adorno vor dem revolutionären Potential, das in Habermas stecke. Vgl. Rolf Wiggershaus: Die Frankfurter Schule. Geschichte, Theoretische Entwicklung, Politische Bedeutung, München [5]1997, S. 597 ff.

Frankfurter Schule sowie die eindeutige Zugrundelegung der orthodoxen Methoden der Politikökonomie und vor allem des Konzeptes des staatsmonopolistischen Kapitalismus (Stamokap) gemeinsam, sondern insbesondere auch die enge politische und institutionelle Zusammenarbeit mit der 1968 neugegründeten Deutschen Kommunistischen Partei (DKP) und das Eintreten für Anspruch und Wirklichkeit der DDR als des zweiten deutschen Staates.[81] Diese am Marburger Fachbereich Gesellschaftswissenschaften, in den das Institut für wissenschaftliche Politik aufgegangen war, offen propagierte «Parteilichkeit» für ein orthodox marxististisches, wenn nicht realsozialistisches Verständnis von Wissenschaft trug der «Marburger Schule» den Ruf einer kommunistischen «Parteihochschule» (Fritz Vilmar) ein. Dabei wurde oft übersehen, daß in der Marburger Politikwissenschaft nicht nur hausinterne Nachwuchswissenschaftler mit DKP-Orientierung Karriere machten, sondern auf der Ebene der Professoren auch zahlreiche von außen, insbesondere aus der Schule Karl Dietrich Brachers stammende sozialdemokratische, liberale oder parteiunabhängige Wissenschaftler (Theo Schiller, Wilfried von Bredow, Hans Karl Rupp, Michael Th. Greven) berufen wurden.

Wolfgang Abendroth hat bis zu seinem Tode im Jahr 1985 die politische und wissenschaftliche Engführung der von ihm gegründeten Marburger Schule verteidigt, weil er in den Angriffen auf sie eine Fortsetzung der antidemokratischen und antisozialistischen Unterdrückungspolitik des kapitalistischen Staates sah, die er zeitlebens bekämpft hatte. Doch mit Christoph Hüttig und Lutz Raphael als den Chronisten der Marburger Schule wird man gut daran tun, deren Entwicklung nicht lediglich vom Ende her zu sehen und darauf zu verkürzen, sondern vielleicht sogar im Hinblick auf die Entwicklungsphasen von drei Marburger Schulen sprechen können.[82]

Alle Beobachter sind sich darin einig, daß es in Westberlin nicht zur Bildung einer «Berliner Schule» der Politologie gekommen ist, auch wenn sich Autoren der Freiburger Schule zeitweise darum bemüht haben, den empirisch-wertfreien Bemühungen am Berliner Institut für Politische Wissenschaft ein solches Etikett als Feindbild anzuhängen. Die Gründe sind umstritten. Hubertus Buchstein führt die Nichtexistenz einer Berliner Schule vor allem auf das Fehlen einer dominierenden

[81] Zur Kritik des sogenannten «Marburger Systemvergleichs» (Heinz Jung/Frank Deppe/Karl Hermann Tjaden et al.: BRD-DDR. Vergleich der Gesellschaftssysteme, Köln 1971) vgl. Wilhelm Bleek: Zwischendeutsche Vergleiche. Politische Probleme und politikwissenschaftliche Möglichkeiten, in: Deutschland Archiv 15 (1982), S. 717–739.

[82] Hüttig/Raphael: Schule(n).

Gründerfigur zurück, bei aller Anerkennung für die Ausstrahlungskraft Ernst Fraenkels, der aber in Konkurrenz mit Otto Stammer, Otto Heinrich von der Gablentz, Gerd von Eynern, Ossip K. Flechtheim und einer Vielzahl weiterer Berliner Politikwissenschaftler der ersten Generation stand.[83] Entsprechend heterogen waren die Ansätze, die sich unter dem gemeinsamen Dach der Berliner Politikwissenschaft zusammenfanden, und deren Einfluß auf die nächste Generation der Berliner Politologen.

So ist Ernst Fraenkels Lehr- und Forschungsprogramm zwar von seinem Schüler Winfried Steffani fortgeführt worden, doch seine übrigen Schüler waren für ihn eher eine wissenschaftliche und menschliche Enttäuschung. Das Banner der Pluralismustheorie übernahm von Fraenkel mit Kurt Sontheimer bezeichnenderweise ein Freiburger. Noch am ehesten gelang es Otto Stammer, seinen Mitarbeitern und Schülern Jürgen Fijalkowski, Peter Christian Ludz und Peter Weingart einen gewissen Stempel aufzudrücken. Gert von Eynern hat mit seiner auf die Interdependenz von Politik und Wirtschaft abzielenden «Politischen Wirtschaftslehre» Schüler wie Carl Böhret, Dieter Grosser und Hans-Hermann Hartwich beeinflußt, ohne daß man von einer expliziten Schule sprechen kann.[84] Auch Ossip K. Flechtheim hat mit seinem entschiedenen, aber nonkonformistischen Eintreten für marxistische Positionen und seinem Plädoyer für eine «Futorologie» als Zukunftsforschung zwar Anhänger in der Studentenbewegung und später bei den Grünen gefunden, aber keine politikwissenschaftliche Schule begründen können.[85]

Hubertus Buchstein kommt allerdings zu einer problematischen Generalisierung, wenn er aus seinem durchaus zutreffenden Befund einer Berliner Nicht-Schule folgert, daß sich das Konzept der akademischen «Schule» insgesamt als Instrument bei der historischen Beschreibung der

[83] Hubertus Buchstein: Wissenschaft von der Politik, Auslandswissenschaft, Political Science, Politologie. Die Berliner Tradition der Politikwissenschaft von der Weimarer Republik bis zur Bundesrepublik, in: Wilhelm Bleek/Hans J. Lietzmann (Hrsg.): Schulen der deutschen Politikwissenschaft, Opladen 1999, S. 183–212.

[84] Gert von Eynern: Grundriß der politischen Wirtschaftslehre, Köln, Opladen 1968. Vgl. Carl Böhret/Dieter Grosser (Hrsg.): Interdependenzen von Politik und Wirtschaft. Beiträge zur politischen Wirtschaftslehre. Festgabe für Gert von Eynern, Berlin 1967, darin insbesondere: Carl Böhret: Politische Wirtschaftslehre – Porträt einer Disziplin, S. 11–35.

[85] Christian Fenner/Bernhard Blanke (Hrsg.): Systemwandel und Demokratisierung. Festschrift für Ossip K. Flechtheim, Frankfurt/Main, Köln 1975 und Hans Karl Rupp: Iring Fetscher: Fortschritt und Menschenrechte, in: Hans Karl Rupp/Thomas Noetzel (Hrsg.): Macht, Freiheit, Demokratie. Bd. 2: Die zweite Generation der westdeutschen Politikwissenschaft. Biographische Annäherungen, Marburg 1994, S. 45–56.

Politikwissenschaft und anderer Geistes- und Sozialwissenschaften als wenig hilfreich erwiesen habe.[86] Er übersieht, daß die Nichtexistenz einer Berliner Schule auch entwicklungsgeschichtlich erklärt werden kann. In Westberlin war man in den fünfziger und frühen sechziger Jahren bei der Etablierung der Politikwissenschaft eine wesentliche Etappe weiter als in Westdeutschland, hatte die Phase der Einmann-Vertretung des Faches an regionalen Hochschulen, die der Schulbildung förderlich war, übersprungen und die Phase der Expansion des Hochschulpersonals und der Ausdifferenzierung des Lehr- und Forschungsprogramms vorweggenommen, die nicht nur der Entstehung neuer Schulen hinderlich war, sondern auch die bestehenden Schulen durchmischte und damit letztlich aufhob.

So kann auch erklärt werden, warum es in der bundesdeutschen Politikwissenschaft in den zwei Jahrzehnten nach 1945 zur Formierung von akademischen Schulen kam, die doch nach übereinstimmender wissenschaftsgeschichtlicher und -soziologischer Auffassung eher ein Phänomen des 19. Jahrhunderts sind.[87] In der Politikwissenschaft der jungen Bundesrepublik ist es zu Schulbildungen gekommen, weil das Fach wissenschaftsgeschichtlich gesehen wiedergegründet, faktisch aber neugegründet wurde. Die Bildung von Schulen scheint in dieser Pionierzeit notwendig gewesen zu sein. Doch nachdem die akademische Existenz nicht mehr erkämpft werden mußte, ist auch in der Politikwissenschaft das ortsgebundene Phänomen der Schulen zugunsten der moderneren, weil ortsübergreifenden Erscheinungsweisen von akademischen Netzwerken und scientific communities (Thomas Kuhn) zurückgetreten. Gerade der Erfolg von politikwissenschaftlichen Schulen in Gestalt ihrer fachlichen Diversifikation und örtlichen Diffusion hat wesentlich dazu beigetragen, daß ihre Kohärenz und letztlich Existenz seit den achtziger Jahren im Verschwinden ist.

e) Praktische Politik und Politisierung

Die Gründungsväter der bundesdeutschen Politikwissenschaft hatten zwar die Praxisbedeutung ihrer Disziplin hervorgehoben und diese selbst vor allem in der Politikberatung[88] und in publizistischen Aktivitä-

[86] Buchstein: Wissenschaft, S. 183 f.

[87] Franz Schnabel: Deutsche Geschichte im 19. Jahrhundert. Bd. 3: Erfahrungswissenschaften und Technik, Freiburg/Breisgau 1934, S. 133 f. und Stichweh: Soziologie.

[88] Beispielhaft ist: Bundesminister des Innern (Hrsg.): Rechtliche Ordnung des Parteiwesens. Probleme eines Parteiengesetzes. Bericht der vom Bundesminister des

ten verwirklicht.[89] Doch war in dieser ersten Generation die Verbindung des akademischen Berufs mit einem politischen Amt eher die Ausnahme, für die Carlo Schmid (1896–1979) als einer der Väter des Grundgesetzes und polyglottes Aushängeschild der deutschen Sozialdemokratie das prägnanteste Beispiel ist.[90]

Diese ursprüngliche Distanz der Politikwissenschaft zur politischen Praxis änderte sich mit der zweiten Generation der Fachvertreter. Zahlreiche Angehörige der ersten Schülergeneration zogen in die Politik, so Klaus Schütz (Regierender Bürgermeister von Berlin 1967–1977), der spätere Bundeskanzler Helmut Kohl sowie die Ministerpräsidenten Gerhard Stoltenberg und Bernhard Vogel. Auch übernahmen etablierte Lehrstuhlinhaber des Faches auf Zeit hohe Staatsämter: So leitete Hans Maier ab 1972 in der von der CSU geführten bayerischen Staatsregierung das Schul- und Wissenschaftsressort und wurde erst 1987 von Franz Joseph Strauß als bayerischem Ministerpräsidenten aus dem Amt des Kultusministers gedrängt, weil er diesem lästig, weil zu liberal und selbstbewußt, geworden war.

Zum linken Flügel der Sozialdemokratie gehörte Peter von Oertzen (geb. 1924),[91] der sich in Göttingen 1953 mit einer auch für die Geschichte der Politikwissenschaft wichtigen Dissertation über die Entstehung des staatsrechtlichen Positivismus im 19. Jahrhundert promoviert[92] und 1962 mit einer Arbeit über die Betriebsräte in der Novemberrevolu-

Innern eingesetzten Parteienrechtskommission, Frankfurt/Main et al. 1957, an dem u. a. Ludwig Bergsträßer, Theodor Eschenburg, Gerhard Leibholz, Otto Stammer und Dolf Sternberger mitwirkten.

89 Theodor Eschenburg hat seine Beiträge vor allem aus der «Zeit» wiederveröffentlicht: Theodor Eschenburg: Zur politischen Praxis in der Bundesrepublik. Kritische Betrachtungen, 3 Bde., München 1967–1972.

90 Vgl. die mustergültige Biographie von Petra Weber: Carlo Schmid 1896–1979. Eine Biographie, München 1996, zum Wirken Schmids als Frankfurter Professor der Politikwissenschaft vor allem S. 511–522.

91 Vgl. Jürgen Seifert/Heinz Thormer/Klaus Wettig (Hrsg.): Soziale oder sozialistische Demokratie? Beiträge zur Geschichte der Linken in der Bundesrepublik. Freundesgabe für Peter von Oertzen zum 65. Geburtstag, Marburg 1989 und Jürgen Seifert: Peter von Oertzen: Demokratie und Kooperation in der Arbeitswelt, in: Hans Karl Rupp/Thomas Noetzel (Hrsg.): Macht, Freiheit, Demokratie. Bd. 2: Die zweite Generation der westdeutschen Politikwissenschaft. Biographische Annäherungen, Marburg 1994, S. 161–171.

92 Peter von Oertzen: Die soziale Funktion des staatsrechtlichen Positivismus: eine wissenssoziologische Studie über die Entstehung des formalistischen Positivismus in der deutschen Staatsrechtswissenschaft, Diss. Göttingen 1953 [Buchausgabe: Frankfurt/Main 1974].

tion habilitiert[93] hatte. Er wurde 1963 als Professor für «Wissenschaft von der Politik» an die damalige Technische Hochschule Hannover berufen, die unter seiner hochschulpolitischen Mitwirkung zur Volluniversität ausgebaut wurde, in der auch die Geistes- und Sozialwissenschaften ihren angemessenen Platz erhielten. Schon seit den fünfziger Jahren engagierte sich Oertzen im Rahmen der SPD, des Sozialistischen Deutschen Studentenverbandes (SDS) und der Gewerkschaften als entschiedener Anhänger einer marxistischen Position, die ihn auch 1959 zu einer der wenigen Gegenstimmen gegen die Verabschiedung des Godesberger Grundsatzprogramms veranlaßte. Im April 1970 gelang es ihm, den Vorsitz des SPD-Bezirks Hannover Egon Franke abzunehmen, dem Bundesminister für innerdeutsche Beziehungen und langjährigen Kopf der rechtssozialdemokratischen «Kanalarbeiter» im Deutschen Bundestag. Kurz darauf übernahm Peter von Oertzen nach der Wahl in den Landtag in der Blütezeit sozialdemokratischer Reformpolitik von 1970 bis 1974 das Amt des niedersächsischen Kultusministers. Später entfaltete er auch im Bundesvorstand der SPD und vor allem bei der Erarbeitung ihres programmatischen «Orientierungsrahmen '85» seine anregende und integrierende Persönlichkeit, in welcher der ältere Typus des «politischen Professors» nochmals zur Wirkung kam.

Andere Mitglieder der zweiten Generation bundesdeutscher Politikwissenschaftler übernahmen zwar keine hohen Staatsämter, engagierten sich aber in der Tagespolitik der bewegten sechziger und siebziger Jahre. Karl Dietrich Bracher wurde durch seine zeitgeschichtlichen Einsichten in die verhängnisvolle Rolle des Artikels 48 der Weimarer Reichsverfassung bei der Untergrabung der ersten deutschen Republik durch die Präsidialdiktatur zu entschiedenen Stellungnahmen gegen die Notstandsgesetzgebung der Großen Koalition im Jahr 1967/68 motiviert. Kurt Sontheimer beteiligte sich 1969 an der «Sozialdemokratischen Wählerinitiative» aus damals noch parteilosen Schriftstellern und Hochschullehrern, welche die Kanzlerkandidatur von Willy Brandt und dessen deutschland- und innenpolitisches Reformprogramm durch Diskussionen, Reden, Texte und Plakate unterstützten.[94]

Für reformgesinnte Hochschullehrer war Demokratie kein auf die staatlichen Institutionen und Ordnungen beschränktes Prinzip, sondern beinhaltete die Forderung nach «Erweiterung der Freiheit und Selbstbestim-

93 Peter von Oertzen: Betriebsräte in der Novemberrevolution, Düsseldorf 1963.

94 Vgl. die amüsante Schilderung bei Günter Grass: Aus dem Tagebuch einer Schnecke, Neuwied 1972, zu Sontheimer S. 36 u. 38.

mung in allen Bereichen der Gesellschaft».[95] Die Politikwissenschaftler unter ihnen verstanden daher ihr Fach nicht lediglich als eine Demokratiewissenschaft, wie sie von ihren akademischen Lehrern in einem eher staatlich und normativ-statisch eingeschränkten Verständnis definiert worden war, sondern umfassender und prozessualer als eine Demokratisierungswissenschaft.[96] Ihnen sprach Willy Brandt in seiner populären ersten Regierungserklärung als Bundeskanzler am 28. Oktober 1969 aus dem Herzen, wenn er ankündigte: «Wir wollen mehr Demokratie wagen.» Dabei lag es für die reformorientierten Professoren, Assistenten und Studenten nahe, mit der Umsetzung ihres Ideals einer aufgeklärteren und demokratischeren Gesellschaft im eigenen Arbeits- und Entscheidungsbereich, an den Universitäten und deren Instituten, selbst zu beginnen.

Im klimatisch wie politisch heißen Sommersemester 1968 erarbeitete am Berliner Otto-Suhr-Institut eine Mehrheit von Hochschullehrern, Assistenten und Studierenden mit reformpolitischem Impetus und politikwissenschaftlichem Sachverstand eine neue Institutssatzung, durch welche erstmalig in Deutschland eine auf der drittelparitätischen Mitbestimmung von Lehrstuhlinhabern, Delegierten der Studenten und einer ebenso großen Zahl von Vertretern der Assistenten, der Dozenten und des nichtwissenschaftlichen Personals beruhende universitäre Organisationsstruktur geschaffen wurde.[97] Doch mit diesem Experiment riefen die politologischen Reformkräfte sogleich den Widerstand der konservativen Professorenmehrheit in den anderen Fächern hervor, welche den Satzungsentwurf im Akademischen Senat als Gefährdung der grundgesetzlichen Freiheit von Lehre und Forschung ablehnte. Aber auch die auf radikale Systemveränderung drängenden Studenten, die schließlich

[95] So die politische Zielbestimmung der politikwissenschaftlichen Lehre und Forschung in § 2 der Reformsatzung des Otto-Suhr-Instituts vom 13. Juni 1968.

[96] Exemplarisch, auch in der politischen Breite der Autoren: Alexander Schwan/Kurt Sontheimer (Hrsg.): Reform als Alternative. Hochschullehrer antworten auf die Herausforderung der Studenten, Köln, Opladen 1969. Vgl. aber auch die entschiedene Gegenstimme von Wilhelm Hennis: Demokratisierung. Zur Problematik eines Begriffs, Köln et al. [2]1972.

[97] Text dieser an vielen anderen Universitäten zum Vorbild genommenen Berliner Institutssatzung: Schwan/Sontheimer: Reform, S. 154–157 und O. A.: Satzung des Otto-Suhr-Instituts an der Freien Universität Berlin (vormals Deutsche Hochschule für Politik), in: Politische Vierteljahresschrift 9 (1968), S. 648–650. Vgl. dort die einleitenden Erklärungen von Gerd von Eynern: Das Experiment des Otto-Suhr-Instituts, in: Politische Vierteljahresschrift 9 (1968), S. 644–646 sowie Martin Wildermuth: Reform und Konflikt am Otto-Suhr-Institut 1968 bis 1972, in: Gerhard Göhler/Bodo Zeuner (Hrsg.): Kontinuitäten und Brüche in der deutschen Politikwissenschaft, Baden-Baden 1991, S. 199–221.

Institut und Rektorat besetzten und damit den Einsatz der Polizei provozierten, widersetzten sich dem Entwurf. Zwar ermöglichte der sozialdemokratische Berliner Senat unter dem Politikwissenschaftler Klaus Schütz durch ein Vorschaltgesetz die Inkraftsetzung der Reformsatzung, doch durch die institutspolitische Praxis am OSI während der folgenden Jahre fühlten sich die konservativen wie radikalen Kräfte in ihren Befürchtungen bestätigt, während Reformer der liberalen Mitte, auch aufgrund von eigenen Leidenserfahrungen mit studentischen Pöbelangriffen,[98] zu Mahnern vor dem Abdriften der Studentenbewegung in Extremismus und Gewaltbereitschaft wurden.

Alexander Schwan und Kurt Sontheimer haben, wie aus dem Titel des von ihnen herausgegebenen Sammelbandes «Reform als Alternative» von 1969 ersichtlich wird, ihr Bemühen um eine organisatorische Universitätsreform als alternative Antwort auf die gesellschaftsrevolutionären Herausforderungen der Studenten verstanden. So sind die politischen, inhaltlichen wie organisatorischen Auseinandersetzungen in der bundesdeutschen Politikwissenschaft der späten sechziger und frühen siebziger Jahre auch als Teilaspekt der umfassenderen Abläufe zu sehen, die mit der Entfaltung der Studentenbewegung und der wesentlich von dieser getragenen Außerparlamentarischen Opposition (APO) verbunden sind. Bezeichnenderweise kam auch bei diesen für die Zeitgeschichte der Bundesrepublik einschneidenden Geschehnissen der Freien Universität aufgrund ihrer exponierten Lage im Berliner Brennpunkt des Kalten Krieges eine zentrale Rolle zu. Der Protest der 68er artikulierte sich zum ersten Mal entschieden und öffentlichkeitswirksam, als 1965 aus Protest gegen das Vortragsverbot für den Publizisten Erich Kuby das Otto-Suhr-Institut bestreikt wurde und danach der mit den linken Studierenden sympathisierende Assistent Ekkehart Krippendorff entlassen werden sollte.[99] Das innenpolitische Unbehagen über die 1966 gebildete

[98] So versuchten 1971 selbsternannte studentische Revoluzzer bei der «Jagd auf das Schwein» Alexander Schwan, diesen aus dem (Erdgeschoß-)Fenster des OSI zu werfen. Kurt Sontheimer zog sich 1969 nach München zurück, wo er mit seinen Assistenten im politischen Spektrum wieder ein linkes Image genoß.

[99] Vgl. neben Ekkeharts Krippendorffs programmatischem Beitrag in der Festschrift für seinen Tübinger Doktorvater Theodor Eschenburg: Ekkehart Krippendorff: Politikwissenschaft und Außerparlamentarische Opposition, in: Gerhard Lehmbruch/Klaus von Beyme/Iring Fletscher (Hrsg.): Demokratisches System und politische Praxis in der Bundesrepublik. Festschrift für Theodor Eschenburg, München 1971, S. 97–123 auch seine Abschiedsvorlesung: Ekkehart Krippendorff: Unzufrieden. Vierzig Jahre Politische Wissenschaft, in: Blätter für deutsche und internationale Politik 44 (1999), S. 991–1001.

Große Koalition aus CDU/CSU und SPD, die verfassungspolitischen Demonstrationen gegen die 1968 von dieser Bundesregierung in das Grundgesetz eingefügten Notstandsbestimmungen und die internationalen Proteste gegen den Vietnam-Krieg wurden zwar von weiten Teilen der politisierten Studentenschaft der späten sechziger Jahre getragen, stießen aber im Fach Politikwissenschaft bei der überwiegenden Mehrzahl der Studierenden sowie Assistenten und einer Mehrheit auch der Hochschullehrer auf nicht nur politische, sondern auch fachliche Sympathie.

Vor diesem allgemeinpolitischen Hintergrund spitzten sich auch die Debatten um Selbstverständnis und Inhalte des Faches Politikwissenschaft dramatisch zu. Vor allem aus Kreisen der Studentenschaft und des akademischen Nachwuchses wurde die Disziplin immer vehementer kritisiert.[100] Nicht nur den von der Freiburger Schule inspirierten, sondern auch den in Westberlin, Heidelberg, München, Köln und an den anderen bundesdeutschen Universitäten ausgebildeten und lehrenden Politikprofessoren warf man vor, daß sie sich bei ihrer Lehre und Forschung beispielsweise über Parteien, Verbände, Parlament, Regierung, Wahlen und dergleichen mehr auf die Beschreibung von Oberflächenphänomenen beschränken und die Analyse der zentralen Fragen des politischen Systems, insbesondere seiner sozioökonomischen Bedingtheit, vernachlässigen würden. Die bisherige Politikwissenschaft verschleiere damit die Abhängigkeit der aktuellen Politik von der bestehenden Wirtschaftsordnung des Kapitalismus, übernehme eine affirmative Funktion für den gegenwärtigen Status quo und sei so zur Legitimationswissenschaft der kapitalistischen Bundesrepublik degeneriert. Aus dieser umfassenden Absage an die bisherige Politikwissenschaft als einer unkritischen Herrschaftswissenschaft leiteten die radikalen Opponenten ihre Forderung nach einer kritischen Emanzipationswissenschaft ab, welche das bestehende System nicht nur kritisieren, sondern auch überwinden sollte.

Diese sich als Fundamentalopposition zur bisherigen «bürgerlichen Politikwissenschaft» verstehende «kritische Politikwissenschaft» beanspruchte zunächst, die Kritische Theorie der sogenannten Frankfurter

100 Die nachfolgenden Vorwürfe gegen die etablierte Politikwissenschaft formulierten auf exemplarische Weise 1975 drei wissenschaftliche Assistenten am Fachbereich Politische Wissenschaft der FU Berlin: Bernhard Blanke/Ulrich Jürgens/Hans Kastendiek: Kritik der Politischen Wissenschaft. Analysen von Politik und Ökonomie in der bürgerlichen Gesellschaft, 2 Bde., Frankfurt/Main 1975, vgl. vor allem die Einleitung (S. 11 ff.) und den von Hans Kastendiek verfaßten wissenschaftsgeschichtlichen Abschnitt, insbesondere S. 83 ff.

Schule umzusetzen. Schon in der Weimarer Republik hatte sich am Frankfurter Institut für Sozialforschung ein Kreis von politisch links stehenden Wissenschaftlern aus den verschiedensten Sozial- und Geisteswissenschaften um die Fortentwicklung der tradierten gesellschafts- und ideologiekritischen Erkenntnisziele und -methoden des Marxismus unter Berücksichtigung der realgesellschaftlichen Veränderungen im organisierten Kapitalismus und der neuen Einsichten aus Psychoanalyse und Kulturkritik bemüht.[101] Dieses Institut war 1933 in die Emigration getrieben worden, kehrte aber nach Frankfurt am Main zurück. Es wurde in den fünfziger Jahren unter Leitung von Max Horkheimer (1895–1973) und Theodor W. Adorno (1903–1969) zur Arbeitsstätte für jüngere Philosophen und Soziologen wie Jürgen Habermas oder Ludwig von Friedeburg, die dann in den sechziger Jahren eine wesentliche Ausstrahlung auf die intellektuellen und politischen Diskussionen der Studentenbewegung gewannen, was aber die Studenten nicht davon abhielt, auch diese Autoritäten in Frage zu stellen und das Institut zu besetzen. Die Wirkung der Frankfurter Schule erstreckte sich vor allem auf den theoretisch-methodologischen Grundlagendiskurs in der Sozialforschung und auf die Fächer der Soziologie und Sozialpsychologie, doch auch in der Politikwissenschaft gewann die Kritische Theorie erheblichen Einfluß. Dabei entdeckte man zunächst unter den Mitgliedern der älteren Frankfurter Schule jene Sozialforscher wieder, die mit ihren Themen der Politikwissenschaft nahestanden,[102] wobei an erster Stelle Franz L. Neumann mit seinen demokratie- und totalitarismustheoretischen Untersuchungen[103] und Otto Kirchheimer (1905–1965) als linker Carl Schmitt-Schüler und Nachfolger Neumanns an der Columbia University mit

[101] Martin Jay: Dialektische Phantasie. Die Geschichte der Frankfurter Schule und des Instituts für Sozialforschung 1923–1950, Frankfurt/Main 1976; Wiggershaus: Frankfurter Schule und Clemens Albrecht/Günter C. Behrmann/Michael Bock et al.: Die intellektuelle Gründung der Bundesrepublik. Eine Wirkungsgeschichte der Frankfurter Schule, Frankfurt/Main, New York 1999.

[102] Alfons Söllner: Politische Dialektik der Aufklärung – Zum Spätwerk Neumanns und Kirchheimers 1950–1965, in: Wolfgang Bonß/Axel Honneth (Hrsg.): Sozialforschung als Kritik, Frankfurt/Main 1982, S. 281–326, wiederabgedruckt in: Alfons Söllner: Deutsche Politikwissenschaftler in der Emigration. Studien zu ihrer Akkulturation und Wirkungsgeschichte, mit einer Bibliograhie, Opladen 1996, S. 166–196.

[103] Franz L. Neumann: Demokratischer und autoritärer Staat. Studien zur politischen Theorie, hrsg. von Herbert Marcuse, Frankfurt/Main 1967 und Franz L. Neumann: Wirtschaft, Staat, Demokratie. Aufsätze 1930–1954, hrsg. von Alfons Söllner, Frankfurt/Main 1978.

seinen Arbeiten zur Verfassungspolitik der Weimarer Republik, später auch zum Wandel der Parteien («catch all parties») und zur politischen Justiz[104] genannt werden müssen.

Aufbauend auf dieser Rezeption älterer Autoren der Frankfurter Schule, insbesondere von Horkheimers und Adornos «Dialektik der Aufklärung» (erstveröffentlicht 1947),[105] machte sich ab Mitte der sechziger Jahre eine Gruppe von jüngeren Nachwuchspolitikwissenschaftlern daran, die Erkenntnisziele, Fragestellungen und Methoden der Kritischen Theorie auch für das Fach fruchtbar zu machen. Exemplarisch für diese Bemühungen war der 1969 von Gisela Kress und Dieter Senghaas herausgegebene Sammelband «Politikwissenschaft. Eine Einführung in ihre Probleme», dessen Verfasser sich überwiegend aus Assistenten und Habilitanden an sozialwissenschaftlichen Instituten der Universität Frankfurt, insbesondere am Institut für Politikwissenschaft unter Carlo Schmid und Iring Fetscher und am Seminar für Politische Bildung der Abteilung für Erziehungswissenschaften unter Thomas Ellwein, rekrutierten. Dazu gehörten neben den Herausgebern Senghaas (geb. 1940) und Kress (geb. 1940) auch Helga Grebing (geb. 1930), Walter Euchner (geb. 1933), Otwin Massing (geb. 1934), Wolf-Dieter Narr (geb. 1937), Joachim Hirsch (geb. 1938) und Claus Offe (geb. 1940), die alle später eine erfolgreiche akademische Karriere machen konnten. Bei aller Vielfalt ihrer Themengebiete, welche die Ausdifferenzierung der Politikwissenschaft in den sechziger Jahren widerspiegelte, war ihnen doch das Anliegen gemeinsam, ihren Gegenstand nicht nur inhaltlich darzustellen, sondern gleichermaßen theoretisch zu durchdringen, unter Rekurs sowohl auf die Kritische Theorie als auch die von ihnen bei Studienaufenthalten in den USA erfahrenen systemtheoretischen Ansätze, um auf diese Weise «zur Entwicklung eines kritischen Bewußtseins in der Öffentlichkeit» beizutragen.[106]

Diese im Geiste der Frankfurter Schule «kritische Politikwissenschaft» setzte sich in ihrem zugleich politikwissenschaftlichen und politischen Programm zum Ziel, dem normativen Anspruch der freiheit-

[104] Otto Kirchheimer: Politik und Verfassung, Frankfurt/Main 1964; Otto Kirchheimer: Politische Herrschaft. Fünf Beiträge zur Lehre vom Staat, Frankfurt/Main 1967 und Otto Kirchheimer: Politische Justiz. Verwendung juristischer Verfahrensmöglichkeiten zu politischen Zwecken (= Politica, Bd. 17), Neuwied, Berlin 1965. Vgl. Wolfgang Luthardt/Alfons Söllner (Hrsg.): Verfassungsstaat, Souveränität, Pluralismus. Otto Kirchheimer zum Gedächtnis, Opladen 1989.

[105] Max Horkheimer/Theodor W. Adorno: Dialektik der Aufklärung. Philosophische Fragmente, Amsterdam 1947.

[106] Vorwort zu: Gisela Kress/Dieter Senghaas (Hrsg.): Politikwissenschaft. Eine Einführung in ihre Probleme, Frankfurt/Main 1969, S. 5.

lichen und pluralistischen Demokratie die gesellschaftliche und politische Wirklichkeit der Bundesrepublik als kapitalistisch strukturierte Ordnung gegenüberzustellen, auf diese Weise aber nicht wie eher orthodoxe Marxisten den Anspruch zu entlarven und ad absurdum zu führen, sondern zur Erkenntnis und Realisierung von neuen, wirklichkeitsadäquateren Formen demokratischer Emanzipation beizutragen. Somit verstanden die Anhänger der Kritischen Theorie die Politikwissenschaft in einem aristotelischen Sinne als eine auf sozialwissenschaftlicher Aufklärung beruhende praktische Wissenschaft. Ab Ende der sechziger Jahre untersuchten «kritische Politikwissenschaftler», die von der Kritischen Theorie im allgemeinen und Jürgen Habermas im besonderen inspiriert worden waren, zentrale Institutionen und Prozesse des politischen Systems der Bundesrepublik.[107]

Im Mittelpunkt der Gedankenarbeit der politikwissenschaftlichen Anhänger der Kritischen Theorie standen dabei die vor allem von Jürgen Habermas und seinem Frankfurter und später Starnberger Mitarbeiter Claus Offe[108] konstatierten Legitimationskrisen im Spätkapitalismus.[109] Auf der einen Seite konzedierten sie dem modernen Interventions- und Wohlfahrtsstaat, daß er mit seinen vielfältigen Mitteln der Daseinsvorsorge wenn schon nicht die Legitimität, so doch zumindest die stabilitätsnotwendige Massenloyalität des Systems sichern konnte. Auf der anderen Seite diagnostizierten sie die strukturelle Benachteiligung von allgemeinen, weil weniger organisations- und konfliktfähigen Interessen wie dem Engagement für Friedenserhaltung und Umweltschutz sowie eine wachsende Überforderung des spätkapitalistischen Staates durch die Bedürfniserwartungen seiner Bürger. Auf dieser Analyse aufbauend hofften die Vertreter der Kritischen Theorie in ihrem politischen Herzen auf entschiedene Systemreformen, doch in der sozialwissenschaftlichen Prognose sahen sie mehr ein Durchlavieren der politischen Herrschaft von Krise zu Krise voraus.

[107] Exemplarisch dafür: Gert Schäfer/Carl Nedelmann (Hrsg.): Der CDU-Staat, München 1967.

[108] Offe gelangte zu Prominenz als der Mitverfasser der SDS-Programmschrift: Wolfgang Nitsch et al.: Hochschule in der Demokratie. Kritische Beiträge zur Erbschaft und Reform der deutschen Universität, Neuwied 1965.

[109] Jürgen Habermas: Legitimationsprobleme im Spätkapitalismus, Frankfurt/Main 1973; Claus Offe: Politische Herrschaft und Klassenstrukturen. Zur Analyse spätkapitalistischer Gesellschaft, in: Gisela Kress/Dieter Senghaas (Hrsg.): Politikwissenschaft. Eine Einführung in ihre Probleme, Frankfurt/Main 1969, S. 155–289 und Claus Offe: Strukturprobleme des kapitalistischen Staates. Aufsätze zur politischen Soziologie, Frankfurt/Main 1972.

Wesentlich eindimensionaler fielen die wissenschaftlichen Analysen und erheblich radikaler die daraus abgeleiteten Forderungen bei jenen Politikwissenschaftlern aus, die in der Zeit der Studentenbewegung auf die rigide und orthodoxe Rezeption der Lehren von Karl Marx und Friedrich Engels setzten, von den vor allem in der Studentenschaft um den kommunistischen Studentenverband Spartakus versammelten Anhängern leninistischer Lehren ganz zu schweigen. In deren Augen diente das politische System der parlamentarischen Demokratie lediglich der Verschleierung der ökonomischen Herrschaft des Kapitals, konnte daher nicht reformiert, sondern nur revolutionär abgelöst werden.

Eine entsprechend radikale, allerdings unorthodoxe Analyse verfaßte 1967 Johannes Agnoli, damals in Berlin Assistent bei Ossip K. Flechtheim, der seine Karriere als Trotzkist in Italien begonnen hatte, von Ferdinand A. Hermens als Assistent nach Köln geholt worden war und 1972 am zum Fachbereich Politische Wissenschaft mutierten OSI zum Professor übergeleitet wurde. Der Titel dieser politikwissenschaftlichen Programmschrift des sich als «Außerparlamentarische Opposition» (APO) bezeichnenden Studentenprotestes lautete «Transformation der Demokratie»,[110] doch ihr zentraler Begriff war die «Involution», das heißt die Rückbildung des demokratischen Systems von einer Herrschaft des Volkes zur Herrschaft weniger. Agnoli nahm damit die Demokratietheorien von Joseph Schumpeter und Ernst Fraenkel auf, gab ihnen aber eine systemkritische Wendung: Im gegenwärtigen Staat sah er ein Befriedigungsinstrument, insbesondere im Parlament die Institution zur Scheinlegitimierung der entfremdenden Herrschaft des Kapitals. Die politische Schlußfolgerung aus dieser politikwissenschaftlichen Analyse war nur angedeutet, aber offensichtlich: Die wahre Demokratie konnte nur durch eine systemtranszendierende Veränderung der sozioökonomischen Grundlagen des politischen Systems erreicht werden.

Diese marxistischen Politikwissenschaftler, sei es mehr orthodoxer Ausrichtung wie Frank Deppe und Georg Fülberth oder unorthodoxer Schattierung wie Johannes Agnoli und Elmar Altvater, verstanden ihr Fach wesentlich als Politische Ökonomie. Sie plädierten letzten Endes, weil sie dem politischen Bereich jede Autonomie absprachen, für eine Aufhebung ihrer Disziplin in Studium und Forschung der Politischen Ökonomie.[111]

[110] Johannes Agnoli/Peter Brückner: Transformation der Demokratie, Frankfurt/Main 1967. Der Psychologe Peter Brückner verfaßte den zweiten Teil über «Die Transformation des demokratischen Bewußtseins».

[111] Der Querdenker Johannes Agnoli hat diese Position, bei allem der Altersweisheit geschuldeten Sympathiezuwachs gegenüber der «affirmative(n) Politologie der

So ließ Hans Kastendiek seinen Abriß der Wissenschaftsgeschichte des Faches 1975 in der Forderung münden, auch «gegenwärtige politische Verhältnisse als Ausdruck des Kapitalverhältnisses zu analysieren», und konstatierte, daß dieser Anspruch in den letzten Jahren zunehmend eingelöst worden sei.[112] In diesem Sinne verschrieben die marxistischen Gefolgsleute einer «kritischen Politikwissenschaft» sich selbst und der Studentenschaft vor allem das Studium der Marxschen Kritik der politischen Ökonomie und die Ableitung von Politik und Staat aus den Klassenverhältnissen. Prägnant auf den Begriff gebracht hat das 1973 Kurt Tudyka (geb. 1935), der in Erlangen bei dem «bürgerlichen» Waldemar Besson promoviert und habilitiert hatte und seit 1972 als Lehrstuhlinhaber für «Politikwissenschaft und internationale Beziehungen» und Direktor des Zentrums für Friedensforschung an der Katholischen Universität Nijmegen akademisch etabliert war. In seinem einführenden Taschenbuch zur «Kritische(n) Politikwissenschaft» schrieb er zum Abschluß des Abschnittes über den Begriff der Politik: «Das zentrale Kriterium wissenschaftlicher Analyse von Politik, die um den Widerspruch zwischen Bourgeois und Citoyen weiß, ist der Klassenkampf.»[113] Es entsprach dieser Zuwendung jüngerer Politikwissenschaftler zu linken und explizit marxistischen Positionen, daß sich 1969 die von der studentischen Fachschaft am Otto-Suhr-Institut herausgegebene Zeitschrift «Der Politologe» den neuen Namen «Sozialistische Politik» gab und die meisten politökonomisch orientierten Fachvertreter in der Zeitschrift «Probleme des Klassenkampfs» (ProKla) veröffentlichten.

Viele studentische Anhänger der «kritischen Politikwissenschaft» sahen im Begriff des Klassenkampfes zugleich die Aufforderung, den Klassenkampf an der Universität einzuleiten und voranzutreiben. Neigte die ursprüngliche Studentenbewegung um die Mitte der sechziger Jahre dazu, im Kampf um die Demokratisierung sich selbst als das Volk zu sehen und die professoralen Ordinarien als die autoritären Herrscher zu bekämpfen, so verstanden die radikalisierten Studenten einige Jahre später

Anfänge» (S. 15), nochmals bekräftigt in seinem OSI-Vortrag von 1987: Johannes Agnoli: Von der kritischen Politologie zur Kritik der Politik, in: Ulrich Albrecht/Elmar Altvater/Ekkehard Krippendorff (Hrsg.): Was heißt und zu welchem Ende betreiben wir Politikwissenschaft? Kritik und Selbstkritik aus dem Otto-Suhr-Institut, Berlin 1989, S. 13–24. Bei der Wiederveröffentlichung dieses Vortrages nannte er sich denn auch «Professor für (die Kritik der) Politikwissenschaft»: Johannes Agnoli: Die Transformation der Demokratie und andere Schriften zur Kritik der Politik (= Gesammelte Schriften, Bd. 1), Freiburg/Breisgau 1990, hinteres Umschlagblatt.

112 Blanke/Jürgens/Kastendiek: Kritik, Bd. 1, S. 122.

113 Kurt P. Tudyka: Kritische Politikwissenschaft, Stuttgart 1973, S. 23.

die Hochschullehrer als kapitalistenähnliche Ausbeuter und sich selbst als die unterdrückte Klasse. Dementsprechend antagonistisch verliefen die Auseinandersetzungen nicht nur um die Veränderung der Studieninhalte, sondern vor allem um die Ausgabe und Benotung von Leistungsnachweisen und insbesondere die Struktur von Prüfungen. Daß 1971 am Berliner Fachbereich die bisherige Zwischenprüfung durch eine Studienberatung ersetzt wurde, sahen die Studierenden und die mit ihnen sympathisierenden Dozenten als einen ersten Schritt zur emanzipativen und sozialistischen Transformation der Bundesrepublik, die Mehrheit der Professoren hingegen als eine Gefährdung nicht nur der Tradition akademischer Wissenschaftsfreiheit, sondern auch der universitären Ausbildungsfunktion an.

In dieser angeheizten Atmosphäre konnte es nicht ausbleiben, daß auch das Fach Politikwissenschaft in die Auseinandersetzungen um den Beschluß der Länder und des Bundes zur Verfassungstreue im öffentlichen Dienst vom 28. Januar 1972 hineingezogen wurde. Diesem sogenannten «Extremistenbeschluß» oder «Radikalenerlaß» zufolge hatten alle öffentlichen Bediensteten jederzeit für die freiheitliche und demokratische Grundordnung des Grundgesetzes einzutreten, und die Aufnahme in den öffentlichen Dienst konnte bei fehlender Verfassungstreue, die insbesondere bei einer Mitgliedschaft in als verfassungswidrig angesehenen Parteien und Organisationen angenommen wurde, verweigert werden. Im Gegensatz zu anderen Universitätsdisziplinen wie dem Nachbarfach der Soziologie kam der Beschluß in der Politikwissenschaft kaum zum Tragen, im Hinblick auf die offenen Affiliationen zum Beispiel von Marburger Hochschullehrern zur Deutschen Kommunistischen Partei wohl auch aus Gründen politischer Opportunität. Die Mitgliederversammlung der DVPW befaßte sich auf ihrer Hamburger Jahrestagung im Oktober 1973 mit der Entlassung des Berliner Soziologieassistenten Wolfgang Levebre und des Hannoveraner Psychologieprofessors Peter Brückner, wobei der letztgenannte Vorgang dadurch eine besondere Note erhielt, daß dessen Amtsenthebung durch den linken Politikprofessor Peter von Oertzen als niedersächsischer Kultusminister ausgesprochen worden war. Nach kontroverser Diskussion zwischen dem linken und rechten Lager der Vereinigung stimmte die Versammlung dem Vermittlungsvorschlag Rudolf Wildenmanns zur Einsetzung einer «Enquete-Kommission zu Art. 5 Abs. 3 GG» zu. Diese politisch ausgewogen zusammengesetzte Kommission erarbeitete einen Bericht, der von Vorstand und Beirat und schließlich auf dem folgenden Duisburger Kongreß der DVPW von den Mitgliedern gegen wenige Gegenstimmen akzeptiert wurde.[114] Mit Blick auf diese Kommission ist die allgemeine Stimmung des Mißtrauens nicht nur zwischen «staatlichen Instanzen» und «Wissenschaft», sondern auch zwischen den universitären Gruppen und vor allem innerhalb der Gruppe der Hochschullehrer im Fach kaum zu übersehen.

Die Konfrontationen im Fach Politikwissenschaft und seiner Fachvereinigung, die ihren Höhepunkt 1973 auf dem Hamburger DVPW-Kongreß zum Thema «Politik und Ökonomie»[115] und 1975 auf dem Duisburger Kongreß über «Legitimationsprobleme politischer Systeme»[116] mit ihrem Überschwang an politischen Resolutionen erreichten, schlugen sich auch in der spannungsgeladenen Wachablösung in der Redaktion der Verbandszeitschrift nieder. Seit der Gründung der «Politischen Vierteljahresschrift» im Jahr 1960 fungierte Erwin Faul als deren Redakteur und verschaffte der Zeitschrift großes Ansehen in der deutschen und internationalen Fachöffentlichkeit. Doch ab Ende der sechziger Jahre wurde Erwin Faul nicht nur durch die Übernahme eines Lehrstuhls an der Massenuniversität in Bochum, sondern auch durch die allgemeine Ideologisierung der Debatten in der Politikwissenschaft die Redaktionsarbeit schwer gemacht. 1973 wurde er auf Beschluß des Hamburger DVPW-Kongresses in ein kollektives Redaktionsgremium eingebunden, dem neben ihm auch Erhard Forndran, Max Kaase und Otwin Massing angehörten. Erwin Faul erklärte schließlich Anfang 1979 seinen Rücktritt vom Amt des Chefredakteurs. In seinem Abschiedseditorial nannte er nicht nur «eine gewisse Abflachung des Publikationsniveaus», sondern auch die «Krisenerscheinungen unseres Universitätslebens: die Kontaktzerstörung zwischen den Wissenschaftlergenerationen, die Verwechselung pseudopolitischer mit politikwissenschaftlichen Aktivitäten, den Rückzug eines guten Teils der Forschung in kaum mehr kommunikationsfähige Spezialistenzirkel» als Gründe für seinen Rücktritt.[117] Ver-

[114] Text in: Enquete-Kommission: Bericht der von Vorstand und Beirat der Deutschen Vereinigung für Politische Wissenschaft eingesetzten Enquete-Kommission zu Art. 5 Abs. 3 GG, in: Politische Vierteljahresschrift 16 (1975), S. 278–290.

[115] Wolf Dieter Narr (Hrsg.): Politik und Ökonomie. Autonome Handlungsmöglichkeiten des politischen Systems. Tagung der Deutschen Vereinigung für Politische Wissenschaft in Hamburg, Herbst 1973 (= Politische Vierteljahresschrift – Sonderheft, Bd. 6), Opladen 1975.

[116] Peter Graf Kielmannsegg (Hrsg.): Legitimationsprobleme politischer Systeme. Tagung der Deutschen Vereinigung für Politische Wissenschaft in Duisburg, Herbst 1975 (= Politische Vierteljahresschrift – Sonderheft, Bd. 7), Opladen 1976.

[117] Erwin Faul: An die Leser der Politischen Vierteljahresschrift, in: Politische Vierteljahresschrift 20 (1979), S. 3–6, hier: S. 4. Vgl. auch Erwin Faul: An die Leser der Poli-

mutlich spielte er damit auch auf die Tatsache an, daß sein Heidelberger Lehrer Dolf Sternberger bereits Anfang der siebziger Jahre die Vereinigung, die er mitgegründet hatte, aus Protest gegen deren innere Entwicklung verlassen hatte. Aus der zeitlichen Distanz wird man Fauls kritischen Beobachtungen zustimmen können, auch wenn Thomas Ellwein als Vorsitzender der DVPW bemüht war, die Wogen zu glätten.[118] Vom dritten Heft des Jahrganges 1979 an wurde die PVS von einer neuen Redaktion aus Ulrich von Alemann, Martin Greiffenhagen, Franz Nuscheler und Peter Reichel zusammengestellt, in der fachlichen und politischen Zusammensetzung sicherlich kein revolutionärer Wechsel.

Im Abstand von einem Vierteljahrhundert erscheint die Lage der bundesdeutschen Politikwissenschaft in den stürmischen späten sechziger und frühen siebziger Jahren nicht so dramatisch, wie sie damals im Fach wie in der Öffentlichkeit wahrgenommen wurde. Peter Graf Kielmansegg gab stellvertretend für viele andere Professoren der Politikwissenschaft seiner Sorge um die Zukunft der Disziplin beredten Ausdruck, als er die Vorträge des Duisburger DVPW-Kongresses vom Herbst 1975 herausgab: Er sprach von «den Lagern, in die die Zunft im letzten halben Jahrzehnt zerfallen» sei, und sah trotz der gemeinsamen Diskussion über Legitimität und Legitimationsprobleme politischer Systeme nur wenig Anlaß zu «optimistischen Urteilen über den Zustand der Politikwissenschaft in der Bundesrepublik Deutschland, genauer: über die Verfassung der Zunft».[119]

f) Ausblick

Die bundesdeutsche Politikwissenschaft, die Ende der sechziger Jahre in zahlreichen Projekten und Publikationen eine Vielzahl von Krisen in den politischen Institutionen und Prozessen der Bundesrepublik Deutschland diagnostizierte und dem politischen System insgesamt eine Fundamentalkrise prognostizierte, teilweise sogar herbeiwünschte, geriet Anfang der siebziger Jahre selbst in eine dramatische Bedrängnis. Erwin Faul, der sich 1979 bei seinem Ausscheiden als Chefredakteur der PVS

tischen Vierteljahresschrift, in: Politische Vierteljahresschrift 14 (1973), S. 616–618 und Udo Bermbach: Dank an den bisherigen Chefredakteur und Herausgeber der PVS, Prof. Dr. Erwin Faul, Trier, in: Politische Vierteljahresschrift 20 (1979), S. 108–110.

118 Thomas Ellwein: In eigener Sache, in: Politische Vierteljahresschrift 20 (1979), S. 105–107.

119 Peter Graf Kielmansegg: Vorwort, in: Kielmansegg: Legitimationsprobleme, S. 8.

in einem langen Aufsatz seine Sorgen um die Entwicklungstendenzen im Fach vom Leibe schrieb, sprach sogar von der Gefahr, daß sich die Disziplin im westlichen Deutschland durch ihre Ideologisierungstendenzen selbst liquidieren könnte.[120]

Die krisenhafte Zerrissenheit in der deutschen Politikwissenschaft äußerte sich zunächst in der Rigidität, mit der im Fach drei Theorieströmungen, genauer gesagt Metatheorien, gegenübergestellt wurden. Auf den Nenner einer «normativ-ontologischen Theorie» wurde das Bemühen der Freiburger Schule um die ideengeschichtlich begründete Herausarbeitung von klassischen Ordnungsvorstellungen und die Überprüfung der aktuellen Politik an überzeitlichen Werten wie dem Gemeinwohl, dem Frieden und der Selbstbestimmung gebracht. Ihr wurde, vor allem durch die Köln-Mannheimer Schule, in Gestalt der «empirisch-analytischen Theorie» der moderne, von den Naturwissenschaften beeinflußte Versuch gegenübergestellt, Wissenschaft als die Herausarbeitung von allgemeingültigen Sätzen durch die empirische Überprüfung der Wirklichkeit zu verstehen und dabei entsprechend den Forderungen Max Webers empirisch-analytische Wissenschaftsarbeit und normativ-politische Wertsetzungen auseinanderzuhalten. Unter das Rubrum der «dialektisch-kritischen Theorie» wurden schließlich jene vielfältigen gesellschaftskritischen Bemühungen nicht nur der Frankfurter und der Marburger Schule, sondern auch zahlreicher jüngerer Sozialwissenschaftler an allen Universitäten gefaßt, wissenschaftlichen Diskurs und politisches Engagement methodologisch auf der Grundlage der von Hegel postulierten Dialektik von These, Antithese und Synthese und inhaltlich im Gefolge von Karl Marx und seiner Kritik der politischen Ökonomie des Kapitalismus zu vereinen.

Die Konstatierung dieser Trias von Theorieströmungen lag Ende der sechziger Jahre in allen Sozialwissenschaften in der Luft. An ihr orientierten sich die meisten der damals in großer Zahl erscheinenden Einführungen in die Politikwissenschaft und die Politische Theorie.[121] Ihre

[120] Erwin Faul: Politikwissenschaft im westlichen Deutschland, in: Politische Vierteljahresschrift 20 (1979), S. 71–103, hier: S. 97.

[121] Gerhard Lehmbruch/Frieder Naschold/Peter Seibt: Einführung in die Politikwissenschaft, Mainz 1967; Klaus von Beyme: Die politischen Theorien der Gegenwart, München 1972; Dirk Berg-Schlosser/Herbert Maier/Theo Stammen: Einführung in die Politikwissenschaft, München 1974; Ulrich von Alemann/Erhard Forndran: Methodik der Politikwissenschaft. Eine Einführung in Arbeitstechniken und Forschungspraxis (= Grundkurs Politik), Stuttgart, Mainz 1974; Kurt Lenk: Politische Wissenschaft. Ein Grundriß, Stuttgart, Mainz 1975 und viele andere.

prägende Formulierung wird Wolf-Dieter Narr zugeschrieben.[122] Während dieser ausdrücklich die Möglichkeit konzedierte, die drei Theorietypen in der Arbeit des einzelnen Wissenschaftlers zu verknüpfen, dominierte in der Folgezeit vor allem in der alltäglichen Lehre des Faches die Neigung, die drei Theorieansätze als unvereinbar anzusehen und voneinander abzusetzen. Besonders problematisch wurde die Unterscheidung der drei Theorietypen aber durch die bei den progressiven Wortführern im Fach zu beobachtende Tendenz, ihnen bestimmte allgemeinpolitische Orientierungen zuzuschreiben und sie damit zu Lagerbezeichnungen zu verfestigen. So wurde der normativ-ontologische Ansatz als konservativ, wenn nicht reaktionär gekennzeichnet, weil er in der Vergangenheit postulierte Werte in den Mittelpunkt stellte. Die empirisch-analytische Sozialwissenschaft galt als bürgerlich und systemaffirmativ, weil sie die kapitalistische Grundstruktur der Realverhältnisse der Bundesrepublik hinnahm sowie Wissenschaft und Politik auseinanderzuhalten suchte. Der dialektisch-kritischen Theorie hingegen wurde zumeist die Präferenz zugesprochen, weil sie auf die Veränderung der gegenwärtigen Verhältnisse und Strukturen zielte, daher als fortschrittlich, wenn nicht revolutionär zu loben war. Diese Politisierung und Antagonisierung von unterschiedlichen politiktheoretischen Positionen führte an der Freien Universität dazu, daß man 1972 kurzzeitig vor der Aufteilung der politikwissenschaftlichen Professuren auf zwei Fachbereiche unterschiedlicher allgemein- und hochschulpolitischer Couleur stand.

Dieser Streit der Politikwissenschaftler um Theorieansätze wurde nicht nur in den Lehrveranstaltungen und Büchern,[123] sondern auch in den Medien ausgetragen und damit der allgemeinen Öffentlichkeit bekannt. Vor allem Anhänger der hochschulpolitisch am Pluralismus und gesellschaftspolitisch an Reformen orientierten mittleren Position suchten in einigen großen Aufsätzen in der «Zeit» zwischen den Extremen zu vermitteln. So nahm Kurt Sontheimer 1970 noch die Politikwissenschaft gegen den Pauschalverdacht in Schutz, an der Unruhe in der deutschen

[122] Wolf-Dieter Narr: Theoriebegriffe und Systemtheorie (= Einführung in die moderne politische Theorie, Bd. 1), Stuttgart, Mainz 1969, S. 41–88 und mit etwas anderer Begrifflichkeit Wolf Dieter Narr: Logik der Politikwissenschaft – eine propädeutische Skizze, in: Gisela Kress/Dieter Senghaas (Hrsg.): Politikwissenschaft. Eine Einführung in ihre Probleme, Frankfurt/Main 1969, S. 9–37.

[123] Den schärfsten, aber zu pauschalen und polemischen Angriff gegen die «kritische Theorie» formulierte Kurt Sontheimer: Das Elend unserer Intellektuellen. Linke Theorie in der Bundesrepublik Deutschland, Hamburg 1976. Er hat sich dieses Feindbild bis heute bewahrt: Kurt Sontheimer: So war Deutschland nie. Anmerkungen zur politischen Kultur der Bundesrepublik, München 1999, bes.: S. 107 ff.

Gesellschaft schuld zu sein, und wies ihr eine kritische, allerdings nicht systemrevolutionäre Funktion zu.[124] Sein reformerischer Mitstreiter Alexander Schwan bemühte sich, die Intransigenzen zwischen den sich unversöhnlich gebenden Grundströmungen zu überwinden.[125] Christian Graf von Krockow schließlich korrelierte in der Tradition seines Göttinger Lehrers Hellmuth Plessner die wechselvolle Entwicklung des Faches in Deutschland mit dem deutschen Ringen um das Verhältnis von Staat und Gesellschaft und hielt der politökonomischen Verkürzung durch die Vulgärmarxisten entgegen, daß Politik kein bloßer Reflex der Ökonomie, sondern ein relativ eigenständiger Bereich sei.[126] Schon zuvor hatte Ernst Fraenkel seinem Leiden am Weg des von ihm gegründeten Faches und Institutes Ausdruck gegeben, als er den revolutionären Assistenten und Studenten entgegenhielt: «Politologie ist keine Obstruktionswissenschaft.»[127] Diesen Sorgen um den Zerfall des Faches im Zuge seiner Hyperpolitisierung und Lagerbildung gab Udo Bermbach neuen Auftrieb, als er 1977 als Vorsitzender der DVPW bei der Eröffnung ihres Bonner Kongresses die Politikwissenschaft eine «Oppositionswissenschaft»[128] nannte und damit keineswegs die Unterstützung der CDU/CSU als der damaligen Oppositionspartei, sondern die Gegnerschaft zum politischen System der Bundesrepublik Deutschland meinte.

Zwar ist der theorieverbrämte Politikstreit in der bundesdeutschen Politikwissenschaft in der zweiten Hälfte der siebziger Jahre abgeflaut. Dazu trug vor allem bei, daß die Anhänger der systemrevolutionären Positionen, die nie die Mehrheit der Lehrenden im Fach stellten, sich nach ihrer gelegentlich mühsamen Etablierung auf Professorenstellen zumeist auf zwar spannende, aber für das Fach eher esoterische Nischenthemen

[124] Kurt Sontheimer: Wozu studiert man eigentlich Politische Wissenschaft? Plädoyer für eine in Verruf geratene Disziplin mit Zukunftschancen, in: Die Zeit (27. 2. 1970), S. 13–14.

[125] Alexander Schwan: In der Zerreißprobe. Zur Lage der deutschen Politologie – Eine Wissenschaft von der Demokratie?, in: Die Zeit (3. 7. 1970), S. 15.

[126] Christian Graf von Krockow: Aus der Not geboren – zur Mode geworden. Aufstieg und Zerfall der Politischen Wissenschaft, in: Die Zeit (22. 6. 1973), S. 6 und Christian Graf von Krockow: Alte und neue Heilslehren. Aufstieg und Zerfall der politischen Wissenschaft, in: Die Zeit (29. 6. 1973), S. 6. Krockow hatte bereits 1969 seinen politikwissenschaftlichen Lehrstuhl in Frankfurt am Main aufgegeben und war seitdem als freier Wissenschaftler und Publizist tätig.

[127] Ernst Fraenkel: Politologie ist keine Obstruktionswissenschaft. Leserbrief, in: Die Zeit (20. 3. 1970), S. 21.

[128] Udo Bermbach (Hrsg.): Politische Wissenschaft und politische Praxis. Tagung der Deutschen Vereinigung für Politische Wissenschaft in Bonn, Herbst 1977 (= Politische Vierteljahresschrift – Sonderheft, Bd. 9), Opladen 1978, S. 12.

zurückzogen: Ekkehard Krippendorff beispielsweise fand seine innere Mitte, anknüpfend an Arnold Bergstraesser als seinen ersten politikwissenschaftlichen Lehrer, in der Goetheforschung, während sich Udo Bermbach fast nur noch mit Richard Wagner beschäftigte. Auch aus der DVPW, ihren Gremien und Arbeitskreisen, selbst aus der Mitgliedschaft, zogen sich die Linken weitgehend zurück.[129] Doch für den Fachverband hatte die Lagerbildung der frühen siebziger Jahre eine merkwürdig verzögerte Spätfolge: Im März 1983 trat der aus der Freiburger Schule kommende Manfred Hättich als der damalige DVPW-Vorsitzende zurück, und kurz darauf wurde unter seiner Beteiligung die Deutsche Gesellschaft für Politikwissenschaft (DGfP) gegründet.[130] Bei dieser Teilung der Fachvereinigung ging es, abgesehen von persönlichen Animositäten, nicht nur um die Frage der Fachrepräsentanz im Gutachtergremium der Deutschen Forschungsgemeinschaft, sondern auch um die Mitgliedskonzeption einer wissenschaftlichen Vereinigung und noch allgemeiner um das Selbstverständnis des Faches. Die DGfP beschränkt sich, das Plädoyer von Theodor Eschenburg aus der Gründungszeit der DVPW aufnehmend, auf Hochschullehrer und promovierte Nachwuchswissenschaftler, die DVPW hingegen nimmt alle Absolventen eines politikwissenschaftlichen Studiums auf, wollte anfangs der siebziger Jahre sogar alle Studierenden zulassen. In der DGfP finden sich mehr Politikwissenschaftler von konservativer und rechtsliberaler Grundtendenz, in der DVPW mehr Mitglieder mit linksliberalen und sozialdemokratischen Anliegen. Doch die Tatsache, daß heute zahlreiche Hochschullehrer der Politikwissenschaft in beiden Vereinigungen nicht nur als Mitglieder, sondern wie Ernst-Otto Czempiel, Jürgen Gebhardt und Gesine Schwan auch in Ämtern aktiv sind, zeigt, daß sich die Gegensätze der siebziger Jahre abgeschliffen haben. Um so verwunderlicher erscheint es, daß die Bemühungen um die Wiedervereinigung der politikwissenschaftlichen

129 Die zugrundeliegenden Positionen und Motive hat subtil herausgearbeitet: Michael Th. Greven: Was ist aus den Ansprüchen einer kritisch-emanzipatorischen Politikwissenschaft vom Ende der 60er Jahre geworden? Eine Skizze des Paradigmas und seines Scheiterns, in: Gerhard Göhler/Bodo Zeuner (Hrsg.): Kontinuitäten und Brüche in der deutschen Politikwissenschaft, Baden-Baden 1991, S. 221–246.

130 Ulrich von Alemann: Streit um Pfründe? Der Politologenverband spaltet sich, in: Die Zeit (18. 11. 1983) und Manfred Hättich: Panik und Gejammer. Nur solide Arbeit kann helfen, in: Die Zeit (9. 12. 1983). Vgl. auch Vorstand und Beirat der Deutschen Vereinigung für politische Wissenschaft: Erklärung des Vorstandes und Beirates der DVPW, in: Politische Vierteljahresschrift 24 (1983), S. 5 und Herfried Münkler: Bericht über die Mitgliederversammlung der DVPW am 12. Oktober 1983 in der Universität München, in: Politische Vierteljahresschrift 24 (1983), S. 458–460.

Fachverbände im vereinigten Deutschland bisher nicht erfolgreich waren. Die Narben der Erinnerung an die politischen Flügelkämpfe der siebziger Jahre scheinen noch zu schmerzen.

Noch dramatischer als auf dem Gebiet der theoretischen und politischen Grundsatzdiskussion fiel die Krise des Faches Politikwissenschaft im Bereich der Berufsperspektiven seiner Studienabsolventen aus. In diesem Zusammenhang ist Westberlin von besonderem Interesse, weniger weil dort die Auseinandersetzung extrem konfliktreich verlief, sondern weil an der Deutschen Hochschule für Politik, dem späteren Otto-Suhr-Institut, schon in den fünfziger Jahren der eigenständige Studiengang eines «Diplom-Politologen» etabliert worden war, den westdeutsche Universitäten wie Marburg und Hamburg erst Ende der sechziger Jahre einrichteten. Bis weit in die achtziger Jahre war die Hälfte aller bundesdeutschen Hauptfachstudenten der Politikwissenschaft an der Freien Universität eingeschrieben. Eine Befragung der 708 Westberliner Diplomabsolventen der Jahre 1951 bis 1968 ergab, daß diese überwiegend in Hochschule und Forschung unterkamen, wobei der Anteil von 15 Prozent im Jahr 1951 auf an die 60 Prozent im Jahr 1968 anstieg. Hingegen sackte der Prozentsatz der Berliner Diplomanden, die in der Öffentlichen Verwaltung eine Anstellung fanden, von 33 auf fünf Prozent ab, gelang die von den politikwissenschaftlichen Gründungsvätern, insbesondere auch Ernst Fraenkel, erhoffte Brechung des Juristenmonopols bei der Zulassung zum höheren allgemeinen Verwaltungsdienst nie.[131] Zwischen 1951 und 1968 konnten außerdem jeweils fünf Prozent der Berliner Politologen in der Erwachsenenbildung und bei den Massenmedien tätig werden, als Berufsfelder folgten danach die freie Wirtschaft, die Gewerkschaften, Verbände und Parteien.[132] Die hohen Zahlen der Lehramtsstudenten im Fach Politikwissenschaft schlugen erst in den siebziger Jahren zu Buche.

Doch gerade in den Bereichen Hochschule und Schule kam es ab Mitte der siebziger Jahre zu dramatischen Einbrüchen der Aufnahmekapazitäten. Das lag kaum an den Auswirkungen des Extremistenerlasses

[131] In diesem Zusammenhang entstand auch meine Berliner Dissertation von 1969: Wilhelm Bleek: Von der Kameralausbildung zum Juristenprivileg. Studium, Prüfung und Ausbildung der höheren Beamten des allgemeinen Verwaltungsdienstes in Deutschland im 18. und 19. Jahrhundert, Berlin 1972.

[132] Eigene Berechnung aufgrund der Angaben in Dirk Hartung/Reinhard Nuthmann/Wolfgang Dietrich Winterhager: Politologen im Beruf. Zur Aufnahme und Durchsetzung neuer Qualifikationen im Beschäftigungssystem, Stuttgart 1970, S. 78 mit Schaubild 4 und S. 82 mit Tabelle 10. Vgl. auch Joachim Raschke/Thomas Saretzki: Politologe/Politologin, hrsg. von der Bundesanstalt für Arbeit (= Blätter zur Berufskunde, Bd. 3 – IV A 02), Bielefeld ^{7}1991, S. 3 ff.

und von Stellenstreichungen, wie manche linken Studierenden und Professoren meinten, sondern hatte seinen simplen Grund in der Eigenart der Berufskonjunktur im Fach. In der zweiten Hälfte der sechziger und zu Beginn der siebziger Jahre gelang es zahlreichen jungen Politikwissenschaftlern, an den expandierenden Universitäten eine Professur entweder durch Berufung oder aufgrund der Überleitung aus dem akademischen Mittelbau in die Hochschullehrerschaft im Rahmen der Universitätsreformen zu erreichen. Auch die Daueranstellung im akademischen Mittelbau als Räte verschiedenster Bezeichnung ist in diesem Zusammenhang zu sehen. Doch wurde die Vermehrung des Hochschulpersonals schlagartig nach der Ölkrise von 1974 eingestellt, und die Wiederbesetzung der vorhandenen Positionen war aufgrund des Lebensalters ihrer Stelleninhaber vielfach auf Jahrzehnte blockiert. Überwiegend steht sie erst an der Wende vom 20. zum 21. Jahrhundert an, wenn sie nicht durch zwischenzeitliche Stellenstreichungen hinfällig geworden ist. Ein ganz ähnliches Phänomen extremer Konjunkturschwankungen ist auch auf dem Arbeitsmarkt für Lehramtsstudenten zu verzeichnen. Das große Wachstum des Faches Politikwissenschaft in den sechziger Jahren produzierte also, rein ökonomisch und quantitativ gesehen, seine eigene Krise in den siebziger Jahren.

Ab Mitte der siebziger Jahre verschlechterten sich die Berufsperspektiven von Absolventen des politikwissenschaftlichen Studiums dramatisch. Den damit anwachsenden öffentlichen Vorbehalten gegenüber arbeitslosen Sozialwissenschaftlern gab Helmut Schmidt mit seiner sprichwörtlichen Schnauze bereits 1968 beredten Ausdruck: «Wir haben zuviel Soziologen und Politologen. Wir brauchen viel mehr Studenten, die sich für anständige Berufe entscheiden, die der Gesellschaft auch nützen.»[133] Befragungen von politikwissenschaftlichen Absolventen der siebziger bis neunziger Jahre haben allerdings ergeben, daß deren Studium entgegen den öffentlichen Vorurteilen nicht überwiegend in der Arbeitslosigkeit, sondern nach einer Wartephase in allerdings oft nicht dauerhaften Arbeitsverhältnissen mündet.[134] Zwanzig Prozent der Absolventen und Ab-

[133] Zitiert in Günther W. Dill: Die Arbeitsmarktsituation für Sozialwissenschaftler, in: Ludwig Voegelin (Hrsg.): Sozialwissenschaften. Bd. 2: Berufsorientiertes Studium? Orientierungshilfen für Studenten und Dozenten, Frankfurt/Main, New York 1977, S. 26–46, S. 26.

[134] Rolf Ebbinghaus et al.: Berliner Politologen auf dem Arbeitsmarkt. Suche nach einer neuen Identität? Eine empirische Verbleibsstudie über die Absolventenjahrgänge 1974 bis 1980, in: Politische Vierteljahresschrift 24 (1983), S. 113–130. Vgl. auch Joachim Fiebelkorn/Thomas Schramm: Berliner Politologen auf dem Arbeitsmarkt. Ver-

solventinnen des politikwissenschaftlichen Studiums an der Freien Universität der Jahre 1974 bis 1980 waren zwar arbeitslos gemeldet, doch nur fünf Prozent waren tatsächlich erwerbslos, die übrigen kamen auf dem sogenannten «grauen Arbeitsmarkt» in Beschäftigungen, die keiner Sozialversicherungspflicht unterliegen, zum Beispiel mit Werk- oder Honorarverträgen, Arbeit in alternativen Projekten und dergleichen unter, oder sie qualifizierten sich als Doktoranden bzw. durch ein Zweitstudium weiter.

Die Berufsaussichten von Studierenden der Politikwissenschaft wurden sicherlich auch durch die ab Ende der sechziger Jahre zu beobachtende Verschlechterung des öffentlichen Images des Fachs eingeschränkt, selbst wenn dabei viele der Unterstellungen nicht den Tatsachen entsprachen. So war das Otto-Suhr-Institut sicherlich nicht die «Wiege der Revolte», wie der einflußreiche konservative Publizist Matthias Walden bereits Anfang 1967 behauptete.[135] SDS-Mitglieder gab es an dem politikwissenschaftlichen Institut nur wenige. Es dominierten vielmehr mit dem Sozialdemokratischen Hochschulbund (SHB) und dem Ring Christlich-Demokratischer Studenten (RCDS) die von ihren Parteien anerkannten Studentenverbände; gerade in der CDU und für ihre inneren Reformen der siebziger Jahre haben OSI-Absolventen wie Peter Radunski, der spätere Berliner Senator, eine erhebliche Rolle gespielt. Doch die wortradikalen Agitationen und nachrichtenträchtigen Auseinandersetzungen nicht nur am Westberliner Fachbereich für Politische Wissenschaft, sondern auch in Heidelberg, Marburg und anderenorts bewirkten, daß die Politikwissenschaft und ihre Studierenden, aber auch manche der Lehrenden von der breiten Öffentlichkeit und vielen Politikern für die politische und gesellschaftliche Unruhe in der Bundesrepublik und vor allem in Westberlin verantwortlich gemacht wurden. Daß die Begriffe «Politologie» und «Politologe» zum Negativ-Image geworden waren, bestätigten auf ihre Weise Berliner Politikwissenschaftler, als sie 1983 eine fiktive Umfrage Elisabeth Noelle-Neumanns vom Allensbacher Institut für Demoskopie konstruierten: «Politologie-/Soziologiestudenten haben dieses Studium gewählt, weil sie nichts Besseres wußten, in einem NC-Fach abgelehnt worden sind oder nicht zur Bundeswehr wollten. Sie studieren überproportional lange, engagieren sich mehrheitlich in eher linken Gruppen und Organisationen und betreiben ihr Studium

bleibsuntersuchung der Absolventenjahrgänge des Berliner Otto-Suhr-Instituts von 1979 bis 1986, in: Politische Vierteljahresschrift 30 (1989), S. 674–677.

[135] Matthias Walden: Links vom Geist, in: Die Welt (07. 01. 1967).

theorielastig. Viele führen ihr Studium nicht zu einem formalen Abschluß, und diejenigen, die ihr Studium erfolgreich abschließen, erhalten in aller Regel keine Stelle und fallen als Arbeitslose dem Steuerzahler zur Last.»[136]

Im historischen Rückblick wird man gut daran tun, nicht bloß nach «Schuldigen» für die Krise der bundesdeutschen Politikwissenschaft in den Siebzigern zu suchen, sondern deren Erklärung in die allgemeine Entwicklung der Bundesrepublik in jenen Jahren einzuordnen. Allerdings sind die linken Repräsentanten des Faches wie allgemein der Studentenbewegung damals einer Selbstüberschätzung verfallen. Sie knüpften an das demokratiewissenschaftliche Vorhutverständnis des Gründungsjahrzehnts der bundesdeutschen Politikwissenschaft an, überzogen aber die beanspruchte Avantgardefunktion bei Reform und Revolution der Bundesrepublik in einer Weise, die gegen das Fach selbst ausschlagen mußte. Das geschah weniger auf dem Weg direkter Maßnahmen der sogenannten Herrschenden gegen die politikwissenschaftlichen Systemkritiker, wie diese oft unterstellten, sondern indirekt durch den Verlust der öffentlichen Anerkennung und die Reduzierung der uneingeschränkten staatlichen Unterstützung, welche die Politikwissenschaft bis dahin genoß. Die linken Fachvertreter reagierten darauf einigermaßen empört und beklagten Verstöße gegen die Prinzipien wissenschaftlicher Freiheit und des akademischen Pluralismus, die sie doch zuvor bereits als Legitimationsfarcen bürgerlicher Herrschaft abgetan hatten.

Doch auch ohne diese selbstverschuldeten Krisen wäre die bundesdeutsche Politikwissenschaft in den siebziger Jahren aufgrund der vorangegangenen Expansion in Bedrängnis, in eine typische Wachstumskrise, geraten. Es braucht nur daran erinnert zu werden, was es bedeutet, wenn sich innerhalb von fünf Jahren, von 1970 auf 1975, die Zahl der Professuren von 63 auf 133 und der Mitglieder in dem Verband eines Faches von 328 auf 683 mehr als verdoppelt.[137] Damit wurden jene Voraussetzungen der Überschaubarkeit und der kollektiven Identität gefährdet, welche die Politikwissenschaft im Gründungsjahrzehnt der fünfziger Jahre, aber auch noch in der ersten Expansionsphase der sechziger Jahre charakterisiert hatten.

[136] Rolf Ebbinghaus et al.: Politologen, S. 113 und Peter Grottian: Politologin oder Politologe. Suche nach einer neuen Identität, in: Iring Fetscher/Herfried Münkler (Hrsg.): Politikwissenschaft. Begriffe – Analysen – Theorien. Ein Grundkurs, Reinbek 1985, S. 637–648, S. 638.

[137] Arndt: Besiegten, S. 198. Auch am Westberliner Fachbereich für Politische Wissenschaft verdoppelte sich von 1968 bis 1972 die Zahl der Hochschullehrerstellen von 11 auf 20.

Hinzu kam, daß die politikwissenschaftlichen Lagerauseinandersetzungen in den frühen siebziger Jahren nur zum geringen Teil innerhalb der Professorenschaft, sondern überwiegend zwischen Angehörigen der unterschiedlichen Hochschulgruppen ausgetragen und auf diese Weise durch Prestigeprobleme und Statusfragen der sich reformierenden Universität verstärkt wurden. Promotoren der «kritischen Politikwissenschaft» und der politökonomischen Ausrichtung des Faches waren bis auf ganz wenige Ausnahmen durchweg Assistenten und Studenten, während die Professoren zumeist die hergebrachten Strukturen in der Universität wie im politischen System bewahren oder durch vorsichtige Reformen weiterentwickeln wollten. Aufgrund der neuen Strukturen der «Gruppenuniversität» verlagerten sich die Auseinandersetzungen um Selbstverständnis und Methoden der Politikwissenschaft in hochschulpolitische Gremien, mit ihren Abstimmungsmechanismen und Gruppenzwängen ein denkbar ungeeigneter Ort für akademische Grundsatzklärungen.

Die eigentliche Brisanz erhielten die Auseinandersetzungen in der Politikwissenschaft während der siebziger Jahre aber durch den in ihnen zum Ausdruck kommenden Generationenkonflikt. Die allgemeine Zeitgeschichte, die Entwicklung des Faches sowie die persönlichen Berufskarrieren verbanden nicht nur die Mitglieder einer Alterskohorte, sondern unterschieden sie zugleich von den anderen Generationen. Dieses allgemeine soziologische Generationenkonzept[138] ist auch auf die Geschichte der bundesdeutschen Politikwissenschaft ertragreich angewandt worden.[139] Dabei kann zwischen den prägenden Erfahrungen der Generation ihrer Gründungsväter im Ersten Weltkrieg und dem Scheitern der ersten deutschen Demokratie, der zweiten Generation ihrer ersten Schüler im Dritten Reich und dem Zweiten Weltkrieg und der nachfol-

[138] Das Generationskonzept geht zurück auf Karl Mannheim: Das Problem der Generationen, in: Kölner Vierteljahrshefte für Soziologie 7 (1928), H. 2, S. 157–185 und 309–330, wiederabgedruckt in: Karl Mannheim: Das Problem der Generationen [1928], in: Karl Mannheim: Wissenssoziologie. Auswahl aus dem Werk, hrsg. von Kurt H. Wolff (= Soziologische Texte, Bd. 28), Berlin, Neuwied 1964, S. 509–565. Vgl. auch Helmut Fogt: Politische Generationen. Empirische Bedeutung und theoretisches Modell (= Beiträge zur sozialwissenschaftlichen Forschung, Bd. 32), Opladen 1982.

[139] Bereits Arndt: Besiegten, S. 250 ff. hat seine Untersuchung an einem Generationenmodell orientiert. Explizit liegt es den wissenschaftsgeschichtlichen Biographien von Thomas Noetzel und Hans-Karl Rupp zugrunde, vgl. Thomas Noetzel/Hans Karl Rupp: Zur Generationenfolge in der westdeutschen Politikwissenschaft, in: Hans J. Lietzmann/Wilhelm Bleek (Hrsg.): Politikwissenschaft. Geschichte und Entwicklung, München, Wien 1996, S. 77–98.

genden Generation der Studentenbewegung in der Nachkriegszeit, vor allem aber im bundesdeutschen Wirtschaftswunder mit seiner scheinbaren politischen Sterilität und Verdrängung der jüngsten Vergangenheit unterschieden werden. Zwar konnte die junge Generation der sechziger Jahre im Fach Politikwissenschaft nicht wie in so vielen anderen Universitätsfächern und allgemein in Staat und Gesellschaft alte Nazis entlarven,[140] doch der ordinariale Habitus der Gründungsväter und das entschiedene Eintreten auch der zweiten Generation der Fachvertreter für die «westliche Demokratie» angelsächsischer Prägung reichten auch als Anlaß zum studentenbewegten Protest. Daß viele Studenten und Assistenten sich im Fach unter der Flagge des «Antifaschismus» gegen die Autorität der Ordinarien wandten, erschien diesen Professoren, die sich den Nationalsozialisten widersetzt und den Terror des Dritten Reiches in der Emigration überlebt hatten, wie blanker Hohn und stimulierte die Furcht vor einer «neuen SA». Das führte beispielsweise bei Ernst Fraenkel und Richard Löwenthal zu der bangen Frage, ob die Rückkehr nach Deutschland und der Einsatz für die zweite deutsche Demokratie sinnvoll gewesen seien. Daß viele Wortführer der Studenten- und Assistentenbewegung danach akademische Karriere machten und selbst in Professorenattitüden hineinwuchsen, welche sie den älteren Generationen im Fach vorgeworfen hatten, macht die Sache nicht besser. Heute, beim eigenen Abschiednehmen vom aktiven Hochschullehrerberuf, täte ihnen etwas mehr Selbstkritik statt Larmoyanz ganz gut.[141]

Doch das sind Erscheinungen, welche das akademische Fach Politikwissenschaft mit der allgemeinen Entwicklung der Bundesrepublik Deutschland und ihrer politischen wie gesellschaftlichen Eliten gemeinsam hatte. Langfristig gesehen, aus der Perspektive von fünf Jahrzehnten nicht nur staatlicher Existenz der Bundesrepublik Deutschland, sondern auch der Präsenz eines akademischen Faches Politikwissenschaft in diesem Staat, hat diese Krise in den siebziger Jahren durchaus eine positive

[140] Lediglich Arnold Bergstraesser mit seinen Äußerungen aus den Jahren 1933 bis 1936, aber auch aus der Endzeit der Weimarer Republik hätte dazu Anlaß geboten, war aber bereits 1964 verstorben. Daher wirkt die politikwissenschaftliche Vergangenheitsbewältigung bei Rainer Eisfeld etwas überzogen: Rainer Eisfeld: Ausgebürgert und doch angebräunt. Deutsche Politikwissenschaft 1920–1945, Baden-Baden 1991.

[141] Vgl. die Rückblicke von Ekkehart Krippendorff: Unzufrieden. Vierzig Jahre Politische Wissenschaft, in: Blätter für deutsche und internationale Politik 44 (1999), S. 991–1001 und Wolf-Dieter Narr: Politikwissenschaft als Beruf, den wir mein(t)en – Offener Brief an Ekkehart Krippendorff, in: Thomas Greven/Oliver Jarasch (Hrsg.): Für eine lebendige Wissenschaft des Politischen. Umweg als Methode, Frankfurt/Main 1999, S. 20–37.

Funktion gehabt. Vor allem hat sie den Fachvertretern gezeigt, daß keiner akademischen Disziplin eine geradlinige Entwicklung und permanente Expansion garantiert ist, daß vielmehr auf Phasen des äußeren Erfolgs Zeiten innerer Krisen folgen können, die ein Fach bis an den Rand der Auflösung führen. Doch gerade aus solchen Krisenerfahrungen lernen nicht nur Menschen, sondern auch politische und gesellschaftliche Institutionen sowie akademische Fächer. So waren es in den folgenden Jahren neben reformorientierten jüngeren Hochschullehrern gerade auch Assistenten aus der Zeit der Studentenbewegung, die durch ihre Initiativen in Forschung und Lehre zur Konsolidierung der bundesdeutschen Politikwissenschaft in den späten siebziger und während der achtziger Jahre beitrugen.

10. Konsolidierung durch sozialwissenschaftliche Professionalisierung (1975–1990)

Anfang der siebziger Jahre des 20. Jahrhunderts blickte die bundesdeutsche Politikwissenschaft, nachdem sie in den sechziger Jahren einen Gipfelsturm unternommen hatte, in den Abgrund: Die Disziplin war hochschul- und allgemeinpolitisch zerrissen zwischen antagonistischen Lagern, sie schien gespalten in drei sich angeblich ausschließende methodologische Richtungen, ihr Verhältnis zu den Nachbardisziplinen war auf das äußerste gespannt, und das Fach wurde selbst von einigen Politikwissenschaftlern in Frage gestellt. In dieser Notsituation war «Professionalisierung» der Politikwissenschaft das oft beschworene Zauberwort, das den Weg in sicheres Gelände versprach. Was darunter im Detail verstanden wurde, schien den meisten Verkündern dieses Konzeptes selbstverständlich, wurde kaum im Detail ausgeführt.

Offensichtlich bezogen sich die politikwissenschaftlichen Meinungsführer einer Professionalisierung auf die einschlägige berufssoziologische und sozialhistorische Debatte.[1] Am nächsten zu diesem von der amerikanischen Diskussion um «professions» und «professionalization» beeinflußten Verständnis war die Vorstellung von einer Professionalisierung der politikwissenschaftlichen Ausbildung im Sinne einer stärkeren Orientierung von Lehre und Studium an den möglichen Berufsrollen oder Tätigkeitsfeldern für Politologen. Allerdings hatte man von der früheren Vorstellung, daß die Politologen zu einem festumschriebenen Berufsbild wie die Mediziner und Juristen gelangen und damit beispielsweise in der Verwaltung einen garantierten Arbeitsplatz finden könnten,

1 Vgl. Hansjürgen Daheim: Professionalisierung. Begriff und einige latente Makrofunktionen, in: Günter Albrecht/Hansjürgen Daheim/Fritz Sack (Hrsg.): Soziologie. Sprache, Bezug zur Praxis, Verhältnis zu anderen Wissenschaften. René König zum 65. Geburtstag, Opladen 1973, S. 232–249; Dietrich Rüschemeyer: Professions. Historisch und kulturell vergleichende Überlegungen, in: Günter Albrecht/Hansjürgen Daheim/Fritz Sack (Hrsg.): Soziologie. Sprache, Bezug zur Praxis, Verhältnis zu anderen Wissenschaften. René König zum 65. Geburtstag, Opladen 1973, S. 250–260 und Charles E. McClelland: Zur Professionalisierung der akademischen Berufe in Deutschland, in: Werner Conze/Jürgen Kocka (Hrsg.): Bildungsbürgertum im 19. Jahrhundert. Bd. 1: Bildungssystem und Professionalisierung im internationalen Vergleich (= Industrielle Welt, Bd. 38), Stuttgart 1985, S. 233–247.

schon in den sechziger Jahren weitgehend Abschied genommen. Doch im Zusammenhang mit der allgemeinen Studienreformdebatte der achtziger Jahre wurde auch in der Politikwissenschaft darüber diskutiert, ob nicht eine stärkere Berufsprogrammierung des politikwissenschaftlichen Studiums die Aussichten seiner Absolventinnen und Absolventen wesentlich verbessern würde.[2] In den neunziger Jahren hat sich allerdings die Einsicht durchgesetzt, daß die Berufsbilder so vielfältig und vor allem wandelbar geworden sind, daß eine zu enge Bindung der akademischen Ausbildung an vermutete Erfordernisse des künftigen Arbeitsplatzes eher in die Sackgasse führt, daß vielmehr allgemeine Qualifikationen und Eigenschaften gefragt sind und die spezifische Einführung in die Erfordernisse eines Arbeitsplatzes sinnvollerweise erst als «training on the job» erfolgt.

Weiter verbreitet war der Gedanke einer professionellen Konsolidierung der Politikwissenschaft durch die systematische Definition der ihr zugrundeliegenden Theorien und der von ihr angewandten Methoden. Damit sollte Abschied genommen werden von der Vielfältigkeit, aber auch der scheinbaren Beliebigkeit, mit der die Disziplin sich in den fünfziger Jahren als synoptische oder Integrationswissenschaft verstanden und die in den sechziger Jahren zur Sprachlosigkeit zwischen den antagonistischen Lagern des Faches geführt hatte. Vielmehr sollte durch Spezialkenntnisse das akademische und öffentliche Ansehen der Politikwissenschaft gesichert werden. Diese Strategie zielte darauf, die Konstitution und Legitimität der Disziplin nicht mehr wie früher primär über die Lehre, sondern vorrangig über die Forschung zu sichern.

Eng verbunden mit diesen inhaltlichen Anstrengungen waren normative Bemühungen um größere «Professionalität» im Sinne fachgerechten Verhaltens.[3] Auf der Grundlage gemeinsamer Rollenerwartungen sollte die Disziplin in wissens- und wissenschaftssoziologischer Sicht zu einer Profession zusammenwachsen. Nachdem in den Anfangsjahren der bundesdeutschen Politikwissenschaft ihre Schulen mehr hierarchisch und örtlich organisiert waren und in den sechziger und siebziger Jahren die politisch-methodologischen Lager die Disziplin gespalten hatten, sollten

[2] Diese insbesondere von Gerhard Wittkämper (Münster) vertretene Auffassung wurde vor allem im Ständigen Ausschuß für Lehre und Studium (SALS) der DVPW unter Leitung von Hans-Hermann Hartwich diskutiert. Vgl. Hans-Hermann Hartwich (Hrsg.): Politikwissenschaft. Lehre und Studium zwischen Professionalisierung und Wissenschaftsimmanenz, Opladen 1987.

[3] Vgl. den 1994 von den Mitgliedern der DVPW per Urwahl verabschiedeten Ethik-Beschluß, in: DVPW-Rundbrief (1998), H. 119, S. 8–13.

nun die Fachvertreter zu einer kollegialen und überörtlichen akademischen Gemeinschaft zusammenwachsen. Diese «scientific communities» mit ihren Netzwerkstrukturen gelten mit Thomas Kuhn als die der modernen Gesellschaft angemessenere Form der Binnendifferenzierung des Wissenschaftssystems.[4]

Mit diesen Professionalisierungsstrategien suchte die Politikwissenschaft in den achtziger und neunziger Jahren des 20. Jahrhunderts nicht nur die vorangehenden Krisen zu bewältigen, sondern auch ihre Akzeptanz durch die anderen akademischen Fächer, insbesondere die Nachbarwissenschaften, zu sichern. Vor allem strebte die Politikwissenschaft nach einer öffentlichen, gesellschaftlichen Anerkennung, die das Fach dauerhaft von den Ungewißheiten der mit dem demokratischen System verknüpften politischen Konjunkturen unabhängig machen würde.

a) Politikwissenschaft als moderne Sozialwissenschaft

Ein wesentlicher Bestandteil der Konsolidierungsstrategie war die Neupositionierung der bundesdeutschen Politikwissenschaft im akademischen Fächerkanon. Die (Wieder-)Gründung der Disziplin nach 1945 war ganz überwiegend im Rahmen der Geisteswissenschaften vonstatten gegangen, nahm damit nicht nur die Ursprungsfächer der ersten Generation bundesdeutscher Politikwissenschaftler auf, sondern knüpfte auch an die Traditionen der älteren Politiklehre vor 1900 an. Diese geisteswissenschaftliche Herkunft der Politikwissenschaft spiegelte sich sowohl in den spezifischen Gegenständen als auch den überwiegend hermeneutischen Methoden des frühen bundesdeutschen Faches wider.[5] Im Hinblick auf die Geschichte übernahm die Politikwissenschaft in den fünfziger und sechziger Jahren die Analyse der jüngsten Vergangenheit und rekurrierte auf bewährte historische Methoden der induktiven In-

4 In diesem Sinne auch der Beitrag von Rudolf Stichweh: Zur Soziologie wissenschaftlicher Schulen, in: Wilhelm Bleek/Hans J. Lietzmann (Hrsg.): Schulen der deutschen Politikwissenschaft, Opladen 1999, S. 19–32.

5 Grundlegend für Begriff und Methode der Geisteswissenschaften in ihrem Kontrast zu den Naturwissenschaften ist Wilhelm Dilthey: Einleitung in die Geisteswissenschaften. Versuch einer Grundlegung für das Studium der Gesellschaft und der Geschichte, Bd. 1 [1883] (= Wilhelm Diltheys Gesammelte Schriften, Bd. 1), Leipzig, Berlin [2]1923. Vgl. Manfred Riedel: Verstehen oder Erklären? Zur Theorie und Geschichte der hermeneutischen Wissenschaften, Stuttgart 1978.

terpretation und kritischen Quellenanalyse.[6] Ebenso wichtig war die Einwirkung der Rechtswissenschaft auf das junge Fach, personell vermittelt durch die zahlreichen Arbeits- und Verfassungsrechtler unter seinen Gründungsvätern, die zu einem starken Fokus auf Institutionen und Normen des politischen Prozesses als politikwissenschaftlichen Gegenständen sowie zur Gegenüberstellung von Verfassungsrecht und Verfassungswirklichkeit als methodologischem Zugang führte.[7] Schließlich durchzogen in den frühen bundesrepublikanischen Jahrzehnten Aspekte und Methoden der Philosophie die meisten politikwissenschaftlichen Bemühungen in der Forschung und noch mehr in der Lehre, sei es in Gestalt der aristotelischen Frage nach der «guten Ordnung» und der Verwirklichung des Gerechtigkeitspostulats, sei es in methodologischer Hinsicht mit dem Vorrang von Denkweisen wie der Dialektik und der Topik, welche dem Traditionsgebäude der abendländischen Philosophie entstammten.

Diese Dominanz der geisteswissenschaftlichen Methoden in der Politikwissenschaft, ihr Selbstverständnis als eine Geisteswissenschaft und ihre enge Zusammenarbeit mit anderen Geisteswissenschaften wurden bereits in den späten sechziger und frühen siebziger Jahren durch die universitären Organisationsreformen in Frage gestellt. An die Stelle der traditionellen, übergroßen Fakultäten traten damals an den meisten deutschen Hochschulen kleinere, überschaubare Abteilungen von eng verwandten Fächern, die in der Regel einen gemeinsamen Studiengang durchführten. Für die Politikwissenschaft beinhaltete diese Strukturreform zumeist den Übergang aus Philosophischen Fakultäten mit ihrer Vielzahl von philosophischen, historischen, philologischen, pädagogischen und manchmal sogar noch naturwissenschaftlichen Fächern in Sozialwissenschaftliche Fachbereiche, in denen auch die Soziologie, ebenfalls die Kommunikationswissenschaft und die Sozialpsychologie und manchmal weitere sogenannte Kulturwissenschaften wie die Anthropologie und die Ethnologie verankert wurden. In Westberlin wurde sogar 1970 das bis dahin von drei Fakultäten getragene interfakultative

[6] Vgl. Hans Mommsen: Zum Verhältnis von politischer Wissenschaft und Geschichtswissenschaft in Deutschland, in: Vierteljahrshefte für Zeitgeschichte 10 (1962), S. 341–372.

[7] Vgl. Dieter Grimm: Staatsrechtslehre und Politikwissenschaft, in: Dieter Grimm (Hrsg.): Rechtswissenschaften und Nachbarwissenschaften, Bd. 1, Frankfurt/Main 1973, S. 53–67 und Kurt Sontheimer: Politische Wissenschaft und Staatsrechtslehre, in: Dieter Grimm (Hrsg.): Rechtswissenschaften und Nachbarwissenschaften, Frankfurt/Main 1973, S. 68–85.

Otto-Suhr-Institut, der universitäre Nachfolger der Deutschen Hochschule für Politik, in einen eigenständigen «Fachbereich 15» an der Freien Universität Berlin überführt, was zunächst von allen Seiten als Fortschritt angesehen wurde, sich dann aber wegen der fachbereichsinternen Blockaden und Inzucht zunehmend als Nachteil erwies. Ende der neunziger Jahre ist auch an der FU Berlin die gesundgeschrumpfte Politikwissenschaft in einen sozialwissenschaftlichen Fachbereich integriert und dabei mit dem politikwissenschaftlichen Forschungsinstitut, dem früheren Institut für Politische Wissenschaft, zusammengelegt worden.

In Folge dieser neuen Fächerkombination, aber auch zum Ausweis ihrer zeitgemäßen Wissenschaftlichkeit bemühte sich die bundesdeutsche Politikwissenschaft seit den achtziger Jahren um eine entschiedene Profilierung ihrer theoretischen Anstrengungen und ihres methodologischen Instrumentariums als einer «modernen Sozialwissenschaft».[8] Die Bezeichnung «Sozialwissenschaft» kam zwar in Deutschland in Anlehnung an die französische «science sociale» und das englischsprachige «social science» bereits gegen Ende des 19. Jahrhunderts auf, war aber weitgehend ein Synonym für die in dieser Zeit im Entstehen befindliche Soziologie. Der Pluralausdruck von den «Sozialwissenschaften» begann sich in der Bundesrepublik, auch dem amerikanischen Vorbild folgend, erst langsam in den fünfziger Jahren durchzusetzen und löste dabei den älteren Begriff der «Staatswissenschaften» ab.[9] Im 19. Jahrhundert – es sei nur auf den Aufsatz von Robert von Mohl aus dem Jahr 1851 hingewiesen – und zu Anfang des 20. Jahrhunderts ist synonym zum Terminus «Sozialwissenschaften» oft der Begriff «Gesellschaftswissenschaften» verwandt worden, den in den sechziger Jahren der Bundesrepublik orthodoxe und nichtorthodoxe Marxisten präferiert haben, der aber

[8] Exemplarisch für das in den siebziger Jahren aufkommende Paradigma von der Politikwissenschaft als einer «modernen Sozialwissenschaft»: Ulrich von Alemann: Grundlagen der Politikwissenschaft (= Grundwissen Politik, Bd. 9), Opladen ²1995. Zum Verhältnis der Sozialwissenschaften untereinander vgl. Christiane Funken (Hrsg.): Soziologischer Eigensinn. Zur «Disziplinierung» der Sozialwissenschaften, Opladen 2000, darin neben der Einleitung der Herausgeberin (S. 7–28) insbesondere den Beitrag von Peter Weise: Zur Vereinheitlichung der Sozialwissenschaften, S. 89–111.

[9] So ist es bezeichnend, daß die Enzyklopädie von Erwin von Beckerath/Hermann Bente/Carl Brinkmann et al. (Hrsg.): Handwörterbuch der Sozialwissenschaften. Zugleich Neuauflage des Handwörterbuch der Staatswissenschaften, 12 Bde., Stuttgart, Tübingen, Göttingen 1956–1965 schon auf ihrem Titelblatt als «Neuauflage des Handwörterbuch der Staatswissenschaften» firmierte, welches 1890–1897, 1898–1901, 1909–1911 und 1923–1929 aufgelegt worden war: Ludwig Elster et al. (Hrsg.): Handbuch der Staatswissenschaften, 9 Bde., Jena ⁴1923–1929.

später wegen seiner Nähe zum DDR-Sprachgebrauch als anrüchig galt. Durchgesetzt hat sich im wissenschaftlichen Alltag der Bundesrepublik der Begriff der Sozialwissenschaft(en) erst in den siebziger Jahren.

Mit diesem Begriff wird signalisiert, daß im Mittelpunkt der einschlägigen wissenschaftlichen Bemühungen der Mensch als ein soziales Wesen, seine Sozialisierung durch die Gesellschaft und seine sozialen Interaktionen, insgesamt das gesellschaftliche Zusammenleben von Individuen stehen. Diese Einsicht in die Sozialität der menschlichen Existenz knüpft an klassische Axiome von Aristoteles (zoon politikon: der Mensch als staatsbürgerliches Wesen) und Thomas von Aquin (animal sociale et politicum: der Mensch als gesellschaftliche und politische Kreatur) an.

Das Politische als der seit der Frühen Neuzeit ausdifferenzierte Bereich staatlicher Herrschaft ist nur ein Teil dieser umfassenderen sozialen Bezüge, und so wundert es nicht, daß die meisten politikwissenschaftlichen Theorien umfangreicheren sozialwissenschaftlichen Lehrgebäuden entstammen.[10] Als Beispiel sei nur die struktur-funktionalistische Systemtheorie genannt, die von Talcott Parsons in den fünfziger Jahren entwickelt, von David Easton Mitte der sechziger Jahre für die Politikwissenschaft exemplifiziert[11] und von jüngeren bundesdeutschen Politikwissenschaftler wie Frieder Naschold und Dieter Oberndörfer Ende der sechziger Jahre in die deutsche Fachdebatte eingeführt wurde.[12] Weltweit anerkannte originäre deutsche Beiträge zur sozialwissenschaftichen Theoriebildung, die auch in der Politikwissenschaft umfangreich rezipiert wurden, steuerten Jürgen Habermas (geb. 1929) und Niklas Luhmann (1927–1998) bei, die beide als Soziologen gelten, aber doch von der Philosophie beziehungsweise Rechtswissenschaft ihren Ausgang nahmen und beide im Laufe ihrer akademischen Karriere mit der Politikwissenschaft in Berührung kamen. Für ihr Werk ist eine sozialwissenschaftliche Breite charakteristisch, die sie in die Nachfolge Max Webers als des deutschen Gründungsvaters moderner Sozialwissenschaften in ihrer Mehrzahl, nicht nur der Soziologie als einem Einzelfach, stellt.[13]

[10] Einen Überblick vermitteln Klaus von Beyme: Die politischen Theorien der Gegenwart, München 1972 und jetzt Dieter Nohlen: Lexikon der Politik. Bd. 1: Politische Theorien, hrsg. von Dieter Nohlen und Rainer-Olaf Schultze, München 1995.

[11] David Easton: A Systems Analysis of Political Life, New York et al. 1965.

[12] Frieder Naschold: Systemsteuerung (= Einführung in die moderne politische Theorie, Bd. 2), Stuttgart, Berlin, Köln, Mainz 1969. Vgl. Arno Waschkuhn: Politische Systemtheorie. Entwicklung, Modelle, Kritik (= WV-Studium, Bd. 143), Opladen 1987.

[13] Insbesondere Jürgen Habermas: Theorie des kommunikativen Handelns, 2 Bde., Frankfurt/Main 1981/82 sowie Niklas Luhmann: Soziale Systeme. Grundriß

Zu den Sozialwissenschaften, an deren Theorieangeboten und Modellbemühungen sich die Politikwissenschaft in den siebziger Jahren zunehmend orientierte, gehörte auch die Wirtschaftswissenschaft.[14] Bereits in den fünfziger Jahren war bei den Bemühungen um eine zeitgemäße Demokratietheorie an die Lehren von Joseph A. Schumpeter (1883–1950) angeknüpft worden. Schumpeter, ein aus Südmähren stammender und in der Weimarer Republik an der Bonner Universität lehrender Nationalökonom, war 1932 an die Harvard University berufen worden, nicht unähnlich der akademischen Karriere Carl Joachim Friedrichs. Während Schumpeter in seinem eigentlichen Fach vor allem durch seine Arbeiten zur Wachstums- und Konjunkturtheorie kapitalistischer Wirtschaftssysteme berühmt wurde, rezipierte die bundesdeutsche Politikwissenschaft vor allem in der Parteien- und Wahlforschung sein erstmals 1942 veröffentlichtes, sogenanntes realistisches und modernes Grundverständnis von demokratischer Politik als einem marktähnlichen Wettbewerb um Wählerstimmen.[15] Ausgeführt und verfeinert wurde dieser Ansatz durch den amerikanischen Wirtschaftswissenschaftler Anthony Downs (geb. 1936), dessen Buch über die «Ökonomische Theorie der Demokratie» nach seiner deutschen Herausgabe durch Rudolf Wildenmann auch in der Bundesrepublik in den Rang eines modernen Standardwerks der Politikwissenschaft aufstieg.[16] Zentral für diese wirtschaftswissenschaftlich inspirierten Theorien von einem «homo oeconomicus» ist die vor allem den «Rational Choice»-Ansätzen zugrundeliegende Annahme, daß auch in der Politik kollektive Entscheidungen auf rationalen Abwägungen von Einzelpersonen beruhen: Sie suchen in einem gesamtgesellschaftlichen Tauschprozeß ihren individuellen Nutzen zu maximieren und ihre Kosten zu minimieren. Diese grundlegenden Konzeptionen zur Logik kollektiven Handelns sind speziell für den Bereich politischer Prozesse von dem amerikanischen Wirtschaftswis-

einer allgemeinen Theorie, Frankfurt/Main 1984 und das posthum erschienene Werk: Niklas Luhmann: Die Politik der Gesellschaft, Frankfurt/Main 2000. Vgl. die spannende Theoriediskussion zwischen diesen beiden sozialwissenschaftlichen Vordenkern: Jürgen Habermas/Niklas Luhmann: Theorie und Gesellschaft oder Sozialtechnologie – Was leistet die Systemforschung?, Frankfurt/Main 1971.

[14] Vgl. insbesondere Franz Lehner: Einführung in die neue politische Ökonomie (= Basisbücher Sozialwissenschaft, Bd. 3), Königstein/Taunus 1981.

[15] Joseph Alois Schumpeter: Kapitalismus, Sozialismus und Demokratie (= Mensch und Gesellschaft, Bd. 7), Bern 1946.

[16] Anthony Downs: Ökonomische Theorie der Demokratie, hrsg. von Rudolf Wildenmann (= Die Einheit der Gesellschaftswissenschaften, Bd. 8), Tübingen 1968 [1. englischsprachige Ausgabe: New York 1957].

senschaftler Mancur Olson (1932–1998) durch seine Unterscheidung des Verhaltens von rational handelnden Individuen gegenüber kollektiven beziehungsweise individuellen Zielen weitergeführt worden und haben in Deutschland wesentlichen Einfluß auf die Verbändetheorie gewonnen.[17]

Die Brücke zwischen den politikwissenschaftlichen Bemühungen um eine sozialwissenschaftliche Theorieprofilierung und einer empirischen Fundierung der Forschungsleistung des Faches stellen vor allem die Lehren des kritischen Rationalismus dar, wie sie der Philosoph und Wissenschaftstheoretiker Karl R. Popper (1902–1994) formuliert hat. Auf der Basis einer entschiedenen Kritik des vor allem in den deutschen Geisteswissenschaften vorherrschenden spekulativen und ideologieträchtigen Denkens hat dieser im Dritten Reich nach Neuseeland emigrierte und ab 1946 an der London School of Economics tätige Gelehrte wissenschaftliches Arbeiten als die Überprüfung von in Hypothesen gefaßten Zusammenhängen anhand empirisch erfaßbarer Daten und deren systematischer Beobachtung konzipiert, wobei im Mittelpunkt des Forschungsprozesses nicht die Verifikation, sondern die Falsifikation der Annahmen stehen sollte.[18] Diese szientistische Konzeption der Sozialwissenschaften orientierte sich am Vorbild der Naturwissenschaften und der in diesen herrschenden Anforderungen und Annahmen exakter Wissenschaft. Poppers methodologisches Grundverständnis führte in allen Sozialwissenschaften während der sechziger und siebziger Jahre zu einer heftigen Diskussion, die im sogenannten «Positivismusstreit in der deutschen Soziologie» gipfelte.[19] Doch der von ihm inspirierte empirisch-analytische Ansatz in der bundesdeutschen Politikwissenschaft, der ursprünglich eine der drei miteinander konkurrierenden Theorierichtungen repräsentierte, hat in den achtziger Jahren im Mainstream der Disziplin weitgehend den Sieg davongetragen, weil er geeigneter als seine Konkurrenten erschien, die wie in allen Wissenschaften auch in der Politikwissenschaft zu beobachtende Kluft zwischen eher abstrakten Theoriebemühungen und mehr konkreter empirischer Feldforschung zu überwinden.

[17] Mancur Olson: Die Logik kollektiven Handelns. Kollektivgüter und die Theorie der Gruppe (= Die Einheit der Gesellschaftswissenschaften, Bd. 10), Tübingen 1968.

[18] Vgl. vor allem Karl R. Popper: Logik der Forschung (= Die Einheit der Gesellschaftswissenschaften, Bd. 4), Tübingen ^{2}1966.

[19] Theodor W. Adorno/Hans Albert/Ralf Dahrendorf et al.: Der Positivismusstreit in der deutschen Soziologie (= Soziologische Texte, Bd. 58), Neuwied, Darmstadt 1969.

Mit der Propagierung der Politikwissenschaft als einer modernen Sozialwissenschaft und unter dem szientistischen Einfluß des amerikanische Behaviorismus rückten auch in diesem bundesdeutschen Fach spätestens seit den siebziger Jahren die Methoden der empirischen Sozialforschung in den Mittelpunkt des wissenschaftlichen Arbeitens.[20] Dabei geht es insbesondere um die Überprüfung von Hypothesen anhand der Beobachtung, Erfahrung und Messung von sozialen, somit auch politischen Tatsachen. Zu den heute auch in der Politikwissenschaft gängigen empirischen Arbeitstechniken gehören vor allem die mündliche oder schriftliche Befragung in Gestalt von Interviews und Fragebögen, die quantitative Inhaltsanalyse von Dokumenten aller Art, die meist teilnehmende Beobachtung von gesellschaftlichen und politischen Situationen sowie das kontrollierte Experiment. Alle so erhobenen Daten werden mit in der Sozialstatistik bewährten Verfahren ausgewertet Diese Methoden der empirischen Sozialforschung kommen vor allem auf den politikwissenschaftlichen Arbeitsgebieten der Wahlforschung und bei der Analyse der politischen Kultur zum Tragen. Neben der quantitativen Sozialforschung gewinnt allerdings in letzter Zeit die qualitative Sozialforschung auch in der Politikwissenschaft, zum Beispiel bei der Analyse von politischer Sprache und Symbolik oder der Erforschung des alltäglichen Funktionierens politischer Institutionen und Organisationen, wieder an Gewicht.[21]

Noch entschiedener als bei der Theoriebildung geht also die sich als moderne Sozialwissenschaft verstehende Politikwissenschaft im Hinblick auf ihre Methoden, Ansätze, Analyseformen, Verfahren und Arbeitstechniken in der allgemeinen Sozialforschung auf. So kann es nicht wundern, daß die im Methodenband des «Lexikons der Politik» aufgeführten Stichworte sich überwiegend genauso in einem allgemeinen Handbuch der empirischen Sozialforschung nachschlagen lassen. Entnimmt die Politikwissenschaft heute ihre Theorien weitgehend der So-

[20] Prototypisch war die Einrichtung eines Sonderprogramms der Deutschen Forschungsgemeinschaft zur Förderung der empirischen Sozialforschung Ende 1974: Renate Mayntz: DFG-Sonderförderungsprogramm für die empirische Sozialforschung, in: Politische Vierteljahresschrift 17 (1976), S. 293–294. Vgl. allgemein Ulrich von Alemann/Erhard Forndran: Methodik der Politikwissenschaft. Eine Einführung in Arbeitstechniken und Forschungspraxis (= Grundkurs Politik), Stuttgart, Mainz 1974 und jetzt umfassend: Dieter Nohlen (Hrsg.): Lexikon der Politik. Bd. 2: Politikwissenschaftliche Methoden, hrsg. von Jürgen Kriz, Dieter Nohlen und Rainer-Olaf Schultze, München 1994.

[21] Vgl. Siegfried Lamnek: Qualitative Sozialforschung, 2 Bde., Weinheim 1988–1989.

ziologie und Wirtschaftswissenschaft, so haben bei ihren Methoden die Arbeitstechniken der empirischen Sozialforschung den Vorrang.

Diese Wende der Politikwissenschaft zu einer modernen, kritisch-rational wie empirisch orientierten Sozialwissenschaft verkörperte wie kein anderer bundesdeutscher Fachvertreter seiner Generation Rudolf Wildenmann (1921–1993).[22] Wildenmann studierte in der frühen Nachkriegszeit, angeregt durch die Lektüre von Alfred Webers «Kulturgeschichte als Kultursoziologie» in einem kanadischen Kriegsgefangenenlager in den Rocky Mountains, in Heidelberg Sozialwissenschaften und Volkswirtschaftslehre und promovierte 1952 bei Dolf Sternberger mit einer Arbeit über das Verhältnis von Parteien und Fraktionen im parlamentarischen Regierungssystem.[23] Seine an der Universität Köln von Ferdinand A. Hermens betreute und 1962 angenommene Habilitationsschrift über «Macht und Konsens als Problem der Innen- und Außenpolitik»[24] stand einerseits noch in der Heidelberger Tradition institutionell-prozessualer Analysen, nahm andererseits mit der Unterscheidung von system-funktionalen und system-normativen Elementen bereits wesentliche Elemente der aus den USA rezipierten Systemtheorie auf. Schon 1961 hatte die für Wildenmanns spätere Bedeutung als empirischer Sozialforscher wichtige Zusammenarbeit mit Kölner Soziologen wie Erwin K. Scheuch und anderen bei der Analyse der Bundestagswahl begonnen.[25] In Mannheim fand Wildenmann nach seiner Berufung im Jahr 1964 an die 1967 zur Universität aufgewertete Wirtschaftshochschule vor allem in dem Soziologen M. Rainer Lepsius, dem Wissenschaftstheoreti-

[22] Vgl. Dirk Berg-Schlosser: Rudolf Wildenmann: Herrschaftsnotwendigkeit und Herrschaftskontrolle, in: Hans Karl Rupp/Thomas Noetzel (Hrsg.): Macht, Freiheit, Demokratie. Bd. 2: Die zweite Generation der westdeutschen Politikwissenschaft. Biographische Annäherungen, Marburg 1994, S. 255–263 und Max Kaase/Rudolf Wildenmann: Rudolf Wildenmann: German Scholar, Institutionbuilder, Democrat, in: Hans Daalder (Hrsg.): Comparative European Politics. The Story of a Profession, London, Washington D.C. 1997, S. 40–53. Beide Würdigungen berücksichtigen das Fragment einer Autobiographie, die Wildenmann kurz vor seinem Tode für einen Workshop des ECPR niedergeschrieben hat.

[23] Rudolf Wildenmann: Partei und Fraktion. Ein Beitrag zur Analyse der politischen Willensbildung und des Parteiensystems in der Bundesrepublik, Meisenheim/Glan 1954.

[24] Rudolf Wildenmann: Macht und Konsens als Problem der Innen- und Außenpolitik (= Kölner Schriften zur politischen Wissenschaft, Bd. 2), Frankfurt/Main, Bonn 1963.

[25] Erwin K. Scheuch/Rudolf Wildenmann (Hrsg.): Zur Soziologie der Wahl (= Kölner Zeitschrift für Soziologie und Sozialpsychologie – Sonderheft, Bd. 9), Köln, Opladen 1965.

ker Hans Albert und dem Sozialpsychologen Martin Irle Kollegen, welche die dortige Fakultät für Sozialwissenschaften zu einem führenden Zentrum empirisch-analytischer Sozialforschung in der Bundesrepublik ausbauten. Das Mannheimer Selbstbewußtsein, an der Spitze des politikwissenschaftlichen Fortschritts in Deutschland zu stehen, verleitete Wildenmann 1970 auf dem achten Weltkongreß der International Political Science Association in München zu der hochgeschraubten Erwartung, man könne eine «allgemeine Relativitätstheorie der politischen Entwicklung mit Voraussagequalitäten» entwickeln.[26]

Rudolf Wildenmann war als Prototyp des modernen Sozialwissenschaftlers nicht zuletzt auch Wissenschaftsorganisator und -politiker. Er pflegte enge Kontakte mit Politikern wie Ludwig Erhard, Kurt-Georg Kiesinger und vor allem Lothar Späth, nicht nur um deren Politik zu beraten, sondern auch um die Finanzierung seiner eigenen Forschungsprojekte zu ermöglichen. Aus der Einsicht heraus, daß auch die sozialwissenschaftliche Forschung einer gesicherten Infrastruktur vor allem in Gestalt der elektronischen Datenerfassung und -verarbeitung bedurfte, gründete Wildenmann 1974 das Zentrum für Umfragen, Methoden und Analysen (ZUMA),[27] das später mit dem Zentralarchiv (ZA) und dem Informationszentrum Sozialwissenschaften (IZ) zur Gesellschaft für Sozialwissenschaftliche Infrastruktureinrichtungen (GESIS) zusammengeschlossen wurde. Seine medienwirksamen Aktivitäten auf dem Gebiet der Wahlforschung nahmen ihren Anfang 1963 mit Wahlanalysen für das Zweite Deutsche Fernsehen, aus denen die Forschungsgruppe Wahlen an der Universität Mannheim hervorging, welche sich 1972 unter ihren Mitarbeitern Manfred Berger, Wolfgang Gibowski und Dieter Roth unabhängig machte und heute nicht nur durch ihre Hochrechnungen an Wahlabenden, sondern auch durch das monatliche «Politbarometer» ein öffentlicher Begriff ist. Diese vielfältigen forschungsorganisatorischen Aktivitäten Rudolf Wildenmanns weiteten sich ab Beginn der siebziger Jahre von der bundesdeutschen auf die europäische Ebene aus: Auf seine Mitinitiative gehen die Gründung des European Council for Political Research (ECPR) als des europäischen Fachverbandes und vor allem dessen jährliche Joint Sessions of Workshops zurück.

Rudolf Wildenmann hat sein Verständnis der Politikwissenschaft als einer analytisch-empirischen Sozialwissenschaft an zahlreiche Mitarbei-

26 Rudolf Wildenmann: Germany 1930/1970 – The Empirical Findings, in: Sozialwissenschaftliches Jahrbuch für Politik 2 (1971), S. 13–60, hier: S. 18.

27 Max Kaase: ZUMA – eine neue Hilfseinrichtung der DFG, in: Politische Vierteljahresschrift 15 (1974), S. 583–585.

ter und Schüler weitergegeben. Unter ihnen befanden sich in Gestalt von Wolfgang Gibowski nicht nur ein späterer stellvertretender Leiter des Bundespresse- und Informationsamtes und enger Berater von Bundeskanzler Helmut Kohl, sondern mit Wilhelm P. Bürklin, Ursula Hoffmann-Lange, Max Kaase, Franz Lehner, Heribert Schatz, Erich Weede und Ulrich Widmaier auch viele künftige Professoren. Daher ist die von Wildenmann als akademischem Vater geförderte empirisch-analytische Politikwissenschaft, die auf Ferdinand A. Hermens als akademischem Großvater und Joseph A. Schumpeter als dessen Doktorvater, mithin Urgroßvater, zurückgeht, auch als «Köln-Mannheimer Schule» bezeichnet worden. Auch andere Hermens-Assistenten und -Schüler wie der später in der Konrad-Adenauer-Stiftung forschende und an der Universität Kiel lehrende Werner Kaltefleiter[28] wurden ihr zugerechnet Doch sind der analytisch-empirische Ansatz in der Politikwissenschaft als moderner Sozialwissenschaft, aber auch Wildenmanns Einsichten in die Notwendigkeit der quasi-betrieblichen Organisation von Forschung und Lehre inzwischen Allgemeingut geworden, haben die Grenzen einer örtlichen Schule längst hinter sich gelassen.

b) Politikfeldanalyse

Eng verbunden mit der Orientierung der Politikwissenschaft an den Theorien und Methoden der Sozialwissenschaft war die Entdeckung eines großen weiteren Gegenstandsbereiches der Disziplin in Gestalt der Politikfelder. In den beiden ersten Jahrzehnten der bundesrepublikanischen Politikwissenschaft als einer «Demokratiewissenschaft» hatten Aspekte des normativ-institutionellen Rahmens der Politik sowie die Abläufe und Akteure des politischen Entscheidungsprozesses im Mittelpunkt der politikwissenschaftlichen Lehre und Forschung gestanden. Anfang der siebziger Jahre entdeckte auch die deutsche Politikwissenschaft das dritte Element der englischsprachigen Politiktrias, die «policy» als die Einzahl oder «policies» als die Mehrzahl der Bereiche des öffentlichen Handelns. Nun sollte, in der Sprache der kybernetischen Systemtheorie, nicht mehr nur das «input», sondern auch das vielfältige «output» der Politik analysiert werden.

[28] Edward Keynes/Jörg Brechtefeld: Nachruf auf Werner Kaltefleiter, in: Zeitschrift für Politik, N. F. 45 (1998), S. 236–237.

Daß in der Bundesrepublik für das Bemühen, auch die politischen Inhalte und nicht nur die politischen Normen und politischen Prozesse zu erfassen, zunächst der Begriff der Policy-Analyse dominierend war, verweist auf die amerikanische Herkunft dieses politikwissenschaftlichen Teilgebiets: Anknüpfend an die philosophischen Lehren des Pragmatismus (William James 1842–1910; John Dewey 1859–1952; George Herbert Mead 1863–1931), konzipierten Charles E. Merriam und sein Schüler Harold D. Lasswell bereits in den zwanziger Jahren an der Universität von Chicago die «New Science of Politics», mit der sie sich von dem institutionalistischen, aus Deutschland inspirierten Politikverständnis von John Burgess absetzten. Ihr neues, an materiell-inhaltlichen Fragen orientiertes politikwissenschaftliches Denken fand rasche Verbreitung und wurde insbesondere durch den von Merriam gegründeten Social Science Research Council in der amerikanischen Politikwissenschaft sehr einflußreich. Diese neue, szientistisch und empirisch orientierte Schule erlebte in der Phase der aktiven Reformpolitik des US-Präsidenten Franklin D. Roosevelt in den dreißiger Jahren des 20. Jahrhunderts einen großen Durchbruch. Vor diesem Erfahrungshintergrund riefen 1951 die amerikanischen Sozialwissenschaftler Daniel Lerner und Harold D. Lasswell in ihrer Programmschrift über «The Policy Sciences»[29] zur interdisziplinären Zusammenarbeit der auseinanderdriftenden Wissenschaften durch die Fokussierung auf konkrete, gemeinsame Problembereiche öffentlichen Handelns auf und verbanden damit nicht nur eine politikberatende, sondern auch entschieden reformerische Absicht.[30]

Es wundert nicht, daß auch in der Bundesrepublik Deutschland die Regierungsübernahme durch eine sozial-liberale Reformregierung 1969 unter Willy Brandt und Hans-Dietrich Genscher als politische Initialzündung zur Entwicklung der Policy-Forschung fungierte. Auch nachdem der Schock der Ölkrise von 1974 der Reformeuphorie ein jähes Ende bereitete und unter den Bundeskanzlern Helmut Schmidt und Helmut Kohl die Bewältigung von vielfältigen Krisenproblemen zur hauptsächlichen Staatsaufgabe erhoben wurden, erlebten Politikfeldanalysen wegen ihrer politikberatenden Funktion eine ungeahnte Konjunktur.

29 Daniel Lerner/Harold D. Lasswell (Hrsg.): The Policy Sciences: Recent Developments in Scope and Method, Stanford/California 1951.

30 Diese ideengeschichtliche Herkunft der Policyforschung arbeitet heraus die Bochumer Habilitationsschrift von Klaus Schubert: Innovation und Ordnung – Grundlagen einer pragmatistischen Theorie der Politik, gleichzeitig ein Beitrag über die ideengeschichtliche Basis einer erweiterten Theorie der Politik, Bochum 1999 [i. E. ca. 2001].

Bei der Ausarbeitung eines für alle Bereiche staatlicher Tätigkeit gültigen Policy-Modells rezipierte man in Deutschland vor allem die amerikanische Forschungsdiskussion.[31] Im Mittelpunkt stand das Bemühen, den Ablauf von politischen Problemlösungsprozessen in der Vielfalt staatlicher Tätigkeitsbereiche als einen Policy-Zyklus («policy cycle») von idealtypisch zu unterscheidenden Phasen zu verstehen: Auf die Anstoßphase einer Problemformulierung folgten die Agendagestaltung («agenda setting») und die Auswahl einer spezifischen Politik, sodann in der Implementationsphase deren Umsetzung mit der Allokation von Finanzmitteln und der Einstellung von Personal und schließlich die Evaluation der Policy-Ergebnisse, die entweder zur Neuformulierung oder Beendigung (im Jargon: Termination) der einschlägigen Policy-Maßnahme führte.

Den Alltag der Policy-Forschung charakterisierten aber nicht diese teilweise sehr subtilen theoretischen Bemühungen, sondern die empirischen und praxisbezogenen Arbeiten auf den einzelnen Politikfeldern.[32] Am Anfang des analytischen und empirischen Bemühens der bundesdeutschen Politikfeldforschung stand dabei bezeichnenderweise nicht ein Politikbereich, in welchem sich der Staat um die planvolle Gestaltung eines Teilsektors der Gesellschaft oder Wirtschaft bemühte, sondern das Bestreben, durch eine Reform des politisch-administrativen Systems erst die organisatorischen Voraussetzungen für eine solche «aktive Politik» zu schaffen. Beispielhaft für diese sozialwissenschaftlichen Arbeiten auf dem Gebiet der inneren Reform des politischen Apparats wurden die Bemühungen der Projektgruppe Regierungs- und Verwaltungsreform unter Renate Mayntz und Fritz W. Scharpf, welche die ambitiösen Bemühungen von Horst Ehmke in den Jahren 1969 bis 1972 begleiteten und unterstützten, als Bundesminister für Besondere Aufgaben an der Spitze des Bundeskanzleramtes unter Willy Brandt die Regierungszentrale zu einer Art «Superministerium» mit effektiven Koordinations- und langfristigen Planungskompetenzen auszubauen.

Auf keinem Gebiet wurde die Abhängigkeit der Politikfelder und damit auch der begleitenden und beratenden Forschung von den wechsel-

[31] Vgl. neben den beiden Einführungen von Adrienne Windhoff-Héritier: Policy-Analyse. Eine Einführung, Frankfurt/Main, New York 1987 und Klaus Schubert: Politikfeldanalyse. Eine Einführung (= Grundwissen Politik, Bd. 6), Opladen 1991 den Sammelband: Adrienne Héritier (Hrsg.): Policy-Analyse. Kritik und Neuorientierung (= Politische Vierteljahresschrift – Sonderheft, Bd. 24), Opladen 1993.

[32] Siehe die Skizze der Politikfelder und Liste der einschlägigen Publikationen bei Roland Sturm: Policy-Forschung, in: Klaus von Beyme (Hrsg.): Politikwissenschaft in der Bundesrepublik Deutschland, Opladen 1986, S. 231–249.

haften politischen Konjunkturen so deutlich wie in der Bildungspolitik. Nach Georg Pichts Weckruf einer bevorstehenden «Bildungskatastrophe» von 1964 und den Unruhen an Hochschulen und Schulen Ende der sechziger Jahre erschien eine Fülle von Studien zur Planung und Ökonomie des Bildungssystems, die aber nach dem Einfrieren der Bildungsetats ab Mitte der siebziger Jahre schlagartig zurückgingen. Obwohl auch die Entwicklungspolitik, verstanden als die umfassende Förderung der Entwicklung in den Ländern der Dritten Welt, nach ihrem programmatischen und finanziellen Aufschwung zu Beginn der sozialliberalen Koalition ab 1974 stagnierte, gehörte sie doch in der Folgezeit zu den häufig bearbeiteten Politikfeldforschungen. Sie verband sich mit den schon seit den sechziger Jahren bestehenden Untersuchungen über die Länder und Regionen der Dritten Welt und hat sowohl die Grundsatzdebatten über den Entwicklungsbegriff und den Nord-Süd-Konflikt, wie sie sich 1980 in den Empfehlungen der Brandt-Kommission niederschlugen, als auch die deutsche Entwicklungshilfe vor Ort in der Dritten Welt inspiriert.[33]

Relativ spät wurde in der Bundesrepublik die Umweltpolitik als politische und politikwissenschaftliche Aufgabe entdeckt. Zwar wurde schon 1972 im Grundgesetz (Art. 74 Abs. 24) die Kompetenz des Bundes zur Verabschiedung von entsprechenden Gesetzen verankert und 1974 das Umweltbundesamt gegründet, doch der eigentliche Durchbruch in der Umweltpolitik kam erst mit der Entstehung von ökologisch orientierten neuen sozialen Bewegungen zu Ende der siebziger Jahre und ihrem Zusammenschluß im Jahr 1980 zur Partei Die Grünen. Nachdem Ende April 1986 die Reaktorkatastrophe im ukrainischen Tschernobyl auch Westeuropa zu verseuchen drohte, bündelte Bundeskanzler Kohl die bis dahin auf eine Vielzahl von Ministerien verteilten Kompetenzen in dem neugegründeten Bundesministerium für Umwelt, Naturschutz und Reaktorsicherheit, seitdem der wichtigste staatliche Adressat der einschlägigen Politikfeldforschung. Umweltpolitik als politikwissenschaftliches Politikfeld war bereits Ende der siebziger Jahre, vor allem von dem Berliner Politologen Martin Jänicke, entdeckt worden, auf dessen Initative widmete die DVPW ihren Bonner Kongreß im Jahr 1977 wesentlich diesem Gegenstand.[34]

33 Vgl. Franz Nuscheler (Hrsg.): Dritte-Welt-Forschung. Entwicklungstheorie und Entwicklungspolitik (= Politische Vierteljahresschrift – Sonderheft, Bd. 16), Opladen 1985; Independent Commission on International Development Issues: Das Überleben sichern. Gemeinsame Interessen der Industrie- und Entwicklungsländer. Bericht der Nord-Süd-Kommission. Mit einer Einleitung von Willy Brandt, Köln et al. 1980.

34 Martin Jänicke (Hrsg.): Umweltpolitik. Beiträge zur Politologie des Umweltschutzes, Opladen 1978.

Die Verwirklichung des Umweltschutzes auf der lokalen Ebene gehört wie die Umsetzung zahlreicher anderer Politikfelder (zum Beispiel Gesundheits-, Sozial-, Verkehrs- und Wohnungspolitik) zu den Aufgaben der Städte und Gemeinden. Deutschland verfügt nicht nur seit Beginn des 19. Jahrhunderts über die altehrwürdige Tradition der kommunalen Selbstverwaltung, sondern auch seit Ende des 19. Jahrhunderts über einen angesehenen multidisziplinären Verbund von Kommunalwissenschaften.[35] Diese kommunalwissenschaftlichen Arbeiten sind allerdings weitgehend vom Axiom kommunaler Selbstverwaltung als einem unpolitischen Bereich und der Dominanz (kommunal-)verwaltungsrechtlicher Aspekte geprägt. Gegen diese traditionellen Sichtweisen wandten sich seit Anfang der siebziger Jahre, inspiriert durch die amerikanische Community-Power-Forschung und auf Anregung von Thomas Ellwein,[36] jüngere deutsche Politikwissenschaftler mit Rolf-Richard Grauhahn an der Spitze.[37] Sie sahen die Politik auf örtlicher Ebene genauso wie in den Ländern und im Bund von den politischen Phänomenen der Macht, der Herrschaft und des Konfliktes sowie den Strukturen parteipolitischer Auseinandersetzung zwischen Regierung und Opposition geprägt. Es hat daher paradigmatische Bedeutung, wenn die politikwissenschaftliche Forschung auf diesem Politikfeld nicht von «kommunaler Selbstverwaltung», sondern von «lokaler Politik»,[38] «Kommunalpolitik»[39] oder «Stadtpolitik»[40] spricht.

In den sechziger Jahren entdeckten die bundesdeutschen Politikwissenschaftler die Sozialpolitik, die seitdem intensiv bearbeitet wird. So entstand an der Universität Bremen ein Zentrum für Sozialpolitik, an dem so renommierte Politikwissenschaftler wie Claus Offe und Manfred G. Schmidt tätig waren beziehungsweise sind. Auf diesem Politikfeld, auf dem es um das öffentliche System der sozialen Sicherung, insbesondere die Absicherung gegen Risiken wie Alter, Arbeitslosigkeit, Krankheit, Unfall und vieles mehr, geht, treffen die Politikwissenschaftler aller-

[35] Hans Peters (Hrsg.): Handbuch der kommunalen Wissenschaft und Praxis, 3 Bde., Berlin 1956–1959.

[36] Vgl. Thomas Ellwein (Hrsg.): Wertheim, 3 Bde. (= Politisches Verhalten, Bd. 8–10), München 1969–1982.

[37] Rolf-Richard Grauhan (Hrsg.): Lokale Politikforschung, 2 Bde. (= Campus – Studium, Bd. 510/511), Frankfurt/Main, New York 1975.

[38] Grauhan: Politikforschung.

[39] Hiltrud Naßmacher/Karl-Heinz Naßmacher (Hrsg.): Kommunalpolitik in der Bundesrepublik. Möglichkeiten und Grenzen, Opladen 1979.

[40] Joachim Jens Hesse/Hellmut Wollmann (Hrsg.): Probleme der Stadtpolitik in den 80er Jahren, Frankfurt/Main, New York 1983.

dings auf eine besonders achtunggebietende und kompetente Konkurrenz, gehört doch die Sozialpolitik in Theorie und Praxis seit der Gründung des «Vereins für Socialpolitik» (1872) zur festen Domäne von Nationalökonomen und Soziologen. Politikwissenschaftler reizt an diesem Politikfeld besonders die Tatsache, daß es im Gegensatz zu den Anfangsjahrzehnten der Bundesrepublik seit Beginn der achtziger Jahren erheblichen finanziellen Handlungsrestriktionen und Globalisierungseinflüssen ausgesetzt ist, die vor allem die international vergleichende Wohlfahrtsstaatsforschung stimulieren.[41] Ein besonderer Reformdruck liegt auf Grund der demograpischen Veränderungstendenzen auf dem sozialpolitischen Teilgebiet der Gesundheitspolitik. Bei der Analyse und Beratung auf diesem Politikfeld trafen die Politikwissenschaftler auf das etablierte Expertentum von Medizinern und Soziologen, doch konnten sie schon früh auch von den Konkurrenten anerkannte Untersuchungen zum Verständnis für die korporatistischen Verhandlungsstrukturen zwischen den Akteuren des Gesundheitssystems, vor allem den Ärzteverbänden und Krankenkassen, vorlegen.[42]

Noch gravierender ist die Konkurrenz, der die politikwissenschaftliche Forschung auf den wirtschaftlichen Politikfeldern ausgesetzt ist. Vor allem in der allgemeinen Wirtschaftspolitik, verstanden als Ordnungspolitik, prallen die fachspezifischen Axiome von Politikwissenschaftlern und Wirtschaftswissenschaftlern aufeinander: Während die Letztgenannten zumeist den Markt als dominantes Steuerungsinstrument herausheben, setzen die meisten Politikwissenschaftler, mit Ausnahme der eng politökonomisch ausgerichteten, auf Handlungsspielräume des Staates. Auch in der konkreten wirtschaftspolitischen Forschung und Politikberatung dominieren die Nationalökonomen, nicht zuletzt auf Grund des akademischen Sachverstandes in den Wirtschaftsforschungsinstituten. Schon besser sieht es für die Politikwissenschaft auf dem Feld der Arbeitspolitik aus, nachdem auf Grund der wachsenden Arbeitslosigkeit in den sechziger Jahren die aktive Arbeitsmarktpolitik zu-

41 Vgl. Manfred G. Schmidt: Sozialpolitik. Historische Entwicklung und internationaler Vergleich (= Grundwissen Politik, Bd. 2), Opladen 1988.

42 Vgl. die Dissertation von Frieder Naschold (1940–1999): Frieder Naschold: Kassenärzte und Krankenversicherungsreform. Zu einer Theorie der Statuspolitik (= Sozialwissenschaft in Theorie und Praxis, Bd. 3), Freiburg/Breisgau 1967 und später Helmut Wiesenthal: Die konzertierte Aktion im Gesundheitswesen. Ein Beispiel für Theorie und Politik des Korporatismus, Frankfurt/Main, New York 1981. Vgl. als Einführung Nils C. Bandelow: Gesundheitspolitik. Der Staat in der Hand einzelner Interessengruppen? Probleme, Erklärungen, Reformen, Opladen 1998.

nächst von der Großen Koalition als politische Aufgabe entdeckt wurde (Arbeitsförderungsgesetz von 1969). Zwar erfolgt die Detailforschung weitgehend an dem der Nürnberger Bundesanstalt für Arbeit angeschlossenen Institut für Arbeitsmarkt- und Berufsforschung, doch auf Grund der korporatistischen und tripartistischen Strukturen (Arbeitgeber, Arbeitnehmer, Staat) auf diesem Sektor ist der verhandlungstheoretische Sachverstand von Sozialwissenschaftlern wie Fritz W. Scharpf, Claus Offe, Günther Schmid und Bernd Reissert durchaus gefragt, bis hin zu der Zuarbeit von Rolf Heinze und Wolfgang Streeck für das von Bundeskanzler Schröder initiierte Bündnis für Arbeit.[43]

Die Liste von Politikfeldern, die seit den siebziger Jahren in das Gesichtsfeld von Politikwissenschaftlern gerieten, läßt sich fast beliebig fortsetzen: Medienpolitik, Familienpolitik einschließlich Jugend- und Altenpolitik, Ausländerpolitik, Forschungspolitik, Verkehrspolitik und viele Politiken mehr, welche die ganze Handlungsbandbreite des modernen Staates ausmachen.[44] Zuletzt ist für die Bemühungen Deutschlands um seine historische Identität der Begriff der «Geschichtspolitik» geprägt worden.[45] So befassen sich zahlreiche Arbeitskreise der DVPW mit Politikfeldern. Die meisten Politikfeldforschungen werden allerdings an interdisziplinären Instituten wie beispielsweise auf dem Gebiet der Stadt- und Wohnungsbaupolitik an dem vom Deutschen Städte- und Gemeindetag getragenen Deutschen Institut für Urbanistik (früher: Kommunalwissenschaftliches Forschungszentrum) in Berlin und dem Institut für Wohnen und Umwelt in Darmstadt durchgeführt. Auf dem Gebiet der sozial- einschließlich der politikwissenschaftlichen Politikfeldforschung hat sich besonders das 1969 gegründete Wissenschaftszentrum Berlin

[43] Fritz W. Scharpf/Dietrich Garlichs/Friederike Maier et al.: Implementationsprobleme offensiver Arbeitsmarktpolitik. Das Sonderprogramm der Bundesregierung für Regionen mit besonderen Beschäftigungsproblemen, Frankfurt/Main, New York 1982.

[44] Vgl. die Liste der Politikfelder, die Carl Böhret 1985 seiner Befragung der Fachkollegen zugrunde legte: Carl Böhret: Zum Stand und zur Orientierung der Politikwissenschaft in der Bundesrepublik Deutschland. Ein Bericht für das 1. Wissenschaftliche Symposium der Deutschen Vereinigung für Politische Wissenschaft (November 1984) in Hannover, in: Hans-Hermann Hartwich (Hrsg.): Policy-Forschung in der Bundesrepublik Deutschland. Ihr Selbstverständnis und ihr Verhältnis zu den Grundfragen der Politikwissenschaft, Opladen 1985, S. 216–330, dort: S. 261.

[45] Vgl. Wolfrum, Edgar: Geschichtspolitik in der Bundesrepublik Deutschland. Der Weg zur bundesrepublikanischen Erinnerung 1948–1990, Darmstadt 1999 und Peter Reichel: Politik mit der Erinnerung. Gedächtnisorte im Streit um die nationalsozialistische Vergangenheit, München/Wien 1995.

profiliert, das unter anderem ein Institut für Umwelt und Gesellschaft sowie für Management und Verwaltung und eine Arbeitsgruppe für Gesundheitspolitik einrichtete.

Dieser in der Politikwissenschaft kaum zu übersehende Vormarsch der Politikfeldanalysen hat im Fach während der frühen achtziger Jahre Erwartungen und Hoffnungen, aber auch Fragen und Sorgen hervorgerufen. Im Rahmen der Deutschen Vereinigung für Politische Wissenschaft hatte die Politikfeld-Forschung ihren ersten großen Auftritt auf deren Wissenschaftlichem Kongreß im Oktober 1982 in der Freien Universität Berlin.[46] Die Policy-Forscher stellten ihre Arbeiten zur Beschäftigungs-, Arbeits- und Entwicklungspolitik mit dem prononcierten Selbstbewußtsein vor, mit ihrer Forschungsrichtung «eine konsequente Professionalisierung der Disziplin in theoretischer, methodischer und empirischer Hinsicht», den «professionelle(n) Durchbruch der Disziplin» bewirken zu können, wie es Frieder Naschold (1940–1999) und Ulrich Jürgens vom Wissenschaftszentrum Berlin in ihrem Bericht über die Arbeitsgruppe zum Politikfeld «Arbeitspolitik» formulierten.[47] Doch vielen anderen Politikwissenschaftlern wurde ob dieses selbstbewußten Anspruchs angst und bange um die Zukunft ihrer Disziplin; auch Fritz W. Scharpf, einer der Promotoren der neuen Forschungsrichtung, ließ seine Sorge um die Identität und Kohärenz der Disziplin bereits auf dem Jahreskongreß anklingen.[48]

Als dann noch eher konservativ und traditionell eingestellte Kollegen unter Führung des bisherigen Verbandsvorsitzenden Manfred Hättich im März 1983, wohl auch unter dem Eindruck des Berliner Kongresses, aus der DVPW austraten und die Deutsche Gesellschaft für Politikwissenschaft gründeten, erschien dem neuen Vorsitzenden Hans-Hermann Hartwich nicht nur diplomatische Schadensbegrenzung, sondern auch eine Grundsatzdebatte um die Bedeutung der Policy-Forschung für die

46 Hans-Hermann Hartwich (Hrsg.): Gesellschaftliche Probleme als Anstoß und Folge von Politik. Wissenschaftlicher Kongreß der DVPW 4.–7. Oktober 1982 in der Freien Universität Berlin. Tagungsbericht, Opladen 1983.

47 Ulrich Jürgens/Frieder Naschold: Thesen und Materialien zur Arbeitspolitik, in: Hans-Hermann Hartwich (Hrsg.): Gesellschaftliche Probleme als Anstoß und Folge von Politik. Wissenschaftlicher Kongreß der DVPW 4.–7. Oktober 1982 in der Freien Universität Berlin. Tagungsbericht, Opladen 1983, S. 113–138, hier: S. 116 u. 117.

48 Fritz W. Scharpf: Bericht aus der Arbeitsgruppe A: Politikfelder, in: Hans-Hermann Hartwich (Hrsg.): Gesellschaftliche Probleme als Anstoß und Folge von Politik. Wissenschaftlicher Kongreß der DVPW 4.–7. Oktober 1982 in der Freien Universität Berlin. Tagungsbericht, Opladen 1983, S. 504–509.

weitere Entwicklung des Faches geboten. Auf einem von ihm im November 1984 in Hannover organisierten wissenschaftlichen Symposium wurde sehr offen und kontrovers über das Verhältnis der Policy- Forschung zu den «Kernbereichen» des Faches diskutiert.[49] Wilhelm Hennis, Walter Euchner, Michael Th. Greven und andere vorzugsweise an den institutionellen und prozessualen Politikaspekten interessierte Fachkollegen erinnerten an Grundfragen der Disziplin wie Macht, Herrschaft und Legitimität und wehrten sich dagegen, daß ihre Bemühungen von den Anhängern der modernen Sozialwissenschaft und speziell der Policy-Forschung als «Opas Politikwissenschaft» abgetan wurden. Auch Klaus von Beyme, ansonsten jedem wissenschaftlichen Fortschritt gegenüber aufgeschlossen, warnte vor einer paradigmatischen Hypertrophie der neuen Forschungsrichtung, einem «modische(n) Versuch, die gesamte Politikwissenschaft auf Policy-Fragen hin umzuschreiben».[50] Die meisten der 49 Politikwissenschaftler auf dem Symposium waren sich einig in der Sorge, daß ihr Fach durch die Vielfalt der Politikfelder in einer Ansammlung von zufälligen Interessen und Themen zerfasern könne. Wie die Einheit der Soziologie durch die Vielzahl von Bindestrich-Soziologien gefährdet werde, so sei die Politikwissenschaft in der Gefahr, in Bindestrich-Politiken segmentiert zu werden. Im Kern der Diskussion stand die Sorge, «daß die Logik notwendiger Kompetenz zur Erforschung unterschiedlichster Politikfelder den Verlust politikwissenschaftlicher Identität» bedeuten könne.[51]

Doch Carl Böhret, der als Politikwissenschaftler an der Speyrer Hochschule für Verwaltungswissenschaften lehrt, konnte gegenüber solchen Befürchtungen empirisch begründete Entwarnung geben.[52] Bei einer Umfrage unter bundesdeutschen Politikwissenschaftlern im Sommer 1984 erhob er unter anderem deren vergangene und zukünftige Arbeitsschwerpunkte. Im Ergebnis stellte sich heraus, daß die Policy-Forschung

[49] Hans-Hermann Hartwich (Hrsg.): Policy-Forschung in der Bundesrepublik Deutschland. Ihr Selbstverständnis und ihr Verhältnis zu den Grundfragen der Politikwissenschaft, Opladen 1985.

[50] Klaus von Beyme: Policy Analysis und traditionelle Politikwissenschaft, in: Hans-Hermann Hartwich (Hrsg.): Policy-Forschung in der Bundesrepublik Deutschland. Ihr Selbstverständnis und ihr Verhältnis zu den Grundfragen der Politikwissenschaft, Opladen 1985, S. 7–29, hier: S. 21.

[51] Hans-Hermann Hartwich: Einführung, in: Hans-Hermann Hartwich (Hrsg.): Policy-Forschung in der Bundesrepublik Deutschland. Ihr Selbstverständnis und ihr Verhältnis zu den Grundfragen der Politikwissenschaft, Opladen 1985, S. 1–6, hier: S. 4.

[52] Böhret: Stand, Zusammenfassungen auf S. 220 f. u. 316 f.

keineswegs die herkömmlichen Themen verdrängt hatte, sondern sie lediglich ergänzte, sich meistens sogar mit ihnen verband. Auch viele Repräsentanten der Politikfeldforschung sahen in ihr lediglich eine sinnvolle und notwendige Erweiterung der Politikwissenschaft: nicht mehr, aber auch nicht weniger, jedenfalls keine Alternative zur traditionellen Politikwissenschaft. Von vielen Politikwissenschaftlern wurde die Schubladeneinteilung ihres Faches in der Lehre und noch mehr der Forschung in institutionell-normative («polity»), prozessuale («politics») und entscheidungsinhaltliche Dimensionen («policy») kritisiert, diese Aspekte vielmehr als ineinander verwoben charakterisiert. Die eigentlich interessanten politikwissenschaftlichen Herausforderungen auf dem Gebiet der Policy-Forschung wurden nicht in der Begrenzung auf die inhaltlichen Gesichtspunkte der entsprechenden Politikfelder, sondern in der Klärung des Zusammenhangs aller drei Dimensionen des politischen Handelns gesehen. Beispielhaft für eine solche Verknüpfung von politics und policy waren die Konstanzer Dissertations- und Habilitationsarbeiten von Manfred G. Schmidt, bei denen es um die empirische, sowohl quantitative als auch qualitative Analyse des Einflusses von unterschiedlichen (partei-)politischen Konstellationen auf das politikfeldbezogene Leistungsprofil von Regierungen, sei es im Vergleich der deutschen Bundesländer, sei es im internationalen Vergleich von 21 westlichen Industriestaaten, ging.[53]

Nachdem sich gegen Ende des 20. Jahrhunderts der Pulverdampf aus den Kämpfen zwischen den angeblichen Traditionalisten und Modernisten im Fach verzogen hatte, ist ein nüchterneres Urteil über den Beitrag der Politikfeldforschung zur Konsolidierung der bundesdeutschen Politikwissenschaft möglich. Mit ihr hat sich das Fach in eine größere Wettbewerbssituation mit seinen sozialwissenschaftlichen Nachbarfächern, insbesondere der Soziologie und Wirtschaftswissenschaft, begeben, aber auch neue Möglichkeiten der interdisziplinären Kooperation eröffnet Es scheint so, als ob die Nachbarfächer mehrheitlich die politikwissenschaftlichen Beiträge zur Politikfeldforschung als Erweiterung ihrer eigenen Perspektiven einschätzen. Auch auf internationaler Ebene hat die

[53] Manfred G. Schmidt: CDU und SPD an der Regierung. Ein Vergleich ihrer Politik in den Ländern, Frankfurt/Main, New York 1980 und Manfred G. Schmidt: Wohlfahrtsstaatliche Politik unter bürgerlichen und sozialdemokratischen Regierungen. Ein internationaler Vergleich, Frankfurt/Main, New York 1982. Vgl. auch den von Manfred G. Schmidt herausgegebenen Sammelband: Manfred G. Schmidt (Hrsg.): Staatstätigkeit. International und historisch vergleichende Analysen (= Politische Vierteljahresschrift – Sonderheft, Bd. 19), Opladen 1988.

Politikfeldforschung die Anschlußfähigkeit der deutschen Politikwissenschaft gefördert, insbesondere im Hinblick auf die Kommunikation mit der amerikanischen Political Science.[54] Die mit der Etablierung der Politikfeld-Forschung verknüpften Erwartungen an die Ausweitung der Berufsmöglichkeiten für die Absolventen der Politikwissenschaft und die Hoffnung auf bessere finanzielle Ausstattung ihrer Forschungsaktivitäten haben sich allerdings nur im begrenzten Rahmen verwirklicht.

Die Politikfeldanalyse ist heute ein wichtiger Bereich der politikwissenschaftlichen Forschung. Auch in der Organisation von Lehre und Studium ist sie, allerdings meist nicht durch eigenständige Professuren, sondern durch Anhängen an traditionelle Lehrstuhlprofile, vor allem auf dem Gebiet des politischen Systems Deutschlands oder der vergleichenden Politikwissenschaft, verankert worden. Es handelt sich allerdings bei der Einführung der Politikfeldforschung nicht um jenes neue Paradigma und eine wissenschaftliche Revolution, wie sie in den achtziger Jahren vielfach von ihren Initiatoren behauptet und von den Skeptikern befürchtet worden ist. Aus wissenschaftsgeschichtlicher Sicht sollte einem auffallen, daß sich die als so modern angesehene «policy» von der altdeutschen «policey» nur durch ein kleines «e» unterscheidet und beide Wörter begriffsgeschichtlich zusammenhängen. In der Tat umfaßten die «Policeyen» des frühneuzeitlichen Staates und dessen Policeywissenschaften eine Vielfalt von herrschaftlichen Tätigkeitsbereichen, die so unterschiedlich nicht von den Aktivitäten des modernen Staates ausfallen, wenn man nur an die Bevölkerungspolitik, die Arbeitspolitik und die Technologiepolitik denkt.[55]

[54] Siehe das von Klaus Schubert herausgegebene Journal «German Policy Studies/Politikfeldanalyse», das nicht nur als Brücke zwischen den angelsächsischen und deutschen Netzwerken der Politikfeldforschung fungiert, sondern auch durch die Publikation lediglich im Internet ein Vorreiter der internationalen Fachkommunikation ist. Details sind auf folgenden Internetseiten zu finden: http://www.spaef.com; http://www.spaef.com/GPS.PUB/index.html.

[55] Auf diese historischen Vorläufer der Policy-Forschung haben unter anderem Beyme: Policy Analysis und Wilhelm Hennis: Über die Antworten der eigenen Wissenschaftsgeschichte und die Notwendigkeit, «zentrale Fragen» der Politikwissenschaft stets neu zu überdenken, in: Hans-Hermann Hartwich (Hrsg.): Policy-Forschung in der Bundesrepublik Deutschland. Ihr Selbstverständnis und ihr Verhältnis zu den Grundfragen der Politikwissenschaft, Opladen 1985, S. 122–131, S. 21 f. u. 127 f. hingewiesen.

c) Politikberatung

Eng verbunden mit der inhaltlichen Ausweitung der Politikwissenschaft durch die Politikfeldanalyse war die Intensivierung der politikberatenden Funktion der Disziplin. Wenn darunter die Vermittlung wissenschaftlicher Kenntnisse und Handlungsvorschläge an die Träger des politischen Willensbildungs- und Entscheidungsprozesses verstanden wird, dann hat es allerdings intellektuelle Beratung der Herrschenden gegeben, seit es Politik gibt, und sicherlich ist bereits Aristoteles als Erzieher Alexander des Großen dazu zu zählen. Auch in der Frühgeschichte des Faches in der Bundesrepublik übernahmen Gründungsväter wie Arnold Bergstraesser allgemeine, meist eher informelle Funktionen der Politikberatung und ging beispielsweise das Parteiengesetz von 1967 auf Anregungen von Theodor Eschenburg, Wilhelm Hennis, Kurt Sontheimer, Otto Stammer und Dolf Sternberger zurück.

Doch zu einer Chance für die Sozialwissenschaftler im allgemeinen und die Politikwissenschaftler im besonderen wurde die organisierte Politikberatung erst durch die politischen Klimaveränderungen in den sechziger Jahren des 20. Jahrhunderts und insbesondere durch den Eintritt der Sozialdemokraten in die Bundesregierung.[56] Mitte der sechziger Jahre führten die ersten Krisenerscheinungen in der bis dahin so erfolgreichen bundesrepublikanischen Marktwirtschaft nicht nur zur Großen Koalition von CDU/CSU und SPD. Auch bewirkte die Übernahme des Bundeswirtschaftsministeriums durch den sozialdemokratischen Hamburger Volkswirtschaftsprofessor Karl Schiller einen wirtschaftspolitischen Kurswechsel, durch welchen planerische Elemente in die marktwirtschaftliche Ordnung eingebaut werden sollten. Nachdem Planung zwei Jahrzehnte lang als ein Instrument der Zentralverwaltungswirtschaft in den kommunistischen Diktaturen pauschal abgelehnt worden war, entdeckte man nun in der Bundesrepublik wie auch in anderen

[56] Vgl. Wolfgang Hesse: Reformpolitik und Sozialwissenschaften, in: Aus Politik und Zeitgeschichte 27 (1977), H. 39, S. 15–24; Ferdinand Müller-Rommel: Sozialwissenschaftliche Politik-Beratung. Probleme und Perspektiven, in: Aus Politik und Zeitgeschichte 25 (1984), S. 26–39 und allgemein Wolfgang Bruder: Sozialwissenschaften und Politikberatung. Zur Nutzung sozialwissenschaftlicher Informationen in der Ministerialorganisation (= Studien zur Sozialwissenschaft, Bd. 43), Opladen 1980 sowie Hans-Hermann Hartwich (Hrsg.): Gesellschaftliche Probleme als Anstoß und Folge von Politik. Wissenschaftlicher Kongreß der DVPW 4.–7. Oktober 1982 in der Freien Universität Berlin. Tagungsbericht, Opladen 1983.

westeuropäischen Staaten die «politische Planung» als eine mittel- und langfristig angelegte Koordination und Steuerung der staatlichen Tätigkeiten.[57] Neben der Wirtschaftspolitik tat sich in den sechziger Jahren vor allem die Bildungspolitik, auch im Hinblick auf Zersplitterung der einschlägigen Kompetenzen im Bundesstaat, als ein weites Feld der Planungstätigkeit von Regierung und Verwaltung auf: In diesem Zusammenhang wurde 1965 von Bund und Ländern der allerdings bereits 1975 wieder aufgelöste Deutsche Bildungsrat eingerichtet, während der 1957 gegründete Deutsche Wissenschaftsrat bis heute, zum Beispiel durch seine Beschlüsse zum Hochschulausbau, ein wichtiges Koordinations- und Planungsgremium darstellt.

Einen weiteren Schritt weg von einer bloß kurzfristigen und reaktiven hin zu einer längerfristigen und vor allem «aktiven Politik» (Fritz W. Scharpf/Renate Mayntz) brachte der Regierungswechsel von 1969. Die Sozialdemokraten an der Spitze der neuen Bundesregierung gingen nicht nur von der Vorstellung einer «Allzuständigkeit des Staates im wirtschaftlich-gesellschaftlichen Bereich» aus – so Bundeskanzleramtsminister Horst Ehmke –, sondern postulierten auch – wie Bundeskanzler Willy Brandt in seiner ersten Regierungserklärung vom 28. Oktober 1969 – eine Politik der nachdrücklichen Reformen auf allen Gebieten. In diesem gewandelten Meinungsklima sahen der SPD nahestehende und ihre Reformpolitik unterstützende Sozialwissenschaftler die Chance einer entschiedenen «Verwissenschaftlichung der Politik».[58]

Reformgesinnte Soziologen, Politikwissenschaftler, Wirtschaftswissenschaftler und Pädagogen wurden von der neuen Regierung nicht nur mit der Abfassung von gutachterlichen Analysen und Empfehlungen zur Begründung und Ausführung des neuen Kurses beauftragt, sondern auch in zahlreiche Beratergremien berufen und mit ihren Schülern in die Arbeit der Planungsstäbe eingebaut, die sich die meisten Ministerien auf Bundes-, aber auch Landesebene zulegten. Politikberatende Unterstützung erhielten diese politisch-administrativen Bemühungen – nicht zuletzt im Kanzleramt unter Horst Ehmke – vor allem durch die von Sozialwissenschaftlern unter Renate Mayntz und Fritz W. Scharpf geleitete Projektgruppe Regierungs- und Verwaltungsreform.[59] Aber auch die

57 Vgl. Fritz Wilhelm Scharpf: Planung als politischer Prozeß. Aufsätze zur Theorie der planenden Demokratie, Frankfurt/Main 1973.

58 Vgl. Klaus Lompe: Wissenschaftliche Beratung der Politik. Ein Beitrag zur Theorie anwendender Sozialwissenschaften, Göttingen 1966 und Hesse: Reformpolitik.

59 Vgl. Heiner Flohr: Die Tätigkeit der Planungsabteilung im Bundeskanzleramt, in: Deutsche Vereinigung für Politische Wissenschaft (Hrsg.): Gesellschaftlicher Wan-

Kommission für wirtschaftlichen und sozialen Wandel unter dem Münchener Soziologen Martin Bolte entwickelte in den siebziger Jahren eine intensive wissenschaftliche Berater- und Gutachtertätigkeit für das Reformprogramm der sozialliberalen Bundesregierung.[60]

Diese durch sozialwissenschaftliche Politikberatung gestützten Reformbemühungen stießen aber nicht nur sehr bald auf den Widerstand der tradierten Kräfte. Das umfassende Reformprogramm wurde ebenso durch die wirtschaftliche Wende elementar in Frage gestellt, die 1974 im Gefolge der Ölpreiskrise auch die Bundesrepublik Deutschland schokkierte. Danach stand im Mittelpunkt sozialwissenschaftlicher Aktivitäten auf dem Gebiet der Politikberatung nicht mehr die Konzipierung ambitiöser und langfristiger Pläne, sondern die Hilfestellung bei der mühevollen Umsetzung kurz- und mittelfristiger Reformmaßnahmen und deren selbstkritische Wirkungskontrolle. Das Postulat der Stunde war nach amerikanischem Vorbild nun die Implementations- und Evaluationsforschung.[61] Bei der ersteren ging es um die Untersuchung des Vollzugs, der Vollzugsmängel und der Vollzugsblockaden bei der Umsetzung von politischen Vorhaben, bei der zweiten um die Untersuchung der Wirkungen und Nebenwirkungen, insgesamt die Erfolgskontrolle einer bestimmten Maßnahme. Beide Forschungsbereiche bezogen sich auf eine bestimmte Phase des zuvor skizzierten Policy-Zyklus, wurden damit als Teile der sozialwissenschaftlichen Begleitforschung auf dem Gebiet der umfassenderen Politikfeldanalyse gesehen. So verstanden es die Sozialwissenschaften, ihre Fähigkeiten auch nach der Desillusionierung der Reformhoffnungen, dieses Mal unter dem Vorzeichen kompetenter Krisenbewältigung, der praktischen Politik anzubieten.

Diese Politikberatung war kaum mehr von einzelnen Politikwissen-

del und politische Innovation. Tagung der Deutschen Vereinigung für Politische Wissenschaft in Mannheim, Herbst 1971 (= Politische Vierteljahresschrift – Sonderheft, Bd. 4), Opladen 1972, S. 54–69 und Renate Mayntz/Fritz W. Scharpf (Hrsg.): Planungsorganisation. Die Diskussion um die Reform von Verwaltung und Regierung des Bundes, München 1973.

60 Kommission für wirtschaftlichen und sozialen Wandel: Schriften der Kommission für wirtschaftlichen und sozialen Wandel, Göttingen 1973 ff.

61 Vgl. Renate Mayntz (Hrsg.): Implementation politischer Programme, 2 Bde., Königstein/Taunus 1980 und 1983; Gerd-Michael Hellstern/Hellmut Wollmann: Evaluierungsforschung. Ansätze und Methoden; dargestellt am Beispiel des Städtebaus (= Stadtforschung aktuell, Bd. 7), Basel, Boston, Stuttgart, 1983 und Hellmut Wollmann: Implementationsforschung/Evaluationsforschung, in: Politische Methoden, München 1984, S. 173–179.

schaftlern zu leisten. So wundert es nicht, daß die sozialwissenschaftliche Politikberatung vielfach von kommerziell arbeitenden Instituten wie Infas in Bonn, Infratest in München, Prognos in Basel und Köln, dem Institut für Demoskopie Elisabeth Noelle-Neumanns in Allensbach und Sinus in Heidelberg/München übernommen wurde, die oft auch auf dem Gebiet der Meinungsbefragung tätig waren und in der allgemeinen Marktforschung ihre Rendite verdienten.

Der zweite große Träger sozialwissenschaftlicher Politikberatung wurden die Forschungsinstitute der politischen Stiftungen. Diese Institutionen der parteinahen Bildungsarbeit sind Ende der fünfziger, Anfang der sechziger Jahre vor allem im Zusammenhang mit der Begabtenförderung von Studierenden entstanden, wobei die mit der SPD verbundene Friedrich-Ebert-Stiftung an ein Vermächtnis ihres Namensgebers, des ersten Reichspräsidenten der Weimarer Republik, aus dem Jahr 1925 anknüpfen konnte.[62] Im 1959 gegründeten Forschungsinstitut der Friedrich-Ebert-Stiftung wird vor allem über die Geschichte der deutschen Arbeiterbewegung, außen- und sicherheitspolitische Fragen (und bis zur deutschen Vereinigung DDR-Themen), die Entwicklungsländer sowie die Regionalpolitik, Raumordnung und Stadtentwicklung gearbeitet, wobei die letztgenannte Abteilung von dem Volkswirtschaftler Manfred Schüler geleitet wurde, der 1972 als beamteter Staatssekretär der Nachfolger Horst Ehmkes als Chef des Bundeskanzleramtes und dann zum wichtigsten und unumstrittenen Mitarbeiter des Bundeskanzlers Helmut Schmidt wurde. Das Sozialwissenschaftliche Forschungsinstitut der Konrad-Adenauer-Stiftung ging 1970, in Reaktion auf die Verbannung der CDU in die Opposition, aus dem drei Jahre zuvor gegründeten Wissenschaftlichen Institut der christdemokratischen Stiftung hervor und stand bis 1975

[62] Henning von Vieregge: Zur politischen Bildungsarbeit von parteinahen Stiftungen, in: Aus Politik und Zeitgeschichte 27 (1977), H. 7, S. 28–54. Weniger ertragreich ist die an sich ausführlichere Dissertation: Henning von Vieregge: Parteistiftungen. Zur Rolle der Konrad-Adenauer-, Friedrich-Ebert-, Friedrich-Naumann- und Hans-Seidel-Stiftung im politischen System der Bundesrepublik Deutschland (= Schriftenreihe zum Stiftungswesen, Bd. 1), Baden-Baden 1977, da sie sich auf die weniger forschungsorientierte Friedrich-Naumann-Stiftung konzentriert. Vgl. Norbert Lepszy: Politische Stiftungen, in: Uwe Andersen/Wichard Woyke (Hrsg.): Handwörterbuch des politischen Systems der Bundesrepublik Deutschland, Opladen ^{4}2000, S. 501–505. Die überdurchschnittliche Vergabe von Stipendien der parteinahen Stiftungen an Studierende der sozialwissenschaftlichen Fächer – auch der Verfasser dieses Buches hat davon profitiert – ist ebenfalls ein Element der Kooperation von praktischer Politik und Sozialwissenschaft.

unter der Leitung des Hermens-Schülers und Kieler Politikwissenschaftlers Werner Kaltefleiter (1928–1998), der ihm ein besonderes Profil auf dem Gebiet der Parteien- und Wahlforschung gab.[63] Danach leitete Dieter Oberndörfer, Schüler und Nachfolger Arnold Bergstraessers[64] an der Universität Freiburg, dieses Institut, bis Hans-Joachim Veen diese Funktion übernahm. Die der FDP affiliierte Friedrich-Naumann-Stiftung arbeitete seit 1967, also bedingt durch ihren Oppositionsstatus seit 1966, mit dem Institut für politische Planung und Kybernetik zusammen, löste diese Zusammenarbeit aber 1973 auf, nicht nur wegen des chronischen Geldmangels der liberalen Partei, sondern weil sie ihre wissenschaftlichen Beratungsbedürfnisse wieder über die Ministerialbürokratie befriedigen konnte. Auch die christlich-soziale Hanns-Seidel-Stiftung, die grüne Heinrich-Böll-Stiftung und die noch im Aufbau befindliche Rosa-Luxemburg-Stiftung der PDS können sich kein eigenes Forschungsinstitut leisten, beschäftigen aber einige Sozialwissenschaftler in ihren Apparaten und vergeben Auftragsarbeiten und Gutachten an ihnen politisch nahestehende Forscher und Institute. Politikberatende Funktionen übernehmen auch die Wissenschaftlichen Dienste beim Bundestag und den Landtagen, wie insgesamt zahlreiche Sozialwissenschaftler als Mitarbeiter von Abgeordneten beschäftigt sind.

Vorzugsweise in der Politikberatung wurden ebenfalls jene außeruniversitären Forschungsinstitute tätig, die seit den siebziger Jahren auch auf dem Gebiet der Sozialwissenschaften entstanden. Prototypisch waren dabei das Wissenschaftszentrum Berlin (seit 1985: für Sozialforschung) und seine Entstehungsgeschichte.[65] Es wurde im Februar 1969 als Gesellschaft mit beschränkter Haftung von 15 Bundestagsabgeordneten unter dem Christdemokraten Johann Baptist Gradl und dem Sozialdemokraten Gerhard Jahn in ausgesprochener Frontstellung gegenüber den von hochschulpolitischen Konflikten zerrissenen Westberliner Universitäten und sowjetischen Vorbehalten zum Trotz gegründet Doch bald

[63] Vgl. den Nachruf: Edward Keynes/Jörg Brechtefeld: Nachruf auf Werner Kaltefleiter, in: Zeitschrift für Politik, N. F. 45 (1998), S. 236–237.

[64] Arnold Bergstraesser hatte sowohl an der Gründung der Politischen Akademie Eichholz, der Vorgängerin der Konrad-Adenauer-Stiftung, im Jahr 1956 als auch der Friedrich-Naumann-Stiftung zwei Jahre später mitgewirkt (Vieregge: Bildungsarbeit, S. 32), eine schöne Illustration für seine politikwissenschaftliche wie -praktische Prominenz in den letzten zehn Jahren seines Lebens.

[65] Vgl. Wissenschaftszentrum Berlin (Hrsg.): Interaktion von Wissenschaft und Politik. Theoretische und praktische Probleme der anwendungsorientierten Sozialwissenschaften, Frankfurt/Main [et al.] 1977 und die Seite im Internet: http://www.wz-Berlin.de.

mauserte sich das WZB zu einer der wichtigsten politikberatenden Institutionen der sozialliberalen Reformpolitik. Es erforscht, wie es im Gesellschaftervertrag heißt, «die Entwicklungstendenzen, Anpassungsprobleme und Innovationschancen moderner demokratischer Gesellschaften». Die Grundfinanzierung des WZB erfolgt zu 75 Prozent durch die Bundesregierung und 25 Prozent durch das Land Berlin. Die politische Wende von 1982/83, sowohl auf Bundes- wie auch auf Landesebene, konnte die Institution auch dank des internationalen Renommees der von ihm berufenen Sozialwissenschaftler, darunter Politikwissenschaftler wie Fritz W. Scharpf, Frieder Naschold, Hans-Dieter Klingemann, Max Kaase und vor allem von Karl W. Deutsch, überstehen, doch bewirkte sie eine Akzentverschiebung von der praxisbezogenen Politikberatung zur Grundlagenforschung. Heute ist das WZB mit seinen an die 150 Planstellen und weiteren Mitarbeitern und Mitarbeiterinnen aus Drittmittelvorhaben, Gastwissenschaftlern und Doktoranden in Deutschland führend auf den Gebieten der Politikfeldanalyse wie der Arbeitsmarkt- und Umweltpolitik, aber auch der Sozialberichtserstattung und allgemein der Analyse sozialer und politischer Wandlungsprozesse.

Auch unter den achtzig Instituten der Max-Planck-Gesellschaft, der Nachfolgerin der altehrwürdigen Kaiser-Wilhelm-Gesellschaft zur Förderung der Wissenschaft, befindet sich gelegentlich ein Institut der sozialwissenschaftlichen Grundlagenforschung. In den siebziger Jahren war es das von Jürgen Habermas und Carl Friedrich von Weizsäcker geleitete Max-Planck-Institut zur Erforschung der Lebensbedingungen der wissenschaftlich-technischen Welt, später umbenannt in MPI für Sozialwissenschaften in Starnberg bei München, das 1984 aufgelöst wurde. Das anschließend (1985) von Renate Mayntz in Köln gegründete MPI zur Gesellschaftsforschung, das heute von Fritz W. Scharpf und Wolfgang Streeck geleitet wird, beschäftigt sich vor allem mit der Erarbeitung einer empirisch fundierten Theorie der Steuerbarkeit gesellschaftlicher Entwicklung und berücksichtigt dabei insbesondere die Auswirkungen der Europäisierung, Internationalisierung und Globalisierung.[66] Seine an die vierzig Mitarbeiter, Doktoranden, Stipendiaten und Gastwissenschaftler sind vorzugsweise Soziologen und Politikwissenschaftler.

Insgesamt haben in Deutschland die auf dem Gebiet der Sozialwissenschaften arbeitenden kommerziellen Institute, parteinahen Stiftungen und außeruniversitären Forschungsinstitute – noch – nicht jene Bedeutung als politikberatende und öffentlichkeitsgestaltende «Ideenagentu-

[66] Vgl. die Seite im Internet: http://www.mpi-fg-koeln.mpg.de.

ren» erlangt, wie sie in den USA nicht nur die großen «Think Tanks» wie die Brookings Institution, Carnegie Endowment for International Peace und Heritage Foundation, sondern selbst kleinere Non-Governmental Organizations wie die Arms Control Association genießen.[67] Das liegt nicht nur an den fundamentalen Unterschieden im politischen System, sondern ist noch mehr durch die Besonderheiten der politischen Kultur, vor allem auf den Gebieten des wechselseitigen Selbst- und Fremdverständnisses von Politik und Wissenschaft, bedingt.

Die großen Erwartungen, welche das Fach Politikwissenschaft in den siebziger Jahren an den Ausbau seiner politikberatenden Funktionen knüpfte, haben sich nur in sehr eingeschränktem Maße erfüllt. Damals erhoffte man sich vor allem die kollektive Anerkennung einer für die praktische Politik unentbehrlichen Dienstleistungsfunktion und die individuelle Bestätigung als professionelle Politikexperten. Man träumte von der Mitwirkung von Wissenschaftlern an der politisch-administrativen Entscheidungsfindung, sogar von einer generellen «Verwissenschaftlichung der Politik». Gemessen an diesen großen Hoffnungen kam es auf dem Gebiet der wissenschaftlichen Politikberatung eher zu beiderseitigen Enttäuschungen und Frustrationen. Aus der Sicht der politisch-administrativen Praktiker werfen die sozialwissenschaftlichen Expertisen oft mehr politische Fragen auf, als daß sie Problemlösungsmöglichkeiten vermitteln. Die sozialwissenschaftlichen Forscher hingegen bemängeln, daß ihre Analysen und Gutachten häufig in den Schubladen der Auftraggeber verschwänden und sich die praktische Politik nicht an die wissenschaftlichen Ratschläge halte.

Ein nüchterner Blick auf die Realität der Politikberatung durch Gutachten und Kommissionen offenbart, daß es der praktischen Politik bei den entsprechenden Aufträgen oft mehr darum geht, Zeit zu gewinnen und eine kontroverse Entscheidung hinauszuschieben. Zugleich dienen die Produkte der Politikberatung im politischen Entscheidungskreislauf weniger der Anregung und Vorbereitung politischer Initiativen als vielmehr der nachträglichen Rechtfertigung schon getroffener Entscheidungen und vollzogener Handlungen. Im Hinblick auf die Motive der Gutachter und Kommissionsmitglieder ermöglichen politikberatende Tätigkeiten nicht nur ein persönliches Zusatzeinkommen und die Anstellung von weiteren Mitarbeitern, sondern heben vor allem das Selbstwert-

67 Deutlichere Tendenzen der «Amerikanisierung» auch auf diesem Markt sieht hingegen Winand Gellner: Ideenagenturen für Politik und Öffentlichkeit. Think Tanks in den USA und in Deutschland (= Studien zur Sozialwissenschaft, Bd. 157), Opladen 1995.

gefühl und die professionelle Anerkennung des Sozialforschers im Kreis seiner Kollegen. So ist überliefert, daß Peter Christian Ludz, der in den siebziger Jahren als einflußreicher Leiter eines Arbeitskreises für vergleichende Deutschlandforschung die Bundesregierung auf dem Gebiet der Deutschlandpolitik beriet, die Reise zu einem Gesprächstermin in der Bundeshauptstadt regelrecht inszenierte: Nicht nur ließ er sich in Bielefeld auf der Mitte des Universitätsgeländes von einem Hubschrauber des Bundesgrenzschutzes abholen, sondern zog auch bei dieser Gelegenheit einen Trenchcoat an, der im Wind der Rotorblätter ein fernsehreifes Bild ermöglichte. Nichtsdestotrotz kamen diesem ambitiösen Sozialwissenschaftler und Politikberater aber auch frühe Einsichten in die Grenzen der Zusammenarbeit von Sozialwissenschaften und praktischer Politik.[68]

Wissenschaft und Politik unterscheiden sich vor allem durch ihren Arbeitsstil, ihr Informationsbedürfnis und ihr Zeitbudget Während die Wissenschaft einer Sache auf den Grund gehen und sie erschöpfend erfassen will, also für die Durchführung eines Projektes und die Erstellung eines seriösen Gutachtens Zeit braucht, sieht sich die Politik dem Erwartungsdruck von Interessengruppen und öffentlicher Meinung nach schnellen Beurteilungen und baldigen Lösungen ausgesetzt. Zudem sprechen Forscher und Praktiker unterschiedliche Sprachen: Sozialwissenschaftler wollen die Komplexität der gesellschaftlichen und politischen Wirklichkeit in ihren Ausdrucksweisen abbilden, während Politiker mit Blick auf die Wählerschaft die Schwierigkeiten der politischen Realität auf einfache Formeln und Zusammenhänge zu reduzieren suchen. Manche Politikwissenschaftler haben daher sogar «wissenschaftspolitische Dolmetscher» als kommunikative Zwischenorgane zwischen dem wissenschaftlichen und dem politischen System vorgeschlagen.[69]

d) Internationalisierung

Das große Vorbild der bundesdeutschen Politikwissenschaft bei ihren Bemühungen um die Steigerung ihres öffentlichen Einflusses durch politikberatende Bemühungen, die Inkorporation der ganzen Vielfalt der Politikfeldanalysen und insgesamt die Entwicklung des Faches zu einer

[68] Peter Christian Ludz: Reflexionen zum Verhältnis von Sozialwissenschaften und praktischer Politik, in: Horst Baier (Hrsg.): Freiheit und Sachzwang. Beiträge zu Ehren Helmut Schelskys, Opladen 1977, S. 10–22.

[69] Vgl. Müller-Rommel: Politik-Beratung, S. 34 ff.

allgemein anerkannten sozialwissenschaftlichen Profession war die amerikanische Political Science. Dabei strebten die Leitfiguren der bundesdeutschen Disziplin im letzten Drittel des 20. Jahrhunderts nicht zuletzt nach der deutschen Rezeption jener amerikanischen Verhältnisse, die sie selbst oft im transatlantischen Austausch als Studenten und Doktoranden schätzen gelernt hatten. Schon in den frühen fünfziger Jahren haben später prominente Vertreter der zweiten Generation bundesdeutscher Politikwissenschaftler wie Karl Dietrich Bracher und Kurt Sontheimer in den USA jenes wissenschaftliche Mekka entdeckt, von dem ihre Lehrer, die aus dem amerikanischen Exil heimgekehrten Mitglieder der Gründergeneration, geschwärmt hatten. Selbst Träger des Studenten- und Assistentenprotestes in den sechziger Jahren gegen die amerikanische Politik insbesondere in Vietnam und Kritiker der systemstabilisierenden Funktion der amerikanischen Political Science wie Ekkehart Krippendorff und Wolf-Dieter Narr hatten nach ihren USA-Aufenthalten zunächst die bundesdeutsche Rezeption amerikanischer Weisheiten auf ihr Panier geschrieben.[70] Auch für die nachfolgenden Generationen bundesdeutscher Politikwissenschaftler gehört es bis heute zum weitverbreiteten akademischen Karrieremuster, einmal in den USA studiert und geforscht zu haben.

Deutsche Politikwissenschaftler fasziniert an der Political Science in den Vereinigten Staaten ihre fulminante und geradlinige Erfolgsgeschichte.[71] Heute ist die amerikanische Politikwissenschaft im Weltmaßstab schon rein quantitativ die führende Macht.[72] So gibt es in den USA über 15 000 ausgebildete Politikwissenschaftler, im Vergleich zu rund 2000 in Deutschland. Zu diesen professionellen Politikwissenschaftlern zahlen in den Vereinigten Staaten vor allem 9000 vollbeschäftigte und 2000 teilzeitbeschäftigte Hochschullehrer, während in der Bundesrepublik, auch nach deren Erweiterung auf die neuen Bundesländer, nur an die 400 Professoren Politikwissenschaft lehren. In den circa 1400 Departments

70 Ekkehart Krippendorff (Hrsg.): Political Science. Amerikanische Beiträge zur Politikwissenschaft, Tübingen 1966 (das Vorwort wurde vorveröffentlicht in: Ekkehart Krippendorff: Profil einer Disziplin. Versuch über Herkunft und Stand der Politischen Wissenschaft in den Vereinigten Staaten, in: Politische Vierteljahresschrift 6 (1965), S. 184–204) und Wolf-Dieter Narr: Theoriebegriffe und Systemtheorie (= Einführung in die moderne politische Theorie, Bd. 1), Stuttgart, Mainz 1969.

71 Immer noch grundlegend: Albert Somit/Joseph Tanenhaus: The Development of American Political Science. From Burgess to Behavioralism, New York 1967.

72 Vgl. Evron M. Kirkpatrick/William G. Andrews: United States of America, in: William G. Andrews (Hrsg.): International Handbook of Political Science, Westport/Conneticut, London 1982, S. 364–382.

of Political Science an den 1900 amerikanischen Universitäten und Colleges lehren vielfach zehn bis 40 Professoren, womit in Deutschland lediglich das frühere Otto-Suhr-Institut an der Freien Universität in Berlin und das Geschwister-Scholl-Institut in München mithalten konnten, was aber nicht unbedingt ein Ausweis ihrer qualitativen Spitzenstellung ist. Auf den Kongressen der American Political Science Association tummeln sich in jedem Jahr durchschnittlich 2500 Teilnehmer, während an den wissenschaftlichen Kongressen der Deutschen Vereinigung für Politische Wissenschaft alle drei Jahre höchstens 1000 Interessenten teilnehmen. Kein Wunder, daß schätzungsweise drei Viertel der literarischen Weltproduktion der Politikwissenschaftler aus den Vereinigten Staaten stammen.

Worauf beruht dieser enorme und in der ganzen politikwissenschaftlichen Welt mit Bewunderung und Neid registrierte Erfolg der Profession in den USA? Aus ideengeschichtlicher Sicht[73] wird immer wieder darauf hingewiesen, daß sich in den Vereinigten Staaten eine breite politikwissenschaftliche Forschung auf der Grundlage eines empirisch-prozessualen Politikbegriffs entfalten konnte, wie ihn Harold Lasswell 1936 auf die klassische Formel gebracht hat: «Who Gets What, When, and How?»[74] Im Mittelpunkt der politikwissenschaftlichen Bemühungen in Nordamerika stehen immer noch die «politics», verstanden als der politische Entscheidungsprozeß, auch wenn daneben seit einigen Jahrzehnten die «policies», die politischen Tätigkeitsfelder, eine zunehmend wichtige Rolle spielen.[75] «Polity» hingegen, die normative Ordnung der Politik, ist in der amerikanischen Politikwissenschaft eher von nachgeordneter Bedeutung.

Wie Politik gemacht wird, das will die amerikanische Politikwissenschaft seit den zwanziger Jahren des 20. Jahrhunderts nicht nur beschreiben, sondern auch analysieren und darüber hinaus zur Erkenntnis von Gesetzmäßigkeiten verdichten, die wiederum wissenschaftlich begrün-

[73] Einen prägnanten Überblick vermittelt, auch weil ursprünglich für einen Vortrag in der Volksrepublik China geschrieben: David Easton: Political Science in the United States. Past and Present, in: International Political Science Review 80 (1985), H. 1, S. 133–152. Vgl. auch Gabriel A. Almond: Political Science: The History of the Discipline, in: Robert E. Goodin/Hans-Dieter Klingemann (Hrsg.): A New Handbook of Political Science, Oxford 1996, S. 50–96, bes.: S. 64 ff.

[74] Harold Lasswell: Politics: Who Gets What, When, and How, New York 1936.

[75] Vgl. die Berichte über den Stand der aktuellen Forschungslage in den Teilbereichen der amerikanischen Politikwissenschaft: Ada W. Finifter (Hrsg.): Political Science: The State of the Discipline, Washington D.C. 1983 und Ada W. Finifter (Hrsg.): Political Science: The State of the Discipline II, Washington D.C. 1993.

dete Voraussagen ermöglichen. Das Ziel des «mainstreams» der amerikanischen Politikwissenschaft ist daher weniger die normative als vielmehr die empirische Theoriebildung. In der Mitte des 20. Jahrhunderts dominierten über Jahrzehnte Wissenschaftsverständnis und Methoden des Behavioralismus, der nach dem Vorbild der Naturwissenschaften und in Anlehnung an die anderen Verhaltenswissenschaften der Psychologie, Anthropologie und Soziologie auf die Sammlung von Daten, deren quantitative Analyse und die Aufstellung von empirisch begründeten Theorien abstellte.[76] Auch nachdem durch die «post behavioralist revolution» im Gefolge der Studentenbewegung seit dem Ende der sechziger Jahre behavioristische Grundannahmen wie die Rationalität menschlichen Verhaltens und die Möglichkeit wissenschaftlicher Wertfreiheit in Frage gestellt wurden, sind in der amerikanischen Political Science der Behavioralismus und Szientismus immer noch dominant.

Aus organisationsgeschichtlicher Sicht hat sicherlich zum Erfolg der Politikwissenschaft in den Vereinigten Staaten beigetragen, daß sie zwei zentrale Funktionen des sekundären Bildungswesens wahrnimmt: Zum einen ist die Political Science als Fach in den Faculties of Liberal Arts, nicht unähnlich den früheren Artistenfakultäten des europäischen Mittelalters, am Studium auf Collegeebene beteiligt. Zum anderen kann man in diesen Departments als Teil der Graduate Faculty in ein bis zwei Jahren den Mastergrad, vor allem aber nach einem Aufbaustudium von etwa drei Jahren und der Anfertigung einer Dissertation den Doktorgrad (Ph. D.) als Qualifikation zur Anstellung als junger Hochschullehrer erwerben.[77] Das Studium der Political Science hat also in den Vereinigten Staaten für Undergraduates eine allgemeinbildende und für Graduates eine berufsausbildende Funktion, die sich aber wechselseitig bedingen: Weil so viele amerikanische Undergraduates Political Science belegen, benötigt das Fach viele Collegelehrer, die wiederum von den Graduate Schools ausgebildet werden müssen.

Damit sind die sozialgeschichtlichen Gründe für den Erfolg der amerikanischen Political Science angesprochen: Die «academic community» des Faches hat in den USA eine solche Größe, daß sie sich für den eigenen Stellenmarkt immer wieder selbst produziert. Hinzu kommt die

[76] Vgl. Jürgen W. Falter: Der «Positivismusstreit» in der amerikanischen Politikwissenschaft, Opladen 1982.

[77] Es gibt in den USA keine Habilitation. Beides, das amerikanische Bachelorstudium und der Verzicht auf die Habilitation, gelten heute in Deutschland als fortschrittliches Vorbild, verkörpern aber, wissenschaftsgeschichtlich gesehen, gesamteuropäische Traditionen vor dem 19. Jahrhundert.

althergebrachte Offenheit des amerikanischen Berufsmarktsystems. Darin haben politikwissenschaftliche Absolventen eine größere Chance als in dem noch traditionell und reglementativ verfestigten Berufssystem in Deutschland.

Die politikwissenschaftlichen Absolventen können sich in den Vereinigten Staaten auch deswegen am Berufsmarkt gut verkaufen, weil der Denkstil der amerikanischen Political Science von Empirismus und Pragmatismus geprägt ist. Kein Wunder, daß Politikwissenschaftler in den USA auch in Privatunternehmen und Industriebetrieben ihre Chance haben, die in Deutschland nur Betriebswirte und Ingenieure berücksichtigen würden. Diese empirische und pragmatische Ausrichtung der Politikwissenschaft hat in den USA insbesondere die politikberatende Funktion des Faches gefördert. Umfassender als in der Bundesrepublik haben in den Vereinigten Staaten Politikwissenschaftler den Aufstieg in die gesellschaftlichen und politischen Eliten geschafft: Es seien nur der amerikanische Präsident Woodrow Wilson, der Vizepräsident Hubert Humphrey und die Außenminister Dean Rusk und Henry Kissinger genannt, die alle zuvor politikwissenschaftliche Lehrstühle innehatten. Aber auch John F. Kennedy hat sein Bachelorstudium an der Harvard University 1940 mit einer sehr aktuellen Examensarbeit über die mangelnde Vorbereitung Großbritanniens auf den Zweiten Weltkrieg[78] in Political Science abgeschlossen, zahlreiche amerikanische Kongreßabgeordnete haben das Fach studiert und bevorzugen seine Absolventen als Mitarbeiter, für diese oft das Sprungbrett zu einer eigenen politischen Karriere.

Aus politikgeschichtlicher Sicht ging der Aufstieg der Political Science in den USA mit der amerikanischen Reformbewegung einher. Schon die Etablierung als Universitätsfach gegen Ende des 19. Jahrhunderts unter dem Einfluß der deutschen Staatswissenschaften war eng mit zeitgenössischen Bestrebungen um Verbesserungen im öffentlichen Dienst und in der lokalen Politik verbunden, während es in der ersten Hälfte des 20. Jahrhunderts den Vorkämpfern einer «Amerikanisierung» des Faches um Charles Merriam und seine Schüler vor allem um die Reform des Parteiwesens, der Interessenvermittlung und des Wahlprozesses ging. Der nachfolgende Rückzug der Political Science im Gefolge des Behaviorismus auf das Konzept einer reinen, wertfreien Wissenschaft in den fünfziger und frühen sechziger Jahren ist als Abwehrreaktion auf die politischen Verdächtigungen des McCarthyismus gegen die linksliberalen För-

[78] John F. Kennedy: Why England Slept, New York 1940.

derer der Sozialreform und Anhänger der kritischen Theorie im Fach interpretiert worden.[79] Doch danach hat in den sechziger Jahren das staatsaktivistische Programm der «grand society» des Präsidenten Lyndon B. Johnson die Entfaltung der Policy Studies und das wieder ansteigende Engagement von Political Scientists in Politikberatung und praktischer Politik gefördert. Und stets wurde der Politikwissenschaft in den USA eine erhebliche Bedeutung für die staatsbürgerliche Erziehung zugemessen.

Schließlich hat es die amerikanische Political Science in den vergangenen Jahrzehnten in einer breiten und inzwischen ausdifferenzierten Forschungsdebatte verstanden, die Geschichte des Faches nicht nur als Erfolgsstory zu präsentieren, sondern aus ihr auch selbstkritische Anregungen für die Zukunft der Disziplin abzuleiten.[80] Zunächst allerdings hat sich, nicht unähnlich der bundesdeutschen Entwicklung, das an der Wende vom 19. zum 20. Jahrhundert an den amerikanischen Universitäten etablierte Fach damit begnügt, seine Vor- und Frühgeschichte zu dokumentieren.[81] Im Hinblick auf die eigene Geschichte des Faches hat man sich mit eher pauschalen Abrissen seiner ideenmäßigen und organisatorischen Entwicklung begnügt, welche oft die Gegenwart der expandierenden Political Science aus einer geradlinigen Fortschrittslinie von den antiken Klassikern der politischen Philosophie und den politiktheoretischen Aussagen der Gründungsväter der amerikanischen Republik ableitete.[82] Den eigentlichen Durchbruch zu einer differenzierten Fachgeschichte der American Science of Politics brachte erst 1959 die an der London School of Economics and Politics verfaßte Doktorarbeit von Bernard Crick: Dieser später in der internationalen Politikwissenschaft renommierte englische Politikwissenschaftler vermittelte erstmals eine gleichermaßen umfassende, analytische und kritische Darstellung der Entwicklung des amerikanischen Faches von seinen Anfängen bis in die Gegenwart.[83] Weniger anspruchsvoll, aber mit seiner Berücksichtigung nicht nur der Ideen-, sondern auch der Organisations-, Sozial- und Poli-

79 Easton: Science, S. 139 f.

80 Vgl. den Überblick: John G. Gunnell: The Historiography of American Political Science, in: David Easton/John G. Gunnell/Luigi Graziano (Hrsg.): The Development of Political Science. A Comparative Survey, London, New York 1991, S. 13–33.

81 Anna Haddow: Political Science in American Colleges and Universities 1636–1900, New York 1939.

82 Vgl. den für die UNESCO verfaßten Bericht von Dwight Waldo: Political Science in the United States of America, Paris 1955.

83 Bernard Crick: The American Science of Politics. Its Origins and Conditions, London, Berkeley/Los Angeles 1959.

tikgeschichte auch die vorliegende Gesamtdarstellung der Geschichte der Politikwissenschaft in Deutschland anregend, fiel der Überblick über die Geschichte des Faches aus, welchen die beiden Amerikaner Albert Somit und Joseph Tanenhaus 1967 vorlegten.[84]

Seit der auch in den USA im Gefolge der Studentenbewegung vollzogenen Wende zu politischer Kritik und kritischer Theorie sind in der Geschichtsschreibung der amerikanischen Political Science die früheren fortschrittsgläubigen Grundannahmen einer geradlinigen und positiven Entwicklung des Faches in Frage gestellt worden. In umfangreichen Monographien ist nicht nur der mit der Professionalisierung der Disziplin einhergehende Rückzug aus der Politik in den Elfenbeinturm eines szientistischen Fachverständnisses kritisiert worden,[85] sondern wurde auch die Verdrängung der von den antiken Klassikern begründeten älteren Tradition einer normativen Politik durch die moderne Sterilität einer empirischen und wertfreien Wissenschaft als Illusion, gar als «Tragödie» beklagt.[86] Seitdem ist in zahlreichen Beiträgen, auch im renommierten Verbandsorgan «American Political Science Review», die Vergangenheit des Faches im Hinblick auf deren Lehren für Gegenwart und Zukunft kontrovers diskutiert worden.[87] In der amerikanischen Politikwissenschaft dominiert heute die Einsicht, daß die Kenntnis der Geschichte des Faches, einschließlich der klassischen Aussagen seiner prominenten Repräsentanten von Francis Lieber über John W. Burgess, Woodrow Wilson, Charles E. Merriam und Harold D. Lasswell bis hin zu Robert A. Dahl, David Easton und Gabriel A. Almond erst das Fach sowohl aus legitimatorischer wie auch kritischer Perspektive konstituiert.

Die führenden amerikanischen Political Scientists begnügten sich nach dem Zweiten Weltkrieg nicht mit der Forderung nach dem Ausbau ihrer Disziplin zu einer sozialwissenschaftlichen Profession, sie waren auch bestrebt, ihr Idealmodell weltweit zu verbreiten. Zwar gab es in anderen Staaten der westlichen Hemisphäre wie Frankreich, Großbritan-

[84] Somit/Tanenhaus: Development.

[85] Raymond Seidelman/Edward J. Harpham: Disenchanted Realists: Political Science and the American Crisis, 1884–1984, Albany 1985.

[86] David M. Ricci: The Tragedy of Political Science. Politics, Scholarship and Democracy, New Haven, London 1984.

[87] Vgl. die Sammelbände James Farr/Raymond Seidelman (Hrsg.): Discipline and History: Political Science in the United States, Ann Arbor 1993 und James Farr/John S. Dryzek/Stephen T. Leonhard (Hrsg.): Political Science in History: Research programs and political traditions, Cambridge et al. 1995.

nien, Schweden und Kanada durchaus ältere und im Gegensatz zu Deutschland seit den Universitätsgründungen kontinuierliche Traditionen einer Lehre von der Politik,[88] doch erfüllten diese in amerikanischen Augen weder die methodologisch-theoretischen noch die organisatorischen Erwartungen an ein etabliertes Universitätsfach.

Wie die USA nach dem Sieg der Alliierten über die faschistischen Diktaturen die Vereinten Nationen als Instrument einer universalen Verbreitung ihres Ideals einer «westlichen Demokratie» konzipierten, so bedienten sie sich nach 1945 der kulturpolitischen UNO-Unterorganisation als ihres Instruments zur weltweiten Durchsetzung der politikwissenschaftlichen Forschung und Lehre.[89] Auf Empfehlung der zweiten Vollversammlung der UNESCO im Jahr 1947 traf sich im September 1948 in Paris, am Sitz der Organisation, eine Gruppe von Politikwissenschaftlern und beschloß die Gründung einer International Political Science Association (IPSA). Genau ein Jahr später trat die IPSA mit finanzieller Unterstützung der UNESCO ins Leben. Zunächst gehörten ihr nur vier Mitgliedsstaaten, nämlich die USA, Kanada, Frankreich und Indien, an, da nur diese über politikwissenschaftliche Fachverbände verfügten. Doch bald darauf schlossen sich auch in Großbritannien, Belgien, den Niederlanden, Pakistan und der Bundesrepublik Deutschland die einschlägigen Fachvertreter zu Verbänden zusammen, nicht zuletzt, um in den Genuß der finanziellen Anreize der UNESCO zu kommen. Die Weltorganisation der Politikwissenschaft wuchs kontinuierlich, sowohl was die Zahl ihrer kollektiven Partnerverbände als auch deren individuelle Mitgliederschaft anging: Im Jahr 2000 gehören der IPSA gut 40 nationale und regionale Organisationen mit ca. 35 000 Politikwissenschaftlern, davon allerdings allein 13 000 durch die American Political Science Association, an. Nicht nur in zahlreichen nachkolonialen Entwicklungsländern, auch in Staaten des realsozialistischen Lagers wie in Jugoslawien (1951), Polen (1957), der Sowjetunion (1961), der Tschechoslowakei

88 Vgl. für Großbritannien: Stefan Collini/Donald Winch/John Burrow: That Noble Science of Politics. A study in nineteenth-century intellectual history, Cambridge, London, New York et al. 1983. Vgl. auch die liebevolle Geschichte, die Sir Ralf Dahrendorf der von ihm als Rektor in den Jahren 1974–1983 geleiteten Institution widmete: Ralf Dahrendorf: LSE: A History of the London School of Economics and Political Science 1895–1995, Oxford et al. 1995.

89 Zu Gründung und Entwicklung der International Political Science Association vgl. vor allem: John E. Trent: Institutional Development, in: William G. Andrews (Hrsg.): International Handbook of Political Science, Westport/Connecticut, London 1982, S. 34–46. Die Angaben zur zahlenmäßigen Entwicklung finden sich im Anhang, S. 413 ff.

(1965) und der DDR (1974) wurden, mit welchen Motiven auch immer, politikwissenschaftliche Vereinigungen gegründet, die der IPSA beitraten.[90] Diese zahlenmäßige und politische Erweiterung des Weltverbandes schlug sich auch in seinen alle drei Jahre stattfindenden Weltkongressen nieder: 1950 nahmen an der ersten IPSA-Zusammenkunft in Zürich 80 Politikwissenschaftler teil, heute kommen zu den IPSA-Kongressen in der Regel 2000 Politikwissenschaftler aus aller Welt angereist.

Die Politikwissenschaft wird heute weltweit gelehrt, doch noch immer hat sie ihren quantitativen und qualitativen Schwerpunkt in Nordamerika und Westeuropa.[91] Auch die Themen der von der IPSA organisierten Workshops und Round Tables sowie der von ihr herausgegebenen Zeitschrift «International Political Science Review» (IPSR) spiegeln bis heute die Dominanz des Behavioralismus amerikanischer Prägung wider, Fragen der politischen Philosophie und Theorie finden in der IPSA kaum Anklang. Die American Political Science Association umfaßt mit 16 000 Mitgliedern immer noch den Großteil der weltweit organisierten Fachvertreter, doch stellt Deutschland heute nach Kanada, aber noch vor Großbritannien und Frankreich das drittgrößte Kontingent in der IPSA. Deutsche Politikwissenschaftler wie in den siebziger Jahren Kurt Sontheimer und in jüngster Zeit Hans-Dieter Klingemann haben sich in der IPSA engagiert, doch der international bekannteste deutsche Politikwissenschaftler ist immer noch Klaus von Beyme (geb. 1934).[92] Er stand von 1982–1985 als Präsident an der Spitze des Weltverbandes der Politikwissenschaftler.

Wie die Vereinten Nationen hat sich auch die Internationale der Politikwissenschaftler in Regionalverbänden organisiert. So gehören zahlreiche deutsche Politikwissenschaftler durch ihre Institute dem European Consortium of Political Research (ECPR) an. Er wurde 1970 mit Unterstützung der Ford Foundation von dem Norweger Stein Rokkan, dem Engländer Jean Blodel, dem Holländer Hans Daalder und dem Deut-

[90] Vgl. David E. Powell/Paul Shoup: The Emergence of Political Science in Communist Countries, in: American Political Science Review 64 (1970), S. 572–588.

[91] Vgl. die Länderberichte in Andrews (Hrsg.): Handbook. Den Länderbericht über die BRD verfaßte Klaus von Beyme: Federal Republic of Germany, in: William G. Andrews (Hrsg.): International Handbook of Political Science, Westport/Connecticut 1982, S. 169–176.

[92] Vgl. Klaus von Beymes autobiographischen Bericht: Klaus von Beyme: Walking on Two Legs: Comparative Politics in East and West, in: Hans Daalder (Hrsg.): Comparative European Politics. The Story of a Profession, London, Washington D. C. 1997, S. 206–214 sowie die Festschrift: Wolfgang Merkel/Andreas Busch (Hrsg.): Demokratie in Ost und West. Für Klaus von Beyme, Frankfurt/Main 1999.

schen Rudolf Wildenmann gegründet[93] Ihr Ziel war die Förderung der sozialwissenschaftlichen Profilierung der Politikwissenschaft durch transnationale Kommunikation und Kooperation der nationalen Professionen in Europa, damals noch auf Westeuropa beschränkt. Zu diesem Zweck organisiert der ECPR nicht nur Konferenzen, Round Tables und Workshops, stimuliert übernationale Forschungsprojekte und gibt die Zeitschrift «European Journal of Political Research» heraus, sondern widmet sich besonders der Förderung des akademischen Nachwuchses durch Summer Schools zur Vertiefung der Kenntnisse in der sozialwissenschaftlichen Methodologie und die Verleihung eines Preises für junge Politikwissenschaftler, der nach Rudolf Wildenmann benannt wurde. Gehörten dem ECPR ursprünglich acht Institute an, darunter aus der Bundesrepublik die Universität Mannheim, so waren es 1999 über 250 Einrichtungen aus ganz Europa.

Politikwissenschaft wird heute in fast allen Staaten Europas gelehrt.[94] Das gilt seit der weltpolitischen Öffnung von 1990 auch für die mittel- und osteuropäischen Staaten, in denen dem Fach unter der kommunistischen Herrschaft lange Zeit nur diplomatische und propagandistische Bedeutung zugemessen wurde, da es nicht den Standards kritischer Wissenschaftlichkeit entsprach.[95] So sind inzwischen neben Bulgarien, Rußland, der Tschechischen Republik und Ungarn auch die drei baltischen Staaten sowie Kroatien und Slowenien, nicht aber die diktatorischen Republiken Jugoslawien und Weißrußland im ECPR vertreten.

Haben diese Tendenzen einer inhaltlichen und methodologischen Internationalisierung der Politikwissenschaft, zumal wenn man die neuen Möglichkeiten einer weltweiten Forschung und blitzschnellen Kommunikation per Internet und E-Mail berücksichtigt, zum einheitlichen Er-

93 Vgl. Richard Rose: Institutionalizing Professional Political Science in Europe: A Dynamic Model, in: European Journal of Political Research 18 (1990), S. 581–603 und European Consortium for Political Research (Hrsg.): Annual Report 1998/99, Essex 1998–99.

94 Vgl. die Länderberichte in Jürgen Bellers (Hrsg.): Politikwissenschaft in Europa (= Studien zur Politikwissenschaft, Bd. 30), Münster 1990 und Hans J. Lietzmann/ Wilhelm Bleek (Hrsg.): Politikwissenschaft. Geschichte und Entwicklung in Deutschland und Europa, München, Wien 1996. Sehr instruktiv auch die Beiträge in Kenneth Newton/Josep M. Vallès (Hrsg.): Political Science in Western Europe, 1960–1990 (= European Journal of Political Research – Sonderheft, Bd. 20, Nos. 3–4), Dordrecht, Boston, London 1991.

95 Vgl. die Länderberichte in: Hans-Dieter Klingemann/Ekkehard Mochmann/ Kenneth Newton (Hrsg.): Political Research in Eastern Europe (= Sozialwissenschaftliche Tagungsberichte, Bd. 4), Bonn, Berlin 1994.

scheinungsbild einer globalen Disziplin geführt? Sowohl die enthusiastischen Anhänger einer sozialwissenschaftlichen Professionalisierung des Faches als auch die kritischen Beobachter seiner «Amerikanisierung» neigen zur Bejahung dieser Frage, wenn auch mit höchst unterschiedlicher Bewertung. Beide können sich auf das aktuelle «New Handbook of Political Science» berufen, das 1995 erschienen ist und die Nachfolge des renommierten achtbändigen «Handbook of Political Science» von 1975 angetreten hat.[96] War jenes von den beiden Amerikanern Fred Greenstein und Nelson Polsby herausgegeben worden, so haben diese Aufgabe bei dem neuen Handbuch der Australier Robert Goodin und der Deutsche Hans-Dieter Klingemann übernommen. Auch die Beiträge stammen zur knappen Hälfte von Nichtamerikanern. Doch die statistische Auswertung der in dem ganzen Band zitierten Referenzliteratur, die Klingemann nach bewährter Methode in dem Einleitungsbeitrag über den Stand der Disziplin unternommen hat, macht Eigenart und Grenzen der Internationalisierung der Politikwissenschaft überdeutlich: Sowohl in der Gesamtheit des Faches als auch in allen seinen Subdisziplinen ist fast ein Monopol US-amerikanischer Forscher und ihrer Publikationen zu konstatieren, lediglich die Erwähnung einiger weniger Nichtamerikaner, so aus Deutschland Jürgen Habermas und Fritz W. Scharpf, macht daraus ein Oligopol.[97] Wenn Goodin und Klingemann einleitend feststellen, die Amerikaner seien auf dem Gebiet der Politikwissenschaft immer noch «primus inter pares»,[98] dann ist das eine schlichte Untertreibung: Die Politikwissenschaftler, die an diesem unter den Auspizien der International Political Science Association erschienenen «New Handbook» mitgearbeitet haben, wie auch allgemein jene Fachvertreter, die an der universalen Forschungsdebatte teilnehmen, sind ein zwar international zusammengesetzter Chor, der aber ganz überwiegend nur amerikanische Kompositionen zur Aufführung bringt.

Doch bleibt Skepsis angebracht, ob diese von der amerikanischen Political Science mit guten Gründen dominierte internationale Forschungsdebatte auch das Erscheinungsbild des Faches in den einzelnen Ländern widerspiegelt. Diese Zweifel beziehen sich vor allem auf den Alltag der

[96] Fred I. Greenstein/Nelson W. Polsby (Hrsg.): Handbook of Political Science, 8 Bde., Reading/Massachusetts 1975 und Robert E. Goodin/Hans-Dieter Klingemann (Hrsg.): A New Handbook of Political Science, Oxford 1996.

[97] Robert E. Goodin/Hans-Dieter Klingemann: The Discipline, in: Robert E. Goodin/Hans-Dieter Klingemann (Hrsg.): A New Handbook of Political Science, Oxford 1996, S. 3–49, vgl. besonders den Anhang, S. 30 ff.

[98] Goodin/Klingemann: Handbook, S. XIII.

Lehre, aber auch die Mehrzahl der Publikationen, die in den jeweiligen Landessprachen publiziert und daher weltweit kaum wahrgenommen werden. Die Politikwissenschaften in den einzelnen Staaten führen, auch wenn ihre Spitzenrepräsentanten inzwischen dem Jet-set der internationalen «academic community» angehören, Englisch reden und Amerikanisch denken, immer noch ein nationales Eigenleben und sind von länderspezifischen Eigenarten geprägt. Das liegt zum einen an den Unterschieden in den Bildungssystemen und universitären Strukturen, in denen sie tätig sind und die ihre Arbeit prägen: Es macht einen erheblichen Unterschied, ob man primär für die breite Allgemeinbildung von Studierenden, für ein spezielles Berufsstudium oder für die Ausbildung des akademischen Nachwuchses lehrt. Damit hängen auch große nationale Besonderheiten im gesellschaftlichen Gefüge des Berufsmarktes und des Ausbildungssystems zusammen. Schließlich wird das Fach in den einzelnen Staaten von deren sehr verschiedenartigen politischen Systemen und Erlebnissen geprägt, es sei nur an die amerikanische Fokussierung auf Aspekte der Präsidentschaft und des Wahlprozesses, auf der deutschen Seite an die Fortwirkung des Weimar-Traumas einer stabilen Ordnung und des besonderen Interesses für Fragen der Bürokratie und des Sozialstaates erinnert.

Diese unterschiedlichen Erfahrungen schlagen sich in sehr verschiedenartigen Denkstilen nieder, wie sie auf anschauliche Weise Johan Galtung auf den Begriff gebracht hat.[99] Besser als alle langatmigen Umschreibungen der unterschiedlichen politikwissenschaftlichen Denkstile können sie durch jene typischen Fragen charakterisiert werden, die Galtung den nationalen Repräsentanten in den Mund legt: Während im angelsächsischen Bereich typischerweise gefragt wird: «Wie operationalisieren Sie das?», im gallischen Bereich die Bitte lautet: «Können Sie das in gutem Französisch ausdrücken?» und in Japan man sich erkundigt: «Wer ist Ihr Lehrer?», lautet die typisch teutonische Frage: «Wie können Sie das stringent ableiten?»

Diese impressionistischen Beobachtungen eines schwedischen Politikwissenschaftlers von internationalem Format bringen die heutige Realität der internationalen Politikwissenschaft zutreffender auf den Begriff als die scheinbar exakten Auszählungen der zitierten Forschungslitera-

99 Johan Galtung: Struktur, Kultur und intellektueller Stil. Ein vergleichender Essay über sachsonische, teutonische, gallische und nipponische Wissenschaft, in: Leviathan 11 (1983), S. 308–338. An Galtung lehnt sich an: Klaus von Beyme: Neuere Entwicklungstendenzen von Theorien der Politik, in: Aus Politik und Zeitgeschichte 34 (1984), H. 38, S. 3–13.

tur, die doch von vornherein durch den Bias bestimmt sind, daß wie im Fall des «New Handbook of Political Science» prominente Autoren nur die Werke von gleichgewichtigen Kollegen zur Kenntnis nehmen, außerdem ihnen die Vorgabe gemacht wurde, nur die Literatur der letzten zwanzig Jahre («new») zu berücksichtigen, und vor allem lediglich Englisch als Lingua franca anerkannt wird.

e) Entdeckung der Fachgeschichte

Zu den nationalen Besonderheiten, aber auch zur professionellen Etablierung einer akademischer Disziplin gehört nicht zuletzt ihre spezifische Fachgeschichte. Viele Jahre war es für die bundesdeutsche Politikwissenschaft charakteristisch, daß man auf disziplingeschichtliche Bemühungen bewußt verzichtet hat. Noch heute nimmt eine erstaunliche Mehrheit der Fachvertreter an, daß die Politikwissenschaft in Deutschland ein junges, erst nach 1945 gegründetes Fach sei. So leitet Ulrich von Alemann seinen Lexikonartikel über «Politikwissenschaft als Fach» mit der Behauptung ein: «Die Politikwissenschaft gehört zu den jüngsten Disziplinen an deutschen Hochschulen.»[100] An anderer Stelle konzediert er immerhin: «Ein junges Fach mit alter Tradition».[101] Hinter dieser weitverbreiteten Scheu, die älteren Epochen der Geschichte der Politik als Wissenschaft an deutschen Universitäten wahrzunehmen, steht nicht nur das wenig ausgeprägte historische Interesse, sondern auch der bewußte Wille, das Fach in Deutschland als eine moderne, von den Verwicklungen der deutschen Geschichte unbelastete Wissenschaft zu etablieren.

Das Insistieren auf der Politikwissenschaft als einem neuen, jungen Fach war und ist nicht zuletzt gegen jene ersten bundesdeutschen Bemühungen auf dem Gebiet der Disziplingeschichte gerichtet, mit denen zu Beginn der sechziger Jahre des 20. Jahrhunderts nicht nur höchst detailreich auf die Geschichte des Faches im Mittelalter und in der Frühen Neuzeit hingewiesen, sondern auch ganz entschieden ein Anknüpfen der wiedergegründeten Disziplin an diese ältere Lehre der Politik gefordert wurde. Dieses Anliegen motivierte vor allem die Habilitationsarbeiten von zwei jungen Politikwissenschaftlern der zweiten Generation, die der Freiburger Schule unter Arnold Bergstraesser angehörten bezie-

[100] Ulrich von Alemann: Politikwissenschaft als Fach, in: Dieter Nohlen (Hrsg.): Lexikon der Politik. Bd. 2: Politikwissenschaftliche Methoden, hrsg. von Jürgen Kriz, Dieter Nohlen und Rainer-Olaf Schultze, München 1994, S. 227–230, hier: S. 327.

[101] Alemann: Grundlagen, S. 22.

hungsweise ihr nahestanden. Der erste war Wilhelm Hennis (geb. 1923), der nach seiner Göttinger staatsrechtlichen Promotion bei Rudolf Smend 1953 der erste Assistent von Carlo Schmid an der Frankfurter Universität wurde und später als Lehrstuhlinhaber in Hamburg und dann Freiburg zu einem gleichermaßen kämpferischen und geachteten Außenseiter in der modernistischen Zunft aufstieg.[102] 1960 steuerte Hennis zu einer von der DVPW organisierten Denkschrift über die Lage der Politikwissenschaft einen wissenschaftshistorischen Abriß bei,[103] den er drei Jahre später in der Publikation seiner Frankfurter Habilitationsschrift ausführte.[104] Grundlegend für Hennis' Argumentation war dabei die Gegenüberstellung von älterer und neuerer Disziplin: Die erstere verstand er als Teil der praktischen Philosophie, basierend auf einer normativ-topischen Wissenschaftskonzeption und dem antiken Polisverständnis vom «guten Leben», die zweite als eine empiristisch-wertfreie Sozialwissenschaft, ausgerichtet an der Erforschung von Machtverhältnissen. Zwischen diesen beiden Gestaltern der Politikwissenschaft sei es im 19. Jahrhundert unter dem Einfluß des neuen naturwissenschaftlich orientierten Wissenschaftsverständnisses zu einem «einzigartigen Traditionsabbruch»[105] gekommen, den Hennis durch seinen Versuch der «Erinnerung» und «Rückbesinnung», wie er sein Bemühen charakterisierte, zu überbrücken, wenn nicht zu heilen suchte. Dabei leitete ihn, wie er im Vorwort seiner Habilitationsschrift eingestand, nicht eine im engeren Sinne wissenschaftsgeschichtliche Intention, sondern gemäß dem Untertitel seines Buches das Bemühen um die «Rekonstruktion der politischen Wissenschaft» durch die Wiederanknüpfung des heutigen Faches an die

102 Vgl. die akademische Autobiographie von Wilhelm Hennis: Politikwissenschaft als Beruf. «Erzählte Erfahrung» eines Fünfundsiebzigjährigen [1998], in: Wilhelm Hennis: Politikwissenschaftliche Abhandlungen. Bd. 1: Regieren im modernen Staat, Tübingen 1999, S. 381–415 und Wilhelm Hennis im Gespräch mit Gangolf Hübinger: Politikwissenschaft als Disziplin. Zum Weg der politischen Wissenschaft nach 1945, in: Neue Politische Literatur 44 (1999), S. 365–379.

103 Wilhelm Hennis: Bemerkungen zur wissenschaftsgeschichtlichen Situation der politischen Wissenschaft, in: Gesellschaft, Staat, Erziehung 5 (1960), S. 203–211. Diese Denkschrift, die vom Bundesministerium des Inneren finanziert wurde und eine Bestandsaufnahme des Faches ermöglichen sollte (siehe Arno Mohr: Politikwissenschaft als Alternative. Stationen einer wissenschaftlichen Disziplin auf dem Wege zu ihrer Selbständigkeit in der Bundesrepublik Deutschland 1945–1965, Bochum 1988, S. 179), ist nicht zu verwechseln mit der fast gleichzeitigen DFG-Denkschrift von M. Rainer Lepsius.

104 Wilhelm Hennis: Politik und praktische Philosophie. Eine Studie zur Rekonstruktion der politischen Wissenschaft (= Politica, Bd. 14), Neuwied, Berlin 1963.

105 Hennis, Bemerkungen, S. 130 und Hennis: Politik, S. 125.

aristotelische Lehre von der Politik. In diesem Sinne benutzte Wilhelm Hennis die Ideengeschichte der älteren Politikwissenschaft als Steinbruch für die Untermauerung seiner disziplinpolitischen Anklage gegen die moderne Politikwissenschaft.

Hans Maier wurde bei seinen wissenschaftsgeschichtlichen Arbeiten zur älteren Lehre als Mitglied der Freiburger Schule von ähnlichen Beweggründen motiviert, ging aber ausgewogener, differenzierter und vor allem historiographischer vor. In dem Beitrag zur Festschrift seines akademischen Vaters Arnold Bergstraesser skizzierte er 1962 die von der aristotelischen Tradition der praktischen Philosophie geprägte Entwicklungsgeschichte der Lehre der Politik an den älteren deutschen Universitäten von den Anfängen im Hochmittelalter über deren Vertiefung durch die protestantisch-humanistischen Universitätsreformen Philipp Melanchthons im 16. Jahrhundert und die Ausdifferenzierung der politischen Wissenschaften im 17. und 18. Jahrhundert bis hin zum Untergang der aristotelischen Politik zu Beginn des 19. Jahrhunderts.[106] Im selben Jahr wurde an der Freiburger Philosophischen Fakultät die Habilitationsschrift von Hans Maier angenommen, welche aus der Vielfalt der politischen Wissenschaften der Frühen Neuzeit die Policeywissenschaft als die Staats- und Verwaltungslehre der deutschen Territorialherrschaften zum Thema hatte.[107]

Diese Bemühungen von Wilhelm Hennis und Hans Maier um die ältere Lehre der Politik an deutschen Universitäten beruhten auf einer Ex-ante-Sicht der Wissenschaftsgeschichte der Disziplin. Für sie beginnt nicht nur die Geschichte des Politikbegriffs, sondern auch der Politikwissenschaft in der Antike, insbesondere bei Aristoteles. Alles, was danach kam, gilt ihnen als Fort- und Nachwirkung, wenn nicht als Verfall des klassischen Vorbilds. Diese konservative Sichtweise stieß, je weiter die sechziger Jahre und damit der Einfluß der Studentenbewegung auch auf das Fach Politikwissenschaft voranschritten, auf immer mehr Vorbehalte. Viele fortschrittlich gestimmte Vertreter der nächsten Generation

[106] Hans Maier: Die Lehre der Politik an den älteren deutschen Universitäten, in: Dieter Oberndörfer (Hrsg.): Wissenschaftliche Politik. Eine Einführung in die Grundfragen ihrer Tradition und Theorie, Freiburg/Breisgau 1962, S. 59–116. Eine Skizze der Geschichte des Faches bereits in: Hans Maier: Politikwissenschaft, in: Ernst Fraenkel/Karl-Dietrich Bracher (Hrsg.): Fischer-Lexikon Staat und Politik, Frankfurt/Main 1957, S. 260–270.

[107] Hans Maier: Die ältere deutsche Staats- und Verwaltungslehre (Polizeiwissenschaft). Ein Beitrag zur Geschichte der politischen Wissenschaft in Deutschland (= Politica, Bd. 13), Neuwied, Berlin 1966.

der Politikwissenschaftler vermuteten hinter solchen Bemühungen um die «Rekonstruktion» der älteren Lehre der Politik schlicht die Absicht einer «Restauration» der voraufklärerischen Verhältnisse in ihrem Fach.

Wenn überhaupt eine Vorgeschichte der bundesrepublikanischen Politikwissenschaft ins Auge gefaßt wurde, dann wurde in typischer Ex-post-Sicht nach den Vorläufern der eigenen Disziplin in der Zeit der Weimarer Republik gefragt. Exemplarisch für diese Sichtweise war die erste Darstellung der Entwicklung der Politikwissenschaft in Westdeutschland und insbesondere Westberlin durch Hans Kastendiek (geb. 1942) aus dem Jahr 1975 beziehungsweise 1977. Dieser arbeitete den Wandel der Inhalte und Methoden der Disziplin von ihrer Gründung am Ende der vierziger Jahre bis in die spannungsgeladene Gegenwart der mittsiebziger Jahre heraus.[108] Als Vorläufer der gegenwärtigen Politologie ließ er die ältere, im 19. Jahrhundert untergegangene Lehre der Politik wegen angeblicher Unvergleichbarkeit mit dem modernen Fach nicht gelten und konzedierte Anfänge einer Politikwissenschaft in Deutschland, wie sie sich nach 1945 konzeptionell und institutionell herausbildete, lediglich hinsichtlich der Deutschen Hochschule für Politik in der Zeit der Weimarer Republik, insbesondere nach deren 1927 offensichtlich werdender Akademisierung.[109] Für die bundesrepublikanische Entwicklung des Faches diagnostizierte Kastendiek einen Zerfall des ursprünglich demokratiewissenschaftlichen Grundkonsenses, weil der demokratische Legitimitätsanspruch des politischen Systems der Bundesrepublik Deutschland von der Studentenbewegung nicht mehr hingenommen werde. Die Darstellungen von Kastendiek verstanden sich als Beiträge zur marxistischen Kritik der Politikwissenschaft als einer bürgerlichen Wissenschaft. Doch ist zu Recht bezweifelt worden, ob die in ihnen propagierte politikökonomisch fundierte Analyse des Faches gelungen ist. Dafür sind die von ihm herausgearbeiteten Korrelationen zwischen politikwissenschaftlichen Inhalten und soziopolitischen Realitäten viel zu pauschal ausgefallen.[110]

108 Hans Kastendiek: Desintegration einer Integrationswissenschaft. Konstituierung und Wandel der westdeutschen Politologie, in: Bernhard Blanke/Ulrich Jürgens/Hans Kastendiek (Hrsg.): Kritik der Politischen Wissenschaften 1, Frankfurt/Main 1975, S. 27–125 und Hans Kastendiek: Die Entwicklung der westdeutschen Politikwissenschaft, Frankfurt/Main 1977.

109 Kastendiek, Desintegration, S. 41 u. 46–52.

110 Vgl. die Kritik von Michael Th. Greven: Was ist aus den Ansprüchen einer kritisch-emanzipatorischen Politikwissenschaft vom Ende der 60er Jahre geworden? Eine Skizze des Paradigmas und seines Scheiterns, in: Gerhard Göhler/Bodo Zeuner (Hrsg.): Kontinuitäten und Brüche in der deutschen Politikwissenschaft, Baden-Baden 1991, S. 221–246.

Auf der anderen Seite der hochschul- und allgemeinpolitischen Barrikade stand mit dem Heidelberger Lehrstuhlinhaber Hans-Joachim Arndt (geb. 1923) der Verfasser der zweiten Untersuchung zu Ursprung und Entwicklung der bundesdeutschen Politikwissenschaft, die in jenen konfliktreichen Jahren erschien.[111] Dabei handelt es sich, wie schon am Titel zu ersehen ist, um ein höchst eigenwilliges und eigentümliches Buch, das – inspiriert von Carl Schmitt – wesentlich auf der Frontstellung gegen tatsächliche und vermutete Gegner beruht. An erster Stelle beinhaltete es eine Entlarvung aller jener «kritischen», «klassenkämpferischen», «systemverändernden» und «verfassungswidrigen» Positionen, die Arndt in der Politikwissenschaft auf dem Vormarsch, wenn nicht schon in der Vorherrschaft sah. Seine besondere Abscheu galt dabei jenen linksliberalen und sozialdemokratischen Kollegen unter den Hochschullehrern, die sich den radikalen Tendenzen aus falsch verstandener Liberalität nicht entgegenstellten oder gar aus Opportunismus anpaßten, wobei er nicht zuletzt seinen Heidelberger Kollegen Klaus von Beyme im Visier hatte. Darüber hinaus aber beinhaltete Hans-Joachim Arndts Buch eine Abrechnung mit der ganzen bundesdeutschen Politikwissenschaft. Er warf ihr vor, von Anfang an die eigentliche Lage, die «Grund-Lage» der Deutschen nach 1945, nämlich die Niederlage im Zweiten Weltkrieg, den Zustand als Besiegte und die damit verknüpfte Teilung Deutschlands, vernachlässigt zu haben. Das Fach habe die offene deutsche Frage zugunsten eines verfassungspolitischen Grundkonsenses vernachlässigt – eine offensichtliche Spitze Arndts gegen die von seinem Heidelberger Kollegen Dolf Sternberger vertretene Konzeption des «Verfassungspatriotismus». Arndts Untersuchung erschloß manches interessante Material aus den ersten drei Jahrzehnten der Geschichte der bundesdeutschen Politikwissenschaft. Für deren Verständnis wandte er erstmals das Generationenkonzept an, das in der Folgezeit sehr fruchtbar wurde, auch wenn seine eigenen quantitativen Bemühungen um die Zuordnung der Politologen der ersten Stunde, ihrer Schüler und der nachfolgenden systemkritischen Generation mit ihren Publikationen zu verschiedenen politischen Lagern ziemlich subjektiv, um nicht zu sagen willkürlich ausfielen.[112]

[111] Hans-Joachim Arndt: Die Besiegten von 1945. Versuch einer Politologie für Deutsche samt Würdigung der Politikwissenschaft in der Bundesrepublik Deutschland, Berlin 1978.

[112] Zu Arndts Ansatz auch: Hans-Joachim Arndt: Politische Lageranalyse, in: Dieter Nohlen (Hrsg.): Pipers Wörterbuch zur Politik, Bd. 1, München 1985, S. 754–757. Aufschlußreich für die rechtsnationalistische Position Arndts sind auch die Verfasser

Sowohl bei der politökonomisch ambitionierten Dissertation von Hans Kastendiek als auch der deutsch-national inspirierten Kampfschrift von Hans-Joachim Arndt handelte es sich nicht um Wissenschaftsgeschichten «sine ira et studio». Sie sind vielmehr als allgemein- und disziplinpolitisch motivierte Abhandlungen zur Entwicklung der bundesrepublikanischen Politikwissenschaft, als Dokumente der Zerrissenheit der Disziplin im Gefolge der Studentenbewegung und unter dem Einfluß des Generationenkonflikts der späten sechziger und der siebziger Jahre des 20. Jahrhunderts zu verstehen.

Die erste nüchterne und informative Darstellung der Geschichte der bundesdeutschen Politikwissenschaft gelang erst Arno Mohr (geb. 1949) mit seiner Dissertation von 1985.[113] Bei seiner Darstellung des institutionellen Aufbaus der Disziplin in den beiden ersten Nachkriegsjahrzehnten konzentrierte sich der Heidelberger Doktorand auf die Errichtung einschlägiger Hochschulen, die Abfolge der Gründungskonferenzen und die Etablierung von ersten Lehrstühlen in den Jahren 1949 bis 1952, um dann die Gründung der Vereinigung für die Wissenschaft von der Politik, der späteren DVPW, die Fachzeitschrift als repräsentatives Organ der neuen Disziplin und deren Verhältnis zu den Nachbarwissenschaften sowie abschließend die politikwissenschaftlichen Gegenstandsbereiche und die Berufsperspektiven der Absolventen des neuen Studiengangs herauszuarbeiten. Dabei kam der Arbeit von Arno Mohr eine breite Materialbasis zugute. Auf diese Weise konnte Mohr im zeitgeschichtlichen Detail das Bild von der ursprünglichen Politikwissenschaft im Nachkriegsdeutschland als einer «Demokratiewissenschaft» im Detail rekonstruieren; einer Wissenschaft von der Demokratie mit dem Ziel der staatsbürgerlichen Förderung der jungen westdeutschen Demokratie. Auch die vorliegende Darstellung beruht in den einschlägigen Kapiteln wesentlich auf den von Arno Mohr zusammengetragenen Materialien. Leider hat er seine Ankündigung, eine zweite Studie vorzulegen, in welcher die Jahrzehnte der politikwissenschaftlichen Entwicklung nach 1965 in ähnlich akribischer Weise behandelt werden sollten, nur sehr skizzenhaft einlösen können.[114]

und Inhalte der ihm gewidmeten Festschrift: Volker Beismann/Markus Josef Klein (Hrsg.): Politische Lageanalyse. Festschrift für Hans-Joachim Arndt zum 70. Geburtstag am 15. Januar 1993, Bruchsal 1993.

[113] Mohr: Politikwissenschaft.

[114] Arno Mohr: Die Durchsetzung der Politikwissenschaft an deutschen Hochschulen und die Entwicklung der Deutschen Vereinigung für Politische Wissenschaft, in: Klaus von Beyme (Hrsg.): Politikwissenschaft in der Bundesrepublik Deutschland (= Politische Vierteljahresschrift – Sonderheft, Bd. 17), Opladen 1986, S. 62–77 und

Während in den achtziger Jahren die durch den akademischen Generationenkonflikt und die hochschulpolitische Lagerbildung der späten sechziger und siebziger Jahre verursachte antagonistische Sicht der Geschichte der Politikwissenschaft im Hinblick auf deren frühe bundesrepublikanische Jahre überwunden wurde, brach dieser Gegensatz bei der Bewertung der politikwissenschaftlichen Bemühungen in der Weimarer Republik und vor allem hinsichtlich einer möglichen nationalsozialistischen Vergangenheit des Faches nochmals voll auf. Die bundesrepublikanischen Stammväter des Faches waren der festen Überzeugung, daß ihre Neu- beziehungsweise Wiedergründung völlig unbelastet vom Dritten Reich dastehe. Doch die vom Geist der 68er und insbesondere der kritischen Aufarbeitung der jüngsten deutschen Vergangenheit bewegte jüngere Generation im Fach machte sich auf die Suche nach braunen Flecken auf der angeblich weißen Weste der bundesdeutschen Politikwissenschaft: Sie wies auf die Anfälligkeit mancher Gründungsväter während der Weimarer Republik und deren Übergang zum Dritten Reich für präfaschistisches Gedankengut hin, enthüllte personelle und inhaltliche Kontinuitätslinien der Deutschen Hochschule für Politik im Jahr 1933 und deckte bei den Altvordern den Verrat vormaliger fortschrittlicher Positionen, wenn nicht sogar nachwirkende autoritär-reaktionäre Grundorientierungen auf.

Die «Familienlegende» von der nationalsozialistischen Unbelastetheit der bundesrepublikanischen Politikwissenschaft stellte explizit als erster Johannes Weyer 1985 in Frage, wodurch er eine heftige Kontroverse auslöste.[115] Der Soziologiedoktorand verwies pauschal auf das Bedürfnis auch der nationalsozialistischen Herrscher, sich durch eine Politikwissenschaft beraten und legitimieren zu lassen, und führte als konkreten Beleg das im Dritten Reich propagierte Konzept der «politischen Wissenschaft» an. Während ihm Kurt Lenk sehr apodiktisch entgegenhielt, daß man dieses Ideologem nicht mit einem selbständigen Universitätsfach Politikwissenschaft gleichsetzen dürfe, wiesen Hubertus Buchstein

Arno Mohr: Die DHfP und die Entwicklung der Politikwissenschaft im westlichen Nachkriegsdeutschland, in: Gerhard Göhler/Bodo Zeuner (Hrsg.): Kontinuitäten und Brüche in der deutschen Politikwissenschaft, Baden-Baden 1991, S. 165–170. Besonders enttäuschend der wissenschaftsgeschichtliche Überblick bei Arno Mohr: Politikwissenschaft als Universitätsdisziplin in Deutschland, in: Arno Mohr (Hrsg.): Grundzüge der Politikwissenschaft, München, Wien 1995, S. 1–63.

[115] Johannes Weyer: Politikwissenschaft im Faschismus (1933–1945). Die vergessenen zwölf Jahre, in: Politische Vierteljahresschrift 26 (1985), S. 423–437. Vgl. auch Johannes Weyer: Replik auf Kurt Lenk. Forschen für jeden Zweck? Zur Diskussion über die Politikwissenschaft im Faschismus, in: Politische Vierteljahresschrift 27 (1986), S. 259–264.

und Gerhard Göhler wissenschaftsgeschichtlich fundierter und differenzierter nach, daß es kaum personelle Kontinuitäten zwischen der Hochschule für Politik der Weimarer Republik und derjenigen des Dritten Reiches, vor allem aber keine Verbindungslinien zwischen der Auslandswissenschaft des Dritten Reiches und der bundesrepublikanischen Politikwissenschaft gegeben habe.[116]

Rainer Eisfeld (geb. 1941), ein von der Kritischen Theorie inspirierter Osnabrücker Politikwissenschaftler, hat die kontroverse Frage einer braunen Vergangenheit der bundesdeutschen Politikwissenschaft dann in einer Monographie nochmals aufgenommen und zu beantworten gesucht.[117] Er belegt nicht nur personelle und institutionelle Kontinuitäten zwischen der Deutschen Hochschule für Politik der Weimarer Zeit und der Hochschule für Politik im Dritten Reich im Detail, sondern weist auch bereits im Titel seines Buches darauf hin, daß mit Ernst Jäckh, Arnold Bergstraesser und Adolf Grabowsky drei der Gründungsväter der bundesrepublikanischen Politikwissenschaft nicht nur wie deren Mehrzahl vom Dritten Reich «ausgebürgert» worden, sondern zunächst auch «angebräunt» waren. Die materialreiche Untersuchung blieb dabei allerdings nicht frei von jenem Entlarvungspathos und der Selektivität beim Auffinden von degoutanten Zitaten, welche die Auseinandersetzung der jüngeren Bundesdeutschen mit der braunen Vergangenheit ihrer Vorfahren in den sechziger und siebziger Jahren kennzeichneten. Eine nüchterne Analyse der zwölf Jahre deutscher Geschichte unter der Herrschaft der Nationalsozialisten wird, auch beim Thema der wissenschaftsgeschichtlichen Entwicklung der Politikwissenschaft, die Involvierung der Deutschen in die Terror- und Ausrottungsdiktatur der Nationalsozialisten nicht ignorieren oder schönreden dürfen, aber doch deren Einzelheiten nicht isoliert anprangern und aufbauschen, sondern in den historischen Zusammenhang stellen müssen.

Für ein abgewogener urteilendes Vorgehen bietet der einschlägige Beitrag von Ernst Haiger auf dem wissenschaftsgeschichtlichen Kolloquium

[116] Kurt Lenk: Über die Geburt der «Politikwissenschaft» aus dem Geiste des «unübertrefflichen» Wilhelm Heinrich Riehl, in: Politische Vierteljahresschrift 27 (1986), S. 252–258 und Hubertus Buchstein/Gerhard Göhler: In der Kontinuität einer ‹braunen› Politikwissenschaft? Empirische Befunde und Forschungsdesiderate, in: Politische Vierteljahresschrift 27 (1986), S. 330–340.

[117] Rainer Eisfeld: Ausgebürgert und doch angebräunt. Deutsche Politikwissenschaft 1920–1945, Baden-Baden 1991. Vgl. auch Rainer Eisfeld: German Political Science at the Crossroads. The Ambivalent Response to the 1933 Nazi Seizure of Power, in: Rainer Eisfeld/Michael Greven/Hans Karl Rupp (Hrsg.): Political Science and Regime Change in 20th Century Germany, Commack/New York 1997, S. 17–53.

am Berliner Otto-Suhr-Institut für Politische Wissenschaft zu Ende des Jahres 1989 ein gutes Beispiel.[118] Diese Veranstaltung fand aus Anlaß des 40. Jahrestages der Wiedergründung der Deutschen Hochschule für Politik statt und stand unter der zentralen Fragestellung nach den «Kontinuitäten und Brüchen in der deutschen Politikwissenschaft», insbesondere auch im Hinblick auf die Verquickung der Disziplin mit dem Nationalsozialismus. Zahlreiche der Beiträge des aus dieser Veranstaltung hervorgegangenen Sammelbandes beruhten auf eigens ausgewerteten Quellen und standen im Zusammenhang mit größeren Forschungsprojekten. Entgegen seinem breiten Buchtitel basierte dieser Sammelband aber auf zwei wesentlichen und nicht untypischen inhaltlichen Einschränkungen: Er behandelte nur das 20. Jahrhundert, und er konzentrierte sich weitestgehend auf die Entwicklung in Berlin als der Keimzelle der Politikwissenschaft in der Weimarer Republik und der Bundesrepublik.

Diese von der Gründungsgeschichte her verständliche, aber doch historisch nicht zutreffende Berlin-Lastigkeit der Geschichte der bundesdeutschen Politikwissenschaft haben sehr anschaulich die biographischen Skizzen von zehn Gründungsvätern der Disziplin aufgebrochen, die Hans Karl Rupp und Thomas Noetzel 1991 vorlegten.[119] Seit Beginn der neunziger Jahre sind Einzelthemen aus der Geschichte der Politikwissenschaft in Deutschland immer häufiger zum Thema nicht nur von Dissertationen,[120] sondern schließlich auch wieder von Habilitationen[121] geworden. Fast will es scheinen, als ob das Fach, das wie die Bundesrepublik Deutschland im Jahr 1999 den fünfzigsten Jahrestag seiner

[118] Ernst Haiger: Politikwissenschaft und Auslandswissenschaft im «Dritten Reich». (Deutsche) Hochschule für Politik 1933–1939 und Auslandswissenschaftliche Fakultät der Berliner Universität 1940–1945, in: Gerhard Göhler/Bodo Zeuner (Hrsg.): Kontinuitäten und Brüche in der deutschen Politikwissenschaft, Baden-Baden 1991, S. 94–136.

[119] Thomas Noetzel/Hans Karl Rupp: Macht, Freiheit, Demokratie. Bd. 1: Anfänge der westdeutschen Politikwissenschaft, Marburg 1991. Vgl. auch den Nachfolgeband: Thomas Noetzel/Hans Karl Rupp (Hrsg.): Macht, Freiheit, Demokratie. Bd. 2: Die zweite Generation der westdeutschen Politikwissenschaft. Biographische Annäherungen, Marburg 1994.

[120] Vgl. insbesondere die Arbeiten von Hubertus Buchstein: Politikwissenschaft und Demokratie. Wissenschaftskonzeption und Demokratietheorie sozialdemokratischer Nachkriegspolitologen in Berlin, Baden-Baden 1992 und Horst Schmitt: Politikwissenschaft und freiheitliche Demokratie, Eine Studie zum Forschungsprogramm der «Freiburger Schule», Baden-Baden 1995.

[121] Vgl. insbesondere Hans J. Lietzmann: Politikwissenschaft im «Zeitalter der Diktaturen». Die Entwicklung der Totalitarismustheorie Carl Joachim Friedrichs, Opladen 1999.

(Wieder-)Gründung nach dem Zweiten Weltkrieg feiern konnte, erst jetzt, nachdem es in die Jahre gekommen ist, sich darauf besinnt, daß es eine Geschichte hat und daß deren Erforschung und Bewahrung eine legitime Aufgabe ist.

Ausdruck dieser Anerkennung der Fachgeschichte durch die Disziplin ist auch die Gründung des Arbeitskreises «Geschichte der Politikwissenschaft» auf dem Potsdamer Jahreskongreß der DVPW im August 1991. Dessen bisherige Tagungen haben die historische Bestandsaufnahme des Faches in den europäischen Staaten,[122] die Rolle von akademischen Schulen in der Geschichte der deutschen Politikwissenschaft[123] und die Entwicklung des Politik-Begriffs von der Antike bis in die moderne Gegenwart[124] zum Gegenstand gehabt. Auf den vielfältigen Materialien und Erkenntnissen, die diese sich etablierende Fachgeschichte zusammengetragen hat, beruht auch wesentlich der hier vorliegende Versuch einer synoptischen Gesamtdarstellung.

f) Ausblick

Die Erwartungen an die Ende der siebziger, Anfang der achtziger Jahre proklamierte sozialwissenschaftliche Professionalisierung der bundesdeutschen Politikwissenschaft haben sich überwiegend erfüllt.[125] Das Fach entwickelte sich in der Wahrnehmung der Öffentlichkeit und aus der Sicht der anderen akademischen Disziplinen zu einer ganz normalen Wissenschaft, deren Existenz und Position nicht mehr in Frage gestellt wurde. Seine Ressourcen vor allem in Gestalt der Hochschullehrerstellen wurden zwar nicht mehr wie in den sechziger und frühen siebziger Jahren ausgebaut, aber auch nicht über das allgemeine Maß verringert, das in diesen Jahrzehnten der finanziellen Einsparungen und personellen Konzentrationsmaßnahmen alle Fächer traf. Zu dieser Stabilisierung trug wesentlich die Öffentlichkeitsarbeit des Faches bei, die nicht mehr

[122] Lietzmann/Bleek: Politikwissenschaft.

[123] Wilhelm Bleek/Hans J. Lietzmann (Hrsg.): Schulen der deutschen Politikwissenschaft, Opladen 1999.

[124] Hans J. Lietzmann/Peter Nitschke (Hrsg.): Klassische Politik. Politikverständnisse von der Antike bis ins 19. Jahrhundert, Opladen 2000 und Hans J. Lietzmann (Hrsg.): Moderne Politik. Politikverständnisse im 20. Jahrhundert, Opladen 2001.

[125] In diesem resümierenden Abschnitt werden zahlreiche Argumente aus dem Sammelband Hartwich (Hrsg.): Professionalisierung aufgenommen und im Lichte der späteren Entwicklung überprüft.

auf progressive Belehrung der konservativ gestimmten Wählermehrheit und Konfrontation mit den Nachbarwissenschaften, sondern auf Kooperation außerhalb und innerhalb der Hochschulen setzte. Allgemein wurde anerkannt, daß die Politikwissenschaft eine sinnvolle, wenn auch nicht übermäßig bedeutsame Dienstleistungsfunktion für Gesellschaft und praktische Politik ausübte.

Auf der anderen Seite aber erfüllten sich die großen Ansprüche und Hoffnungen, die im Zusammenhang mit der Professionalisierungsstrategie geäußert wurden, nur teilweise. Die Verbesserung der Berufs- und Erwerbschancen der Absolventen, die man sich von der stärkeren Berücksichtigung der Erfordernisse des Arbeitsmarktes im politikwissenschaftlichen Studium und vor allem von der Intensivierung der Politikberatung erhoffte, trat nicht ein. Keineswegs gelang eine «Verwissenschaftlichung der Politik», wie sie von der Intensivierung der Politikberatung und der Ausdifferenzierung der Politikfeldanalysen erwartet wurde. Auch die Vorstellung, durch die Übernahme amerikanischer Methoden, Debatten und Kulturen im Fach zu einer eindrucksvollen Profession wie die Political Science in den Vereinigten Staaten zu werden, erwies sich als illusionär. Die bundesdeutschen Politikwissenschaftler mußten erkennen, daß auch für das eigene Fach ihre allgemeine Einsicht galt, daß internationale Modelle nicht einfach isoliert von ihren unterschiedlichen nationalen Voraussetzungen übernommen werden können, sondern wesentlich durch ihre allgemeinen gesellschaftlichen, kulturellen und politischen Rahmenbedingungen geprägt sind: Der vergleichende Blick auf die Politikwissenschaft in der Bundesrepublik Deutschland und den Vereinigten Staaten zeigt, daß man zwar voneinander lernen, aber nicht schematisch übernehmen kann.

Zur Konsolidierung der bundesdeutschen Politikwissenschaft in den achtziger Jahren trugen wesentlich die Versozialwissenschaftlichung ihrer Arbeitsweisen und Inhalte sowie die darauf beruhende Intensivierung des Verbundes mit den anderen Sozialwissenschaften bei. Das Fach mußte sich jetzt nicht mehr in der relativen Beliebigkeit der Vielzahl der Geisteswissenschaften finden und bewähren, sondern konnte sich im überschaubaren Feld der Sozialwissenschaften definieren und sich in deren fachlicher Arbeitsteilung nützlich, wenn nicht unentbehrlich machen. Insbesondere zur Soziologie und ihrem methodischen wie theoretischen Instrumentarium wurden enge Verknüpfungen hergestellt. Als Scharnier zwischen den beiden Fächern erwies sich dabei die politische Soziologie mit ihren Arbeitsbereichen der Wahlanalyse, der Parteien- und Verbändeforschung, der Untersuchung von Eliten und Bürokratie.

Viele Repräsentanten der politischen Soziologie verstehen sich gleichermaßen als Soziologen und Politikwissenschaftler. Diese grundlegende Auffassung der Politikwissenschaft als einer unter mehreren Sozialwissenschaften hat in der Lehre an Universitäten wie in Bochum und Bielefeld die Einrichtung von integrierten sozialwissenschaftlichen Studiengängen zur Konsequenz gehabt. Die problematische Kehrseite dieser inhaltlichen und studienmäßigen Profilierung der Politikwissenschaft als einer Sozialwissenschaft war aber nicht nur die Vernachlässigung, wenn nicht der Ausschluß von angeblich überholten Bezügen zu den Geisteswissenschaften, sondern vor allem die mögliche Infragestellung einer eigenständigen Kompetenz und Identität der Politikwissenschaft im Fächerverband der Sozialwissenschaften, auf die insbesondere Hans-Hermann Hartwich als Moderator der Professionalisierungsdebatte hinwies. Insbesondere die Ausdifferenzierung einer Vielzahl von Politikfeldern und ihre Analyse in enger Zusammenarbeit mit einschlägigen Nachbardisziplinen, zum Beispiel bei der Arbeitsmarktpolitik mit der Wirtschaftswissenschaft und der Gesundheitspolitik mit der Medizin, ist als Gefährdung des inneren Kerns der Politikwissenschaft und Vernachlässigung ihrer zentralen Themen und Fragen von politischer Ordnung kritisiert worden.

Daß der Kurs einer sozialwissenschaftlichen Profilierung und thematischen Ausdifferenzierung der Politikwissenschaft nicht ohne Gefahren für den inneren Zusammenhalt des Faches war, belegte auf dramatische Weise die Spaltung seiner Fachvertretung im Jahr 1983. Dabei muß in Erinnerung gerufen werden, daß für die Verkünder einer Professionalisierung der Disziplin gerade deren verbandsmäßige Organisation und Vertretung eine wichtige Forderung ist. Es gehört daher zu den Merkwürdigkeiten der jüngeren Geschichte der bundesdeutschen Politikwissenschaft, daß sich ihre Fachvertretung ausgerechnet in der Phase der Professionalisierungsbemühungen im Jahr 1983 in zwei Verbände teilte. Diese Sezession trat bezeichnenderweise im Zusammenhang mit der Wahl der Fachgutachter für die Deutsche Forschungsgemeinschaft ein. Wissenschaftliche Fachverbände wie die Berufsverbände allgemein dienen nicht nur der Selbstregulierung ihrer Mitglieder nach innen, sondern auch der Interessenvertretung nach außen. Zur Professionalisierung von Fächern wie von Berufen gehört somit in der Sprache der Systemtheorie, daß sich diese nach außen absetzen und gleichzeitig von der Außenwelt in ihrem spezifischen Beitrag anerkannt werden. Auf die Bemühungen um die Professionalisierung der Politikwissenschaft seit Ende der siebziger Jahre angewandt, bedeutet dies, daß sie sich von dem früheren Eindruck, jeder aufgeklärte und interessierte Staatsbürger sei ein potentieller Politikwissenschaftler, abzugrenzen und um die Anerkennung eines Expertenstatus und einer spezifischen Dienstleistungsfunktion für die Gesellschaft zu bemühen hatte. Doch in diesem Bemühen um die Profilierung der akademischen, gesellschaftlichen und politischen Rolle ihres Faches stießen die Anhänger des Verständnisses von Politikwissenschaft als moderner Sozialwissenschaft jene Fachvertreter vor den Kopf, welche die Disziplin mehr institutionenorientiert, geisteswissenschaftlich und allgemein von ihren Traditionen her verstanden. Die sozialwissenschaftlichen Matadoren führten die sie überraschende Spaltung der politikwissenschaftlichen Fachvertretung auf überzogene Spätwirkungen der politischen Lagerantagonismen der sechziger und siebziger Jahre sowie persönliche Mißverständnisse und Animositäten zwischen den professoralen Spitzen im Fach zurück und übersahen dabei allzu leicht, wie ihre modernistischen Parolen von der sozialwissenschaftlichen Profilierung der Profession zur Marginalisierung, wenn nicht Exklusion von Kollegen führte, die sich mit gutem Recht auch als Politikwissenschaftler verstanden und verstehen.

Der Blick in die Ideengeschichte der Politikwissenschaft in Deutschland zeigt, daß vieles von dem, was in den einzelnen Epochen als neu und modern ausgegeben wurde, seine Vorläufer in der Geschichte des Faches hat und auf alten Einsichten aufbaut. Beispielhaft sei nochmals erwähnt, daß der Begriff der Policy-Forschung, die in den siebziger Jahren mit großem modernistischen Aplomb propagiert wurde, sich nur durch die Schreibweise und ein kleines «e» von der altertümlichen «Policeywissenschaft» unterscheidet Inzwischen haben die Anhänger der sozialwissenschaftlichen Professionalisierung der Politikwissenschaft viele ihrer szientistischen Illusionen einschließlich der überzogenen Erwartungen an die Prognosefähigkeit in den Sozialwissenschaften abgemildert. Doch im Hinblick auf die Entwicklung des Faches herrscht immer noch der ungute Gegensatz von neu und alt, von modern und antiquiert, von Fortschritt und Vergangenheit, allgemein von «Modernisten» und «Traditionalisten». Dabei sind auch die sich modern gebenden Sozialwissenschaftler dabei, Geschichte zu machen und Traditionen auszubilden. Nur wer sich der Geschichte seines Faches in deren Vielfalt und Komplexität bewußt ist, kann dessen historisch gewordene Einheit verstehen und setzt sie nicht unwissentlich aufs Spiel.

Auch wenn manche der Ansprüche und Erwartungen, die ursprünglich mit der sozialwissenschaftlichen Professionalisierung der bundesdeutschen Politikwissenschaft verbunden wurden, sich in der Folgezeit als überzogen erwiesen, so war dieser Kurs doch weithin erfolgreich. Wie sehr das Fach in den achtziger und neunziger Jahren zu einer ganz normalen Disziplin geworden und als solche anerkannt worden war, zeigte sich zu Beginn des letzten Jahrzehnts des 20. Jahrhunderts, als es im Rahmen des deutschen Vereinigungsprozesses weitgehend unkontrovers und problemlos auch an den Hochschulen in den neuen Bundesländern der ehemaligen DDR etabliert werden konnte.

11. Politikwissenschaft in der ehemaligen DDR und im vereinigten Deutschland

Auch die Deutsche Demokratische Republik beanspruchte, eine Demokratie zu sein.[1] Doch stellte die auf dem Boden der sowjetischen Besatzungszone etablierte Volksdemokratie mit ihrer kommunistischen Konzeption einer «Diktatur des Proletariats» ideologisch auf die Herrschaft der Arbeiterklasse und faktisch wie auch später verfassungsrechtlich auf das Primat der Sozialistischen Einheitspartei Deutschlands als des sogenannten Vortrupps der Werktätigen ab.[2] Ebenso fundamental unterschied sich auch das der kommunistischen Ideologie und realsozialistischen Herrschaft zu Grunde liegende Politikverständnis von jenem der liberalpluralistischen Demokratien des Westens. Politik beinhaltete nach kommunistischer Auffassung keine freie Entscheidung durch die Mehrheit der Staatsbürger, sondern galt als die konsequente Umsetzung der marxistisch-leninistischen Gesetzmäßigkeiten. Die kommunistische Partei beanspruchte nicht nur die politische Führung, sondern auch das Monopol für die Interpretation der als wissenschaftlich postulierten Lehren des Marxismus-Leninismus und deren Umsetzung in die Praxis. Politikwissenschaft im Sinne einer kritischen Analyse der politischen Zustände durch autonome Lehre und Forschung konnte es daher in den realsozialistischen Staaten an sich nicht geben.

So entsprach es dem Selbstverständnis der in der DDR herrschenden SED, daß in ihrem Staat offiziell keine Politikwissenschaft existierte. Doch mit Blick auf entsprechende Disziplinen in anderen osteuropäischen Volksdemokratien, insbesondere Polen und Ungarn, ist zu fragen, ob in der DDR nicht Äquivalente zur Politikwissenschaft vorhanden waren, wie sie in der Bundesrepublik Deutschland nach 1945 etabliert wurde. Zumindest ist zu untersuchen, ob es Ansätze zu politischer Lehre

[1] Dieses Kapitel beruht auf meinen ausführlicheren Aufsätzen: Wilhelm Bleek: Der Aufbau der Politikwissenschaft in der ehemaligen DDR, in: Deutschland Archiv 22 (1990), H. 11, S. 1678–1688 und Wilhelm Bleek: Der Aufbau der Politikwissenschaft in den neuen Bundesländern. Ein Zwischenbericht, in: Deutschland Archiv 25 (1992), S. 681–690 u. 802–811.

[2] Vgl. Kurt Sontheimer/Wilhelm Bleek: Die DDR. Politik, Gesellschaft, Wirtschaft, Hamburg 1972.

in Universitätsstudium und Politikberatung durch die sozialwissenschaftliche Forschung gab. Die Beantwortung dieser Fragen ist nicht nur von historischem Interesse im Hinblick auf das Verständnis des 1989/90 untergegangenen zweiten deutschen Staates, sie war auch grundlegend für die sich den neuen Bundesländern nach der deutschen Vereinigung stellenden Alternativen beim Aufbau der Politikwissenschaft: an Vorläufer in der alten DDR, wenn auch höchst selektiv, anknüpfen zu können oder pauschal einen Neuanfang durch Übernahme des westlichen Modells machen zu müssen.[3]

a) Kommunistische Ideologie und bürgerliche Politologie

Offiziell war die Politikwissenschaft in der DDR verpönt. Das wird überdeutlich in dem «Kleinen Politischen Wörterbuch», das in hohen Auflagen vom Parteiverlag der SED veröffentlicht wurde und einem breiten Leserkreis die marxistisch-leninistische Theorie und die darauf gegründete Politik der Partei der Arbeiterklasse vermitteln sollte, wie die Zweckbestimmung im Vorwort lautete. Noch in der letzten, der 7. Auflage von 1988 findet sich in diesem Wörterbuch ein Stichwort lediglich zur «bürgerliche(n) Politologie», aber nicht zur «demokratischen» oder «sozialistischen Politologie». Dieser offiziösen Veröffentlichung zufolge galt in der DDR die Politikwissenschaft als eine «bürgerliche sozialwissenschaftliche Disziplin, die in enger Bindung an die Ideologie der Monopolbourgeoisie die Grundlage für den politischen Entscheidungsprozeß» darstelle und «die entschiedene Basis für die pseudowissenschaftliche Fundierung des Antikommunismus» bilde.[4] Politikwissenschaftliche Publikationen aus der Bundesrepublik wurden daher als antisozialistische Konterbande nicht in die DDR gelassen, prominente westdeutsche Politikwissenschaftler hatten mit Einreiseschwierigkeiten, wenn nicht -verboten zu rechnen und wurden von der Staatssicherheit beschattet.

[3] Dies ist auch die Leitfrage in dem Beitrag von Michael Th. Greven: From ‹Scientific Communism› to Political Science. The Collapse of East Germany in 1989/90 and the «Unification» of the Discipline, in: Rainer Eisfeld/Michael Greven/Hans Karl Rupp (Hrsg.): Political Science and Regime Change in 20th Century Germany, Commack/New York 1997, S. 109–166. Gleichermaßen informativ und anregend Gerhard Lehmbruch: Die Politikwissenschaft im Prozeß der deutschen Vereinigung, in: Gerhard Lehmbruch (Hrsg.): Einigung und Zerfall. Deutschland und Europa nach dem Ende des Ost-West-Konflikts, Opladen 1995, S. 327–376.

[4] Waltraud Böhme et al. (Hrsg.): Kleines politisches Wörterbuch, Berlin [Ost] ^{7}1988, S. 157 f.

Dieses antiimperialistische Feindbild der ostdeutschen Machthaber traf insbesondere jene sozialwissenschaftlichen Forscher und Forschungsgebiete im Westen, welche die Analyse der realen Verhältnisse in der DDR zum Gegenstand hatten.[5] Seit Beginn der fünfziger Jahre wurden, insbesondere in Westberlin, Untersuchungen über die gesellschaftlichen, ökonomischen und politischen Verhältnisse im anderen Teil Deutschlands erarbeitet Symptomatisch für das frühe Verständnis dieser SBZ-Forschung als einer Wiedervereinigungswissenschaft waren die Arbeiten des 1952 beim Bundesministerium für gesamtdeutsche Fragen konstituierten Forschungsbeirates für Fragen der Wiedervereinigung Deutschlands, der von der SED insbesondere nach dem Arbeiteraufstand vom 17. Juni 1953 als Keimzelle des imperialistischen Revanchismus angeprangert wurde. Die damaligen Vorschläge des Forschungsbeirates, der bis 1974 existierte, waren aber so nüchtern und abgewogen, daß man sich ihre Verwirklichung nach der tatsächlichen Vereinigung im Jahr 1990 hätte wünschen können, wenn sie nicht nach drei Jahrzehnten längst in Vergessenheit geraten wären.

Nach der Stabilisierung der DDR durch den Mauerbau vom 13. August 1961 und den nachfolgenden Wirtschafts- und Gesellschaftsreformen der SED wandelte sich die bundesrepublikanische SBZ-Forschung in den sechziger Jahren zu einer DDR-Forschung. Die DDR konnte und mußte nun von der westdeutschen Wissenschaft als eine längerfristig bestehende politisch-ökonomische Ordnung anerkannt werden. Durch die Übernahme sozialwissenschaftlicher Theoreme und Methoden aus der internationalen Forschung, um die sich insbesondere der Westberliner, später Bielefelder und schließlich Münchener Politikwissenschaftler und Soziologe Peter Christian Ludz (1931–1979) große Verdienste erwarb,[6] gewann die DDR-Forschung akademische Reputation in der Bundesrepublik. Doch bei den DDR-Machthabern fiel sie immer noch unter das Verdikt eines, wenn auch raffinierteren und sublimeren, Antikommunismus. Diese Vorbehalte gewannen neue Nahrung, als man in der Bundesrepublik in den siebziger Jahren nach der politischen Anerkennung der

5 Zur Geschichte der DDR- und vergleichenden Deutschlandforschung vgl. Wilhelm Bleek: Zur Entwicklung der vergleichenden Deutschlandforschung, in: Aus Politik und Zeitgeschichte 34 (1984), H. 38, S. 25–37 und Wilhelm Bleek: Deutschlandforschung, in: Werner Weidenfeld/Karl-Rudolf Korte (Hrsg.): Handbuch zur deutschen Einheit 1949–1989 – 1999, Frankfurt/Main, New York 1999, S. 226–239.

6 Kurt Sontheimer: In Memoriam Peter Christian Ludz (1931–1979), in: Politische Vierteljahresschrift 20 (1979), S. 401–402 und Ursula Ludz (Hrsg.): Peter Christian Ludz (1939–1979), Feldafing 1981.

DDR durch die sozial-liberale Bundesregierung unter Willy Brandt zur vergleichenden Deutschlandforschung überging, durch welche die gesellschaftliche, wirtschaftliche und politische Leistungsfähigkeit der beiden deutschen Staaten gegenübergestellt und eine empirische Antwort auf die Frage nach der Einheit der deutschen Nation ermöglicht werden sollte. Vorbildhaft für diesen Vergleich zwischen Bundesrepublik Deutschland und DDR wurden die 1971, 1972 und 1974 vom Bundesministerium für innerdeutsche Beziehungen herausgegebenen «Materialien zum Bericht zur Lage der Nation».

Die Verurteilung der Politikwissenschaft als «bürgerliche» Disziplin hat die sozialistische DDR aber nicht davon abgehalten, 1975 im Anschluß an das Vorbild der Sowjetunion der International Political Science Association (IPSA) als dem Weltverband der Politikwissenschaftler beizutreten.[7] Zu diesem Zweck wurde 1974, im Jahr der Aufnahme der diplomatischen Beziehungen zwischen der DDR und den USA, ein «Nationalkomitee für Politische Wissenschaften der DDR» konstituiert – aufschlußreich die Mehrzahl. Sein Präsident war zunächst Professor Wolfgang Weichelt, als Direktor des Instituts für Theorie des Staats und Rechts an der Akademie der Wissenschaften und Vorsitzender des Verfassungs- und Rechtsausschusses der Volkskammer der DDR ein prominenter Verfassungstheoretiker der SED.[8] Später übernahm Karl-Heinz Röder, der sich vor allem durch das von einem Autorenkollektiv unter seiner Leitung verfaßte Lehrbuch über das politische System der USA[9] qualifiziert hatte, nicht nur die Leitung des genannten Akademieinstituts, sondern seit 1985 als Mitglied im Exekutivkomitee auch die Repräsentanz der DDR in der IPSA. In Veröffentlichungen des politikwissenschaftlichen Weltverbandes führte Röder die Politikwissenschaft in der DDR entsprechend dem damaligen Sprachgebrauch der Einheitspartei nicht nur auf die Traditionslinie von Marx, Engels und Lenin bis zum

[7] Vgl. Karl-Heinz Röder/Jörg Franke: German Democratic Republic, in: William G. Andrews (Hrsg.): International Handbook of Political Science, Westport/Connecticut 1982, S. 177–184 und Karl-Heinz Röder: Political Science in the German Democratic Republic, in: PS: Political Science and Politics 22 (1989), S. 753–758.

[8] Vgl. Klaus Sorgenicht/Wolfgang Weichelt/Tord Riemann et al. (Hrsg.): Verfassung der Deutschen Demokratischen Republik. Dokumente. Kommentar, 2 Bde., Berlin [Ost] 1969.

[9] Bezeichnend ist der Wechsel des Untertitels zwischen den Erscheinungsjahren 1976 und 1980: Karl-Heinz Röder/Ekkehard Lieberam/Wolfgang Menzel: USA. Aufstieg und Verfall bürgerlicher Demokratie, Berlin [Ost] 1976 und Karl-Heinz Röder/Ekkehard Liberam/Jochen Dötsch et al.: Das politische System der USA. Geschichte und Gegenwart, Berlin [Ost] 1980 [zugleich erschienen: Köln 1980].

«Zentralen Forschungsplan für Gesellschaftswissenschaften des ZK der SED» zurück, sondern auch auf das «Erbe» des vor seiner Emigration in die USA in Jena lehrenden Franz Lieber sowie des in Erfurt geborenen Max Weber als den bürgerlichen Vater der modernen Sozialwissenschaften.[10]

Doch in Wirklichkeit handelte es sich bei dieser internationalen Repräsentanz einer vorgeblichen Politikwissenschaft in der DDR um eine außenpolitisch motivierte Fassade ohne innere Substanz in Gestalt von Konsequenzen für die Universitäts- und Forschungslandschaft der DDR. Nur gelegentlich zu Tagungen und Konferenzen des Weltverbandes zogen die professoralen Reisekader der SED den internationalen Ausgehanzug von Politikwissenschaftlern an, um dann gleich nach der Rückkehr in den deutschen «Staat der Arbeiter und Bauern» wieder in der Kluft von marxistisch-leninistischen Philosophen, Ökonomen und Staatsrechtlern ihrer Arbeit nachzugehen.

b) Politische Wissenschaften im realen Sozialismus

Wenn es auch in der DDR bis zum Zusammenbruch der SED-Herrschaft im Herbst 1989 keine Einzeldisziplin der Politikwissenschaft gegeben hat, so hatten sich doch alle Wissenschaften im Sinne der kommunistischen Ideologie als politische Disziplinen zu verstehen.[11] Nicht die Wertfreiheit, sondern die Parteilichkeit der Wissenschaften, und nicht die Autonomie der Hochschule, sondern ihre Anleitung und Kontrolle durch die Einheitspartei waren grundlegend.[12] Der Marxismus-Leninismus wurde als führende Wissenschaft propagiert, und die ideologischen Gralshüter in den Parteiinstanzen wachten über die Einhaltung des Primats dieser realsozialistischen Leitungswissenschaft in allen akademischen Fächern. Diese tragenden Prinzipien des Wissenschaftssystems der DDR wurden nicht nur in Parteibeschlüssen und akademischen Selbstverpflichtungen immer wieder in Erinnerung gerufen, sie prägten auch den Alltag von Lehre und Forschung in der DDR.

[10] Röder: Science, S. 753.

[11] Zu diesem Abschnitt vgl. Michael Th. Greven/Dieter Koop (Hrsg.): War der Wissenschaftliche Kommunismus eine Wissenschaft? Vom Wissenschaftlichen Kommunismus zur Politikwissenschaft, Opladen 1993.

[12] Vgl. Ernst Richert: Sozialistische Universität. Die Hochschulpolitik der SED, Berlin 1967.

In den ersten Jahren nach Ende des Zweiten Weltkrieges und Wiedereröffnung der Hochschulen wurde an den ost- wie an den westdeutschen Universitäten mit einem Studium Generale experimentiert. Dazu trugen in der sowjetischen Besatzungszone insbesondere die Fächer Geschichte, Philosophie und Politische Ökonomie und als «fortschrittlich» geltende Dozenten wie der Historiker Walter Markov, der Soziologe Alfred Meusel, der Jurist Arthur Baumgarten, der Romanist Werner Krauss und der Philosoph Hans-Georg Gadamer bei. Diese allgemeinbildenden Studien wurden in Gesellschaftswissenschaftlichen Fakultäten organisiert, deren fakultatives und noch nicht dogmatisches Angebot 1951 im Rahmen der II. Hochschulreform der DDR zum obligatorischen marxistisch-leninistischen Grundlagenstudium verengt wurde. Seitdem hatten alle ostdeutschen Studierenden, gleich welcher Fachrichtung, vier Stunden wöchentlich in Marxismus-Leninismus zu belegen, zuletzt während der achtziger Jahre im ersten Studienjahr «dialektischer und historischer Materialismus», im zweiten Studienjahr «politische Ökonomie des Kapitalismus und Sozialismus» sowie im dritten und vierten Studienjahr «Wissenschaftlicher Kommunismus» und «Grundlagen der Geschichte der Arbeiterbewegung». Diese Gebiete waren auch Gegenstand der Zwischenprüfungen am Ende der jeweiligen Studienjahre, der abschließenden Hauptexamina sowie der Promotionsprüfungen in allen Fächern.[13]

Die Dozenten im Fach Marxismus-Leninismus mit seinen vier Lehr- und Forschungsgebieten waren in eigenen Instituten zusammengefaßt, die nach der Aufteilung der Fakultäten durch die III. Hochschulreform ab 1967 eigene Sektionen erhielten. Diese Sektionen für Marxismus-Leninismus und ihre Hochschullehrer übernahmen neben den Lehrveranstaltungen im Grundstudium allgemeine Dienstleistungen der Agitation und Propaganda; sie waren nach den Funktionären der Einheitspartei die wichtigsten Ideologieträger an den Hochschulen der DDR. Ihre Kader bestanden fast ausschließlich aus SED-Mitgliedern, die vielfach aus anderen Fachbereichen und Funktionen rekrutiert und immer wieder als «ideologische Feuerwehr» nach draußen in Partei- und Staatsfunktionen vor Ort delegiert wurden. Dementsprechend groß war einerseits die Kaderfluktuation in den Sektionen Marxismus-Leninismus, andererseits aber gering das Ansehen bei den altetablierten Wissenschaften. Im Gegenzug bemühten sich die Hochschullehrer in Marxismus-Leninismus, ihr Fach wissenschaftlich zu etablieren und zu fundieren.

[13] Vgl. Wilhelm Bleek/Lothar Mertens: DDR-Dissertationen. Promotionspraxis und Geheimhaltung von Doktorarbeiten im SED-Staat, Opladen, Wiesbaden 1994.

Sie konzipierten und publizierten einschlägige Lehrbücher,[14] führten Forschungsdebatten und qualifizierten den eigenen Nachwuchs durch Promotionen A (Dissertationen) und B (Habilitationen).

Unter den genannten vier Teilfächern der Sektionen Marxismus-Leninismus ist das Lehrgebiet des «Wissenschaftlichen Kommunismus» im Hinblick auf die Frage nach einem Äquivalent oder Vorläufer zu einer Politikwissenschaft nach westlichem Vorbild von besonderem Interesse. Bei diesem Lehrgebiet, das infolge der sogenannten Formationsdebatten einmal «Wissenschaftlicher Sozialismus», dann wieder «Wissenschaftlicher Kommunismus» genannt wurde, handelte es sich nach der Definition des Direktors der einschlägigen Leitsektion an der Karl-Marx-Universität in Leipzig um «die Wissenschaft von den allgemeinen sozialen (sozialpolitischen) Gesetzen der Vorbereitung, Herausbildung und Entwicklung der kommunistischen Gesellschaftsformen als eines einheitlichen, qualitativ neuen sozialen Organismus, von den Erscheinungsformen dieser Gesetze unter den verschiedenen historischen Bedingungen und in den verschiedenen Sphären des gesellschaftlichen Lebens».[15] Hermann Weber, der später der bundesdeutsche Nestor der DDR-Forschung wurde, erkannte schon 1970 in seiner Mannheimer Antrittsvorlesung in den Arbeiten des Lehrgebietes «Wissenschaftlicher Sozialismus» nicht nur machtlegitimierende, sondern auch herrschaftsrationalisierende und politikberatende Funktionen dieses Faches und sprach daher von «Ansätzen einer Politikwissenschaft in der DDR».[16]

Aus der Leipziger Sektion für Wissenschaftlichen Kommunismus und dem einschlägigen Institut an der Berliner Akademie für Gesellschaftswissenschaften kam es denn auch in der zweiten Hälfte der achtziger Jahre unter dem Einfluß der sowjetischen Reformdebatten zu Bemühungen, eine «marxistisch-leninistische Politikwissenschaft» in der DDR zu etablieren.[17] Doch den entsprechenden Antrag des Rates für

[14] Friedrich Günther/Ullrich Kuhirt (Hrsg.): Grundlagen des Marxismus-Leninismus. Lehrbuch, Berlin [Ost] 1960; Günther Großer et al. (Hrsg.): Wissenschaftlicher Kommunismus. Lehrbuch für das marxistisch-leninistische Grundlagenstudium, Berlin [Ost] 1976; Günther Großer et al. (Hrsg.): Wissenschaftlicher Sozialismus. Lehrbuch für das marxistisch-leninistische Grundlagenstudium, Berlin [Ost] 1988.

[15] Günther Großer: Der Gegenstand des wissenschaftlichen Kommunismus. Methodologische Probleme seiner Bestimmung, Berlin [Ost] 1981, S. 137.

[16] Hermann Weber: Ansätze einer Politikwissenschaft in der DDR, Düsseldorf 1971; gekürzte Fassung in: Hermann Weber: Ansätze einer Politikwissenschaft in der DDR, in: Deutschland Archiv 3 (1970), S. 1121–1136 und 1233–1249.

[17] Vgl. die Hinweise vor der «Wende» bei Günther Großer/B. Wolf: Wissenschaftlicher Sozialismus als politische Theorie des Marxismus-Leninismus, in: Wissen-

Wissenschaftlichen Kommunismus wies im Mai 1989 die Abteilung Wissenschaften im ZK-Sekretariat der SED zurück: «Die DDR braucht keine gesonderte Politikwissenschaft.»

Die prinzipielle Suprematie der Parteiführung schloß aber nicht aus, daß sich die Machthaber in der DDR durch Wissenschaftler beraten ließen. Vor allem die verstärkte Propagierung der «wissenschaftlich-technischen Revolution» als einer Produktivkraft in den sechziger Jahren führte zu einer Aufwertung von Wissenschaften und Wissenschaftlern im politischen Prozeß. Von dieser Entwicklung profitierten an erster Stelle die Natur- und Technikwissenschaften, doch auch die ansatzweise Etablierung einer Soziologie in der DDR steht in diesem Zusammenhang.[18] Die Parteiführung ließ empirische Arbeiten über Gesellschaft und Wirtschaft zu und führte zum Beispiel über das Leipziger Institut für Jugendforschung und das zwischen 1965 und 1978 existierende Institut für Meinungsforschung beim ZK der SED Meinungsumfragen durch, deren Resultate aber wie viele akademische Arbeiten und wissenschaftliche Forschungsergebnisse in der DDR geheim blieben und lediglich ausgewählten Kadern zugänglich waren.[19]

Charakteristisch für das Wissenschaftssystem der DDR war die weitgehende Trennung und Differenzierung von Forschung und Lehre. Während die Universitäten und Hochschulen sich auf die Lehre zu konzentrieren hatten, war die Forschung Aufgabe der außeruniversitären Großinstitutionen, vor allem der Akademie der Wissenschaften mit ihren zahlreichen Instituten. Im Bereich der Gesellschaftswissenschaften spielten neben der Akademie für Staats- und Rechtswissenschaft, die in Potsdam-Babelsberg als zentrale Einrichtung des Ministerrates der DDR die Aus- und Weiterbildung leitender Mitarbeiter des zentralen und regiona-

schaftlicher Sozialismus. Informationsbulletin, hrsg. von der Akademie für Gesellschaftswissenschaften beim Zentralkomitee der SED 3 (1989), H. 2, S. 1–21 und den Bericht nach der Vereinigung von Frank Berg/Bärbel Möller/Rolf Reißig: Pro und contra politikwissenschaftlicher Forschung in der DDR, in: Politische Vierteljahresschrift 33 (1992), S. 256–277.

[18] Vgl. Dieter Voigt: Soziologie in der DDR. Eine exemplarische Untersuchung, Köln 1975 und Horst Laatz: Klassenstruktur und soziales Verhalten. Zur Entstehung der empirischen Sozialstrukturforschung in der DDR, Köln 1990. Beide an der Ruhr-Universität Bochum arbeitenden Autoren kamen aus der DDR, haben die dortigen Erfahrungen aber sehr unterschiedlich verarbeitet (vgl. Wilhelm Bleek: Sucher zwischen politischen Systemen. Horst Laatz (1928–1999), in: Deutschland Archiv 32 (1999), S. 360–361).

[19] Vgl. Heinz Niemann: Hinterm Zaun. Politische Kultur und Meinungsforschung in der DDR. Die geheimen Berichte an das Politbüro der SED, Berlin 1995.

len Staatsapparates durchführte, vor allem die Parteihochschulen und -akademien die führende Rolle. Während an der Parteihochschule «Karl Marx» in Berlin-Karlshorst die umfangreichen Parteikader der SED und am Zentralinstitut für sozialistische Wirtschaftsführung in Berlin-Rahnsdorf Wirtschaftsfunktionäre ausgebildet wurden, war die Akademie für Gesellschaftswissenschaften beim ZK der SED die bedeutendste gesellschaftswissenschaftliche Forschungseinrichtung der DDR. In diesem an zentraler Stätte in Berlin-Mitte am Platz der Akademie, der heute wieder seinen historischen Namen Gendarmenmarkt trägt, gelegenen sozialwissenschaftlichen Think Tank der herrschenden Partei arbeiteten Wissenschaftler wie Rolf Reißig, an deren Parteitreue kein Zweifel bestand, die dafür ansatzweise zu durchaus innovativen und gelegentlich kritischen Ergebnissen kommen durften, die aber weitestgehend geheim blieben.[20]

Doch letzten Endes hatten diese sich als Politik- und Sozialwissenschaftler verstehenden Forscher in der DDR die Rolle von Hofnarren, von denen sich die Herrschenden gelegentlich die Wahrheit sagen ließen, aber auf die sie im entscheidenden Augenblick doch nicht hörten. Gesellschaftswissenschaftler wie die Staatssicherheit nahmen in den achtziger Jahren die Labilität der politischen Herrschaft der SED wahr, doch deren Führungskader ignorierten sie.

c) Politikwissenschaft in den neuen Bundesländern

Mit dem Zusammenbruch der SED-Herrschaft im Herbst 1989 kollabierte auch der Marxismus-Leninismus als Universitätsdisziplin. Im September 1989 wurde mit Beginn des neuen Studienjahres noch das gewohnte Lehrprogramm aufgenommen, doch ab Mitte Oktober funktionierte man die Veranstaltungen in Absprache mit den Studierenden zu Diskussionen über die aktuelle Entwicklung um, und im Dezember wurde das Marxistisch-Leninistische Grundlagenstudium ganz eingestellt. Im Januar 1990 wurde die Auflösung der Sektionen Marxismus-Leninismus durch Ministerratsbeschluß noch von der Übergangsregierung unter

[20] Jörn Schütrumpf: Steuerung und Kontrolle der Wissenschaft durch die SED-Führung am Beispiel der Akademie der Wissenschaften der DDR unter Berücksichtigung der Akademie für Gesellschaftswissenschaften beim ZK der SED, in: Deutscher Bundestag (Hrsg.): Materialien der Enquete-Kommission «Aufarbeitung von Geschichte und Folgen der SED-Diktatur in Deutschland», Bd. 3,1, Baden-Baden 1995, S. 359–374.

dem Reformkommunisten Hans Modrow dekretiert. Marxismus-Leninismus gehört seitdem als Wissenschaftsdisziplin und Studienfach in Ostdeutschland wie in allen früheren Volksdemokratien Osteuropas und der ehemaligen Sowjetunion der Vergangenheit an.

Nach dem Abtritt der Honecker-Führung sahen die Reformsozialisten in der SED die Chance, nicht nur ihre Partei im Geiste des demokratischen Sozialismus zu reformieren, sondern auch ihre von der alten Garde abgeblockten politikwissenschaftlichen Pläne zu verwirklichen. So benannte sich am 17. November 1989 der Rat für Wissenschaftlichen Kommunismus unter Vorsitz von Rolf Reißig in einen Rat für Politikwissenschaft um und nahm dabei ausdrücklichen Bezug auf die Stellung des Faches im westlichen Wissenschaftssystem, auch wenn man die Disziplin in der geöffneten DDR noch als «marxistische Politikwissenschaft» bezeichnete. Im April 1990 wurde von Rolf Reißig, dem Politikökonomen und Prorektor an der Humboldt-Universität Dieter Klein, der Berliner Juristin Rosemarie Will und weiteren reformsozialistischen Wissenschaftlern eine Gesellschaft für Politikwissenschaft in der DDR gegründet,[21] die sich allerdings in Folge der politischen Entwicklung zur deutschen Vereinigung und der Zurückhaltung der bundesdeutschen Fachverbände, insbesondere auch der DVPW, kaum entfalten konnte und dann schließlich im Frühjahr 1991 wieder aufgelöst wurde, auch nachdem ihre Initiatoren weitgehend der DVPW beigetreten waren.

Diese Bemühungen um den Aufbau einer respektierlichen Politikwissenschaft in der DDR wurden nicht zuletzt durch die pauschalen Umetikettierungsstrategien an vielen Hochschulen der DDR im letzten Jahr ihrer staatlichen Existenz diskreditiert. Als im Herbst 1989 mit der Diktatur der SED die marxistisch-leninistischen Gesellschaftswissenschaften zusammenbrachen, entdeckten viele ostdeutsche Hochschullehrer dieses Faches als Zufluchtsort die Politikwissenschaft. Manche der bisherigen Sektionen für Marxismus-Leninismus und Institute für Wissenschaftlichen Kommunismus gaben sich kurzerhand neue Namen: Sektionen für Sozialwissenschaften und Institute für Politikwissenschaft. Die zugehörigen Hochschullehrer betrieben entsprechende Umberufungen. Solche frühen und schnellen Umfirmierungen, die auf dem bloßen Wechsel von Türschildern und Briefköpfen sowie dem Neudruck von Visitenkarten beruhten, sind von den Universitäten in Halle und Leipzig bekannt geworden. Das Paradebeispiel war allerdings die Parteihoch-

[21] Vgl. Dokument Nr. 3 in: Lehmbruch: Politikwissenschaft, S. 363.

schule «Karl Marx» in Berlin, welche die benachbarte Ingenieurhochschule einlud, sie zu «besetzen», daran aber die Bedingung knüpfte, daß ein Teil des Lehrpersonals der marxistisch-leninistischen Parteihochschule in das Fachgebiet «Politikwissenschaft» der Ingenieurhochschule übernommen würde. Dieser Vorgang im Januar 1990 ist schließlich von den Studierenden durchschaut worden und hat in der Öffentlichkeit zu erheblichen Protesten geführt.

An anderen Universitäten wie der Humboldt-Universität in Ostberlin kam es zu langwierigen Um- und Neugründungsprozessen.[22] In mühevollen Sitzungen erarbeitete man sich, auch mit Unterstützung von Westberliner und westdeutschen Gastdozenten, die Fragestellungen und Methoden der westlichen Politikwissenschaft und stellte den neuen politischen Bedingungen angepaßte Lehr- sowie Forschungspläne auf. Insbesondere reduzierte man den großen Überhang im Lehrpersonal, das in alten DDR-Zeiten vor allem im Mittelbau mit Dauerpersonal weit überbesetzt war. Doch im Endergebnis war sowohl die Strategie der schnellen Umfirmierung wie auch der langsamen Umgründung nicht erfolgreich, beschloß doch die erste frei gewählte Regierung der DDR unter dem CDU-Politiker Lothar de Maizière am 23. Mai 1990, «die Lehrstühle und Dozenturen der ehemaligen Struktureinheiten für Marxismus-Leninismus aufzuheben und die Hochschullehrer abzuberufen».[23] Nur ganz wenige ehemalige Dozenten und Professoren in den Gesellschaftswissenschaften der DDR sind in der Folgezeit nach einer politischen wie wissenschaftlichen Überprüfung auf sozialwissenschaftliche Professuren an den Hochschulen der neuen Bundesländer wiederberufen worden.

Bei der Evaluation der ostdeutschen Universitäten und Professoren auf dem Gebiet der Politikwissenschaft übernahm die Deutsche Vereinigung für Politische Wissenschaft eine zentrale Rolle. Sie schickte im Sommer 1990 Hans Hermann Hartwich von der Universität Hamburg auf eine Inspektionsreise durch die ostdeutschen Universitäten. Dieser frühere Vorsitzende der Vereinigung ist eine anerkannte Autorität auf dem Gebiet der Organisation und des Selbstverständnisses des Faches. Er verfaßte einen sehr kritischen Bericht über die Voraussetzungen und Perspektiven der Politikwissenschaft in der ehemaligen DDR, der wesentlich die einschlägige Empfehlung des Wissenschaftsrates vom 17. Mai 1991 beeinflußte.[24] Nach Hartwichs prononcierter Auffassung hat es

[22] Vgl. für die divergierenden Interessen an der Humboldt-Universität die aufschlußreichen Dokumente Nr. 4 u. 5 in: Lehmbruch: Politikwissenschaft, S. 364.

[23] Dokument Nr. 6 u. 7 in: Lehmbruch: Politikwissenschaft, S. 366 f.

[24] Wissenschaftsrat: Empfehlungen zum Aufbau der Wirtschafts- und Sozialwis-

«eine dem westdeutschen und internationalen Standard vergleichbare Politikwissenschaft in der DDR nicht gegeben»,[25] und daher konnte «Politikwissenschaft als wissenschaftliches Fach in den Hochschulen der neuen Bundesländer – anders als in der Soziologie – an keine vorhandenen Strukturen anschließen». Diese Sicht, der weitgehend zuzustimmen ist,[26] hatte die folgerichtige Konsequenz, daß das vorhandene Altpersonal «abzuwickeln» und die Politikwissenschaft mit neuem Personal von Grund auf neu aufzubauen war.

Die Voraussetzungen und Mechanismen der sogenannten Abwicklung sind im Einigungsvertrag zwischen den beiden deutschen Staaten festgelegt worden, mit welchem die Länder der DDR am 3. Oktober 1990 der Bundesrepublik Deutschland beitraten und damit die staatsrechtliche Vereinigung Deutschlands vollzogen.[27] Danach mußten nicht nur Personen aus dem öffentlichen Dienst ausscheiden, die gegen Grundsätze der Menschlichkeit oder Rechtsstaatlichkeit verstoßen hatten, sondern auch Mitarbeiter von Arbeitsbereichen und Institutionen konnten entlassen werden, für die unter den neuen politischen und wirtschaftlichen Verhältnissen kein Bedarf mehr bestand. Dieses wurde für die an den Hochschulen der DDR besonders regimenahen Fächer, vor allem die Rechts-, Sozial- und Wirtschaftswissenschaften sowie einen Teil der Geisteswissenschaften, angenommen. Das solchermaßen pauschal abgewickelte Personal konnte sich allerdings individuell für die Neubesetzung der Stellen wiederbewerben. Auf diese Weise wollte man eine gewisse Durchmischung des Personals erreichen, indem nicht lediglich aus dem Westen stammende Hochschullehrer zum Zuge kommen würden, sondern auch qualifizierte ostdeutsche Professoren ihre Erfahrungen mit einbringen

senschaften an den Universitäten/Technischen Hochschulen in den neuen Bundesländern und im Ostteil von Berlin (= Drucksache 254/91), Berlin 1991. Auszugsweise auch in Dokument Nr. 10 in: Lehmbruch: Politikwissenschaft, S. 372–374.

25 Auszüge aus Hartwichs Bericht vgl. Dokument Nr. 9 in: Lehmbruch: Politikwissenschaft, S. 369–372.

26 Michael Th. Greven überspitzt bei der kontrastiven Entgegensetzung von Hartwichs und meiner Stellungnahme (Greven: Communism, S. 147 f.) meine Skepsis gegenüber einer reinen «Stunde Null» im Jahr 1990 und ignoriert den Folgesatz, in welchem ich auf die Prinzipien der Verfassungstreue als auch die Maßstäbe wissenschaftlicher Qualifikation bei der Übernahme von Altpersonal hinweise.

27 Vertrag zwischen der Bundesrepublik Deutschland und der Deutschen Demokratischen Republik über die Herstellung der Einheit Deutschlands – Einigungsvertrag – vom 31. August 1990, insbesondere Art. 38 (Wissenschaft und Forschung) und Anlage I, Kap. XIX, Sachgebiet a: Recht der im öffentlichen Dienst stehenden Personen, Abschn. III.

könnten. Doch bei der Durchführung dieser an sich guten Absicht kam es zu erheblichen Konflikten, in die auch westdeutsche Gutachter hineingezogen wurden, stellten doch manche von ihnen mehr auf die individuelle Überprüfung der wissenschaftlichen Qualifikation und rechtsstaatlichen Integrität der einzelnen Bewerber ab, während andere pauschal alle in Partei- und Hochschulfunktionen des früheren Regimes tätigen Hochschullehrer kollektiv ausschließen wollten.

Im Fach Politikwissenschaft war an den ostdeutschen Hochschulen mit guten Gründen ein weitestgehender Neuaufbau durchzuführen. Übergangsweise leisteten Gastdozenten aus dem Westen Entwicklungshilfe. Nachdem am 9. November 1989 die Mauer in Berlin durchlässig geworden war, zogen zunächst Dozenten vom großen Fachbereich 15 der Freien Universität, der früheren Deutschen Hochschule für Politik und dem nachmaligen Otto-Suhr-Institut, vom Westen in den Osten der Stadt, um an den dortigen Hochschulen Gesprächspartner zu suchen, gemeinsame Kolloquien zu planen und Lehrveranstaltungen anzubieten. Doch bei diesem Angebot brüderlicher und schwesterlicher Hilfe kam es bald zu gegenseitigen Enttäuschungen und Unterstellungen, warfen die «Wessis» den «Ossis» die Fortführung alter Seilschaften vor und kreideten die Ostberliner den Westberlinern besserwisserische Arroganz und berufliche Verdrängungsabsichten an.

Ab dem Sommersemester 1990 übernahmen auch westdeutsche Professoren Gastdozenturen an den ostdeutschen Universitäten. Dabei kamen nicht nur die bundesparteipolitisch motivierten Partnerschaften wie zum Beispiel zwischen Nordrhein-Westfalen und Brandenburg sowie Bayern und Sachsen, sondern auch die Organisationsbemühungen der beiden politikwissenschaftlichen Fachverbände in der Bundesrepublik zum Tragen. Auch die Konrad-Adenauer-Stiftung legte ein besonderes Programm zur Finanzierung von westdeutschen Gastprofessoren an ostdeutschen Universitäten auf, während die Friedrich-Ebert-Stiftung als Konkurrenzorganisation sich zurückhielt. Für alle westdeutschen Professoren war die Aufbauhilfe in den neuen Bundesländern die aufregende Erfahrung eines politischen Umbruchs und akademischen Aufbruchs. So lehrten unter anderem Michael Th. Greven (Darmstadt) in Leipzig, Hans Hermann Hartwich (Hamburg) in Halle, Dieter Oberndörfer (Freiburg) in Rostock, Heinrich Oberreuter (Passau) in Dresden, Karl Rohe (Essen) in Potsdam, Ulrich Widmaier (Bochum) und der Autor in Ost-Berlin. Manche dieser Westprofessoren übernahmen nicht nur den Vorsitz von Struktur- und Berufungskommissionen, sondern wirkten auch als Gründungsdekane an den ostdeutschen Hochschulen. Es war der Reputation und dem Verhandlungsgeschick der westdeutschen Spitzenrepräsentanten der beiden politikwissenschaftlichen Fachvereinigungen, die bei dieser Gelegenheit erstmals seit ihrer Entzweiung wieder zusammenarbeiteten, zuzuschreiben, daß das Fach Politikwissenschaft trotz der Finanznöte an allen ostdeutschen Hochschulen angemessen und zügig verankert wurde.

Für die Regelausstattung der ostdeutschen Universitäten mit politikwissenschaftlichen Professuren schlug der Wissenschaftsrat in seinen genannten Empfehlungen vom 17. Mai 1991 in Anlehnung an die in der alten Bundesrepublik üblich gewordene Aufteilung des Faches in Teilbereiche, die letztlich auf das Lepsius-Gutachten von 1961 zurückgeht, vier Professuren für die folgenden Bereiche vor: Politische Theorie und Ideengeschichte; Deutsches Regierungssystem; Vergleichende Regierungslehre (im Sinne von comparative politics); Internationale Politik und deutsche Außenpolitik.[28] Dieser Empfehlung ist man an den meisten ostdeutschen Universitäten gefolgt.[29] An der Humboldt-Universität zu Berlin sind noch weitere Professuren zum Beispiel für Sozialpolitik, Verwaltungslehre und Osteuropa hinzugekommen. An der Friedrich-Schiller-Universität in Jena ist unter dem Einfluß von Karl Dietrich Bracher und Hans-Peter Schwarz als den beiden Bonner Mitgliedern der thüringischen Struktur- und Berufungskommission das «Deutsche Regierungssystem» mit der «Zeitgeschichte» verbunden worden, während in Halle eine Professur für Politik und Gesellschaft des modernen Japan gestiftet worden ist. Doch insgesamt war man bei der Einführung der Politikwissenschaft in Ostdeutschland wenig innovativ, hat vielmehr auf die Kompatibilität zwischen alten und neuen Bundesländern und die Akzeptanz der hergebrachten Struktur des Faches abgestellt.

Fünf Jahre nach der deutschen Vereinigung waren 1995 alle 53 neuen Politikprofessuren an den ostdeutschen Universitäten besetzt. Anfangs hatten sich vor allem westdeutsche Privatdozenten große Hoffnungen gemacht, die im fast toten Arbeitsmarkt für politikwissenschaftliche Hochschullehrer in den achtziger Jahren stellungslos geblieben waren. Doch das Rennen um die neuen Politik-Professuren haben überwiegend gestandene Universitätsdozenten und C3-Professoren mittleren Alters gemacht. Wenige in Westdeutschland etablierte ältere Ordinarien sind nach Ostdeutschland gewechselt, die meisten von ihnen fanden eine

[28] Wissenschaftsrat: Empfehlungen.

[29] Vgl. die Auflistung der politikwissenschaftlichen Professorenstellen an ostdeutschen Universitäten bei Lehmbruch: Politikwissenschaft, S. 375 f.

zeitlich begrenzte Gastprofessur in den neuen Bundesländern aufregend, mochten sich aber nicht auf Dauer auf die ungewohnten und schwierigen Lebensverhältnisse einlassen. Die meist jüngeren Politik-Professoren in den neuen Bundesländern verfügen hingegen über den Elan, die Anpassungsfähigkeit und das Durchhaltevermögen, das Fach neu aufzubauen.

Die in Ostdeutschland neue Politikwissenschaft und ihre Hochschullehrer sowie Mitarbeiter sind vor allem in der Lehrerausbildung und -fortbildung tätig. Nachdem an den Schulen der neuen Bundesländer die Politische Bildung/Sozialwissenschaft eingeführt wurde, müssen für dieses Schulfach neue Lehrer ausgebildet und alte Lehrer der Geschichte sowie der in der DDR etablierten Staatsbürgerkunde fortgebildet werden. Daneben sind Magisterstudiengänge eingerichtet worden, doch mußten sich die Studierenden aus der ehemaligen DDR erst an die mit diesem Studiengang verbundene Breite, aber auch an die Ungewißheit der künftigen Berufsfelder gewöhnen. Einen politikwissenschaftlichen Diplomstudiengang bieten in den neuen Bundesländern nur die beiden Universitäten in Leipzig und Potsdam an, die damit bewußt oder unbewußt an den früheren Leipziger Studiengang für Diplom-Lehrer Wissenschaftlicher Kommunismus und den Potsdamer Diplom-Staatswissenschaftler aus DDR-Zeiten anknüpfen. Mit allen diesen Studiengängen werden die Studierenden des Faches Politikwissenschaft in Ostdeutschland ähnlich vielfältige und ungesicherte Berufsaussichten wie ihre Kommilitonen in Westdeutschland haben, doch das trifft für die meisten Studierenden in den Geistes- und Sozialwissenschaften zu.

Gelegentlich ist eingewandt worden, daß die Politikwissenschaft ein Luxus sei, den sich die Universitäten in den neuen Bundesländern in ihrer Aufbauphase eigentlich nicht leisten könnten. Demgegenüber hat sich die Einsicht durchgesetzt, daß die Lehre und Forschung der Politik zum unverzichtbaren Bestandteil einer auf die Idee der «universitas» verpflichteten Hochschule gehört. Ein demokratischer Staat bedarf der freien wissenschaftlichen Beschäftigung mit seiner eigenen politischen Ordnung, und umgekehrt trägt die Politikwissenschaft wesentlich zur Entwicklung der politischen Kultur der Demokratie bei. Beides ist eine in Ost- wie in Gesamtdeutschland zentrale politische Aufgabe. Nach den Jahren der deutschen Diktaturen ist in der bundesrepublikanischen Demokratie das Existenzrecht der Politikwissenschaft im deutschen Vereinigungsprozeß nochmals bestätigt worden.

d) Ausblick

Im Rückblick erkennt man erstaunliche Ähnlichkeiten in der Lage der politischen Wissenschaft während des Dritten Reiches und der DDR.[30] Beide Regimes haben eine Politikwissenschaft als freie Forschung und Lehre nicht zugelassen, weil eine kritische Analyse der politischen Verhältnisse ihrer ideologisch begründeten Suprematie widersprach. Doch gleichzeitig wurden in beiden Systemen die Wissenschaften in ihrer Mehrzahl vom politischen Willen der Herrschenden durchdrungen und so instrumentalisiert, daß damit nur politische Wissenschaften existierten. Inhaltlich mag die ideologische Begründung des Führungsanspruchs der Nationalsozialisten mit dem Rasseprinzip und der Avantgarde der Kommunisten mit dem Klassenprinzip höchst unterschiedlich sein, doch in den Erscheinungsformen und Konsequenzen für den Alltag auch der Universitäten und Wissenschaften bestanden erhebliche Ähnlichkeiten. So erwies sich auch im Hinblick auf die Geschichte der Politikwissenschaft die DDR mit den Worten des Bonner Politikwissenschaftlers und Zeithistorikers Karl Dietrich Bracher als die «zweite deutsche Diktatur».

Weil in beiden deutschen Diktaturen so gut wie keine Ansätze einer Politikwissenschaft existierten, gab es nach 1945 in Westdeutschland und nach 1989 in Ostdeutschland weitgehend nur die Möglichkeit eines Neuanfangs. Auch diese beiden Gründungsprozesse sind erstaunlich ähnlich verlaufen. Wie in den alten Bundesländern 40 Jahre zuvor, so soll auch die Politikwissenschaft in den neuen Bundesländern im allgemeinen die Etablierung einer staatsbürgerlichen Bildung sowie politischen Kultur und im besonderen die Ausbildung von Lehrern in sozialwissenschaftlichen Unterrichtsfächern fördern. Sowohl in Westdeutschland nach dem Zweiten Weltkrieg als auch in Ostdeutschland nach der deutschen Vereinigung ist die Politikwissenschaft vorzugsweise als Demokratiewissenschaft konzipiert und verankert worden.

Angesichts des weitgehenden Defizits an institutionalisierter Politikwissenschaft und ausgebildeten Politikwissenschaftlern in der alten DDR geschah der Aufbau des Faches an den Hochschulen der neuen Bundesländer als Übertragung des Westmodells auf den Osten. Diesen

30 Anderer Auffassung ist Michael Th. Greven: Communism, der zwar auch für die DDR keine Politikwissenschaft, nur politische Wissenschaften konstatiert, aber unter Bezug auf die Arbeiten von Rainer Eisfeld dem Dritten Reich politikwissenschaftliche Ansätze konzediert.

Vorgang hat 1994 auf dem 19. Wissenschaftlichen Kongreß der DVPW Gerhard Lehmbruch als der damalige Vorsitzende der Fachvereinigung in einem gleichzeitig sehr instruktiven und analytischen Vortrag auf die Formel einer großangelegten «Landnahme» durch die westdeutsche Politikwissenschaft gebracht und damit das Bild von der Übernahme eines herrenlosen Territoriums durch einen benachbarten Herrscher gemeint.[31] Allerdings klingt auch bei Lehmbruch das Bedauern an, daß es nicht gelungen sei, diesen Einschnitt in der jüngsten Geschichte der Politikwissenschaft in Deutschland als Chance wahrzunehmen, das Fach in Forschung und Lehre durch einige reformerische Innovationen weiterzuentwickeln.[32] Doch blieb offensichtlich unter dem großen Zeitdruck und aus Sorge um die Anschlußfähigkeit der neuen Bundesländer keine Zeit für nennenswerte Reformen, weder hinsichtlich der Details des bundesdeutschen Wissenschaftssystems noch im Hinblick auf die allgemeinen Strukturen des politischen und verfassungsrechtlichen Systems der Bundesrepublik Deutschland. Das Stichwort für diese Entwicklung, die auch den allgemeinen Vereinigungsprozeß von Ost- und Westdeutschland auf fast allen Gebieten der Politik, Gesellschaft und Wirtschaft charakterisiert, hat 1990 schon der Einigungsvertrag gegeben, als in Art. 38 die «Einpassung von Wissenschaft und Forschung» in den ostdeutschen Bundesländern in die Strukturen der alten Bundesrepublik festgelegt wurde. Nachdem sich die westdeutsche Politikwissenschaft in den siebziger Jahren durch überzogene Experimentierfreude und politische Profilierung fast an den Rand ihrer Existenz gebracht hatte, entschied man sich im Prozeß der deutschen Vereinigung für einen vorsichtigeren Kurs. Die dahinterstehenden Motive sprach der DVPW-Vorstand in seiner «Stellungnahme zur Entwicklung des Faches Politikwissenschaft in der DDR»[33] vom 17. Juli 1990 ganz offen aus: Man wollte die Konsolidierung und Professionalisierung der bundesdeutschen Disziplin, die man in den achtziger Jahren erreicht hatte, nicht wieder durch einen Rückfall in die Fraktionierung und Politisierung der siebziger Jahre gefährden, wie man sie von einer eigenständigeren Entwicklung des Faches auf dem Gebiet der damals noch existierenden DDR befürchtete.

Wenn sich auch durch die deutsche Vereinigung wenig an den Strukturen des bundesdeutschen Faches geändert hat, so hat diese politische Entwicklung doch der Politikwissenschaft wie insgesamt den Sozialwis-

[31] Lehmbruch: Politikwissenschaft, S. 347.

[32] Das war meine Hoffnung 1990: Bleek: Aufbau (1990), S. 1688.

[33] Abgedruckt als Dokument Nr. 8 in: Lehmbruch: Politikwissenschaft, S. 367–369, dort: S. 367.

senschaften neue und spannende Themen in Lehre und Forschung gebracht. Da die Vereinigung nur auf dem Papier abgeschlossen worden ist, aber in der gesellschaftlichen, kulturellen, sozialpsychologischen und wirtschaftlichen Wirklichkeit noch über Jahre ablaufen wird, ist eine umfangreiche Begleitforschung zu diesem «offenen Experiment» eines umfassenden Transformations- und Integrationsprozesses entstanden.[34] Auf sozialwissenschaftlichem Gebiet ist vor allem die auf Anregung des Wissenschaftsrates Ende 1991 in Halle gegründete «Kommission für die Erforschung des sozialen und politischen Wandels in den neuen Bundesländern» (KSPW) zu nennen, die von den Bundesministerien für Forschung und Technologie sowie für Arbeit und Sozialordnung finanziert wurde. Ihr wurde nicht nur die Aufgabe gestellt, den Transformationsprozeß in den neuen Bundesländern, auch durch den Vergleich zu den Entwicklungen in den alten Bundesländern und in Osteuropa, zu analysieren und zu unterstützen, sondern auch den wissenschaftlichen Nachwuchs und den Neuaufbau der sozialwissenschaftlichen Forschung in Ostdeutschland zu fördern.[35] Allerdings bestätigt der Blick auf die Zusammensetzung der Kommission und ihre thematischen Schwerpunkte die allgemein zu beobachtende Tendenz, daß die durch die deutsche Vereinigung eröffneten Forschungsmöglichkeiten stärker von den Soziologen – und Zeithistorikern – als von den Politikwissenschaftlern ergriffen werden.[36] Nachdem die Aktivitäten der KSPW mit dem Jahr 1996 endeten, sind die durch die deutsche Vereinigung ermöglichten Forschungsarbeiten sowohl über die DDR und die neuen Bundesländer als auch den jetzt innerdeutschen Vergleich zum Gegenstand der alltäglichen Bemühungen an Hochschulen und außeruniversitären Forschungsinstituten geworden. Dabei spricht für die Zukunft der Disziplin, daß nicht

[34] Vgl. den programmatischen Sammelband von Bernd Giesen/Claus Leggewie (Hrsg.): Experiment Vereinigung. Ein sozialer Großversuch, Berlin 1991.

[35] Vgl. die bei der öffentlichen Auftaktversammlung in Halle am 9. 12. 1991 vorgelegten Materialien.

[36] Exemplarisch für die mehr politikwissenschaftlichen Veröffentlichungen der KSPW: Max Kaase/Andreas Eisen/Oscar W. Gabriel et al.: Politisches System (= Berichte der Kommission für die Erforschung des sozialen und politischen Wandels in den neuen Bundesländern e.V. (KSPW), Bd. 3), Opladen 1996; Andreas Eisen/Helmut Wollmann (Hrsg.): Institutionenbildung in Ostdeutschland. Zwischen externer Steuerung und Eigendynamik (= KSPW: Transformationsprozesse, Bd. 14), Opladen 1996 und Oscar W. Gabriel (Hrsg.): Politische Orientierungen und Verhaltensweisen im vereinigten Deutschland (= Beiträge zu den Berichten der Kommission für die Erforschung des sozialen und politischen Wandels in den neuen Bundesländern e.V. (KSPW), Bd. 3.3), Opladen 1997.

nur etablierte Professoren und Forscher im Westen und von der Arbeitslosigkeit bedrohte Sozialwissenschaftler im Osten, sondern vor allem jüngere Wissenschaftler, insbesondere Doktoranden, in Gesamtdeutschland die Möglichkeiten erkannt und ergriffen haben, welche der deutsche Vereinigungsprozeß eröffnet

Der Neuaufbau der Politikwissenschaft in den Ländern der ehemaligen DDR beruhte fast vollständig auf der Übernahme des westdeutschen Modells.[37] Die deutsche Vereinigung hat kaum Auswirkungen auf die Politikwissenschaft in der Bundesrepublik gehabt, sieht man von der Erweiterung der politikwissenschaftlichen Professorenstellen um etwa 15 Prozent ab. Die Angleichung des Gebietes der ehemaligen DDR an die Bundesrepublik Deutschland auf dem Gebiet der Organisation und der Inhalte der akademischen Politikwissenschaft ist damit genauso verlaufen wie die allgemeine Integration auf den Feldern von Politik, Wirtschaft und Gesellschaft. Insgesamt bestätigt der Aufbau der Politikwissenschaft in den neuen Bundesländern die wissenschaftsgeschichtliche Einsicht, daß die Entwicklung des akademischen Faches Politikwissenschaft wesentlich von der allgemeinen politischen Entwicklung bestimmt wird.

[37] Diese Schlußfolgerungen bestätigen weitgehend meine resümierenden Prognosen: Bleek: Aufbau (1992), S. 811.

12. Geschichte und Geschichtsbewußtsein der Politikwissenschaft in Deutschland

Beim Blick zurück auf die sieben Jahrhunderte, in denen Politikwissenschaft an deutschen Universitäten seit deren Gründung im hohen Mittelalter gelehrt worden ist, fallen Eigenschaften und Konturen auf, die am Ende dieser Gesamtdarstellung nochmals thesenhaft zusammengefaßt werden sollen. Dabei geht es auch um die Schlußfolgerungen nicht nur für die Geschichtsschreibung des Faches, sondern vor allem im Hinblick auf die Zukunftsaussichten der Politikwissenschaft in Deutschland.

1. *In der Realgeschichte der deutschen Politikwissenschaft dominieren eher die Kontinuitäten, im Geschichtsbewußtsein der Disziplin hingegen die Diskontinuitäten.*

Vor allem ist die bisherige Gewichtung von Diskontinuitäten und Kontinuitäten in der Geschichte des Faches zu korrigieren. Bislang neigte man dazu, den Neuerungen und Veränderungen ein eindeutig größeres Gewicht als den Beständigkeiten und Traditionslinien zuzumessen. Das geschah nicht zuletzt unter dem Eindruck der politischen Systembrüche in Deutschland während des 20. Jahrhunderts und ihren nicht zu leugnenden Auswirkungen auf die akademische Politikwissenschaft. Doch hat der dominierende Fokus auf einzelne Zeitabschnitte von höchstens jahrzehntelanger Dauer oft die Brüche sowie den Wandel überbetont und andererseits die Gemeinsamkeiten und Kontinuitäten zwischen den Perioden in den Hintergrund treten lassen.

Diese prinzipielle Korrektur des bisherigen fragmentierten Geschichtsbildes der Politikwissenschaft betrifft nicht nur die Zeit des Faches in der ersten Hälfte des 20. Jahrhunderts, in der die politikwissenschaftliche Emigration aus Deutschland vor allem in die USA und der Beitrag von Remigranten beim Aufbau der Disziplin nach 1945 eine wesentliche Brückenfunktion zwischen der Weimarer Republik und der Bundesrepublik wahrnimmt. Sie ist noch eindeutiger erforderlich im Hinblick auf die Geschichte der Politikwissenschaft im 19. Jahrhundert. Entgegen der vorherrschenden Sicht konnte in diesem Buch nachgewiesen werden, daß zwischen 1849 und 1933 nicht nur an deutschen Universitäten, wenn auch wesentlich sporadischer, Politik gelehrt worden ist, sondern auch, daß das Erbe der älteren Politiklehre in den deutschen Nachbar- und Nachfolgedisziplinen und vor allem durch die von der deutschen Politiklehre inspirierten Politikwissenschaften im Ausland bewahrt worden ist. Beide Erben haben die Wiederbelebung des Faches in Deutschland nach dem Zweiten Weltkrieg inspiriert.

2. *Die Geschichte der Politikwissenschaft ist vor allem vom Wandel der politischen Systeme bestimmt worden. Die Entfaltung des Faches ist wesentlich von freiheitlichen Grundstrukturen abhängig.*

In einem gewissen Gegensatz zu dem Ergebnis der relativen Kontinuität der Geschichte der Politikwissenschaft in Deutschland steht auf den ersten Blick das zweite Fazit, die primäre Abhängigkeit der Entwicklung des Faches von dem jeweiligen politischen System und dessen Reformbereitschaft. Dabei ist politisches System nicht in einem engen, formaljuristischen Sinne zu verstehen, sondern mit dem in der politikwissenschaftlichen Ideengeschichte ausgeprägten materialen Verfassungsbegriff als die sowohl normative wie auch empirische Grundstruktur der politischen Ordnung. Im Hinblick auf die konjunkturelle Entwicklung der Politikwissenschaft sind dabei insbesondere die Wandlungen der politischen Kultur als der staatsbürgerlichen Einstellungen, Normen und Verhaltensweisen sowie der Stellenwert der Öffentlichkeit als der wichtigsten Vermittlungsebene zwischen Gesellschaft und Herrschaft von Bedeutung. Dieser exogene Faktor eines weitgefaßten politischen Systems hat sich für die Entwicklung der Politikwissenschaft als wichtiger erwiesen als alle anderen äußeren Variabeln wie die Verfassung der Universitätsorganisation und die Gestalt des Berufsmarktes oder inneren Einflußfaktoren wie die inhaltliche Produktivität, insbesondere die theoretische und methodologische Ausrichtung des Faches und dessen Verhältnis zu den Nachbardisziplinen.

Die Geschichte der Politikwissenschaft in Deutschland bestätigt weitgehend die Auffassung Carl Joachim Friedrichs, Ernst Fraenkels, Karl Dietrich Brachers und zahlreicher weiterer ihrer bundesrepublikanischen Gründungsväter, daß die Entwicklung des Faches die Bedingungen einer freiheitlichen Demokratie zur Voraussetzung hat. Die Politikwissenschaft konnte sich in jenen politischen Epochen am besten entwickeln, in denen die Freiheit nicht nur der wissenschaftlichen Lehre und Forschung, sondern auch der politischen Meinungsäußerung zu den Selbstverständlichkeiten der materialen Verfassung gehörten.

Doch konnte sich die Politikwissenschaft nicht nur in prononciert demokratischen und freiheitlichen Epochen entfalten, sondern hat auch in

Übergangszeiten von autoritären Systemen zu mehr liberalen und rechtsstaatlichen Verhältnissen eine wichtige Rolle gespielt. Prototypisch für diese Bedeutung des Faches bei der Öffnung und Reform von politischen Systemen war seine Bedeutung für die intellektuelle und politische Inkubation der bürgerlichen Revolution von 1848/49. Aber auch die politikberatenden Funktionen der älteren Lehre der Politik im Fürstenstaat der Frühen Neuzeit, der Politischen Wissenschaften in der Zeit des aufgeklärten Absolutismus und der sich ausfächernden Staatswissenschaften im semiautoritären zweiten Kaiserreich von 1871 können in diesem Zusammenhang genannt werden. Politikwissenschaft ist in ihrer Quintessenz weder Revolutionswissenschaft noch Restaurationswissenschaft, sondern Reformwissenschaft, wie es bereits Karl Mannheim konstatierte. Sie will durch ihre Bemühungen in akademischer Forschung und Lehre staatsbürgerschaftliche Defizite aufweisen und zur Verbesserung der freiheitlichen Demokratie beitragen.

Die Erkenntnis, daß in Diktaturen letztendlich keine Politikwissenschaft möglich ist, höchstens in ihren Auflösungs- und Liberalisierungsphasen an Bedeutung gewinnt, beruht auch auf den Erfahrungen in den beiden deutschen Diktaturen. Bei aller Unterschiedlichkeit der ideologischen Ausrichtung und der Auswirkungen des terroristischen Systems haben das Dritte Reich und die DDR doch gemeinsam, daß sie beide zwar politische Wissenschaften forderten und förderten, aber keine Politikwissenschaft zuließen. Die Wissenschaften insgesamt sollten für die Zwecke der diktatorischen Herrschaft instrumentalisiert und politisiert werden; aber keineswegs durfte sich in diesen beiden Regimen eine autonome Wissenschaft von der Politik entfalten, welche die politischen Verhältnisse im Detail analysieren und möglicherweise kritisieren, damit auf ihre Veränderung hinwirken würde. Im dem einen wie dem anderen Fall einer deutschen Diktatur kommt es nicht darauf an, ob sie das mißverständliche Etikett einer «Politischen Wissenschaft» benutzten, sondern ob die damit gemeinten Erscheinungen den Ansprüchen kritischer Wissenschaft genügten. Sowohl im Hinblick auf das Dritte Reich als auch die DDR erweisen sich politikwissenschaftliche Erscheinungen weitgehend als mit dem Mantel der Wissenschaftlichkeit drapierte Propagandaveranstaltungen der Herrschenden.

3. *Die Entwicklung der Politikwissenschaft ist durch die wechselseitige Beeinflussung von politischer Praxis und akademischer Theorie geprägt.*

Die prinzipielle Bedeutung des politischen Systems für die Entwicklung der Politikwissenschaft beinhaltet aber nicht, daß zwischen diesen beiden Faktoren ein einseitiges Verhältnis von unabhängiger und abhängiger Variabel besteht. Vielmehr sind im historischen Alltag aller Epochen der Geschichte der Politikwissenschaft in Deutschland politische Praxis und akademische Theorie in einem beiderseitigen Wechselverhältnis miteinander verknüpft gewesen. Der Einfluß der Praxis der Politik auf deren theoretische Analyse beginnt schon mit der zwar banalen, aber dennoch in ihrer Bedeutung nicht zu unterschätzenden Tatsache, daß die politische Praxis die Gegenstände und oft auch Fragestellungen des Faches vorgibt. Darüber hinaus bestimmen die politisch-administrativen Entscheidungsträger durch ihre Hochschul- und Forschungspolitik und deren verwaltungsmäßige Umsetzung die institutionellen, finanziellen und personellen Bedingungen, in deren Rahmen politikwissenschaftliche Lehre und Forschung verwirklicht werden können.

Auf der anderen Seite hat die Politikwissenschaft zu allen Zeiten direkt und indirekt auf die Ausgestaltung des politischen Systems im allgemeinen und die Formulierung politischer Entscheidungen im besonderen eingewirkt. Politikberatung mag ein moderner, insbesondere mit der Implementations- und Evaluationsforschung verknüpfter Begriff sein, doch aus historischer Perspektive fallen unter diese praktische Funktion der akademischen Politikwissenschaft ebenso die Belehrungen mittelalterlicher und frühneuzeitlicher Herrscher durch die Literaturgattung der Fürstenspiegel und die ausufernden Handlungsanweisungen der Policey- und Kameralwissenschaften des 17. und 18. Jahrhunderts, aber auch die Mitwirkung Friedrich Christoph Dahlmanns am hannoverschen Grund- und Hausgesetz im Vormärz. Die der Politikberatung zugrundeliegende inhaltliche Verknüpfung von politischer Praxis und akademischer Politikwissenschaft fand schließlich ihren Ausdruck in Personalunionen von akademischem Lehramt und politisch-administrativer Tätigkeit. Sie sind für das 19. Jahrhundert, insbesondere im Hinblick auf die bedeutsame Mitwirkung von Universitätslehrern an der Vorbereitung und Umsetzung der bürgerlichen Verfassungsbewegung von 1848/49, auf den Begriff des «politischen Professors» gebracht worden, aber in allen Epochen der Geschichte des Faches zu beobachten gewesen.

4. *Die Geschichte der Politikwissenschaft spiegelt sich im Wandel des Politik-Begriffs und der Fachbezeichnung.*

In der Entwicklung der Politikwissenschaft in Deutschland sind zwei Traditionslinien des Politik-Begriffs zu unterscheiden, die nicht nur für die politische Ideengeschichte, sondern auch im Hinblick auf das Selbstverständnis des ganzen Faches von zentraler Bedeutung sind. Das ist zum einen in der Tradition der philosophischen und normativen Prägung der älteren Lehre der Politik und insbesondere im Anschluß an die Schriften von Aristoteles die Vorstellung von Politik als dem Bemühen um eine «gute Ordnung» des zwischenmenschlichen Zusammenlebens. Daneben gewann seit dem 16. Jahrhundert, vor allem durch die Rezeption der Lehren von Machiavelli und Hobbes, ein stärker empirisch und realistisch ausgerichtetes Verständnis von Politik als Gebrauch und Verbrauch von Macht immer mehr an Einfluß, gipfelnd in der Konzeption des Staates als Herrschaftsorganisation und der ihm eigenen Räson.

Doch keineswegs hat, wie oft angenommen, der jüngere den älteren Politik-Begriff abgelöst, stehen die beiden in einer historischen Abfolge. Vielmehr sind diese beiden Politik-Konzeptionen in der Geschichte der Politikwissenschaft bis in die Gegenwart miteinander verknüpft worden, auch wenn sich die Anhänger eines sich realistisch und szientistisch gebenden Politik-Begriffs immer wieder schwertaten, den wertenden Gehalt ihrer Vorstellungen einzugestehen. Erstaunlich ist, in welchem Maße aristotelische Denkmuster wie die Idee der Mäßigung der politischen Ordnung und der Mischung ihrer Verfassungselemente unterschiedliche politikwissenschaftliche Denkschulen beeinflußt haben, auch wenn sie sich ganz modern, beispielsweise systemtheoretisch, gegeben haben. So entspricht es der jahrhundertelangen Entwicklung des Faches, daß die in den sechziger und siebziger Jahren des 20. Jahrhunderts zugespitzte Entgegensetzung von normativ-ontologischer und empirisch-szientistischer Politikwissenschaft inzwischen überwunden worden ist.

Die historisch geformte Ambivalenz politikwissenschaftlicher Grundbegriffe ist ebenfalls für die Benennung des akademischen Fachs typisch. Nachdem es lange Zeit schlicht mit seinem Gegenstand als «Politik» benannt wurde und lediglich zum besseren Verständnis «Lehre der Politik» vorangestellt wurde, bürgerte sich im 18. und 19. Jahrhundert die synonyme Bezeichnung als «Staatswissenschaft» ein. Höchst diffus und vielfältig war die Etikettierung der Disziplin vor allem in den ersten Jahrzehnten nach ihrer Wiederbelebung in der Bundesrepublik. In Übersetzung des amerikanischen und französischen Begriffs wurde vielfach «Politische Wissenschaft» verwandt, doch stand diesem Terminus, zumal wenn er in der Mehrzahl verwandt wurde, der mißbräuchliche, weil die Politisierung der Wissenschaften beinhaltende Sprachgebrauch des nationalsozialistischen Regimes entgegen. Umgekehrt war mit dem Begriff der «Wissenschaftlichen Politik» die ambitiöse, aber doch unrealistische Vorstellung einer Verwissenschaftlichung der praktischen Politik verbunden. Auch die begrifflich korrekte, aber sprachlich umständliche «Wissenschaft von der Politik» sowie die antikisierende Westberliner Begriffsschöpfung der «Politologie» konnten sich nicht dauerhaft durchsetzen. Daß sich in den vergangenen Jahrzehnten immer stärker ein fachinterner und allgemeiner Konsens der Bezeichnung als «Politikwissenschaft» als einer gegenständlich angemessenen und sprachlich korrekten Benennung der Disziplin abzeichnet, spricht für die schließlich erfolgreiche Konsolidierung und Etablierung des Faches in der deutschen Wissenschaftslandschaft.

5. *Die Entwicklung der Politikwissenschaft ist wesentlich bestimmt von ihren Beziehungen zu den Nachbardisziplinen.*

So vielfältig und historisch wandelbar wie der Begriff der Politik und die Bezeichnung der akademischen Disziplin ist auch das Verhältnis der Politikwissenschaft zu ihren Nachbarwissenschaften. Das ist vor allem eine Konsequenz der Tatsache, daß die Politikwissenschaft nie ein Monopol auf die Politik als den zentralen Gegenstand ihrer Lehre und Forschung gehabt hat, sondern sich dieses Objekt stets mit zahlreichen anderen Wissenschaften teilen mußte. Ganz allgemein gilt heute die im späten 19. und frühen 20. Jahrhundert vorherrschende Auffassung von eindeutig abgrenzbaren akademischen Disziplinen, die sich durch eigene Gegenstände oder autonome Methoden deutlich voneinander unterscheiden, als überholt. Für die Politikwissenschaft hat diese Annahme nie zugetroffen, sie hat sich stets durch ein Verhältnis der Überlagerung und Zusammenarbeit mit den Nachbarwissenschaften ausgezeichnet

Mit allen Ursprungs-, Nachbar- und Nachfolgefächern stand und steht die Politikwissenschaft in einem ambivalenten und spannungsreichen Verhältnis der Kooperation und Konkurrenz. Sie hat sich nicht nur mit ihnen den Gegenstandsbereich der Politik und des Politischen zu teilen, sondern übernimmt auch von ihnen zentrale Arbeitsweisen wie die historischen und empirisch-soziologischen Methoden. Das hat gelegentlich wie in den Anfangsjahrzehnten der Bundesrepublik zu scharfen Verdrängungswettbewerben geführt, die nicht nur durch die Vorbehalte der etablierten Fächer gegen das angeblich in Deutschland neue und fremde Fach, sondern auch durch überzogene Ansprüche der Politikwissenschaft auf die Berücksichtigung bei der Reform von Politik, Verwaltung und schulischen Lehrplänen verursacht worden sind. Heute herrscht durch den Austausch sowohl von Theorien und Methoden als auch des Personals wieder ein gelasseneres Verhältnis des beiderseitigen Gebens und Nehmens.

Dazu trägt eine Geschichte der Politikwissenschaft in Deutschland bei, die sich nicht auf die Entwicklung des Faches im engeren Sinne beschränkt, sondern seine Beziehungen zu den Vorgänger-, Nachfolge- und Nachbardisziplinen mitberücksichtigt und an die oft nur indirekten Kontinuitäten in der Geschichte des Faches erinnert. Dieses Verständnis entspricht einer allgemeinen Tendenz in der Wissenschaftsgeschichte: Wie sich die akademischen Fächer heute im Zeichen der Interdisziplinarität, bescheidener sollte man sagen: Multidisziplinarität, verstärkt um ihre Zusammenarbeit in Forschung und Lehre bemühen, so steht auch nicht mehr die Fachgeschichtsschreibung einzelner Disziplinen, sondern die Erforschung von interdisziplinären Beziehungen im Vordergrund des Interesses. Um eine anthropomorphische Metapher aufzunehmen: Nicht mehr isolierte Biographien einzelner Geistes-, Kultur- und Sozialwissenschaften, sondern die Familiengeschichten dieser Fächerbünde, welche den interdisziplinären Entwicklungen im Wechsel von Generationen und Zeiten gerechter werden, haben Konjunktur.

6. *Der historische Wandel der Politikwissenschaft in Deutschland beruht sowohl auf nationalen Eigenheiten als auch auf internationalen Rezeptionsprozessen.*

Die Untersuchung der Geschichte der Politikwissenschaft in Deutschland hat nicht nur gezeigt, daß eine enge Begrenzung auf das Fach unangemessen ist. Ihr Ergebnis ist auch, daß man sich nicht mit der Darstellung der deutschen Entwicklung begnügen darf: Nur durch die Berücksichtigung der vielfältigen internationalen Kommunikations- und Rezeptionsprozesse, in denen die deutsche Politikwissenschaft in allen sieben Jahrhunderten ihrer Geschichte gestanden hat, wird man ihrer Entfaltung gerecht und kann vor allem die zentrale Frage nach den Kontinuitätslinien beantworten.

Für die erste Epoche des Faches, die Anfänge der Politiklehre an den Universitäten des Mittelalters, läßt sich überhaupt nicht von einer eigenständigen deutschen Entwicklung sprechen, war doch die Politiklehre als Anhängsel der praktischen Philosophie wie insgesamt die institutionelle Organisation und inhaltliche Gestaltung der Universitäten eine gesamteuropäische Erscheinung. Das änderte sich, wenngleich das Fach weiterhin inhaltlich und personell in grenzüberschreitenden Austauschprozessen stand, zu Beginn der Frühen Neuzeit: Die deutschen Universitäten gerieten unter den wachsenden Einfluß der Territorialstaaten, in Deutschland zumeist eher kleinräumiger Gestalt und wohlfahrtsstaatlicher Ausrichtung, was in der Geschichte der Politikwissenschaft die typisch deutsche Ausdifferenzierung der politischen Wissenschaften in eine Vielzahl von Kameral- und Policeywissenschaften zur Folge hatte.

Im 19. Jahrhundert setzten die wechselseitigen transatlantischen Austauschprozesse ein, welche Entwicklung und Gesicht der Politikwissenschaft in Deutschland bis heute bestimmen: Nachdem zunächst die Political Science in den USA wesentlich nach deutschem Vorbild und unter Mitwirkung aus Deutschland stammender Immigranten etabliert worden war, wurden umgekehrt vom Nationalsozialismus vertriebene deutsche Wissenschaftler in ihrer amerikanischen Emigration mit den modernen Fragestellungen und Methoden des Faches vertraut und brachten sie als Remigranten nach 1945 in die Bundesrepublik Deutschland zurück. So kann in der Geschichtsschreibung des Faches in Deutschland die scheinbar unterbrochene Traditionslinie von der älteren zur neueren deutschen Politikwissenschaft mittels Berücksichtigung des «missing link» der amerikanischen Political Science geschlossen werden.

Seit ihrer Wiedergründung nach dem Zweiten Weltkrieg steht die deutsche Politikwissenschaft unter dem großen Einfluß der quantitativ wie qualitativ in der ganzen Welt dominierenden amerikanischen Politikwissenschaft. Dies gilt allerdings in erster Linie für die Forschung, weniger für die Lehre. Diese wird weiterhin von den Verschiedenheiten der Bildungs- und Berufssysteme beider Länder geprägt.

Wie die Wirklichkeit der universalen und regionalen Politik heute in einem diffusen Zwischenzustand zwischen souveräner Nationalstaatlichkeit und bundesstaatlichen Gemeinschaftsambitionen angesiedelt ist, so läßt sich auch die heutige Realität der internationalen Politikwissenschaft am ehesten auf den Nenner eines hegemonial dominierten Staatenbundes bringen: Noch sind die Unterschiede der politikwissenschaftlichen Forschung und mehr noch der akademischen Lehre in den einzelnen Ländern erheblich, doch gleichzeitig übt das amerikanische Vorbild eine zentrifugale Funktion aus und arbeiten die nationalen Disziplinen in eher informellen und lockeren Kommunikationsstrukturen zusammen.

7. Die Politikwissenschaft reüssiert mehr von einer allgemeinen Bildungs- als einer speziellen Ausbildungsfunktion ihrer akademischen Lehre und sollte über der Forschungsfunktion ihre Öffentlichkeitsaufgabe nicht vernachlässigen.

Zu den Eigenarten der deutschen Geschichte gehört ebenfalls die starke Ausrichtung der akademischen Fächer, auch der Geistes- und Sozialwissenschaften einschließlich der Politikwissenschaft, an einem staatlich regulierten Gefüge von Berufen, welche eine Dominanz der Ausbildungsfunktion des akademischen Studiums bewirkt. Der Grund hierfür liegt in der historischen Tatsache, daß sich im deutschen System der

Berufsvorbereitung und des Einstiegs in die Arbeitswelt die Elemente einer ständisch verfaßten Gesellschaft viel stärker erhalten haben als in den angelsächsischen Gesellschaften, die eindeutiger von den Prinzipien des Marktes und Pluralismus bestimmt sind. Daher galt es in der Geschichte der Politikwissenschaft in Deutschland oft als Überlebensfrage des Faches, auf welche Weise es in den Ausbildungsgängen für bestimmte Berufe verankert werden konnte.

Sowohl den Bemühungen um die Etablierung der Kameralausbildung im 18. Jahrhundert als auch dem Anliegen der Gründungsväter der Politikwissenschaft zu Beginn der Bonner Demokratie, mit demokratietheoretischer Begründung die allgemeine Verwaltung den Absolventen des politologischen Studiums zu öffnen, war kein dauerhafter Erfolg beschieden: Bis heute ist das Juristenprivileg eine gesellschaftliche Tatsache in Bund und Ländern geblieben. Erfolgreicher waren hingegen zunächst die Bemühungen, das politikwissenschaftliche Studium als Ausbildungsfach für das höhere Lehramt im Unterrichtsfach Gemeinschaftskunde abzusichern.

In den vergangenen Jahren ist die Einsicht gewachsen, daß eine zu enge Koppelung von akademischen Studieninhalten und praktischen Tätigkeitsfeldern angesichts des raschen Wandels von Berufsprofilen eher schädlich für die Aussichten der Absolventen ist, diese viel stärker von einer flexiblen und modernen Allgemeinbildung profitieren. Mit dieser sich auch in Deutschland abzeichnenden prinzipiellen Umorientierung in vielen universitären Studiengängen, die ihren gegenwärtigen Ausdruck in der Vielfalt neuer Bachelor- und Magisterprogramme findet, geht die wissenschaftsgeschichtliche Erkenntnis einher, daß das Fach Politikwissenschaft eher in jenen Epochen floriert hat, in denen ihm allgemeinbildende Aufgaben zugeschrieben wurden und damit das Bildungsprinzip Vorrang vor der Ausbildungsfunktion hatte.

Die Bemühungen der beiden vergangenen Jahrzehnte um Professionalisierung der Politikwissenschaft haben weniger auf die Ausbildung spezifischer Berufsbilder für ihre Absolventen und mehr auf die Anerkennung und Gewährleistung sozialwissenschaftlicher Standards in der Politikwissenschaft abgestellt. Diese Bestrebungen betrafen vor allem die Forschung, verstehen das Fach primär als eine Forschungsdisziplin. So verdienstvoll dieses Anliegen ist, so problematisch ist die damit potentiell einhergehende Geringerschätzung der Lehr- und der Öffentlichkeitsfunktion der Politikwissenschaft. Es besteht heute die Gefahr, daß die Forschungserkenntnisse der Politikwissenschaft zu einem Arkanwissen werden, das von den Experten in den Nachbarfächern und den

Adressaten der Politikberatung, aber kaum mehr vom Publikum der Staatsbürgergesellschaft wahrgenommen wird, geschweige denn verstanden werden kann.

8. *Die Zukunft der Politikwissenschaft hängt entscheidend von der Zukunft der Politik ab.*

Die Politikwissenschaft wird sich auch in Zukunft nur dann über eine primäre Allgemeinbildungsfunktion legitimieren können, wenn die Voraussetzung gegeben ist, daß die Politik als ihr zentraler Gegenstand auch weiterhin als ein relevanter und weitgehend eigenständiger Bereich angesehen werden wird. Diese Conditio ist sowohl auf der Ebene der Realität bezweifelt als auch in der wissenschaftlichen Wahrnehmung in Frage gestellt worden. Politik wird heute überwiegend, nicht zuletzt unter dem Einfluß der Systemtheorie, als jenes gesellschaftliche Teilsystem verstanden, welches für die Gesamtgesellschaft kollektiv verbindliche Entscheidungen trifft. Dieser Annahme kann aber entgegengehalten werden, daß unter den derzeitigen Bedingungen politische Entscheidungen immer mehr zur bloß exekutiven Umsetzung von Interessen und Einflüssen aus dem gesellschaftlichen und wirtschaftlichen Bereich verkümmern. Damit werden Politiker aus demokratisch-idealistischer Sicht als bloße Vertreter des Staatsvolkes und aus gesellschaftlich-realistischer Perspektive als reine Gehilfen der sozio-ökonomischen Gruppen und Eliten verstanden. Welcher dieser beiden Sichten man auch immer den Vorrang gibt, beide stellen die Vorstellung einer Eigenständigkeit der Politik fundamental in Frage.

Dieser gegenwärtig ohne Zweifel zu beobachtenden Tendenz des Autonomieverlustes der Politik entspricht die Tatsache, daß viele politische Phänomene und Zusammenhänge, die früher eindeutig das akademische Reservat der Politikwissenschaft waren, heute weitgehend in den Arbeitsbereich von Nachbarwissenschaften übergegangen sind. An erster Stelle sind dabei die Wirtschaftswissenschaft und die Soziologie zu nennen. Doch noch immer stellt sich der Politik und damit der Politikwissenschaft ihre klassische Aufgabe: das Überleben der menschlichen Gesellschaft durch von dieser ausgehende, aber auch durch diese akzeptierte letztverbindliche Entscheidungen zu sichern. Der Blick auf die Geschichte lehrt uns, daß die Politik im historischen Wandel vor immer neue Herausforderungen gestellt wird und verschiedenartige Formen annehmen kann, doch im Kern zu allen Zeiten erforderlich war. Doch dieser Primat der Politik muß von den Akteuren des politischen Systems verteidigt und von der Politikwissenschaft als konstitutiv für ihre eigene Existenz erkannt werden.

Wie die Resignation gegenüber der Komplexität gesellschaftlicher Erwartungen und wirtschaftlicher Imponderabilien das zentrale Problem gegenwärtiger Politik ist, so stellt die heute in der deutschen Politikwissenschaft zu beobachtende Tendenz zum Rückzug auf «harte» verhaltenswissenschaftliche Forschung und zur Vernachlässigung nicht nur von «weichen» Themen, sondern auch der Beteiligung an öffentlicher Meinungsbildung die eigentliche Herausforderung an das Fach dar. Sie äußert sich vor allem in der Neigung, die gesellschaftliche Debatte über Grundfragen deutscher, europäischer und globaler Politik den Vertretern anderer Fächer zu überlassen. So gefährdet man aus lauter Sorge um die Gefährdung der in den vergangenen Jahren erreichten institutionellen Normalität der Politikwissenschaft durch eine erneute Politisierung der Disziplin das Fach durch seine Selbstabdankung als öffentliche Kraft.

9. *Elementare Voraussetzung der Entwicklungsfähigkeit der Politikwissenschaft ist ein pluralistischer Diskurs über die gemeinsamen Grundlagen des Faches.*

Die meinungsführenden Repräsentanten der deutschen Politikwissenschaft sind sich, bei allem Stolz auf die erreichte Konsolidierung des Faches, seiner Krisenanfälligkeit durchaus bewußt. Zur Begründung der unsicheren Lage der Politikwissenschaft wird auf kontroverse methodologische und theoretische Fragen wie den Gegenstand und die dem Fach angemessene Arbeitsweisen hingewiesen, die Ausdifferenzierung in Teildisziplinen insbesondere durch die Politikfeldforschung angeführt und die fortbestehende Konkurrenz zweier Fachverbände beklagt.

Keine Rolle spielt mehr die Sorge um die Gefährdung der Einheit des Faches durch die Bildung von akademischen Schulen oder gar die Konfrontation von politischen Lagern. Schulen als einflußreiche akademische Gefolgschaften, die sich um einen charismatischen Lehrer und dessen Leitideen formieren, haben vor allem in der Aufbau- und Expansionsphase der bundesdeutschen Politikwissenschaft während der sechziger und siebziger Jahre des 20. Jahrhunderts eine große Rolle gespielt. Doch heute sind die Unterschiede zwischen ihnen weitgehend verblaßt, auch weil die inzwischen Lehrenden als dritte und vierte Generation bundesdeutscher Politikwissenschaftler auf eine Vielzahl von unterschiedlichen wissenschaftlichen Vorfahren zurückblicken können.

Lagerkonfrontationen waren nicht nur für die politikwissenschaftlichen Bemühungen in der Zeit der Weimarer Republik kennzeichnend und trugen dazu bei, daß diese Ansätze mit dem Systemwechsel zur nationalsozialistischen Diktatur untergingen. Sie bestimmten auch das

Bild der bundesdeutschen Politikwissenschaft in den späten sechziger Jahren und während der siebziger Jahre, zunächst entlang der sowohl hochschul- als auch allgemeinpolitischen Achse von Reform und Bewahrung, dann segmentiert in eine Mehrzahl von sich ausschließenden und befehdenden Positionen. Doch die extremen Einstellungen der Systemrevolution oder -restauration sind heute weitgehend verschwunden, gemäßigte Nuancen einer notwendigen Reform bestimmen das allgemeine, hochschulpolitische und fachwissenschaftliche Erscheinungsbild. Insbesondere trifft der Begriff des Lagers, der Einheitlichkeit und Konformität suggeriert, nicht mehr zu: Man spricht und arbeitet heute wieder miteinander, aus der deutschen Politikwissenschaft ist ein komplexes, aber integriertes Netzwerk geworden.

Das Prinzip der «Einheit in Vielfalt» prägt das gegenwärtige Erscheinungsbild des Faches. In der deutschen Politikwissenschaft wird heute eine kaum zu überblickende Fülle von Gegenständen und Fragestellungen aus höchst unterschiedlichen methodologischen Positionen von akademischen Lehrern und Forschern sehr verschiedener politischer Orientierung bearbeitet. Doch bei aller gelegentlichen Gefahr, daß diese Ausdifferenzierung zur Fragmentierung und Segmentierung der Disziplin führt, wird sie doch immer noch durch überlappende Arbeitsbereiche und gemeinsame Kommunikationsstrukturen zusammengehalten. So entspricht die heutige Wirklichkeit der deutschen Politikwissenschaft weitgehend dem Modell einer pluralistischen Ordnung, wie es auf neo-klassische Weise Ernst Fraenkel für das gesellschaftlich-politische System konzipiert hat. Doch auch auf Aristoteles als den antikklassischen Gründungsvater der Lehre der Politik kann bei der Einsicht in das dialektische Verhältnis von Einheit und Vielfalt zurückgegriffen werden. Dieses Plädoyer für eine pluralistische Gestalt der Politikwissenschaft beinhaltet aber auch, daß die normativen Voraussetzungen einer pluralistischen Ordnung in Gestalt eines Grundkonsenses nicht nur über die gegenseitige Anerkennung der verschiedenen Richtungen und der zwischen ihnen geltenden Spielregeln, sondern auch des Fundaments gemeinsamer Werte anerkannt werden. Dazu gehört ein verbindendes, wenn auch nicht verbindliches Geschichtsbewußtsein des Faches.

10. *Für die Politikwissenschaft besteht kein Gegensatz von Vergangenheitsbewußtsein und Zukunftsorientierung.*

Diese Darstellung der Geschichte der Politikwissenschaft in Deutschland hat deutlich zu machen versucht, daß im gegenwärtigen Zustand des

Faches vieles aus seiner Vergangenheit aufgehoben ist. «Aufhebung» meint dabei in einem Hegelschen Sinne nicht nur Beendigung, sondern auch Aufbewahrung und insbesondere auch Aufwertung, in unserem Fall der älteren Fragen, Themen, Methoden, Funktionen und Rahmenbedingungen der Disziplin. Dieser allgemeine Begriff ist auch zum Verständnis von Entwicklungen in der Ideen- und Wissenschaftsgeschichte hilfreich, die überwiegend nicht geradlinig und progressiv, sondern durchaus dialektisch verlaufen.

Mit der Bedeutung der Geschichte der Politikwissenschaft für das Fach und seine Zukunft verhält es sich wie mit der Funktion des Kiels für ein Segelboot: Obwohl man diesen Teil meist nicht sieht, ist er doch unentbehrlich für die Stabilität zumal in stürmischen Zeiten. Manche ganz in der Gegenwart engagierten und der Zukunft zugewandten Politikwissenschaftler im heutigen Deutschland halten die Vergangenheit ihrer Disziplin allerdings für ziemlich irrelevant, wenn nicht sogar nichtexistent – weil sie diese nicht kennen. Ihnen kann es passieren, daß sie vorgeblich neue Arbeitsgebiete entwickeln und innovative Methoden propagieren, die doch oft an ältere Traditionen anknüpfen und von diesen lernen können. Andere Fachgenossen erkennen zwar die Vergangenheit der Politikwissenschaft, sehen in ihr aber eher einen unnützen, die Entwicklung des Faches hemmenden und daher überflüssigen und abzuwerfenden Ballast.

In Wirklichkeit aber kann die heutige Politikwissenschaft in Deutschland aus ihrer Geschichte vieles lernen. Nicht nur kann sie ihr entnehmen, welche Entwicklungspfade eher zu vermeiden sind und welche eher Erfolg versprechen. Auch kann sie erfahren, welche allgemeinen politischen, gesellschaftlichen und akademischen Bedingungen der Entwicklung des Faches eher hinderlich oder eher förderlich sind. Vor allem aber kann die Kenntnis der Vergangenheit des eigenen Faches dessen Selbstbewußtsein nach außen und nach innen stärken, ihm jene Identität verschaffen, die es legitimerweise beanspruchen kann. Insbesondere, um nochmals die nautische Metapher aufzunehmen, kann das Wissen von der eigenen Vergangenheit das Fach bei plötzlichen Wendemanövern und launischen Winden über Wasser halten.

Literaturverzeichnis

Abendroth, Wolfgang: Ein Leben in der Arbeiterbewegung. Gespräche, aufgezeichnet und hrsg. von Barbara Dietrich und Joachim Perels, Frankfurt/Main 1976.

Abendroth, Wolfgang: Die Funktion des Politikwissenschaftlers und Staatsrechtlers Hermann Heller in der Weimarer Republik und der Bundesrepublik Deutschland, in: Müller, Christoph/Staff, Ilse (Hrsg.): Der soziale Rechtsstaat. Gedächtnisschrift für Hermann Heller, Baden-Baden 1984, S. 213–233.

Abendroth, Wolfgang/Lenk, Kurt (Hrsg.): Einführung in die politische Wissenschaft, München 1968.

Achenwall, Gottfried: Die Staatsklugheit nach ihren ersten Grundsätzen entworfen, Göttingen 1761.

Adorno, Theodor W./Albert, Hans/Dahrendorf, Ralf et al.: Der Positivismusstreit in der deutschen Soziologie (= Soziologische Texte, Bd. 58), Neuwied, Darmstadt 1969.

Agnoli, Johannes: Von der kritischen Politologie zur Kritik der Politik, in: Albrecht, Ulrich/Altvater, Elmar/Krippendorff, Ekkehard (Hrsg.): Was heißt und zu welchem Ende betreiben wir Politikwissenschaft? Kritik und Selbstkritik aus dem Otto-Suhr-Institut, Berlin 1989, S. 13–24.

Agnoli, Johannes: Die Transformation der Demokratie und andere Schriften zur Kritik der Politik (= Gesammelte Schriften, Bd. 1), Freiburg/Breisgau 1990.

Agnoli, Johannes/Brückner, Peter: Transformation der Demokratie, Frankfurt/Main 1967.

Albrecht, Clemens/Behrmann, Günter C./Bock, Michael et al.: Die intellektuelle Gründung der Bundesrepublik. Eine Wirkungsgeschichte der Frankfurter Schule, Frankfurt/Main, New York 1999.

Albrecht, Ulrich/Altvater, Elmar/Krippendorff, Ekkehard (Hrsg.): Was heißt und zu welchem Ende betreiben wir Politikwissenschaft? Kritik und Selbstkritik aus dem Otto-Suhr-Institut, Berlin 1989.

Alemann, Ulrich von: Streit um Pfründe? Der Politologenverband spaltet sich, in: Die Zeit (18. 11. 1983).

Alemann, Ulrich von: Politikwissenschaft als Fach, in: Nohlen, Dieter (Hrsg.): Lexikon der Politik. Bd. 2: Politikwissenschaftliche Methoden, hrsg. von Jürgen Kriz, Dieter Nohlen und Rainer-Olaf Schultze, München 1994, S. 227–230.

Alemann, Ulrich von: Grundlagen der Politikwissenschaft (= Grundwissen Politik, Bd. 9), Opladen [2]1995.

Alemann, Ulrich von/Forndran, Erhard: Methodik der Politikwissenschaft. Eine Einführung in Arbeitstechniken und Forschungspraxis, Stuttgart, Mainz 1974.

Almond, Gabriel A.: Seperate Tables. Schools and Sects in Political Science, in: PS: Political Science and Politics 21 (1990), S. 828–842.

Almond, Gabriel A.: Political Science: The History of the Discipline, in: Goodin, Robert E./Klingemann, Hans-Dieter (Hrsg.): A New Handbook of Political Science, Oxford 1996, S. 50–96.

Almond, Gabriel A./Verba, Sidney: The Civic Culture. Political Attitudes and Democracy in Five Nations, Princeton/New Jersey 1963.

Almond, Gabriel A./Krauss, Wolfgang: A Political Scientist in Germany, 1945. The Size and Composition of the Anti-Nazi Opposition in Germany, in: PS: Political Science and Politics 32 (1999), S. 563–569.

Almond, Gabriel A./Verba, Sidney (Hrsg.): The Civic Culture Revisited, Boston, Toronto 1980.

Altenstein, Karl Freiherr zum: Denkschrift über die Leitung des Preußischen Staates [1807], in: Winter, Georg (Hrsg.): Die Reorganisation des Preussischen Staates unter Stein und Hardenberg. Erster Teil: Allgemeine Verwaltungs- und Behördenreform, Bd. 1, Leipzig 1931, S. 364–566.

Althusius, Johannes: Politica. Methodicè digesta atque exemplis sacris & profanis illustrata, Herborn 1604 [3. Auflage: Herborn 1614; Neudruck: Aalen 1961 und 1981].

Althusius, Johannes: Politica Methodicè digesta of Johannes Althusius (Althaus). With an Introduction by Carl Joachim Friedrich (= Harvard political classics, Bd. 2), Cambridge/Massachusetts 1932.

Althusius, Johannes: The Politics of Johannes Althusius. Translated, with an Introduction by Frederick S. Carney, Boston 1964.

Andrews, William G. (Hrsg.): International Handbook of Political Science, Westport/Connecticut, London 1982.

Angermann, Erich: Robert von Mohl 1799–1875. Leben und Werk eines altliberalen Staatsgelehrten (= Politica, Bd. 8), Neuwied, Berlin 1962.

Anrich, Ernst: Die Idee der deutschen Universität und die Reform der deutschen Universitäten, Darmstadt 1960.

Anschütz, Gerhard: Die Verfassung des Deutschen Reichs vom 11. August 1919. Ein Kommentar für Wissenschaft und Praxis, Berlin [14]1933.

Anter, Andreas: Georg Jellineks wissenschaftliche Politik. Positionen, Kontexte, Wirkungslinien, in: Politische Vierteljahresschrift 39 (1998), S. 503–526.

Arendt, Hannah: Elemente und Ursprünge totaler Herrschaft, Frankfurt/Main 1962 [1. englischsprachige Ausgabe: New York 1951].

Arendt, Hannah: Eichmann in Jerusalem. Ein Bericht von der Banalität des Bösen, München 1964 [amerikanische Originalausgabe: New York 1963].

Aristoteles: Die Nikomachische Ethik, neu übersetzt mit einer Einleitung und erklärenden Anmerkungen versehen von Olof Gigon (= Werke des Aristoteles, Bd. 3), Zürich, Stuttgart [2]1967.

Aristoteles: Politik, übersetzt und erläutert von Eckart Schütrumpf, Darmstadt 1991.

Arndt, Hans-Joachim: Die Besiegten von 1945. Versuch einer Politologie für Deutsche samt Würdigung der Politikwissenschaft in der Bundesrepublik Deutschland, Berlin 1978.

Arndt, Hans-Joachim: Politische Lageranalyse, in: Nohlen, Dieter (Hrsg.): Pipers Wörterbuch zur Politik, Bd. 1, München 1985, S. 754–757.

Badura, Peter: Das Verwaltungsrecht des liberalen Rechtsstaates. Methodische Überlegung zur Entstehung des wissenschaftlichen Verwaltungsrechts (= Göttinger Rechtswissenschaftliche Studien, Bd. 66), Göttingen 1967.

Baer, Michael A. (Hrsg.): Political Science in America: Oral Histories of a Discipline, Lexington/Kentucky 1991.

Bandelow, Nils C.: Gesundheitspolitik. Der Staat in der Hand einzelner Interessengruppen? Probleme, Erklärungen, Reformen, Opladen 1998.

Bärsch, Claus-Ekkehard: Vom Sinn der Politischen Ideengeschichte für das Studium, in: Politische Vierteljahresschrift 22 (1981), S. 327–333.

Bäumer, Gertrud: Grundlagen demokratischer Politik, Karlsruhe 1928.

Baumgart, Peter (Hrsg.): Ständetum und Staatsbildung in Brandenburg-Preussen, Berlin, New York 1983.

Baumgart, Peter/Hammerstein, Notker (Hrsg.): Beiträge zu Problemen deutscher Universitätsgründungen der frühen Neuzeit. Vorträge gehalten anläßlich des 3. Wolfenbütteler Symposions vom 12. bis 16. Oktober in der Herzog-August-Bibliothek (= Wolfenbütteler Forschungen, Bd. 4), Nendeln/Liechtenstein 1978.

Baumgarten, Marita: Professoren und Universitäten im 19. Jahrhundert. Zur Sozialgeschichte deutscher Geistes- und Naturwissenschaftler, Göttingen 1997.

Becher, Ursula: August Ludwig v. Schlözer, in: Wehler, Hans-Ulrich (Hrsg.): Deutsche Historiker, Bd. 7, Göttingen 1980, S. 7–23.

Becker, Carl Heinrich: Gedanken zur Hochschulreform, Leipzig 1919.

Beckerath, Erwin von/Bente, Hermann/Brinkmann, Carl et al. (Hrsg.): Handwörterbuch der Sozialwissenschaften. Zugleich Neuauflage des Handwörterbuch der Staatswissenschaften, 12 Bde., Stuttgart, Tübingen, Göttingen 1956–1965.

Beckmesser, K./Löckte, Ch.: «Könn' wir mal eben...». Verfußnotisierung leichtgemacht. Eine Einführung in das politische System des Büchermachens (= Allgemeine wissenschaftliche und superkluge Schriftenreihe des Deutschen Verbandes für Punktuell-Lektorierkunst und Wissenschafts-Büchersammellust (DVPW), Bd. 27 1/2), Lummerland, Neulummerland [99]2000 [runderneuerte, vermährte, völlig überarbeitete und verwässerte Auflage].

Behr, Wilhelm Josef: Ueber die Notwendigkeit des Studiums der Staatslehre nebst einem vorausgeschickten Grundrisse eines Systems, Würzburg 1800.

Behrens, Henning/Noack, Paul: Theorien der internationalen Politik, München 1984.

Beismann, Volker/Klein, Markus Josef (Hrsg.): Politische Lageanalyse. Festschrift für Hans-Joachim Arndt zum 70. Geburtstag am 15. Januar 1993, Bruchsal 1993.

Bellers, Jürgen: Politikwissenschaft in Deutschland. Ihre Geschichte, Bedeutung und Wirkung, in: Aus Politik und Zeitgeschichte 40 (1990), H. 52–53, S. 14–27.

Bellers, Jürgen (Hrsg.): Politikwissenschaft in Europa (= Studien zur Politikwissenschaft, Bd. 30), Münster 1990.

Bentley, Arthur F.: The Process of Government: A Study of Social Pressures, Chicago 1908.

Berber, Friedrich: Zwischen Macht und Gewissen. Lebenserinnerungen, hrsg. von Ingrid Strauß, München 1986.

Berber, Fritz (Hrsg.): Zum Neubau der Verfassung (= Jahrbuch für Politische Forschung, Bd. 1), Berlin 1933.

Berg, Frank/Möller, Bärbel/Reißig, Rolf: Pro und contra politikwissenschaftlicher Forschung in der DDR, in: Politische Vierteljahresschrift 33 (1992), S. 256–277.

Berges, Wilhelm: Die Fürstenspiegel des hohen und späten Mittelalters (= Schriften des Reichsinstituts für ältere deutsche Geschichtsforschung, Bd. 2), Leipzig 1938 [Neudruck: Stuttgart 1952].

Berg-Schlosser, Dirk: Rudolf Wildenmann. Herrschaftsnotwendigkeit und Herrschaftskontrolle, in: Rupp, Hans Karl/Noetzel, Thomas (Hrsg.): Macht, Freiheit, Demokratie. Bd. 2: Die zweite Generation der westdeutschen Politikwissenschaft. Biographische Annäherungen, Marburg 1994, S. 255–263.

Berg-Schlosser, Dirk/Maier, Herbert/Stammen, Theo: Einführung in die Politikwissenschaft, München 1974.

Berg-Schlosser, Dirk/Schissler, Jakob (Hrsg.): Politische Kultur in Deutschland. Bilanz und Perspektiven der Forschung (= Politische Vierteljahresschrift – Sonderheft, Bd. 18), Opladen 1987.

Bergstraesser, Arnold: Sinn und Grenzen der Verständigung zwischen Nationen, München, Leipzig 1930.

Bergstraesser, Arnold: Geistige Grundlagen des deutschen Nationalbewußtseins in der gegenwärtigen Krise, Stuttgart, Berlin 1932.

Bergstraesser, Arnold: Die Stellung der Politik unter den Wissenschaften (1957/58), in: Bergstraesser, Arnold: Politik in Wissenschaft und Bildung, Freiburg/Breisgau ²1961, S. 17–31.

Bergstraesser, Arnold: Politik in Wissenschaft und Bildung, Freiburg/Breisgau 1961.

Bergstraesser, Arnold: Weltpolitik als Wissenschaft. Geschichtliches Bewußtsein und politische Entscheidung (= Ordo Politicus, Bd. 1), Köln, Opladen 1965.

Bergstraesser, Arnold/Cornides, Wilhelm: Die internationale Politik 1955. Eine Einführung in das Geschehen der Gegenwart, München 1958.

Bergstraesser, Arnold/Oberndörfer, Dieter (Hrsg.): Klassiker der Staatsphilosophie. Ausgewählte Texte, Stuttgart 1962.

Bergsträßer, Ludwig: Geschichte der politischen Parteien in Deutschland (= Berliner Verwaltungsakademie: Schriftenreihe, Bd. 4), Mannheim et al. 1921.

Bergsträßer, Ludwig: Mein Weg, München 1953.

Bermbach, Udo: Dank an den bisherigen Chefredakteur und Herausgeber der PVS, Prof. Dr. Erwin Faul, Trier, in: Politische Vierteljahresschrift 20 (1979), S. 108–110.

Bermbach, Udo: Zur Entwicklung und zum Stand der politischen Theoriengeschichte, in: Beyme, Klaus von (Hrsg.): Politikwissenschaft in der Bundesrepublik Deutschland (= Politische Vierteljahresschrift – Sonderheft, Bd. 17), Opladen 1986, S. 142–167.

Bermbach, Udo: Dolf Sternberger. Zum 80. Geburtstag, in: Politische Vierteljahresschrift 29 (1988), S. 85–89.

Bermbach, Udo (Hrsg.): Politische Wissenschaft und politische Praxis. Tagung der Deutschen Vereinigung für Politische Wissenschaft in Bonn, Herbst 1977 (= Politische Vierteljahresschrift – Sonderheft, Bd. 9), Opladen 1978.

Bermbach, Udo (Hrsg.): Politische Theoriengeschichte. Probleme einer Teildisziplin der Politischen Wissenschaft (= Politische Vierteljahresschrift – Sonderheft, Bd. 15), Opladen 1984.

Berolsheimer, Fritz: Methodik und Abgrenzung der Politik, in: Laband, Paul/Wach, Adolf/Wagner, Adolf et al. (Hrsg.): Handbuch der Politik. Bd. 1: Die Grundlagen der Politik, Berlin, Leipzig 1912, S. 14–19 [2. Auflage: 1914].

Berthold, Lutz: Das konstruktive Mißtrauensvotum und seine Ursprünge in der Weimarer Staatsrechtslehre, in: Der Staat 36 (1997), S. 81–94.

Besson, Waldemar: Die Außenpolitik der Bundesrepublik. Erfahrungen und Maßstäbe, München 1970.

Beyme, Klaus von: Politische Ideengeschichte. Probleme eines interdisziplinären Forschungsbereichs (= Recht und Staat, Bd. 376/377), Tübingen 1969.

Beyme, Klaus von: Die politischen Theorien der Gegenwart, München 1972.

Beyme, Klaus von: Politikwissenschaft, in: Kernig, Claus D. (Hrsg.): Marxismus im Systemvergleich. Bd. 4: Politik, Frankfurt/Main, New York 1973, Sp. 35–69.

Beyme, Klaus von: Federal Republic of Germany, in: Andrews, William G. (Hrsg.): International Handbook of Political Science, Westport/Connecticut 1982, S. 169–176.

Beyme, Klaus von: Neuere Entwicklungstendenzen von Theorien der Politik, in: Aus Politik und Zeitgeschichte 34 (1984), H. 38, S. 3–13.

Beyme, Klaus von: Zum Tode von Carl Joachim Friedrich (1901–1984), in: Politische Vierteljahresschrift 25 (1984), S. 478–479.

Beyme, Klaus von: Policy Analysis und traditionelle Politikwissenschaft, in: Hartwich, Hans-Hermann (Hrsg.): Policy-Forschung in der Bundesrepublik Deutschland. Ihr Selbstverständnis und ihr Verhältnis zu den Grundfragen der Politikwissenschaft, Opladen 1985, S. 7–29.

Beyme, Klaus von: Intrigiert wird in diesem Hause nicht!, in: Rudolph, Hermann (Hrsg.): Den Staat denken. Theodor Eschenburg zum Fünfundachtzigsten, Berlin 1990, S. 70–75.

Beyme, Klaus von: Das politische System der Bundesrepublik Deutschland nach der Vereinigung, München ^{6}1991.

Beyme, Klaus von: A Founding Father of Comparative Politics: Carl Joachim Friedrich, in: Daalder, Hans (Hrsg.): Comparative European Politics. The Story of a Profession, London, Washington D. C. 1997, S. 7–14.

Beyme, Klaus von (Hrsg.): Politikwissenschaft in der Bundesrepublik Deutschland. Entwicklungsprobleme einer Disziplin (= Politische Vierteljahresschrift – Sonderheft, Bd. 17), Opladen 1986.

Bezold, Friedrich von: Geschichte der Rheinischen Friedrich Wilhelms-Universität von der Gründung bis zum Jahre 1870, Bonn 1920.

Bickel, Cornelius: Ferdinand Tönnies. Soziologie als skeptische Aufklärung zwischen Historismus und Rationalismus (= Studien zur Sozialwissenschaft, Bd. 82), Opladen 1991.

Bismarck, Otto von: Gedanken und Erinnerungen. Die drei Bände in einem Bande, Stuttgart, Berlin 1928.

Blaha, Walter/Metze, Josef: Kleine illustrierte Geschichte der Universität Erfurt 1392–1816 (= Erfurter Chronik, Bd. 4), Erfurt 1992.

Blanke, Bernhard/Jürgens, Ulrich/Kastendiek, Hans: Kritik der Politischen Wissenschaft. Analysen von Politik und Ökonomie in der bürgerlichen Gesellschaft, 2 Bde., Frankfurt/Main 1975.

Blasius, Dirk/Pankoke, Eckart: Lorenz von Stein. Geschichts- und gesellschaftswissenschaftliche Perspektiven (= Erträge der Forschung, Bd. 69), Darmstadt 1977.

Bleek, Wilhelm: Von der Kameralausbildung zum Juristenprivileg. Studium, Prüfung und Ausbildung der höheren Beamten des allgemeinen Verwaltungsdienstes in Deutschland im 18. und 19. Jahrhundert, Berlin 1972.

Bleek, Wilhelm: Die Preussische Reform. Verwaltungsqualifikation und Juristenbildung, 1806–1817, in: Die Verwaltung 7 (1974), S. 179–197.

Bleek, Wilhelm: Zwischendeutsche Vergleiche. Politische Probleme und politikwissenschaftliche Möglichkeiten, in: Deutschland Archiv 15 (1982), S. 717–739.

Bleek, Wilhelm: Zur Entwicklung der vergleichenden Deutschlandforschung, in: Aus Politik und Zeitgeschichte 34 (1984), H. 38, S. 25–37.

Bleek, Wilhelm: Die Brüder Grimm und die deutsche Politik, in: Aus Politik und Zeitgeschichte 36 (1986), H. 1, S. 3–16.

Bleek, Wilhelm: Plädoyer für eine ganze Deutschlandforschung, in: Deutschland Archiv 19 (1986), H. 2, S. 136–142.

Bleek, Wilhelm: Die Gründung der Wissenschaft von der Politik in den USA. Ein Kapitel amerikanisch-deutschen Kulturtransfers, in: Funke, Manfred et al. (Hrsg.): Demokratie und Diktatur. Festschrift für Karl Dietrich Bracher zum 65. Geburtstag, Düsseldorf, Bonn 1987, S. 521–533.

Bleek, Wilhelm: Das eine und das andere Deutschland, in: Bleek, Wilhelm/Maull, Hans (Hrsg.): Ein ganz normaler Staat? Perspektiven nach 40 Jahren Bundesrepublik, München 1989, S. 197–214.

Bleek, Wilhelm: Verwaltung und öffentlicher Dienst, in: Benz, Wolfgang (Hrsg.): Die Geschichte der Bundesrepublik Deutschland. Bd. 1: Politik, Frankfurt/Main 1989, S. 151–180.

Bleek, Wilhelm: Zum 100. Geburtstag der Pädagogin Marie Torhorst, in: Deutschland Archiv 22 (1989), S. 139–141.

Bleek, Wilhelm: Der Aufbau der Politikwissenschaft in der ehemaligen DDR, in: Deutschland Archiv 22 (1990), H. 11, S. 1678–1688.

Bleek, Wilhelm: Der Aufbau der Politikwissenschaft in den neuen Bundesländern. Ein Zwischenbericht, in: Deutschland Archiv 25 (1992), H. 7 u. 8, S. 681–690 u. 802–811.

Bleek, Wilhelm: Die Politik-Professoren in der Paulskirche, in: Kocka, Jürgen/Puhle, Hans-Jürgen/Tenfelde, Klaus (Hrsg.): Von der Arbeiterbewegung zum modernen Sozialstaat. Festschrift für Gerhard A. Ritter, München, New Providence 1994, S. 276–299.

Bleek, Wilhelm: Kurt Sontheimer: Politikwissenschaft als öffentlicher Beruf, in: Rupp, Hans Karl/Noetzel, Thomas (Hrsg.): Macht, Freiheit, Demokratie. Bd. 2: Die zweite Generation der westdeutschen Politikwissenschaft. Biographische Annaherungen, Marburg 1994, S. 27–44.

Bleek, Wilhelm: Die Paulskirche in der politischen Ideengeschichte Deutschlands, in: Aus Politik und Zeitgeschichte 48 (1998), H. 3–4, S. 28–39.

Bleek, Wilhelm: Deutschlandforschung, in: Weidenfeld, Werner/Korte, Karl-Rudolf (Hrsg.): Handbuch zur deutschen Einheit 1949 – 1989 – 1999, Frankfurt/Main, New York 1999, S. 226–239.

Bleek, Wilhelm: Die Tübinger Schule der gesamten Staatswissenschaft, in: Bleek, Wilhelm/Lietzmann, Hans J. (Hrsg.): Schulen der deutschen Politikwissenschaft, Opladen 1999, S. 105–129.

Bleek, Wilhelm: Sucher zwischen politischen Systemen. Horst Laatz (1928–1999), in: Deutschland Archiv 32 (1999), S. 360–361.

Bleek, Wilhelm/Lülfing, Daniela: «Meinem edelen und mannhaften Freunde Jakob Grimm, dem Bruder Wilhelms, in Dank + Liebe gewidmet», in: Jahrbuch der Brüder-Grimm-Gesellschaft 3 (1993), S. 7–28.

Bleek, Wilhelm/Mertens, Lothar: DDR-Dissertationen. Promotionspraxis und Geheimhaltung von Doktorarbeiten im SED-Staat, Opladen, Wiesbaden 1994.

Bleek, Wilhelm/Lietzmann, Hans J. (Hrsg.): Schulen der deutschen Politikwissenschaft, Opladen 1999.

Bloch, Hans-Joachim: Die (deutsche) Vereinigung für die Wissenschaft von der Politik, in: Zeitschrift für Politik, N. F. 1 (1954), S. 190–191.

Blomert, Rinhard/Eßlinger, Hans Ulrich/Giovannini, Norbert (Hrsg.): Heidelberger Sozial- und Staatswissenschaften. Das Institut für Sozial- und Staatswissenschaften zwischen 1918 und 1958, Marburg 1997.

Bluntschli, Johann Caspar: Allgemeines Staatsrecht geschichtlich begründet, München 1852.

Bluntschli, Johann Caspar: Geschichte des allgemeinen Staatsrechts und der Politik seit dem 16. Jahrhundert bis zur Gegenwart, München 1864.

Bluntschli, Johann Caspar: Staatswissenschaft, in: Bluntschli, Johann Caspar/Brater, Karl (Hrsg.): Deutsches Staats-Wörterbuch, Bd. 10, Stuttgart, Leipzig 1867, S. 152–154.

Bluntschli, Johann Caspar: Charakter und Geist der politischen Parteien, Nördlingen 1869.

Bluntschli, Johann Caspar: Deutsche Staatslehre für Gebildete, Nördlingen 1874.

Bluntschli, Johann Caspar: Allgemeine Statslehre (= Lehre vom modernen Staat, Bd. 1), Stuttgart 1875.

Bluntschli, Johann Caspar: Politik als Wissenschaft (= Lehre vom modernen Staat, Bd. 3), Stuttgart 1876.

Bluntschli, Johann Caspar: Geschichte der Neueren Staatswissenschaft, Allgemeines Staatsrecht und Politik. Seit dem 16. Jahrhundert bis zur Gegenwart (= Geschichte der Wissenschaften in Deutschland. Neuere Zeit, Bd. 1), München, Leipzig ^{3}1881.

Bluntschli, Johann Caspar: Denkwürdiges aus Meinem Leben, 3 Bde., Nördlingen 1884.

Bluntschli, Johann Caspar: The Theory of the Modern State, Oxford 1885.

Bluntschli, Johann Caspar/Brater, Karl (Hrsg.): Deutsches Staats-Wörterbuch, Bd. 1–11, Stuttgart, Leipzig 1857–1870.

Bock, Hans Manfred: Nationale Elitenbildung und Ausbildung politisch-administrativer Führungskräfte. Zum Modell der Sciences Politiques in Frankreich, in: Lietzmann, Hans J./Bleek, Wilhelm (Hrsg.): Politikwissenschaft. Geschichte und Entwicklung, München, Wien 1996, S. 191–218.

Böckenförde, Ernst-Wolfgang (Hrsg.): Staat und Gesellschaft, Darmstadt 1976.

Böckenförde, Ernst-Wolfgang: Die Eigenarten des Staatsrechts und der Staatsrechtswissenschaft, in: Achterberg, Norbert (Hrsg.): Recht und Staat im sozialen Wandel. Festschrift für Hans Ulrich Scupin zum 80. Geburtstag, Berlin 1983, S. 317–331.

Bödeker, Hans Erich: Das staatswissenschaftliche Fächersystem im 18. Jahrhundert, in: Vierhaus, Rudolf (Hrsg.): Wissenschaften im Zeitalter der Aufklärung. Aus Anlaß des 250jährigen Bestehens des Verlages Vandenhoeck & Ruprecht, Göttingen 1985, S. 143–162.

Boeck, Andreas: Entwicklungsforschung, in: Nohlen, Dieter (Hrsg.): Lexikon der Politik. Bd. 2: Politikwissenschaftliche Methoden, hrsg. von Jürgen Kriz, Dieter Nohlen und Rainer-Olaf Schultze, München 1994, S. 100–105.

Boehm, Laetitia: Libertas Scholastica und Negotium Scholare. Entstehung und Sozialprestige des akademischen Standes im Mittelalter, in: Rössler, Hellmuth/Franz, Günther (Hrsg.): Universität und Gelehrtenstand 1400–1800, Limburg/Lahn 1970, S. 15–61.

Boehm, Laetitia: Wissenschaft – Wissenschaften – Universitätsreform. Historische und theoretische Aspekte zur Verwissenschaftlichung von Wissen und zur Wissenschaftsorganisation in der frühen Neuzeit, in: Berichte zur Wissenschaftsgeschichte 1 (1978), S. 7–36.

Boehm, Laetitia/Spörl, Johannes (Hrsg.): Die Ludwig-Maximilians-Universität in ihren Fakultäten, Berlin 1972.

Boehm, Laetitia/Müller, Rainer A. (Hrsg.): Universitäten und Hochschulen in Deutschland, Österreich und der Schweiz. Eine Universitätsgeschichte in Einzeldarstellungen, Düsseldorf 1983.

Boehm, Max Hildebert: Deutsche Grenz- und Auslandskunde als politische Wissenschaft, in: Vogel, Walther (Hrsg.): Weltpolitische Bildungsarbeit an preußischen Hochschulen. Festschrift aus Anlaß des 50. Geburtstages des Preußischen Ministers für Wissenschaft, Kunst und Volksbildung Herrn Professors Dr. C. H. Becker, Berlin 1926, S. 165–181.

Boehm, Max Hildebert: Erziehung zur Deutschtumspolitik, in: Jäckh, Ernst (Hrsg.): Politik als Wissenschaft. Zehn Jahre Deutsche Hochschule für Politik, Berlin 1931, S. 78–93.

Boehm, Max Hildebert: Volkstheorie als politische Wissenschaft, Jena 1934.

Böhme, Waltraud et al. (Hrsg.): Kleines politisches Wörterbuch, Berlin [Ost] 71988.

Böhret, Carl: Politische Wirtschaftslehre – Porträt einer Disziplin, in: Böhret, Carl/Grosser, Dieter (Hrsg.): Interdependenzen von Politik und Wirtschaft. Beiträge zur politischen Wirtschaftslehre. Festgabe für Gert von Eynern, Berlin 1967, S. 11–35.

Böhret, Carl: Zum Stand und zur Orientierung der Politikwissenschaft in der Bundesrepublik Deutschland. Ein Bericht für das 1. Wissenschaftliche Symposium der Deutschen Vereinigung für Politische Wissenschaft (November 1984) in Hannover, in: Hartwich, Hans-Hermann (Hrsg.): Policy-Forschung in der Bundesrepublik Deutschland. Ihr Selbstverständnis und ihr Verhältnis zu den Grundfragen der Politikwissenschaft, Opladen 1985, S. 216–330.

Böhret, Carl et al.: Innenpolitik und Politische Theorie. Ein Studienbuch, Opladen 31988.

Böhret, Carl/Grosser, Dieter (Hrsg.): Interdependenzen von Politik und Wirtschaft. Beiträge zur politischen Wirtschaftslehre. Festgabe für Gert von Eynern, Berlin 1967.

Boldt, Hans: Deutsche Staatslehre im Vormärz (= Beiträge zur Geschichte des Parlamentarismus und der politischen Parteien, Bd. 56), Düsseldorf 1975.

Boldt, Werner: Die Anfänge des deutschen Parteienwesens. Fraktionen, politische Vereine und Parteien, Paderborn 1971.

Borinski, Fritz: Der Weg zum Mitbürger, Düsseldorf, Köln 1954.

Borkenau, Franz: The Totalitarian Enemy, London 1940.

Born, Karl Erich: Geschichte der Wirtschaftswissenschaften an der Universität Tübingen 1817–1967. Staatswirtschaftliche Fakultät – Staatswissenschaftliche Fakultät – Wirtschaftswissenschaftliche Abteilung der Rechts- und Wirtschaftswissenschaftlichen Fakultät, Tübingen 1967.

Borsche, Tilman: Wilhelm von Humboldt, München 1990.

Botzenhart, Manfred: Deutscher Parlamentarismus in der Revolutionszeit 1848–1850, Düsseldorf 1977.

Boutmy, Emile: Quelques idées sur la création d'une faculté libre d'enseignement supérieur, Paris 1871.

Boutmy, Emile: Observations sur l'enseignement des sciences politiques et administratives présentées à l'occasion de la proposition de l'honorable M. Carnot tendant à la création d'une Ecole d'Administration, Paris 1876.

Bracher, Karl Dietrich: Die Auflösung der Weimarer Republik. Eine Studie zum Problem des Machtverfalls in der Demokratie (= Schriften des Instituts für politische Wissenschaft, Bd. 4), Stuttgart, Düsseldorf 1955.

Bracher, Karl Dietrich: Über das Verhältnis von Politik und Geschichte. Gedenkrede Friedrich Christoph Dahlmann, Bonn 1961.

Bracher, Karl Dietrich: Wissenschafts- und zeitgeschichtliche Probleme der Politischen Wissenschaft in Deutschland, in: Kölner Zeitschrift für Soziologie und Sozialpsychologie 17 (1965), H. 3 [= Festschrift für Otto Stammer], S. 447–464.

Bracher, Karl Dietrich: Über das Verhältnis von Politik und Geschichte. Gedenkrede Friedrich Christoph Dahlmann [1961], in: Bracher, Karl Dietrich: Das deutsche Dilemma. Leidenswege der politischen Emanzipation, München 1971, S. 41–63.

Bracher, Karl Dietrich: Entwicklungslinien der Politikwissenschaft in der Bundesrepublik, hrsg. von der Konrad-Adenauer-Stiftung, Melle 1982.

Bracher, Karl Dietrich: Republik im Wandel 1969–1974. Die Ära Brandt (= Geschichte der Bundesrepublik Deutschland, Bd. 5,1), Stuttgart, Wiesbaden 1986.

Bracher, Karl Dietrich im Gespräch mit Link, Werner: Von der Alten Geschichte zur Politikwissenschaft, in: Neue Politische Literatur 42 (1997), S. 257–274.

Bracher, Karl Dietrich et al.: Faktoren der Machtbildung. Wissenschaftliche Studien zur Politik (= Schriften des Instituts für politische Wissenschaft, Bd. 2), Berlin 1952.

Bracher, Karl Dietrich/Sauer, Wolfgang/Schulz, Gerhard (Hrsg.): Die nationalsozialistische Machtergreifung. Studien zur Errichtung des totalitären Herrschaftssystems in Deutschland 1933/1934 (= Schriften des Instituts für politische Wissenschaft, Bd. 14), Köln, Opladen 1960.

Brandt, Hartwig: Das Rotteck-Welckersche «Staats-Lexikon». Einleitung zum Neudruck, in: Rotteck, Carl von/Welcker, Carl Theodor (Hrsg.): Staats-Lexikon. Encyklopädie der sämmtlichen Staatswissenschaften für alle Stände, Frankfurt/Main 1990, S. 5–25.

Brecht, Arnold: Prelude to Silence. The End of the German Republic, New York 1944.

Brecht, Arnold: Federalism and Regionalism in Germany. The Division of Prussia, New York 1945.

Brecht, Arnold: Aus nächster Nähe. Lebenserinnerungen 1884–1927, Stuttgart 1966.

Brentano, Lujo: Mein Leben im Kampf um die soziale Entwicklung Deutschlands, Jena 1931.

Brill, Hermann: Der Begriff der Sozialwissenschaften. Ein Beitrag zur Auslegung und Anwendung des Bundesbeamtengesetzes, in: Zeitschrift für Politik, N. F. 1 (1954), S. 86–90.

Brocke, Bernard von: Der deutsch-amerikanische Professorenaustausch. Preußische Wissenschaftspolitik, internationale Wirtschaftsbeziehungen und die Anfänge einer deutschen Auswärtigen Kulturpolitik vor dem Ersten Weltkrieg, in: Zeitschrift für Kulturaustausch 31 (1981), S. 128–182.

Bruch, Rüdiger vom: Wissenschaft, Politik und öffentliche Meinung. Gelehrtenpolitik im Wilhelminischen Deutschland (1890–1914) (= Historische Studien, Bd. 435), Husum 1980.

Bruch, Rüdiger vom: Zur Historisierung der Staatswissenschaften. Von der Kameralistik zur historischen Schule der Nationalökonomie, in: Berichte zur Wissenschaftsgeschichte 9 (1985), S. 131–146.

Bruch, Rüdiger vom: Von der Kameralistik zur Wirtschaftswissenschaft. Studien zur Geschichte der deutschen Nationalökonomie als Staatswissenschaft. 1727–1923, München 1986 [unveröffentlichtes Manuskript].

Bruch, Rüdiger vom: Vom Bildungsgelehrten zum wissenschaftlichen Fachmenschentum. Zum Selbstverständnis deutscher Hochschullehrer im 19. und 20. Jahrhundert, in: Kocka, Jürgen/Puhle, Hans-Jürgen/Tenfelde, Klaus (Hrsg.): Von der Arbeiterbewegung zum modernen Sozialstaat. Festschrift für Gerhard A. Ritter, München, New Providence 1994, S. 582–600.

Bruch, Rüdiger vom: Verengung und Erweiterung. Die deutschen Staatswissenschaften um 1900 im Kulturdiskurs, in: König, Christoph/Lämmert, Eberhard (Hrsg.): Konkurrenten der Fakultät. Kultur, Wissen und Universität um 1900, Frankfurt/Main 1999, S. 94–104.

Bruch, Rüdiger vom/Graf, Friedrich Wilhelm/Hübinger, Gangolf (Hrsg.): Kultur und Kulturwissenschaften um 1900. Krise der Moderne und Glaube an die Wissenschaft, Stuttgart 1989.

Brückner, Jutta: Staatswissenschaften, Kameralismus und Naturrecht. Ein Beitrag zur Geschichte der Politischen Wissenschaft im Deutschland des späten 17. und frühen 18. Jahrhunderts, München 1977.

Bruder, Wolfgang: Sozialwissenschaften und Politikberatung. Zur Nutzung sozialwissenschaftlicher Informationen in der Ministerialorganisation (= Studien zur Sozialwissenschaft, Bd. 43), Opladen 1980.

Brüning, Hermann: Briefe 1960–1960, hrsg. von Claire Nix, Stuttgart 1974.

Brunner, Otto: Das «ganze Haus» und die alteuropäische «Ökonomik», in: Brunner, Otto: Neue Wege der Sozialgeschichte. Vorträge und Aufsätze, Göttingen 1956, S. 33–61.

Brunner, Otto/Conze, Werner/Koselleck, Reinhard (Hrsg.): Geschichtliche Grundbegriffe. Historisches Lexikon zur politisch-sozialen Sprache in Deutschland, 7 Bde., Stuttgart 1972–1992.

Buchstein, Hubertus: Politikwissenschaft und Demokratie. Wissenschaftskonzeption und Demokratietheorie sozialdemokratischer Nachkriegspolitologen in Berlin, Baden-Baden 1992.

Buchstein, Hubertus: Rezension von Rainer Eisfeld: Ausgebürgert und doch angebräunt, in: Politische Vierteljahresschrift 33 (1992), S. 145–151.

Buchstein, Hubertus: Totalitarismustheorie und empirische Politikforschung, in: Söllner, Alfons/Walkenhaus, Ralf/Wieland, Karin (Hrsg.): Totalitarismus. Eine Ideengeschichte des 20. Jahrhunderts, Berlin 1997, S. 239–266.

Buchstein, Hubertus: Ernst Fraenkel als Klassiker?, in: Leviathan 26 (1998), S. 458–481.

Buchstein, Hubertus: Wissenschaft von der Politik, Auslandswissenschaft, Political Science, Politologie. Die Berliner Tradition der Politikwissenschaft von der Weimarer Republik bis zur Bundesrepublik, in: Bleek, Wilhelm/Lietzmann,

Hans J. (Hrsg.): Schulen der deutschen Politikwissenschaft, Opladen 1999, S. 183–212.

Buchstein, Hubertus/Göhler, Gerhard: In der Kontinuität einer ‹braunen› Politikwissenschaft? Empirische Befunde und Forschungsdesiderate, in: Politische Vierteljahresschrift 27 (1986), S. 330–340.

Buchstein, Hubertus/Göhler, Gerhard: Die ersten fünfzehn Jahre – von der ‹Deutschen Hochschule für Politik› zum ‹Otto-Suhr-Institut›, in: Leviathan 17 (1989), S. 127–139.

Buchstein, Hubertus/Walther, Peter Th.: Politikwissenschaft in der Emigrationsforschung, in: Politische Vierteljahresschrift 30 (1989), S. 342–352.

Buchstein, Hubertus/Göhler, Gerhard: After the Revolution. Political Science in East Germany, in: PS: Political Science and Politics 22 (1990), S. 668–673.

Bundesminister des Inneren (Hrsg.): Rechtliche Ordnung des Parteiwesens. Probleme eines Parteiengesetzes. Bericht der vom Bundesminister des Innern eingesetzten Parteienrechtskommission, Frankfurt/Main et al. 1957.

Bundesministerium für innerdeutsche Beziehungen (Hrsg.): Bericht der Bundesregierung und Materialien zur Lage der Nation 1971, Bonn 1971.

Bundesministerium für innerdeutsche Beziehungen (Hrsg.): Bericht der Bundesregierung und Materialien zur Lage der Nation 1972, Bonn 1972.

Bundesministerium für innerdeutsche Beziehungen (Hrsg.): Bericht der Bundesregierung und Materialien zur Lage der Nation 1974, Bonn 1974.

Bundesministerium für innerdeutsche Beziehungen (Hrsg.): DDR-Handbuch, Köln 1975 [3. Auflage: 1985].

Burgess, John W.: Reminiscences of an American Scholar: The Beginnings of Columbia University, New York 1934.

Burkhardt, Johannes: Der Begriff des Ökonomischen in wissenschaftsgeschichtlicher Perspektive, in: Waszek, Norbert (Hrsg.): Die Institutionalisierung der Nationalökonomie an deutschen Universitäten, St. Katharinen 1988, S. 55–76.

Burkhardt, Johannes: Wirtschaft, in: Brunner, Otto/Conze, Werner/Koselleck, Reinhart (Hrsg.): Geschichtliche Grundbegriffe. Historisches Lexikon zur politisch-sozialen Sprache in Deutschland, Bd. 7, Stuttgart 1992, S. 511–594.

Bürklin, Wilhelm P./Kaltefleiter, Werner (Hrsg.): Freiheit verpflichtet. Gedanken zum 200. Geburtstag von Friedrich Christoph Dahlmann, Kiel 1985.

Busch, Alexander: Die Geschichte des Privatdozenten. Eine soziologische Studie zur großbetrieblichen Entwicklung der deutschen Universitäten (= Göttinger Abhandlungen zur Soziologie unter Einschluß ihrer Grenzgebiete, Bd. 5), Stuttgart 1959.

Büsch, Otto/Erbe, Michael (Hrsg.): Otto Hintze und die moderne Geschichtswissenschaft. Ein Tagungsbericht, Berlin 1983.

Bußmann, Walter: Treitschke. Sein Welt- und Geschichtsbild, Göttingen 1952.

Bußmann, Walter: Treitschke als Politiker, in: Historische Zeitschrift 177 (1954), S. 249–279.

Bußmann, Walter: Heinrich von Sybel 1817–1895, in: Universität Bonn (Hrsg.): Bonner Gelehrte – Geschichtswissenschaften. Beiträge zur Geschichte der Wissenschaften in Bonn (= 150 Jahre Rheinische Friedrich-Wilhelms-Universität zu Bonn 1818–1968, Bd. 8), Bonn 1968, S. 93–103.

Clark, Terry N.: Prophets and Patrons. The French University and the Emergence of Social Sciences, Cambridge/Massachusetts 1973.

Classen, Peter/Wolgast, Eike: Kleine Geschichte der Universität Heidelberg, Berlin et al. 1983.
Clausen, Lars (Hrsg.): Hundert Jahre «Gemeinschaft und Gesellschaft». Ferdinand Tönnies in der internationalen Diskussion, Opladen 1991.
Cobban, Alfred B.: The Medieval Universities. Their Development and Organization, London 1975.
Cole, G. D. H. : Das Studium der Sozialwissenschaften an den britischen Universitäten, in: Zeitschrift für die gesamte Staatswissenschaft 105 (1948–49), S. 16–29.
Collini, Stefan/Winch, Donald/Burrow, John: That Noble Science of Politics. A Study in Nineteenth-Century Intellectual History, Cambridge, London, New York et al. 1983.
Columbia University (Hrsg.): A History of Columbia University 1754–1904, published in commemoration of the hundred and fiftieth Anniversary of the founding of King's College, New York 1904.
Comte, Auguste: Cours de philosophie positive, Paris 1830.
Comte, Auguste: Système de politique positive, ou traité de sociology, instituant la religion de l'humanité, Paris 1851.
Conrad, Hermann: Joseph von Sonnenfels, in: Juristen-Jahrbuch 8 (1967), S. 1–16.
Conring, Hermann: Opera, hrsg. und mit Anmerkungen von Johann Wilhelm Göbel, 7 Bde., Braunschweig 1730 [Neudruck: Aalen 1970].
Conring, Hermann: Der Ursprung des deutschen Rechts, hrsg. von Michael Stolleis (= Bibliothek des deutschen Staatsdenkens, Bd. 3), Frankfurt/Main, Leipzig 1994.
Conze, Werner (Hrsg.): Staat und Gesellschaft im deutschen Vormärz (= Industrielle Welt, Bd. 1), Stuttgart 1962.
Conze, Werner/Boldt, Hans: Staat und Souveränität, in: Brunner, Otto/Conze, Werner/Koselleck, Reinhart (Hrsg.): Geschichtliche Grundbegriffe. Historisches Lexikon zur politisch-sozialen Sprache in Deutschland, Bd. 6, Stuttgart 1990, S. 1–154.
Crick, Bernard: The American Science of Politics. Its Origins and Conditions, London, Berkeley/Los Angeles 1959
Czempiel, Ernst-Otto: Die Entwicklung der Lehre von den Internationalen Beziehungen, in: Politische Vierteljahresschrift 6 (1965), S. 270–290.
Czempiel, Ernst-Otto: Internationale Politik. Ein Konfliktmodell, Paderborn 1981.
Czempiel, Ernst-Otto: Der Stand der Wissenschaft von den Internationalen Beziehungen und der Friedensforschung in der Bundesrepublik Deutschland, in: Beyme, Klaus von (Hrsg.): Politikwissenschaft in der Bundesrepublik Deutschland (= Politische Vierteljahresschrift – Sonderheft, Bd. 17), Opladen 1986, S. 250–263.
Daheim, Hansjürgen: Professionalisierung. Begriff und einige latente Makrofunktionen, in: Albrecht, Günter/Daheim, Hansjürgen/Sack, Fritz (Hrsg.): Soziologie. Sprache, Bezug zur Praxis, Verhältnis zu anderen Wissenschaften. René König zum 65. Geburtstag, Opladen 1973, S. 232–249.
Dahlmann, Friedrich Christoph: Quellenkunde der deutschen Geschichte nach der Folge der Begebenheiten, Göttingen 1830.
Dahlmann, Friedrich Christoph: Die Politik auf den Grund und das Maß der gegebenen Zustände zurückgeführt, Göttingen 1835 [2. und 3. Auflage: Leipzig 1847; Neu-

ausgabe: hrsg. von Otto Westphal, Berlin 1924; Neuausgabe: hrsg. von Manfred Riedel, Frankfurt/Main 1968].

Dahlmann, Friedrich Christoph: Erster Vortrag an der rheinischen Hochschule. 28. November 1842, Bonn 1842.

Dahlmann, Friedrich Christoph: Kleine Reden und Schriften, hrsg. von Carl Varrentrapp, Stuttgart 1886.

Dahlmann, Friedrich Christoph: Die Politik auf den Grund und das Maß der gegebenen Zustände zurückgeführt, hrsg. von Wilhelm Bleek (= Bibliothek des Deutschen Staatsdenkens, Bd. 7), Frankfurt/Main 1997 [Neuausgabe].

Dahlmann, Friedrich Christoph/Waitz, Georg: F. C. Dahlmanns Quellenkunde der deutschen Geschichte. Quellen und Bearbeitungen der deutschen Geschichte, neu zusammengestellt von G. Waitz, Göttingen [3]1869.

Dahm, Karl-Wilhelm/Krawietz, Werner/Wyduckel, Dieter (Hrsg.): Politische Theorie des Johannes Althusius, Berlin 1988.

Dahrendorf, Ralf: Bildung ist Bürgerrecht. Plädoyer für eine aktive Bildungspolitik, Hamburg 1965.

Dahrendorf, Ralf: LSE: A History of the London School of Economics and Political Science 1895–1995, Oxford et al. 1995.

Danton, George H.: «A Smart Flippant Little Fellow...» Johann Ludwig Tellkampf, in: New York History 27 (1946), S. 458–478.

Demm, Eberhard: Von der Weimarer Republik zur Bundesrepublik. Der politische Weg Alfred Webers 1920–1958 (= Schriften des Bundesarchivs, Bd. 51), Düsseldorf 1999.

Deppe, Barbara/Dickmann, Elisabeth (Hrsg.): Hedwig Hintze (1884–1942). Bibliographie (= Schriftenreihe des Hedwig-Hintze-Instituts Bremen, Bd. 1), Berlin 1998.

Deutsch, Karl W.: Nationalism and Social Communication: An Inquiry into the Foundations of Nationality, Cambridge/Massachusetts 1953.

Deutsch, Karl W.: The Nerves of Government: Models of Political Communication and Control, New York 1963.

Deutsch, Karl W.: The Analysis of International Relations, Englewood Cliffs/New Jersey 1968.

Deutsche Vereinigung für Politische Wissenschaft: Ethik-Kodex der Deutschen Vereinigung für Politische Wissenschaft (1994), in: DVPW-Rundbrief (1998), H. 119, S. 8–13.

DGS/DVPW: Vorschlag der Vereinigten Kommission der Deutschen Gesellschaft für Soziologie und der Deutschen Vereinigung für Politische Wissenschaft zur Frage der Sozialkunde im Rahmen der Gemeinschaftskunde, in: Politische Vierteljahresschrift 5 (1964), S. 466–475.

DHfP (Hrsg.): Deutsche Hochschule für Politik. Aufbau und Arbeit, Berlin 1926.

Diederich, Werner (Hrsg.): Theorien der Wissenschaftsgeschichte. Beiträge zu einer diachronen Wissenschaftstheorie, Frankfurt/Main 1974.

Dietrich, Rainer/Jakobs, Hermann/Putlitz, Gisbert Freiherr zu (Hrsg.): Die Geschichte der Universität Heidelberg. Vorträge im Wintersemester 1985/86, Heidelberg 1986.

Dilcher, Gerhard: Die preußischen Juristen und die Staatsprüfungen. Zur Entwicklung der juristischen Professionalisierung im 18. Jahrhundert, in: Kroeschell, Karl

(Hrsg.): Festschrift für Hans Thieme zu seinem 80. Geburtstag, Sigmaringen 1986, S. 295–305.

Dill, Günther W.: Die Arbeitsmarktsituation für Sozialwissenschaftler, in: Voegelin, Ludwig (Hrsg.): Sozialwissenschaften. Bd. 2: Berufsorientiertes Studium? Orientierungshilfen für Studenten und Dozenten, Frankfurt/Main, New York 1977, S. 26–46.

Dilthey, Wilhelm: Einleitung in die Geisteswissenschaften. Versuch einer Grundlegung für das Studium der Gesellschaft und der Geschichte, Bd. 1 [1883] (= Wilhelm Diltheys Gesammelte Schriften, Bd. 1), Leipzig, Berlin [2]1923.

Dilthey, Wilhelm: Leben Schleiermachers, Bd. 2/1, hrsg. von Martin Redeker, Berlin 1966.

Dilthey, Wilhelm/Heubaum, Alfred: Ein Gutachten Wilhelm Humboldts über die Staatsprüfung der höheren Verwaltungsbeamten, in: Schmollers Jahrbuch für Gesetzgebung, Verwaltung und Volkswirtschaft im Deutschen Reich 23 (1899), S. 1455–1471.

Dithmar, Justus Christoph: Programm von der ihme gnädigst anvertrauten Profession der Cameralwissenschaften, Frankfurt/Oder 1727.

Dithmar, Justus Christoph: Einleitung in die oeconomische, Policey- und Cameral-Wissenschafften nebst Verzeichnis eines zu solchen Wissen dienlichen Bücher-Vorrahts, Frankfurt/Oder 1731.

Dittberner, Jürgen/Ebbighaus, Rolf (Hrsg.): Parteiensystem in der Legitimationskrise. Studien und Materialien zur Soziologie der Parteien in der Bundesrepublik Deutschland (= Schriften des Zentralinstituts für sozialwissenschaftliche Forschung der Freien Universität Berlin, Bd. 24), Opladen 1973.

Dittrich, Erhard: Die deutschen und österreichischen Kameralisten (= Erträge der Forschung, Bd. 23), Darmstadt 1974.

Doerr, Wilhelm (Hrsg.): Semper apertus. Sechshundert Jahre Ruprecht-Karls-Universität Heidelberg 1386–1986, 6 Bde., Berlin et al. 1986.

Dorpalen, Andreas: Heinrich von Treitschke, New Haven 1957.

Dotterweich, Volker: Heinrich von Sybel. Geschichtswissenschaft in politischer Absicht 1817–1861, Göttingen 1978.

Downs, Anthony: Ökonomische Theorie der Demokratie, hrsg. von Rudolf Wildenmann (= Die Einheit der Gesellschaftswissenschaften, Bd. 8), Tübingen 1968 [1. englischsprachige Ausgabe: New York 1957].

Dreitzel, Horst: Protestantischer Aristotelismus und absoluter Staat. Die «Politica» des Henning Arnisaeus (ca. 1575–1636) (= Veröffentlichungen des Instituts für Europäische Geschichte Mainz, Bd. 55), Wiesbaden 1970.

Dreitzel, Horst: Hermann Conring und die Politische Wissenschaft seiner Zeit, in: Stolleis, Michael (Hrsg.): Hermann Conring (1606–1681). Beiträge zu Leben und Werk. Symposion der Herzog-August-Bibliothek (Wolfenbüttel) vom 9.–12. Dezember 1981 (= Historische Forschungen, Bd. 23), Berlin 1983, S. 135–172.

Droysen, Johann Gustav (Hrsg.): Die Verhandlungen des Verfassungsausschusses der deutschen Nationalversammlung, Theil 1, Leipzig 1849.

Droysen, Johann Gustav: Aktenstücke und Aufzeichnungen zur Geschichte der Frankfurter Nationalversammlung aus dem Nachlaß von Johann Gustav Droysen, hrsg. von Rudolf Hübner, Berlin, Leipzig 1924.

Droysen, Johann Gustav: Briefwechsel, 2 Bde., hrsg. von Rudolf Hübner (= Deutsche Geschichtsquellen des 19. Jahrhunderts, Bd. 25–26), Stuttgart, Berlin 1929.

Droysen, Johann G.: Historik. Rekonstruktion der ersten vollständigen Fassung der Vorlesungen (1857), Grundriß der Historik in der ersten handschriftlichen (1857/1858) und in der letzten gedruckten Fassung (1882), hrsg. von Peter Leyh, Stuttgart, Bad Cannstatt 1977.

Duve, Thomas: Die Gründung der Zeitschrift für Politik – Symbol und Symptom für die Entstehung der Politikwissenschaft um 1900?, in: Zeitschrift für Politik, N. F. 45 (1998), S. 405–426.

Duve, Thomas: Normativität und Empirie im öffentlichen Recht und der Politikwissenschaft um 1900. Historisch-systematische Untersuchung des Lebens und Werks von Richard Schmidt (1862–1944) und der Methodenentwicklung seiner Zeit (= Münchener Universitätsschriften, Bd. 81), Ebelsbach 1998.

Duve, Thomas: Von «Stoffhubern» und «Sinnhubern». Die wissenschaftstheoretische Grundlagendebatte um 1900 und die Entstehung politikwissenschaftlicher Zeitschriften, in: Stolleis, Michael (Hrsg.): Juristische Zeitschriften. Die neuen Medien des 18.–20. Jahrhunderts (= Ius Commune, Bd. 128), Frankfurt/Main 1999, S. 449–479.

Düwell, Kurt: Staat und Wissenschaft in der Weimarer Epoche. Zur Kulturpolitik des Ministers Carl Heinrich Becker, in: Schieder, Theodor (Hrsg.): Beiträge zur Geschichte der Weimarer Republik (= Historische Zeitschrift – Beiheft, Bd. 1), München 1971, S. 31–74.

Easton, David: A Systems Analysis of Political Life, New York et al. 1965.

Easton, David: Political Science in the United States. Past and Present, in: International Political Science Review 80 (1985), H. 1, S. 133–152.

Easton, David: Political Science in the United States, in: Easton, David/Gunnell, John G. /Graziano, Luigi (Hrsg.): The Development of Political Science. A Comparative Survey, London, New York 1991, S. 275–291.

Easton, David/Gunnell, John G. /Graziano, Luigi (Hrsg.): The Development of Political Science. A Comparative Survey, London, New York 1991.

Ebbinghaus, Rolf et al.: Berliner Politologen auf dem Arbeitsmarkt. Suche nach einer neuen Identität? Eine empirische Verbleibsstudie über die Absolventenjahrgänge 1974 bis 1980, in: Politische Vierteljahresschrift 24 (1983), S. 113–130.

Ebeling, Johann Georg (Hrsg.): Pauli Gerhardi. Geistliche Andachten (1667). Samt den übrigen Liedern und den lateinischen Gedichten, Bern 1975 [Nachdruck der Ausgabe Berlin 1667].

Eckert: Aufbau und Vorlesungsplan der Hochschule für Politik, in: Zeitschrift für Politik 24 (1934), S. 228–231.

Eco, Umberto: Der Name der Rose. Roman, München et al. 1984.

Ehmke, Horst: Karl von Rotteck – der «politische Professor», Karlsruhe 1964.

Ehmke, Horst: Karl von Rotteck – der «politische Professor», in: Ehmke, Horst (Hrsg.): Politik der praktischen Vernunft, Frankfurt/Main 1969, S. 13–37.

Eisen, Andreas/Wollmann, Helmut (Hrsg.): Institutionenbildung in Ostdeutschland. Zwischen externer Steuerung und Eigendynamik (= KSPW: Transformationsprozesse, Bd. 14), Opladen 1996.

Eisermann, Daniel: Außenpolitik und Strategiediskussion. Die Deutsche Gesellschaft für Auswärtige Politik 1955 bis 1972 (= Schriften des Forschungsinstituts der Deutschen Gesellschaft für Auswärtige Politik e. V. Bonn – Reihe: Internationale Politik und Wirtschaft, Bd. 66), München 1999 [zugl.: Diss. Bonn 1995].

Eisermann, Gottfried: Die Grundlagen des Historismus in der deutschen Nationalökonomie, Stuttgart 1956.

Eisfeld, Rainer: «Nationale» Politikwissenschaft von der Weimarer Republik zum Dritten Reich, in: Politische Vierteljahresschrift 31 (1990), S. 238–264.

Eisfeld, Rainer: Ausgebürgert und doch angebräunt. Deutsche Politikwissenschaft 1920–1945, Baden-Baden 1991.

Eisfeld, Rainer: German Political Science at the Crossroads. The Ambivalent Response to the 1933 Nazi Seizure of Power, in: Eisfeld, Rainer/Greven, Michael/Rupp, Hans Karl (Hrsg.): Political Science and Regime Change in 20th Century Germany, Commack/New York 1997, S. 17–53.

Eisfeld, Rainer/Greven, Michael/Rupp, Hans Karl: Political Science and Regime Change in 20th Century Germany, Commack/New York 1997.

Eksteins, Modris: Theodor Heuss und die Weimarer Republik. Ein Beitrag zur Geschichte des deutschen Liberalismus (= Stuttgarter Beiträge zur Geschichte und Politik, Bd. 3), Stuttgart 1969.

Elias, Norbert: Über den Prozeß der Zivilisation. Soziogenetische und psychogenetische Untersuchungen, Frankfurt/Main 1936.

Ellwein, Thomas (Hrsg.): Wertheim, 3 Bde. (= Politisches Verhalten, Bd. 8–10), München 1969–1982.

Ellwein, Thomas: In eigener Sache, in: Politische Vierteljahresschrift 20 (1979), S. 105–107.

Ellwein, Thomas: Die deutsche Universität im Mittelalter bis zur Gegenwart, Königstein/Taunus 1985.

Ellwein, Thomas/Hesse, Joachim Jens: Das Regierungssytem der Bundesrepublik Deutschland, Opladen ^{6}1987.

Elster, Ludwig et al. (Hrsg.): Handbuch der Staatswissenschaften, 9 Bde., Jena ^{4}1923–1929.

End, Heinrich: Zweimal deutsche Außenpolitik. Internationale Dimensionen des innerdeutschen Konflikts 1949–1972, Köln 1972.

Engelberg, Ernst: Bismarck. Urpreuße und Reichsgründer, Berlin 1985.

Engelberg, Ernst (Hrsg.): Karl-Marx-Universität Leipzig 1409–1959. Beiträge zur Universitätsgeschichte, 2 Bde., Leipzig 1959.

Enquete Kommission: Bericht der von Vorstand und Beirat der Deutschen Vereinigung für Politische Wissenschaft eingesetzten Enquete Kommission zu Art. 5 Abs. 3 GG, in: Politische Vierteljahresschrift 16 (1975), S. 278–290.

Ermann, Wilhelm/Horn, Ewald: Bibliographie der deutschen Universitäten. Systematisch geordnetes Verzeichnis der bis Ende 1899 gedruckten Bücher und Aufsätze über das deutsche Universitätswesen, Leipzig, Berlin 1904–1905.

Eschenburg, Theodor: Staat und Gesellschaft in Deutschland, Stuttgart 1956.

Eschenburg, Theodor: Zur politischen Praxis in der Bundesrepublik. Kritische Betrachtungen, 3 Bde., München 1967–1972.

Eschenburg, Theodor: Jahre der Besatzung 1945–1949 (= Geschichte der Bundesrepublik Deutschland, Bd. 1), Stuttgart, Wiesbaden 1983.

Eschenburg, Theodor: Anfänge der Politikwissenschaft und des Schulfaches Politik in Deutschland seit 1945 (= Augsburger Universitätsreden, Bd. 7), Augsburg 1986.

Eschenburg, Theodor: Letzten Endes meine ich doch. Erinnerungen 1933–1999, Berlin 2000.

Eulenburg, Franz: Die Frequenz der deutschen Universitäten von ihrer Gründung bis zur Gegenwart, Leipzig 1904.

European Consortium for Political Research (Hrsg.): Annual Report 1998/99, Essex 1998–99.

Eyck, Erich: Bismarck, Bd. 1, Erlenbach, Zürich 1941.

Eynern, Gert von: Politologie, in: Zeitschrift für Politik, N. F. 1 (1954), S. 83–85.

Eynern, Gerd von: Das Experiment des Otto-Suhr-Instituts, in: Politische Vierteljahresschrift 9 (1968), S. 644–646.

Eynern, Gert von: Grundriß der politischen Wirtschaftslehre, Köln, Opladen 1968.

Falter, Jürgen W.: Der «Positivismusstreit» in der amerikanischen Politikwissenschaft, Opladen 1982.

Farr, James/Dryzek, John S. /Leonhard, Stephen T. (Hrsg.): Political Science in History: Research Programs and Political Traditions, Cambridge et al. 1995.

Farr, James/Seidelman, Raymond (Hrsg.): Discipline and History: Political Science in the United States, Ann Arbor 1993.

Faul, Erwin: Adolf Grabowsky 80 Jahre, in: Politische Vierteljahresschrift 1 (1960), S. 177–189.

Faul, Erwin: Alexander Rüstow, gest. 30. Juni 1963, in: Politische Vierteljahresschrift 4 (1963), S. 217–218.

Faul, Erwin: An die Leser der Politischen Vierteljahresschrift, in: Politische Vierteljahresschrift 14 (1973), S. 616–618.

Faul, Erwin: An die Leser der Politischen Vierteljahresschrift, in: Politische Vierteljahresschrift 20 (1979), S. 3–6.

Faul, Erwin: Politikwissenschaft im westlichen Deutschland, in: Politische Vierteljahresschrift 20 (1979), S. 71–103.

Favre, Pierre: La science politique en France depuis 1945, in: International Political Science Review 2 (1981), S. 95–120.

Favre, Pierre: France, in: Andrews, William G. (Hrsg.): International Handbook of Political Science, Westport/Connecticut, London 1982, S. 154–168.

Favre, Pierre: Naissances de la science politique en France 1870–1914, Paris 1989.

Fehrenbach, Elisabeth: Ludwig Bergsträßer, in: Wehler, Hans-Ulrich (Hrsg.): Deutsche Historiker, Bd. 7, Göttingen 1980, S. 101–117.

Feist, Hans-Joachim: Die Entstehung des Verwaltungsrechts als Rechtsdisziplin, München 1968.

Fenner, Christian/Blanke, Bernhard (Hrsg.): Systemwandel und Demokratisierung. Festschrift für Ossip K. Flechtheim, Frankfurt/Main, Köln 1975.

Fenske, Hans/Mertens, Dieter/Reinhard, Wolfgang et al.: Geschichte der politischen Ideen. Von der Antike bis zur Gegenwart, Frankfurt/Main 1996.

Fetscher, Iring/Münkler, Herfried (Hrsg.): Pipers Handbuch der Politischen Ideen, 5 Bde., München 1985–1993.

Fetscher, Iring/Münkler, Herfried (Hrsg.): Politikwissenschaft. Begriffe – Analysen – Theorien. Ein Grundkurs, Reinbek 1985.

Fiebelkorn, Joachim/Schramm, Thomas: Berliner Politologen auf dem Arbeitsmarkt. Verbleibsuntersuchung der Absolventenjahrgänge des Berliner Otto-Suhr-Instituts von 1979 bis 1986, in: Politische Vierteljahresschrift 30 (1989), S. 674–677.

Fijalkowski, Jürgen: Otto Stammer, in: Kölner Zeitschrift für Soziologie und Sozialpsychologie 17 (1965), H. 3 [= Festschrift für Otto Stammer], S. 409–415.

Fijalkowski, Jürgen: Die Bedeutung des Jahres 1945 für die Entwicklung der Politikwissenschaft in Deutschland, in: Jahrbuch zur Staats- und Verwaltungswissenschaft 9 (1996), S. 317–322.
Finifter, Ada W. (Hrsg.): Political Science: The State of the Discipline, Washington D. C. 1983.
Finifter, Ada W. (Hrsg.): Political Science: The State of the Discipline II, Washington D. C. 1993.
Fischer, Gustav: Über die Einrichtung staatswissenschaftlicher Seminarien auf den deutschen Universitäten, Jena 1857.
Fischer, Gustav: Staatswissenschaftliche Seminare, in: Lexis, Wilhelm (Hrsg.): Die Deutschen Universitäten. Für die Universitätsausstellung in Chicago, Bd. 2, Berlin 1893, S. 603–606.
Fischer-Baling, Eugen: Theorie der auswärtigen Politik (= Die Wissenschaft von der Politik, Bd. 6), Köln, Opladen 1960.
Flechtheim, Ossip K.: Die Florenz-Tagung der Ipsa, in: Zeitschrift für Politik, N. F. 1 (1954), S. 192.
Flechtheim, Ossip K.: Die deutschen Parteien seit 1945. Quellen und Auszüge, Berlin, Köln 1955.
Flohr, Heiner: Die Tätigkeit der Planungsabteilung im Bundeskanzleramt, in: Deutsche Vereinigung für Politische Wissenschaft (Hrsg.): Gesellschaftlicher Wandel und politische Innovation. Tagung der Deutschen Vereinigung für Politische Wissenschaft in Mannheim, Herbst 1971 (= Politische Vierteljahresschrift – Sonderheft, Bd. 4), Opladen 1972, S. 54–69.
Flüeler, Christoph: Rezeption und Interpretation der aristotelischen Politica im späten Mittelalter (= Bochumer Studien zur Philosophie, Bd. 19), Amsterdam, Philadelphia 1992.
Fogt, Helmut: Politische Generationen. Empirische Bedeutung und theoretisches Modell (= Beiträge zur sozialwissenschaftlichen Forschung, Bd. 32), Opladen 1982.
Fraenkel, Ernst: Zur Soziologie der Klassenjustiz, Berlin 1927 [Neuauflage: Darmstadt 1968].
Fraenkel, Ernst: Verfassungsreform und Sozialdemokratie, in: Die Gesellschaft. Internationale Revue für Sozialismus und Politik 2 (1932), S. 486–500.
Fraenkel, Ernst: The Dual State. A Contribution to the Theory of Dictatorship, New York 1941 [deutsche Übersetzung: Der Doppelstaat, Frankfurt/Main 1974].
Fraenkel, Ernst: USA – Weltmacht wider Willen (= Schriftenreihe der Deutschen Hochschule für Politik Berlin, Bd. 22), Berlin 1957.
Fraenkel, Ernst: Das amerikanische Regierungssystem. Eine politologische Analyse (= Die Wissenschaft von der Politik, Bd. 5), Köln, Opladen 1960.
Fraenkel, Ernst: Deutschland und die westlichen Demokratien, Stuttgart 1964.
Fraenkel, Ernst: Arnold Bergstraesser: 14. Juli 1896–24. Februar 1964, in: Jahrbuch für Amerikastudien 10 (1965), S. 8–14.
Fraenkel, Ernst: Akademisches Prüfungswesen in Deutschland und in den USA. Ein Vergleich, in: Jahrbuch für Amerikastudien 12 (1967), S. 61–73.
Fraenkel, Ernst: Die Wissenschaft von der Politik und die Gesellschaft (1963), in: Schneider, Heinrich (Hrsg.): Aufgabe und Selbstverständnis der politischen Wissenschaft, Darmstadt 1967, S. 228–247.

Fraenkel, Ernst: Politologie ist keine Obstruktionswissenschaft. Leserbrief, in: Die Zeit (20.3.1970), S. 21.
Fraenkel, Ernst: Reformismus und Pluralismus. Materialien zu einer ungeschriebenen politischen Autobiographie, hrsg. von Falk Esche und Frank Grube, Hamburg 1973.
Fraenkel, Ernst: Deutschland und die westlichen Demokratien [1960], in: Fraenkel, Ernst: Deutschland und die westlichen Demokratien, hrsg. von Alexander von Brünneck, Frankfurt/Main 1991, S. 32–47.
Fraenkel, Ernst: Historische Vorbelastungen des deutschen Parlamentarismus [1959/1960], in: Fraenkel, Ernst: Deutschland und die westlichen Demokratien, hrsg. von Alexander von Brünneck, Frankfurt/Main 1991, S. 23–47.
Fraenkel, Ernst: Strukturanalyse der modernen Demokratie [1969], in: Fraenkel, Ernst: Deutschland und die westlichen Demokratien, hrsg. von Alexander von Brünneck, Frankfurt/Main 1991, S. 326–359.
Fraenkel, Ernst: Gesammelte Schriften, 7 Bde., hrsg. von Alexander von Brünneck, Hubertus Buchstein und Gerhard Göhler, Baden-Baden 1999 ff.
Fraenkel, Ernst/Bracher, Karl Dietrich (Hrsg.): Staat und Politik (= Fischer Lexikon, Bd. 2), Frankfurt/Main 1957 [Neuausgabe: Frankfurt/Main 1964].
Frei, Daniel (Hrsg.): Theorien der Internationalen Beziehungen (= Piper Sozialwissenschaft, Bd. 18), München 1973.
Frei, Norbert: Vergangenheitspolitik. Die Anfänge der Bundesrepublik und die NS-Vergangenheit, München 1996.
Freidel, Frank: Francis Lieber. Nineteenth-Century Liberal, Baton Rouge 1947.
Freidel, Frank: Franz Lieber. Ein Vorkämpfer des nationalen Denkens und des internationalen Rechts, Bad Godesberg 1957.
Frensdorff, Franz: Über das Leben und die Schriften des Nationalökonomen J. H. G. von Justi, in: Nachrichten aus der Königlichen Gesellschaft der Wissenschaften zu Göttingen, Phil.-Hist. Klasse (1903), H. 4, S. 356–503.
Freyer, Hans: Soziologie als Wirklichkeitswissenschaft. Grundlegung des Systems der Soziologie, Leipzig, Berlin 1930.
Freyer, Hans: Das politische Semester. Ein Vorschlag zur Universitätsreform, Jena 1933.
Friedrich, Carl Joachim: Zur Problematik der unabhängigen Präsidialgewalt – Die Gesetzgebung in den Vereinigten Staaten, in: Berber, Fritz (Hrsg.): Zum Neubau der Verfassung (= Jahrbuch für Politische Forschung, Bd. 1), Berlin 1933, S. 151–170.
Friedrich, Carl Joachim: Constitutional Government and Politics, New York 1937.
Friedrich, Carl Joachim: The Continental Tradition of Training Administrators in Law and Jurisprudence, in: The Journal of Modern History 11 (1939), S. 129–148.
Friedrich, Carl Joachim: Der Verfassungsstaat der Neuzeit, Berlin, Göttingen, Heidelberg 1953 [1. amerikanische Auflage: 1937].
Friedrich, Carl Joachim: Grundsätzliches zur Geschichte der Wissenschaft von der Politik, in: Zeitschrift für Politik, N. F. 1 (1954), S. 325–336.
Friedrich, Carl Joachim: Totalitäre Diktatur, Stuttgart 1957.
Friedrich, Carl Joachim: Demokratie als Herrschafts- und Lebensform, Heidelberg 1959.
Friedrich, Carl Joachim: Johannes Althusius und sein Werk im Rahmen der Entwicklung der Theorie von der Politik, Berlin 1975.

Friedrich, Carl J./Brzezinski, Zbigniew K.: Totalitäre Diktatur, Stuttgart 1956.

Friedrich, Carl J./Brzezinski, Zbigniew K.: Totalitarian Dictatorship and Autocracy, Cambridge 1956.

Friedrich, Manfred: Geschichte der deutschen Staatsrechtswissenschaft (= Schriften zur Verfassungsgeschichte, Bd. 50), Berlin 1997.

Fromme, Friedrich Karl: Von der Weimarer Reichsverfassung zum Bonner Grundgesetz. Die verfassungspolitischen Folgerungen des Parlamentarischen Rates aus Weimarer Republik und nationalsozialistischer Diktatur, Tübingen [2]1962.

Füssl, Wilhelm: Professor in der Politik. Friedrich Julius Stahl 1802–1861. Das monarchische Prinzip und seine Umsetzung in die parlamentarische Praxis (= Schriftenreihe der Historischen Kommission bei der Bayerischen Akademie der Wissenschaften, Bd. 33), Göttingen 1988.

Funken, Christiane (Hrsg.): Soziologischer Eigensinn. Zur «Disziplinierung» der Sozialwissenschaften, Opladen 2000.

Gablentz, Otto Heinrich von der: Politik als Wissenschaft, in: Zeitschrift für Politik, N. F. 1 (1952), S. 2–23.

Gablentz, Otto Heinrich von der: Die politischen Theorien seit der Französischen Revolution (= Politische Theorien, Bd. 3), Köln, Opladen 1957.

Gablentz, Otto Heinrich von der: Geleitwort, in: Politische Vierteljahresschrift 1 (1960), S. 2–3.

Gablentz, Otto Heinrich von der: Politische Forschung in Deutschland, in: Stammer, Otto (Hrsg.): Politische Forschung. Beiträge zum zehnjährigen Bestehen des Instituts für politische Wissenschaft (= Schriften des Instituts für politische Wissenschaft, Bd. 17), Köln, Opladen 1960, S. 153–173.

Gablentz, Otto Heinrich von der: Gratulation [Gert von Eynern 60 Jahre], in: Politische Vierteljahresschrift 4 (1963), S. 111–112.

Gablentz, Otto Heinrich von der: Einführung in die Politische Wissenschaft, Köln, Opladen 1965.

Gabriel, Oscar W. (Hrsg.): Politische Orientierungen und Verhaltensweisen im vereinigten Deutschland (= Beiträge zu den Berichten der Kommission für die Erforschung des sozialen und politischen Wandels in den neuen Bundesländern e. V. (KSPW), Bd. 3.3), Opladen 1997.

Gackenholz, Friedrich: Die Vertretung der Universitäten auf den Landtagen des Vormärz. Insbesondere dargestellt am Beispiel der Universität Freiburg i.Br. (= Freiburger Rechts- und Staatswissenschaftliche Abhandlungen, Bd. 40), Karlsruhe 1974.

Gall, Lothar: Bismarck. Der weiße Revolutionär, Frankfurt/Main, Berlin, Wien 1980.

Galtung, Johan: Struktur, Kultur und intellektueller Stil. Ein vergleichender Essay über sachsonische, teutonische, gallische und nipponische Wissenschaft, in: Leviathan 11 (1983), S. 308–338.

García, Antonio García y: Die Rechtsfakultäten, in: Rüegg, Walter (Hrsg.): Geschichte der Universität in Europa. Bd. 1: Mittelalter, München 1993, S. 343–358.

Gasser, Simon Peter [Petrus]: Einleitung Zu den Oeconomischen Politischen und Cameral-Wissenschaften. Worinnen für dieses mal die Oeconomico-Cameralia von den Domainen- oder Cammer- auch andern Gütern, deren Administration und Anschlägen, so wol des Ackerbaues als anderer Pertinentien halber, samt den Rega-

lien angezeiget und erläutert werden; nebst einem Vorbericht von der Fundation der neuen oeconomischen Profession, und des Allerdurchlauchtigsten Stifters eigentlichen allergnädigsten Absicht, Halle/Saale 1729.
Gay, Peter: Die Republik der Außenseiter. Geist und Kultur in der Weimarer Zeit: 1918–1933, Frankfurt/Main 1970.
Gebhardt, Jürgen: Zum Problem der Schulen und Methoden in der Politischen Wissenschaft, in: Reinisch, Leonhard (Hrsg.): Politikwissenschaft heute, München 1971, S. 27–38.
Gebhardt, Jürgen: Zum Begriff des Politischen in der hellenischen Antike, in: Merkel, Wolfgang/Busch, Andreas (Hrsg.): Demokratie in Ost und West. Für Klaus von Beyme, Frankfurt/Main 1999, S. 36–54.
Gehring, Paul: Friedrich List. Jugend und Reifejahre 1789–1825, Tübingen 1964.
Gehring, Paul: Statistik, in: Ritter, Joachim/Gründer, Karlfried (Hrsg.): Historisches Wörterbuch der Philosophie, Bd. 10, Basel 1998, Sp. 104–110.
Gellner, Winand: Ideenagenturen für Politik und Öffentlichkeit. Think Tanks in den USA und in Deutschland (= Studien zur Sozialwissenschaft, Bd. 157), Opladen 1995.
Gerber, Carl Friedrich von: Grundzüge eines Systems des deutschen Staatsrechts, Leipzig 1865.
Gerloff, A. Wolfgang: Staatstheorie und Staatspraxis des kameralistischen Verwaltungsstaates, Breslau 1937.
Gerth, Hans: Die sozialgeschichtliche Lage der bürgerlichen Intelligenz um die Wende des 18. Jahrhunderts. Ein Beitrag zur Soziologie des deutschen Frühliberalismus, Berlin 1935 [2. Auflage: Göttingen 1976].
Gervinus, Georg Gottfried: Über Dahlmanns «Politik» [1836], in: Gervinus, Georg Gottfried: Gesammelte kleine historische Schriften, Karlsruhe 1839, S. 592–618.
Gierke, Otto von: Johannes Althusius und die Entwicklung der naturrechtlichen Staatstheorien. Zugleich ein Beitrag zur Geschichte der Rechtssystematik, Breslau 1880.
Gierke, Otto von: Das deutsche Genossenschaftsrecht. Bd. III.: Die Staats- und Korporationslehre des Alterthums und des Mittelalters und ihre Aufnahme in Deutschland, Berlin 1881 [Neudruck: Graz 1954].
Giesen, Bernd/Leggewie, Claus (Hrsg.): Experiment Vereinigung. Ein sozialer Großversuch, Berlin 1991.
Goebel, Kurt (Hrsg.): Die Verfassung des Landes Baden-Württemberg vom 11. November 1953, Stuttgart 1953.
Goetz, Walter: Nachruf auf Karl Bücher, in: Berichte über die Verhandlungen der Sächsischen Akademie der Wissenschaften in Leipzig, Philologisch-Historische Klasse 83 (1931), H. 5, S. 1–12.
Göhler, Gerhard: Vom Sozialismus zum Pluralismus. Politiktheorie und Emigrationserfahrung bei Ernst Fraenkel, in: Politische Vierteljahresschrift 27 (1986), S. 6–27.
Göhler, Gerhard: Die Wiederbegründung der Deutschen Hochschule für Politik. Traditionspflege oder wissenschaftlicher Neubeginn?, in: Göhler, Gerhard/Zeuner, Bodo (Hrsg.): Kontinuitäten und Brüche in der deutschen Politikwissenschaft, Baden-Baden 1991, S. 144–164.
Göhler, Gerhard: Einleitende Überlegungen zum Kontinuitätsproblem, in: Göhler,

Gerhard/Zeuner, Bodo (Hrsg.): Kontinuitäten und Brüche in der deutschen Politikwissenschaft, Baden-Baden 1991, S. 8–22.

Göhler, Gerhard/Zeuner, Bodo (Hrsg.): Kontinuitäten und Brüche in der deutschen Politikwissenschaft, Baden-Baden 1991.

Goldschmidt, Dietrich: Hochschulpolitik, in: Benz, Wolfgang (Hrsg.): Die Geschichte der Bundesrepublik Deutschland. Bd. 1: Politik, Frankfurt/Main 1989, S. 354–389.

Gooch, George Peabody: Geschichte und Geschichtsschreibung im 19. Jahrhundert, Frankfurt/Main 1961.

Goodin, Robert E./Klingemann, Hans-Dieter (Hrsg.): A New Handbook of Political Science, Oxford 1996.

Goodin, Robert E./Klingemann, Hans-Dieter: The Discipline, in: Goodin, Robert E./Klingemann, Hans-Dieter (Hrsg.): A New Handbook of Political Science, Oxford 1996, S. 3–49.

Gorges, Irmela: Sozialforschung in Deutschland 1872–1914. Gesellschaftliche Einflüsse auf Themen- und Methodenwahl des Vereins für Socialpolitik (= Schriften des Wissenschaftszentrums Berlin, Bd. 14), Königstein/Taunus 1980.

Grabmann, Martin: Die mittelalterlichen Kommentare zur Politik des Aristoteles. Vorgetragen am 15. November 1941 (= Sitzungsberichte der Bayerischen Akademie der Wissenschaften zu München, Philosophisch-Historische Abteilung, Bd. 1941, 2, 10), München 1941.

Grabowsky, Adolf: Staatserkenntnis durch räumliches Denken, in: Jäckh, Ernst (Hrsg.): Politik als Wissenschaft. Zehn Jahre Deutsche Hochschule für Politik, Berlin 1931, S. 34–54.

Grabowsky, Adolf: Politik, Berlin 1932.

Grabowsky, Adolf: Außenpolitik und nationale Revolution, in: Zeitschrift für Politik 33 (1933), S. 1–6.

Grabowsky, Adolf: Raum, Staat und Geschichte. Grundlegung der Geopolitik, Köln et al. 1960.

Grabowsky, Adolf: Zum 100. Geburtstag von Richard Schmidt, in: Zeitschrift für Politik, N. F. 9 (1962), S. 262–266.

Grass, Günter: Aus dem Tagebuch einer Schnecke, Neuwied 1972.

Grauhan, Rolf-Richard (Hrsg.): Lokale Politikforschung, 2 Bde. (= Campus – Studium, Bd. 510/511), Frankfurt/Main, New York 1975.

Grawert, Rolf: Die Staatswissenschaft des Rotteck-Welckerschen «Staats-Lexikons», in: Der Staat 31 (1992), S. 114–128.

Greenstein, Fred I./Polsby, Nelson W. (Hrsg.): Handbook of Political Science, 8 Bde., Reading/Massachusetts 1975.

Greven, Michael Th.: Zur Funktion des Faches Politikwissenschaft. Bildung oder Ausbildung?, in: Politische Vierteljahresschrift 25 (1984), S. 229–236.

Greven, Michael Th.: Was ist aus den Ansprüchen einer kritisch-emanzipatorischen Politikwissenschaft vom Ende der 60er Jahre geworden? Eine Skizze des Paradigmas und seines Scheiterns, in: Göhler, Gerhard/Zeuner, Bodo (Hrsg.): Kontinuitäten und Brüche in der deutschen Politikwissenschaft, Baden-Baden 1991, S. 221–246.

Greven, Michael Th.: Rezension von Rainer Eisfeld: Ausgebürgert und doch angebräunt, in: Politische Vierteljahresschrift 33 (1992), S. 140–145.

Greven, Michael Th.: From ‹Scientific Communism› to Political Science. The Collapse of East Germany in 1989/90 and the «Unification» of the Discipline, in: Eisfeld, Rainer/Greven, Michael/Rupp, Hans Karl (Hrsg.): Political Science and Regime Change in 20th Century Germany, Commack/New York 1997, S. 109–166.

Greven, Michael Th.: Politikwissenschaft – ein Fach ohne Disziplin, in: Funken, Christiane (Hrsg.): Soziologischer Eigensinn. Zur «Disziplinierung» der Sozialwissenschaften, Opladen 2000, S. 165–176.

Greven, Michael Th./Koop, Dieter (Hrsg.): War der Wissenschaftliche Kommunismus eine Wissenschaft? Vom Wissenschaftlichen Kommunismus zur Politikwissenschaft, Opladen 1993.

Grimm, Dieter: Staatsrechtslehre und Politikwissenschaft, in: Grimm, Dieter (Hrsg.): Rechtswissenschaften und Nachbarwissenschaften, Bd. 1, Frankfurt/Main 1973, S. 53–67.

Grosser, Alfred: Deutschlandbilanz. Geschichte Deutschlands seit 1945, München 1970.

Großer, Günther: Der Gegenstand des wissenschaftlichen Kommunismus. Methodologische Probleme seiner Bestimmung, Berlin [Ost] 1981.

Großer, Günther/Wolf, B.: Wissenschaftlicher Sozialismus als politische Theorie des Marxismus-Leninismus, in: Wissenschaftlicher Sozialismus. Informationsbulletin, hrsg. von der Akademie für Gesellschaftswissenschaften beim Zentralkomitee der SED 3 (1989), H. 2, S. 1–21.

Großer, Günther et al. (Hrsg.): Wissenschaftlicher Kommunismus. Lehrbuch für das marxistisch-leninistische Grundlagenstudium, Berlin [Ost] 1976.

Großer, Günther et al. (Hrsg.): Wissenschaftlicher Sozialismus. Lehrbuch für das marxistisch-leninistische Grundlagenstudium, Berlin [Ost] 1988.

Grothe, Ewald: Eine «lautlose» Angelegenheit? Zur Rückkehr des Verfassungshistorikers Ernst Rudolf Huber in die universitäre Wissenschaft nach 1945, in: Zeitschrift für Geschichtswissenschaft 47 (1999), S. 980–1001.

Grottian, Peter: Politologin oder Politologe. Suche nach einer neuen Identität, in: Fetscher, Iring/Münkler, Herfried (Hrsg.): Politikwissenschaft. Begriffe – Analysen – Theorien. Ein Grundkurs, Reinbek 1985, S. 637–648.

Grottian, Peter: Politikwissenschaftler auf dem Arbeitsmarkt, in: Beyme, Klaus von (Hrsg.): Politikwissenschaft in der Bundesrepublik Deutschland (= Politische Vierteljahresschrift – Sonderheft, Bd. 17), Opladen 1986, S. 78–88.

Grundmann, Herbert: Sacerdotium Regnum Studium. Zur Wertung der Wissenschaft im 13. Jahrhundert, in: Archiv für Kulturgeschichte 33 (1951), S. 5–21.

Grundmann, Herbert: Vom Ursprung der Universität im Mittelalter, Darmstadt 1957.

Gunnell, John G.: The Historiography of American Political Science, in: Easton, David/Gunnell, John G./Graziano, Luigi (Hrsg.): The Development of Political Science. A Comparative Survey, London, New York 1991, S. 13–33.

Gunnell, John G.: The Declination of the «State» and the Origins of American Pluralism, in: Farr, James/Dryzek, John S. /Leonhard, Stephen T. (Hrsg.): Political Science in History: Research Programs and Political Traditions, Cambridge et al. 1995, S. 19–40.

Günther, Friedrich/Kuhirt, Ullrich (Hrsg.): Grundlagen des Marxismus-Leninismus. Lehrbuch, Berlin [Ost] 1960.

Günther, Klaus: Politisch-soziale Analysen im Schatten von Weimar (= Beiträge zur Politikwissenschaft, Bd. 32), Frankfurt/Main 1985.

Gurland, Arcadius R. L.: Politische Wirklichkeit und Politische Wissenschaft, in: Bracher, Karl Dietrich et al.: Faktoren der Machtbildung. Wissenschaftliche Studien zur Politik (= Schriften des Instituts für Politische Wissenschaft, Bd. 2), Berlin 1952, S. 9–38.

Gusy, Christoph: Die Weimarer Reichsverfassung, Tübingen 1997.

Habermas, Jürgen: Strukturwandel der Öffentlichkeit. Untersuchungen zu einer Kategorie der bürgerlichen Gesellschaft (= Politica, Bd. 4), Neuwied, Berlin 1962.

Habermas, Jürgen: Theorie und Praxis. Sozialphilosophische Studien (= Politica, Bd. 11), Neuwied 1963.

Habermas, Jürgen: Legitimationsprobleme im Spätkapitalismus, Frankfurt/Main 1973.

Habermas, Jürgen: Theorie des kommunikativen Handelns. Bd. 1: Handlungsrationalität und gesellschaftliche Rationalisierung, Frankfurt/Main 1981.

Habermas, Jürgen: Theorie des kommunikativen Handelns. Bd. 2: Zur Kritik der funktionalistischen Vernunft, Frankfurt/Main 1982.

Habermas, Jürgen/Luhmann, Niklas: Theorie und Gesellschaft oder Sozialtechnologie – Was leistet die Systemforschung?, Frankfurt/Main 1971.

Hachmeister, Lutz: Der Gegnerforscher. Die Karriere des SS-Führers Franz Alfred Six, München 1998.

Hacker, Jens: Deutsche Irrtümer. Schönfärberei und Helfershelfer der SED-Diktatur im Westen, Berlin 1992.

Haddow, Anna: Political Science in American Colleges and Universities 1636–1900, New York 1939.

Hahn, Gerhard: Die Reichstagsbibliothek zu Berlin – ein Spiegel deutscher Geschichte. Mit einer Darstellung zur Geschichte der Bibliotheken der Frankfurter Nationalversammlung, des Deutschen Bundestages und der Volkskammer sowie einem Anhang: Ausländische Parlamentsbibliotheken unter nationalsozialistischer Herrschaft und Dokumenten, Düsseldorf 1997.

Haiger, Ernst: Politikwissenschaft und Auslandswissenschaft im «Dritten Reich». (Deutsche) Hochschule für Politik 1933–1939 und Auslandswissenschaftliche Fakultät der Berliner Universität 1940–1945, in: Göhler, Gerhard/Zeuner, Bodo (Hrsg.): Kontinuitäten und Brüche in der deutschen Politikwissenschaft, Baden-Baden 1991, S. 94–136.

Haller, Carl Ludwig von: Restauration der Staats-Wissenschaften oder Theorie des naturgeselligen Zustands, der Chimäre des künstlich bürgerlichen entgegengesetzt, 6 Bde., Aalen 1816–1825.

Hammerstein, Notker: Jus und Historie. Ein Beitrag zur Geschichte des historischen Denkens an deutschen Universitäten im späten 17. und 18. Jahrhundert, Göttingen 1972.

Hammerstein, Notker: Die deutschen Universitäten im Zeitalter der Aufklärung, in: Zeitschrift für Historische Forschung 10 (1983), S. 73–89.

Hammerstein, Notker: Zur Geschichte und Bedeutung der Universitäten im Heiligen Römischen Reich Deutscher Nation, in: Historische Zeitschrift 241 (1985), S. 287–328.

Hammerstein, Notker: Geschichte der Universität, Frankfurt/Main 1989.

Hammerstein, Notker: Universitäten und Reformation, in: Historische Zeitschrift 258 (1994), S. 341–357.

Hammerstein, Notker: Die Universitäten in der Aufklärung, in: Rüegg, Walter (Hrsg.): Geschichte der Universität in Europa. Bd. 2: Von der Reformation bis zur Französischen Revolution (1500–1800), München 1996, S. 495–506.

Hansmeyer, Karl-Heinrich/Henning, Friedrich-Wilhelm (Hrsg.): 600 [Sechshundert] Jahre Kölner Universität. 1388/1988, Köln 1989.

Härter, Karl/Stolleis, Michael (Hrsg.): Repertorium der Policeyordnungen der frühen Neuzeit. Bd. 2: Brandenburg/Preussen (= Ius commune, Sonderheft, Bd. 111), Frankfurt/Main 1998.

Hartfelder, Karl: Philipp Melanchthon als Praeceptor Germaniae (= Monumenta Germaniae paedagogica, Bd. 7), Berlin 1889.

Hartmann, Fritz/Vierhaus, Rudolf (Hrsg.): Der Akademiegedanke im 17. und 18. Jahrhundert, Bremen, Wolfenbüttel 1977.

Hartung, Dirk/Nuthmann, Reinhard/Winterhager, Wolfgang Dietrich: Politologen im Beruf. Zur Aufnahme und Durchsetzung neuer Qualifikationen im Beschäftigungssystem, Stuttgart 1970.

Hartwich, Hans-Hermann: Einführung, in: Hartwich, Hans-Hermann (Hrsg.): Policy-Forschung in der Bundesrepublik Deutschland. Ihr Selbstverständnis und ihr Verhältnis zu den Grundfragen der Politikwissenschaft, Opladen 1985, S. 1–6.

Hartwich, Hans-Hermann (Hrsg.): Sozialkunde und Sozialwissenschaften. Zur Diskussion um das neue Fach Gemeinschaftskunde (= Zur Politik und Zeitgeschichte, Bd. 14/15), Berlin 1963.

Hartwich, Hans-Hermann (Hrsg.): Gesellschaftliche Probleme als Anstoß und Folge von Politik. Wissenschaftlicher Kongreß der DVPW 4.–7. Oktober 1982 in der Freien Universität Berlin. Tagungsbericht, Opladen 1983.

Hartwich, Hans-Hermann (Hrsg.): Policy-Forschung in der Bundesrepublik Deutschland. Ihr Selbstverständnis und ihr Verhältnis zu den Grundfragen der Politikwissenschaft, Opladen 1985.

Hartwich, Hans-Hermann (Hrsg.): Politikwissenschaft. Lehre und Studium zwischen Professionalisierung und Wissenschaftsimmanenz, Opladen 1987.

Hattenhauer, Hans: Geschichte des Beamtentums, Köln et al. 1980.

Hattenhauer, Hans/Bernert, Günther (Hrsg.): Allgemeines Landrecht für die preußischen Staaten von 1794, Neuwied et al. ^{3}1996.

Hättich, Manfred: Panik und Gejammer. Nur solide Arbeit kann helfen, in: Die Zeit (9.12.1983).

Haussherr, Hans: Verwaltungseinheit und Ressorttrennung vom Ende des 17. bis zum Beginn des 19. Jahrhunderts, Berlin 1953.

Hayoun, Maurice-Ruben: Maimonides. Arzt und Philosoph im Mittelalter. Eine Biographie, München 1999.

Hearnden, Arthur: The British in Germany. Educational Reconstruction after 1945, London 1978.

Hegel, Georg Wilhelm Friedrich: Grundlinien der Philosophie des Rechts oder Naturrecht und Staatswissenschaft im Grundrisse (= Georg Wilhelm Friedrich Hegels Werke. Vollständige Ausgabe, Bd. 8), Berlin 1833.

Hegel, Georg Wilhelm Friedrich: Politische Schriften, hrsg. von Jürgen Habermas (= Theorie, Bd. 1), Frankfurt/Main 1966.

Hegel, Georg Wilhelm Friedrich: Grundlinien der Philosophie des Rechts oder Naturrecht und Staatswissenschaft im Grundrisse, Frankfurt/Main 1976.

Hegel, Georg Wilhelm Friedrich: Philosophie des Rechts: Die Vorlesung von 1819/20 in einer Nachschrift, hrsg. von Dieter Henrich, Frankfurt/Main 1983.

Heiber, Helmut: Universität unterm Hakenkreuz. Teil I: Der Professor im Dritten Reich. Bilder aus der akademischen Provinz, München, London, New York, Paris 1991.

Heidenheimer, Arnold J.: Politics, Policy and Policey as Concepts in English and Continental Languanges: An Attempt to Explain Divergences, in: The Review of Politics 48 (1986), H. 1, S. 3–33.

Heinemeyer, Walther et al. (Hrsg.): Academia Marburgensis. Beiträge zur Geschichte der Philipps-Universität Marburg, Marburg 1977.

Heiss, Robert: Der Aristotelismus in der Artistenfakultät der alten Universität Köln, in: Graven, Hubert (Hrsg.): Festschrift zur Erinnerung an die Gründung der alten Universität Köln im Jahre 1388, Köln 1938, S. 288–315.

Heller, Hermann: Political Science, in: Seligman, Edwin R. A./Johnson, Alvin (Hrsg.): Encyclopaedia of the Social Science, Bd. 12, New York 1934, S. 207–224.

Heller, Hermann: Staatslehre, hrsg. von Gerhart Niemeyer, Leiden 1934.

Heller, Hermann: Gesammelte Schriften, 3 Bde., Leiden 1971.

Heller, Hermann: Vom Sinn der Politik [1924], in: Heller, Hermann: Gesammelte Schriften. Bd. 1: Orientierung und Entscheidung, Leiden 1971, S. 431–435.

Hellstern, Gerd-Michael/Wollmann, Hellmut: Evaluierungsforschung. Ansätze und Methoden; dargestellt am Beispiel des Städtebaus (= Stadtforschung aktuell, Bd. 7), Basel, Boston, Stuttgart, 1983.

Hennis, Wilhelm: Bemerkungen zur wissenschaftsgeschichtlichen Situation der politischen Wissenschaft, in: Gesellschaft, Staat, Erziehung 5 (1960), S. 203–211.

Hennis, Wilhelm: Politik und praktische Philosophie. Eine Studie zur Rekonstruktion der politischen Wissenschaft (= Politica, Bd. 14), Neuwied, Berlin 1963.

Hennis, Wilhelm: Bemerkungen zur wissenschaftsgeschichtlichen Situation der politischen Wissenschaft, in: Schneider, Heinrich (Hrsg.): Aufgabe und Selbstverständnis der politischen Wissenschaft, Darmstadt 1967, S. 120–132.

Hennis, Wilhelm: Politik als praktische Wissenschaft, München 1968.

Hennis, Wilhelm: Demokratisierung. Zur Problematik eines Begriffs, Köln et al. ²1972.

Hennis, Wilhelm: Politik und praktische Philosophie. Schriften zur politischen Theorie, Stuttgart 1981.

Hennis, Wilhelm: Über die Antworten der eigenen Wissenschaftsgeschichte und die Notwendigkeit, «zentrale Fragen» der Politikwissenschaft stets neu zu überdenken, in: Hartwich, Hans-Hermann (Hrsg.): Policy-Forschung in der Bundesrepublik Deutschland. Ihr Selbstverständnis und ihr Verhältnis zu den Grundfragen der Politikwissenschaft, Opladen 1985, S. 122–131.

Hennis, Wilhelm: Max Webers Fragestellung. Studien zur Biographie des Werks, Tübingen 1987.

Hennis, Wilhelm: Politikwissenschaft als Beruf. «Erzählte Erfahrung» eines Fünfundsiebzigjährigen [1998], in: Hennis, Wilhelm: Politikwissenschaftliche Abhandlungen. Bd. 1: Regieren im modernen Staat, Tübingen 1999, S. 381–415.

Hennis, Wilhelm im Gespräch mit Hübinger, Gangolf: Politikwissenschaft als Disziplin. Zum Weg der politischen Wissenschaft nach 1945, in: Neue Politische Literatur 44 (1999), S. 365–379.

Hentschel, Volker: Die Staatswissenschaften an den Universitäten im 18. und frühen 19. Jahrhundert, in: Berichte zur Wissenschaftsgeschichte 1 (1978), S. 181–200.

Herbst, Jurgen: The German Historical School in American Scholarship: A Study in the Transfer of Culture, Ithaca/New York 1965.

Héritier, Adrienne (Hrsg.): Policy-Analyse. Kritik und Neuorientierung (= Politische Vierteljahresschrift – Sonderheft, Bd. 24), Opladen 1993.

Hermens, Ferdinand A.: Demokratie und Wahlrecht. Eine wahlrechtssoziologische Untersuchung zur Krise der parlamentarischen Regierungsbildung (= Görres-Gesellschaft. Sektion für Sozial- und Wirtschaftswissenschaft: Veröffentlichungen, Bd. 6), Paderborn 1933.

Hermens, Ferdinand A.: Demokratie oder Anarchie? Eine Untersuchung über die Verhältniswahl, Frankfurt/Main 1951 [1. englischsprachige Ausgabe: Notre Dame 1941].

Hermens, Ferdinand A.: Zwischen Politik und Vernunft. Gesammelte Aufsätze aus drei Welten (= Kölner Schriften zur Politischen Wissenschaft, N. F. Bd. 1), Berlin 1969.

Herrmann, Alfred (Hrsg.): Festschrift zum 70. Geburtstag von Ludwig Bergsträßer. Aus Geschichte und Politik, Düsseldorf 1954.

Hertfelder, Thomas: Das symbolische Kapital der Bildung: Theodor Heuss, in: Hübinger, Gangolf und Hertfelder, Thomas (Hrsg.): Kritik und Mandat. Intellektuelle in der deutschen Politik, (= Stiftung Bundespräsident-Theodor-Heuss-Haus, Wissenschaftliche Reihe 3), Stuttgart 2000, S. 93–113.

Hertling, Georg von: Zur Geschichte der aristotelischen Politik im Mittelalter, in: Rheinische Philologie 39 (1884), S. 446–457.

Herz, Dietmar/Weinberger, Veronika: Die Münchener Schule der Politikwissenschaft, in: Bleek, Wilhelm/Lietzmann, Hans J. (Hrsg.): Schulen der deutschen Politikwissenschaft, Opladen 1999, S. 269–292.

Herzog, Roman: Allgemeine Staatslehre, Frankfurt/Main 1971.

Heß, Jürgen C.: Theodor Heuss vor 1933. Ein Beitrag zur Geschichte des demokratischen Denkens in Deutschland (= Kieler historische Studien, Bd. 20), Stuttgart 1973.

Hesse, Joachim Jens (Hrsg.): Politikwissenschaft und Verwaltungswissenschaft (= Politische Vierteljahresschrift – Sonderheft, Bd. 13), Opladen 1982.

Hesse, Joachim Jens/Wollmann, Hellmut (Hrsg.): Probleme der Stadtpolitik in den 80er Jahren, Frankfurt/Main, New York 1983.

Hesse, Wolfgang: Reformpolitik und Sozialwissenschaften, in: Aus Politik und Zeitgeschichte 27 (1977), H. 39, S. 15–24.

Hessisches Ministerium für Erziehung und Volksbildung (Hrsg.): Die politischen Wissenschaften an den deutschen Universitäten und Hochschulen. Gesamtprotokoll der Konferenz von Waldleiningen vom 10./11. 9. 1949, o. O. 1949.

Hessisches Ministerium für Erziehung und Volksbildung (Hrsg.): Über Lehre und Forschung der Wissenschaft von der Politik. Gesamtprotokoll der Konferenz von Königstein im Taunus vom 15. und 16. Juli 1950, Wiesbaden 1950.

Heuß, Alfred: «Gemeinschaftskunde», ein Kapitel moderner deutscher Pädagogik, in: Die Mitarbeit 15 (1966), S. 430–442.

Heuss, Theodor: Denkschrift zur Errichtung einer Deutschen Hochschule für Politik, in: Drews, Bill et al.: Politische Bildung. Wille – Wesen – Ziel – Weg. Sechs Reden, gehalten bei der Eröffnung der Deutschen Hochschule für Politik, Berlin 1921, S. 33–37.

Heuss, Theodor: Deutsche Hochschule für Politik, in: Vogel, Walther (Hrsg.): Weltpolitische Bildungsarbeit an preußischen Hochschulen. Festschrift aus Anlaß des 50. Geburtstages des Preußischen Ministers für Wissenschaft, Kunst und Volksbildung Herrn Professors Dr. C. H. Becker, Berlin 1926, S. 79–93.

Heuss, Theodor: Staat und Volk, Berlin 1926.

Heuss, Theodor: Politik, Halberstadt 1927.

Heuss, Theodor: Friedrich Naumann als politischer Pädagoge, in: Jäckh, Ernst (Hrsg.): Politik als Wissenschaft. Zehn Jahre Deutsche Hochschule für Politik, Berlin 1931, S. 121–133.

Heuss, Theodor: Hitlers Weg. Eine historisch-politische Studie über den Nationalsozialismus, Stuttgart [4]1932.

Heuss, Theodor: Friedrich Naumann: Der Mann, das Werk, die Zeit, Stuttgart, Tübingen 1949.

Heuss, Theodor: Formkräfte der politischen Stilbildung, Berlin 1952.

Heuss, Theodor: Erinnerungen 1905–1933, Tübingen [2]1963.

Hildebrand, Bruno: Die Nationalökonomie der Gegenwart und Zukunft [1848], hrsg. und eingeleitet von Hans Gehrig (= Sammlung sozialwissenschaftlicher Meister, Bd. 22), Jena 1922.

Hilsman, Roger/Good, Robert C. (Hrsg.): Foreign Policy in the Sixties: The Issues and the Instruments. Essays in Honor of Arnold Wolfers, Baltimore/Maryland 1965.

Hintze, Otto: Roschers politische Entwicklungstheorie [1897], in: Hintze, Otto: Soziologie und Geschichte. Gesammelte Abhandlungen zur Soziologie, Politik und Theorie der Geschichte, hrsg. und eingeleitet von Gerhard Oestreich (= Gesammelte Abhandlungen, Bd. 2), Göttingen 1964, S. 3–45.

Hintze, Otto: Soziologie und Geschichte. Gesammelte Abhandlungen zur Soziologie, Politik und Theorie der Geschichte, hrsg. und eingeleitet von Gerhard Oestreich (= Gesammelte Abhandlungen, Bd. 2), Göttingen 1964.

Hirsch-Weber, Wolfgang/Schütz, Klaus: Wähler und Gewählte. Eine Untersuchung der Bundestagswahlen 1953 (= Schriften des Instituts für politische Wissenschaft, Bd. 7), Berlin, Frankfurt/Main 1957.

Historische Kommission bei der bayerischen Akademie der Wissenschaften (Hrsg.): Neue deutsche Biographie [NDB], bisher 19 Bde., Berlin 1953 ff.

Historische Kommission bei der Kgl. Akademie der Wissenschaften (Hrsg.): Allgemeine deutsche Biographie [ADB], Bd. 1–56, München, Leipzig 1875–1912.

Hobulek, R.: Allgemeine Staatslehre als empirische Wissenschaft. Eine Untersuchung am Beispiel von Georg Jellinek (= Schriften zur Rechtslehre und Politik, Bd. 35), Bonn 1961.

Hoepke, Klaus-Peter: Das politische Kolleg, in: Mitteilungen der Technischen Universität Carolo-Wilhelmina zu Braunschweig 11 (1976), H. 2, S. 20–25.

Hoffmann, J.[ohann] G.[ottfried]: Nachricht von dem Zwecke und der Anordnung der Vorträge, Berlin 1823.

Hofstadter, Richard/Metzger, Walter Paul: The Development of Academic Freedom in the United States, New York 1955.

Höhn, Reinhard: Der Kampf um die juristische Ausbildung des Verwaltungsnachwuchses in Preußen, in: Reich – Volksordnung – Lebensraum. Zeitschrift für völkische Verfassung und Verwaltung 4 (1943), S. 9–104.

Holtzendorff, Franz von: Die Prinzipien der Politik. Einleitung in die staatswissenschaftliche Betrachtung der Gegenwart, Berlin 1869.

Horkheimer, Max/Adorno, Theodor W.: Dialektik der Aufklärung. Philosophische Fragmente, Amsterdam 1947.

Horn, Hannelore/Schwan, Alexander/Weingärtner, Thomas (Hrsg.): Sozialismus in Theorie und Praxis. Festschrift für Richard Löwenthal zum 70. Geburtstag am 15. April 1978, Berlin 1978.

Hoxie, R. Gordon et al.: A History of the Faculty of Political Science Columbia University, New York 1955.

Huber, Ernst Rudolf: Die deutsche Staatswissenschaft, in: Zeitschrift für die gesamte Staatswissenschaft 95 (1935), S. 1–65.

Huber, Ernst Rudolf: Verfassung, Hamburg 1937.

Huber, Ernst Rudolf: Verfassungsrecht des Großdeutschen Reichs, Hamburg 1939.

Huber, Ernst Rudolf: Deutsche Verfassungsgeschichte seit 1789, 8 Bde., Stuttgart 1957–1991.

Huber, Ernst Rudolf: Nationalstaat und Verfassungsstaat. Studien zur Geschichte der modernen Staatsidee, Stuttgart 1965.

Huber, Ernst Rudolf (Hrsg.): Dokumente zur Deutschen Verfassungsgeschichte, 5 Bde., Stuttgart 1961–1997.

Hübinger, Gangolf: Staatstheorie und Politik als Wissenschaft im Kaiserreich. Georg Jellinek, Otto Hintze, Max Weber, in: Maier, Hans et al. (Hrsg.): Politik, Philosophie, Praxis. Festschrift für Wilhelm Hennis, Stuttgart 1988, S. 143–160.

Hübinger, Gangolf et al.: Max Weber und die wissenschaftliche Politik nach 1945. Aspekte einer theoriegeschichtlichen Nicht-Rezeption, in: Zeitschrift für Politik, N. F. 37 (1990), S. 181–204.

Hübner, Hans (Hrsg.): Geschichte der Martin-Luther-Universität Halle-Wittenberg 1502–1977. Abriß, Halle/Saale 1977.

Hübner, Rudolf: Johann Gustav Droysens Vorlesungen über Politik, in: Zeitschrift für Politik 10 (1917), S. 325–376.

Hüglin, Thomas O.: Sozietaler Föderalismus. Die politische Theorie des Johannes Althusius, Berlin 1991.

Humboldt, Wilhelm von: Gutachten über die Organisation der Ober-Examinations-Kommission [1809], in: Humboldt, Wilhelm von: Werke in fünf Bänden. Bd. 4: Schriften zur Politik und zum Bildungswesen, hrsg. von Andreas Flitner und Klaus Giel, Stuttgart ⁴1993, S. 77–89.

Humboldt, Wilhelm von: Ideen zu einem Versuch, die Gränzen der Wirksamkeit des Staates zu bestimmen [1792], in: Humboldt, Wilhelm von: Werke in fünf Bänden. Bd. 1: Schriften zur Anthropologie und Geschichte, hrsg. von Andreas Flitner und Klaus Giel, Stuttgart ⁴1993, S. 56–233.

Humboldt, Wilhelm von: Über die innere und äussere Organisation der höheren wissenschaftlichen Anstalten in Berlin [1810], in: Humboldt, Wilhelm von: Werke in fünf Bänden. Bd. 4: Schriften zur Politik und zum Bildungswesen, hrsg. von Andreas Flitner und Klaus Giel, Stuttgart ⁴1993, S. 255–266.

Hutchison, Terence W.: From Zeitschrift für die gesamte Staatswissenschaft (ZgS) to

Journal of Institutional and Theoretical Economics (JITE), 1844–1994, in: Journal of Institutional and Theoretical Economics 150 (1994), S. 1–10.

Hüttig, Christoph/Raphael, Lutz: Die «wissenschaftliche Politik» der «Marburger Schule(n)» im Umfeld der westdeutschen Politikwissenschaft 1951–1975, in: Politische Vierteljahresschrift 33 (1992), S. 427–454.

Hüttig, Christoph/Raphael, Lutz: Die «Marburger Schule(n)» im Umfeld der westdeutschen Politikwissenschaft 1951–1975, in: Bleek, Wilhelm/Lietzmann, Hans J. (Hrsg.): Schulen der deutschen Politikwissenschaft, Opladen 1999, S. 293–318.

Iggers, Georg: Heinrich von Treitschke, in: Wehler, Hans-Ulrich (Hrsg.): Deutsche Historiker, Bd. 2, Göttingen 1971, S. 66–80.

Independent Commission on International Development Issues: Das Überleben sichern. Gemeinsame Interessen der Industrie- und Entwicklungsländer. Bericht der Nord-Süd-Kommission. Mit einer Einleitung von Willy Brandt, Köln et al. 1980.

Issing, Ottmar (Hrsg.): Geschichte der Nationalökonomie, München [3]1994.

Jachtenfuß, Markus: Politikwissenschaftliche Europaforschung, in: Nohlen, Dieter (Hrsg.): Lexikon der Politik. Bd. 5: Die Europäische Union, hrsg. von Beate Kohler-Koch und Wichard Woyke, München 1996, S. 214–219.

Jäckh, Ernst: Zur Hochschule für Politik, in: Deutsche Politik V (1920), H. 46, S. 571–575.

Jäckh, Ernst: [Rede], in: Drews, Bill et al.: Politische Bildung. Wille – Wesen – Ziel – Weg. Sechs Reden, gehalten bei der Eröffnung der Deutschen Hochschule für Politik, Berlin 1921, S. 28–32.

Jäckh, Ernst: Zwei Jahre Deutsche Hochschule für Politik, in: Troeltsch, Ernst (Hrsg.): Naturrecht und Humanität in der Weltpolitik. Vortrag bei der 2. Jahresfeier der Deutschen Hochschule für Politik, Berlin 1923, S. 25–43.

Jäckh, Ernst: Zur Gründung und Entwicklung der Deutschen Hochschule für Politik, in: Jäckh, Ernst: Politik als Wissenschaft. Zehn Jahre Deutsche Hochschule für Politik, Berlin 1931, S. 175–202.

Jäckh, Ernst: Die «alte» Hochschule für Politik. 1920–1933, in: Jäckh, Ernst/Suhr, Otto (Hrsg.): Geschichte der Deutschen Hochschule für Politik, Berlin 1952, S. 5–32.

Jäckh, Ernst: Der goldene Pflug. Lebensernte eines Weltbürgers, Stuttgart 1954.

Jäckh, Ernst: Weltsaat. Erlebtes und Erstrebtes, Stuttgart 1960.

Jäckh, Ernst (Hrsg.): Politik als Wissenschaft. Zehn Jahre Deutsche Hochschule für Politik, Berlin 1931.

Jäckh, Ernst/Suhr, Otto (Hrsg.): Geschichte der Deutschen Hochschule für Politik, Berlin 1952.

Jahn, Egbert: Friedens- und Konfliktforschung, in: Nohlen, Dieter (Hrsg.): Lexikon der Politik. Bd. 6: Internationale Beziehungen, hrsg. von Andreas Boeckh, München 1993, S. 158–163.

Jänicke, Martin: Untersuchungen zum Begriff totalitärer Herrschaft, Diss. Berlin 1969.

Jänicke, Martin: Totalitäre Herrschaft. Anatomie eines politischen Begriffes, Berlin 1971.

Jänicke, Martin (Hrsg.): Umweltpolitik. Beiträge zur Politologie des Umweltschutzes, Opladen 1978.

Jansen, Christian: Professoren und Politik. Politisches Denken und Handeln Heidelberger Hochschullehrer 1914–1935 (= Kritische Studien zur Geschichtswissenschaft, Bd. 99), Göttingen 1992.

Jarausch, Konrad H. : Students, Society and Politics in Imperial Germany: The Rise of Academic Illiberalism, Princeton/New Jersey 1982.

Jarausch, Konrad H. : Deutsche Studenten 1800–1970 (= Neue Historische Bibliothek, N. F., Bd. 258), Frankfurt/Main 1984.

Jay, Martin: Dialektische Phantasie. Die Geschichte der Frankfurter Schule und des Instituts für Sozialforschung 1923–1950, Frankfurt/Main 1976.

Jellinek, Georg: Allgemeine Staatslehre, Berlin 1900 [3. Auflage: 1929].

Jellinek, Georg: Eine Naturlehre des Staates [1893], in: Jellinek, Georg: Ausgewählte Schriften und Reden, Bd. 2, Berlin 1911, S. 320–329.

Jellinek, Georg (Hrsg.): Ausgewählte Schriften und Reden, 2 Bde., Berlin 1911.

Jens, Walter: Eine deutsche Universität. 500 Jahre Tübinger Gelehrtenrepublik, München [4]1977.

Jeserich, Kurt G. A./Pohl, Hans/Unruh, Georg-Christoph Unruh (Hrsg.): Deutsche Verwaltungsgeschichte. Bd. 1: Vom Spätmittelalter bis zum Ende des Reiches, Stuttgart 1983.

Johannsen, Dieter: Politik als Staatsklugheit und Staatskunst, Diss. Freiburg/Breisgau 1972.

John, Vinzenz: Geschichte der Statistik. Ein quellenmäßiges Handbuch für den akademischen Gebrauch wie für den Selbstunterricht, Stuttgart 1884.

Jung, Heinz/Deppe, Frank/Tjaden, Karl Hermann et al.: BRD-DDR. Vergleich der Gesellschaftssysteme, Köln 1971.

Jürgens, Ulrich/Naschold, Frieder: Thesen und Materialien zur Arbeitspolitik, in: Hartwich, Hans-Hermann (Hrsg.): Gesellschaftliche Probleme als Anstoß und Folge von Politik. Wissenschaftlicher Kongreß der DVPW 4.–7. Oktober 1982 in der Freien Universität Berlin. Tagungsbericht, Opladen 1983, S. 113–138.

Justi, Johann Heinrich Gottlob von: Staatswirtschaft oder systematische Abhandlung aller Oeconomischen und Cameralwissenschaften, die zur Regierung eines Landes erforderlich werden, Leipzig 1755.

Justi, Johann Heinrich Gottlob von: Grundsätze der Policeywissenschaft in einem vernünftigen, auf den Endzweck der Policey gegründeten, Zusammenhange und zum Gebrauch academischer Vorlesungen abgefasset, Göttingen 1756.

Justi, Johann Heinrich Gottlob von: Grundriß einer guten Regierung, Frankfurt/Main, Leipzig 1759.

Justi, Johann Heinrich Gottlob von: Die Natur und das Wesen der Staaten, als die Grundwissenschaft der Staatskunst, der Policey, und aller Regierungswissenschaften, desgleichen als die Quelle aller Gesetze abgehandelt, Berlin, Stettin, Leipzig 1760.

Justi, Johann Heinrich Gottlob von: Die Grundfeste zu der Macht und Glückseeligkeit der Staaten; oder ausführliche Vorstellung der gesamten Policey-Wissenschaft, 2 Bde., Königsberg, Leipzig 1760/61.

Justi, Johann Heinrich Gottlob von: System des Finanzwesens, Halle/Saale 1766.

Jütte, Robert: Hedwig Hintze (1884–1942). Die Herausforderung der traditionellen Geschichtsschreibung durch eine linksliberale jüdische Historikerin, in: Grab, Walter (Hrsg.): Juden in der deutschen Wissenschaft (= Jahrbuch des Instituts für Deutsche Geschichte – Beiheft, Bd. 10), Tel Aviv 1986, S. 249–279.

Kaase, Max: ZUMA – eine neue Hilfseinrichtung der DFG, in: Politische Vierteljahresschrift 15 (1974), S. 583–585.
Kaase, Max/Eisen, Andreas/Gabriel, Oscar W. et al.: Politisches System (= Berichte der Kommission für die Erforschung des sozialen und politischen Wandels in den neuen Bundesländern e. V. (KSPW), Bd. 3), Opladen 1996.
Kaase, Max/Wildenmann, Rudolf: Rudolf Wildenmann: German Scholar, Institutionbuilder, Democrat, in: Daalder, Hans (Hrsg.): Comparative European Politics. The Story of a Profession, London, Washington D. C. 1997, S. 40–53.
Kaiser, Andreas: Preußen contra Reich. Hermann Heller als Prozeßgegner Carl Schmitts vor dem Staatsgerichtshof, in: Müller, Christoph/Staff, Ilse (Hrsg.): Der soziale Rechtsstaat. Gedächtnisschrift für Hermann Heller, Baden-Baden 1984, S. 287–311.
Kaiser, André: Die Entwicklung der britischen Politikwissenschaft. Zwischen Tradition und Professionalisierung, in: Lietzmann, Hans J./Bleek, Wilhelm (Hrsg.): Politikwissenschaft. Geschichte und Entwicklung, München, Wien 1996, S. 219–239.
Kaiser, Paul (Hrsg.): Paul Gerhardts sämtliche Lieder, Leipzig 1890.
Kaltefleiter, Werner: Funktion und Verantwortung in den europäischen Organisationen. Über die Vereinbarkeit von parlamentarischem Mandat und exekutiver Funktion (= Kölner Schriften zur politischen Wissenschaft, Bd. 3), Frankfurt/Main 1964.
Kammler, Hans: Nachruf auf Ferdinand Aloys Hermens, in: Zeitschrift für Politik, N. F. 45 (1998), S. 109–110.
Kant, Immanuel: Der Streit der Fakultäten [1798], in: Kant, Immanuel: Werkausgabe, hrsg. von Wilhelm Weischedel, Bd. 11, Frankfurt/Main ^{3}1981, S. 265–393.
Käsler, Dirk (Hrsg.): Max Weber. Sein Werk und seine Wirkung, München 1972.
Kastendiek, Hans: Desintegration einer Integrationswissenschaft. Konstituierung und Wandel der westdeutschen Politologie, in: Blanke, Bernhard/Jürgens, Ulrich/Kastendiek, Hans (Hrsg.): Kritik der Politischen Wissenschaften 1, Frankfurt/Main 1975, S. 27–125.
Kastendiek, Hans: Die Entwicklung der westdeutschen Politikwissenschaft, Frankfurt/Main 1977.
Kehr, Eckart: Der Primat der Innenpolitik. Gesammelte Aufsätze zur preußisch-deutschen Sozialgeschichte im 19. und 20. Jahrhundert, hrsg. von Hans-Ulrich Wehler, Berlin 1965.
Kempski, Jürgen von: Wie ist Theorie der Politik möglich?, in: Zeitschrift für die gesamte Staatswissenschaft 106 (1950), S. 447–460.
Kempski, Jürgen von: Gemeinschaftskunde ist Unfug, in: Die Zeit (16. 2. 1962), S. 12.
Kempski, Jürgen von: Wissenschaft von der Politik – sozusagen, in: Merkur 20 (1966), S. 454–468.
Kempski, Jürgen von: Wie ist Theorie der Politik möglich?, in: Schneider, Heinrich (Hrsg.): Aufgabe und Selbstverständnis der politischen Wissenschaft, Darmstadt 1967, S. 433–450.
Kempter, Klaus: Die Jellineks 1820–1955. Eine familienbiographische Studie zum deutsch-jüdischen Bildungsbürgertum (= Schriften des Bundesarchivs, Bd. 52), Düsseldorf 1998.
Kennedy, John F.: Why England Slept, New York 1940.

Kerschensteiner, Georg: Staatsbürgerliche Erziehung der deutschen Jugend, Erfurt 1901.

Kettig, Konrad: Vereinigungen für die Wissenschaft von der Politik, in: Zeitschrift für Politik, N. F. 1 (1954), S. 184–189.

Keynes, Edward/Brechtefeld, Jörg: Nachruf auf Werner Kaltefleiter, in: Zeitschrift für Politik, N. F. 45 (1998), S. 236–237.

Kielmannsegg, Peter Graf (Hrsg.): Legitimationsprobleme politischer Systeme. Tagung der Deutschen Vereinigung für Politische Wissenschaft in Duisburg, Herbst 1975 (= Politische Vierteljahresschrift – Sonderheft, Bd. 7), Opladen 1976.

Kielmannsegg, Peter Graf/Mewes, Horst/Glaser-Schmidt, Elisabeth (Hrsg.): Hannah Arendt und Leo Strauss: German Emigrés and American Political Thought after World War II, Washington D. C. 1995.

Killy, Walter (Hrsg.): Deutsche biographische Enzyklopädie [DBE], 11 Bde., München 1995–2000.

Kink, Rudolf: Geschichte der kaiserlichen Universität zu Wien, Bd. 1, Frankfurt/Main 1969.

Kirchheimer, Otto: Politik und Verfassung, Frankfurt/Main 1964.

Kirchheimer, Otto: Politische Justiz. Verwendung juristischer Verfahrensmöglichkeiten zu politischen Zwecken (= Politica, Bd. 17), Neuwied, Berlin 1965.

Kirchheimer, Otto: Politische Herrschaft. Fünf Beiträge zur Lehre vom Staat, Frankfurt/Main 1967.

Kirkpatrick, Evron M./Andrews, William G.: United States of America, in: Andrews, William G. (Hrsg.): International Handbook of Political Science, Westport/Connecticut, London 1982, S. 364–382.

Kissinger, Henry A.: A World Restored. Metternich, Castlereagh, and the Problems of Peace, 1812–22, Boston 1957.

Kissinger, Henry A.: Großmacht Diplomatie. Von der Staatskunst Castlereaghs und Metternichs, Düsseldorf et al. 1962.

Kleist, Bruno Peter: Die neue Hochschule für Politik, in: Hochschule und Ausland 11 (1933), H. 9, S. 35–37.

Kleßmann, Christoph: Osteuropaforschung und Lebensraumpolitik im Dritten Reich, in: Aus Politik und Zeitgeschichte 34 (1984), H. 7, S. 33–45.

Klicman, Ladislai (Hrsg.): Acta Clementis Sexti VI. pontificis Romani. 1342–1352 (= Monumenta Vaticana res gestas Bohemicas illustrantia, Bd. 1), Prag 1903.

Klingemann, Carsten: Das «Institut für Sozial- und Staatswissenschaften» an der Universität Heidelberg zum Ende der Weimarer Republik und während des Nationalsozialismus, in: Jahrbuch für Soziologiegeschichte 1 (1990), S. 76–120.

Klingemann, Carsten: Die deutschen Sozialwissenschaften zwischen den beiden Weltkriegen. Mythos und Realität in Entwicklungsumbrüchen, in: Göhler, Gerhard/Zeuner, Bodo (Hrsg.): Kontinuitäten und Brüche in der deutschen Politikwissenschaft, Baden-Baden 1991, S. 23–40.

Klingemann, Carsten: Soziologie im Dritten Reich, Baden-Baden 1996.

Klingemann, Hans-Dieter/Mochmann, Ekkehard/Newton, Kenneth (Hrsg.): Political Research in Eastern Europe (= Sozialwissenschaftliche Tagungsberichte, Bd. 4), Bonn, Berlin 1994.

Kluge, Alexander: Die Universitäts-Selbstverwaltung. Ihre Geschichte und gegenwärtige Rechtsform, Frankfurt/Main 1958.

Knemeyer, Franz Ludwig: Polizei, in: Brunner, Otto/Conze, Werner/Koselleck, Reinhart (Hrsg.): Geschichtliche Grundbegriffe. Historisches Lexikon zur politisch-sozialen Sprache in Deutschland, Bd. 4, München 1978, S. 875–897.

Knoll, Joachim H.: Die Gemeinschaftskunde. Eine kritische Betrachtung der bisherigen Diskussion, in: Zeitschrift für Pädagogik 10 (1964), S. 82–93.

Koch, Johann Friedrich Wilhelm: Die Preussischen Universitäten. Eine Sammlung der Verordnungen, welche die Verfassung und Verwaltung dieser Anstalt betreffen, 3 Bde., Berlin, Posen, Bromberg 1839/40.

Kocka, Jürgen: Otto Hintze, in: Wehler, Hans-Ulrich (Hrsg.): Deutsche Historiker, Bd. 3, Göttingen 1972, S. 41–64.

Kogon, Eugen: Der SS-Staat. Das System der deutschen Konzentrationslager, Frankfurt/Main 1946.

Kogon, Eugen: Hermann Brill zum Gedächtnis, in: Politische Vierteljahresschrift 6 (1965), S. 114–116.

Kohl, Helmut: Die politische Entwicklung in der Pfalz und das Wiedererstehen der Parteien nach 1945, Diss. Heidelberg 1958.

Kommission für wirtschaftlichen und sozialen Wandel: Schriften der Kommission für wirtschaftlichen und sozialen Wandel, Göttingen 1973 ff.

König, René: Vom Wesen der deutschen Universität, Berlin 1935.

Koop, Dieter: In der Deutschen Demokratischen Republik: Gesellschaftswissenschaft als politische Wissenschaft, in: Lietzmann, Hans J./Bleek, Wilhelm (Hrsg.): Politikwissenschaft. Geschichte und Entwicklung, München, Wien 1996, S. 99–131.

Koop, Dieter: Die Historische Schule der Nationalökonomie. Ihr Wissenschaftsverständnis und die Historisierung der politischen Wissenschaft(en), in: Bleek, Wilhelm/Lietzmann, Hans J. (Hrsg.): Schulen der deutschen Politikwissenschaft, Opladen 1999, S. 131–157.

Koselleck, Reinhart: Preußen zwischen Reform und Revolution. Allgemeines Landrecht, Verwaltung und soziale Bewegung von 1791–1848 (= Industrielle Welt, Bd. 7), Stuttgart 1967.

Kreile, Michael (Hrsg.): Die Integration Europas (= Politische Vierteljahresschrift – Sonderheft, Bd. 23), Opladen 1992.

Kreisky, Eva/Sauer, Birgit (Hrsg.): Das geheime Glossar der Politikwissenschaft. Geschlechtskritische Inspektion der Kategorien einer Disziplin (= Reihe «Politik der Geschlechterverhältnisse», Bd. 8), Frankfurt/Main, New York 1997.

Kress, Gisela/Senghaas, Dieter (Hrsg.): Politikwissenschaft. Eine Einführung in ihre Probleme, Frankfurt/Main 1969.

Krieck, Ernst: Gibt es eine Wissenschaft von der Politik?, in: Krieck, Ernst: Wissenschaft, Weltanschauung, Hochschulreform, Leipzig 1934, S. 55–60.

Krieck, Ernst: Nationalsozialistische Universität und ihre Mission, in: Krieck, Ernst: Wissenschaft, Weltanschauung, Hochschulreform, Leipzig 1934, S. 79–86.

Krippendorff, Ekkehart: Profil einer Disziplin. Versuch über Herkunft und Stand der Politischen Wissenschaft in den Vereinigten Staaten, in: Politische Vierteljahresschrift 6 (1965), S. 184–204.

Krippendorff, Ekkehart: Politikwissenschaft und Außerparlamentarische Opposition, in: Lehmbruch, Gerhard/Beyme, Klaus von/Fletscher, Iring (Hrsg.): Demokratisches System und politische Praxis in der Bundesrepublik. Festschrift für Theodor Eschenburg, München 1971, S. 97–123.

Krippendorff, Ekkehart: Unzufrieden. Vierzig Jahre Politische Wissenschaft, in: Blätter für deutsche und internationale Politik 44 (1999), S. 991–1001.

Krippendorff, Ekkehart (Hrsg.): Political Science. Amerikanische Beiträge zur Politikwissenschaft, Tübingen 1966.

Krippendorff, Ekkehard (Hrsg.): Friedensforschung, Köln 1968.

Krockow, Christian Graf von: Alte und neue Heilslehren. Aufstieg und Zerfall der politischen Wissenschaft, in: Die Zeit (29. 6. 1973), S. 6.

Krockow, Christian Graf von: Aus der Not geboren – zur Mode geworden. Aufstieg und Zerfall der Politischen Wissenschaft, in: Die Zeit (22. 6. 1973), S. 6.

Krohn, Claus-Dieter: Der Fall Bergstraesser in Amerika, in: Exilforschung 4 (1986), S. 254–276.

Krohn, Claus-Dieter: Wissenschaft im Exil. Deutsche Sozial- und Wirtschaftswissenschaftler in den USA und die New School of Social Research, Frankfurt/Main, New York 1985.

Krohn, Wolfgang/Küppers, Günter: Wissenschaft als selbstorganisierendes System – Eine neue Sicht alter Probleme, in: Krohn, Wolfgang/Küppers, Günter (Hrsg.): Selbstorganisation. Aspekte einer wissenschaftlichen Revolution (= Wissenschaftstheorie, Wissenschaft und Philosophie, Bd. 29), Braunschweig, Wiesbaden 1990, S. 303–327.

Küchenhoff, Erich: Nachruf auf Gerhard Leibholz, in: Politische Vierteljahresschrift 23 (1982), S. 362–364.

Kuhn, Hans-Werner/Massing, Peter (Hrsg.): Politische Bildung in Deutschland. Entwicklung, Stand, Perspektiven, Opladen 1993.

Kuhn, Thomas S.: Die Struktur wissenschaftlicher Revolutionen, Frankfurt/Main 1973 [1. amerikanische Auflage: Chicago 1962].

Kundert, W.: Hermann Conring als Professor der Universität Helmstedt, in: Stolleis, Michael (Hrsg.): Hermann Conring (1606–1681). Beiträge zu Leben und Werk. Symposion der Herzog-August-Bibliothek (Wolfenbüttel) vom 9.–12. Dezember 1981 (= Historische Forschungen, Bd. 23), Berlin 1983, S. 399–412.

Kuppe, Johannes L.: Peter Christian Ludz: Zur Funktion von Ideologien in Geschichte und Gegenwart, in: Rupp, Hans Karl/Noetzel, Thomas (Hrsg.): Macht, Freiheit, Demokratie. Bd. 2: Die zweite Generation der westdeutschen Politikwissenschaft. Biographische Annäherungen, Marburg 1994, S. 111–127.

Laack-Michel, Ursula: Albrecht Haushofer und der Nationalsozialismus, Stuttgart 1974.

Laatz, Horst: Klassenstruktur und soziales Verhalten. Zur Entstehung der empirischen Sozialstrukturforschung in der DDR, Köln 1990.

Laband, Paul/Wach, Adolf/Wagner, Adolf et al. (Hrsg.): Handbuch der Politik, 3 Bde., Berlin, Leipzig 1912.

Lämmert, Eberhard: Germanistik – eine deutsche Wissenschaft, Frankfurt/Main 1967.

Lamnek, Siegfried: Qualitative Sozialforschung, 2 Bde., Weinheim 1988–1989.

Land Baden (Hrsg.): Verfassung des Landes Baden, Villingen 1947.

Land Baden-Würtemberg (Hrsg.): Verfassung des Landes Baden-Württemberg. Verkündet am 19. 11. 1953, Stuttgart 1953.

Land Württemberg-Baden (Hrsg.): Verfassung für Württemberg-Baden. Nach den Beschlüssen der Verfassunggebenden Landesversammlung von Württemberg-Baden vom 24. Oktober 1946, München 1946.

Land Württemberg-Hohenzollern (Hrsg.): Verfassung für Württemberg-Hohenzollern, Biberach/Riss 1947.

Landé, Walter: Artikel 143–149. Bildung und Schule, in: Nipperdey, Hans Carl/Anschütz, Gerhard (Hrsg.): Die Grundrechte und Grundpflichten der Reichsverfassung. Kommentar zum zweiten Teil der Reichsverfassung. Bd. 3: Artikel 143–165 und «Zur Ideengeschichte der Grundrechte», Berlin, Mannheim 1930, S. 75–78.

Landsberg, Ernst: Geschichte der deutschen Rechtswissenschaft, 4 Bde., München, Leipzig 1898.

Landshut, Siegfried: Kritik der Soziologie. Freiheit und Gleichheit als Ursprungsproblem der Soziologie, München 1929.

Landshut, Siegfried: Kritik der Soziologie und andere Schriften zur Politik (= Politica, Bd. 27), Neuwied, Berlin 1969.

Lange, Gunter: Otto Suhr. Im Schatten von Ernst Reuter und Willy Brandt. Eine Biographie, Bonn 1994.

Lange, Max Gustav: Totalitäre Erziehung. Das Erziehungssystem der Sowjetzone Deutschlands, mit einer Einleitung von A. R. L. Gurland (= Schriften des Instituts für politische Wissenschaft, Bd. 3), Frankfurt/Main 1954.

Langer, Ulrich: Heinrich von Treitschke. Politische Biographie eines deutschen Nationalisten, Düsseldorf 1998.

Lasswell, Harold: Politics: Who Gets What, When, and How, New York 1936.

Laube, Heinrich: Das erste deutsche Parlament, 2 Bde., Leipzig 1909.

Le Goff, Jacques: Die Intellektuellen im Mittelalter, Stuttgart [2]1987.

Le Goff, Jacques: Wie schreibt man eine Biographie?, in: Braudel, Fernand/Davis, Natalie Zemon et al. (Hrsg.): Wie Geschichte geschrieben wird, Berlin 1998, S. 103–112.

Leca, Jean: French Political Science and its ‹Subfields›, in: Easton, David/Gunnell, John G./Graziano, Luigi (Hrsg.): The Development of Political Science. A Comparative Survey, London, New York 1991, S. 147–186.

Leff, Gordon/North, John: Die artes liberales, in: Rüegg, Walter (Hrsg.): Geschichte der Universität in Europa. Bd. 1: Mittelalter, München 1993, S. 279–320.

Leggewie, Claus: Politologie: Wissenschaft oder Kaderschmiede, in: Kursbuch 25 (1989), H. 97, S. 99–118.

Leggewie, Claus (Hrsg.): Wozu Politikwissenschaft? Über das Neue in der Politik, Darmstadt 1994.

Lehmbruch, Gerhard: Die Politikwissenschaft im Prozeß der deutschen Vereinigung, in: Lehmbruch, Gerhard (Hrsg.): Einigung und Zerfall. Deutschland und Europa nach dem Ende des Ost-West-Konflikts, Opladen 1995, S. 327–376.

Lehmbruch, Gerhard/Naschold, Frieder/Seibt, Peter: Einführung in die Politikwissenschaft, Mainz 1967.

Lehmkuhl, Ursula (Hrsg.): Theorien internationaler Politik. Einführung und Texte, München et al. 1997.

Lehner, Franz: Einführung in die neue politische Ökonomie (= Basisbücher Sozialwissenschaft, Bd. 3), Königstein/Taunus 1981.

Lehnert, Detlef: «Politik als Wissenschaft». Beiträge zur Institutionalisierung einer Fachdisziplin in Forschung und Lehre der Deutschen Hochschule für Politik 1920–1933, in: Politische Vierteljahresschrift 30 (1989), S. 443–465.

Lehnert, Detlef: «Schule der Demokratie» oder «politische Fachhochschule»? Anspruch und Wirklichkeit einer praxisorientierten Ausbildung der Deutschen Hochschule für Politik 1920–1933, in: Göhler, Gerhard/Zeuner, Bodo (Hrsg.): Kontinuitäten und Brüche in der deutschen Politikwissenschaft, Baden-Baden 1991, S. 65–93.

Leibholz, Gerhard: Strukturprobleme der modernen Demokratie, Karlsruhe 1958.

Lenk, Kurt: Politische Wissenschaft. Ein Grundriß, Stuttgart, Mainz 1975.

Lenk, Kurt: Über die Geburt der «Politikwissenschaft» aus dem Geiste des «unübertrefflichen» Wilhelm Heinrich Riehl, in: Politische Vierteljahresschrift 27 (1986), S. 252–258.

Lenz, Max: Geschichte der königlichen Friedrich-Wilhelms-Universität zu Berlin, 4 Bde., Halle/Saale 1910.

Lepenies, Wolf: Wissenschaftsgeschichte und Disziplingeschichte, in: Geschichte und Gesellschaft 4 (1978), S. 437–451.

Lepenies, Wolf: Die drei Kulturen. Soziologie zwischen Literatur und Wissenschaft, München 1985.

Lepenies, Wolf (Hrsg.): Geschichte der Soziologie. Studien zur kognitiven sozialen und historischen Identität einer Disziplin, 4 Bde., Frankfurt/Main 1981.

Lepsius, M. Rainer: Denkschrift zur Lage der Soziologie und der Politischen Wissenschaft. Im Auftrage der Deutschen Forschungsgemeinschaft, Wiesbaden 1961.

Lepsius, M. Rainer: Die sozialwissenschaftliche Emigration und ihre Folgen, in: Lüschen, Günther (Hrsg.): Deutsche Soziologie seit 1945 (= Kölner Zeitschrift für Soziologie und Sozialpsychologie – Sonderheft, Bd. 21), Opladen 1979, S. 459–500.

Lepsius, M. Rainer: Zur Lage der Soziologie an den Universitäten der DDR, in: Kölner Zeitschrift für Soziologie und Sozialpsychologie 42 (1990), S. 313–323.

Lepsius, M. Rainer: Demokratie in Deutschland. Soziologisch-historische Konstellationsanalysen. Ausgewählte Aufsätze (= Kritische Studien zur Geschichtswissenschaft, Bd. 100), Göttingen 1993.

Lepszy, Norbert: Politische Stiftungen, in: Andersen, Uwe/Woyke, Wichard (Hrsg.): Handwörterbuch des politischen Systems der Bundesrepublik Deutschland, Opladen ^{4}2000, S. 501–505.

Lerner, Daniel/Lasswell, Harold D. (Hrsg.): The Policy Sciences: Recent Developments in Scope and Method, Stanford/California 1951.

Lexis, Wilhelm (Hrsg.): Die Deutschen Universitäten. Für die Universitätsausstellung in Chicago, 2 Bde., Berlin 1893.

Lieber, Francis (Hrsg.): Encyclopædia Americana, Bd. 1, Philadelphia 1829.

Lieber, Francis: Manual of Political Ethics: Designed Chiefly for the Use of Colleges and Students at Law, Boston 1838–1839.

Lieber, Hans-Joachim (Hrsg.): Politische Theorien von der Antike bis zu Gegenwart, München, Bonn ^{2}1993.

Liess, Albrecht: Die artistische Fakultät der Universität Ingolstadt 1472–1588, in: Boehm, Laetitia/Spörl, Johannes (Hrsg.): Die Ludwig-Maximilians-Universität in ihren Fakultäten, Bd. 2, Berlin 1980, S. 9–34.

Lietzmann, Hans J.: Kontinuität und Schweigen. Über die Fortwirkung Alfred Webers und seiner politischen Theorie in der westdeutschen Politikwissenschaft, in: Nutzinger, Hans G. (Hrsg.): Zwischen Nationalökonomie und Universalgeschichte. Alfred Webers Entwurf einer umfassenden Sozialwissenschaft in heutiger Sicht, Marburg 1995, S. 137–159.

Lietzmann, Hans J.: Politikwissenschaft in der Bundesrepublik Deutschland. Entwicklung, Stand und Perspektiven, in: Lietzmann, Hans J./Bleek, Wilhelm (Hrsg.): Politikwissenschaft. Geschichte und Entwicklung in Deutschland und Europa, München, Wien 1996, S. 38–76.

Lietzmann, Hans J.: Integration und Verfassung. Oder: Gibt es eine Heidelberger Schule der Politikwissenschaft?, in: Bleek, Wilhelm/Lietzmann, Hans J. (Hrsg.): Schulen der deutschen Politikwissenschaft, Opladen 1999, S. 245–268.

Lietzmann, Hans J.: Politikwissenschaft im «Zeitalter der Diktaturen». Die Entwicklung der Totalitarismustheorie Carl Joachim Friedrichs, Opladen 1999.

Lietzmann, Hans J. (Hrsg.): Moderne Politik. Politikverständnisse im 20. Jahrhundert, Opladen 2001.

Lietzmann, Hans J./Bleek, Wilhelm (Hrsg.): Politikwissenschaft. Geschichte und Entwicklung in Deutschland und Europa, München, Wien 1996.

Lietzmann, Hans J./Nitschke, Peter (Hrsg.): Klassische Politik. Politikverständnisse von der Antike bis ins 19. Jahrhundert, Opladen 2000.

Lijphart, Arend: Comparative Politics and Comparative Method, in: American Political Science Review 65 (1971), S. 682–693.

Lindenfeld, David F.: The Practical Imagination: The German Sciences of State in the Nineteenth Century, Chicago 1997.

Lindenlaub, Dieter: Richtungskämpfe im Verein für Socialpolitik, Wiesbaden 1967.

Lindner, Wolf: Entwicklungen der Politikwissenschaft in der Schweiz, in: Lietzmann, Hans J./Bleek, Wilhelm (Hrsg.): Politikwissenschaft. Geschichte und Entwicklung, München, Wien 1996, S. 145–170.

Link, Christoph: Zum Tode von Gerhard Leibholz, in: Archiv des öffentlichen Rechts 108 (1983), S. 153–160.

Link, Christoph: Dietrich Reinkink, in: Stolleis, Michael (Hrsg.): Staatsdenker in der frühen Neuzeit, München ^{3}1995, S. 78–99.

Lipset, Seymour Martin: The First New Nation: The United States in Historical and Comparative Perspective, New York 1963.

List, Friedrich: Das nationale System der politischen Ökonomie, Stuttgart 1841.

List, Friedrich: Schriften, Reden, Briefe, hrsg. von Erwin von Beckerath, Karl Goeser, Friedrich Lenz, William Notz, Edgar Salin und Artur Sommer, Bd. 1–10, Berlin 1927–1935.

Loewenstein, Karl: Militant Democracy and Fundamental Rights, in: American Political Science Review 31 (1937), S. 417–432 u. 638–658.

Loewenstein, Karl: Political Reconstruction, New York 1946.

Loewenstein, Karl: Über den Stand der politischen Wissenschaften in den USA, in: Zeitschrift für die gesamte Staatswissenschaft 106 (1950), S. 349–391.

Loewenstein, Karl: Verfassungslehre, Tübingen 1959.

Lompe, Klaus: Wissenschaftliche Beratung der Politik. Ein Beitrag zur Theorie anwendender Sozialwissenschaften, Göttingen 1966.

Löwenthal, Richard: Jenseits des Kapitalismus. Ein Beitrag zur sozialistischen Neuorientierung, mit einer ausführlichen Einführung «Nach 30 Jahren» (= Internationale Bibliothek, Bd. 96), Berlin ^{2}1977 [Nachdruck der Ausgabe Nürnberg 1947].

Löwenthal, Richard (Hrsg.): Die Demokratie im Wandel der Gesellschaft, Berlin 1963.

Lowi, Theodore J.: The State in Political Science, in: American Political Science Review 86 (1992), S. 1–7.

Ludewig, Johann Peter von: Die von Sr. Majestät unserem allergnädigsten Könige auf Dero Universität Halle neu angerichtete Profession in Oeconomie, Policey und Cammersachen, Halle/Saale 1729.

Ludz, Peter Christian (Hrsg.): Studien und Materialien zur Soziologie der DDR (= Kölner Zeitschrift für Soziologie und Sozialpsychologie – Sonderheft, Bd. 8), Köln, Opladen 1964.

Ludz, Peter Christian: Parteielite im Wandel. Funktionsaufbau, Sozialstruktur und Ideologie der SED-Führung (= Schriften des Instituts für politische Wissenschaft, Bd. 21), Köln, Opladen ^{3}1970.

Ludz, Peter Christian: Reflexionen zum Verhältnis von Sozialwissenschaften und praktischer Politik, in: Baier, Horst (Hrsg.): Freiheit und Sachzwang. Beiträge zu Ehren Helmut Schelskys, Opladen 1977, S. 10–22.

Ludz, Ursula (Hrsg.): Peter Christian Ludz (1939–1979), Feldafing 1981.

Luhmann, Niklas: Soziale Systeme. Grundriß einer allgemeinen Theorie, Frankfurt/Main 1984.

Luhmann, Niklas: Die Politik der Gesellschaft, Frankfurt/Main 2000.

Lundgreen, Peter: Sozialgeschichte der deutschen Schule. Teil 1: 1770–1918, Göttingen 1980.

Lundgreen, Peter (Hrsg.): Wissenschaft im Dritten Reich, Frankfurt/Main 1985.

Luthardt, Wolfgang/Söllner, Alfons (Hrsg.): Verfassungsstaat, Souveränität, Pluralismus. Otto Kirchheimer zum Gedächtnis, Opladen 1989.

Maier, Hans: Politikwissenschaft, in: Fraenkel, Ernst/Bracher, Karl Dietrich (Hrsg.): Fischer-Lexikon Staat und Politik, Frankfurt/Main 1957, S. 260–270.

Maier, Hans: Die Lehre der Politik an den älteren deutschen Universitäten, in: Oberndörfer, Dieter (Hrsg.): Wissenschaftliche Politik. Eine Einführung in die Grundfragen ihrer Tradition und Theorie, Freiburg/Breisgau 1962, S. 59–116.

Maier, Hans: Zur akademischen Ausbildung der Sozialkundelehrer, in: Gesellschaft, Staat, Erziehung 8 (1963), S. 334–351.

Maier, Hans: Zur Lage der politischen Wissenschaft in Deutschland, in: Vierteljahrshefte für Zeitgeschichte 10 (1963), S. 273–285.

Maier, Hans: Die Vorschläge der Vereinigten Kommission zur Ausbildung und Prüfung der Sozialkundelehrer an der Universität, in: Gesellschaft, Staat, Erziehung 10 (1965), S. 114–122.

Maier, Hans: Zur Situation der Politischen Wissenschaft in Deutschland. Eine Umfrage, in: Zeitschrift für Politik 12 (1965), S. 201–223.

Maier, Hans: Ältere deutsche Staatslehre und westliche politische Tradition. Münchner Antrittsvorlesung (= Recht und Staat in Geschichte und Gegenwart, Bd. 321), Tübingen 1966.

Maier, Hans: Die ältere deutsche Staats- und Verwaltungslehre (Polizeiwissenschaft). Ein Beitrag zur Geschichte der politischen Wissenschaft in Deutschland (= Politica, Bd. 13), Neuwied, Berlin 1966 [2. Auflage: München 1980].

Maier, Hans: Zur Lage der politischen Wissenschaft in Deutschland, in: Schneider, Heinrich (Hrsg.): Aufgabe und Selbstverständnis der politischen Wissenschaft, Darmstadt 1967, S. 191–227.

Maier, Hans: Max Weber und die deutsche politische Wissenschaft, in: Maier, Hans: Politische Wissenschaft in Deutschland, München 1969, S. 69–88.
Maier, Hans: Politische Wissenschaft in Deutschland. Aufsätze zur Lehrtradition und Bildungspraxis, München 1969.
Maier, Hans: Staatswissenschaft, in: Kunst, Hermann (Hrsg.): Evangelisches Staatslexikon, Stuttgart, Berlin [2]1975, S. 2533–2535.
Maier, Hans: Die Lehre der Politik an den älteren deutschen Universitäten, in: Maier, Hans: Politische Wissenschaft in Deutschland. Lehre und Wirkung, München [2]1985, S. 31–67.
Maier, Hans: Politikwissenschaft und Staatswissenschaft an den deutschen Universitäten (= Passauer Universitätsreden, Bd. 10), Passau 1985.
Maier, Hans: Politische Wissenschaft in Deutschland. Lehre und Wirkung, München [2]1985.
Maier, Hans: Der Begriff der Politik, in: Zeitschrift für Politik 34 (1987), S. 378–382.
Maier, Hans: Aufklärung, Pietismus, Staatswissenschaft. Die Universität Halle nach 300 Jahren, in: Historische Zeitschrift 261 (1995), S. 769–791.
Maier, Hans: Ein Schwieriger zwischen den Fronten. Politikwissenschaft in universalistischer Absicht: Erinnerungen an Eric Voegelin, in: Frankfurter Allgemeine Zeitung (8.4. 2000), S. II (Bilder und Zeiten).
Maier, Hans/Rausch, Heinz/Denzer, Horst (Hrsg.): Klassiker des politischen Denkens, 2 Bde., München 1968 [5. Auflage: München 1979].
Mandt, Hella: Antipolitik, in: Zeitschrift für Politik 34 (1987), S. 383–395.
Mannes, Astrid: Heinrich Brüning. Leben, Wirken, Schicksal, München 1999.
Mannheim, Karl: Das Problem der Generationen, in: Kölner Vierteljahrshefte für Soziologie 7 (1928), S. 157–185 und 309–330.
Mannheim, Karl: Ideologie und Utopie, Frankfurt/Main 1952.
Mannheim, Karl: Das Problem der Generationen [1928], in: Mannheim, Karl: Wissenssoziologie. Auswahl aus dem Werk, hrsg. von Kurt H. Wolff (= Soziologische Texte, Bd. 28), Berlin, Neuwied 1964, S. 509–565.
Matz, Ulrich: Bemerkungen zur Lage der deutschen Politikwissenschaft, in: Zeitschrift für Politik 32 (1985), S. 1–7.
Mayer, Otto: Deutsches Verwaltungsrecht (= Systematisches Handbuch der deutschen Rechtswissenschaft, Abt. 6, Bd. 1–2), Leipzig 1895–1896.
Mayntz, Renate: Parteigruppen in der Großstadt. Untersuchungen in einem Berliner Kreisverband der CDU (= Schriften des Instituts für politische Wissenschaft, Bd. 16), Köln, Opladen 1959.
Mayntz, Renate: DFG-Sonderförderungsprogramm für die empirische Sozialforschung, in: Politische Vierteljahresschrift 17 (1976), S. 293–294.
Mayntz, Renate (Hrsg.): Implementation politischer Programme. [Bd. 1]: Empirische Forschungsberichte, Königstein/Taunus 1980.
Mayntz, Renate (Hrsg.): Implementation politischer Programme. Bd. 2: Ansätze zur Theoriebildung, Königstein/Taunus 1983.
Mayntz, Renate/Scharpf, Fritz W. (Hrsg.): Planungsorganisation. Die Diskussion um die Reform von Verwaltung und Regierung des Bundes, München 1973.
Mazlish, Bruce: Kissinger: The European Mind in American Policy, New York 1976.

McClelland, Charles E.: State, Society, and University in Germany 1700–1914, Cambridge 1980.

McClelland, Charles E.: The German Experience of Professionalization, Cambridge 1991.

McClelland, Charles E.: Zur Professionalisierung der akademischen Berufe in Deutschland, in: Conze, Werner/Kocka, Jürgen (Hrsg.): Bildungsbürgertum im 19. Jahrhundert. Bd. 1: Bildungssystem und Professionalisierung im internationalen Vergleich (= Industrielle Welt, Bd. 38), Stuttgart 1985, S. 233–247.

Meier, Christian: Die Entstehung des Politischen bei den Griechen, Frankfurt/Main 1980.

Meier, Christian/Weinacht, Paul Ludwig/Vollrath, Ernst: Politik, in: Ritter, Joachim/Gründer, Karlfried (Hrsg.): Historisches Wörterbuch der Philosophie, Bd. 7, Basel 1989, Sp. 1038–1072.

Meinecke, Friedrich: Drei Generationen deutscher Gelehrtenpolitik, in: Historische Zeitschrift 125 (1922), S. 248–283.

Meinecke, Friedrich: Die Idee der Staatsräson in der neueren Geschichte, München et al. 1924.

Meiners, Christian: Entstehung und Entwicklung der hohen Schulen unseres Erdteils, 4 Bde., Göttingen 1802.

Melanchthon, Philipp: De corigendis adolescentiae studiis [1518], in: Stupperich, Robert (Hrsg.): Melanchthons Werke in Auswahl. Bd. 3: Humanistische Schriften, hrsg. von Richard Nürnberger, Gütersloh 1961, S. 29–37.

Menze, Clemens: Die Bildungsreform Wilhelm von Humboldts, Hannover 1975.

Menze, Clemens: Die Universitätsidee Wilhelm von Humboldts, in: Hansmeyer, Karl-Heinrich/Henning, Friedrich-Wilhelm (Hrsg.): 600 [Sechshundert] Jahre Kölner Universität. 1388/1988, Köln 1989, S. 86–106.

Merkel, Wolfgang/Busch, Andreas (Hrsg.): Demokratie in Ost und West. Für Klaus von Beyme, Frankfurt/Main 1999.

Merriam, Charles E.: The Present State in the Study of Politics, in: American Political Science Review 15 (1921), S. 173–185.

Mertens, Lothar: Vernachlässigte Töchter der Alma Mater. Ein sozialhistorischer und bildungssoziologischer Beitrag zur strukturellen Entwicklung des Frauenstudiums in Deutschland seit der Jahrhundertwende (= Sozialwissenschaftliche Schriften, Bd. 20), Berlin 1991.

Messerschmid, Felix: Die Ausbildung der Lehrer für den Unterricht in Politik, in: Gesellschaft, Staat, Erziehung 3 (1958), S. 121–127.

Meuthen, Erich: Die alte Universität (= Kölner Universitätsgeschichte, Bd. 1), Köln, Wien 1988.

Meuthen, Erich: Die mittelalterliche Universität, in: Hansmeyer, Karl-Heinrich/Henning, Friedrich-Wilhelm (Hrsg.): 600 [Sechshundert] Jahre Kölner Universität. 1388/1988, Köln 1989, S. 29–46.

Meyer, Klaus: Hermann Heller. Eine biographische Skizze, in: Politische Vierteljahresschrift 7 (1967), S. 293–313.

Meyer, Ruth: Das Berechtigungswesen in seiner Bedeutung für Schule und Gesellschaft im 19. Jahrhundert, in: Zeitschrift für die gesamte Staatswissenschaft 124 (1968), S. 763–776.

Meyers, Reinhard: Die Lehre von den internationalen Beziehungen. Ein entwicklungsgeschichtlicher Überblick, Königstein/Taunus 1981.

Mickel, Wolfgang W.: Politische Bildung an Gymnasien 1945–1965. Analyse und Dokumentation, Stuttgart 1967.

Mickel, Wolfgang W./Zitzlaff, Dietrich (Hrsg.): Handbuch zur politischen Bildung (= Schriftenreihe der Bundeszentrale für politische Bildung, Bd. 264), Bonn 1988.

Miethke, Jürgen: Ockhams Weg zur Sozialphilosophie, Berlin 1969.

Miethke, Jürgen: Die Kirche und die Universitäten im 13. Jahrhundert, in: Fried, Johannes (Hrsg.): Schulen und Studium im sozialen Wandel des hohen und späten Mittelalters (= Vorträge und Forschungen, Bd. 30), Sigmaringen 1986, S. 285–320.

Miethke, Jürgen: Politische Theorie in der Krise der Zeit. Aspekte der Aristotelesrezeption im frühen 14. Jahrhundert, in: Melville, Gert/Miethke, Jürgen: Politische Theorien im Mittelalter, in: Lieber, Hans-Joachim (Hrsg.): Politische Theorien von der Antike bis zur Gegenwart, Bonn 1991, S. 47–156.

Miethke, Jürgen: Die Kanonistik als Leitwissenschaft für die politische Theorie der scholastischen Universität, in: Bleek, Wilhelm/Lietzmann, Hans J. (Hrsg.): Schulen der deutschen Politikwissenschaft, Opladen 1999, S. 33–59.

Miethke, Jürgen (Hrsg.): Das Publikum politischer Theorie im 14. Jahrhundert (= Schriften des Historischen Kollegs, Bd. 21), München 1992.

Missiroli, Antonio: Die Deutsche Hochschule für Politik, Königswinter 1988.

Möbus, Gerhard: Die politischen Theorien von ihren Anfängen bis Machiavelli (= Politische Theorien, Bd. 1), Köln, Opladen 1958.

Möbus, Gerhard: Die politischen Theorien im Zeitalter der absoluten Monarchie bis zur Französischen Revolution (= Politische Theorien, Bd. 2), Köln 1961.

Mohl, Robert [von]: Die Polizei-Wissenschaft nach den Grundsätzen des Rechtsstaates, 2 Bde., Tübingen 1832–1833 [2. Auflage, 3 Bde.: Tübingen 1844–1845].

Mohl, Robert [von]: Gewerbe- und Fabrikwesen, in: Rotteck, Carl von/Welcker, Carl (Hrsg.): Staats-Lexikon oder Encyklopädie der Staatswissenschaften in Verbindung mit den angesehensten Publizisten Deutschlands herausgegeben von Carl Rotteck und Carl Welcker, Bd. 6, Altona 1838, S. 775–830.

Mohl, Robert [von]: Ueber die Errichtung staatswissenschaftlicher Facultäten auf den deutschen Universitäten, in: Deutsche Vierteljahrs Schrift 3 (1840), H. 4, S. 237–257.

Mohl, Robert [von]: Ueber eine Anstalt zur Bildung höherer Staatsdiener, in: Zeitschrift für die gesamte Staatswissenschaft 2 (1845), S. 268–293.

Mohl, Robert [von]: Ueber die verschiedene Aufnahme des repräsentativen Systems in England, Frankreich und Deutschland, in: Zeitschrift für die gesamte Staatswissenschaft 3 (1846), S. 451–495.

Mohl, Robert [von]: Gesellschafts-Wissenschaften und Staats-Wissenschaften, in: Zeitschrift für die gesamte Staatswissenschaft 7 (1851), S. 3–71.

Mohl, Robert [von]: Die Geschichte und Literatur der Staatswissenschaften. In Monographien dargestellt, Bd. 1–3, Erlangen 1855–58.

Mohl, Robert [von]: Gesellschafts-Wissenschaften und Staats-Wissenschaften, in: Mohl, Robert [von]: Geschichte und Literatur der Staatswissenschaften, Bd. 1, Erlangen 1855, S. 69–110.

Mohl, Robert [von]: Encyklopädie der Staatswissenschaften, Tübingen 1859 [2. Auflage: 1872].

Mohl, Robert [von]: Staatsrecht, Völkerrecht und Politik. Monographien, Bd. 1–3, Tübingen 1860–1869.

Mohl, Robert [von]: Advokaten und Professoren in Ständeversammlungen, in: Mohl, Robert [von]: Staatsrecht, Völkerrecht und Politik. Monographien. Bd. 2: Politik I, Tübingen 1862, S. 23–26.

Mohl, Robert [von]: Lebenserinnerungen von Robert von Mohl 1799–1875, 2 Bde., Stuttgart, Leipzig 1902.

Mohl, Robert [von]: Politische Schriften, hrsg. von Klaus von Beyme, Köln, Opladen 1966.

Mohl, Robert [von] [u. a.]: Vorwort, in: Zeitschrift für die gesamte Staatswissenschaft 1 (1843), S. 4 f.

Mohr, Arno: Die Durchsetzung der Politikwissenschaft an deutschen Hochschulen und die Entwicklung der Deutschen Vereinigung für Politische Wissenschaft, in: Beyme, Klaus von (Hrsg.): Politikwissenschaft in der Bundesrepublik Deutschland (= Politische Vierteljahresschrift – Sonderheft, Bd. 17), Opladen 1986, S. 62–77.

Mohr, Arno: Soll Politikwissenschaft ein Bildungs- oder ein Ausbildungsfach sein?, in: Hartwich, Hans-Hermann (Hrsg.): Politikwissenschaft. Lehre und Studium zwischen Professionalisierung und Wissenschaftsimmanenz, Opladen 1987, S. 81–89.

Mohr, Arno: Politikwissenschaft als Alternative. Stationen einer wissenschaftlichen Disziplin auf dem Wege zu ihrer Selbständigkeit in der Bundesrepublik Deutschland 1945–1965, Bochum 1988.

Mohr, Arno: Die DHfP und die Entwicklung der Politikwissenschaft im westlichen Nachkriegsdeutschland, in: Göhler, Gerhard/Zeuner, Bodo (Hrsg.): Kontinuitäten und Brüche in der deutschen Politikwissenschaft, Baden-Baden 1991, S. 165–170.

Mohr, Arno: Politikwissenschaft als Universitätsdisziplin in Deutschland, in: Mohr, Arno (Hrsg.): Grundzüge der Politikwissenschaft, München, Wien 1995, S. 1–63.

Mommsen, Hans: Politische Wissenschaft und Geschichtswissenschaft, in: Aus Politik und Zeitgeschichte 12 (1962), H. 46, S. 577–585.

Mommsen, Hans: Zum Verhältnis von politischer Wissenschaft und Geschichtswissenschaft in Deutschland, in: Vierteljahrshefte für Zeitgeschichte 10 (1962), S. 341–372.

Mommsen, Wolfgang J.: Max Weber und die deutsche Politik 1890–1920, Tübingen ^{2}1974.

Mommsen, Wolfgang J.: Politik und politische Theorie bei Max Weber, in: Weiß, Johannes (Hrsg.): Max Weber heute: Erträge und Probleme der Forschung, Frankfurt/Main 1989, S. 515–542.

Mommsen, Wolfgang J.: 1848. Die ungewollte Revolution, Frankfurt/Main 1998.

Monroe, Kristen/Almond, Gabriel/Gunnell, John et al.: The Nature of Contemporary Political Science. A Roundtable Discussion, in: PS: Political Science and Politics 23 (1990), S. 34–43.

Moraw, Peter: Kleine Geschichte der Universität Gießen 1607–1982, Gießen 1982.

Morgenthau, Hans J.: Politics Among Nations: The Struggle for Power and Peace, New York 1948.

Morsey, Rudolf: Brüning und Adenauer. Zwei deutsche Staatsmänner, Düsseldorf 1972.

Morsey, Rudolf: Die Vorgeschichte von Brünings Berufung an die Universität Köln 1951, in: Weilemann, Peter R./Küsters, Hanns Jürgen/Buchstab, Günter (Hrsg.): Macht und Zeitkritik. Festschrift für Hans-Peter Schwarz zum 65. Geburtstag (= Studien zur Politik, Bd. 34), Paderborn, München et al. 1999, S. 711–722.

Mühleisen, Hans-Otto /Stammen, Theo (Hrsg.): Fürstenspiegel der Frühen Neuzeit (= Bibliothek des Deutschen Staatsdenkens, Bd. 6), Frankfurt/Main 1996.

Müller, Christoph: Hermann Heller (1891–1933). Vom liberalen zum sozialen Rechtsstaat, in: Heinrichs, Helmut/Franzki, Harald/Schmalz, Klaus et al. (Hrsg.): Deutsche Juristen jüdischer Herkunft, München 1993, S. 767–780.

Müller, Christoph/Staff, Ilse (Hrsg.): Der soziale Rechtsstaat. Gedächtnisschrift für Hermann Heller, Baden-Baden 1984.

Müller, Christoph/Staff, Ilse (Hrsg.): Staatslehre in der Weimarer Republik. Hermann Heller zu Ehren, Frankfurt/Main 1985.

Müller, Gerhard: Ernst Krieck und die nationalsozialistische Wissenschaftsreform, Weinheim, Basel 1978.

Müller, Guido: Weltpolitische Bildung und akademische Reform. Carl Heinrich Beckers Wissenschafts- und Hochschulpolitik 1908–1930 (= Beiträge zur Geschichte der Kulturpolitik, Bd. 2), Köln et al. 1991.

Müller, Rainer A.: Geschichte der Universität. Von der mittelalterlichen Universitas zur deutschen Hochschule, München 1990.

Müller-Rommel, Ferdinand: Sozialwissenschaftliche Politik-Beratung. Probleme und Perspektiven, in: Aus Politik und Zeitgeschichte 25 (1984), S. 26–39.

Münke, Stephanie: Wahlkampf und Machtverschiebung. Geschichte und Analyse der Berliner Wahlen vom 3. Dezember 1950 (= Schriften des Instituts für politische Wissenschaft, Bd. 1), Berlin 1952.

Münkler, Herfried: Bericht über die Mitgliederversammlung der DVPW am 12. Oktober 1983 in der Universität München, in: Politische Vierteljahresschrift 24 (1983), S. 458–460.

Münkler, Herfried: Staat, in: Ritter, Joachim/Gründer, Karlfried (Hrsg.): Historisches Wörterbuch der Philosophie, Bd. 10, Basel 1998, Sp. 1–30.

Muth, Heinrich: Preußische Kameralstudienpläne um 1800, in: Reich – Volksordnung – Lebensraum. Zeitschrift für völkische Verfassung und Verwaltung 4 (1943), S. 245–317.

Narr, Wolf Dieter: Logik der Politikwissenschaft – eine propädeutische Skizze, in: Kress, Gisela/Senghaas, Dieter (Hrsg.): Politikwissenschaft. Eine Einführung in ihre Probleme, Frankfurt/Main 1969, S. 9–37.

Narr, Wolf-Dieter: Theoriebegriffe und Systemtheorie (= Einführung in die moderne politische Theorie, Bd. 1), Stuttgart, Mainz 1969.

Narr, Wolf-Dieter: Entwicklung der Politologie – Entwicklung der Gesellschaft, in: Kölner Zeitschrift für Soziologie und Sozialpsychologie 22 (1970), S. 98–120.

Narr, Wolf-Dieter: Politikwissenschaft als Beruf, den wir mein(t)en – Offener Brief an Ekkehart Krippendorff, in: Greven, Thomas/Jarasch, Oliver (Hrsg.): Für eine lebendige Wissenschaft des Politischen. Umweg als Methode, Frankfurt/Main 1999, S. 20–37.

Narr, Wolf Dieter (Hrsg.): Politik und Ökonomie. Autonome Handlungsmöglichkeiten des politischen Systems. Tagung der Deutschen Vereinigung für Politische Wissenschaft in Hamburg, Herbst 1973 (= Politische Vierteljahresschrift – Sonderheft, Bd. 6), Opladen 1975.

Naschold, Frieder: Kassenärzte und Krankenversicherungsreform. Zu einer Theorie der Statuspolitik (= Sozialwissenschaft in Theorie und Praxis, Bd. 3), Freiburg/Breisgau 1967.

Naschold, Frieder: Systemsteuerung (= Einführung in die moderne politische Theorie, Bd. 2), Stuttgart, Berlin, Köln, Mainz 1969.

Naßmacher, Hiltrud/Naßmacher, Karl-Heinz (Hrsg.): Kommunalpolitik in der Bundesrepublik. Möglichkeiten und Grenzen, Opladen 1979.

Naumann, Friedrich: Demokratie und Kaisertum. Ein Handbuch für die innere Politik, Berlin-Schönberg 1900.

Naumann, Friedrich: Vier Reden an junge Freunde (1918), in: Naumann, Friedrich: Werke, Bd. 5, Köln, Opladen 1964, S. 709–735.

Neuhaus, Rolf (Hrsg.): Dokumente zur Hochschulreform 1945–1959, Wiesbaden 1961.

Neuhaus, Rolf (Hrsg.): Dokumente zur Hochschulreform. Anregungen des Wissenschaftsrates. Empfehlungen und Denkschriften auf Veranlassung von Ländern in der Bundesrepublik Deutschland in den Jahren 1960–1966, Wiesbaden 1968.

Neumann, Franz L.: Behemoth. The Structure and Practice of National Socialism, New York 1942.

Neumann, Franz L.: Demokratischer und autoritärer Staat. Studien zur politischen Theorie, hrsg. von Herbert Marcuse, Frankfurt/Main 1967.

Neumann, Franz L.: Die Wissenschaft von der Politik in der Demokratie, in: Schneider, Heinrich (Hrsg.): Aufgabe und Selbstverständnis der politischen Wissenschaft, Darmstadt 1967, S. 20–40.

Neumann, Franz L.: Behemoth. Struktur und Praxis des Nationalsozialismus 1933–1944, hrsg. von Gert Schäfer, Köln et al. 1977.

Neumann, Franz L.: Die Wissenschaft von der Politik in der Demokratie [1950], in: Neumann, Franz L.: Wirtschaft, Staat, Demokratie, Frankfurt/Main 1978, S. 373–392.

Neumann, Franz L.: Intellektuelle Emigration und Sozialwissenschaft [1953], in: Neumann, Franz L.: Wirtschaft, Staat, Demokratie, Frankfurt/Main 1978, S. 403–423.

Neumann, Franz L.: Wirtschaft, Staat, Demokratie. Aufsätze 1930–1954, hrsg. von Alfons Söllner, Frankfurt/Main 1978.

Neumann, Franz L.: Die Herrschaft des Gesetzes. Eine Untersuchung zum Verhältnis von politischer Theorie und Rechtssystem in der Konkurrenzgesellschaft, Frankfurt/Main 1980.

Neumann, Franz L.: The Rule of Law: Political Theory and the Legal System in Modern Society, Leamington Spa 1986.

Neumann, Sigmund: Die Stufen des preußischen Konservatismus. Ein Beitrag zum Staats- und Gesellschaftsbild Deutschlands im 19. Jahrhundert (= Historische Studien, Bd. 190), Berlin 1930.

Neumann, Sigmund: Die deutschen Parteien. Wesen und Wandel nach dem Kriege, Berlin 1932.

Neumann, Sigmund: Die Bedeutung des gesellschaftlichen Aufbaus für die Verfassungsstruktur in Deutschland, in: Berber, Fritz (Hrsg.): Zum Neubau der Verfassung (= Jahrbuch für Politische Forschung, Bd. 1), Berlin 1933, S. 56–78.

Neumann, Sigmund: Permanent Revolution: The Total State in a World at War, New York 1942.

Neumann, Sigmund: Die Parteien der Weimarer Republik, Stuttgart 1965.

Newton, Kenneth/Vallès, Josep M. (Hrsg.): Political Science in Western Europe, 1960–1990 (= European Journal of Political Research – Sonderheft, Bd. 20, Nos. 3–4), Dordrecht, Boston, London 1991.

Nicolaysen, Rainer: Siegfried Landshut. Die Wiederentdeckung der Politik. Eine Biographie, Frankfurt/Main 1997.

Niebuhr, Barthold G.: Römische Geschichte, 5 [4] Bde., Jena 1844/45.

Niemann, Heinz: Hinterm Zaun. Politische Kultur und Meinungsforschung in der DDR. Die geheimen Berichte an das Politbüro der SED, Berlin 1995.

Nippel, W.: Polis, in: Ritter, Joachim/Gründer, Karlfried (Hrsg.): Historisches Wörterbuch der Philosophie, Bd. 7, Basel 1989, Sp. 1032–1034.

Nipperdey, Thomas: Deutsche Geschichte 1800–1866, München [4]1987.

Nipperdey, Thomas: Deutsche Geschichte 1866–1918. Bd. 1: Arbeitswelt und Bürgergeist, München 1990.

Nitsch, Wolfgang et al.: Hochschule in der Demokratie. Kritische Beiträge zur Erbschaft und Reform der deutschen Universität, Neuwied 1965.

Noack, Paul: Carl Schmitt. Eine Biographie, Berlin et al. 1993.

Noetzel, Thomas/Rupp, Hans Karl: Macht, Freiheit, Demokratie. Bd. 1: Anfänge der westdeutschen Politikwissenschaft, Marburg 1991.

Noetzel, Thomas: Hans Maier: Traditionsbestände des summum bonum, in: Rupp, Hans Karl/Noetzel, Thomas (Hrsg.): Macht, Freiheit, Demokratie. Bd. 2: Die zweite Generation der westdeutschen Politikwissenschaft. Biographische Annäherungen, Marburg 1994, S. 99–110.

Noetzel, Thomas/Rupp, Hans Karl (Hrsg.): Macht, Freiheit, Demokratie. Bd. 2: Die zweite Generation der westdeutschen Politikwissenschaft. Biographische Annäherungen, Marburg 1994.

Noetzel, Thomas/Rupp, Hans Karl: Zur Generationenfolge in der westdeutschen Politikwissenschaft, in: Lietzmann, Hans J./Bleek, Wilhelm (Hrsg.): Politikwissenschaft. Geschichte und Entwicklung, München, Wien 1996, S. 77–98.

Nohlen, Dieter (Hrsg.): Pipers Wörterbuch zur Politik, 6 Bde., München 1983–1987.

Nohlen, Dieter (Hrsg.): Lexikon der Politik, 7 Bde., München 1992–1998.

Nohlen, Dieter/Nuscheler, Franz (Hrsg.): Handbuch der Dritten Welt, Bd. 1– 4, Hamburg 1974–1978.

Nolte, Ernst: Deutschland und der Kalte Krieg, München 1974.

Nuscheler, Franz (Hrsg.): Dritte-Welt-Forschung. Entwicklungstheorie und Entwicklungspolitik (= Politische Vierteljahresschrift – Sonderheft, Bd. 16), Opladen 1985.

O. A.: Die Anfänge der Prager Universität, mit Bezug auf den Entwicklungsgang der deutschen Universitäten, in: Deutsche Vierteljahrs-Schrift, 1. Abteilung (1848), H. 3, S. 32–86.

O. A.: Die Lehrstühle der Politik auf unseren Universitäten, in: Historisch-politische Blätter für das katholische Deutschland 27 (1851), S. 225–233.

O. A.: Empfehlungen der Studienreformkommission Politikwissenschaft und Soziologie: Entwurf verabschiedet in d. 14. Sitzung d. Studienreformkommission Politikwiss./Soziologie am 31. Januar/1. Februar 1985. Stellungnahme der Ständigen Kommission für die Studienreform: verabschiedet in der 43. Sitzung der Ständigen Kommission für d. Studienreform am 25./26. April 1985, Bonn 1985.

O. A.: Endurtheil des II. Senats vom 14. Juni 1882, in: Entscheidungen des Königlichen Oberverwaltungsgerichts 7 (1883), S. 353–384 (Nr. 52).

O. A.: Festschrift der Leipziger Juristenfakultät für Dr. Richard Schmidt zum 1. November 1934 (= Leipziger rechtswissenschaftliche Studien, Bd. 91), Leipzig 1936.

O. A.: Politologie. Eine Art Tribunal, in: Der Spiegel (28. 11. 1966), S. 166–196.

O. A.: Satzung des Otto-Suhr-Instituts an der Freien Universität Berlin (vormals Deutsche Hochschule für Politik), in: Politische Vierteljahresschrift 9 (1968), S. 648–650.

Oberndörfer, Dieter (Hrsg.): Wissenschaftliche Politik. Eine Einführung in die Grundfragen ihrer Tradition und Theorie, Freiburg/Breisgau 1962.

Oberndörfer, Dieter (Hrsg.): Systemtheorie, Systemanalyse und Entwicklungsländerforschung. Einführung und Kritik (= Ordo Politicus, Bd. 14), Berlin 1971.

Oberndörfer, Dieter/Rosenzweig, Beate (Hrsg.): Klassische Staatsphilosophien. Texte und Einführungen. Von Platon bis Rousseau, München 2000.

O'Boyle, Lenore: Klassische Bildung und soziale Struktur in Deutschland zwischen 1800 und 1848, in: Historische Zeitschrift 207 (1969), S. 584–608.

Oehler, Christoph: Hochschulentwicklung in der Bundesrepublik Deutschland seit 1945, Frankfurt/Main, New York 1989.

Oehler, Christoph: Die Hochschulentwicklung nach 1945, in: Berg, Christa (Hrsg.): Handbuch zur deutschen Bildungsgeschichte. Bd. VI: 1945 bis zur Gegenwart, München 1998, S. 412–446.

Oertzen, Peter von: Die soziale Funktion des staatsrechtlichen Positivismus: eine wissenssoziologische Studie über die Entstehung des formalistischen Positivismus in der deutschen Staatsrechtswissenschaft, Diss. Göttingen 1953 [Buchausgabe: Frankfurt/Main 1974].

Oertzen, Peter von: Die Bedeutung C. F. von Gerbers für die deutsche Staatsrechtslehre, in: Hesse, Konrad/Reicke, Siegfried/Scheuner, Ulrich (Hrsg.): Staatsverfassung und Kirchenordnung. Festgabe für Rudolf Smend, Tübingen 1962, S. 183–208.

Oertzen, Peter von: Betriebsräte in der Novemberrevolution, Düsseldorf 1963.

Oestreich, Brigitta: Hedwig und Otto Hintze. Eine biographische Skizze, in: Geschichte und Gesellschaft 11 (1985), S. 397–419.

Oestreich, Gerhard: Otto Hintzes Stellung zur Politikwissenschaft und Soziologie, in: Oestreich, Gerhard (Hrsg.): Soziologie und Geschichte, Göttingen 1964, S. 10–35.

Offe, Claus: Politische Herrschaft und Klassenstrukturen. Zur Analyse spätkapitalistischer Gesellschaft, in: Kress, Gisela/Senghaas, Dieter (Hrsg.): Politikwissenschaft. Eine Einführung in ihre Probleme, Frankfurt/Main 1969, S. 155–289.

Offe, Claus: Strukturprobleme des kapitalistischen Staates. Aufsätze zur politischen Soziologie, Frankfurt/Main 1972.

Olson, Mancur: Die Logik kollektiven Handelns. Kollektivgüter und die Theorie der Gruppe (= Die Einheit der Gesellschaftswissenschaften, Bd. 10), Tübingen 1968.

Palonen, Kari: Politik als Handlungsbegriff. Horizontwandel des Politikbegriffs in Deutschland 1890–1933, Helsinki 1985.

Pankoke, Eckart: Sociale Bewegung – Sociale Frage – Sociale Politik. Grundfragen der deutschen «Socialwissenschaft» im 19. Jahrhundert (= Industrielle Welt, Bd. 12), Stuttgart 1970.
Paulsen, Friedrich: Geschichte des gelehrten Unterrichts auf den deutschen Schulen und Universitäten vom Ausgang des Mittelalters bis zur Gegenwart, 2 Bde., Leipzig [2]1869.
Pechmann, Hubertus von: Geschichte der Staatswirtschaftlichen Fakultät, in: Boehm, Laetitia/Spörl, Johannes (Hrsg.): Die Ludwig-Maximilians-Universität in ihren Fakultäten, Bd. 1, Berlin 1972, S. 127–183.
Pelinka, Anton: Die Politikwissenschaft in Österreich, in: Lietzmann, Hans J./Bleek, Wilhelm (Hrsg.): Politikwissenschaft. Geschichte und Entwicklung, München, Wien 1996, S. 132–144.
Pester, Thomas: Geschichte der Universitäten und Hochschulen im deutschsprachigen Raum von den Anfängen bis 1945. Auswahlbibliographie der Literatur der Jahre 1945–1986, Jena 1990.
Peters, Hans (Hrsg.): Handbuch der kommunalen Wissenschaft und Praxis, 3 Bde., Berlin 1956–1959.
Petersen, Peter: Geschichte der aristotelischen Philosophie im protestantischen Deutschland, Leipzig 1921.
Pfeffer, Karl-Heinz: Politische Wissenschaft im neuen Deutschland, in: Hochschule und Ausland 12 (1934), S. 38–47.
Pfeffer, Karl Heinz: Begriff und Methode der Auslandswissenschaften, in: Nachrichten des Deutschen Auslandswissenschaftlichen Instituts 4 (1942), S. 278–283.
Pfeffer, Karl Heinz: Handwörterbuch der Politik, Darmstadt 1956.
Pfetsch, Franz R. (Hrsg.): Verfassungsreden und Verfassungsentwürfe. Länderverfassungen 1946–1953 (= Heidelberger Studien zur Entstehung der Verfassungen nach 1945, Bd. 1), Frankfurt/Main, Bern, New York 1986.
Philipp, Michael: Distanz und Anpassung. Sozialgeschichtliche Aspekte der inneren Emigration, in: Exilforschung 12 (1994), S. 11–30.
Philipp, Michael: Die frühneuzeitliche Politikwissenschaft, in: Bleek, Wilhelm/Lietzmann, Hans J. (Hrsg.): Schulen der deutschen Politikwissenschaft, Opladen 1999, S. 61–78.
Picht, Georg: Die deutsche Bildungskatastrophe. Analyse und Dokumentation, Freiburg/Breisgau, Olten 1964.
Piltz, Anders: Die gelehrte Welt des Mittelalters, Köln, Wien 1982.
Pleger, Wolfgang H.: Schleiermachers Philosophie, New York 1988.
Plessner, Helmuth (Hrsg.): Untersuchungen zur Lage der deutschen Hochschullehrer, Göttingen 1956.
Plessner, Helmuth: Die verspätete Nation. Über die politische Verführbarkeit bürgerlichen Geistes, Frankfurt/Main 1974.
Pölitz, Karl H.: Die Staatswissenschaften im Lichte unserer Zeit dargestellt, 5 Bde., Leipzig 1823.
Poller, Oskar: Schicksal der ersten Kaiserslauterer Hochschule und ihrer Studierenden. Kameral-Hohe-Schule zu Lautern 1774–1784, Staatswirtschafts-Hohe-Schule zu Heidelberg 1784–1804. Lebensbeschreibung und Abstammung der Professoren und Studierenden, Ludwigshafen/Rhein 1979.

Popper, Karl R.: Logik der Forschung (= Die Einheit der Gesellschaftswissenschaften, Bd. 4), Tübingen ^{2}1966 [1. Auflage: Wien 1935].

Powell, David E./Shoup, Paul: The Emergence of Political Science in Communist Countries, in: American Political Science Review 64 (1970), S. 572–588.

Prahl, Hans-Werner: Hochschulprüfungen – Sinn oder Unsinn? Sozialgeschichte und Ideologiekritik der akademischen Initiationskultur, München 1976.

Prahl, Hans-Werner: Sozialgeschichte des Hochschulwesens, München 1978.

Preu, Peter: Polizeibegriff und Staatszwecklehre. Die Entwicklung des Polizeibegriffs durch die Rechts- und Staatswissenschaften des 18. Jahrhunderts, Göttingen 1983.

Radbruch, Gustav: Staatsbürgerkunde als Lehrfach, in: Süddeutsche Juristenzeitung 3 (1948), S. 425–430.

Raina, Peter (Hrsg.): Internationale Politik in den siebziger Jahren. Richard Löwenthal zum 65. Geburtstag, Frankfurt/Main 1973.

Ranke, Leopold von: Die römischen Päpste, ihre Kirche und ihr Staat im sechzehnten und siebzehnten Jahrhundert, Berlin 1844–1857.

Raschke, Joachim/Saretzki, Thomas: Politologe/Politologin, hrsg. von der Bundesanstalt für Arbeit (= Blätter zur Berufskunde, Bd. 3 – IV A 02), Bielefeld ^{7}1991.

Rassem, Mohammed H. /Wölky, Guido: Zur Göttinger Schule der Staatswissenschaften bis zu den Freiheitskriegen, in: Bleek, Wilhelm/Lietzmann, Hans J. (Hrsg.): Schulen der deutschen Politikwissenschaft, Opladen 1999, S. 79–104.

Rassem, Mohammed/Stagl, Justin (Hrsg.): Statistik und Staatenbeschreibung in der Neuzeit, Paderborn 1980.

Rassem, Mohammed/Stagl, Justin (Hrsg.): Geschichte der Staatsbeschreibung. Ausgewählte Quellentexte 1456–1813, Berlin 1994.

Rathmann, Lothar (Hrsg.): Alma mater Lipsiensis. Geschichte der Karl-Marx-Universität Leipzig, Leipzig 1984.

Rebentisch, Dieter: Lammers, Hans Heinrich, in: Historische Kommission bei der Bayerischen Akademie der Wissenschaften (Hrsg.): Neue Deutsche Biographie, Bd. 13, Berlin 1982, S. 449–450.

Rehm, Hermann: Geschichte der Staatsrechtswissenschaft, Freiburg/Breisgau 1896.

Rehm, Hermann: Allgemeine Staatslehre, Freiburg/Breisgau 1899.

Rehm, Hermann: Politik als Wissenschaft – Ihre Zweige, in: Laband, Paul/Wach, Adolf/Wagner, Adolf et al. (Hrsg.): Handbuch der Politik. Bd. 1: Die Grundlagen der Politik, Berlin, Leipzig 1912, S. 7–11.

Reichel, Peter: Politik mit der Erinnerung. Gedächtnisorte im Streit um die nationalsozialistische Vergangenheit, München, Wien 1995.

Reinkingk, Dietrich: Biblische Policey, das ist: gewisse, auß Heiliger Göttlicher Schrifft zusammengebrachte, auff die drey Haupt-Stände: als den geistlichen, weltlichen und häußlichen gerichtete Axiomata oder Schluß-Reden … in allen Ständen nützlich, dienlich und anmuthig zu lesen, hrsg. von Theodor von Reinkingk, Franckfurth am Mäyn ^{6}1701 [Edition, welche von vielen, in den vorigen Editionen eingeschlichenen Druck-Fehlern verbessert, mit behörigen Marginalien und vollkommenem Register vermehret worden] [1. Auflage: Franckfurth am Mäyn 1653].

Ribhegge, Wilhelm: Das Parlament als Nation. Die Frankfurter Nationalversammlung 1848/49, Düsseldorf 1998.

Ricci, David M.: The Tragedy of Political Science. Politics, Scholarship and Democracy, New Haven, London 1984.

Richert, Ernst: Sozialistische Universität. Die Hochschulpolitik der SED, Berlin 1967.
Richert, Ernst/Stern, Carola/Dietrich, Peter: Agitation und Propaganda. Das System der publizistischen Massenführung in der Sowjetzone (= Schriften des Instituts für politische Wissenschaft, Bd. 10), Berlin, Frankfurt/Main 1958.
Richter, Johannes K.: Die Reichszentrale für Heimatdienst: Geschichte der ersten politischen Bildungsstelle in Deutschland und Untersuchung ihrer Rolle in der Weimarer Republik, Berlin 1963.
Richter, Rudolf: Gesamte Staatswissenschaft? Anmerkungen des neuen Herausgebers, in: Zeitschrift für die gesamte Staatswissenschaft 134 (1978), S. III–V.
Riedel, Manfred: Der Staatsbegriff der deutschen Geschichtsschreibung des 19. Jahrhunderts in seinem Verhältnis zur klassisch-politischen Philosophie, in: Der Staat 2 (1963), S. 41–63.
Riedel, Manfred: Metaphysik und Metapolitik. Studien zu Aristoteles und zur politischen Sprache der neuzeitlichen Philosophie, Frankfurt/Main 1975.
Riedel, Manfred: Studien zu Hegels Rechtsphilosophie, Stuttgart 1969.
Riedel, Manfred: Verstehen oder Erklären? Zur Theorie und Geschichte der hermeneutischen Wissenschaften, Stuttgart 1978.
Riehl, Wilhelm Heinrich: Die bürgerliche Gesellschaft, Stuttgart 1851 [neu hrsg. und eingeleitet von Peter Steinbach: Frankfurt/Main, Berlin, Wien 1976].
Riehl, Wilhelm Heinrich: Land und Leute (= Die Naturgeschichte des Volkes als Grundlage einer deutschen Social-Politik, Bd. 1), Stuttgart 1854.
Ringer, Fritz K.: Die Gelehrten. Der Niedergang der deutschen Mandarine 1890–1933, Stuttgart 1983 [1. amerikanische Auflage: Cambridge/Massachusetts 1969].
Rittberger, Volker (Hrsg.): Theorien der internationalen Beziehungen. Bestandsaufnahme und Forschungsperspektiven (= Politische Vierteljahresschrift – Sonderheft, Bd. 21), Opladen 1990.
Ritter, Gerhard: Die Universität Heidelberg. Ein Stück deutscher Geschichte. Bd. 1: Das Mittelalter (1386–1508), Heidelberg 1936.
Ritter, Gerhard: Wissenschaftliche Historie, Zeitgeschichte und «politische Wissenschaft», Heidelberg 1959.
Ritter, Gerhard: Geschichtsunterricht oder «Gemeinschaftskunde»?, in: Geschichte in Wissenschaft und Unterricht 13 (1962), S. 281–294.
Ritter, Joachim/Gründer, Karlfried (Hrsg.): Historisches Wörterbuch der Philosophie, bisher 12 Bde., Basel 1971 ff.
Robert, Rüdiger: Bestandsaufnahme und Perspektiven der Politikwissenschaft in der Bundesrepublik – Ein Diskussionsbeitrag, in: Zeitschrift für Politik, N. F. 37 (1990), S. 52–75.
Rochau, Ludwig August von: Grundsätze der Realpolitik, angewendet auf die staatlichen Zustände Deutschlands, Stuttgart 1853 [neu hrsg. durch Hans-Ulrich Wehler: Frankfurt/Main, Berlin, Wien 1972].
Röder, Karl-Heinz: Political Science in the German Democratic Republic, in: PS: Political Science and Politics 22 (1989), S. 753–758.
Röder, Karl-Heinz/Lieberam, Ekkehard/Menzel, Wolfgang: USA. Aufstieg und Verfall bürgerlicher Demokratie, Berlin [Ost] 1976.
Röder, Karl-Heinz/Liberam, Ekkehard/Dötsch, Jochen et al.: Das politische System

der USA. Geschichte und Gegenwart, Berlin [Ost] 1980 [zugleich erschienen: Köln 1980].

Röder, Karl-Heinz/Franke, Jörg: German Democratic Republic, in: Andrews, William G. (Hrsg.): International Handbook of Political Science, Westport/Connecticut 1982, S. 177–184.

Roessler, Hellmut/Franz, Günther (Hrsg.): Universität und Gelehrtenstand 1400–1800, Limburg/Lahn 1970.

Roeßler, Wilhelm: Die Entstehung des modernen Erziehungswesens in Deutschland, Stuttgart 1961.

Rohe, Karl: Politik. Begriffe und Wirklichkeiten, Stuttgart 1978.

Röhrich, Wilfried (Hrsg.): Macht und Ohnmacht des Politischen. Festschrift zum 65. Geburtstag von Michael Freund am 18. Januar 1967, Köln et al. 1967.

Roscher, Wilhelm: Grundriß zu Vorlesungen über die Staatswirthschaft. Nach geschichtlicher Methode, Göttingen 1843.

Roscher, Wilhelm: System der Volkswirtschaft, 5 Bde., Stuttgart 1854–1894.

Roscher, Wilhelm: Geschichte der National-Oekonomik in Deutschland, München 1874.

Roscher, Wilhelm: Politik. Geschichtliche Naturlehre der Monarchie, Aristokratie und Demokratie, Stuttgart 1892.

Rose, Richard: Institutionalizing Professional Political Science in Europe: A Dynamic Model, in: European Journal of Political Research 18 (1990), S. 581–603.

Rosenbauer, Margarete: L' Ecole Libre des Sciences Politiques de 1871 à 1896. L'enseignement des sciences politiques sous la IIIe République, Diss. Marburg/Lahn 1969.

Rosenberg, Hans: Bureaucracy, Aristocracy and Autocracy. The Prussian Experience 1660–1815 (= Harvard Historical Monographs, Bd. 34), Cambridge/Massachusetts 1958.

Rossi, Paolo: Die Geburt der modernen Wissenschaft in Europa, München 1997.

Rothfels, Hans: Zeitgeschichte als Aufgabe, in: Vierteljahrshefte für Zeitgeschichte 1 (1953), S. 1–8.

Rotteck, Carl von: Lehrbuch des Vernunftrechts und der Staatswissenschaften, 4 Bde., Stuttgart 1829–1835.

Rotteck, Carl von: Ueber die verschiedenen Hauptrichtungen des juristischen Studiums. Ein Wort für Staatsmänner, in: Jahrbücher für Geschichte und Staatskunst 1 (1831), S. 48–64.

Rotteck, Carl von/Welcker, Carl (Hrsg.): Staats-Lexikon oder Encyklopädie der Staatswissenschaften in Verbindung mit vielen der angesehensten Publizisten Deutschlands herausgegeben von Carl von Rotteck und Carl von Welcker, Bd. 1–15 nebst Suppl. 1–4, Altona 1834–48 [Neuausgabe in 12 Bden.: Frankfurt/Main 1990].

Rudolph, Hermann (Hrsg.): Den Staat denken. Theodor Eschenburg zum Fünfundachtzigsten, Berlin 1990.

Rüegg, Walter (Hrsg.): Geschichte der Universität in Europa. Bd. 1: Mittelalter, München 1993.

Rüegg, Walter (Hrsg.): Geschichte der Universität in Europa. Bd. 2: Von der Reformation bis zur Französischen Revolution (1500–1800), München 1996.

Rühle, Hans/Veen, Hans-Joachim (Hrsg.): Entwicklungslinien der Politikwissenschaft in der Bundesrepublik Deutschland, Melle 1982.

Rupieper, Hermann-Josef: Die Wurzeln der westdeutschen Nachkriegsdemokratie. Der amerikanische Beitrag 1945–1952, Opladen 1993.

Rupp, Hans Karl: Wolfgang Abendroth: Klassengesellschaft und Demokratie, in: Rupp, Hans Karl/Noetzel, Thomas: Macht, Freiheit, Demokratie. [Bd. 1]: Anfänge der westdeutschen Politikwissenschaft. Biographische Annäherungen, Marburg 1991, S. 57–72.

Rupp, Hans Karl: Eugen Kogon: Ordnung und Humanität, in: Rupp, Hans Karl/Noetzel, Thomas: Macht, Freiheit, Demokratie. [Bd. 1]: Anfänge der westdeutschen Politikwissenschaft. Biographische Annäherungen, Marburg 1991, S. 73–83.

Rupp, Hans Karl: Dolf Sternberger: Sprache als Fundament des Politischen, in: Rupp, Hans Karl/Noetzel, Thomas: Macht, Freiheit, Demokratie. [Bd. 1]: Anfänge der westdeutschen Politikwissenschaft. Biographische Annäherungen, Marburg 1991, S. 97–106.

Rupp, Hans Karl: Iring Fetscher: Fortschritt und Menschenrechte, in: Rupp, Hans Karl/Noetzel, Thomas (Hrsg.): Macht, Freiheit, Demokratie. Bd. 2: Die zweite Generation der westdeutschen Politikwissenschaft. Biographische Annäherungen, Marburg 1994, S. 45–56.

Rürup, Reinhard: Johann Jacob Moser. Pietismus und Reform (= Veröffentlichungen des Instituts für Europäische Geschichte Mainz, Bd. 35), Wiesbaden 1965.

Rüschemeyer, Dietrich: Professions. Historisch und kulturell vergleichende Überlegungen, in: Albrecht, Günter/Daheim, Hansjürgen/Sack, Fritz (Hrsg.): Soziologie. Sprache, Bezug zur Praxis, Verhältnis zu anderen Wissenschaften. René König zum 65. Geburtstag, Opladen 1973, S. 250–260.

Rüsen, Jörn: Konfigurationen des Historismus. Studien zur deutschen Wissenschaftskultur, Frankfurt/Main 1993.

Rüstow, Alexander: Weshalb Wissenschaft von der Politik?, in: Zeitschrift für Politik, N. F. 1 (1954), S. 131–138.

Rutkoff, Peter M./Scott, William B.: New School: A History of the New School for Social Research, New York et al. 1986.

Sabine, George Holland: A History of Political Theory, London 1937.

Salin, Edgar: Geschichte der Volkswirtschaftslehre, Bern [3]1944.

Salin, Edgar: Politische Ökonomie. Geschichte der wirtschaftspolitischen Ideen von Platon bis zur Gegenwart, Tübingen, Zürich [5]1967.

Sattler, Martin J. (Hrsg.): Staat und Recht. Die deutsche Staatslehre im 19. und 20. Jahrhundert, München 1972.

Sattler, Martin J.: Georg Jellinek (1851–1911). Ein Leben für das öffentliche Recht, in: Heinrichs, Helmut/Franzki, Harald/Schmalz, Klaus et al. (Hrsg.): Deutsche Juristen jüdischer Herkunft, München 1993, S. 355–368.

Sauermann, Heinz: Gegenwartsaufgaben der Sozialwissenschaften in Deutschland, in: Zeitschrift für die gesamte Staatswissenschaft 105 (1948–49), S. 3–16.

Sauermann, Heinz: Die gesamte Staatswissenschaft im Spiegel ihrer Zeitschrift, in: Zeitschrift für die gesamte Staatswissenschaft 134 (1978/79), S. 1–14.

Sauter, Christina M.: Wilhelm von Humboldt und die deutsche Aufklärung (= Historische Forschungen, Bd. 39), Berlin 1989.

Schäfer, Gert: Franz Neumann, in: Wehler, Hans-Ulrich (Hrsg.): Deutsche Historiker, Bd. 8, Göttingen 1982, S. 96–113.

Schäfer, Gert/Nedelmann, Carl (Hrsg.): Der CDU-Staat, München 1967.

Schäfer, Peter/Schmitt, Karl (Hrsg.): Franz Lieber und die deutsch-amerikanischen Beziehungen im 19. Jahrhundert (= Jenaer Beiträge zur Politikwissenschaft, Bd. 2), Weimar, Köln 1993.

Schäffle, Albert Eberhard Friedrich: Bau und Leben des socialen Körpers. Entwurf einer realen Anatomie, Physiologie, Psychologie der menschlichen Gesellschaft mit besonderer Rücksicht auf die Volkswirtschaft als sozialem Stoffwechsel, 4 Bde., Tübingen 1875–1878.

Schäffle, Albert Eberhard Friedrich: Über den wissenschaftlichen Begriff der Politik, in: Zeitschrift für die gesamte Staatswissenschaft 53 (1897), S. 579–600.

Schäffle, Albert Eberhard Friedrich: Aus meinem Leben, 2 Bde., Berlin 1905.

Schäffle, Albert Eberhard Friedrich: Abriß der Soziologie, Tübingen 1906.

Scharpf, Fritz W.: Planung als politischer Prozeß. Aufsätze zur Theorie der planenden Demokratie, Frankfurt/Main 1973.

Scharpf, Fritz W.: Bericht aus der Arbeitsgruppe A: Politikfelder, in: Hartwich, Hans-Hermann (Hrsg.): Gesellschaftliche Probleme als Anstoß und Folge von Politik. Wissenschaftlicher Kongreß der DVPW 4.–7. Oktober 1982 in der Freien Universität Berlin. Tagungsbericht, Opladen 1983, S. 504–509.

Scharpf, Fritz W./Garlichs, Dietrich/Maier, Friederike et al.: Implementationsprobleme offensiver Arbeitsmarktpolitik. Das Sonderprogramm der Bundesregierung für Regionen mit besonderen Beschäftigungsproblemen, Frankfurt/Main, New York 1982.

Schelsky, Helmut: Einsamkeit und Freiheit. Idee und Gestalt der deutschen Universität und ihrer Reformen (= Rowohlts deutsche Enzyklopädie; Sachgebiet Soziologie, Bd. 171/172), Reinbek 1963.

Scheuch, Erwin K./Wildenmann, Rudolf (Hrsg.): Zur Soziologie der Wahl (= Kölner Zeitschrift für Soziologie und Sozialpsychologie – Sonderheft, Bd. 9), Köln, Opladen 1965.

Scheuner, Ulrich: Robert von Mohl. Die Begründung einer Verwaltungslehre und einer staatswissenschaftlichen Politik, in: Decker-Hauff, Hansmartin/Fichtner, Gerhard/Schreiner, Klaus (Hrsg.): 500 Jahre Eberhard-Karls-Universität Tübingen. Beiträge zur Geschichte der Universität Tübingen 1477–1977, Tübingen 1977, S. 514–538.

Schiera, Pierangelo: Dall' Arte di Governo alle Szienze dello Stato il Cameralismo e l'assolutismo tedesco, Milano 1969.

Schiera, Pierangelo: Laboratorium der bürgerlichen Welt. Deutsche Wissenschaft im 19. Jahrhundert, Frankfurt/Main 1992.

Schiera, Pierangelo: Das Politische der «Deutschen Wissenschaft», in: König, Christoph/Lämmert, Eberhard (Hrsg.): Konkurrenten der Fakultät. Kultur, Wissen und Universität um 1900, Frankfurt/Main 1999, S. 163–180.

Schikorsky, Isa: Das Collegium Carolinum als Reformanstalt. Der beschwerliche Weg zwischen Lateinschule und Universität, in: Kertz, Walter (Hrsg.): Technische Universität Braunschweig. Vom Collegium Carolinum zur Technischen Universität 1745–1995, Hildesheim, Zürich, New York 1995, S. 3–51.

Schinkel, Harald: Polizei und Stadtverfassung im frühen 19. Jahrhundert, in: Der Staat 3 (1964), S. 315–334.

Schleiermacher, Friedrich Ernst Daniel: Vorlesungen über die Lehre vom Staat, hrsg. von Walter Jaeschke (= Kritische Gesamtausgabe. Abt. 2: Vorlesungen, Bd. 8), Berlin, New York 1998.

Schluchter, Wolfgang: Hermann Heller. Ein wissenschaftliches und politisches Portrait, in: Müller, Christoph/Staff, Ilse (Hrsg.): Der soziale Rechtsstaat. Gedächtnisschrift für Hermann Heller, Baden-Baden 1984, S. 45–63.

Schmidt, Manfred G.: CDU und SPD an der Regierung. Ein Vergleich ihrer Politik in den Ländern, Frankfurt/Main, New York 1980.

Schmidt, Manfred G.: Wohlfahrtsstaatliche Politik unter bürgerlichen und sozialdemokratischen Regierungen. Ein internationaler Vergleich, Frankfurt/Main, New York 1982.

Schmidt, Manfred G.: Sozialpolitik. Historische Entwicklung und internationaler Vergleich (= Grundwissen Politik, Bd. 2), Opladen 1988.

Schmidt, Manfred G. (Hrsg.): Staatstätigkeit. International und historisch vergleichende Analysen (= Politische Vierteljahresschrift – Sonderheft, Bd. 19), Opladen 1988.

Schmidt, Richard: Allgemeine Staatslehre, 2 Bde. (= Hand- und Lehrbuch der Staatswissenschaften. Abt. 3: Staats- und Verwaltungslehre, Bd. 1–2), Leipzig 1901.

Schmidt, Richard: Wege und Ziele der Politik, in: Zeitschrift für Politik 1 (1908), S. 1–60.

Schmidt, Richard: Der politische Lehrgehalt in Goethes Lebenswerk, in: Zeitschrift für Politik 22 (1933), S. 73–91.

Schmidt, Werner: Lorenz von Stein. Ein Beitrag zur Biographie, zur Geschichte Schleswig-Holsteins und zur Geistesgeschichte des 19. Jahrhunderts, Eckernförde 1956.

Schminnes, Bernd: Bildung und Staatsbildung. Theoretische Bildung und höhere Staatsverwaltungstätigkeit. Entwicklungen in Preußen im 18. und frühen 19. Jahrhundert, Kleve 1994.

Schmitt, Carl: Der Begriff des Politischen, in: Kelsen, Hans (Hrsg.): Probleme der Demokratie, Reihe 1 (= Politische Wissenschaft, Bd. 5), Berlin-Grunewald 1928, S. 3–34.

Schmitt, Carl: Verfassungslehre, München 1928.

Schmitt, Carl: Der Begriff des Politischen, Hamburg 1932.

Schmitt, Horst: Existenzielle Wissenschaft und Synopse. Zum Wissenschafts- und Methodenbegriff des «jungen» Arnold Bergsträsser (1923–1936), in: Politische Vierteljahresschrift 30 (1989), S. 466–481.

Schmitt, Horst: Politikwissenschaft und freiheitliche Demokratie. Eine Studie zum Forschungsprogramm der «Freiburger Schule» 1954–1970, Baden-Baden 1995.

Schmitt, Horst: Die Freiburger Schule 1954–1970. Politikwissenschaft in «Sorge um den deutschen Staat», in: Bleek, Wilhelm/Lietzmann, Hans J. (Hrsg.): Schulen der deutschen Politikwissenschaft, Opladen 1999, S. 213–244.

Schnabel, Franz: Deutsche Geschichte im 19. Jahrhundert, Bd. 1–4, Freiburg/Breisgau 1929–1937.

Schneider, Hans-Heinz: Die «alte» Hochschule für Politik, in: Freie Universität Berlin/Otto-Suhr-Institut (Hrsg.): Das Otto-Suhr-Institut an der Freien Universität Berlin, Berlin 1962, S. 5–34.

Schneider, Heinrich (Hrsg.): Aufgabe und Selbstverständnis der politischen Wissenschaft, Darmstadt 1967.

Schneider, Heinrich (Hrsg.): Politische Bildung in der Schule. 2 Bde., Darmstadt 1975.

Schnur, Roman (Hrsg.): Staat und Gesellschaft: Studien über Lorenz von Stein, Berlin 1978.
Schnur, Roman (Hrsg.): Die Rolle der Juristen bei der Entstehung des modernen Staates, Berlin 1986.
Schoeps, Hans Joachim: Ein Gutachten des Kultusministers von Altenstein, in: Zeitschrift für Pädagogik 12 (1966), S. 258–268.
Schubert, Klaus: Politikfeldanalyse. Eine Einführung (= Grundwissen Politik, Bd. 6), Opladen 1991.
Schubert, Klaus: Innovation und Ordnung – Grundlagen einer pragmatistischen Theorie der Politik, gleichzeitig ein Beitrag über die ideengeschichtliche Basis einer erweiterten Theorie der Politik, Bochum 1999 [i. E. ca. 2001].
Schuck, Gerhard: Die publizistisch-statistisch-staatswissenschaftlichen Zeitschriften um 1800, in: Stolleis, Michael (Hrsg.): Juristische Zeitschriften. Die neuen Medien des 18.–20. Jahrhunderts (= Ius Commune, Bd. 128), Frankfurt/Main 1999, S. 449–479.
Schuder, Werner (Hrsg.): Kürschners deutscher Gelehrten-Kalender, Berlin [11]1977.
Schulz, Gerhard: Einführung in die Zeitgeschichte, Darmstadt 1992.
Schulze, Winfried: Deutsche Geschichtswissenschaft nach 1945 (= Historische Zeitschrift – Beiheft, N. F., Bd. 10), München 1989.
Schulze, Winfried (Hrsg.): Deutsche Historiker im Nationalsozialismus, Frankfurt/Main 1999.
Schumacher, Martin: Gründung und Gründer der Kommission für Geschichte des Parlamentarismus und der politischen Parteien, in: Bracher, Karl Dietrich/Mikat, Paul/Repgen, Konrad et al. (Hrsg.): Staat und Parteien. Festschrift für Rudolf Morsey zum 65. Geburtstag, Berlin 1992, S. 1029–1054.
Schumpeter, Joseph Alois: Kapitalismus, Sozialismus und Demokratie (= Mensch und Gesellschaft, Bd. 7), Bern 1946.
Schütrumpf, Jörn: Steuerung und Kontrolle der Wissenschaft durch die SED-Führung am Beispiel der Akademie der Wissenschaften der DDR unter Berücksichtigung der Akademie für Gesellschaftswissenschaften beim ZK der SED, in: Deutscher Bundestag (Hrsg.): Materialien der Enquete-Kommission «Aufarbeitung von Geschichte und Folgen der SED-Diktatur in Deutschland», Bd. 3,1, Baden-Baden 1995, S. 359–374.
Schüz, Karl: Ueber das Collegium Illustre in Tübingen, oder den staatswissenschaftlichen Unterricht in Württemberg besonders im sechszehnten und siebzehnten Jahrhundert, in: Zeitschrift für die gesamte Staatswissenschaft 6 (1850), S. 243–257.
Schwan, Alexander: In der Zerreißprobe. Zur Lage der deutschen Politologie – Eine Wissenschaft von der Demokratie?, in: Die Zeit (3. 7. 1970), S. 15.
Schwan, Alexander/Sontheimer, Kurt (Hrsg.): Reform als Alternative. Hochschullehrer antworten auf die Herausforderung der Studenten, Köln, Opladen 1969.
Schwan, Gesine (Hrsg.): Wissenschaft und Politik in öffentlicher Verantwortung. Problemdiagnosen in einer Zeit des Umbruchs. Zum Gedenken an Richard Löwenthal, Baden-Baden 1995.
Schwarz, Hans-Peter: Probleme der Kooperation von Politikwissenschaft und Soziologie in Westdeutschland, in: Oberndörfer, Dieter (Hrsg.): Wissenschaftliche Politik. Eine Einführung in die Grundfragen ihrer Tradition und Theorie, Freiburg/Breisgau 1962, S. 297–333.

Schwarz, Hans-Peter: Vom Reich zur Bundesrepublik. Deutschland im Widerstreit der außenpolitischen Konzeptionen in den Jahren der Besatzungsherrschaft 1945 bis 1949, Neuwied 1966.

Segert, Dieter: Die langen Schatten der Vereinigung. Warum es in der DDR doch eine Politologie gab, in: Giesen, Bernd/Leggewie, Claus (Hrsg.): Experiment Vereinigung. Ein sozialer Großversuch, Berlin 1991, S. 111–122.

Seibt, Ferdinand: Von Prag bis Rostock. Zur Gründung der Universitäten im Mittelalter, in: Beumann, Helmut (Hrsg.): Festschrift für Walter Schlesinger, Bd. 1, Köln, Wien 1973, S. 406–426.

Seidel, Bruno/Jenkner, Siegfried (Hrsg.): Wege der Totalitarismus-Forschung, Darmstadt 1968.

Seidelman, Raymond/Harpham, Edward J.: Disenchanted Realists: Political Science and the American Crisis, 1884–1984, Albany 1985.

Seier, Hartmut: Sybels Vorlesung über Politik und die Kontinuität des «staatsbildenden Liberalismus», in: Historische Zeitschrift 187 (1959), S. 90–112.

Seier, Hartmut: Die Staatsidee Heinrich von Sybels in den Wandlungen der Reichsgründungszeit 1862–71 (= Historische Studien, Bd. 383), Lübeck, Hamburg 1961.

Seier, Hartmut: Heinrich von Sybel, in: Wehler, Hans-Ulrich (Hrsg.): Deutsche Historiker, Bd. 2, Göttingen 1971, S. 24–38.

Seifert, Jürgen: Peter von Oertzen: Demokratie und Kooperation in der Arbeitswelt, in: Rupp, Hans Karl/Noetzel, Thomas (Hrsg.): Macht, Freiheit, Demokratie. Bd. 2: Die zweite Generation der westdeutschen Politikwissenschaft. Biographische Annäherungen, Marburg 1994, S. 161–171.

Seifert, Jürgen/Thormer, Heinz/Wettig, Klaus (Hrsg.): Soziale oder sozialistische Demokratie? Beiträge zur Geschichte der Linken in der Bundesrepublik. Freundesgabe für Peter von Oertzen zum 65. Geburtstag, Marburg 1989.

Seligman, Edwin R. A./Johnson, Alvin: Encyclopaedia of the Social Science, 15 Bde., New York 1930–1935.

Selle, Götz von: Die Georg-August-Universität zu Göttingen. 1737–1937, Göttingen 1937.

Sellin, Volker: Politik, in: Brunner, Otto/Conze, Werner/Koselleck, Reinhart (Hrsg.): Geschichtliche Grundbegriffe. Historisches Lexikon zur politisch-sozialen Sprache in Deutschland, Bd. 4, Stuttgart 1978, S. 789–874.

Senghaas, Dieter (Hrsg.): Kritische Friedensforschung, Frankfurt/Main 1971.

Sering, Paul/Löwenthal, Richard: Jenseits des Kapitalismus. Ein Beitrag zur sozialistischen Neuorientierung [1947]. Mit einer ausführlichen Einführung «Nach 30 Jahren» (= Internationale Bibliothek, Bd. 96), Berlin et al. 1977.

Sheehan, James John: The Career of Lujo Brentano. A Study of Liberalism and Social Reform in Imperial Germany, Chicago 1966.

Sieber, Eberhard: Der politische Professor um die Mitte des 19. Jahrhunderts, in: Decker-Hauff, Hansmartin/Fichtner, Gerhard/Schreiner, Klaus (Hrsg.): 500 Jahre Eberhard-Karls-Universität Tübingen. Beiträge zur Geschichte der Universität Tübingen 1477–1977, Tübingen 1977, S. 285–306.

Sieferle, Rolf Peter: Die konservative Revolution. Fünf biographische Skizzen: Paul Lensch, Werner Sombart, Oswald Spengler, Ernst Jünger, Hans Freyer, Frankfurt/Main 1995.

Sills, David L. (Hrsg.): International Encyclopedia of the Social Sciences, 17 Bde., New York 1968.

Simons, Walter: [Rede], in: Drews, Bill et al.: Politische Bildung. Wille – Wesen – Ziel – Weg. Sechs Reden, gehalten bei der Eröffnung der Deutschen Hochschule für Politik, Berlin 1921, S. 17–21.

Six, Franz Alfred: Die politische Propaganda der NSDAP im Kampf um die Macht, Diss. Heidelberg 1934.

Six, Franz Alfred: Das Deutsche Auslandswissenschaftliche Institut im Jahre 1941, in: Zeitschrift für Politik 32 (1941), S. 733–739.

Six, Franz Alfred: Studien zur Geistesgeschichte der Freimaurerei, Hamburg 1942.

Six, Franz Alfred: Europa. Tradition und Zukunft, Hamburg 1944.

Six, Franz Alfred: Europäische Schicksalsgemeinschaft, in: Zeitschrift für Politik 35 (1945), S. 35–36.

Six, Franz Alfred: Marketing in der Investitionsgüterindustrie. Durchleuchtung, Planung, Erschließung (= Betriebspraxis der Akademie für Führungskräfte der Wirtschaft Bad Harzburg, Bd. 6), Bad Harzburg 1968.

Skalweit, Stephan: Der «moderne Staat». Ein historischer Begriff und seine Problematik (= Vorträge – Rheinisch-Westfälische Akademie der Wissenschaften: G, Bd. 203), Opladen 1975.

Smend, Rudolf: Staatsrechtliche Abhandlungen und andere Aufsätze, Berlin 1955.

Smith, Adam: An Inquiry Into the Nature and Causes of the Wealth of Nations, Dublin 1776.

Smith, Adam: Vorlesungen über Rechts- und Staatswissenschaften [1763] (= Klassiker der Freiheit, Bd. 2), Sankt Augustin 1996.

Söllner, Alfons: Politische Dialektik der Aufklärung – Zum Spätwerk Neumanns und Kirchheimers 1950–1965, in: Bonß, Wolfgang/Honneth, Axel (Hrsg.): Sozialforschung als Kritik, Frankfurt/Main 1982, S. 281–326.

Söllner, Alfons: Zur Archäologie der Demokratie in Deutschland. Analysen politischer Emigration 1942–1949, 2 Bde., Frankfurt/Main 1986.

Söllner, Alfons: On Transit to America – Political Scientists from Germany in Great Britain after 1933, in: Mosse, Werner E./Carlebach, Julius (Hrsg.): Second Chance. Two Centuries of German-speaking Jews in the United Kingdom (= Schriftenreihe wissenschaftlicher Abhandlungen des Leo-Baeck-Instituts, Bd. 48), Tübingen 1990, S. 121–135.

Söllner, Alfons: Vom Staatsrecht zur «political science»? Die Emigration deutscher Wissenschaftler nach 1933, ihr Einfluß auf die Transformation einer Disziplin, in: Politische Vierteljahresschrift 31 (1990), S. 627–654.

Söllner, Alfons: Gruppenbild mit Jäckh. Anmerkungen zur «Verwissenschaftlichung» der Deutschen Hochschule für Politik während der Weimarer Republik, in: Göhler, Gerhard/Zeuner, Bodo (Hrsg.): Kontinuitäten und Brüche in der deutschen Politikwissenschaft, Baden-Baden 1991, S. 41–64.

Söllner, Alfons: Deutsche Politikwissenschaftler in der Emigration. Studien zu ihrer Akkulturation und Wirkungsgeschichte, mit einer Bibliographie, Opladen 1996.

Söllner, Alfons: Politikwissenschaften, in: Krohn, Claus-Dieter/Mühlen, Patrik von zur/Paul, Gerhard et al. (Hrsg.): Handbuch der deutschsprachigen Emigration 1933–1945, Darmstadt 1998, S. 836–845.

Söllner, Alfons/Walkenhaus, Ralf/Wieland, Karin (Hrsg.): Totalitarismus. Eine Ideengeschichte des 20. Jahrhunderts, Berlin 1997.

Somit, Albert/Tanenhaus, Joseph: The Development of American Political Science. From Burgess to Behavioralism, New York 1967 [2. Auflage: 1982].

Sommer, Louise: Die Österreichischen Kameralisten in dogmengeschichtlicher Darstellung, 2 Bde., Wien 1920–1925.

Sonnenfels, Joseph von: Politische Abhandlungen, Wien 1777.

Sontheimer, Kurt: Antidemokratisches Denken in der Weimarer Republik. Die politischen Ideen des deutschen Nationalismus zwischen 1918 und 1933, München 1962.

Sontheimer, Kurt: Gemeinschaftskunde und Politische Wissenschaft, in: Hartwich, Hans-Hermann (Hrsg.): Sozialkunde und Sozialwissenschaften. Zur Diskussion um das neue Fach Gemeinschaftskunde. (= Zur Politik und Zeitgeschichte, Bd. 14/15), Berlin 1963, S. 10–21.

Sontheimer, Kurt: Politische Bildung zwischen Utopie und Verfassungswirklichkeit, in: Zeitschrift für Pädagogik 9 (1963), S. 167–180.

Sontheimer, Kurt: Politische Wissenschaft und Gemeinschaftskunde, in: Aus Politik und Zeitgeschichte 13 (1963), H. 34–35, S. 11–20.

Sontheimer, Kurt: Wozu studiert man eigentlich Politische Wissenschaft? Plädoyer für eine in Verruf geratene Disziplin mit Zukunftschancen, in: Die Zeit (27. 2. 1970), S. 13–14.

Sontheimer, Kurt: Politische Wissenschaft und Staatsrechtslehre, in: Grimm, Dieter (Hrsg.): Rechtswissenschaften und Nachbarwissenschaften, Frankfurt/Main 1973, S. 68–85.

Sontheimer, Kurt: Das Elend unserer Intellektuellen. Linke Theorie in der Bundesrepublik Deutschland, Hamburg 1976.

Sontheimer, Kurt: In Memoriam Peter Christian Ludz (1931–1979), in: Politische Vierteljahresschrift 20 (1979), S. 401–402.

Sontheimer, Kurt: Deutschlands Politische Kultur, München 1990.

Sontheimer, Kurt: So war Deutschland nie. Anmerkungen zur politischen Kultur der Bundesrepublik, München 1999.

Sontheimer, Kurt/Bleek, Wilhelm: Die DDR. Politik, Gesellschaft, Wirtschaft, Hamburg 1972 [5. erweiterte, neubearbeitete Auflage: 1979].

Sontheimer, Kurt/Bleek, Wilhelm: Grundzüge des politischen Systems der Bundesrepublik Deutschland, München ^{9}1997.

Sorgenicht, Klaus/Weichelt, Wolfgang/Riemann, Tord et al. (Hrsg.): Verfassung der Deutschen Demokratischen Republik. Dokumente. Kommentar, 2 Bde., Berlin [Ost] 1969.

Spranger, Hans-Joachim/Brock, Lothar: Die beiden deutschen Staaten in der Dritten Welt. Die Entwicklungspolitik der DDR – eine Herausforderung für die Bundesrepublik Deutschland?, Opladen 1987.

Sprengel, Rainer: Kritik der Geopolitik. Ein deutscher Diskurs 1914–1944, Berlin 1996.

Springer, Anton: Friedrich Christoph Dahlmann, 2 Bde., Leipzig 1870 und 1872.

Srbik, Heinrich von: Geist und Geschichte, Bd. 1, München, Salzburg 1950.

Staff, Ilse. Lehren vom Staat, Baden-Baden 1980.

Stahl, Friedrich Julius: Das monarchische Princip. Eine staatsrechtlich-politische Abhandlung, Heidelberg 1845.

Stammen, Theo (Hrsg.): Politik, Bildung, Religion. Hans Maier zum 65. Geburtstag, Paderborn 1996.

Stammen, Theo: Neunzig Jahre Zeitschrift für Politik, in: Zeitschrift für Politik, N. F. 45 (1998), S. 349–365.

Stammer, Otto: Herrschaftsordnung und Gesellschaftsstruktur. Erkenntnisobjekt und Aufgaben der politischen Soziologie, in: Schmollers Jahrbuch für Gesetzgebung, Verwaltung und Volkswirtschaft 71 (1951), S. 257–296.

Stammer, Otto: Politische Soziologie, in: Gehlen, Arnold/Schelsky, Helmut (Hrsg.): Soziologie. Ein Lehr- und Handbuch zur modernen Gesellschaftskunde, Düsseldorf ^{2}1955, S. 277–333.

Stammer, Otto: Herrschaftsordnung und Gesellschaftsstruktur, in: Stammer, Otto: Politische Soziologie und Demokratieforschung. Ausgewählte Reden und Aufsätze zur Soziologie und Politik, Berlin 1965, S. 3–42.

Stammer, Otto (Hrsg.): Politische Forschung in Deutschland. Beiträge zum zehnjährigen Bestehen des Instituts für Politische Wissenschaft (= Schriften des Instituts für politische Wissenschaft, Bd. 17), Köln, Opladen 1960.

Staritz, Dietrich: Geschichte der DDR 1949–1985, Frankfurt/Main 1985.

Statistisches Bundesamt (Hrsg.): Fachserie A: Bevölkerung und Kultur. Reihe 10: Bildungswesen. 5: Hochschulen – Studenten an Hochschulen (große Hochschulstatistik), Stuttgart, Mainz 1961ff.

Statistisches Bundesamt (Hrsg.): Statistisches Jahrbuch 1999 für die Bundesrepublik Deutschland, Stuttgart 1999.

Stavenhagen, Gerhard: Staatswissenschaft, in: Görres-Gesellschaft (Hrsg.): Staatslexikon. Recht, Wirtschaft, Gesellschaft, Bd. 7, Freiburg/Breisgau ^{6}1957, S. 626–628.

Steffani, Winfried: Ernst Fraenkel als Persönlichkeit, in: Zeitschrift für Politikwissenschaft 4 (1997), S. 1261–1284.

Stein, Gerd: Politikwissenschaft und Lehrerausbildung – ein fortdauerndes Mißverhältnis?, in: Politische Vierteljahresschrift 23 (1982), S. 320–332.

Stein, Lorenz: Der Socialismus und Communismus des heutigen Frankreichs. Ein Beitrag zur Zeitgeschichte, Leipzig 1842.

Stein, Lorenz: Die Nothwendigkeit einer staatswissenschaftlichen Vorbildung auf der Landeshochschule, in: Neue Kieler Blätter 1 (1843), S. 291–311.

Stein, Lorenz von: Geschichte der socialen Bewegung in Frankreich von 1789 bis auf unsere Tage, 3 Bde., Leipzig 1850–1855 [Neudruck: Darmstadt 1959].

Stein, Lorenz: Die Lage der staatswissenschaftlichen Studien und Vorträge auf den deutschen Universitäten, in: Akademische Monatsschrift 4 (1852), S. 530–542.

Stein, Lorenz von: Die Verwaltungslehre in 8 Theilen, Stuttgart 1866–1884.

Stein, Lorenz von: Gegenwart und Zukunft der Rechts- und Staatswissenschaften Deutschlands, Stuttgart 1876.

Stein, Lorenz von: Gesellschaft – Staat – Recht, hrsg. und eingeleitet von Ernst Forsthoff, Frankfurt/Main 1972.

Steiner, Jürgen: Die Artistenfakultät der Universität Mainz 1477–1552. Ein Beitrag zur vergleichenden Universitätsgeschichte (= Beiträge zur Geschichte der Universität Mainz, Bd. 14), Stuttgart 1989.

Steinmetz, Peter (Hrsg.): Schriften zu den Politika des Aristoteles, Hildesheim, New York 1973.

Stern, Fritz: Das Scheitern illiberaler Politik. Studien zur politischen Kultur Deutschlands im 19. und 20. Jahrhundert, Frankfurt/Main 1974.

Stern, Leo (Hrsg.): 450 Jahre Martin-Luther-Universität Halle-Wittenberg, 3 Bde., Halle/Saale 1952.

Sternberger, Dolf: Der Begriff der Politik als Wissenschaft, in: Salin, Edgar (Hrsg.): Synopsis. Festgabe für Alfred Weber, Heidelberg 1948, S. 678–704.

Sternberger, Dolf: Lebende Verfassung. Studien über Koalition und Opposition (= Parteien, Fraktionen, Regierungen, Bd. 1), Meisenheim/Glan 1956.

Sternberger, Dolf: Die große Wahlreform. Zeugnisse einer Bemühung, Köln, Opladen 1964.

Sternberger, Dolf: Der Begriff der Politik als Wissenschaft, in: Schneider, Heinrich (Hrsg.): Aufgabe und Selbstverständnis der politischen Wissenschaft, Darmstadt 1967, S. 3–19.

Sternberger, Dolf: Drei Wurzeln der Politik, 2 Bde., Frankfurt/Main 1978.

Stichweh, Rudolf: «Der frühmoderne Staat und die europäische Universität». Zur Interaktion von Politik und Erziehungssystem im Prozeß ihrer Ausdifferenzierung im 16.–18. Jahrhundert, Frankfurt/Main 1991.

Stichweh, Rudolf: Wissenschaft, Universität, Professionen, Frankfurt/Main 1994.

Stichweh, Rudolf: Zur Soziologie wissenschaftlicher Schulen, in: Bleek, Wilhelm/Lietzmann, Hans J. (Hrsg.): Schulen der deutschen Politikwissenschaft, Opladen 1999, S. 19–32.

Stieda, Wilhelm: Die Nationalökonomie als Universitätswissenschaft (= Abhandlung der Philologisch-Historischen Klasse der Königlich-Sächsischen Gesellschaft der Wissenschaften, Bd. 25,2), Leipzig 1906.

Stier-Somlo, Fritz: Politik (= Wissenschaft und Bildung, Bd. 4), Leipzig 1907 [2. Auflage: 1911; 6. Auflage: 1926].

Stier-Somlo, Fritz: Grundsätzliches zur staatsbürgerlichen Erziehung, in: Zeitschrift für Politik 4 (1911), S. 544–553.

Stier-Somlo, Fritz: Grund- und Zukunftsfragen deutscher Politik, Bonn 1917.

Stolleis, Michael: Geschichte des Öffentlichen Rechts in Deutschland. 3 Bde., München 1988–1999.

Stolleis, Michael: Staat und Staatsräson in der frühen Neuzeit. Studien zur Geschichte des Öffentlichen Rechts, Frankfurt/Main 1990.

Stolleis, Michael: Staatsrechtslehre und Politik [Vortrag 7. Mai 1996] (= Heidelberger Universitätsreden, Bd. 12), Heidelberg 1996.

Stolleis, Michael (Hrsg.): Hermann Conring (1606–1681). Beiträge zu Leben und Werk. Symposion der Herzog-August-Bibliothek (Wolfenbüttel) vom 9.–12. Dezember 1981 (= Historische Forschungen, Bd. 23), Berlin 1983.

Stolleis, Michael (Hrsg.): Juristen. Ein biographisches Lexikon. Von der Antike bis zum 20. Jahrhundert, München 1995.

Stolleis, Michael (Hrsg.): Staatsdenker in der frühen Neuzeit, München ^{3}1995.

Stoltenberg, Hans L.: Geschichte der deutschen Gruppwissenschaft: Soziologie, Leipzig 1937.

Strauss, Herbert A./Röder, Werner (Hrsg.): International Biographical Dictionary of Central European Emigrés 1933–1945. Vol. II: The Arts, Science, and Literature, München, New York, London, Paris 1983.

Struve, Tilman: Die Bedeutung der aristotelischen «Politik» für die natürliche Begründung der staatlichen Gemeinschaft, in: Miethke, Jürgen (Hrsg.): Das Publikum politischer Theorie im 14. Jahrhundert (= Schriften des Historischen Kollegs, Bd. 21), München 1992, S. 153–171.

Sturm, Roland: Policy-Forschung, in: Beyme, Klaus von (Hrsg.): Politikwissenschaft in der Bundesrepublik Deutschland (= Politische Vierteljahresschrift – Sonderheft, Bd. 17), Opladen 1986, S. 231–249.

Stutzer, Emil: Staatsbürgerliche Bildung und Erziehung. – Deutsche Staatsbürgerkunde, in: Anschütz, Gerhard/Berolzheimer, Fritz/Jellinek, Georg et al. (Hrsg.): Handbuch der Politik. Bd. 3: Die politische Erneuerung, Berlin, Leipzig [3]1921, S. 227–232.

Suhr, Otto: Drei Jahre Deutsche Hochschule für Politik 1949–1952, in: Jäckh, Ernst/Suhr, Otto (Hrsg.): Geschichte der Deutschen Hochschule für Politik, Berlin 1952, S. 33–48.

Suleiman, Ezra N.: Elites in French Society: The Politics of Survival, Princeton/New Jersey 1978.

Taschke, Heinz: Lorenz von Steins nachgelassene staatsrechtliche und rechtsphilosophische Vorlesungsmanuskripte, Heidelberg 1985.

Thadden, Rudolf von: Die Göttinger Sieben, ihre Universität und der Verfassungskonflikt von 1837, Hannover 1987.

Thieme, Werner: Deutsches Hochschulrecht. Das Recht der wissenschaftlichen, künstlerischen, Gesamt- und Fachhochschulen in der Bundesrepublik Deutschland, Köln, Berlin, Bonn, München [2]1986.

Thierbach, Hans: Lebenslauf, in: Thierbach, Hans (Hrsg.): Adolf Grabowsky. Leben und Werk. Dem Altmeister der Politischen Wissenschaft als Fest- und Dankesgabe gewidmet, Köln et al. 1963, S. 135–152.

Timm, Albrecht: Die Universität Halle-Wittenberg. Herrschaft und Wissenschaft im Spiegel ihrer Geschichte (= Mitteldeutsche Hochschulen, Bd. 5), Frankfurt/Main 1960.

Tönnies, Ferdinand: Gemeinschaft und Gesellschaft. Abhandlung des Communismus und des Socialismus als empirischer Kulturformen, Leipzig 1887.

Tönnies, Ferdinand: Soziologie und Politik, in: Zeitschrift für Politik 1 (1907/08), S. 219–229.

Tönnies, Ferdinand: Gemeinschaft und Gesellschaft. Grundbegriffe der reinen Soziologie, Berlin [2]1912.

Treitschke, Heinrich von: Die Gesellschaftswissenschaft. Ein kritischer Versuch, Leipzig 1859 [Neudruck: hrsg. von Erich Rothacker Halle 1927. Neudruck: Darmstadt 1980].

Treitschke, Heinrich von: Deutsche Geschichte im neunzehnten Jahrhundert, 5 Bde., Leipzig 1879–1894.

Treitschke, Heinrich von: Bundesstaat und Einheitsstaat (1864), in: Treitschke, Heinrich von: Historische und politische Aufsätze. Bd. 2: Die Einheitsbestrebungen zertheilter Völker, Leipzig [5]1886, S. 77–241.

Treitschke, Heinrich von: Politik. Vorlesungen gehalten an der Universität zu Berlin, hrsg. von Max Cornicelius, 2 Bde., Leipzig [2]1899–1900.

Trent, John E.: Institutional Development, in: Andrews, William G. (Hrsg.): International Handbook of Political Science, Westport/Connecticut, London 1982, S. 34–46.

Treue, Wilhelm: Adam Smith in Deutschland. Zum Problem des «Politischen Professors» zwischen 1776 und 1810, in: Conze, Werner (Hrsg.): Deutschland und Europa. Historische Studien zur Völker- und Staatenordnung des Abendlandes. Festschrift für Hans Rotfels zum 60. Geburtstag am 12. April 1951, Düsseldorf 1951, S. 101–133.

Tudyka, Kurt P.: Kritische Politikwissenschaft, Stuttgart 1973.

Üner, Elfriede: Soziologie als «geistige Bewegung». Hans Freyers System der Soziologie und die «Leipziger Schule», Weinheim 1992.

Universität Bonn (Hrsg.): Bonner Gelehrte – Geschichtswissenschaften. Beiträge zur Geschichte der Wissenschaften in Bonn (= 150 Jahre Rheinische Friedrich-Wilhelms-Universität zu Bonn 1818–1968, Bd. 8), Bonn 1968.

Unruh, Georg Christoph von: Polizei, Polizeiwissenschaft und Kameralistik, in: Jeserich, Kurt G. A./Pohl, Hans/Unruh, Georg-Christoph von (Hrsg.): Deutsche Verwaltungsgeschichte. Bd. 1: Vom Spätmittelalter bis zum Ende des Reiches, Stuttgart 1983, S. 388–427.

Valentin, Veit: Geschichte der deutschen Revolution von 1848–1849, 2 Bde., Berlin 1930/31.

Vieregge, Henning von: Parteistiftungen. Zur Rolle der Konrad-Adenauer-, Friedrich-Ebert-, Friedrich-Naumann- und Hanns-Seidel-Stiftung im politischen System der Bundesrepublik Deutschland (= Schriftenreihe zum Stiftungswesen, Bd. 1), Baden-Baden 1977.

Vieregge, Henning von: Zur politischen Bildungsarbeit von parteinahen Stiftungen, in: Aus Politik und Zeitgeschichte 27 (1977), H. 7, S. 28–54.

Vierhaus, Rudolf (Hrsg.): Wissenschaften im Zeitalter der Aufklärung. Aus Anlaß des 250jährigen Bestehens des Verlages Vandenhoeck & Ruprecht, Göttingen 1985.

Voegelin, Eric: Die neue Wissenschaft der Politik, München 1959 [engl.: 1951].

Vogel, Bernhard: Dolf Sternberger zum 80. Geburtstag, in: Zeitschrift für Politik, N. F. 34 (1987), S. 371–377.

Voigt, Dieter: Soziologie in der DDR. Eine exemplarische Untersuchung, Köln 1975.

Voigt, Gerd: Otto Hoetzsch. 1876–1946. Wissenschaft und Politik im Leben eines deutschen Historikers (= Quellen und Studien zur Geschichte Osteuropas, Bd. 21), Berlin [Ost] 1978.

Vollrath, Ernst: Grundlegung einer philosophischen Theorie des Politischen, Würzburg 1987.

Vollrath, Ernst: Staatslehre (Staatswissenschaft[en], Staatsphilosophie, Staatstheorie), in: Ritter, Joachim/Gründer, Karlfried (Hrsg.): Historisches Wörterbuch der Philosophie, Bd. 10, Basel 1998, Sp. 53–63.

Vorstand und Beirat der Deutschen Vereinigung für politische Wissenschaft: Erklärung des Vorstandes und Beirates der DVPW, in: Politische Vierteljahresschrift 24 (1983), S. 5.

Vossler, Otto: Humboldts Idee der Universität, in: Historische Zeitschrift 178 (1954), S. 251–268.

Voss, Jürgen: Die Akademien als Organisationsträger der Wissenschaften im 18. Jahrhundert, in: Historische Zeitschrift 231 (1980), S. 43–74.

Wagner, Jonathan F.: Germany's 19th Century Cassandra. The Liberal Federalist Georg Gottfried Gervinus, New York, Berlin 1995.

Wagner, Josef/Beck, Alfred (Hrsg.): Hochschule für Politik der Nationalsozialistischen Deutschen Arbeiterpartei. Ein Leitfaden, München 1933.

Waitz, Georg: Grundzüge der Politik nebst einzelnen Ausführungen, Kiel 1862.

Walden, Matthias: Links vom Geist, in: Die Welt (07. 01. 1967).

Waldo, Dwight: Political Science in the United States of America, Paris 1955.

Walkenhaus, Ralf: Konservatives Staatsdenken. Eine wissenssoziologische Studie zu Ernst Rudolf Huber, Berlin 1997.

Walkenhaus, Ralf: Die Kieler Grenzlanduniversität und das Konzept der «politischen Wissenschaften» im Dritten Reich – gab es eine «Kieler Schule»?, in: Bleek, Wilhelm/Lietzmann, Hans J. (Hrsg.): Schulen der deutschen Politikwissenschaft, Opladen 1999, S. 159–182.

Walther, Peter Th.: Zur Kontinuität politikwissenschaftlicher Fragestellung: Deutschlandstudien exilierter Dozenten, in: Göhler, Gerhard/Zeuner, Bodo (Hrsg.): Kontinuitäten und Brüche in der deutschen Politikwissenschaft, Baden-Baden 1991, S. 137–143.

Waschkuhn, Arno: Politische Systemtheorie. Entwicklung, Modelle, Kritik (= WV-Studium, Bd. 143), Opladen 1987.

Wasser, Hartmut: Politische Bildung am Gymnasium. Problematik und Praxis, Lübeck 1967.

Waszek, Norbert (Hrsg.): Die Institutionalisierung der Nationalökonomie an deutschen Universitäten, St. Katharinen 1988.

Weber, Alfred: Geleitwort, in: Zeitschrift für Politik, N. F. 1 (1954), H. 1, S. 1.

Weber, Hermann: Ansätze einer Politikwissenschaft in der DDR, in: Deutschland Archiv 3 (1970), S. 1121–1136 und 1233–1249.

Weber, Hermann: Ansätze einer Politikwissenschaft in der DDR, Düsseldorf 1971.

Weber, Hermann: Geschichte der DDR, München 1985.

Weber, Max: Die Verhältnisse der Landarbeiter im ostelbischen Deutschland (= Schriften des Vereins für Socialpolitik, Bd. 55/3), Leipzig 1892.

Weber, Max: Gesammelte Politische Schriften, hrsg. von Johannes Winckelmann, Tübingen ²1958.

Weber, Max: Politik als Beruf [1919], in: Weber, Max: Gesamtausgabe. Abteilung 1: Schriften und Reden. Bd. 17: Wissenschaft als Beruf et al., hrsg. von Wolfgang J. Mommsen und Wolfgang Schluchter in Zusammenarbeit mit Birgitt Morgenbrod, Tübingen 1992, S. 157–252.

Weber, Max: Wissenschaft als Beruf [1917/1919], in: Weber, Max: Gesamtausgabe. Abteilung 1: Schriften und Reden. Bd. 17: Wissenschaft als Beruf et al., hrsg. von Wolfgang J. Mommsen und Wolfgang Schluchter in Zusammenarbeit mit Birgitt Morgenbrod, Tübingen 1992, S. 71–111.

Weber, Petra: Carlo Schmid 1896–1979. Eine Biographie, München 1996.

Weber, Wolfgang: Prudentia gubernatoria. Studien zur Herrschaftslehre in der deutschen politischen Wissenschaft des 17. Jahrhunderts (= Studia Augustana, Bd. 4), Tübingen 1992.

Weber-Schäfer, Peter: Aristoteles, in: Maier, Hans/Rausch, Heinz/Denzer, Horst (Hrsg.): Klassiker des politischen Denkens, Bd. 1, München ⁶1986, S. 46–69.

Webler, H. : Die Kameral-Hohe-Schule zu Lautern 1774–1784, Speyer 1927.

Wehler, Hans-Ulrich: Deutsche Gesellschaftsgeschichte, bisher 3 Bde., München 1987–1995.

Wehler, Hans-Ulrich (Hrsg.): Deutsche Historiker, 9 Bde., Göttingen 1971–1982.
Weidenfeld, Werner/Korte, Karl-Rudolf (Hrsg.): Handwörterbuch zur Deutschen Einheit, Frankfurt/Main, New York 1991.
Weinstein, Allen/Vassiliev, Alexander: The Haunted Wood: Soviet Espionage in America – the Stalin Era, New York 1999.
Weise, Peter: Zur Vereinheitlichung der Sozialwissenschaften, in: Funken, Christiane: Soziologischer Eigensinn. Zur «Disziplinierung» der Sozialwissenschften, Opladen 2000, S. 89–111.
Welcker, Carl: Zeitschriften, Zeitungen, in: Rotteck, Carl von/Welcker, Carl (Hrsg.): Staats-Lexikon oder Encyklopädie der Staatswissenschaften in Verbindung mit vielen der angesehensten Publizisten Deutschlands herausgegeben von Carl von Rotteck und Carl Welcker, Bd. 15, Altona 1843, S. 835–838.
Wende, Erich: C. H. Becker: Mensch und Politiker. Ein biographischer Beitrag zur Kulturgeschichte der Weimarer Republik, Stuttgart 1959.
Wendt, Siegfried: Geschichte der Volkswirtschaftslehre (= Sammlung Göschen, Bd. 1194/1194a), Berlin 1968.
Wewer, Göttrik: Politikwissenschaft und Zeitdiagnose in der Bundesrepublik Deutschland, in: Aus Politik und Zeitgeschichte 39 (1989), H. 46, S. 32–45.
Weyer, Johannes: Westdeutsche Soziologie 1945–1960. Deutsche Kontinuitäten und nordamerikanischer Einfluß (= Soziologische Schriften, Bd. 41), Berlin 1984.
Weyer, Johannes: Politikwissenschaft im Faschismus (1933–1945). Die vergessenen zwölf Jahre, in: Politische Vierteljahresschrift 26 (1985), S. 423–437.
Weyer, Johannes: Replik auf Kurt Lenk. Forschen für jeden Zweck? Zur Diskussion uber die Politikwissenschaft im Faschismus, in: Politische Vierteljahresschrift 27 (1986), S. 259–264.
Wieacker, Franz: Privatrechtsgeschichte der Neuzeit. Unter besonderer Berücksichtigung der deutschen Entwicklung, Göttingen [2]1967.
Wiesenthal, Helmut: Die konzertierte Aktion im Gesundheitswesen. Ein Beispiel für Theorie und Politik des Korporatismus, Frankfurt/Main, New York 1981.
Wigard, Franz (Hrsg.): Stenographischer Bericht über die Verhandlungen der deutschen constituirenden Nationalversammlung zu Frankfurt am Main, 9 Bde., Frankfurt/Main 1848/49.
Wiggershaus, Rolf: Die Frankfurter Schule. Geschichte, Theoretische Entwicklung, Politische Bedeutung, München [5]1997.
Wildenmann, Rudolf: Partei und Fraktion. Ein Beitrag zur Analyse der politischen Willensbildung und des Parteiensystems in der Bundesrepublik, Meisenheim/Glan 1954.
Wildenmann, Rudolf: Macht und Konsens als Problem der Innen- und Außenpolitik (= Kölner Schriften zur politischen Wissenschaft, Bd. 2), Frankfurt/Main, Bonn 1963.
Wildenmann, Rudolf: Germany 1930/1970 – The Empirical Findings, in: Sozialwissenschaftliches Jahrbuch für Politik 2 (1971), S. 13–60.
Wildenmann, Rudolf (Hrsg.): Form und Erfahrung. Ein Leben für die Demokratie. Zum 70. Geburtstag von Ferdinand A. Hermens, Berlin 1976.
Wildermuth, Martin: Reform und Konflikt am Otto-Suhr-Institut 1968 bis 1972, in: Göhler, Gerhard/Zeuner, Bodo (Hrsg.): Kontinuitäten und Brüche in der deutschen Politikwissenschaft, Baden-Baden 1991, S. 199–221.

Wildt, Michael (Hrsg.): Die Judenpolitik des SD 1935 bis 1938. Eine Dokumentation (= Schriftenreihe der Vierteljahrshefte fur Zeitgeschichte, Bd. 71), München 1995.

Wilhelm, Theodor: Die Idee des Berufsbeamtentums. Ein Beitrag zur Staatslehre des deutschen Frühkonstitutionalismus, Tübingen 1933.

Wilhelm, Walter: Zur juristischen Methodenlehre im 19. Jahrhundert, Frankfurt/Main 1958.

Willoweit, Dietmar: Hermann Conring, in: Stolleis, Michael (Hrsg.): Staatsdenker in der frühen Neuzeit, München ³1995, S. 129–147.

Windhoff-Héritier, Adrienne: Policy-Analyse. Eine Einführung, Frankfurt/Main, New York 1987.

Winkel, Harald: Die deutsche Nationalökonomie im 19. Jahrhundert (= Erträge der Forschung, Bd. 74), Darmstadt 1977.

Winters, Peter Jochen: Die «Politik» des Johannes Althusius und ihre zeitgenössischen Quellen, Freiburg/Breisgau 1963.

Winters, Peter Jochen: Johannes Althusius, in: Stolleis, Michael (Hrsg.): Staatsdenker in der frühen Neuzeit, München ³1995, S. 29–51.

Wippermann, Klaus W.: Politische Propaganda und staatsbürgerliche Bildung. Die Reichszentrale für Heimatdienst in der Weimarer Republik (= Schriftenreihe der Bundeszentrale für politische Bildung, Bd. 114), Köln 1976.

Wissenschaftsrat: Empfehlungen zum Aufbau der Wirtschafts- und Sozialwissenschaften an den Universitäten/Technischen Hochschulen in den neuen Bundesländern und im Ostteil von Berlin (= Drucksache 254/91), Berlin 1991.

Wissenschaftszentrum Berlin (Hrsg.): Interaktion von Wissenschaft und Politik. Theoretische und praktische Probleme der anwendungsorientierten Sozialwissenschaften, Frankfurt/Main et al. 1977.

Wolfers, Arnold: Aufbau und Ziele des Hauptlehrganges, in: Jäckh, Ernst (Hrsg.): Politik als Wissenschaft. Zehn Jahre Deutsche Hochschule für Politik, Berlin 1931, S. 213–222.

Wolfrum, Edgar: Geschichtspolitik in der Bundesrepublik Deutschland. Der Weg zur bundesrepublikanischen Erinnerung 1948–1990, Darmstadt 1999.

Wolgast, Eike: Die Universität Heidelberg. 1386–1986, Berlin, New York 1986.

Wölky, Guido: Das Politikverständnis von Wilhelm Roscher, in: Lietzmann, Hans J./Nitschke, Peter (Hrsg.): Klassische Politik. Politikverständnisse von der Antike bis ins 19. Jahrhundert, Opladen 2000, S. 217–234.

Wollkopf, Roswitha: Zur politischen Konzeption und Wirksamkeit der Deutschen Hochschule für Politik, 2 Bde., Diss. Berlin [Ost] 1983.

Wolzendorff, Kurt: Staatsrecht und Naturrecht in der Lehre vom Widerstandsrecht des Volkes gegen rechtswidrige Ausuebung der Staatsgewalt. Zugleich ein Beitrag zur Entwicklungsgeschichte des modernen Staatsgedankens (= Untersuchungen zur deutschen Staats- und Rechtsgeschichte, Bd. 126), Breslau 1916.

Wunder, Bernd: Geschichte der Bürokratie in Deutschland, Frankfurt/Main 1986.

Wyduckel, Dieter: Ius publicum. Grundlagen und Entwicklungen des öffentlichen Rechts und der deutschen Staatsrechtswissenschaft, Berlin 1984.

Young-Bruehl, Elisabeth: Hannah Arendt. Leben, Werk und Zeit, Frankfurt/Main 1986.

Zehnter, Hans: Das Staatslexikon von Rotteck und Welcker. Eine Studie zur Geschichte des deutschen Frühliberalismus, Jena 1929 [Reprint: Vaduz 1984].

Zellentin, Gerda (Hrsg.): Formen der Willensbildung in den europäischen Organisationen, Frankfurt/Main, Bonn 1965.
Zettelmeier, Werner: Entstehung und Entwicklung der politikwissenschaftlichen Lehre an den französischen Universitäten. Zwischen Marginalität und Autonomie, in: Lietzmann, Hans J./Bleek, Wilhelm (Hrsg.): Politikwissenschaft. Geschichte und Entwicklung, München, Wien 1996, S. 171–190.
Ziebura, Gilbert: Anfänge des deutschen Parlamentarismus. Geschäftsverfahren und Entscheidungsprozeß in der ersten deutschen Nationalversammlung 1848/49, in: Ritter, Gerhard A./Ziebura, Gilbert (Hrsg.): Faktoren der politischen Entscheidung. Festgabe für Ernst Fraenkel, Berlin 1963, S. 185–236.
Ziegler, Wilhelm: Einführung in die Politik, Berlin 1927.
Zielenziger, Kurt.: Die älteren deutschen Kameralisten, Jena 1913.
Zielenziger, Kurt: Kameralismus, in: Elster, Ludwig et al. (Hrsg.): Handbuch der Staatswissenschaften, Bd. 5, Jena ^{4}1923, S. 573–576.
Zincke, Georg Heinrich: Gedanken von denen Wissenschaften eines künftigen Politici und Staatsmannes, Leipzig 1745.
Zippelius, Reinhard: Allgemeine Staatslehre (Politikwissenschaft). Ein Studienbuch, München ^{12}1994.

Namenregister